沟道工程对流域水沙变化的影响及其贡献率

李 鹏 冉启华 李占斌 著

科学出版社
北 京

内 容 简 介

本书深入研究淤地坝等沟道工程对流域水沙过程的影响，分析沟道工程对洪水过程的调节作用；基于能量侵蚀动力学理论，阐明沟道工程级联方式对水-能-沙汇聚过程的调节机理及泥沙侵蚀-输移-沉积的再分配过程；揭示坝库淤满条件下淤地坝对流域水沙的阻控机制，提出坝库淤满后的长效减蚀机制，辨识沟道工程对流域水沙变化的贡献率，为科学认识黄河流域水沙变化机理、实现水沙资源配置与高效利用、合理确定治黄方略提供科技支撑。

本书可作为水土保持、水利工程、资源环境、地理科学等领域研究者、高等院校师生的参考书，也可为水利、自然资源、农村农业和生态环境等部门工作者提供参考。

审图号：GS 京（2025）0735 号

图书在版编目（CIP）数据

沟道工程对流域水沙变化的影响及其贡献率 / 李鹏，冉启华，李占斌著. -- 北京：科学出版社，2025.6. --ISBN 978-7-03-082302-1

Ⅰ. TV147

中国国家版本馆 CIP 数据核字第 2025HF5640 号

责任编辑：祝　洁　汤宇晨 / 责任校对：崔向琳
责任印制：徐晓晨 / 封面设计：陈　敬

科学出版社 出版
北京东黄城根北街 16 号
邮政编码：100717
http://www.sciencep.com

北京中石油彩色印刷有限责任公司印刷
科学出版社发行　各地新华书店经销
*

2025 年 6 月第 一 版　　开本：720×1000　1/16
2025 年 6 月第一次印刷　　印张：27
字数：545 000

定价：298.00 元
（如有印装质量问题，我社负责调换）

前　　言

黄土高原沟壑纵横,66.7万余条沟道是侵蚀产沙的主要来源区,1980年以前,黄土高原每年向黄河输沙16亿t。经过多年持续的治理,特别是大规模退耕还林(草)、坡改梯、淤地坝等工程的实施,2017年进入黄河的年均泥沙量锐减至不足2亿t。淤地坝作为黄土高原特有的沟壑整治措施,在拦沙淤地、护坡固沟、分散消减沟道径流侵蚀能量的同时,形成独特的坝系农业,实现了水土保持与农业生产的有机统一,为黄土高原地区实现乡村振兴提供了强有力的支撑。截至2018年,黄土高原共有淤地坝59154座,包括骨干坝5877座、中型坝12131座、小型坝41146座,其中中型以上淤地坝18008座。24%的骨干坝、68%的中型坝和69%的小型坝建成于1980年以前,中型以上淤地坝累积控制面积4.8万km^2,拦蓄泥沙近56.5亿t。根据调查,截至2017年,黄土高原淤地坝剩余库容仅为30.8亿m^3,约占总库容的35.84%,淤地坝处于严重淤满状态,加之气候变化影响,极端暴雨频发,淤地坝受损事件时常发生,科学认识淤地坝的作用成为大家关注的重点与热点问题。

国内外学者关于沟道工程对水沙调控作用的研究多集中在淤地坝的直接减水减沙效益及水库淤积等方面,有关淤地坝系对沟道潜在侵蚀的防控作用、淤地坝结构和坝系布局对径流及泥沙输移过程的影响,以及淤地坝系影响下的沟道径流能量转化及消耗还须深入研究。本书重点研究淤地坝系对径流能量的调控过程及其群体效应,阐明淤地坝系对流域侵蚀产沙输移过程的调控机理;分析淤地坝淤满条件下沟道工程对流域水沙的阻控效用与调控,并对淤地坝的流域水沙贡献率进行辨识。这不仅是发展黄土高原地区特色水沙模型的需要,也是黄土高原生态文明建设的需要,对于解释近年来黄河水沙锐减的原因具有重要意义。

本书是在国家重点研发计划项目"黄河流域水沙变化机理与趋势预测"的课题"沟道工程对流域水沙变化的影响及其贡献率"基础上完成的,得到了项目负责人胡春宏院士及咨询专家组的学术指导。课题组全体成员通力合作,完成了本书的撰写工作,主要参与撰写的单位及人员如下。

西安理工大学:李鹏、李占斌、徐国策、鲁克新、任宗萍、王添、赵宾华、于坤霞、肖列、张泽宇、王雯、贾路。

浙江大学:冉启华、唐鸿磊、王丰、高吉惠、叶盛。

清华大学:雷慧闽、卢炳君、常一铭、曾鑫。

中国水利水电科学研究院：解刚、刘冰、王友胜、成晨。

黄河流域水土保持生态环境监测中心：高云飞、赵帮元、张麟、周珊珊、马红斌、董亚维、李晶晶、李素雅。

水利部黄河水利委员会黄河水利科学研究院：张敏、张春晋、赵崇旭、马东方。

黄河水土保持工程建设局：黄保强。

此外，段金晓、王杰、龚俊夫、韩芦、支再兴、王睿、谢梦瑶、杨倩楠、冯朝红、袁水龙、周世璇、封扬帆、郭嘉嘉、刘蓓蕾、薛少博、惠波、刘刚、杨媛媛、刘昱、呼媛、张凯、张洋、王飞、党恬敏、周壮壮、潘明航等参与了本书的研究工作。

本书出版得到了国家重点研发计划项目"黄河流域水沙变化机理与趋势预测"课题"沟道工程对流域水沙变化的影响及其贡献率"、陕西省创新人才推进计划项目"水土资源环境演变与调控创新团队"、国家自然科学基金黄河水科学研究联合基金重点项目"黄河中游水系格局与河流形态变化及水沙效应"等项目的资助，研究工作得到了西安理工大学西北旱区生态水利国家重点实验室、旱区生态水文与灾害防治国家林草局重点实验室等单位的大力支持。同时，一大批水利、水土保持、遥感等领域的专业技术和管理人员、现场检测工作人员、室内测试分析人员等，对本书成稿做出了贡献，在此一并表示感谢。

限于作者水平，书中疏漏之处在所难免，敬请同行专家与广大读者批评指正。

目　　录

前言
第1章　绪论 ··· 1
  1.1　研究背景与意义 ··· 1
  1.2　研究进展 ··· 2
    1.2.1　黄河水沙变化 ··· 2
    1.2.2　黄河中游区生态建设及其水沙效应 ······································· 4
    1.2.3　淤地坝地貌水文效应 ·· 6
    1.2.4　淤地坝减水减沙效益 ·· 8
    1.2.5　流域水文泥沙过程模拟 ··· 11
  1.3　研究区域概况 ··· 15
  1.4　研究目标与研究内容 ·· 18
  参考文献 ·· 19
第2章　植被/景观变化的水沙调节机制 ··· 26
  2.1　坡沟系统不同植被格局的蓄水减沙效益 ··································· 26
    2.1.1　蓄水减沙效益计算方法 ··· 26
    2.1.2　植被格局对坡沟系统侵蚀产沙调控作用 ····························· 27
  2.2　间歇性降雨对产流产沙过程的影响 ··· 28
    2.2.1　坡沟系统产流产沙特征 ··· 28
    2.2.2　坡沟系统入渗特征 ··· 29
  2.3　植被格局对产流产沙过程的影响 ·· 30
  2.4　植被格局对径流流速的影响 ··· 31
    2.4.1　植被格局对坡沟系统径流流速的作用 ································ 31
    2.4.2　坡沟系统中植被格局的缓流效应 ······································ 33
  2.5　不同退耕类型的侵蚀产沙的特征 ·· 36
    2.5.1　不同植被演替阶段地上地下生物量特征 ····························· 36
    2.5.2　不同植被演替阶段坡面径流水动力特征 ····························· 38
    2.5.3　演替阶段植被侵蚀产沙特征 ··· 39
  2.6　流域尺度植被对水沙变化的作用 ·· 41
    2.6.1　黄土高原典型流域土地利用变化 ······································ 41
    2.6.2　黄土高原典型流域景观格局变化 ······································ 42

2.6.3 黄土高原典型流域景观格局对水沙变化的影响·················44
　2.7 本章小结·················45
　参考文献·················45
第3章 黄河典型流域极端水沙事件产输规律·················47
　3.1 典型暴雨水沙特性演变·················47
　　　3.1.1 汛期降雨及水沙特征分析·················47
　　　3.1.2 场次条件下降雨和水沙特征分析·················47
　　　3.1.3 暴雨特征分析·················49
　　　3.1.4 典型洪水-输沙关系演变规律·················52
　3.2 极端水沙事件的时空分布规律·················54
　　　3.2.1 年最大降雨事件的空间分布·················54
　　　3.2.2 年最大径流事件的空间分布·················55
　　　3.2.3 年最大泥沙事件的空间分布·················57
　　　3.2.4 年最大水沙事件时空分布综合分析·················58
　3.3 极端洪水事件发生的主导因子·················59
　　　3.3.1 降雨对极端洪水事件的影响·················59
　　　3.3.2 河道内蓄水量对极端洪水事件的影响·················62
　　　3.3.3 极端洪水事件主导因子的分析·················62
　3.4 极端泥沙事件发生的主导因子·················65
　　　3.4.1 降雨对极端泥沙事件的影响·················65
　　　3.4.2 径流对极端泥沙事件的影响·················65
　　　3.4.3 河道内泥沙存储对极端泥沙事件的影响·················68
　　　3.4.4 极端泥沙事件主导因子的分析·················69
　　　3.4.5 引发极端泥沙事件主导因子的传播过程·················72
　3.5 本章小结·················75
　参考文献·················76
第4章 黄河流域头道拐至潼关区间水库淤积时空分布特征·················79
　4.1 头道拐至潼关区间黄土高原地区水库群分布特征·················79
　　　4.1.1 水库分布概况·················79
　　　4.1.2 渭河流域水库分布概况·················80
　　　4.1.3 河龙区间水库分布概况·················83
　　　4.1.4 汾河流域水库分布概况·················83
　4.2 水库淤积量测算方法·················85
　　　4.2.1 流域干支流水库泥沙淤积调查情况与分析·················85
　　　4.2.2 水库淤积量估算方法·················86

- 4.3 渭河流域水库淤积量 ……………………………………………………… 88
  - 4.3.1 渭河流域大型水库淤积量 ……………………………………………… 88
  - 4.3.2 渭河流域中型水库淤积量 ……………………………………………… 89
  - 4.3.3 渭河流域小型水库淤积量 ……………………………………………… 93
  - 4.3.4 渭河流域水库淤积量测算 ……………………………………………… 98
- 4.4 河龙区间水库淤积量 ……………………………………………………… 98
  - 4.4.1 河龙区间大型水库淤积量 ……………………………………………… 98
  - 4.4.2 河龙区间中型水库淤积量 ……………………………………………… 100
  - 4.4.3 河龙区间小型水库淤积量 ……………………………………………… 101
  - 4.4.4 河龙区间水库淤积量测算 ……………………………………………… 103
- 4.5 汾河流域水库淤积量 ……………………………………………………… 103
- 4.6 头道拐至潼关区间水库的拦沙作用及未来拦沙效益分析 ………………… 106
  - 4.6.1 水库总体淤积量 ………………………………………………………… 106
  - 4.6.2 水库库容淤积率 ………………………………………………………… 107
  - 4.6.3 水库未来拦沙效益分析 ………………………………………………… 108
- 4.7 典型水库群调控模式对进入下游河道泥沙的影响 ………………………… 109
  - 4.7.1 无定河流域拦沙水库现状 ……………………………………………… 110
  - 4.7.2 无定河流域水库群运用方式 …………………………………………… 113
  - 4.7.3 无定河流域水库群运用方式对进入下游泥沙的影响 ………………… 115
- 4.8 本章小结 ……………………………………………………………………… 115
- 参考文献 …………………………………………………………………………… 116

第5章 淤地坝系拦沙效益及拦沙能力变化 ………………………………… 118
- 5.1 淤地坝时空分布特征 ……………………………………………………… 118
  - 5.1.1 黄土高原淤地坝建坝历程 ……………………………………………… 118
  - 5.1.2 黄土高原淤地坝空间分布 ……………………………………………… 119
  - 5.1.3 主要流域淤地坝分布及拦沙量分析 …………………………………… 121
- 5.2 黄土高原淤地坝淤积特征分析 …………………………………………… 126
  - 5.2.1 不同地貌区地貌特征分析 ……………………………………………… 127
  - 5.2.2 不同地貌区淤地坝库容特征曲线 ……………………………………… 128
  - 5.2.3 骨干坝淤积特征 ………………………………………………………… 129
  - 5.2.4 中型坝淤积特征 ………………………………………………………… 131
  - 5.2.5 不同类型淤地坝淤积特征汇总 ………………………………………… 133
- 5.3 典型区域淤地坝系拦沙效益分析 ………………………………………… 135
  - 5.3.1 黄土丘陵沟壑区第一副区 ……………………………………………… 137
  - 5.3.2 黄土丘陵沟壑区第二副区 ……………………………………………… 140

   5.3.3 黄土丘陵沟壑区第三副区 ·················· 142
   5.3.4 黄土丘陵沟壑区第四副区 ·················· 143
   5.3.5 黄土丘陵沟壑区第五副区 ·················· 144
   5.3.6 石质山岭区 ······························· 146
  5.4 淤地坝拦沙量估算方法 ························· 148
   5.4.1 建模原理 ································· 148
   5.4.2 淤积量测量 ······························· 152
   5.4.3 黄土高原淤地坝 2011~2017 年淤积量估算 ··· 152
  5.5 淤地坝未来拦沙能力分析 ······················· 154
   5.5.1 总体淤积情况分析 ·························· 154
   5.5.2 分区域淤积情况分析 ······················· 158
   5.5.3 淤积典型分析 ····························· 159
   5.5.4 仍有拦沙能力淤地坝识别 ··················· 163
  5.6 本章小结 ····································· 164
  参考文献 ··· 165

第 6 章 淤地坝系调峰消能机理与模拟 ··············· 166
  6.1 淤地坝系水动力过程模拟 ······················· 168
   6.1.1 "7·15" 洪水模型验证 ····················· 168
   6.1.2 流域坝系内部洪水过程演变 ················· 170
  6.2 不同重现期淤地坝系水动过程模拟 ··············· 174
   6.2.1 洪峰流量对比 ····························· 175
   6.2.2 径流能量削减对比 ························· 177
  6.3 级联坝系对设计暴雨洪水的影响分析 ············· 179
  6.4 淤地坝淤积过程对径流侵蚀动力的影响 ··········· 183
   6.4.1 淤地坝淤积过程对径流动能的影响 ··········· 183
   6.4.2 淤地坝淤积过程对径流势能的影响 ··········· 185
   6.4.3 淤地坝淤积过程对径流侵蚀功率的影响 ······· 187
   6.4.4 淤地坝坝系效应概化研究 ··················· 187
  6.5 本章小结 ····································· 190
  参考文献 ··· 191

第 7 章 流域侵蚀能量时空分布格局 ··················· 192
  7.1 流域水沙能量动力关系模拟 ····················· 192
   7.1.1 流域径流输沙关系物理解析 ················· 192
   7.1.2 径流侵蚀功率 ····························· 192
  7.2 无定河流域水沙及侵蚀能量空间分布特征 ········· 194

  7.2.1 径流侵蚀功率与输沙关系分析 ·· 194
  7.2.2 流域径流输沙的空间分布 ·· 196
  7.2.3 无定河流域径流侵蚀功率的空间分布 ······································· 198
  7.2.4 无定河流域径流侵蚀功率的空间尺度效应 ································ 199
 7.3 大理河流域水-能-沙时空分布规律 ··· 201
  7.3.1 流域水文要素的空间分布规律 ·· 201
  7.3.2 流量、输沙量、径流侵蚀功率的汇聚过程 ································ 202
  7.3.3 径流模数的时空分布 ··· 205
  7.3.4 输沙模数的时空分布 ··· 207
  7.3.5 径流侵蚀功率的时空分布 ·· 209
  7.3.6 径流模数、输沙模数、径流侵蚀功率的关系 ····························· 212
 7.4 延河流域侵蚀能量空间分布及其与生态建设响应关系 ······················· 213
  7.4.1 延河流域径流侵蚀功率的空间分布 ··· 214
  7.4.2 延河流域径流侵蚀功率的空间尺度效应 ··································· 214
  7.4.3 径流侵蚀功率时空分布与流域环境及生态建设响应关系 ············ 218
 7.5 本章小结 ··· 221
 参考文献 ·· 222

第8章 级联坝系布局及其对水沙动力的调控作用 ······························· 223
 8.1 王茂沟流域坝系布局分析 ··· 223
  8.1.1 坝系单元划分 ··· 223
  8.1.2 坝系级联物理模式 ·· 223
 8.2 坝系布局对径流过程的影响 ·· 224
  8.2.1 不同坝型组合对径流过程影响 ·· 224
  8.2.2 不同坝系级联方式对径流过程的影响 ······································ 227
 8.3 单坝对沟道径流侵蚀动力过程的调控作用 ··· 229
  8.3.1 建坝前后流速随时间的变化 ··· 229
  8.3.2 建坝前后径流剪切力随时间的变化 ··· 230
  8.3.3 建坝前后径流功率随时间的变化 ·· 232
  8.3.4 建坝前后单位水流功率随时间的变化 ······································ 233
 8.4 坝系布局对沟道径流侵蚀动力过程的调控作用 ·································· 234
  8.4.1 流速的时空变化 ··· 235
  8.4.2 径流剪切力的时空变化 ·· 236
  8.4.3 径流功率的时空变化 ··· 237
  8.4.4 径流能量的时空变化 ··· 238
  8.4.5 径流侵蚀功率的空间变化 ·· 240

8.5 坝系级联方式对沟道侵蚀动力过程的调控作用 240
　　8.5.1 流速随时间变化 241
　　8.5.2 径流剪切力随时间变化 241
　　8.5.3 径流功率随时间变化 242
　　8.5.4 径流侵蚀功率空间分布 242
　　8.5.5 坝系布局对流域输沙量的调控作用 244
8.6 淤地坝系结构与布局对水沙变化的作用 246
　　8.6.1 坝型组合对小流域暴雨洪水过程的影响 246
　　8.6.2 坝系级联方式对小流域暴雨洪水过程的影响 247
　　8.6.3 淤地坝连通性与水沙输移响应关系 247
8.7 本章小结 249
参考文献 250

第9章 淤地坝淤积泥沙特性及其对流域泥沙的再分配作用 251
9.1 淤地坝对流域地形地貌的影响 251
9.2 坝地淤积泥沙的粒径分析 252
　　9.2.1 坝地淤积泥沙粒径统计特征 252
　　9.2.2 坝地淤积泥沙的质地分类 253
　　9.2.3 坝地淤积泥沙颗粒的粗化度 253
　　9.2.4 坝地淤积泥沙颗粒与分形特征 256
　　9.2.5 淤积泥沙颗粒分形维数与淤积泥沙性质的关系 258
9.3 单坝与坝系泥沙淤积特征 260
　　9.3.1 不同类型单坝的淤积特征 260
　　9.3.2 坝系单元下的坝地泥沙淤积特征 261
　　9.3.3 王茂沟坝系坝地泥沙淤积特征 264
9.4 本章小结 265
参考文献 265

第10章 泥沙来源研究方法及流域泥沙来源辨识 266
10.1 黄土高原泥沙来源研究方法 266
10.2 典型坝系小流域泥沙来源辨识 267
　　10.2.1 内蒙古园子沟流域泥沙来源 267
　　10.2.2 横山元坪小流域泥沙来源 271
　　10.2.3 绥德埝沟小流域泥沙来源 278
10.3 黄土高原小流域泥沙来源变化 280
　　10.3.1 皇甫川流域 281
　　10.3.2 无定河流域 283

	10.3.3	延河流域	286
	10.3.4	其他流域	289
10.4	本章小结		291
参考文献			291

第 11 章　不同淤积状态下淤地坝的水沙阻控作用　294

- 11.1　淤地坝淤积状态与水沙阻控作用关系概述　294
- 11.2　研究区域与研究方法　295
  - 11.2.1　研究区域概况　295
  - 11.2.2　数据来源及处理　297
  - 11.2.3　模拟工况设置　301
- 11.3　模型构建与验证　303
  - 11.3.1　三维网格的构建　303
  - 11.3.2　边界条件和初始条件设置　305
  - 11.3.3　模型参数设置　305
  - 11.3.4　模型的率定和验证结果　306
- 11.4　淤地坝的削峰滞洪效率　308
  - 11.4.1　溢洪道控制的库容阈值　308
  - 11.4.2　坝地控制的削峰滞洪效率　310
- 11.5　淤地坝的泥沙拦截效率　311
  - 11.5.1　泥沙拦截效率　311
  - 11.5.2　坝地的直接沉沙效率　312
  - 11.5.3　坝地的间接减沙效率　314
- 11.6　坝地上的冲淤形态与泥沙沉积规律　318
  - 11.6.1　坝地上的冲淤形态变化　318
  - 11.6.2　泥沙的最终分布规律　318
- 11.7　本章小结　323
- 参考文献　325

第 12 章　淤满淤地坝水沙阻控能力及其淤积/侵蚀规律　328

- 12.1　淤满淤地坝淤积动态与拦沙关系概述　328
- 12.2　淤地坝水沙阻控能力模拟　329
  - 12.2.1　模拟对象及参数设置　329
  - 12.2.2　模拟流程　329
  - 12.2.3　降雨序列和动网格　330
  - 12.2.4　判定准则　330
- 12.3　不同降雨条件下淤地坝水沙阻控能力变化　332

12.4 淤满条件下坝地泥沙淤积/侵蚀分布规律·················339
    12.4.1 坝地及其影响区内的淤积/侵蚀分布··············339
    12.4.2 纵向淤积剖面对比····························343
12.5 本章小结····································344
参考文献······································346

第13章 典型暴雨条件下淤地坝水沙阻控作用·················347
13.1 陕北"7·26"典型暴雨淤地坝拦沙作用·················347
    13.1.1 "7·26"典型暴雨概况························347
    13.1.2 陕北"7·26"暴雨区淤地坝建设情况··············348
    13.1.3 典型流域淤地坝的滞洪拦沙作用················352
    13.1.4 暴雨条件下淤地坝损毁特征与原因··············355
13.2 绥德"7·15"典型暴雨淤地坝拦沙作用·················358
    13.2.1 绥德"7·15"暴雨洪水························358
    13.2.2 韭园沟流域"7·15"暴雨水毁淤地坝情况调查······358
    13.2.3 韭园沟流域"7·15"暴雨淤地坝拦沙作用分析······359
    13.2.4 次暴雨洪水坝地淤积特征······················362
13.3 西柳沟典型暴雨下淤地坝拦沙特征及其对水沙变化的影响···363
    13.3.1 鄂尔多斯市淤地坝淤积量······················363
    13.3.2 西柳沟淤地坝泥沙淤积特征····················364
    13.3.3 西柳沟溃坝特征分析··························365
13.4 其他典型暴雨条件下淤地坝拦沙作用···················367
13.5 淤满淤地坝破坏后泥沙阻控机理·······················368
    13.5.1 淤地坝破坏前后陡坎发育过程··················368
    13.5.2 淤满淤地坝破坏后的泥沙侵蚀过程··············373
13.6 本章小结····································375
参考文献······································376

第14章 沟道工程流域水沙阻控效应与贡献率识别·············377
14.1 坝系水沙阻控群体效应·······························377
    14.1.1 淤地坝系水沙阻控机理解析····················377
    14.1.2 坝系水沙阻控群体效应验证····················380
14.2 淤地坝系减蚀机理·································381
    14.2.1 淤地坝系减蚀效应理论分析····················381
    14.2.2 王茂沟流域淤地坝系修建前后侵蚀势能对比······382
14.3 淤地坝系水沙调控异地效应···························385
14.4 淤地坝对典型流域水沙变化的贡献率···················386

14.4.1　黄河中游主要河流水沙变化趋势……………………………387
　　14.4.2　大理河骨干坝建坝历程……………………………………388
　　14.4.3　大理河淤地坝拦沙贡献率…………………………………389
　　14.4.4　淤地坝拦沙量结果合理性分析……………………………390
　　14.4.5　水沙关系变化………………………………………………391
　　14.4.6　沟道和坡面贡献率…………………………………………392
14.5　典型流域沟道工程对水沙变化的贡献率……………………………392
　　14.5.1　沟道工程对王茂沟流域水沙变化的贡献率………………392
　　14.5.2　沟道工程对无定河流域水沙变化的贡献率………………395
　　14.5.3　无定河流域治理措施群体作用……………………………398
14.6　典型流域坡面及沟道坝系建设对径流泥沙的影响预测……………400
　　14.6.1　流域治理对径流泥沙过程的影响…………………………400
　　14.6.2　流域治理对径流泥沙空间分布的影响……………………402
　　14.6.3　坡面及沟道坝系建设对径流侵蚀能量的影响……………408
14.7　本章小结………………………………………………………………413
参考文献…………………………………………………………………………413
第 15 章　主要结论……………………………………………………………415

第 1 章 绪　　论

1.1　研究背景与意义

黄河是中华民族的母亲河，发源于青藏高原，自西向东流经九省(自治区)，以占全国 2%的河川径流量，承担了全国 15%耕地和 12%人口的供水重任，为国家的经济建设、粮食安全、能源安全、生态改善等做出了突出贡献(胡春宏，2014)。黄土高原是我国乃至世界上水土流失最为严重的地区之一，总面积约 64 万 km^2，2020 年水土流失面积 23.42 万 km^2，占黄河流域水土流失面积的 89.15%，其中强烈以上等级土壤侵蚀面积 3.09 万 km^2，占水土流失面积的 13.2%，高于全国平均水平(11.16%)(刘颢等，2023；姚文艺等，2023)。黄河中游流经水土流失严重的黄土高原时，多条含沙量极高的支流汇入，使得黄河成为举世闻名的一条多泥沙河流。黄土高原水土流失最为严重的多沙区，面积约为 26.6 万 km^2，多年平均入黄泥沙量达 14 亿 t，占黄河总输沙量的 87.5%(姚文艺等，2023)。特别是位于黄河中游上段的河口镇—龙门区间(河龙区间)，是黄河粗泥沙的集中来源区，还是黄河中游暴雨洪水的主要来源区之一，面积仅占黄河流域面积的 14.8%，区间粗泥沙来沙量却占到黄河粗泥沙量的 72.5%(刘颢等，2023)。

黄土高原严重的水土流失导致农业用地损失和黄河下游洪水风险增加(徐向舟，2005)。半个世纪以来，由于水土流失，我国耕地面积损失超过 400 万 hm^2，农业生产发展受到直接影响(李秀军等，2018)。1980 年以前，黄河每年从中游带到下游的泥沙总量约 16 亿 t，其中 4 亿 t 沉积在下游河道，导致黄河下游形成"地上悬河"，因此黄河下游两岸广大地区人民的生命财产安全面临巨大威胁，黄河防洪问题始终是中华民族的"心腹之患"(冉大川等，2006)。为了有效控制水土流失，恢复生态系统，我国几十年来在黄土高原实施了淤地坝、梯田和林草恢复等多种水土保持措施(许炯心等，2006)。据统计，截至 2018 年，黄土高原共有淤地坝 59154 座，其中骨干坝 5877 座、中型坝 12131 座、小型坝 41146 座，24%的骨干坝、68%的中型坝和 69%的小型坝建成于 1980 年以前，中型以上淤地坝累积控制面积 4.8 万 km^2，拦蓄泥沙近 56.5 亿 t(张祎，2021)。刘晓燕(2017)根据遥感调查得出：截至 2014 年底，潼关以上黄河流域共有水平梯田 3.60 万 km^2。随着退耕还林(草)工程实施，黄土高原的归一化植被指数(NDVI)均值由 1982 年的 0.30 提高至 2013 年的 0.45，2017 年又进一步提高至 0.67(张慧勇等, 2023)。随着水土保持措施的持续实施, 黄河输沙量显著减少, 黄河流域年均输沙量从 1919～1959 年 16 亿 t 锐减至 2010～2020 年 1.83 亿 t, 减幅 89%(胡春宏等, 2023)。

黄土高原沟壑纵横, 66.7 万余条沟道是侵蚀产沙的主要来源区, 易形成高含沙水流。经过多年持续的治理, 特别是大规模退耕还林(草)、坡改梯、淤地坝(三大水土保持措施)等工程的实施, 2017 年进入黄河的泥沙锐减至不足 2 亿 t。淤地坝作为黄土高原特有的沟壑整治措施, 在拦沙淤地、护坡固沟、分散消减沟道径流侵蚀能量的同时, 形成独特的坝系农业, 实现了水土保持与农业生产的有机统一, 为黄土高原地区实现乡村振兴提供了强有力的支撑。截至 2017 年, 黄土高原淤地坝剩余库容仅为 30.8 亿 m³, 约占总库容的 35.84%, 淤地坝处于严重淤满状态。现有模型没有考虑到淤地坝这种黄土高原特有的水土保持措施对沟道泥沙运动过程的影响(Yao et al., 2016; Ghobadi et al., 2015; Niraula et al., 2015), 因此需要加强淤地坝系拦沙群体效应计算模型的构建。2000 年以来, 三大水土保持措施对流域水沙的作用更加显著, 其对水沙变化具有交互作用, 从而导致淤地坝对流域水沙贡献率的识别难度增加。

沟道工程水沙调控作用的研究主要关注其直接减少水沙效益, 关于淤地坝系对沟道潜在侵蚀的防控作用及对沟道径流能量的调控作用还需要进一步深入探讨。强化淤地坝系在调控径流能量过程中的作用及群体效应的研究, 揭示淤地坝系对流域侵蚀、产沙和输移过程的调控机制, 分析淤满条件下沟道工程对流域水沙的阻控效果和调控策略, 以及识别淤地坝对流域水沙的贡献率, 不仅是发展黄土高原地区特色水沙模型的必要步骤, 也是黄土高原生态文明建设的重要组成部分。这些研究对于解释近年来黄河水沙含量显著下降的现象具有重要的科学意义。

1.2 研究进展

1.2.1 黄河水沙变化

黄河流域的健康发展对我国经济社会发展和生态安全都具有十分重要的作用。黄河是我国的第二大河, 发源于青藏高原, 流经 9 个省(自治区), 流域总面积达 79.5 万 km², 全长 5464km。据统计, 2018 年底黄河流域总人口达 4.2 亿, 占全国总人口的 30.3%; 黄河流域地区生产总值为 23.9 万亿元, 占全国 26.5%(郭晓佳等, 2021)。黄河流域水少沙多、水沙异源, 是我国输沙量最大的河流。据统计, 1919～1960 年黄河潼关水文站多年平均来沙量为 16 亿 t, 其中 90%的泥沙来自黄河中游的黄土高原地区; 黄河水量仅占全国河川径流总量的

2%左右，且主要来自上游兰州站。20 世纪 70~90 年代，黄河下游断流频繁，1997 年断流长达 226d，给黄河沿岸人民的生活生产带来了严重损失。通过不懈努力，2000 年开始黄河干流断流现象停止。黄河中游取得了显著的水土保持治理成效，水土流失率由 20 世纪五六十年代的 71%下降到 2020 年的 37%(杨媛媛，2021；王随继等，2008)。

黄河水沙一直以来都是黄河流域研究的热点问题，研究者从不同的方向对黄河水沙进行研究。Liu 等(2008b)研究表明，1960~2007 年黄河中下游地区年降雨量呈显著下降趋势，突变年份集中在 1963~1998 年；此外，黄河中上游年降雨量的突变年份晚于下游。Ran 等(2020b)选取了黄河中上游地区的 68 个水文站，研究发现，极端降雨事件集中在 7 月、8 月，通常洪水的发生与极端降雨事件一致，黄河中游区极端泥沙事件与极端降雨的关系比与流量的关系更密切，极端泥沙事件下黄河干流和主要支流的出口以河流泥沙淤积为主。Liu 等(2008a)研究表明，黄河中游输沙模数极大，1950~2005 年黄河输沙模数呈减少趋势，其中黄河中游龙门水文站和潼关水文站多年平均输沙模数分别为 1543.65t/(km²·a)和 1631.39t/(km²·a)，但是龙门水文站和潼关水文站 1996~2005 年的短时间序列多年平均输沙模数分别为 612.48t/(km²·a)和 766.13t/(km²·a)。史红玲等(2014)的研究表明，1950~2009 年，除黄河干流上游唐乃亥水文站外，其他水文站年径流量、年输沙量均呈显著减少趋势，年径流量和年输沙量发生突变的主要年份分别为 1986 年和 1980 年(许炯心，2010)。1950~2011 年，黄河上游干流的唐乃亥水文站年径流量和年输沙量均没有呈现显著的变化趋势，而兰州以下流域各水文站的年径流量和年输沙量均呈现显著下降趋势(赵玉等，2014)。刘革非等(2011)分析黄土高原典型流域泾河流域 1960~2000 年输沙量的时空变化特征时发现，泾河流域多年平均输沙量由 20 世纪 60 年代的 3.02 亿 t 锐减至 90 年代的 2.66 亿 t，且多年平均输沙量在空间上分布不均。李文文等(2014)研究表明，黄河下游来水量、来沙量呈显著减少趋势，2000 年以后多年平均来水量仅为 20 世纪 50 年代的 46%，多年平均来沙量锐减至 20 世纪 50 年代的 3.5%。赵阳等(2018)分析了 1950~2016 年黄河水沙变化特征，发现黄河干流年径流量和年输沙量均呈显著减少趋势；泥沙来源发生转移，由河龙区间向龙潼区间移动，人类活动是主要的影响因素。Gao 等(2017)以河龙区间 22 个流域为研究对象，分析发现各支流年输沙量显著下降，侵蚀性降雨量呈减少趋势。黄河河龙区间的水沙变化研究表明，黄河河龙区间除清涧河以外的 8 条支流(皇甫川、窟野河、无定河、延河、孤山川、秃尾河、三川河、昕水河)年输沙量均呈下降趋势(朱连奇等，2009)。胡春宏等(2018)分析了 1950~2015 年黄河水沙特征，结果表明，黄河水沙锐减存在时空不同步的现象，水利工程的建设显著影响了含沙量变化。Gao 等(2011)研究了 1950~2008 年黄河水沙特征，结果表明，1950 年开始黄河中游年径流量和年输沙量呈显著下降趋势,年径流量和年输沙量发生突变的年份分别为 1985 年和 1981 年。Zhang 等(2001)研究发现,黄河中游 11 个流域的年径流量呈现显著减少趋势,且年径流量突变发生时间为 1971～1985 年。Rustomji 等(2018)的研究表明,1950～2000 年河龙区间 11 个主要流域的年径流量、年输沙量均呈显著减少趋势。黄河中游黄土高原地区 2008～2016 年多年平均径流量和多年平均输沙量相比 1971～1989 年分别减少了 22%和 74%(Zheng et al.,2019)。潼关水文站的输沙量 2020 年左右到达最低点后有所回升,但增长幅度不大(王光谦等,2020)。胡春宏等(2020)研究认为,2020～2050 年,大洪水和泥沙事件发生的概率将大大降低,极端降雨条件下进入黄河的泥沙量将进一步减少。Chen 等(2020)的研究表明,宁蒙河段、潼关河段和黄河下游河床冲淤自动调整,水沙输移形成了高度约束的平衡关系。姚文艺等(2020)的研究表明,黄河流域水沙关系依然不协调。

近几十年来,黄河流域的泥沙得到了有效控制(穆兴民等,2020;曹文洪等,2007),"水沙调控能力不足"也有了一定程度的缓解,治黄任务从减沙转向"增水"。在黄河流域生态保护和高质量发展的新时期,治黄矛盾的思路在于"增水、减沙、提高水沙调控能力",促进流域水沙关系协调发展(刘卉芳等,2011)。

1.2.2 黄河中游区生态建设及其水沙效应

黄河中游流经黄土高原,黄河中游区面积占黄河流域总面积的 46%。黄土高原地表千沟万壑,植被稀疏,是我国典型的生态脆弱区和世界水土流失最严重的地区之一。黄土高原极易发生侵蚀,产生大量泥沙,使得黄河下游出现"地上悬河",且严重的水土流失导致黄土高原经济发展水平较低(魏霞等,2007a),给我国建构生态屏障带来了极大的挑战(姚文艺,2019)。

黄河中游水沙变化的驱动因素成为水土保持研究者的焦点(张信宝等,2007)。据统计,黄河干流潼关水文站 1919～1960 年实测多年平均输沙量约 16 亿 t,经过几十年的水土流失治理,潼关水文站 2010～2019 年实测多年平均输沙量已锐减至 1.77 亿 t。

关于黄河输沙变化的原因,众多研究表明,自然因素和人类活动共同影响着黄河年输沙量的变化(李勉等,2008)。Bellin 等(2011)研究了降雨强度(大于 0mm、5mm、10mm、15mm、20mm 和 30mm)变化对黄河流域小流域输沙量的影响,发现随着降雨强度的增加,降雨对输沙量的影响逐渐增加。研究表明,少数的几场大雨或典型暴雨是黄土高原地区土壤侵蚀的主要动力,一场大暴雨产生的侵蚀量可达年总侵蚀量的 60%,有时高达 90%(张信宝等,1999)。有学者进一步指出,水土保持措施的综合作用对极端暴雨影响不显著(龙翼等,2009),甚至出现负效应(汪亚峰等,2009a)。人类活动因素主要为淤地坝、梯田和退耕还林

(草)工程等水土保持措施。Wang 等(2016)研究认为，坝库、梯田等工程措施是 20 世纪 70~90 年代黄土高原产沙量减少的主要原因，减沙贡献率达到 54%；2000 年之后，由于退耕还林(草)工程的实施，植被对流域输沙量减少的贡献率达 57%，成为主要贡献者。刘晓燕等(2014b)研究发现，2007~2014 年潼关以上地区水库和淤地坝的实际减沙量为 3.2 亿 t/a，林草和梯田等坡沟要素合计减沙量为 12.54 亿~14.11 亿 t/a。水土保持措施和植被对不同尺度流域的减沙作用不同，小流域尺度的植被和水土保持坡面措施通过减水及改变水沙关系来减少流域水土流失；大流域尺度主要通过淤地坝等沟道工程降低河流挟沙能力来减少流域输沙量(汪亚峰等，2009b)。淤地坝和水平梯田是无定河流域年径流量和年输沙量减少的主要因素(王国重等，2010)。刘晓燕等(2014a)研究发现，当流域梯田比大于 35%后，梯田的减沙作用基本保持在 90%左右，且水平梯田对洪水含沙量的削减作用不明显。Ran 等(2020a)研究了黄土高原王茂沟小流域的土壤含水量，结果表明，梯田建设可以通过改变水流方向来显著减少径流。有研究表明，1976~1988 年和 2001~2014 年，皇甫川流域淤地坝分别减少了流域 45%和 48%的径流量，植被恢复与气候变化减少了流域 30%的径流量，淤地坝是皇甫川流域径流量减少的主要原因(Lu et al.，2020)。多项研究表明，大型水库等的建设有效减少了下游水沙(Wu et al.，2020；Tian et al.，2018；薛凯等，2011)。有学者对黄河输沙量进行了归因分析，结果表明，黄河中游输沙量突变年份晚于上游，且水土保持措施是输沙量发生突变的主要因素(曲绅豪等，2023；范俊健等，2022；潘彬，2021)。

以上分析表明，降雨和人类活动共同影响着黄河流域的水沙变化，生态建设等人类活动对黄河流域水沙的作用更加显著，尤其是对黄河输沙量减少的作用，且不同水土保持措施对不同尺度流域的减沙作用不同。

我国十分重视黄河流域的水土保持工作。刘雅丽等(2020)研究表明，有效控制粗泥沙是黄土高原地区水土流失治理的重点，建设淤地坝是拦截沟道泥沙最有效的措施之一。为加快黄土高原的水土流失治理，改善生态环境，在黄土高原地区开展了大量的水土保持工作，如淤地坝建设、退耕还林(草)工程和坡改梯工程等生态建设工程。黄土高原生态修复成效显著，截至 2018 年，黄河流域累计保存水土保持措施面积近 24.4 万 km^2，同时建设 5.9 万座淤地坝和大量的小型蓄水保土工程，平均每年减少入黄泥沙近 4.35 亿 t(牛越先，2010)。黄土高原植被覆盖度由 1999 年的 32%增加到 2018 年的 63%(赵广举等，2021)，入黄泥沙显著减少，黄河干流潼关水文站的多年平均输沙量由 1919~1960 年的 16 亿 t 锐减至 2010~2019 年的 1.77 亿 t。

综上所述，黄河中游经历了坡面治理、坡沟兼治、流域综合治理及退耕还林(草)等多项生态建设措施，黄河输沙量显著减少。目前和未来一定时期内，在黄河泥沙持续减少背景下，制订未来黄土高原淤地坝建设与管理对策，是黄河流域生态保护和高质量发展的基本要求。

1.2.3 淤地坝地貌水文效应

淤地坝是在多泥沙沟道修建的以控制沟道侵蚀、拦泥淤地、减少洪水和泥沙灾害为主要目的沟道治理工程措施。淤地坝按照库容可以划分为骨干坝、中型坝和小型坝。骨干坝通常由坝体、溢洪道和放水建筑物构成，通常布设在干沟，以防洪为主，同时兼顾拦泥淤地。中型坝通常由坝体和放水建筑物构成，小型坝仅包含坝体，中小型淤地坝一般布设在支毛沟，主要用于拦泥淤地。在建设之初，淤地坝坝体后通常会形成一个类似小型水库的水体，水体逐渐被泥沙淤积填满。被截留在坝后的泥沙会形成一个楔形淤积体，能够降低河床的坡度、控制洪水和稳定沟壑山坡，并形成可用于种植、作物生长或放牧的坝地。

国外众多学者关于淤地坝的地貌水文效应进行了大量研究。淤地坝的修建改变了沟道自然演进过程，并对流域水文地貌过程产生了影响。修建淤地坝减缓了上游水流和泥沙沿河道的流动，使泥沙在上游淤积，同时降低沟道纵比降，扩大沟道横断面。这些沟道形态的调整使河岸地区的洪水深度和频率变化，创造了新的河岸条件。Ciarpiea 等(2002)在埃塞俄比亚通过实际观测分析了淤地坝和植被对洪水过程的影响，发现由于大量径流渗入淤地坝坝地的沉积物中，淤地坝和植被措施结合明显减小了峰值流量和径流量，延缓了洪峰到达时间。Polyakov 等(2004)认为，淤地坝对小流域的暴雨径流过程几乎没有影响，但使小雨的产流事件减少 60%。淤地坝通过改变流速、河流坡度和河床泥沙粒径等物理因素来改善河流的流动状态(Katopodi et al.，1992)。也有学者认为，淤地坝并不会使流域总的径流量减小，而是会增加地下水补给，将地表径流转变为沟道基流(Lenzi et al.，2002)。Price 等(2000)通过水文模型研究了西班牙东南部淤地坝对径流的影响，发现淤地坝坝地的径流入渗比例从 3%到 50%以上不等，这与淤地坝的有效蓄水量和沟道地质特性有关。

淤地坝对径流水动力特征的改变，也会造成其输沙特性的变化。Boix-Fayos 等(2008)通过 WATEM-SEDEM 模型模拟了西班牙南部流域的侵蚀产沙过程，发现在相同的土地利用情景下，修建淤地坝使流域产沙量减少 77%。也有学者认为，淤地坝会增加下泄径流的侵蚀能力，导致下游沟道侵蚀加剧，但是淤地坝坝址以上拦截的泥沙量要大于下游的侵蚀泥沙量(Castillo et al.，2007)。Boix-Fayos 等(2007)通过实地测量和遥感影像研究了淤地坝对沟道形态的影响，结果表明：淤地坝和植被恢复会降低水流含沙量，随着水流挟沙能力的增加，开始侵蚀淤地坝下游的局部地区，已经失去拦沙能力的淤地坝上游的淤积体也开始受到侵蚀。还有学者对淤地坝拦截的泥沙特征进行了研究，发现淤积泥沙粒径与流域坡度、植被和降雨特征显著相关，淤地坝具有明显的"淤粗排细"特征(Borja et al.，2018；Vaezi et al.，2017)。野外调查发现，梯级淤地坝不仅会对泥沙粒径组成产生影响，还会对淤地坝附近地貌改变和植被起较大作用(Bombino et al.，2008；Lenzi et al.，2003)。虽然淤地坝直接覆盖面积小，但其潜在影响巨大，对发挥农业和生态可持续性能具有重要作用(Agoramoorthy et al.，2008)。国外的梯级淤地坝类似黄土高原的淤地坝系，即淤地坝逐级对流域水文泥沙过程进行调控，但国外淤地坝尺寸远小于黄土高原淤地坝。黄土高原坝系一般包括小型坝、中型坝、骨干坝等不同级别、不同运行方式的淤地坝，增加了其复杂程度。

我国学者针对黄土高原淤地坝的地貌水文效应也开展了大量研究。陈晓征(2020)基于高精度数字高程模型(digital elevation model，DEM)分析了黄土高原典型淤地坝系对流域地形特征的影响，结果表明，淤地坝的修建提高了流域地形的总体平缓程度，降低了沟道纵比降，其中支沟关地沟的纵比降由 7.4%降低至 5.2%，减小了 30%。淤地坝改变了沟道形态，并降低了沟道泥沙连通性(张意奉，2019)。史学建等(2005)认为，淤地坝对所在沟道和小流域地貌演化具有系统性的影响，其拦截的泥沙提高了侵蚀基准，沟道洪水侵蚀能量降低调整了沟道比降。刘蓓蕾(2021)的研究结果表明，淤地坝通过拦沙淤地改变了地表形态，使侵蚀沟道由 V 型转变为 U 型，由"窄深式"转变为"宽浅式"。有关黄土高原淤地坝的地貌效应研究主要集中在淤地坝对流域沟道形态、地形地貌参数的影响，很少涉及地形地貌变化对流域水文泥沙过程的影响。

淤地坝对流域水文过程的影响主要表现在拦蓄地表径流和增加坝地入渗两个方面。众多研究结果表明，淤地坝明显减小了洪水总量和洪峰流量，并延缓了洪峰到达的时间，对径流过程具有显著的调控作用(Yazdi et al.，2018；Xu et al.，2013)。黄金柏等(2011)基于数值模拟分析了黄土高原小流域淤地坝系统的水收支过程，发现淤地坝系对水资源再分布有显著影响，主要表现在淤地坝减少了地表径流，增加了蒸发和入渗。Yuan 等(2019)通过分布式水文模型 MIKE SHE 评估了淤地坝对径流过程的影响，结果表明：淤地坝建设使位于黄土高原的王茂沟流域径流总量减少 58.67%、洪峰削减 65.34%，而且不同类型淤地坝在调控径流过程中发挥着不同作用。Wang 等(2021)通过水动力模型定量评估了淤地坝系对流域洪水特征的影响，结果表明：淤地坝系显著减小了洪峰流量和洪水总量，增加了淤地坝上游的径流入渗。曾杉(2018)通过模拟降雨试验研究了淤地坝对洪水洪峰的影响，发现洪水洪峰受到淤地坝蓄水量和沟道比降变化的共同影响，其中淤地坝蓄水量是影响洪峰的主要因素。还有研究者分析了不同淤积阶段淤地坝对流域洪水过程的影响。例如，段金晓(2019)通过分布式水文模型研究了不同淤积程度淤地坝对流域洪水动力过程的影响，发现随着坝地泥沙淤积深度的增加，淤地坝的削峰滞洪作用降低。黄土高原严重淤积的淤地坝系布局对流域洪水过程会产生影响，Tang 等(2020)发现不同布局的淤地坝系能降低 31%~93%的洪峰。综上分析可以看出，淤地坝系显著减小了洪水的洪峰和洪量，随着坝地泥沙淤积的增加，淤地坝的削峰滞洪作用逐渐减小，但淤满坝系对洪水仍然具有一定的削减作用。

淤地坝不仅对洪水过程具有明显的削减作用，而且对地下水有很好的补充作用。Tang 等(2019)采用基于物理过程的分布式水文模型(integrated hydrology model，InHM)模拟淤地坝系对水文过程的影响，结果表明，淤地坝系在不同时期显著改变了流域内的水分再分布，并影响地下水位。綦俊谕等(2010)通过双累积曲线法等统计方法得出，岔巴沟流域淤地坝等工程措施对流域年径流量的影响很小，减水作用仅 7%左右，淤地坝的修建使径流中的地下径流比例提高了 20%。宋献方等(2009)利用同位素技术研究了建坝流域地表水和地下水的转换关系，发现淤地坝减少了地下水排泄量，增加了地表水向地下水的转换量。降雨是黄土高原水蚀风蚀交错区坝地浅层地下水与基流的重要补给来源，当坝地整体地下水埋深小于 4m 时，大于 30mm 的降雨可以通过垂直入渗的方式直接补给地下水；当坝地上部地下水埋深小于 4m 且中部和下部地下水埋深大于 4m 时，降雨在坝地上部形成径流后，通过垂直入渗补给地下水，再通过横向渗流运动至下游(雍晨旭，2018)。

综上所述，国内外学者通过野外观测、实地测量、试验分析和数值模拟等多种方法对淤地坝的地貌水文效应进行了大量研究，揭示了修建淤地坝对沟道形态、流域地貌、植被等方面的影响，阐明了淤地坝对径流的调节作用，但是关于淤地坝坝地泥沙淤积引起的地形地貌变化对流域水文泥沙过程的影响、坝系对流域产汇流过程各个环节的影响还鲜为报道。

1.2.4 淤地坝减水减沙效益

黄土高原按照地貌单元一般可以划分为沟间地和沟谷地，其中沟谷地又可以划分为沟坡和沟床两个部分。沟谷是水力侵蚀和重力侵蚀综合作用的集中区，是流域泥沙的主要来源区，产沙量占流域总产沙量的 50%左右(蒋凯鑫等，2020)。淤地坝是黄土高原防治水土流失最主要的沟道措施，能够快速拦截径流泥沙，是对减少入黄泥沙贡献最大的水土保持措施。李靖等(1995)研究结果表明，淤地坝具有明显的拦沙减蚀作用，其减沙量占全部水土保持措施总减沙量的 60%~70%，是最直接有效的减沙措施。方学敏等(1998)系统分析了淤地坝的拦沙机理，认为淤地坝不仅拦蓄了高含沙水流，还降低了沟道纵比降。冉大川等(2013)采用"水保法"对黄河中游的河龙区间及泾河、北洛河、渭河等支流淤地坝的减水减沙作用进行了分析，结果表明，1970~1996 年河龙区间淤地坝的减水量和减沙量分别占水土保持措施总减水量和总减沙量的 59.3%和 64.7%；1970~1996 年河龙区间及泾河、北洛河、渭河流域淤地坝年均减沙量达 1.138 亿 t，可减少黄河下游淤积泥沙 0.285 亿 t，减少冲沙用水 22.8 亿 m³。淤地坝的减水减沙效益与淤地坝的规格、流域降雨和侵蚀产沙特征等因素密切相关。冉大川等(2004)认为，河龙区间淤地坝的配置比例保持在 2%左右，其减沙比例可以达到 45%以上。姚文艺等(2004)认为，流域水库和淤地坝控制面积占比超过 10%时，才能具有较为明显的减水减沙效益。冉大川等(2013)认为，流域大、中、小型淤地坝配置比例按 1∶3∶7 选取，可以实现流域持续减沙作用。

除了研究淤地坝减水减沙效益及其影响因素外，还有学者对淤地坝减水减沙作用的时效性进行了分析。许炯心(2004)运用大量实测资料对无定河流域淤地坝及其拦沙效应进行了研究，发现随着无定河流域原有淤地坝逐渐淤满失效，淤地坝的减沙效益出现明显的衰减。冉大川等(2006)的研究结果表明，河龙区间淤地坝的减水减沙作用随着淤地坝运行时间的增加不断下降，具有明显的时限性和非持续性。魏霞等(2007b)发现，由于 20 世纪 80 年代以后大理河流域新建淤地坝数量大幅减少，20 世纪 70 年代修建的淤地坝大部分淤满，1986～1999 年大理河流域的产沙量显著增加。刘晓燕(2017)系统总结了黄河流域淤地坝的减沙作用及其时效性，发现潼关以上淤地坝在 2007～2014 年实际年均拦沙量为 1.2526 亿 t，其中龙门以上为 0.976 亿 t；潼关以上坝地年均减蚀量为 0.145 亿 t，其中龙门以上为 0.119 亿 t；此外，当骨干坝淤积率达到 0.77、中小型淤地坝淤积率达到 0.88 时，淤地坝将会丧失拦沙作用。唐鸿磊(2019)认为，淤满淤地坝仍然能够持续发挥减沙作用，淤地坝在淤积量达到设计库容后，坝地的直接拦沙效率不会马上消失；在中低强度降雨条件下，淤地坝在失效前能形成约 24.30%设计库容的额外库容；在高强度降雨条件下，淤地坝在失效前能形成约 4.68%设计库容的额外库容。高海东等(2017)研究结果表明，淤满淤地坝可以使坝控流域的土壤侵蚀模数减小 10%，沟道水流流速减小 67%。淤满淤地坝能持续发挥减沙作用主要有以下 3 方面原因：①坝地占压了侵蚀剧烈的沟谷部分，被占压部分将不再产沙；②淤地坝抬高了侵蚀基准面，降低了侵蚀势能，减小了重力侵蚀发生的概率；③淤地坝改变了沟道水动力过程，减小了水流流速，降低了径流的侵蚀能量。

随着计算机技术和地理信息系统(geographic information system，GIS)的快速发展，水文模型和土壤侵蚀模型被广泛应用于淤地坝拦水拦沙效益的研究，并注重区分人类活动和气候变化的影响。杨启红(2009)通过分布式水文模型 SWAT 模拟了不同水土保持措施情景下的流域水沙过程，发现淤地坝在枯水年对径流的拦蓄率较大，且在所有措施(林草、梯田、淤地坝)中，淤地坝的面积最小，但拦截泥沙量最多。李二辉(2016)通过 SWAT 模型辨析了土地利用/覆被和坝库工程对皇甫川流域水沙变化的影响，结果表明：1999～2012 年人类活动对皇甫川流域径流量和输沙量减少的贡献率分别为 74.6%和 89.2%，其中坝库工程分别占人类活动引起径流量和输沙量减少的 65.7%和 69.4%。刘蕾等(2020)在 SWAT 模型的基础上开发了淤地坝水循环模块,模拟了不同建坝规模情景下流域径流过程,结果表明:随着淤地坝数量的增加,流域出口径流量明显减少;无坝情景比现状淤地坝情景的年径流量增加了 25%,新建 79 座骨干坝将使流域的年径流量比现状情景减少 75%。朱熠明(2020)基于 WEP-SED 模型模拟了湟水河流域水沙变化过程,发现变化期流域径流输沙量急剧减小,其中淤地坝对径流量减少的贡献率为 38.6%,对输沙量减少的贡献率为 27.1%。王光谦等(2006)基于分布式物理水沙模型"黄河数字流域模型"研究了淤地坝对流域径流和输沙的影响,研究结果表明:岔巴沟流域 1 级支毛沟上全部修建淤地坝可以拦截泥沙约 181.2 万 t,使得流域出口的输沙量从 214 万 t 减少至 66 万 t,使径流量从 512 万 m^3 减少至 168 万 m^3。刘卓颖(2005)基于清华大学开发的分布式水文模型 THIHMS-SW 模拟了岔巴沟 1979～1981 年天然状态和建坝状态两种情景下流域的水沙过程,发现淤地坝系的主要作用是削减洪峰和拦截泥沙,洪峰削减率为 63%～94%,拦沙率为 65%～95%,并得出适用于中小尺度流域的淤地坝减水减沙效益计算公式。

淤地坝具有明显的减沙作用,在减少入黄泥沙方面发挥了巨大作用。近年来,淤地坝对减少黄河泥沙的贡献率及土地利用变化条件下淤地坝的减沙效益成为研究的热点。植被恢复和淤地坝建设的减沙贡献还存在一些争议,厘清植被恢复和淤地坝的减沙贡献率关系到未来黄土高原的水土流失治理格局。2000～2012年,黄河潼关以上淤地坝年均拦沙减蚀量为 4.50 亿 t,其中年均拦沙量为 3.75 亿 t,减蚀量为 0.75 亿 t,淤地坝的拦沙减蚀作用对黄河泥沙减少的贡献率为 34%(李景宗等,2018)。Shi 等(2019)通过 SWAT 模型模拟了无定河流域的径流输沙过程,得出修建淤地坝使无定河流域径流量和输沙量分别减少了 12%和 11.7%,植被恢复使径流量和输沙量分别减少了 20.7%和 53.2%,同时认为植被恢复的减水减沙作用远大于淤地坝的作用。Zhao 等(2017)的研究结果表明,在不修建淤地坝的情景下,植被恢复引起的土地利用变化使皇甫川流域产沙量减少 31.4%;在没有土地利用变化的情景下,淤地坝的修建使流域产沙量减少了 51.9%,认为淤地坝的减沙效益大于植被恢复的减沙效益。国外学者研究了西班牙泰维利亚(Taibilla)流域淤地坝和造林的减沙效益,研究结果表明,淤地坝的减沙效益明显大于造林(Quiñonero-Rubio et al.,2016)。杨媛媛(2021)通过还原淤地坝淤积量,分析了淤地坝对大理河流域输沙减沙贡献率,发现人类活动是大理河流域输沙量减少的主要原因,随着植被恢复,淤地坝的拦沙量占人类活动减少输沙量的贡献率由 47.42%降至 31.04%。梁越等(2019)通过分析河龙区间退耕还林(草)前后淤地坝的拦沙特征,发现退耕后河龙区间淤地坝的拦沙模数呈减小趋势,认为未来河龙区间淤地坝建设规模应适当缩减,以免造成资源的浪费。

可以看出，国内外学者对淤地坝减水减沙效益的研究方法从基于数据统计、经验公式的水文水保法，逐渐发展为基于物理过程的分布式水文模型法，并在研究流域水沙变化过程中更加注重区分气候变化和人类活动的作用，以及不同水土保持措施对流域水沙减少的贡献率，但是有关淤积过程对淤地坝减水减沙效益的影响、土地利用变化条件下淤地坝减水减沙作用的研究还较少。

1.2.5 流域水文泥沙过程模拟

1. 水文模型研究进展

水文模型是用于描述水文物理过程的数学模型，为模拟流域水循环过程而构建，是水文科学研究的重要手段与方法之一(Tian et al., 1994)。水文模型的发展经历了 1850 年马尔瓦尼(Mulvaney)建立的推理公式、1932 年谢尔曼(Sherman)提出的单位线概念、1933 年霍顿(Horton)建立的入渗方程和 1948 年彭曼(Penman)的蒸发公式等。20 世纪 50 年代以前，水文模型大多用于计算某一个水文环节，这些研究为日后流域分布式水文模型的建立奠定了基础(Wang et al., 2016)。

20 世纪 60 年代以后，水文学家通过室内外试验等手段对水文循环的成因和变化规律进行了不断探索，并在对水文过程假设和概化的基础上，开发了很多简便实用的水文概念模型，如美国的斯坦福模型(Crawford et al., 1966)、萨克拉门托模型(Burnash et al., 1973)、美国农业部水土保持局(Soil Conservation Service)开发的 SCS 模型(Mockus, 1964)、欧洲的 HBV(Hydrologiska Byråns Vattenbalansavdelning)模型(Bergström, 1976)、日本的水箱模型(Sittner, 1976)和我国的新安江模型(赵人俊等, 1988)等。这些模型取得了较好的模拟效果，至今仍在水文预报、水资源规划、管理等方面发挥着重要作用。概念性水文模型对流域水文过程的物理基础进行概化，再结合水文经验公式，来近似地模拟流域水文过程(董艳萍等, 2008)。概念性水文模型多为集总式模型，通常将流域视作一个均质的模拟单元，并不考虑下垫面条件的空间异质性，不能很好地反映土地利用变化等对水文过程的影响(Previati et al., 2012)。

早在 1969 年，研究者就提出了求解水动力学偏微分物理方程的分布式水文模型"蓝本"，但受到计算手段的限制(Freeze et al., 1969)，直到 20 世纪 80 年代后期，随着计算机技术、遥感技术和地理信息系统等技术的发展，能够描述水文要素空间变异的分布式水文模型才得到了快速发展。分布式水文模型最明显的特征是与 DEM 结合，以偏微分方程计算水文循环物理过程，对水文循环的描述和结果输出均为分布式(叶守泽等, 2002)。与集总式水文模型相比，分布式水文模型能够考虑水文参数和过程的空间异质性，将流域离散成很多较小单元，水分在离散单元之间运动和交换。这种假设与自然界中下垫面的复杂性和降雨时空分布不均匀性产生的流域产汇流高度非线性特征是相符的，因此揭示的水文循环物理过程更接近客观事实，更能真实地模拟水文循环过程(徐宗学等，2010)。较为常见的分布式水文模型有欧洲的 SHE 模型、TOPMODEL 模型及美国的 SWAT 模型、SWMM 模型、VIC 模型等(Zhang et al.，2003)。

随着水文模型研究的不断发展，大量的分布式水文模型出现，但由于模型开发依赖的基础数据条件、结构原理及面向的目标对象不同等，各模型在功能和适用范围等方面均存在一定限制性。例如，TOPMODEL 模型是一个物理概念明确、结构简单、优选参数少的半分布式水文模型，以蓄满产流理论为基础，基于变动产流面积原理，通过土壤含水量来确定产流面积的大小和位置，并采用水量平衡和达西定律描述水文过程(李抗彬等，2015)。由于 TOPMODEL 模型提前假定蓄满产流模式，同时根据地形指数范围将流域划分为多个集总式单元，同一单元内无法反映其他地理信息，因此不适用于干旱和半干旱区的水文过程模拟，以及土地利用、人类活动对水文过程的影响研究(刘青娥等，2003)。美国农业部水土保持局开发的分布式水文模型 SWAT 广泛应用于流域径流泥沙对土地利用变化响应的模拟研究(Zhang et al.，2005)。SWAT 模型在子流域划分的基础上，进一步将流域细分为水文响应单元(hydrological response units，HRU)进行产流计算，经过子流域和河道的汇流演算，获得流域出口断面的径流过程(欧春平等，2009)。模型采用集总式方法对地下水进行模拟，并未采用分布式的水文参数和变量。SWAT 模型几乎可以模拟每一个水文过程，但不能准确模拟流域地下水水位变化，而且仅适用于长期水文过程模拟，不适用于场次暴雨洪水过程的模拟。SWMM 是基于物理机制的降雨径流模型，可用于模拟单一降雨事件或者连续降雨事件的径流量和水质，但模型主要应用于城市径流研究，且以暴雨径流模拟为主(刘春春，2018)。VIC 模型是华盛顿大学和普林斯顿大学共同开发的一个大尺度流域水文模型，能够描述流域主要的气象水文过程，但由于流域应用尺度相对较大，因此对次洪或日流量过程的模拟精度不够，在中小流域尺度的水文过程模拟方面存在一定的不足(屈海晨等，2015)。

MIKE SHE 模型是 20 世纪 90 年代由丹麦水利研究所(Danish Hydraulic Institute，DHI)在 SHE 模型基础上开发的分布式物理水文模型，涵盖了水文循环的主要过程，包括蒸发蒸腾、坡面流、非饱和流、地下水流、河道流，从单一的土壤剖面尺度到不同景观的大流域尺度，均有较好的适用性(Ma et al.，2016)。王盛萍(2007)基于 MIKE SHE 模型模拟了黄土高原吕二沟流域事件尺度和年尺度水文过程，发现模型对不同尺度水文过程模拟均具有较高的精度，并分析了气候变化和土地利用对流域水文过程的影响。袁水龙等(2018)在黄土丘陵沟壑区典型坝系小流域成功应用 MIKE SHE 模型模拟了场次暴雨洪水过程，分析了淤地坝系对小流域暴雨洪水的影响。夏露(2019)通过 MIKE SHE 模型模拟了黄土高原沟壑区砚瓦川流域日径流过程,分析了流域的水量平衡,计算了流域的绿水资源量。综上所述,MIKE SHE 模型可以较好地模拟黄土高原复杂的水文过程,涉及气候变化、土地利用、淤地坝系对水文过程影响等多个方面研究。MIKE SHE 模型除了应用于干旱半干旱地区,在湿润地区也有广泛应用。郑箐舟(2020)应用 MIKE SHE 模型分析了秦淮河流域城市化对蒸散发和地表径流过程的影响,评估了不同时期土地利用在不同时间和空间尺度上水文要素的动态变化。林波(2013)基于 MIKE SHE 模型模拟了三江平原挠力河流域水循环过程,率定期和验证期纳什效率系数均大于 0.65,模型很好地反映了土地利用变化对流域水量平衡的影响。

和其他模型相比,MIKE SHE 模型具有以下优势。首先,MIKE SHE 模型是一个完全分布式物理水文模型,几乎所有的水文过程都通过物理机制明确的数值方程进行描述,提前不设定产流模式,因此可以模拟不同气候和不同时间空间尺度的复杂水文过程。其次,MIKE SHE 构建模型框架时,各主要水文过程可以进行相互独立的时空尺度模拟运算,而且可以和水动力模型进行全过程耦合,通过水动力模型可以很好地描述水工建筑物对径流过程的影响。再次,MIKE SHE 模型能够有效耦合地表地下水文过程,这是一般水文模型不具有的优势。最后,模型操作应用灵活、方便,具有良好的可视化界面,得到了广泛应用。

2. 土壤侵蚀模型研究进展

土壤侵蚀是人们普遍关注的生态环境问题之一,不但会使土壤和养分流失,导致土壤生产力下降,而且造成河流水库的淤积及水质污染。土壤侵蚀模型是定量研究土壤侵蚀过程、预报水土流失、优化水土资源利用的有效工具,国内外学者对土壤侵蚀规律和模型进行了大量研究。现有的土壤侵蚀模型可以分为经验统计模型和理论模型两大类。

经验统计模型主要基于长期的统计观测数据,建立土壤侵蚀量与不同影响因子的回归关系。经验统计模型的建立为进一步深入理解土壤侵蚀机理奠定了基础。Wischmeier 等(1978)根据 10000 多个径流小区试验资料,提出了著名的通用土壤流失方程(universal soil loss equation, USLE)。由于该方程基本包含了影响坡面土壤流失的主要因子,并统一了侵蚀模型的形式,因此在世界各国得到广泛应用。USLE 模型主要应用于平原和缓坡地形区,只能预测面蚀、细沟侵蚀量,而不能计算沟蚀和沉积量(李辉等,2006)。因此,1985 年开始,美国农业部水土保持局开始对 USLE 模型进行修正,于 1997 年提出了修正通用土壤流失方程(revised universal soil loss equation, RUSLE)。RUSLE 模型引入了土壤侵蚀过程的概念,更仔细地考虑了影响土壤侵蚀的各个因子。我国学者在土壤侵蚀经验模型方面也开展了大量的研究。刘善建(1953)根据径流小区的观测资料,通过回归分析得到了坡面年侵蚀量的计算公式。左仲国等(2001)在考虑浅沟侵蚀影响的基础上,建立了沟间地侵蚀产沙计算公式，并通过修正估算了沟谷地侵蚀产沙量；该模型不仅考虑了黄土坡面特有的浅沟侵蚀类型，而且实现了土壤侵蚀模型与地理信息系统的结合。蔡强国等(2003)基于美国 USLE 模型，结合我国的水土保持实际提出了中国土壤侵蚀预报模型 CSLE。该模型将 USLE 中作物、水土保持措施两大因子修改为工程、植物和耕作三大水土保持措施因子，但并未考虑陡坡特有的浅沟侵蚀类型(张红娟等，2007)。

基于地理信息系统技术，结合坡面侵蚀经验模型和降雨径流模型，许多流域土壤侵蚀经验统计模型得到了发展。Young 等(1989)建立的农业非点源污染模型 AGNPS 将流域进行网格单元划分，通过 SCS 径流曲线法计算每一个网格单元的产流量，用 USLE 模型进行坡面侵蚀量计算，径流携带的泥沙按单元依次进行演算。SWAT 模型是美国农业部在 SWRRB(simulator for water resources in rural basins)模型的基础上，同时考虑径流泥沙汇聚过程并结合 GIS 建立的一个土壤侵蚀模型(徐小玲等，2008)。SWAT 模型将流域划分为若干个 HRU，各 HRU 内的侵蚀产沙量通过修正通用土壤流失方程计算，常采用简化的巴格诺尔德(Bagnold)方程计算河道的输沙能力(王祖正等，2010)。WaTEM/SEDEM(water and tillage erosion model and sediment delivery model)是比利时鲁汶大学在 RUSLE 模型的基础上，将 WaTEM 和 SEDEM 整合而成的，通过二维修正的 RUSLE 模型计算土壤侵蚀量，并认为输沙能力与细沟潜在侵蚀量成正比；如果侵蚀量低于输沙能力，泥沙将进入下一个栅格单元，反之泥沙会在该栅格内沉积(郑宝明，2003)。经过二维修正的 WaTEM/SEDEM 模型，不仅可以解释细沟间侵蚀和细沟侵蚀，还可以在一定程度上解释沟道侵蚀(郑宝明，2003)。国内外众多学者通过 WaTEM/SEDEM 分析了土地利用变化和淤地坝修建对流域产输沙过程的影响(Li et al., 2019; Pal et al., 2018; 韩其为, 2003)。上述模型均为面向流域的分布式侵蚀产沙模型，且具有一定的物理机制，但由于侵蚀模块多采用 RUSLE 模型计算，因此仍归于经验统计模型。

理论模型基于土壤侵蚀产沙物理过程建立，具有清晰的物理机制，但经常被过度参数化(胡春宏等，2006)。WEPP 模型是最早的基于物理过程的土壤侵蚀预报模型，模型采用 Green-Ampt 公式计算土壤入渗，采用运动波方程计算坡面水流运动，基于剪切力建立挟沙力公式，通过稳态的泥沙连续方程描述坡面侵蚀过程中的泥沙运动，是描述土壤水蚀相关物理过程最为复杂的模型(穆兴民等，2007)。欧洲的 EUROSEM 侵蚀模型在 KINEROS 模型的基础上对流域坡面和沟道进行了区分，对于雨滴溅蚀、细沟间和沟道侵蚀，分别独立计算土壤侵蚀和泥沙的不平衡输移过程(冉大川等，2000)。LISEM 模型详细描述了土壤侵蚀产沙过程的各个环节，能够较好地模拟土壤侵蚀过程，但该模型中的许多参数通常不容易获取，需要通过野外观测试验才能获得(冉大川等，2012)。GUEST 模型考虑了细沟对土壤侵蚀过程的影响，考虑了降雨和径流对新沉积土壤的二次分离和搬运。上述土壤侵蚀理论模型在土壤分离、泥沙输移沉积的动力学基础方面存在较大的差异，其中 WEPP 模型采用径流剪切力，EUROSEM 和 LISEM 模型采用单位水流功率，GUEST 模型则采用水流功率(韦洪莲等，2004)。我国学者在土壤侵蚀理论模型方面也开展了大量研究。张振克等(2008)基于侵蚀动力学原理，通过一维水动力模型与侵蚀基本方程耦合求解，得到了坡地土壤侵蚀数学模型。欧阳潮波(2015)根据黄土地区地形地貌和侵蚀产沙的垂直分带性规律，将流域划分为三个典型的地貌单元，分别进行水沙过程演算。

综上所述，土壤侵蚀模型的发展对于理解和预测土壤侵蚀过程、指导水土保持实践具有重要意义。学术界对于淤地坝在减少径流和泥沙流失方面的直接作用已经有了较为集中的研究，对于淤地坝系统预防沟道的潜在侵蚀、坝体结构和布局对水流和泥沙运动的影响，以及淤地坝对沟道水流能量转换和消耗的影响等方面的研究，尚须进一步深化。

1.3 研究区域概况

1. 黄河流域

本书研究区域为黄河流域潼关水文站以上区域，总面积约 72.4 万 km^2，占黄河流域面积的 91%。河源至内蒙古托克托县河口镇(控制站头道拐)为黄河上游，干流河道长 3472km，流域面积 42.8 万 km^2，是黄河径流的主要来源区(主要来自兰州以上地区)，来自兰州以上的径流量(1956~2016 年天然径流量)占全河的 66%。河口镇至郑州桃花峪(控制站花园口)为黄河中游，干流河道长 1206km，流域面积 34.4 万 km^2，该区域地处黄土高原地区，暴雨集中，水土流失严重，是黄河洪水和泥沙的主要来源区。其中，头道拐至潼关区间(简称"河潼区间")来沙量(1956~2016 年实测输沙量)占全河 89%。桃花峪以下为黄河下游，流域面积 2.3 万 km^2，该河段河床高出背河地面 4~6m，成为淮河和海河流域的分水岭，是举世闻名的"地上悬河"。因潼关站为黄河干流代表性水文站，控制流域面积 91%、径流量 90%、沙量近 100%，因此用潼关断面沙量代表黄河沙量。黄河流域地理位置见图 1-1。

2. 黄土高原

黄土高原地跨青海、甘肃、宁夏、内蒙古、陕西、山西和河南等省(自治区)，涉及黄河流域大部、海河流域和淮河流域局部，是我国乃至世界上水土流失最严重的地区之一，面积约 64 万 km^2。黄土高原地貌复杂多样，包括黄土丘陵沟壑区(简称"黄丘区")、黄土高塬沟壑区(简称"黄土高塬区")、林区和风

图 1-1 黄河流域地理位置

沙区等 7 个类型区。因地形、地貌和海拔等差异，黄丘区又细分为丘Ⅰ区、丘Ⅱ区、丘Ⅲ区、丘Ⅳ区和丘Ⅴ区 5 个副区(图 1-2)。在 7 大类型区中，黄丘区水土流失最严重，黄土高原区次之，是黄河主要产沙区重点涉及的研究地区。黄丘区和黄土高原区的地表物质均为黄土，二者在地貌上的最大差别在于地形：前者主要由梁峁坡、沟谷坡和沟(河)床组成，后者主要由平整的塬面和边壁几近垂直的深沟组成。

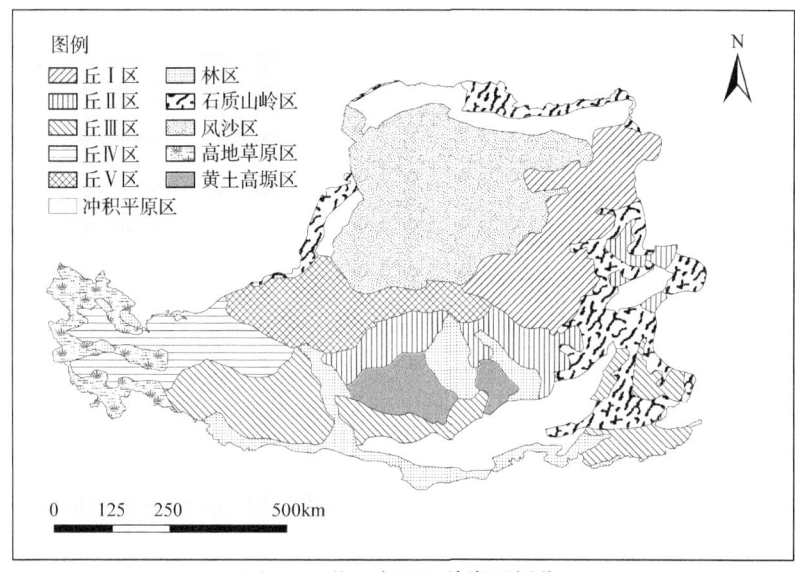

图 1-2 黄土高原地貌类型划分

3. 典型流域

本书基于区位代表性、数据可获得性等多方面考虑,在黄河流域潼关水文站以上筛选了不同地貌类型区的 10 个典型流域,开展流域水沙变化机理与趋势预测模型开发研究,详见表 1-1、图 1-3。

表 1-1 10 个典型流域与水文站

序号	流域	水文站	流域面积/km²
1	皇甫川	皇甫	3246
2	孤山川	高石崖	1276
3	窟野河	温家川	8706
4	秃尾河	高家川	3294
5	佳芦河	申家湾	1121
6	无定河	白家川	30261
7	延河	甘谷驿	5891
8	汾河	河津	39663
9	祖厉河	靖远	10700
10	清水河	泉眼山	14500

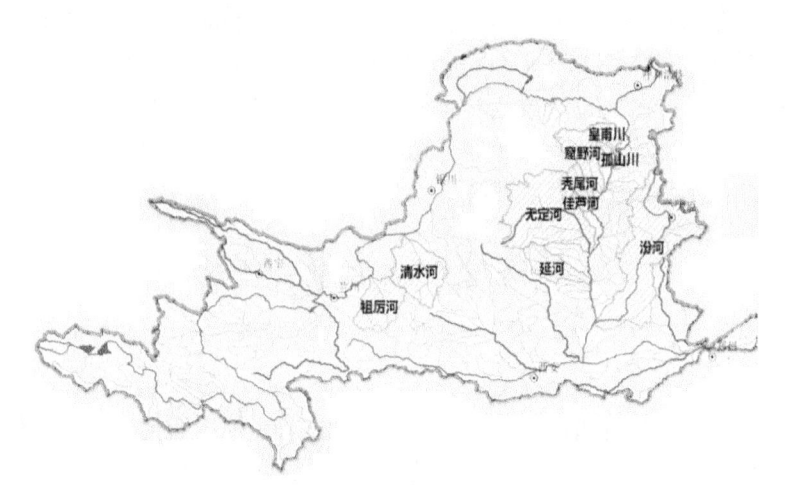

图 1-3 10 个典型流域

主要研究流域简况如下。

1) 皇甫川流域

皇甫川位于黄河中游北段、晋陕峡谷以北,是黄河一级支流,流域面积为 3246km²。皇甫川流域位于黄土高原东北部,东经 110.3°～111.2°,北纬 39.2°～39.9°。皇甫川上游段干流称为纳林川,源头位于准格尔旗以北的点畔沟附近,与十里长川汇合后称为皇甫川,沿途流经准格尔旗的沙圪堵镇和黄甫镇,最后在黄甫镇下川口汇入黄河干流。皇甫川(含纳林川)全长 137km。流域气候为温带半干旱大陆性气候,流域多年平均降雨量在 350~400mm。年内降雨主要集中在夏秋雨季(6~9 月),且强降雨发生概率大。就地质组成而言,皇甫川流域内母岩大多为砒砂岩或黄土,均为强度较低的岩体,易受风力、水力及重力侵蚀,形成地表沟壑。由于极端天气(干旱、暴雨)发生频率高,受地质特征、坡地耕种和不加节制的放牧等人类活动影响,皇甫川流域曾经遭受剧烈的水土流失和生态破坏,流域植被覆盖退化严重。

2) 窟野河流域

窟野河是黄河一级支流,发源于内蒙古南部鄂尔多斯沙漠地区,也称乌兰木伦河,最大支流悖牛川河发源于鄂尔多斯东胜区内,两河在陕西神木市区以北的房子塔汇合,以下称为窟野河。河流从西北流向东南,于神木市沙峁头村注入黄河。全河长 242km,流域面积 8706km^2,河道比降 3.44‰。陕西境内河长 159km,流域面积 4865.7km^2,河道比降 4.28‰。窟野河流域水土流失严重,洪枯流量的变幅很大,洪灾较为频发。

3) 无定河

无定河位于黄土高原与毛乌素沙漠的过渡地带(37°14′N~39°35′N,108°18′E~111°45′E),是黄河中游的重要支流,面积 3.0261 万 km^2,干流全长 491km。该流域属温带大陆性干旱半干旱气候类型,年平均降雨量为 491.1mm。该流域为河龙区间的主要产沙区,流域地形地貌主要分为沙地、河源涧地、黄土丘陵 3 个不同的类型区,土壤侵蚀十分严重。流域土地利用类型以农业用地、草地和荒漠为主,是全国水土流失重点治理区。

1.4 研究目标与研究内容

1. 研究目标

黄土高原沟道治理措施在减少入黄泥沙和减轻黄河下游河道泥沙淤积等方面发挥了积极作用。本书拟在多学科交叉的基础上,结合定位监测、数值模拟、同位素示踪及"3S"(全球定位系统(GPS),遥感(RS),地理信息系统(GIS))等技术手段,深入研究沟道工程对流域地表水文连通度及径流、泥沙通道的改变,分析沟道工程对洪水过程调峰消能的群体效应,揭示沟道工程对沟道产输沙的阻控机制;基于能量侵蚀动力学理论,阐明坡沟兼治条件下沟道工程不同级联方式对水沙汇聚能量流过程的调节机理,以及沟道泥沙侵蚀-输移-沉积的再分配过程;确定坝库淤满条件下淤地坝对流域水沙的阻控阈值,提出坝库淤满后的长效减蚀机制；阐明沟道工程减水减沙的"原地"效应、"异地"效应及其随空间尺度的变化规律，构建不同时空尺度沟道工程水沙阻控作用模拟方法，辨识沟道工程对流域水沙变化的贡献率。研究成果将为明确黄河流域水沙变化主要影响因素的耦合机理及其贡献率提供技术依据，为科学认识黄河流域水沙变化机理、实现水沙资源配置与高效利用、合理确定治黄方略提供科技支撑。

2. 主要研究内容

(1) 沟道工程水沙阻控作用机制及其群体效应：量化多时空尺度沟道工程水沙阻控作用的群体效应，揭示沟道工程对沟道产输沙的阻控机制，构建适用于多时空尺度的沟道工程水沙阻控群体效应计算模型。

(2) 沟道工程调峰消能机理与模拟：研究不同沟道工程级联方式下的沟道径流侵蚀能量的汇聚-耗散过程，分析径流侵蚀能量与输沙之间的响应关系，构建侵蚀能量与径流挟沙力之间的响应关系，揭示沟道工程的调峰消能作用机理，实现沟道工程级联方式对侵蚀能量流调节作用模拟。

(3) 沟道工程对流域泥沙输移-沉积过程再分配的作用机理：揭示不同沟道工程结构与级联方式作用下流域泥沙来源变化的时空演变规律，阐明沟道工程结构与级联方式对泥沙输移沉积的调节作用。

(4) 淤满条件下沟道工程对流域水沙的阻控效用与调控：研究强降雨条件下沟道工程措施运行特征及其对水沙输移的阻控作用，阐明不同降雨条件下坝库淤满后侵蚀动力与侵蚀能量的时空分布格局，明确坝系淤满条件下来水来沙的消能减蚀措施，提出沟道库坝群长效运行机制。

(5) 沟道工程调控流域水沙作用模拟与贡献率识别：分析与评价不同水沙调控模型的适用性和成果的合理性，阐明沟道工程减水减沙的"原地"效应、"异地"效应及其空间尺度变化规律，揭示沟道工程对流域水沙变化的贡献率。

参 考 文 献

蔡强国, 刘纪根, 2003. 关于我国土壤侵蚀模型研究进展[J]. 地理科学进展, 22(3): 142-150.

曹文洪, 胡海华, 吉祖稳, 2007. 黄土高原地区淤地坝坝系相对稳定研究[J]. 水利学报, 38(5): 606-610.

陈晓征, 2020. 基于高精度 DEM 的黄土淤地坝信息提取及特征分析[D]. 南京: 南京师范大学.

董艳萍, 袁晶瑄, 2008. 流域水文模型的回顾与展望[J]. 水力发电, 34(3): 20-23.

段金晓, 2019. 淤地坝不同淤积程度对水动力过程影响模拟研究[D]. 西安: 西安理工大学.

范俊健, 赵广举, 穆兴民, 等, 2022. 1956—2017 年黄河上游水沙变化及其驱动因素[J]. 中国水土保持科学(中英文), 20(3): 1-9.

方学敏, 万兆惠, 匡尚富, 1998. 黄河中游淤地坝拦沙机理及作用[J]. 水利学报, 29(10): 49-53.

高海东, 贾莲莲, 庞国伟, 等, 2017. 淤地坝"淤满"后的水沙效应及防控对策[J]. 中国水土保持科学, 15(2): 140-145.

郭晓佳, 周荣, 李京忠, 等, 2021. 黄河流域农业资源环境效率时空演化特征及影响因[J]. 生态与农村环境学报, 37(3): 332-340.

韩其为, 2003. 水库淤积[M]. 北京: 科学出版社.

胡春宏, 2014. 我国泥沙研究进展与发展趋向[J]. 泥沙研究, 39(6): 1-5.

胡春宏, 陈绪坚, 2006. 流域水沙资源优化配置理论与模型及其在黄河下游的应用[J]. 水利学报, 37(12): 1460-1469.

胡春宏, 张晓明, 2018. 论黄河水沙变化趋势预测研究的若干问题[J]. 水利学报, 49(9): 1028-1039.

胡春宏, 张晓明, 于坤霞, 等, 2023. 黄河流域水沙变化趋势多模型预测及其集合评估[J]. 水利学报, 54(7): 763-774.

胡春宏, 张晓明, 赵阳, 2020. 黄河泥沙百年演变特征与近期波动变化成因解析[J]. 水科学进展, 31(5): 725-733.

黄金柏, 付强, 桧谷治, 等, 2011. 黄土高原小流域淤地坝系统水收支过程的数值解析[J]. 农业工程学报, 27(7): 51-57.

蒋凯鑫, 于坤霞, 李鹏, 等, 2020. 砒砂岩区典型淤地坝沉积泥沙特征及来源分析[J]. 水土保持学报, 34(1): 47-53.

李二辉, 2016. 黄河中游皇甫川水沙变化及其对气候和人类活动的响应[D]. 杨凌: 西北农林科技大学.

李辉, 陈晓玲, 2006. 不同空间尺度下的土壤侵蚀模型研究进展[J]. 华中师范大学学报: 自然科学版, 40(4): 621-624.

李靖, 郑新民, 1995. 淤地坝拦泥减蚀机理和减沙效益分析[J]. 水土保持通报, 15(2): 33-37.

李景宗, 刘立斌, 2018. 近期黄河潼关以上地区淤地坝拦沙量初步分析[J]. 人民黄河, 40(1): 1-6.

李抗彬, 沈冰, 宋孝玉, 等, 2015. TOPMODEL 模型在半湿润地区径流模拟分析中的应用及改进[J]. 水利学报, 46(12): 1453-1459.

李勉, 杨剑锋, 侯建才, 等, 2008. 黄土丘陵区小流域淤地坝记录的泥沙沉积过程研究[J]. 农业工程学报, 24(2): 64-69.

李文文, 傅旭东, 吴文强, 等, 2014. 黄河下游水沙突变特征分析[J]. 水力发电学报, 33(1): 108-113.

李秀军, 田春杰, 徐尚起, 等, 2018. 我国农田生态环境质量现状及发展对策[J]. 土壤与作物, 7(3): 267-275.

梁越, 焦菊英, 2019. 黄河河龙区间退耕还林前后淤地坝拦沙特征分析[J]. 生态学报, 39(12): 4579-4586.

林波, 2013. 三江平原挠力河流域湿地生态系统水文过程模拟研究[D]. 北京: 北京林业大学.

刘蓓蕾, 2021. 黄土高原淤地坝建设与地形特征的响应关系研究[D]. 西安: 西安理工大学.

刘春春, 2018. 基于 SWMM 和 SCS 模型的清河流域径流模拟研究[D]. 西安: 西北大学.

刘革非, 于澎涛, 王彦辉, 等, 2011. 黄土高原泾河流域 1960—2000 年的年输沙量时空变化[J]. 中国水土保持科学, 9(6): 1-7.

刘颢, 张茂省, 冯立, 等, 2023. 榆林黄河中游粗泥沙区生态问题与生态格局构建[J]. 西北地质, 56(3): 58-69.

刘卉芳, 曹文洪, 王向东, 等, 2011. 基于混沌神经网络的流域坝系稳定性分析[J]. 水土保持通报, 31(3): 131-135.

刘蕾, 李庆云, 刘雪梅, 等, 2020. 黄河上游西柳沟流域淤地坝系对径流影响的模拟分析[J]. 应用基础与工程科学学报, 28(3): 73-84.

刘青娥, 夏军, 王中根, 2003. TOPMODEL 模型几个问题的研究[J]. 水电能源科学, 21(2): 41-44.

刘善建, 1953. 天水水土流失测验的初步分析[J]. 科学通报, 4(12): 59-65.

刘世海, 曹文洪, 吉祖稳, 等, 2005. 陕西延安黄土高原地区淤地坝建设规模研究[J]. 水土保持学报, 19(5): 127-130.

刘晓燕, 2017. 黄河近年水沙锐减成因[M]. 北京: 科学出版社.

刘晓燕, 王富贵, 杨胜天, 等, 2014a. 黄土丘陵沟壑区水平梯田减沙作用研究[J]. 水利学报, 45(7): 793-800.

刘晓燕, 杨胜天, 金双彦, 等, 2014b. 黄土丘陵沟壑区大空间尺度林草植被减沙计算方法研究[J]. 水利学报, 45(2): 135-141.

刘雅丽, 贾莲莲, 张奕迪, 2020. 新时代黄土高原地区淤地坝规划思路与布局[J]. 中国水土保持, (10): 23-27.

刘卓颖, 2005. 黄土高原地区分布式水文模型的研究与应用[D]. 北京: 清华大学.

龙翼, 张信宝, 李敏, 等, 2009. 陕北子洲黄土丘陵区古聚湫洪水沉积层的确定及其产沙模数的研究[J]. 科学通报, 54(1): 73-78.

穆兴民, 巴桑赤列, ZHANG L, 等, 2007. 黄河河口镇至龙门区间来水来沙变化及其对水利水保措施的响应[J]. 泥沙研究, 32(2): 36-41.

穆兴民, 赵广举, 高鹏, 等, 2020. 黄河未来输沙量态势及其适用性对策[J]. 水土保持通报, 40(5): 328-332.

牛越先, 2010. 山西省坝地土壤肥力质量评价[J]. 水土保持学报, 24(5): 262-265.

欧春平, 夏军, 王中根, 等, 2009. 土地利用/覆被变化对SWAT模型水循环模拟结果的影响研究[J]. 水力发电学报, 28(4): 124-129.

欧阳潮波, 2015. 河龙区间水库淤积特征及其对入黄泥沙的影响[D]. 杨凌: 西北农林科技大学.

潘彬, 2021. 黄河水沙变化及其对气候变化和人类活动的响应[D]. 济南: 山东师范大学.

綦俊谕, 蔡强国, 方海燕, 等, 2010. 岔巴沟流域水土保持减水减沙作用[J]. 中国水土保持科学, 8(1): 28-33, 39.

屈海晨, 胡艳阳, 刘晓东, 2015. 不同水文模型在滦河流域对比运用研究[J]. 海河水利, (1): 44-47.

曲绅豪, 周文婷, 张翔, 等, 2023. 黄河中游典型流域近60年水沙变化趋势及影响因素[J]. 水土保持学报, 37(3): 35-42.

冉大川, 李占斌, 罗全华, 等, 2013. 黄河中游淤地坝工程可持续减沙途径分析[J]. 水土保持研究, 20(3): 1-5.

冉大川, 李占斌, 张志萍, 等, 2010. 大理河流域水土保持措施减沙效益与影响因素关系分析[J]. 中国水土保持科学, 8(4): 1-6.

冉大川, 柳林旺, 赵力仪, 等, 2000. 黄河中游河口镇至龙门区间水土保持与水沙变化[M]. 郑州: 黄河水利出版社.

冉大川, 罗全华, 刘斌, 等, 2004. 黄河中游地区淤地坝减洪减沙及减蚀作用研究[J]. 水利学报, 35(5): 7-13.

冉大川, 吴永红, 李雪梅, 等, 2012. 河龙区间近期人类活动减水减沙贡献率分析[J]. 人民黄河, 34(2): 84-86.

冉大川, 左仲国, 上官周平, 2006. 黄河中游多沙粗沙区淤地坝拦减粗泥沙分析[J]. 水利学报, 37(4): 443-450.

史红玲, 胡春宏, 王延贵, 等, 2014. 黄河流域水沙变化趋势分析及原因探讨[J]. 人民黄河, 36(4): 1-5.

史学建, 彭红, 2005. 从地貌演化谈黄土高原淤地坝建设[J]. 中国水土保持, (8): 28-29.

宋献方, 刘鑫, 夏军, 等, 2009. 基于氢氧同位素的岔巴沟流域地表水-地下水转化关系研究[J]. 应用基础与工程科学学报, 17(1): 8-20.

唐鸿磊, 2019. 淤地坝全寿命周期内的流域水沙阻控效率分析[D]. 杭州: 浙江大学.

汪亚峰, 傅伯杰, 陈利顶, 等, 2009a. 黄土高原小流域淤地坝泥沙粒度的剖面分布[J]. 应用生态学报, 20(10): 2461-2467.

汪亚峰, 傅伯杰, 侯繁荣, 等, 2009b. 基于差分GPS技术的淤地坝泥沙淤积量估算[J]. 农业工程学报, 25(9): 79-83.

王光谦, 刘家宏, 2006. 数字流域模型[M]. 北京: 科学出版社.

王光谦, 钟德钰, 吴保生, 2020. 黄河泥沙未来变化趋势[J]. 中国水利, (1): 9-12, 32.

王国重, 梅亚东, 双瑞, 等, 2010. 豫西山区淤地坝泥沙淤积过程及流域产沙模型[J]. 武汉大学学报(工学版), 43(5): 558-561.

王盛萍, 2007. 典型小流域土地利用与气候变异的生态水文响应研究[D]. 北京: 北京林业大学.

王随继, 冉立山, 2008. 无定河流域产沙量变化的淤地坝效应分析[J]. 地理研究, 27(4): 811-818.

王晓燕, 陈洪松, 田均良, 等, 2005. 侵蚀泥沙颗粒中137Cs的含量特征及其示踪意义[J]. 泥沙研究, 30(2): 61-65.

王祖正, 孙虎, 延军平, 等, 2010. 基于ArcGIS的淤地坝土壤含水量空间变化分析[J]. 西北大学学报(自然科学版), 40(4): 721-724.

韦洪莲, 倪晋仁, 王裕东, 2004. 三门峡水库运行模式对黄河下游水环境的影响[J]. 水利学报, 35(9): 9-17.

魏霞, 李占斌, 李勋贵, 等, 2007a. 大理河流域水土保持减沙趋势分析及其成因[J]. 水土保持学报, 21(4): 67-71.

魏霞, 李占斌, 李勋贵, 等, 2007b. 基于灰关联的坝地分层淤积量与侵蚀性降雨响应研究[J]. 自然资源学报, 22(5): 842-850.

夏露, 2019. 基于绿水理论的砚瓦川流域生态水文过程对变化环境的响应[D]. 西安: 西安理工大学.

徐向舟, 2005. 黄土高原沟道坝系拦沙效应模型试验研究[D]. 北京: 清华大学.

徐小玲, 延军平, 梁煦枫, 2008. 无定河流域典型淤地坝水资源效应比较研究: 以辛店沟、韭园沟和裴家峁为例[J]. 干旱区资源与环境, 22(12): 77-83.

许炯心, 2004. 无定河流域侵蚀产沙过程对水土保持措施的响应[J]. 地理学报, 59(6): 972-981.

许炯心, 2010. 无定河流域的人工沉积汇及其对泥沙输移的影响[J]. 地理研究, 29(3): 394-407.

许炯心, 孙季, 2006. 无定河淤地坝拦沙措施时间变化的分析与对策[J]. 水土保持学报, 20(2): 26-30.

徐宗学, 程磊, 2010. 分布式水文模型研究与应用进展[J]. 水利学报, (9): 1009-1017.

薛凯, 杨明义, 张风宝, 等, 2011. 利用淤地坝泥沙沉积旋廻反演小流域侵蚀历史[J]. 核农学报, 25(1): 115-120.

杨启红, 2009. 黄土高原典型流域土地利用与沟道工程的径流泥沙调控作用研究[D]. 北京: 北京林业大学.

杨媛媛, 2021. 黄河河口镇—潼关区间淤地坝拦沙作用及其拦沙贡献率研究[D]. 西安: 西安理工大学.

姚文艺, 2019. 新时代黄河流域水土保持发展机遇与科学定位[J]. 人民黄河, 41(12): 1-7.

姚文艺, 焦鹏, 2023. 黄河流域水土保持综合治理空间均衡性分析[J]. 水土保持学报, 37(1): 1-7, 22.

姚文艺, 高亚军, 张晓华, 2020. 黄河径流与输沙关系演变及其相关科学问题[J]. 中国水土保持科学, 18(4): 1-11.

姚文艺, 茹玉英, 康玲玲, 2004. 水土保持措施不同配置体系的滞洪减沙效应[J]. 水土保持学报, 18(2): 28-31.

叶守泽, 夏军, 2002. 水文科学研究的世纪回眸与展望[J]. 水科学进展, 13(1): 93-104.

雍晨旭, 2018. 黄土区浅层地下水动态及其补给过程试验研究[D]. 杨凌: 西北农林科技大学.

袁水龙, 李占斌, 李鹏, 等, 2018. MIKE 耦合模型模拟淤地坝对小流域暴雨洪水过程的影响[J]. 农业工程学报, 34(13): 152-159.

曾杉, 2018. 相同降雨过程下洪水对不同流域地形响应的概化试验研究[D]. 西安: 西安理工大学.

张红娟, 延军平, 周立花, 等, 2007. 黄土高原淤地坝对水资源影响的初步研究: 以绥德县韭园沟典型坝地为例[J]. 西北大学学报(自然科学版), 37(3): 475-478.

张慧勇, 吴磊, 郭嘉薇, 等, 2023. 极端降雨条件下植被恢复流域结构和功能连通性间的关系[J]. 农业工程学报, 39(15): 104-114.

张信宝, 温仲明, 冯明义, 等, 2007. 应用 ^{137}Cs 示踪技术破译黄土丘陵区小流域坝库沉积赋存的产沙记录[J]. 中国科学 D 辑: 地球科学, 37(3): 405-410.

张信宝, 文安邦, 1999. 黄土高原侵蚀泥沙的铯-137 示踪研究[C]. 北京: CCAST "黄土高原生态环境治理"研讨会.

张祎, 2021. 小流域淤地坝淤积过程对坝地土壤有机碳矿化作用机制研究[D]. 西安: 西安理工大学.

张意奉, 2019. 黄土丘陵沟壑区小流域沟道泥沙连通性对沟道形态及降雨的响应[D]. 杨凌: 西北农林科技大学.

张振克, 陈云增, 田海涛, 等, 2008. 黄河流域水库拦截泥沙量的计算及泥沙分布特征[J]. 中国水土保持科学, 6(4): 20-23.

赵广举, 穆兴民, 田鹏, 等, 2021. 黄土高原植被变化与恢复潜力预测[J]. 水土保持学报, 35(1): 205-212.

赵人俊, 王佩兰, 1988. 新安江模型参数的分析[J]. 水文, (6): 4-11.

赵阳, 胡春宏, 张晓明, 等, 2018. 近 70 年黄河流域水沙情势及其成因分析[J]. 农业工程学报, 34(21): 112-119.

赵玉, 穆兴民, 何毅, 等, 2014. 1950—2011 年黄河干流水沙关系变化研究[J]. 泥沙研究, 39(4): 32-38.

郑宝明, 2003. 黄土丘陵沟壑区淤地坝建设效益与存在问题[J]. 水土保持通报, 23(6): 32-35.

郑箐舟, 2020. 秦淮河流域城市化对蒸散以及地表径流过程的影响[D]. 南京: 南京信息工程大学.

朱连奇, 史学建, 韩慧霞, 2009. 影响淤地坝建设的地理要素: 以黄河中游多沙粗沙区为例[J]. 地理研究, 28(6): 1625-1632.

朱熠明, 2020. 基于 WEP-SED 模型的湟水流域水沙过程分析[D]. 郑州: 华北水利水电大学.

左仲国, 董增川, 王好芳, 2001. 淤地坝系水资源系统分析模型研究[J]. 河海大学学报, 4(29): 81-83.

AGORAMOORTHY G, HSU M J, 2008. Small size, big potential: Check dams for sustainable development[J].

Environment: Science and Policy for Sustainable Development, 50(4): 22-35.

BELLIN N, VANACKER V, WESEMAEL B V, et al., 2011. Natural and anthropogenic controls on soil erosion in the Internal Betic Cordillera (Southeast Spain)[J]. Catena, (87): 190-200.

BERGSTRÖM S, 1976. Development and Application of a Conceptual Runoff Model for Scandinavian Catchments[M]. Norrköping: Sveriges Meteorologiska Och Hydrologiska Institut.

BOIX-FAYOS C, BARBERA G G, LOPEZ-BERMUDEZ F, et al., 2007. Effects of check dams, reforestation and land-use changes on river channel morphology: Case study of the Rogativa catchment (Murcia, Spain)[J]. Geomorphology, (91): 103-123.

BOIX-FAYOS C, DE VENTE J, MARTÍNEZ-MENA M, et al., 2008. The impact of land use change and check-dams on catchment sediment yield[J]. Hydrological Processes: An International Journal, 22(25): 4922-4935.

BOMBINO G, GURNELL A M, TAMBURINO V, et al., 2008. Sediment size variation in torrents with check dams: Effects on riparian vegetation[J]. Ecological Engineering, 32(2): 166-177.

BORJA P, MOLINA A, GOVERS G, et al., 2018. Check dams and afforestation reducing sediment mobilization in active gully systems in the Andean mountains[J]. Catena, 165: 42-53.

BURNASH R J C, FERRAL R L, MCGUIRE R A, 1973. A generalized streamflow simulation system: Conceptual modeling for digital computers[R]. US Department of Commerce, National Weather Service, and State of California, Department of Water Resources.

CASTILLO V M, MOSCH W M, GARCÍA C C, et al., 2007. Effectiveness and geomorphological impacts of check dams for soil erosion control in a semiarid Mediterranean catchment: El Cárcavo (Murcia, Spain)[J]. Catena, 70(3): 416-427.

CHEN X, AN Y, ZHANG Z, et al., 2020. Equilibrium relations for water and sediment transport in the Yellow River[J]. International Journal of Sediment Research, 36(2): 328-334.

CIARPIEA L, TODINI E, 2002. TOPKAPL: A model for the representation of the rainfall-runoff process at different scales[J]. Hydrological Processes, 16(2): 207-229.

CRAWFORD N H, LINSLEY R E, 1966. Digital simulation in hydrology: Stanford watershed model IV[R]. Department of Civil Engineering, University of California.

FREEZE R A, HARLAN R L, 1969. Blueprint for a physically-based, digitally-simulated hydrologic response model[J]. Journal of hydrology, 9(3): 237-258.

GAO P, DENG J, CHAI X, et al., 2017. Dynamic sediment discharge in the Hekou-Longmen region of Yellow River and soil and water conservation implications[J]. Science of the Total Environment, 578: 56-66.

GAO P, MU X, WANG F, et al., 2011. Changes in streamflow and sediment discharge and the response to human activities in the middle reaches of the Yellow River[J]. Hydrology and Earth System Sciences, 15: 1-10.

GHOBADI Y, PRADHAN B, SAYYAD G A, et al., 2015. Simulation of hydrological processes and effects of engineering projects on the Karkheh River Basin and its wetland using SWAT2009[J]. Quaternary International, 374: 144-153.

KATOPODI I, RIBBERINK J S, 1992. Quasi-3D modeling of suspended sediment transport by currents and waves[J]. Coastal Engineering, (18): 83-110.

LENZI M, COMITI F, 2002. Stream bed stabilization using boulder check dams that mimic step-pool morphology features in Northern Italy[J]. Geomorphology, (45): 243-260.

LENZI M, COMITI F, 2003. Local scouring and morphological adjustments in steep channels with check-dam sequences[J]. Geomorphology, 55(14): 97-109.

LI J, LIU Q, FENG X, et al., 2019. The synergistic effects of afforestation and the construction of check-dams on sediment trapping: Four decades of evolution on the Loess Plateau, China[J]. Land Degradation & Development, 30(6): 622-635.

LIU C, SUI J, WANG Z Y, 2008a. Changes in runoff and sediment yield along the Yellow River during the period from 1950 to 2006[J]. Journal of Environmental Informatics, 12(2): 129-139.

LIU Q, YANG Z, CUI B, 2008b. Spatial and temporal variability of annual precipitation during 1961-2006 in Yellow River basin, China[J]. Journal of Hydrology, 361: 330-338.

LU B, LEI H, YANG D, et al., 2020. Separating the effects of revegetation and sediment-trapping dams construction on runoff and its application to a semi-arid watershed of the Loess Plateau[J]. Ecological Engineering, 158: 106043.

MA L, HE C, BIAN H, et al., 2016. MIKE SHE modeling of ecohydrological processes: Merits, applications, and challenges[J]. Ecological Engineering, 96: 137-149.

MOCKUS V, 1964. National engineering handbook[R]. US Soil Conservation Service.

NIRAULA R, MEIXNER T, NORMAN L M, 2015. Determining the importance of model calibration for forecasting absolute/relative changes in streamflow from LULC and climate changes[J]. Journal of Hydrology, 522: 439-451.

PAL D, GALELLI S, TANG H, et al., 2018. Toward improved design of check dam systems: A case study in the Loess Plateau, China[J]. Journal of Hydrology, 559: 762-773.

POESEN J W A, HOOKE J M, 1997. Erosion, flooding and channel management in Mediterranean environments of southern Europe[J]. Rozhledy, 88(11): 682-686.

POLYAKOV V O, NEARING M A, 2004. Rare earth element oxides for tracing sediment movement[J]. Catena, (55): 255-276.

PREVIATI M, DAVIDE C, BEVILACQUA L, et al., 2012. Evaluation of wood degradation for timber check dams using time domain reflectometry water content measurements[J]. Ecological Engineering, (44): 259-268.

PRICE L E, GOODWILL P, YOUNG P C, et al., 2000. A data-based mechanistic modelling (DBM) approach to understanding dynamic sediment transmission through Wyresdale Park Reservoir, Lancashire, UK[J]. Hydrological Processes, 14(1): 63-78.

QUIÑONERO-RUBIO J M, NADEU E, BOIX-FAYOS C, et al., 2016. Evaluation of the effectiveness of forest restoration and check-dams to reduce catchment sediment yield[J]. Land Degradation & Development, 27(4): 1018-1031.

RAN Q, CHEN X, HONG Y, et al., 2020a. Impacts of terracing on hydrological processes: A case study from the Loess Plateau of China[J]. Journal of Hydrology, 588: 125045.

RAN Q, ZONG X, YE S, et al., 2020b. Dominant mechanism for annual maximum flood and sediment events generation in the Yellow River basin[J]. CATENA, 187: 1-11.

RUSTOMJI P, ZHANG X P, HAIRSINE P B, et al., 2008. River sediment load and concentration responses to changes in hydrology and catchment management in the Loess Plateau region of China[J]. Water Resources Research, 44(7): W00A04.

SHI P, ZHANG Y, REN Z, et al., 2019. Land-use changes and check dams reducing runoff and sediment yield on the Loess Plateau of China[J]. Science of the Total Environment, 664: 984-994.

SITTNER W T, 1976. WMO project on intercomparison of conceptual models used in hydrological forecasting[J]. Hydrological Sciences Journal, 21(1): 203-213.

TANG H, PAN H, RAN Q, 2020. Impacts of filled check dams with different deployment strategies on the flood and sediment transport processes in a Loess Plateau catchment[J]. Water, 12(5): 1319.

TANG H, RAN Q, GAO J, 2019. Physics-based simulation of hydrologic response and sediment transport in a hilly-gully catchment with a check dam system on the Loess Plateau, China[J]. Water, 11(6): 1161.

TIAN S, XU M, JIANG E, et al., 2018. Temporal variations of runoff and sediment load in the upper Yellow River, China[J]. Journal of Hydrology, 568: 46-56.

TIAN J L, ZHOU P H, LIU P L, 1994. REE tracer method for studies on soil erosion[J]. International Journal of Sediment Research, 9(2): 37.

VAEZI A R, ABBASI M, KEESSTRA S, et al., 2017. Assessment of soil particle erodibility and sediment trapping using check dams in small semi-arid catchments[J]. Catena, 157: 227-240.

WANG S, FU B J, PIAO S L, et al., 2016. Reduced sediment transport in the Yellow River due to anthropogenic changes[J]. Nature Geoscience, 9(1): 38-41.

WANG T, HOU J, LI P, et al., 2021. Quantitative assessment of check dam system impacts on catchment flood characteristics: A case in hilly and gully area of the Loess Plateau, China[J]. Natural Hazards, 105(3): 3059-3077.

WISCHMEIER W H, SMITH D D, 1978. Predicting rainfall erosion losses: A guide to conservation planning[R]. Washington D.C.: US Department of Agriculture Science and Education Administration.

WU Z , ZHAO D , SYVITSKI J P M , et al., 2020. Anthropogenic impacts on the decreasing sediment loads of nine major rivers in China, 1954—2015[J]. Science of the Total Environment, 739: 139653.

XU Y D, FU B J, HE C S, 2013. Assessing the hydrological effect of the check dams in the Loess Plateau, China, by model simulations[J]. Hydrology and Earth System Sciences, 17(6): 2185-2193.

YAZDI J, MOGHADDAM M S, SAGHAFIAN B, 2018. Optimal design of check dams in mountainous watersheds for flood mitigation[J]. Water Resources Management, 32(14): 4793-4811.

YAO H F, SHI C X, SHAO W W, et al., 2016. Changes and influencing factors of the sediment load in the Xiliugou basin of the upper Yellow River China[J]. Catena, (142): 1-10.

YOUNG R A, ONSTAD C A, BOSCH D D, et al., 1989. AGNPS: A nonpoint-source pollution model for evaluating agricultural watersheds[J]. Journal of Soil and Water Conservation, 44(2): 168-173.

YUAN S, LI Z, LI P, et al., 2019. Influence of check dams on flood and erosion dynamic processes of a small watershed in the Loss Plateau[J]. Water, 11(4): 834.

ZHAO G, KONDOLF G M, MU X, et al., 2017. Sediment yield reduction associated with land use changes and check dams in a catchment of the Loess Plateau, China[J]. Catena, 148: 126-137.

ZHANG X, ZHANG Y, WEN A, et al., 2003. Soil loss evaluation by using ^{137}Cs technique in the Upper Yangtze River Basin, China[J]. Soil and Tillage Research, 69: 99-106.

ZHANG X C, FRIEDRICH J M, NEARING M A, et al., 2001. Potential use of rare earth oxides as tracers for soil erosion and aggregation studies[J]. Soil Science Society of America Journal, 65(5): 1508-1515.

ZHANG X C, LI Z B, DING W F, 2005. Validation of the WEPP sediment feedback relationships using spatially distributed rill erosion data[J]. Soil Science Society of America Journal, 69(5): 1440-1447.

ZHENG H Y, MIAO C Y, WU J W, et al., 2019. Temporal and spatial variations in water discharge and sediment load on the Loess Plateau, China: A high-density study[J]. Science of the Total Environment, 666: 875-886.

第 2 章 植被/景观变化的水沙调节机制

2.1 坡沟系统不同植被格局的蓄水减沙效益

2.1.1 蓄水减沙效益计算方法

为研究植被变化的水沙调节机制，开展坡沟冲刷试验，在坡面不同位置设置草本植被带模拟坡沟系统的不同植被格局。坡沟冲刷试验系统包括坡面和沟道两部分，坡面部分长 8m，坡度 12°，沟道部分长 5m，坡度 25°。考虑在坡沟系统中布设五种草带空间配置方式，包括无植被的裸坡格局(植被格局 A)和从坡面底部向上布设连续 2m 植被带的有植被格局，分别是坡面下部(植被格局 B)、坡面中下部(植被格局 C)、坡面中上部(植被格局 D)、坡面上部(植被格局 E)，如图 2-1 所示。

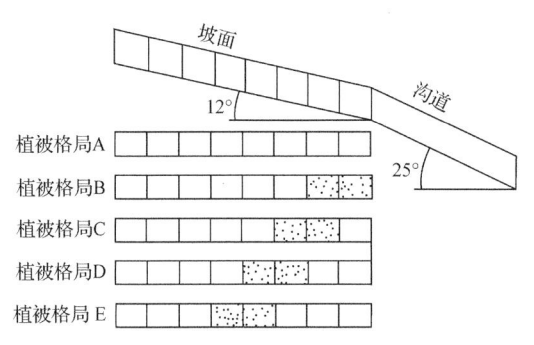

图 2-1 冲刷试验坡面植被布设位置示意图

将植被格局 A 条件下的径流总量和产沙总量作为参考值，其他植被格局条件下的径流总量和产沙总量与该参考值相比，计算对应格局的蓄水效益和减沙效益，其数学表达式如式(2-1)、式(2-2)所示：

$$R_\mathrm{w} = (W_\mathrm{A} - W_{xi})/W_\mathrm{A} \tag{2-1}$$

$$R_\mathrm{s} = (S_\mathrm{A} - S_{xi})/S_\mathrm{A} \tag{2-2}$$

式中，R_w 为各个植被格局的蓄水效益；W_A 为植被格局 A 条件下的径流量；W_{xi} 为植被格局 B、C、D、E 条件下的径流量；R_s 为各个植被格局的减沙效益；S_A 为植被格局 A 条件下的侵蚀产沙量；S_{xi} 为植被格局 B、C、D、E 条件下的侵蚀产沙量。

2.1.2 植被格局对坡沟系统侵蚀产沙调控作用

表 2-1 为不同植被格局条件下两次模拟降雨的蓄水减沙效益计算结果。由表 2-1 可以看出，不同植被格局的减沙效益大小依次为植被格局 C>植被格局 B>植被格局 D>植被格局 E，即坡面中下部>坡面下部>坡面中上部>坡面上部。不同植被格局的蓄水效益与减沙效益基本类似，大小依次为植被格局 C>植被格局 B>植被格局 E>植被格局 D，说明植被格局 E 的蓄水效益相对于植被格局 D 有所增加，与减沙结果正好相反。结果表明，植被格局 C 的蓄水效益和减沙效益是试验条件下不同植被格局中最优的。布设于坡面中下部位置的植被可以很好地发挥植被的水土保持功效，能够使坡面径流量和产沙量分别减少 7.35%和 62.93%。另外，试验观测结果发现，当植被布设于坡面中上部和上部时(植被格局 D 和植被格局 E)，坡沟系统的土壤侵蚀更为严重。

表 2-1 不同植被格局条件下两次模拟降雨的蓄水减沙效益计算结果

植被格局	A	B	C	D	E
蓄水效益	100%	−7.99%	7.35%	−27.88%	−11.45%
减沙效益	100%	12.68%	62.93%	−48.29%	−56.89%

表 2-2 为不同植被格局条件下两次模拟降雨的径流量均值和产沙量均值计算结果。由表 2-2 中的计算结果可以看出，在两次模拟降雨事件中，植被格局 C 下的蓄水效益和减沙效益均是最优的。在植被格局 C 下，与第 1 次降雨相比，第 2 次降雨的径流量均值增加了 7.00%，产沙量均值减小了 57.14%。与第 1 次降雨相比，不同植被格局条件下第 2 次降雨的径流量均值增加了 5%~37%，产沙量均值减小了 42%~82%。随着降雨场次的增加，径流量轻微增加而产沙量却急剧减小，这是因为试验条件下第 2 次降雨后细沟侵蚀的发育速度已经减缓并趋于成熟。植被的调控侵蚀作用可以在 $P<0.05$ 水平上显著影响着坡沟系统的径流过程与侵蚀产沙过程，使不同植被格局下的径流量和产沙量在 $P<0.05$ 水平上显著不同，在第 2 次降雨中更是如此。因此，一些植被格局下的草带布设具有较好的蓄水减沙功效，从而起到较好的减蚀效果。

表 2-2 不同植被格局条件下两次模拟降雨的径流量均值和产沙量均值

植被格局	径流量均值/(L/min)		产沙量均值/(kg/min)	
	第 1 次降雨	第 2 次降雨	第 1 次降雨	第 2 次降雨
A	8.62±0.22 b	11.24±0.36 b	2.35±0.38 b	1.36±0.10 a
B	9.04±0.34 b	12.40±0.24 ab	2.59±0.34 b	0.65±0.06 b
C	8.41±0.31 b	9.00±0.25 c	1.21±0.12 b	0.52±0.08 b

续表

植被格局编号	径流量均值/(L/min)		产沙量均值/(kg/min)	
	第1次降雨	第2次降雨	第1次降雨	第2次降雨
D	12.40±0.65 a	13.07±0.39 a	6.41±0.88 a	1.36±0.19 a
E	9.88±0.42 b	11.28±0.62 b	6.42±0.97 a	1.17±0.21 a

注：表中的数据格式为均值±标准误，数据后的不同小写字母表示差异显著（$P<0.05$），后同。

2.2 间歇性降雨对产流产沙过程的影响

2.2.1 坡沟系统产流产沙特征

表 2-3 为不同植被格局条件下两次降雨前的土壤含水量和土壤容重。图 2-2 为间歇性降雨植被格局 C 条件下坡沟系统的径流和产沙过程。径流初期即产流开始后的 10min 内，径流过程波动剧烈，径流量从 0.54L/min 增加至 8~10L/min 后保持稳定状态，径流量的变异系数 Cv 为 23.94%；产流历时 10min 以后的径流过程波动较小，趋于稳定，此时径流量的变异系数 Cv 为 10.26%。在整个降雨过程中，产沙量的变异系数 Cv 均超过 50%，表明侵蚀产沙过程波动剧烈。

表 2-3 不同植被格局条件下两次降雨前土壤含水量和土壤容重

降雨场次	植被格局									
	A		B		C		D		E	
	土壤含水量/%	土壤容重/(g/cm³)	土壤含水量/%	土壤容重/(g/cm³)	土壤含水量/%	土壤容重/(g/cm³)	土壤含水量/%	土壤容重/(g/cm³)	土壤含水量/%	土壤容重/(g/cm³)
第1次	21.70	1.39	17.66	1.21	20.40	1.29	19.10	1.26	19.08	1.24
第2次	25.80	1.40	23.20	1.32	22.70	1.42	26.67	1.33	22.56	1.38

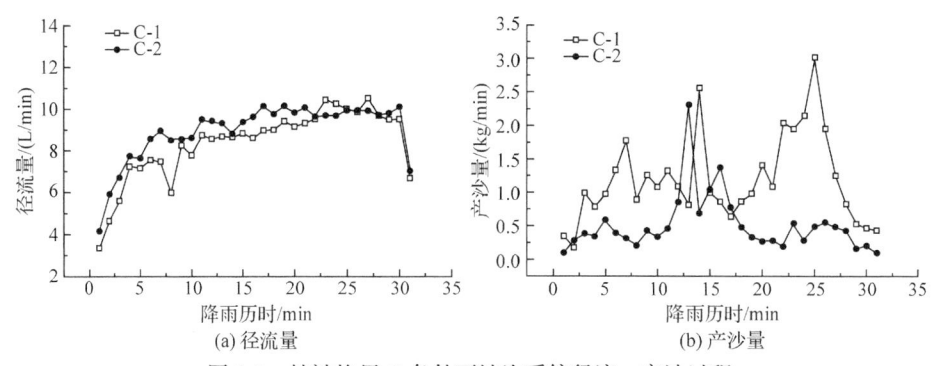

图 2-2 植被格局 C 条件下坡沟系统径流、产沙过程

图例中 C-1、C-2 分别表示植被格局 C 第 1 次降雨、第 2 次降雨，后同

表 2-4 为模拟降雨条件下植被格局 C 径流、产沙特征参数的变化情况。从表 2-4 可以看出，当径流过程处于稳定状态时，径流稳定时刻从 11min 缩短至

7min，并且稳定状态时的径流量变异系数减小；当产沙过程处于稳定状态时，产沙量的波动范围也逐渐减小。

表 2-4　模拟降雨条件下植被格局 C 的径流、产沙特征参数

降雨场次	径流			产沙		
	稳定时刻/min	稳定状态径流量均值/(L/min)	变异系数/%	波动范围/(kg/min)	稳定状态产沙量均值/(kg/min)	变异系数/%
第 1 次	11	10.79	9	0.17～3.02	1.19	54
第 2 次	7	12.35	8	0.10～2.31	0.51	84

2.2.2　坡沟系统入渗特征

降雨和下垫面性状决定了降雨产流和入渗之间的关系。通常用土壤入渗特征来评价土壤水源涵养作用和土壤抗侵蚀能力(谢燕燕等，2023；陶涛等，2022)。当下垫面性状(土壤质地、容重、植被覆盖等)发生改变时，入渗特征也随之改变。

图 2-3 为植被格局 C 条件下两场降雨过程坡沟系统入渗率随降雨历时的过程曲线。从图 2-3 可以看出，在两次降雨过程中，随着降雨历时的增加，入渗率均逐渐降低最后趋于平稳，第 1 次降雨时的入渗率及其波动幅度均稍大于第 2 次降雨。降雨历时 0～10min 时，入渗率曲线逐渐下降，历时 10min 以后，入渗过程波动较小且逐渐趋于稳定，这与前文径流过程呈现同样的波动趋势。入渗过程达到稳定状态时，第 1 次降雨过程的入渗率基本维持在 1.02～1.10mm/min，均值为 1.07mm/min；第 2 次降雨过程的入渗率基本维持在 1.04～1.09mm/min，均值为 1.05mm/min。说明土壤含水量和土壤容重随着降雨场次的增加而逐渐增加(表 2-3)，这在一定程度上减少了土壤入渗、增加了径流量。

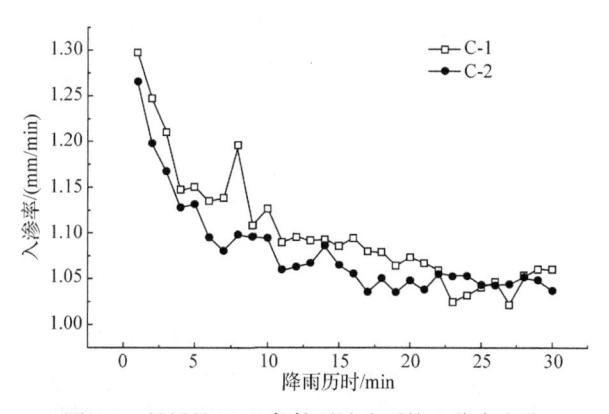

图 2-3　植被格局 C 条件下坡沟系统入渗率变化

总而言之，随着降雨场次的逐渐增加，径流量均值逐渐增加且稳定状态历时

逐渐缩短，径流过程逐渐趋于稳定。产沙量的波动范围虽然逐渐减小，产沙量均值也急剧减小，但是产沙量的波动状态依然存在。这主要是因为降雨场次的增加引起试验系统下垫面急剧改变，进而使试验条件下土壤物理特性和土壤结构发生了改变。从表 2-3 也可以看出，土壤含水量和土壤容重随着降雨过程的延续呈现逐渐增加趋势，土壤从比较干燥、松散的状态向潮湿、密实的状态发生转变，导致下垫面表面出现结皮现象；甚至随着降雨场次的增加，径流入渗率逐渐下降，土壤趋于饱和，径流历时逐渐缩短，径流量逐渐增加并且趋于稳定，径流量峰值出现的时刻逐渐提前。以上这些特征参数的变化表明，试验条件下密封效应和土壤结构趋于稳定和成熟，这与先前文献记载的土壤结构趋于稳定和成熟过程是径流和产沙趋于稳定过程的结论一致(蒲明芳等，2023；董敬兵等，2022)。

2.3 植被格局对产流产沙过程的影响

从表 2-2 可以看出，第 2 次降雨中各个植被格局草带的布设对径流量和产沙量在 $P = 0.05$ 水平上均有不同程度的影响。因此，本节以第 2 次降雨为例，研究不同植被格局条件下草带布设对径流量和产沙量的影响。

从表 2-2、图 2-4 和表 2-5 可以看出，在第 2 次降雨过程中，各个植被格局条件下产流初期的 0~10min 径流量快速增长，波动剧烈，处于未稳定状态；产流 10min 之后，径流过程线波动较小，趋于稳定。表明草带能够延缓径流达到稳定状态，对径流波动具有一定的抑制作用，但是对减少径流量的作用相对较弱。不同植被格局的产沙量均值存在显著差异，均具有较大的变异系数 Cv，说明一些草带的布设可以明显减少产沙量。因此，相比蓄水减沙效益而言，草带具备较好直接拦沙的水土保持功效，前期研究也证实了这一点。植被格局 D 和植被格局 E 下的产沙量相对较大，产沙过程波动相对剧烈。在试验条件下，植被格局 C 的侵蚀产沙波动范围最小，产沙量均值相对较小，表明植被格局 C 的草

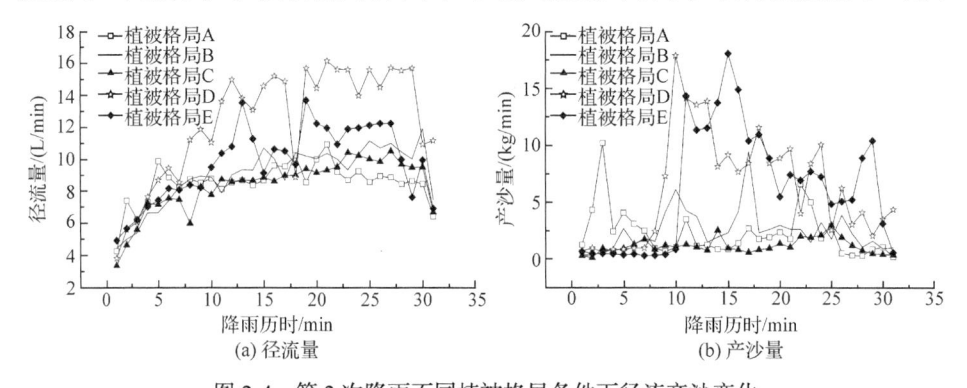

图 2-4 第 2 次降雨不同植被格局条件下径流产沙变化

带布设对泥沙具有良好的拦截作用,即在合适位置布设草带具有较好直接拦沙的水土保持功效。

表 2-5　第 2 次降雨条件下不同植被格局的径流、产沙特征参数

植被格局	径流				产沙		
	稳定时刻/min	径流量稳定值/(L/min)	变异系数/%		波动范围/(kg/min)	产沙量均值/(kg/min)	变异系数/%
			稳定前	稳定后			
A	6	12.05	29	4	0.26~2.52	1.36	41
B	5	12.82	18	5	0.16~1.70	0.64	54
C	7	12.35	23	5	0.10~2.31	0.52	83
D	6	13.80	37	4	0.11~4.67	1.36	77
E	9	12.89	31	18	0.07~4.95	1.17	98

一般来说,植被削减径流量峰值和产沙量峰值作用的强弱随坡面草带位置的变化而变化,并且不同植被格局之间的径流量和产沙量存在显著差异(常恩浩,2020)。总体上,将草带布设于坡面下部位置相比上部位置会发挥更大的削减径流量峰值和产沙量峰值作用。当草带布设于距离坡面顶部相对较远的位置,如植被格局 B 和植被格局 C 条件下的草带布设,如前所述,对泥沙具有更高的拦截效率,能发挥出更好的水土保持功效。相反,将草带布设于靠近坡面顶部位置时,如植被格局 D 和植被格局 E 条件下的草带布设,草带下部坡面底部存在大范围裸露区域,会有产生更多径流与泥沙的可能性。因此,草带布设在靠近坡面底部的位置会对径流、泥沙产生较大的影响,能够大大降低径流对沟道的侵蚀能力;相反,草带布设接近于坡面顶部,则对径流、泥沙的影响较小。

2.4　植被格局对径流流速的影响

径流流速是坡沟系统水动力过程的主导因素,影响土壤侵蚀和泥沙输移的过程(Luo et al., 2023; Ban et al., 2020)。为了进一步研究降雨因素和植被因素对坡沟系统侵蚀产沙过程的影响,本节测定了降雨过程中不同坡段内径流流速的沿程变化,用以描述径流流速的动态变化特征。

2.4.1　植被格局对坡沟系统径流流速的作用

当径流被坡面不同位置的草带拦截进入沟道后,径流流速随着草带位置变化而变化。两次模拟降雨下不同植被格局的沟道第一断面(水力断面 9)径流流速如

图 2-5 所示。从图 2-5 可知,与裸坡相比,植被格局 C 条件下的草带可以减少径流流速 46%,是试验条件下所有植被格局中沟道范围内断面径流流速的最小值。因此,植被格局 C 条件下草带减速效益是最优的,径流进入沟道的流速是最慢的,径流对沟道的侵蚀影响程度在试验范围内达到最低水平。植被格局 D 和植被格局 E 条件下进入沟道的径流流速远远大于裸坡,达到试验范围内的最大值。因此,植被格局 D 和植被格局 E 条件下的径流对沟道的侵蚀影响程度要远远强于裸坡。

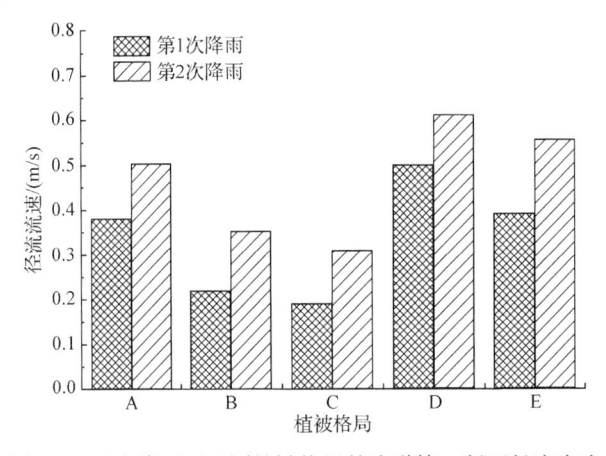

图 2-5 两次降雨下不同植被格局的沟道第一断面径流流速

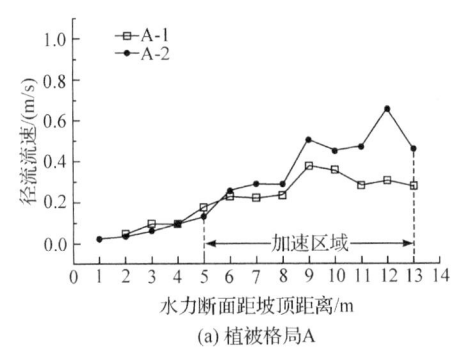

图 2-6 为两次降雨过程中不同植被格局条件下径流历时 15min 坡沟系统径流流速沿程变化。从图 2-6 可以看出,各植被格局下皆存在一个径流加速区域,在此区域内径流突然加速且一直处于较高水平。裸坡条件下,第 2 次降雨的径流流速大于第 1 次降雨的径流流速。当径流汇集在坡面(水力断面 4 和 5)时,该断面是径流的第 1 次加速位置,径流流速在此突然增大,表明坡面范围内存在径流加速区域,并且该断面位置的径流流速相对较快。随着水力断面与坡顶之间的距离逐渐增加,径流流速逐渐增加。当径流进入沟道后,沟道坡角从 12°增加到 25°,径流更为集中,径流流速获得最大的增长,径流流速进一步增加。

(a) 植被格局A

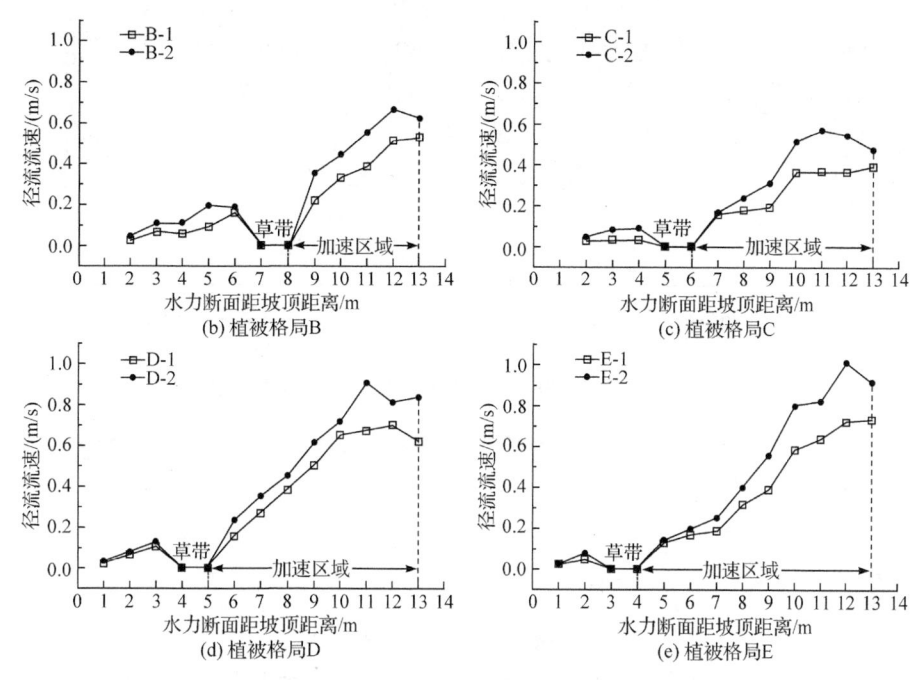

图 2-6　不同植被格局条件下坡沟系统径流流速沿程变化

2.4.2　坡沟系统中植被格局的缓流效应

本小节将植被格局 A 条件下各个水力断面处的径流流速作为参考值,将其他植被格局条件下对应断面处的径流流速与该参考值相比,计算出不同植被格局的减速效益,以比较不同植被空间配置方式对径流流速调控作用的强弱,其数学表达式如式(2-3)所示:

$$R_{\mathrm{V}i} = \frac{V_{\mathrm{A}i} - V_{\mathrm{x}i}}{V_{\mathrm{A}i}} \times 100\% \tag{2-3}$$

式中,$R_{\mathrm{V}i}$ 为各植被格局不同位置处的减速效益;$V_{\mathrm{A}i}$ 为植被格局 A 条件下不同位置处的径流流速;$V_{\mathrm{x}i}$ 为植被格局 B、C、D、E 条件下不同位置处的径流流速。

从图 2-6 可以看出,不同植被格局条件下坡沟系统的径流流速沿程变化整体趋势大体一致,第 2 次降雨条件下的径流流速明显大于第 1 次降雨,并且沟道范围内的径流流速要大于坡面的径流流速。由图 2-7 和图 2-8 可以看出,在两次降雨过程中,不同植被格局条件下的径流减速效益大小依次为植被格局 C>植被格局 B>植被格局 E>植被格局 D。

对于植被格局 C 和植被格局 B 而言,草带位于坡面相对靠下的部位,草带布设的位置刚好位于裸坡条件下径流流速的第 1 次加速位置(水力断面 4 和 5),降低了径流加速区域中的径流流速[图 2-6(b)和(c)];此时布设的植被充当"缓流

图 2-7　两次降雨过程中植被格局 B 和 C 条件下的径流减速效益

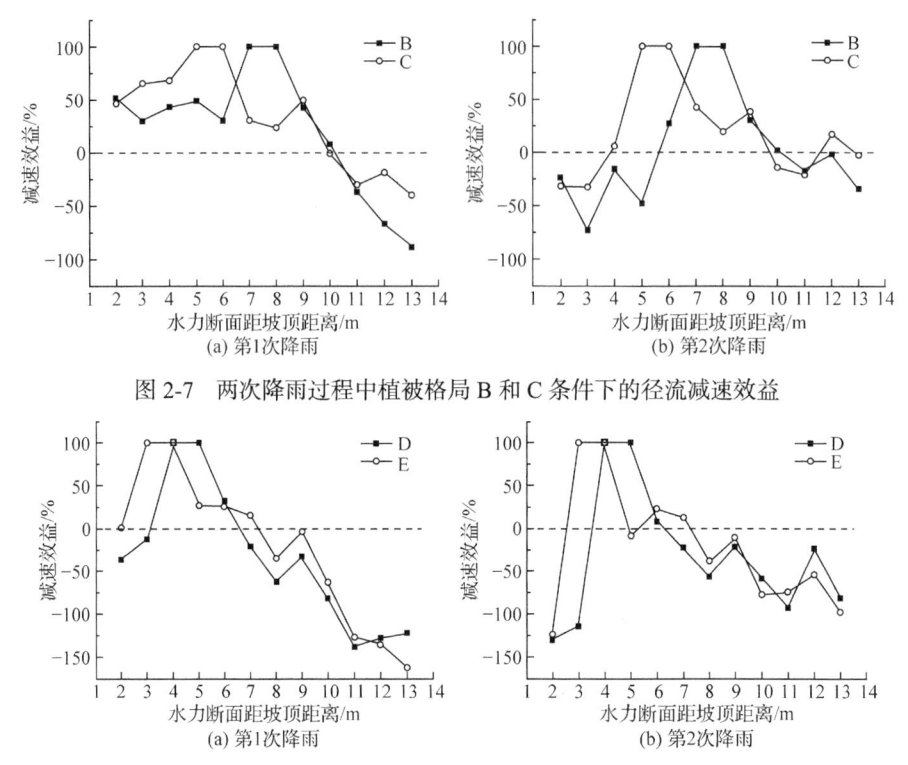

图 2-8　两次降雨过程中植被格局 D 和 E 条件下的径流减速效益

带",起到了一定的缓流效果。从图 2-7 可知,两次降雨过程中植被格局 B 和植被格局 C 条件下坡沟系统 70%区域范围内的减速效益为正值(水平虚线以上),且减速效益均值在 50%以上;表明草带对于径流流速起到了积极的减缓作用,且调控范围已经延伸到草带下部裸露的径流加速区域内,有效地抑制了径流流速在加速区域中的快速增长。另外,第 2 次降雨的减速效益相比第 1 次降雨有明显提升,表明随着降雨过程的延续、降雨历时的增加,植被的减速效益有所增强。植被格局 C 条件下的减速效益曲线明显高于植被格局 B,说明草带布设于坡面中下部与布设在坡面下部位置相比,能够更好地有效调控径流流速。因此,草带的布设能够有效抑制坡沟系统大范围区域内尤其是径流加速区域内径流流速的快速增长,大幅度降低径流流速和径流剥蚀率,进一步削弱了径流侵蚀能力。

对于植被格局 D 和植被格局 E 而言,草带位于坡面靠上的部位,草带以下的裸露区域直接与坡沟系统出口相连,为径流提供了更多的加速区域[图 2-6(d)和(e)],使得径流流速要大于植被格局 B、格局 C 甚至是裸坡。从图 2-6(d)和(e)可以看出,植被格局 D 和 E 条件下的径流加速区域大幅增加,从沟道一直延伸至坡面,使得径流流速快速增长,进而增强了径流侵蚀能力。从图 2-8 可以看出,两次降雨过程中植被格局 D 和植被格局 E 条件下径流加速区域(草带下部至坡沟系统出口的裸露区域)内的减速效益基本为负值,径流流速均有增加且数值很大,说明草带布设于坡面中部和中上部时,其调控径流流速的范围十分有限且调控作用较弱,甚至在一定程度上增加了径流流速,增大了径流侵蚀能力。因此,随着草带逐渐向坡面上部移动,加速区域逐渐上移,径流加速区域逐渐增大,导致径流流速和径流侵蚀能力大幅增加。这与草带下部的裸露区域和坡沟系统出口直接相连有关,导致更大的径流加速区域存在于草带下部;当草带布设于坡面中上部和上部时,会产生更为严重的径流侵蚀。此外,第 2 次降雨的减速效益相比第 1 次降雨有明显提升,表明随着降雨过程的延续、降雨历时的增加,植被的减速效益有所增强。

如前所述,并非将草带布设于坡面最底部,其植被调控侵蚀的效益就是最优的,这不仅与坡沟系统特殊的变坡结构有关,还与上方的水动力条件有关。在试验条件下,坡沟系统包括一个 8m 长的缓坡坡面和一个 5m 长的陡坡沟道,二者之间存在着坡度的变化。当草带种植于坡面中下部时(植被格局 C),草带正好布设于径流第 1 次加速位置,有效抑制了径流流速的快速增长。径流从草带即减速带流出后,在进入沟道之前经过了一段坡度较缓的坡面,在此过程中搬运了一部分泥沙;与植被格局 B 相比,径流进入沟道后含沙量相对较高,泥沙输移能力相对较弱。因此,植被格局 C 条件下的草带能够有效地分散和减少径流侵蚀功率,减缓了对沟道的侵蚀作用。当草带布设于坡面最底部时(植被格局 B),径流经减速带(草带)流出后直接进入沟道,相对陡峭的坡度变化使得径流更为集中;与植被格局 C 相比,径流流速快速增长,相对处于较高水平(图 2-5)。当径流被草带过滤后直接进入沟道,其径流含沙量与植被格局 C 相比较低,泥沙输移能力、侵蚀能力相对较高,加剧了对沟道的侵蚀。将植被种植于接近坡面最底部时,与布设于坡面中下部相比,由于径流挟沙力增加和径流加速过程的存在,植被调控径流和输沙的作用相对较弱,植被的蓄水减沙效益相对较低,从而草带的布设并未显著提高植被调控侵蚀的效果。

此外,径流加速区域超过一定范围时,坡沟系统的径流流速会大于其他植被格局甚至是裸坡,表明径流加速区域存在一个临界长度。在试验条件下,将植被格局 C 条件下坡沟系统出口至草带底部的距离(7m)定义为径流加速区域长度的临界值,即加速区域长度临界值为坡沟系统长度的 54%。坡沟系统出口至草带底部的距离小于等于该临界值时,如植被格局 B 和 C,草带的布设能够在一定程度上有效抑制径流流速的快速增长,加速区域内的径流流速较小,侵蚀能力较弱。大于该临界值时,如植被格局 D 和 E,加速区域长度已经达到坡沟系统长度的 69%,径流流速在加速区域内快速增长,一直处于较高水平,侵蚀能力得到增强,甚至超过裸坡时的径流流速。因此,本书将径流加速区域长度的临界值定义为坡沟系统下部长度的 54%。当径流加速区域长度小于该临界值时,植被对径流流速的调控作用明显；当径流加速区域长度大于该临界值时，植被对径流流速的调控作用很弱，甚至对减小径流流速起到一定的抑制作用。

2.5 不同退耕类型的侵蚀产沙的特征

2.5.1 不同植被演替阶段地上地下生物量特征

植被群落重要值综合反映了某一种植被在植被群落的生态地位(孙龙等，2023；谭斌等，2021)，重要值越大说明该植物种生态地位越高，对于研究较为复杂的植被群落能够起到指标归一化作用。

从图 2-9 可以看出，5 种演替阶段植被群落的重要值总和依次为铁杆蒿(108.9%)>达乌里胡枝子(78.7%)>茵陈蒿(71.7%)>白羊草(70.0%)>酸枣(44.8%)>猪毛蒿(32.7%)>沟羊茅(28.3%)>碱菀(26.6%)>狗尾草(18.7%)>蒲公英(11.8%)>曼陀罗(6.3%)>天门冬(3.8%)。一年生或二年生植被群落重要值总和为 129.4%，包括茵陈蒿、猪毛蒿、狗尾草和曼陀罗；多年生草本植物为 249.4%，主要有白羊草、铁杆蒿和沟羊茅等；小乔木与半灌木植物为 123.5%，主要是达乌里胡枝子和酸枣。由此可以说明，多年生草本植物是该地区植被恢复阶段的主要植物种。演替 1a 的植被群落中，一年生或二年生植被群落重要值较大；演替 11a 和 15a 的

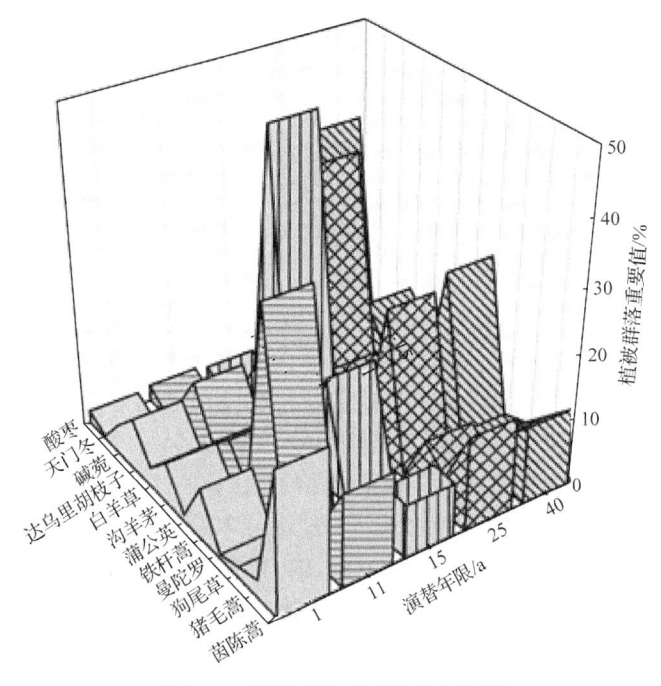

图 2-9 植被群落重要值分布特征

植被群落中,多年生草本植被群落重要值较大;演替 25a 和 40a 的植被群落中,半灌木和小乔木重要值较大。由此可以说明,植物群落演替前期,主要以一年生或二年生菊科植物为优势种,中期以多年生禾本科植物为优势种,后期以半灌木和小乔木植物为优势种。

从表 2-6 可以看出,在植被演替的 1~40a 中,物种数逐渐由 2.5 种/m² 增加到 4.5 种/m²;植株密度呈现先增大再减小后平稳的趋势,最大植株密度为演替 15a 时 135.50 株/m²,演替 25a 和 40a 时趋于平稳(34.67 株/m² 和 34.35 株/m²);植株的平均高度和由 25.25cm/m² 增加到 159.32cm/m²;地上植被生物量由 28.83g/m² 增加到 753.33g/m²;腐殖质量由 24.50g/m² 增加至 605.00g/m²。

表 2-6　植被群落地上生物量指标

演替年限/a	物种数/(种/m²)	植株密度/(株/m²)	平均高度和/(cm/m²)	地上植被生物量/(g/m²)	腐殖质量/(g/m²)
1	2.5	14.33	25.25	28.83	24.50
11	3.5	44.50	58.33	195.83	115.33
15	3.0	135.50	54.17	165.55	151.33
25	4.0	34.67	54.67	195.33	220.50
40	4.5	34.35	159.32	753.33	605.00

研究结果表明,在植被演替的 1~40a 中,根系生物量密度和根系直径随演替进行逐渐增大(图 2-10)。演替 40a 时,平均根系生物量密度达到最大值 10.80mg/cm³,平均根系直径达到最大值 0.65mm。根长密度和根条数随演替进行先增大再减小后平稳。演替 15a 时,平均根长密度达到最大值 7.72mm/cm³,平均根条数达到最大值 2.80 个/cm³。说明植被恢复初期,群落中的主要物种为一年生植物,其根系较为细长,随着植被演替发展,多年生植物逐渐占据主要地位,并且伴有半灌木和小乔木出现,相应根系生物量逐渐累积,根系直径逐渐变大。各演替阶段植被根

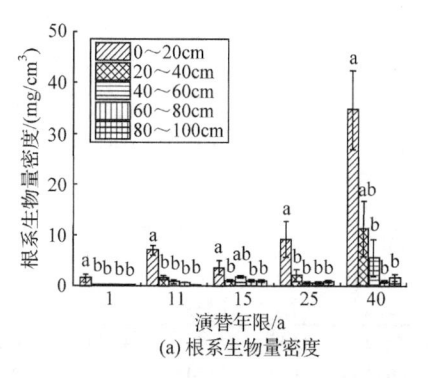

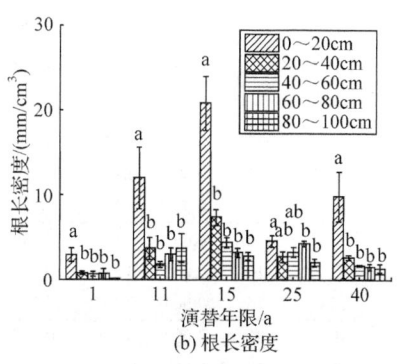

(a) 根系生物量密度

(b) 根长密度

(c) 根系直径　　　　　　　　　　(d) 根条数

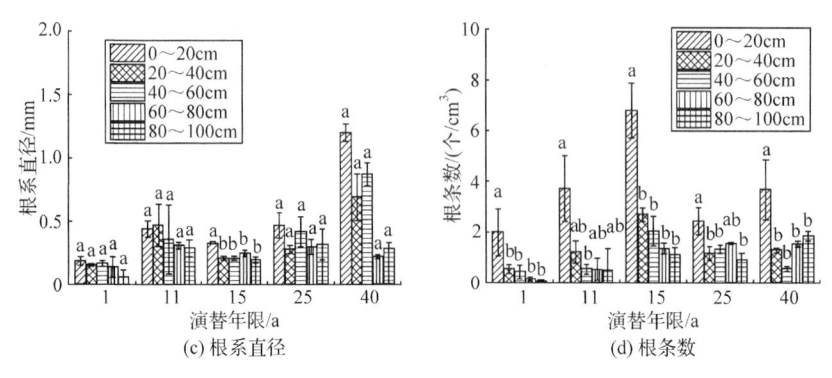

图 2-10　植被群落根系结构特征分布

系生物量密度、根长密度、根系直径和根条数均随土壤变深而减小，在不同的土层之间根系指标存在显著性差异($P < 0.05$)。

2.5.2　不同植被演替阶段坡面径流水动力特征

坡面植被群落土壤侵蚀主要受坡面径流的水动力特征和下垫面物质组成两方面作用影响(Yang et al., 2022)。整个实验过程中，径流流速范围为 0.078～0.266m/s (表 2-7)。植被演替的 1～15a 中，草本植物均为群落的优势种，不同冲刷流量条件下的径流流速范围为 0.203～0.266m/s；植被演替的 25～40a 中，灌木和小乔木逐渐成为群落优势种，不同冲刷流量条件下的径流流速范围为 0.078～0.180m/s。植被演替后期相比中前期，在冲刷流量分别为 4L/min、8L/min 和 16L/min 的条件下，径流流速分别降低了 52.37%、38.77%和 52.52%。这可以说明，坡面植被群落的自然恢复可以显著减小径流流速。

表 2-7　侵蚀过程中的水动力参数特征

演替年限/a	冲刷流量/(L/min)	水温/℃	径流深 h/m	径流宽 d/m	径流流速 v/(m/s)	雷诺数	弗劳德数	阻力系数 f	径流剪切力 τ/Pa	径流功率 P/[N/(m/s)]
1	4	8	0.002	0.124	0.238	409.455	1.567	0.462	3.318	0.788
	8	8	0.002	0.349	0.218	301.638	1.590	0.448	2.675	0.580
	16	8	0.001	0.282	0.211	689.693	1.581	0.463	4.686	1.327
11	4	22	0.001	0.241	0.211	290.719	1.838	1.007	2.099	0.442
	8	16	0.003	0.208	0.260	588.889	1.665	0.937	3.964	1.025
	16	14	0.003	0.358	0.266	676.453	1.553	0.909	4.742	1.256
15	4	18	0.002	0.159	0.256	432.667	1.950	0.770	2.861	0.725
	8	16	0.002	0.295	0.203	416.903	1.352	1.188	3.218	0.654
	16	16	0.004	0.338	0.238	751.111	1.278	1.338	4.954	1.178
25	4	22	0.003	0.156	0.146	464.339	0.847	4.432	4.336	0.628
	8	14	0.003	0.262	0.180	465.662	1.049	1.854	4.240	0.759

续表

演替年限/a	冲刷流量/(L/min)	水温/℃	径流深h/m	径流宽d/m	径流流速v/(m/s)	雷诺数	弗劳德数	阻力系数f	径流剪切力τ/Pa	径流功率P/[N/(m/s)]
25	16	16	0.007	0.371	0.110	670.753	0.430	12.554	9.457	1.038
40	4	17	0.005	0.189	0.078	346.970	0.362	21.792	7.611	0.589
	8	16	0.005	0.338	0.094	374.978	0.466	14.938	7.228	0.652
	16	16	0.006	0.412	0.115	636.482	0.467	11.767	9.693	1.108

阻力系数 f 可以表示下垫面对径流的抵抗力，通常阻力系数越大，水流克服阻力消耗的能量越多，从而产沙量越小。整个试验过程中，阻力系数变化范围为 0.448~21.792(表 2-7)。植被演替的 1~15a 中，不同流量条件下的平均阻力系数为 0.836；植被演替的 25~40a 中，不同流量条件下的平均阻力系数为 11.223。植被演替的 1~40a 中，坡面径流的平均阻力系数由 0.458 增大至 16.166，增大了 34 倍。通常情况下，水流流动时的剪切力越大，作用在土壤表层的有效剪切力就越大，坡面土壤侵蚀强度就越大。在整个试验过程中，径流剪切力随着冲刷流量的增大而增大。径流剪切力随着植被恢复年限(演替年限)增加也呈现出增加趋势。植被恢复的 1~40a 中，径流剪切力由 3.560Pa 增大至 8.177Pa。径流功率可以反映水动力特性对坡面侵蚀的综合影响。与径流剪切力的变化趋势相同，各植被群落坡面的径流功率基本随着冲刷流量增加而增大。演替 1a 的植被群落径流功率最大，为 0.580~1.327N/(m/s)；演替 40a 的植被群落径流功率最小，为 0.589~1.108N/(m/s) (表 2-7)。径流功率的这种变化是因为流量增加时，径流具有更大的冲刷力、更快的流速和更大的剪切力，同时更容易发生细沟侵蚀。

2.5.3 演替阶段植被侵蚀产沙特征

不同植被群落的黄土坡面产流总量和产沙总量差异较大(Feng et al., 2022)。在 4L/min、8L/min 和 16L/min 冲刷流量下，产流总量和产沙总量均随着植被演替的发展而显著减小(表 2-8)。植被演替 40a 相比 1a，在冲刷流量 4L/min、8L/min 和 16L/min 条件下，产流总量平均减小 71.60%、63.53%和 56.31%，产沙总量平均减小 94.06%、89.26%和 91.41%。从减流减沙的比例可以看出，随着冲刷流量的增加，植被恢复对削减水沙的作用有所降低。此外，将不同冲刷流量下的产流总量、产沙总量取均值，计算得出植被演替 1~40a 的产流总量平均减小 63.81%，产沙总量平均减小 91.58%。由此可以说明，黄土坡面植被的自然恢复对水蚀过程中减沙的贡献远大于减流。

表 2-8 不同冲刷流量和植被演替年限下的产流总量和产沙总量

冲刷流量/(L/min)	演替年限/a	产流总量/L	产沙总量/kg
4	1	109.59	2.02
	11	41.93	0.36
	15	93.96	0.56
	25	73.39	0.09
	40	31.12	0.12
8	1	202.80	2.70
	11	147.29	0.58
	15	194.07	0.73
	25	171.72	0.15
	40	73.97	0.29
16	1	459.57	10.83
	11	363.73	1.38
	15	407.50	0.99
	25	399.53	0.31
	40	200.78	0.93

当冲刷流量为 16L/min 时，演替 1a 的植被群落土壤侵蚀速率最大，达到 1.35g/(m²·s)，最小土壤侵蚀速率为演替 25a 植被群落在 4L/min 冲刷流量下的 0.01g/(m²·s)，演替 40a 植被群落次之，为 0.02g/(m²·s)(图 2-11)。同一冲刷流量

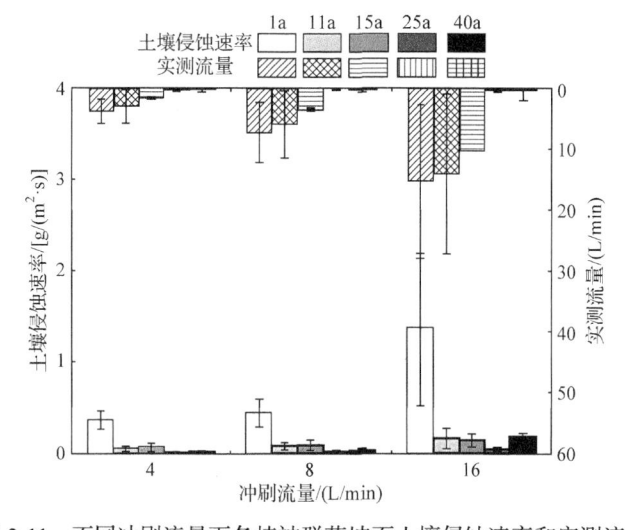

图 2-11 不同冲刷流量下各植被群落坡面土壤侵蚀速率和实测流量

下,演替 1~40a,土壤侵蚀速率平均降低 89.40%,这说明黄土高原区植被恢复对于减小坡面径流在黄土坡面的侵蚀速率具有明显作用。

2.6 流域尺度植被对水沙变化的作用

2.6.1 黄土高原典型流域土地利用变化

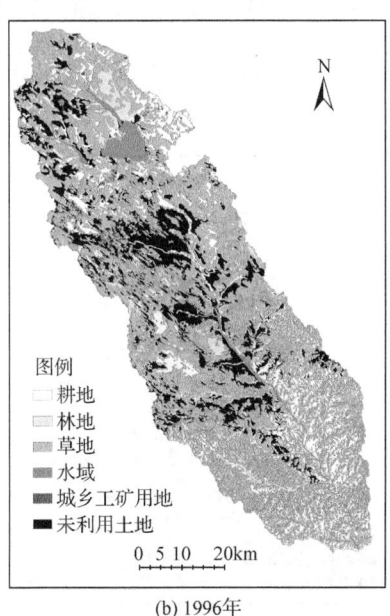

图 2-12 为 1985~2010 年秃尾河流域土地利用年际变化。秃尾河控制流域面积为 4503.4km^2,其中面积占比最大的景观为草地(38.1%~53.5%),其次为未利用土地(23.1%~37.9%)。1985~2010 年,流域内未利用土地面积变化最剧烈,减少了 12.5%。25 年间有 35.2%(453.9km^2)的未利用土地转化为草地,其中仅 1985~1996 年就有 67.3%(512.9km^2)的未利用土地转化为草地。另外,有 34.8km^2 的耕地退耕为林地、草地,变化最剧烈的依然是 1985~1996 年(变幅为 35.4km^2)。林地发生转移的面积占比最小,仅有 5.5%的林地转化为其他景观,这也可以从其每个阶段占全部控制面积的比例都维持在 5.4%~5.5%看出。

图 2-13 为 1985~2010 年孤山川流域土地利用年际变化。孤山川控制流域面积为 1263.1km^2,其中草地面积占比最大(61.0%~62.6%),其次为耕地(30.4%~32.5%),未利用土地面积占比最小,仅为 0.04%~0.08%。1985~2010 年,耕地和未利用土地面积逐渐减少,林地、草地和城乡工矿用地面积增加,水域面积在浮动中保持稳定;各景观中面积变化最大的为耕地,共计 52.9km^2 转化为其他景

(a) 1985年   (b) 1996年

(c) 2000年　　　　　　　　　　　　　　(d) 2010年

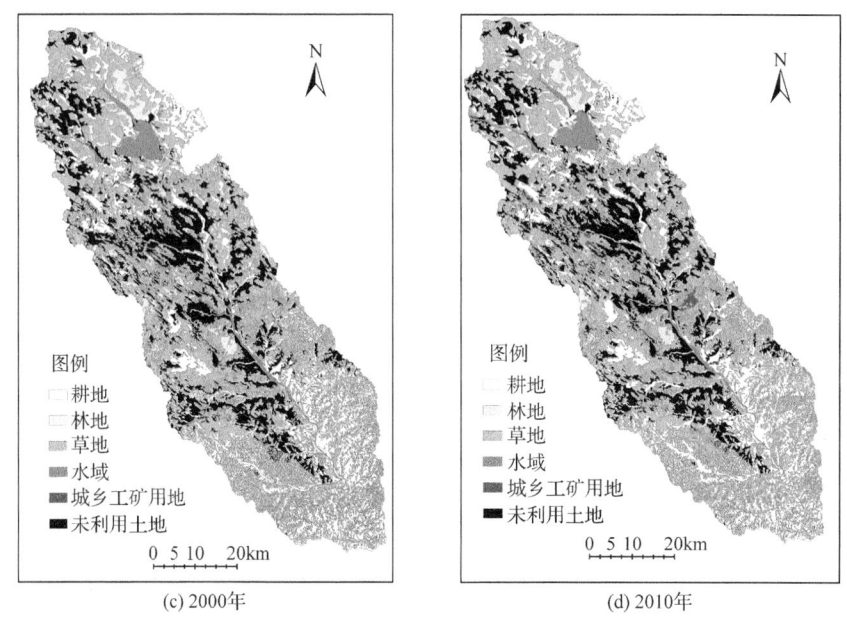

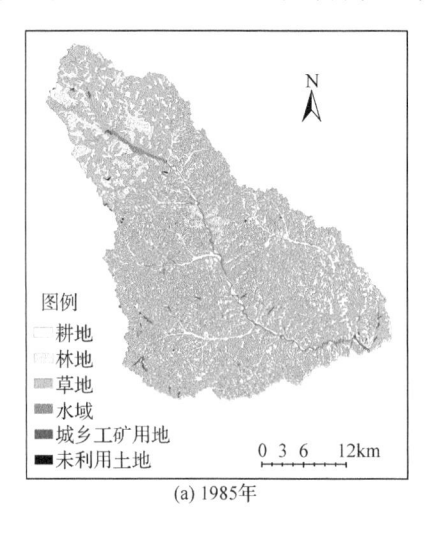

图 2-12　1985～2010 年秃尾河流域土地利用年际变化

观，仅在 2000～2010 年就有 49.8km² 的耕地转化为林地、草地；相对转移率最大的是未利用土地，共有 52.0%的未利用土地转化为其他景观。2000～2010 年的毁林开荒和退耕还林还草是各景观间转移面积较大的原因。

2.6.2　黄土高原典型流域景观格局变化

1985 年、1996 年、2000 年、2010 年四个时期秃尾河和孤山川流域景观格局指数如表 2-9 所示。秃尾河流域最大斑块指数(LPI)指数年际变化最大，变异系数

(a) 1985年　　　　　　　　　　　　　　(b) 1996年

(c) 2000年   (d) 2010年

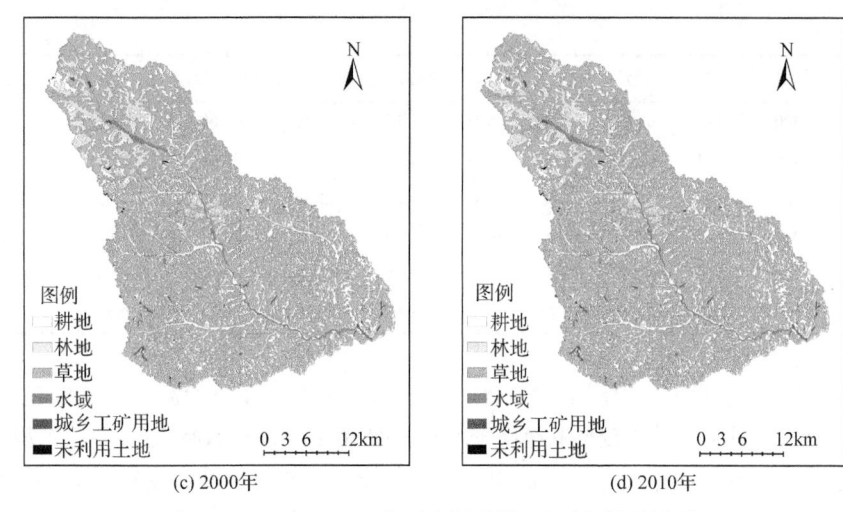

图 2-13 1985~2010 年孤山川流域土地利用年际变化

Cv 为 27.29%，属中等变异，秃尾河流域其余指数及孤山川流域各景观格局指数均属弱变异。方差分析(ANOVA)得到两流域景观格局指数变异系数无显著差异，即各景观格局指数相对变化幅度相差不大。秃尾河流域斑块数(NP)减小，凝聚度指数(COHESION)和聚集度(CONTAG)增加，这意味着相同景观类型的斑块经过物种迁移或其他生态过程逐渐融合，形成了较好的连接性。最大斑块指数(LPI)的增加也证明了这一现象。另外，景观形状指数(LSI)减小，表明越来越多的斑块受到人为活动干扰，形成了规则简单的斑块形状，这使边缘面积分维数(PAFRAC)和斑块密度(PD)呈现缓慢减小的情况。由土地利用特征转移矩阵可知，1996 年各景观类型转移面积最大，形成了相当一部分面积的草地景观，因此 1996 年香农多样性指数(SHDI)最小。孤山川流域 LPI、分割度(DIVISION)均在中等偏上水平，景观优势斑块的优势度、分割度和聚集度等均处于中等偏上水平；LSI 较大也说明斑块形状较为复杂；COHESION 均接近 100，即斑块与相邻斑块类型的空间连接度非常高；SHDI 均达到 0.85，说明研究区内土地利用丰富，且各斑块类型分布状况相对均衡。1985~2010 年各景观格局指数相对稳定，SHDI 有不同程度增加，说明孤山川流域内景观多样性和聚集度逐渐增加，整体向好。总之，由于人为活动对流域的影响越来越大，景观类型趋于规则、高连通和高度聚集的方向发展。

表 2-9 流域景观格局指数年际变化特征

流域	年份	NP	PD	LPI	LSI	PAFRAC	CONTAG	COHESION	DIVISION	SHDI
秃尾河	1985	1393	0.31	20.30	36.48	1.60	36.47	97.79	0.91	1.32
	1996	1332	0.30	41.04	35.32	1.58	39.82	98.72	0.80	1.24

续表

流域	年份	NP	PD	LPI	LSI	PAFRAC	CONTAG	COHESION	DIVISION	SHDI
秃尾河	2000	1343	0.30	37.39	36.16	1.58	38.46	98.60	0.83	1.27
	2010	1340	0.30	34.03	35.94	1.57	38.36	98.44	0.86	1.27
孤山川	1985	938	0.74	61.00	37.14	1.68	53.34	99.18	0.62	0.89
	1996	909	0.72	62.50	36.34	1.69	55.22	99.21	0.61	0.85
	2000	959	0.76	60.81	37.27	1.69	53.07	99.17	0.63	0.89
	2010	928	0.74	61.79	35.73	1.68	52.59	99.14	0.62	0.91

两流域对比可知，秃尾河流域 PD、LPI、PAFRAC、CONTAG 和 COHESION 均比孤山川流域小，说明较小的斑块密度及面积(由 LPI 反映)导致分维数、景观聚集度和连通度均较低。相应地，孤山川流域中各类斑块的复杂性和变异性小于秃尾河流域，即空间异质性和 DIVISION 相对较小。另外，系统结构的复杂组成使得秃尾河流域土地利用类型较为丰富，破碎化程度也较高，因此 SHDI 大于孤山川流域。

2.6.3 黄土高原典型流域景观格局对水沙变化的影响

流域内水土流失过程中向水体输出的径流和泥沙受控于景观阻滞的空间格局，景观格局指数则综合了景观的阻滞能力及地理位置，反映了其水土流失的潜在危险(刘晓君，2016)。为了进一步研究景观格局对水沙的影响，对数据进行皮尔逊(Pearson)相关分析，结果发现景观格局指数与年径流量和年泥沙量显著相关，详见表 2-10。

表 2-10 景观格局指数与水沙关系

因变量	自变量	回归方程	R^2	显著性
年径流量	PD	−4.457PD+5.010	0.916	0.003**
	SHAPE_AM	−0.1352SHAPE_AM+3.982	0.868	0.007**
	CONTAG	−0.113CONTAG+8.191	0.738	0.028*
	COHESION	−0.717COHESION+71.936	0.773	0.021*
	SHDI	3.312SHDI−3.361	0.930	0.002**
	SIDI	9.788SIDI−5.135	0.914	0.003**
	SHEI	12.280SHEI−4.937	0.934	0.002**
	SIEI	9.808SIEI−5.588	0.916	0.003**
年泥沙量	CONTAG	−0.006CONTAG+0.474	0.693	0.040*
	COHESION	−0.043COHESION+4.294	0.760	0.024*

注：SHAPE_AM 表示面积加权平均形状指数；SIDI 表示辛普森多样性指数；SHEI 表示香农均匀度指数；SIEI 表示辛普森均匀度指数；*表示 Pearson 相关性在 0.05 水平显著；**表示 Pearson 相关性在 0.01 水平显著。

从表 2-10 可以看出，更多的景观格局指数与年径流量呈显著($P < 0.05$)或极显著($P < 0.01$)相关，当 PD、SHAPE_AM、CONTAG、COHESION 越大时，年径流量越小，而与景观多样性相关的指数 SHDI、SIDI、SHEI 和 SIEI 均与年径流量呈极显著正相关，这意味着斑块密度和面积的增加对阻滞径流具有积极作用。凝聚度指数和聚集度对侵蚀有显著的直接影响(与年径流量的决定系数分别为 0.773 和 0.738，$P<0.05$)，这与同地区其他流域相关研究结论一致。与生物多样性不同，景观多样性强调的是景观中各斑块类型的非均衡分布，在本书流域中，土地利用越丰富，破碎化程度越高，则对径流产生越积极、显著的影响。另外，年径流量和年泥沙量与 CONTAG 和 COHESION 均呈显著($P<0.05$)负相关，即当斑块与周围相邻斑块空间连接程度较好，且优势斑块类型内部连通性较好时，径流中泥沙量明显减少。因此，从提供水源固持土壤的角度考虑，应采取水土保持措施以提高 COTNAG 和 COHESION。在流域土壤侵蚀防治过程中，重视利于固沙的景观聚集度的同时，还要关注各景观类型的连接度和连通性，避免产沙强度较大的景观集中分布形成侵蚀链而增加防治侵蚀的难度。

2.7 本章小结

(1) 植被群落重要值的研究结果证明了该区域主要演替物种为多年生禾本科植物，且随着演替发展各物种在群落中的重要程度增大。对植被群落根系进行研究发现，植被恢复初期根系较为细长，随着植被演替发展，根系生物量逐渐累积，根系直径逐渐增大。

(2) 解析了植被群落演替对坡面径流动力学特征的影响。植被群落演替发展的 1~40a 中，坡面径流平均流速由 0.203~0.266m/s 减小至 0.078~0.180m/s，径流阻力系数平均增大了 34 倍。坡面径流流态主要受植被群落地下部分和地上部分的影响。

(3) 阐明了植被群落演替对坡面水沙的阻控作用。植被群落演替的 1~40a 中，产流总量和产沙总量分别减小 63.81%和 91.58%。植被群落每发生一次优势种的更替，产流总量和产沙总量减小。

参 考 文 献

常恩浩, 2020. 黄土高原植被群落恢复演替对坡面侵蚀产沙阻控作用研究[D]. 西安: 西安理工大学.
董敬兵, 时鹏, 李占斌, 等, 2022. 植被和梯田措施对坡沟系统细沟侵蚀阻控作用[J]. 农业工程学报, 38(20): 96-104.
刘晓君, 2016. 基于土地利用/覆被变化的流域景观格局与水沙响应关系研究[J]. 生态学报, 36(18): 5691-5700.
蒲明芳, 李天涛, 裴向军, 等, 2023. 粉质土斜坡降雨侵蚀产沙过程及其动力学机制[J/OL]. (2023-02-22) [2023-04-15].

https://doi.org/10.13544/j.cnki.jeg.2022-0562.

孙龙, 卢涛, 孙涛, 等, 2023. 金沙江下游典型库区消落带植被恢复模式[J]. 生态学报, 43(2): 826-837.

谭斌, 徐德宇, 张芸, 等, 2021. 样地尺度现代表土花粉与植物群落的定量关系[J]. 应用生态学报, 32(2): 441-452.

陶涛, 马东豪, 吴思聪, 等, 2022. 外源凹凸棒土添加对半干旱矿区复垦土壤水分涵养功能的影响[J]. 应用生态学报, 33(4): 901-908.

谢燕燕, 郭子武, 林树燕, 等, 2023. 毛竹林下植被演替过程中土壤颗粒组成与水分入渗特征[J]. 南京林业大学学报(自然科学版), 48(3): 108-116.

BAN Y Y, WANG W, LEI T W, 2020. Measurement of rill and ephemeral gully flow velocities and their model expression affected by flow rate and slope gradient[J]. Journal of Hydrology, 589: 125172.

FENG L Q, WANG W L, GUO M M, et al., 2022. Effects of grass density on the runoff hydraulic characteristics and sediment yield in gully headcut erosion processes[J]. Hydrological Processes, 36(8): e14643.

LOU Y B, WANG W L, GUO M M, et al., 2023. Vegetation affects gully headcut erosion processes by regulating runoff hydrodynamics in the Loess tableland region[J]. Journal of Hydrology, 616:128769.

YANG D, XIONG D H, ZHANG B J, 2022. Impacts of grass basal diameter on runoff erosion force and energy consumption in gully bed in dry-hot valley region, Southwest China[J]. Journal of Soils and Sediments, 22(7): 2048-2061.

第3章 黄河典型流域极端水沙事件产输规律

3.1 典型暴雨水沙特性演变

研究变化环境下地区降雨-径流-泥沙关系的变化，对管理开发流域水资源、掌握流域水循环机理等均有重要的理论意义与实际价值。本章以黄河中游王茂沟流域为研究对象，旨在探究黄土高原典型小流域水沙变化及生态建设对水沙变化的贡献率。

3.1.1 汛期降雨及水沙特征分析

根据王茂沟流域降雨主要集中在汛期的特点，整理统计研究序列内汛期降雨和水沙数据进行要素特征及趋势分析，结果如表 3-1 所示。由表 3-1 可得，王茂沟流域多年平均汛期降雨量为 318.0mm，多年平均汛期径流量为 3.15 万 m^3，多年平均汛期输沙量为 6.90 万 t。曼-肯德尔(Mann-Kendall，M-K)趋势检验下，降雨量和输沙量的 P 值均远大于 0.01，即无显著变化趋势。

表 3-1 王茂沟流域汛期降雨、水沙特征及趋势

研究对象	平均值	最大值	最小值	M-K 趋势检验	
				Z 值	P 值
汛期降雨量/mm	318.0	489.0	194.5	−0.35	0.73
汛期径流量/万 m^3	3.15	18.88	0.12	0.02	0.98
汛期输沙量/万 t	6.90	3.74	0.01	−0.30	0.76

3.1.2 场次条件下降雨和水沙特征分析

将王茂沟流域汛期水沙数据进行场次划分，共统计水沙资料完整的侵蚀性降雨 115 场。分析场次降雨和水沙各要素的特征及突变年份，结果如表 3-2~表 3-4 所示。由表可得，场次降雨和水沙各要素跨度均较大，呈多样性；除降雨历时与洪峰滞时外，其他各水沙要素 M-K 趋势检验均表现出增加的趋势；Pettitt 检验下，场次降雨量、最大 1h 降雨强度和暴雨等级等降雨因子出现了有差异的突变年份，径流及输沙特征因子表现出一致的突变年份，为 1987 年。

表 3-2　王茂沟流域汛期场次降雨特征及趋势

降雨特征值	平均值	最大值	最小值	Cv	标准差	M-K 趋势检验 Z 值	M-K 趋势检验 P 值	突变年份
场次降雨量	32.52mm	108.10mm	12.20mm	58.16%	19.04mm	2.33	0.02	1994 年
降雨历时	571.70min	3674.00min	20.00min	94.57%	540.60min	−1.36	0.17	—
最大 1h 降雨强度	13.96mm	52.40mm	0.93mm	64.00%	8.93mm	4.60	<0.01	1987 年
暴雨等级	6.13	20.64	1.76	52.86%	3.23	4.12	<0.01	1982 年

表 3-3　王茂沟流域汛期场次径流特征及趋势

径流特征值	平均值	最大值	最小值	Cv	标准差	M-K 趋势检验 Z 值	M-K 趋势检验 P 值	突变年份
场次径流量	1761m³	5181m³	42.12m³	245.79%	17087m³	4.7	<0.01	1987 年
洪峰流量	1.01m³/s	14.57m³/s	0.01m³/s	169.9%	1.71m³/s	4.26	<0.01	1987 年
洪峰滞时	39.45min	133.00min	9.00min	53.68%	21.18min	−0.57	0.56	—
峰型系数	1.68	11.62	0.05	113.69%	1.91	3.98	<0.01	1987 年

表 3-4　王茂沟流域汛期场次输沙特征及趋势

输沙特征值	平均值	最大值	最小值	Cv	标准差	M-K 趋势检验 Z 值	M-K 趋势检验 P 值	突变年份
场次输沙量	1.55t	24.55t	0.02t	252.68%	3.92t	3.91	<0.01	1987 年
平均输沙浓度	58.46kg/m³	380.00kg/m³	0.04kg/m³	140.94%	82.40kg/m³	1.84	0.06	1987 年
沙峰浓度	158.6kg/m³	3446kg/m³	0.08kg/m³	220.25%	349.30kg/m³	1.92	0.05	1987 年

场次降雨条件下降雨量、水沙量均呈显著增加趋势。研究区侵蚀性降雨场次表现出逐年下降趋势(图 3-1)，分析认为场次降雨、水沙向大量级类型发展。

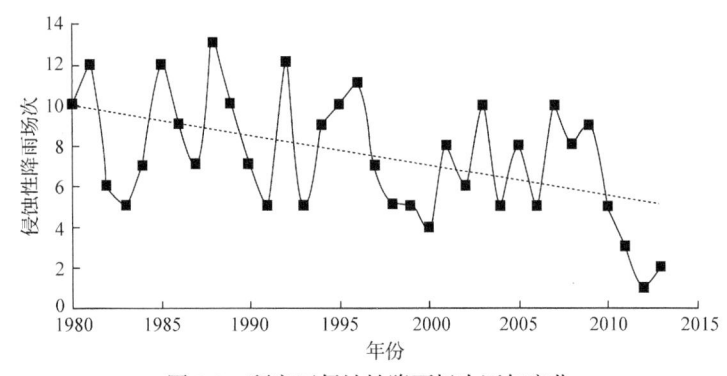

图 3-1　研究区侵蚀性降雨场次逐年变化

3.1.3 暴雨特征分析

统计不同年代各暴雨类型场次，见图 3-2。总体上小型暴雨、中型暴雨、大型暴雨、巨型暴雨占比为 25.0%、27.3%、18.7%、29.0%；小型暴雨占比逐年代减少，且减少趋势明显，中型、大型和巨型暴雨均大致表现为占比增加趋势。

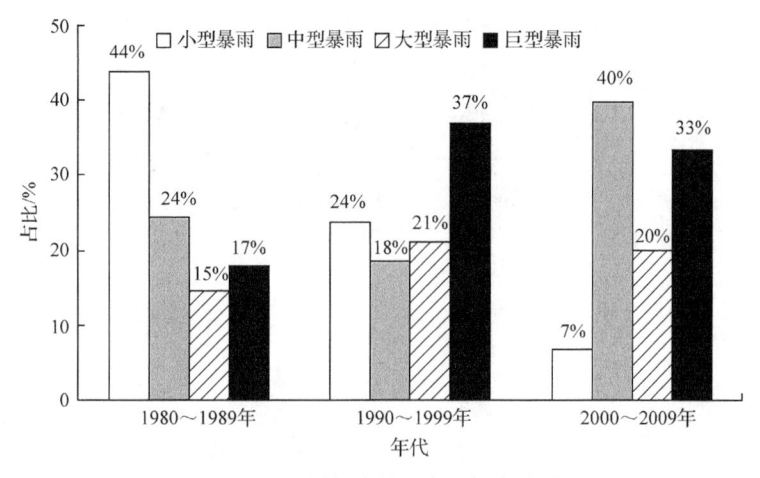

图 3-2 不同年代暴雨类型场次统计

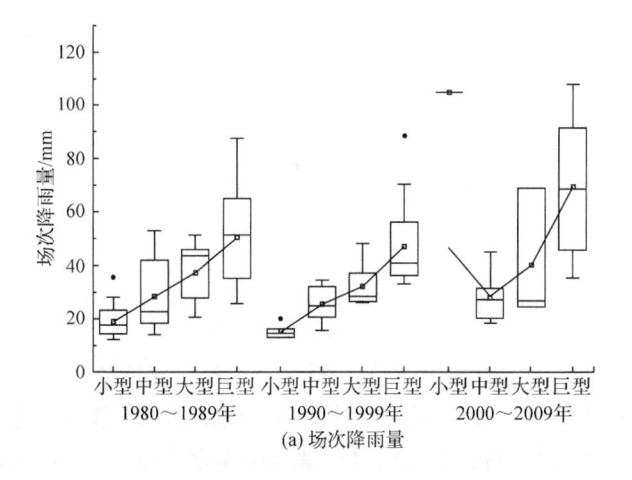

不同年代暴雨类型降雨要素(场次降雨量、降雨历时、暴雨等级、最大 1h 降雨强度)分析结果如图 3-3 所示。由图 3-3 可得，总体上各要素在年代间随暴雨等级的增加均表现出增长趋势。年代间各要素特征：各雨型场次降雨量和最大 1h 降雨强度随年代变化总体呈增长趋势，降雨历时表现出下降的趋势；各要素增幅中，巨型暴雨增幅最大；随着时间推移，各暴雨类型向尖瘦型(RR1)发展，这与前文场次降雨条件下长序列侵蚀性降雨变化趋势一致。

(a) 场次降雨量

(b) 降雨历时

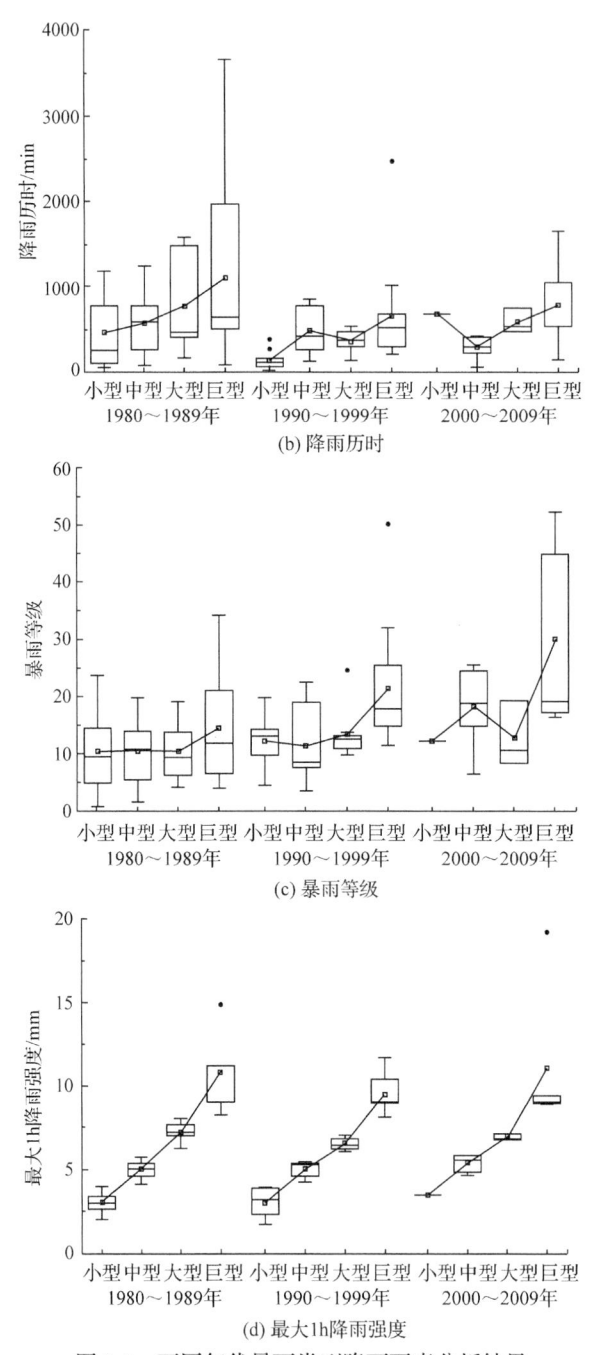

(c) 暴雨等级

(d) 最大1h降雨强度

图 3-3 不同年代暴雨类型降雨要素分析结果

选取时段降雨历时、降雨强度、总雨量、典型降雨产流过程作为分析对象，对水沙资料完整的 115 场降雨资料进行暴雨类型聚类分析，结果如表 3-5。聚类分析将场次暴雨划分为 3 大类(RR1、RR2、RR3),各类具有不同范围区间的降雨历时、降雨强度和总雨量。根据不同雨型要素特性,可划分为 RR1(尖瘦型)、RR2(中胖型)、RR3(矮胖型)。

表 3-5 暴雨类型聚类分析

暴雨类型	场次占比/%	特点			典型降雨产流过程
		降雨历时/h	降雨强度/(mm/h)	总雨量/mm	
雨型 1 (RR1)	70.3	短历时(0.3~3)	大雨强(0.6~50.3)	小雨量(12.2~88.3)	
雨型 2 (RR2)	19.8	中历时(1.3~20)	中雨强(1.8~17.4)	中雨量(15.3~91.5)	
雨型 3 (RR3)	9.9	长历时(>20)	中雨强(2.1~21.9)	大雨量(14.8~109.8)	

研究不同年代的暴雨类型聚类结果,根据各降雨要素(场次降雨量、降雨历时、暴雨等级、最大 1h 降雨强度)特性,提取各暴雨聚类雨型场次及降雨要素均值随时间的变化,如图 3-4 所示。由图 3-4(a)可以看出,各雨型在不同年代占比不等,总体上以短历时强降雨(RR1)为主,符合黄土高原地区的降雨产流特性;图 3-4(b)~(d)表明各雨型的降雨要素随时间变化趋势基本一致,RR1 和 RR2 均表现为上升趋势,2000 年之后未统计到 RR3 雨型,因此呈下降趋势。总体而言,矮胖型的 RR3 降雨场次及降雨要素均处于减少趋势,尖瘦型的 RR1 降雨场次和降雨要素具有极大的占比及增长趋势,分析表明研究区降雨类型在向短历时强降雨的 RR1 发展。

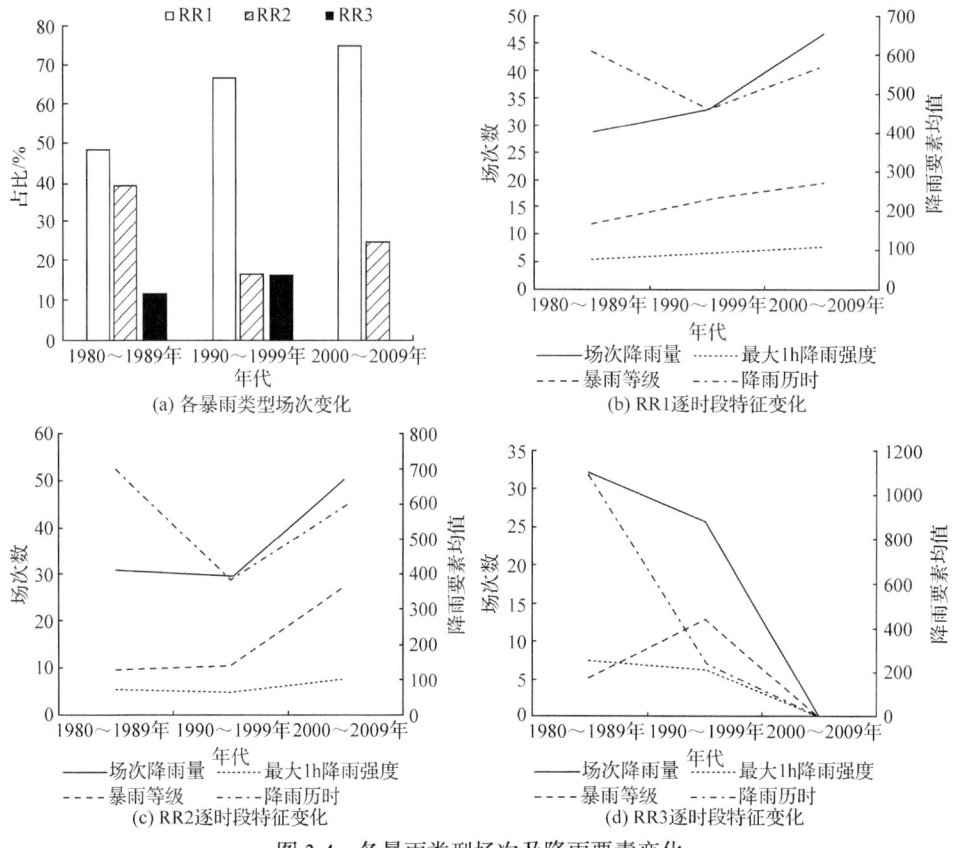

图 3-4 各暴雨类型场次及降雨要素变化

3.1.4 典型洪水-输沙关系演变规律

1. 降雨-水沙关系变化分析

使用变步长滑动相关系数法进行研究区降雨-水沙关系变化分析，计算公式如式(3-1)所示：

$$r_{x,y}(t_0) = \frac{\sum_{t=t_0-N}^{t=t_0+N}[x(t)-\overline{x}(t_0)][y(t)-\overline{y}(t_0)]}{\sqrt{\sum_{t=t_0-N}^{t=t_0+N}[x(t)-\overline{x}(t_0)]^2[y(t)-\overline{y}(t_0)]^2}} \tag{3-1}$$

式中，t_0 为滑动窗口的中间年份；$r_{x,y}(t_0)$ 为 t_0 滑动窗口期水沙关系变量相关系数；N 为滑动窗口步长；t 为滑动窗口内任意年份；$x(t)$、$y(t)$ 为滑动窗口内任意年份的水沙关系变量值；$\overline{x}(t_0)$、$\overline{y}(t_0)$ 为滑动窗口期内水沙关系变量均值。

本书中选取 $N=2$，即 5 年滑动窗口，分别计算汛期和场次条件下降雨-径流-输沙的滑动相关系数，如图 3-5 所示。由图 3-5 可得，无论是汛期条件下还是场次条件下，降雨-径流-输沙滑动相关系数均表现出相似的特征，具体为径流-输沙关系相比降雨-径流关系较好,且降雨-径流-输沙关系均表现出两个相似的波动点(1990 年左右、2000 年左右),这两个波动点将研究序列划分为 3 个时段。由图 3-5 可得,汛期条件下降雨-径流-输沙关系在 20 世纪 80~90 年代变化不大,2000 年之后大致呈减弱趋势;场次条件下径流-输沙关系趋势相同,但降雨-径流关系呈增强趋势,表明近年来场次降雨-径流关系好转。

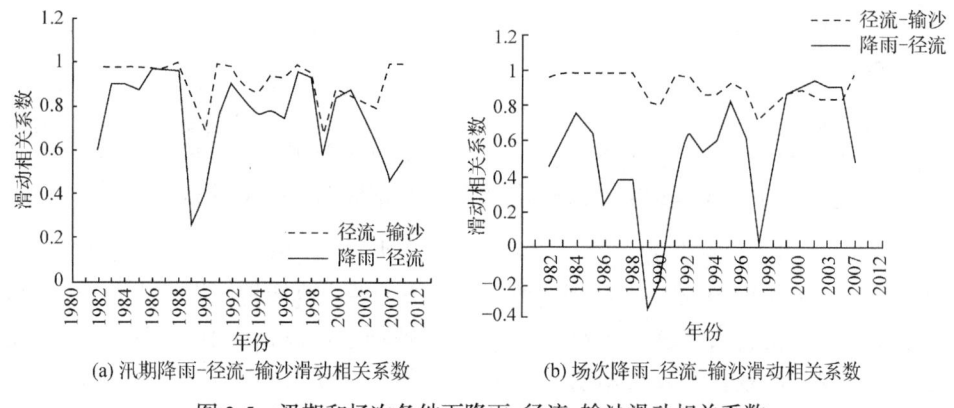

图 3-5 汛期和场次条件下降雨-径流-输沙滑动相关系数

2. 降雨-水沙关系变化验证

图 3-6 为以 1989 年和 2000 年为时间节点的径流深-产沙厚度、降雨量-径流深散点图,趋势线斜率越大,表明二者的相关性越好。由图 3-6(a)、(b)可得,汛期条件下,总体上降雨量-径流深、径流深-产沙厚度相关性呈下降趋势,降雨量-径流深斜率 1990~1999 年略大于 1980~1989 年,由此更正滑动相关系数法 1990~1999 年变化不大的结论为降雨-径流关系稍有增强,径流-输沙关系稍有减弱,2000 之后持续减弱。由图 3-6(c)、(d)可得,场次条件下逐时段降雨量-径流深相关性逐渐增强,径流深-产沙厚度相关性逐渐减弱,与滑动相关系数法结论相同。

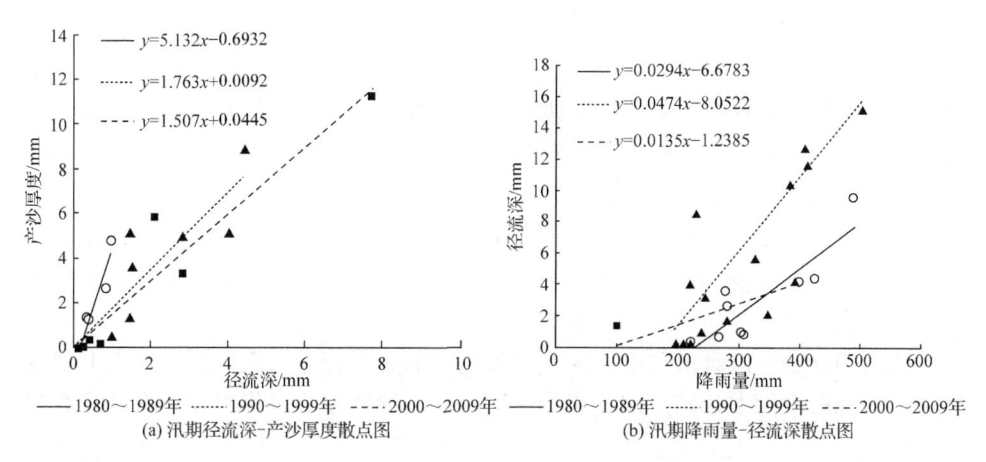

(c) 场次条件下径流深-产沙厚度散点图　　(d) 场次条件下降雨量-径流深散点图

图 3-6　逐时段径流深-产沙厚度、降雨量-径流深散点图

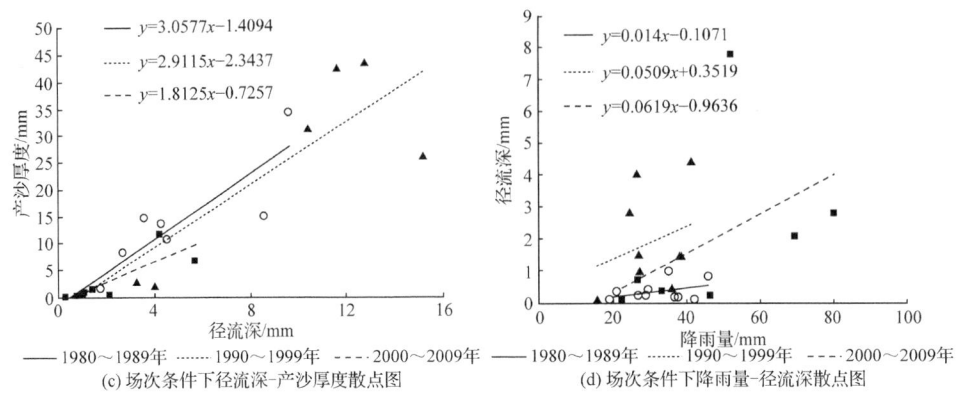

图 3-5、图 3-6 的对比表明，降雨-径流-输沙关系的波动点出现在 1989 年与 2000 年。分析这两个波动点出现的原因，一方面黄土高原地区淤地坝建设于 20 世纪 80 年代速度明显放缓，90 年代开始淤地坝系建设，淤地坝建设步入大规模、高速度、高效益的发展新阶段；另一方面，1999 年起实施退耕还林(草)工程，使得黄土高原植被覆盖度明显增加，极大改变了下垫面状况，减少了水土流失。研究区产流产沙关系变化点与黄土高原生态建设时间节点相对应，反映了生态建设对水沙关系变化具有重要的影响作用。

3.2　极端水沙事件的时空分布规律

3.2.1　年最大降雨事件的空间分布

在引起水土流失的众多因素中，降雨往往是水土流失的原动力，对洪水和土壤侵蚀的强度及运行规律都有着极大的影响和控制作用。尤其是近年来世界范围内气候急剧变化，造成极端降雨事件发生的频率提高，极端降雨事件比普通降雨事件更容易引发严重的灾害。因此，深入探究黄河中上游流域极端降雨事件的发生规律和空间分布特性，对进一步理解和探讨极端水沙事件的发生机理有着重要的启发。在本书中，由于研究的流域范围与时间跨度较大，因此将每年最大的降雨事件(日降雨量最大)视作年极端降雨事件进行研究分析。

本书采用圆形分布统计法对黄河中上游流域年最大降雨事件的季节规律和分布特征进行研究分析，图 3-7 为年最大降雨事件发生的平均日期空间分布及标准差，箭头表示事件发生的平均日期。

从图 3-7(a)可以看出，研究区域箭头指向的角度较为一致，即黄河中上游流域年最大降雨事件在各站点间发生的平均日期差异性较小，集中发生在 7 月底到

(a) 年最大降雨事件发生的平均日期空间分布

(b) 年最大降雨事件发生日期标准差

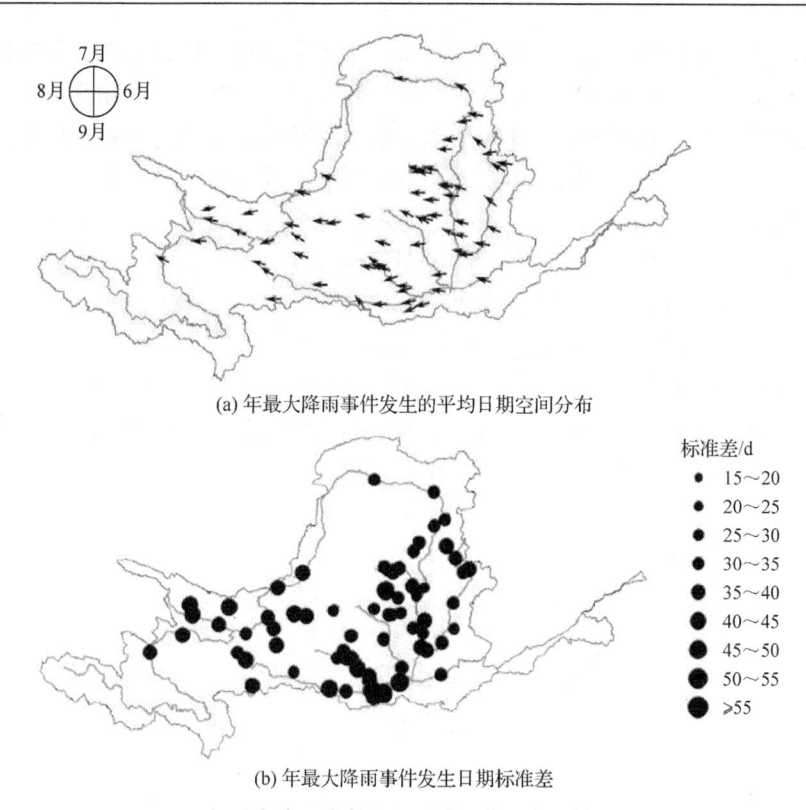

图 3-7 年最大降雨事件发生平均日期空间分布及标准差

8月初。年最大降雨事件的空间分布仍存在些许差异性：黄河流域中部及东部(陕西中部及山西地区)年最大降雨事件主要出现在 7 月下旬，而黄河流域南部(陕西关中地区)则大多出现在 8 月上旬。

图 3-7(b)为黄河中上游各站点年最大降雨事件发生日期标准差，可以观察到黄河流域东部及北部(内蒙古、山西及陕西东部地区)的年最大降雨事件发生日期标准差相对较小，绝大部分小于 30d。该地区的年最大降雨事件发生日期较为集中，极端降雨事件发生的时间能够相对容易地被预测出来。黄河流域南部及西部(陕西关中地区、青海、甘肃及宁夏)的标准差则相对较大，大多处于 35～50d，拥有较大的年际变化。黄河中上游各水文站的年最大降雨事件标准差总体趋势为从东北向西南地区递增，黄河上游地区的年最大降雨事件发生日期的年际变化往往比下游地区要大；相应地，极端降雨事件发生日期的可预测性从东北向西南地区递减。

3.2.2 年最大径流事件的空间分布

洪水在全球范围内造成相当大的人员伤亡，引起严重的环境问题，不仅会摧毁自然环境，还会污染水源，引发对人类生命产生威胁的传染疾病。我国黄河流域的水患灾害发生频率较高，尤其在全球气候变暖的大背景下，随着极端降雨事件出现频率增加，极端洪水事件的出现频率也在增加。与普通洪水事件相比，极端洪水事件有着发生频率低、损失大、影响范围大等特点，难以采用常遇洪水的预测方式进行分析预测。因此，深入探究黄河中上游流域极端洪水事件的发生规律和分布特征，对进一步理解和探讨极端水沙事件的发生机理有着重要的启发。在本书中，由于研究的流域范围与时间跨度较大，因此将每年最大的径流事件(日径流量最大)视作年极端径流事件进行研究分析。

采用圆形分布统计法对黄河中上游流域年最大径流量事件的季节规律和分布特征进行研究分析，图 3-8 为年最大径流事件发生的平均日期空间分布及标准差，其中箭头表示事件发生的平均日期。

(a) 年最大径流事件发生的平均日期空间分布

(b) 年最大径流事件发生日期标准差

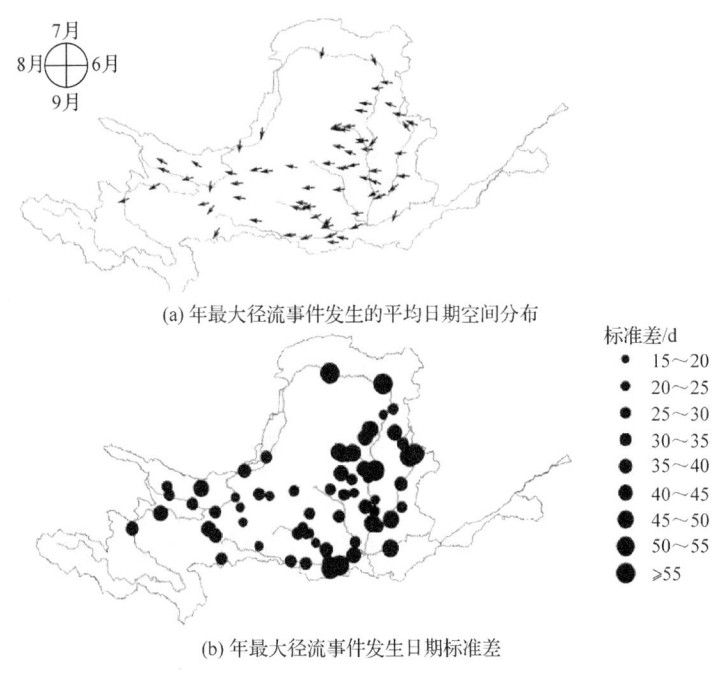

图 3-8 年最大径流事件发生平均日期空间分布及标准差

从图 3-8(a)可以看出，黄河中上游流域地区的年最大径流事件通常在 7 月底至 8 月底被观测到，各站点间发生平均日期有一定的时空差异，且空间差异性相较于年最大降雨事件更大。黄河流域东部(山西地区)年最大径流事件主要出现在 7 月下旬，黄河流域西部及南部(青海、甘肃及陕西关中地区)年最大径流事件大多出现在八月上旬，在黄河流域北部(内蒙古地区)年最大径流事件则发生在 8 月下旬。

图 3-8(b)为黄河中上游各水文站点的年最大径流事件发生日期的标准差，与年最大降雨事件相比，年最大径流事件发生日期的年际变化相对小一些。从图中可以观察到，黄河流域中部(陕西及宁夏地区)的年最大径流事件标准差最小，大部分在 15~25d，说明该地区的年最大径流事件发生日期较为集中，极端径流事件的可预测性较强。黄河流域北部及南部(内蒙古及陕西关中地区)的标准差则较大，一些站点的标准差甚至超过了 50d，表明该地区年最大径流事件发生日期较为分散且年际变化较大。这些站点主要处于黄河干流和渭河流域，拥有相当大的年径流量，尤其是黄河上游地区，提供了黄河 60%以上的径流量，通常在整个汛期内都能观测到洪水，为准确预测极端洪水事件增加了很大的难度。

3.2.3 年最大泥沙事件的空间分布

泥沙事件引发的灾害具有时空分布的不均匀性、突发性及危害严重等特征，直接或间接地给人类造成严重的生命危险及数以亿计的经济损失。黄河作为世界范围内含沙量最高的河流，流域内泥沙事件造成的灾害往往比其他流域更为严重。相对于一般泥沙事件，极端泥沙事件引起的灾害和破坏量级更大。因此，深入探究黄河中上游流域极端泥沙事件的发生规律和分布特征，对进一步理解和探讨极端水沙事件、泥沙灾害的发生机理有着重要的启发。在本书中，由于流域范围与时间跨度较大，因此将每年最大的泥沙事件(日泥沙浓度最大)视作年极端泥沙事件进行研究分析。

采用圆形分布统计法对黄河中上游流域年最大泥沙事件的季节性进行研究分析，图 3-9 为年最大泥沙事件发生平均日期空间分布及标准差，其中箭头表示事件发生的平均日期。

从图 3-9(a)可以看出，箭头的方向比较散乱，表明黄河中上游流域各站点间的年最大泥沙事件发生平均日期有一定的时空差异，大部分站点的最大泥沙事件出现在 7 月中旬，以黄河流域中部尤甚。部分黄河流域西部(青海、甘肃地区)的水文站年最大泥沙事件能够在 7 月上旬被观测到。另外，结合图 3-7(a)、图 3-8(a)

(a) 年最大泥沙事件发生平均日期空间分布

(b) 年最大泥沙事件发生日期标准差

图 3-9 年最大泥沙事件发生平均日期空间分布及标准差

可以发现，黄河中上游流域很多站点的极端泥沙事件往往发生在极端降雨事件和极端径流事件之前，这是因为河道内泥沙动态存在季节性的"存储-释放"过程，该过程将在3.2.4小节和第5章作出具体解释说明。

图 3-9(b)为黄河中上游各水文站点的年最大泥沙事件发生日期标准差，与年最大降雨事件和年最大径流事件相比，年最大泥沙事件的年际变化最小。从图中可以观察到，黄河流域东部及中部(山西及陕西地区)的年最大泥沙事件发生日期最为集中，大部分标准差小于 25d，一些站点甚至小于 20d。与年最大径流事件相似，黄河干流和渭河流域的水文站点极端泥沙事件的年际变化相对较大，尤其以黄河干流的中上游最为明显。该区域的年径流量普遍较大，而泥沙浓度相对较小，泥沙在输移过程中的不稳定因素更大，从而一定程度上增加了年最大泥沙事件的年际变化。

3.2.4 年最大水沙事件时空分布综合分析

根据降雨到径流或泥沙的水文泥沙传播过程原理(史红玲等，2014)，对黄河中上游流域极端降雨、径流和泥沙事件的季节规律和分布特征进行综合探讨，对理解极端水沙事件发生的深层机制及预测研究有着重要的意义。

从图 3-7～图 3-9 可以发现，研究区域的年最大降雨事件通常发生在 7 月底至 8 月初，年最大径流事件通常出现在 7 月底至 8 月底，年最大泥沙事件则大多在 7 月上旬或者中旬被观测到。可以发现，在研究区域大部分水文站点中，年最大泥沙事件发生的平均日期要早于年最大降雨事件和年最大径流事件，该现象的解释之一是河道内泥沙动态有着季节性的"存储-释放"过程。在非汛期，即秋季末、冬季和春季，由于流域内降雨量和径流量都较小，大部分泥沙会在沿途的上游沟渠和河道中沉积。这些沉积在河道内的泥沙将在汛期初期被一场降雨冲向下游，使得泥沙浓度出现峰值，从而引发每年最大的泥沙事件。

从图 3-7(a)、图 3-8(a)和图 3-9(a)可以看出，极端降雨、径流和泥沙事件发生平均日期的箭头方向逐渐散乱，年最大降雨事件发生的平均日期主要在 7 月底至 8 月初，而年最大径流和泥沙事件发生的平均日期则较为分散，处于 6 月至 9 月，表明降雨、径流和泥沙事件在传播过程中的空间差异性越来越大，黄河中游流域尤甚。这种逐渐增加的空间差异性可归因于水文响应和输沙过程容易受到地形、地貌特征(如植被覆盖度)和人类活动的影响，尤其是黄河流域东部(中游地区)。

另外，通过比较图 3-7(b)、图 3-8(b)和图 3-9(b)可以看出，黄河中上游流域的年最大降雨、径流、泥沙事件发生日期的标准差逐渐减小，年最大降雨事件发生日期标准差大多处于 30～40d，年最大径流事件发生日期标准差主要处于 25～35d，年最大泥沙事件发生日期标准差最小，大多数站点小于 30d。由此得出结论，在降雨向下到径流或泥沙的水文泥沙传播过程中，极端事件发生日期的标准差越来越小，即极端事件的年际变化差异有所降低，表明极端事件的发生在研究期间变得更有规律，更能被准确预测。

3.3 极端洪水事件发生的主导因子

3.3.1 降雨对极端洪水事件的影响

根据对水文预报相关文献的理解(Huang et al.，2017；Sivapalan et al.，2003)，通常可以认为极端降雨事件是洪水产生的主要原因，对洪水的产生及运行规律有一定的控制作用(Sivakumar，2008)。在湿润或者土壤含水量接近饱和的集水区内，洪水往往是降雨和土壤蓄水的综合结果。由于本章研究区域内的所有洪水都发生在融雪季节过后的夏季，因此不考虑融雪的影响。

本章选取了三个预测因子讨论引发极端径流事件的三种机制：日降雨量、周降雨量和河道内蓄水量。通过比较年最大径流事件和年最大日降雨量、年最大周降雨量和年最大河道内蓄水量这三种预测因子的平均日期，可以检验关于洪水成因的假设。当其中某个指标的平均日期与年最大径流事件出现的平均日期最接近，则该指标最有可能反映黄河中上游流域极端洪水的主要产生机制(Berghuijs et al.，2016)。由于年极端降雨、径流事件皆拥有强烈的季节性，即发生的平均日期年际变化较小，选择 7d 作为假设机制接受或者拒绝的阈值。当预测因子的平均日期与年最大径流事件发生的平均日期相距小于等于 7d 时，可认为该预测因子是引发当地极端洪水的主要因素，反之则该预测因子与当地极端洪水的发生无明显关系。同时，研究中还尝试了其他的时间阈值(如 5d、10d)，最终得到了类似的结果。

图 3-10 为年最大径流事件与年最大日降雨量发生的平均日期相关关系，以及假设的极端洪水成因可被日降雨量预测因子接受或拒绝的空间分布。在 68 个水文站点中，有 29 个站点的年最大径流事件与年最大日降雨量发生的平均日期

相距不超过 7d，能够被日降雨量预测因子接受，其中大多数站点位于黄河流域中部(陕西和宁夏地区)，意味着该地区极端洪水事件与日降雨量预测因子存在着密切的联系，可以被该预测因子较好地预测。

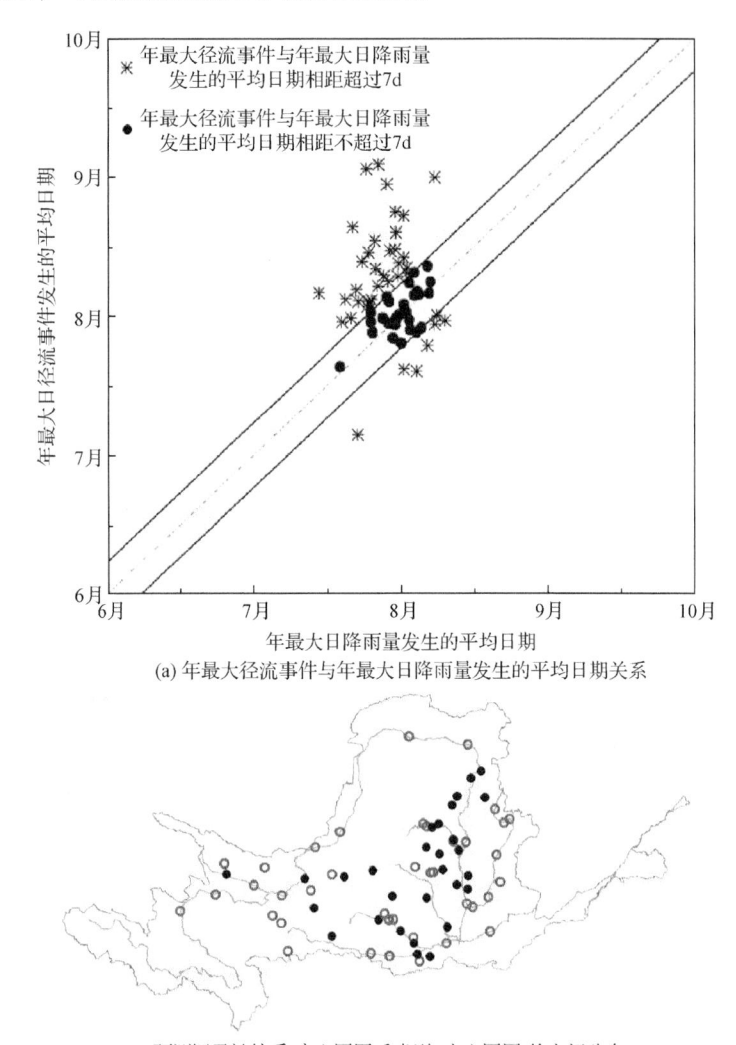

(a) 年最大径流事件与年最大日降雨量发生的平均日期关系

(b) 预测因子被接受(实心圆圈)和拒绝(空心圆圈)的空间分布

图 3-10 年最大径流事件与年最大日降雨量发生的平均日期关系及假设结果空间分布

仍有超过一半站点的年最大径流事件与年最大日降雨量发生的平均日期相距超过 7d，即年最大径流事件不能被日降雨量预测因子接受。这些站点主要位于黄河干流及汾河、渭河、湟水流域：前者主要是因为洪水引发机制更多地受干流上大型水库的调节控制及支流径流汇入的影响；汾河、渭河、湟水三个子流域则是因为具有较高的植被覆盖度，植被很有可能缓冲减弱降雨的时空差异性

(Osterkamp et al., 2000)，并对极端洪水的发生产生了重大影响。

图 3-11 为年最大径流事件与年最大周降雨量发生的平均日期相关关系，以及假设的极端洪水成因可被周降雨量预测因子接受或拒绝的空间分布。在黄河中上游流域的 68 个主要水文站中，该预测因子可在 37 个站点中被接受，超过一半站点的年最大径流事件与周降雨量预测因子密切相关。与日降雨量预测因子类似，大多数站点位于黄河流域中部(陕西及宁夏地区)，表明该地区极端洪水事件可以被周降雨量预测因子较好地预测。

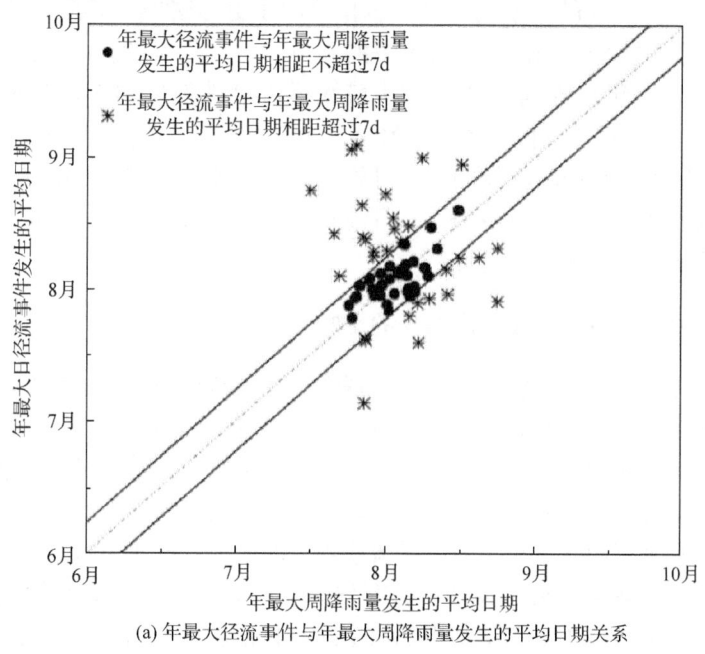

(a) 年最大径流事件与年最大周降雨量发生的平均日期关系

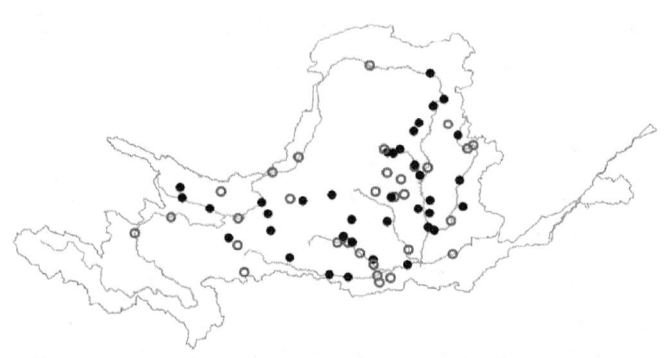

(b) 预测因子被接受(实心圆圈)和拒绝(空心圆圈)的空间分布

图 3-11 年最大径流事件与年最大周降雨量发生的平均日期关系及假设结果空间分布

有 31 个水文站点的年最大径流事件与年最大周降雨量发生的平均日期相距

超过 7d，即年最大径流事件不能被周降雨量预测因子接受。与日降雨量预测因子的结果类似，这些站点也是主要位于有着众多大型水库的黄河干流及植被覆盖度较高的泾河、湟水流域，水库的调节控制、支流汇入及较高的植被覆盖度都会削弱缓冲降雨对洪水的直接影响。

通过对比图 3-10 和图 3-11，可以发现大部分可被日降雨量预测因子接受的站点，在周降雨量预测因子中同样可以被接受，然而一些可以被周降雨量预测因子接受的站点却不能被日降雨量预测因子接受。由此得出结论，周降雨量预测因子与年最大径流事件的关系比日降雨量预测因子更为密切，即系列降雨量(周降雨量)比单次降雨量(日降雨量)有着更好的预报效果。尤其在黄河下游的支流，即汾河和渭河中，年最大周降雨量与年最大径流事件发生的平均日期更为接近(图 3-11)。该地区的年均降雨量相对较大，同时植被覆盖度尤其是森林覆盖度也相对较高。这表明在历时较长的降雨过程中，相对较高的前期土壤水分会使洪水发生的可能性和规模性有所增加，并且前期土壤水分对洪水生成的影响会随着植被覆盖度的增加而增加。

3.3.2 河道内蓄水量对极端洪水事件的影响

洪水事件的产生不仅仅取决于降雨特性，在洪水预报工作中，降雨前期的土壤含水量也是一个主要的因素，其对洪水的形成及规模有着重要的作用(田长涛等，2016；王金忠等，2010；张佳宝等，2006)。本小节将河道内蓄水量当作反映降雨前期土壤含水量的一个指标，通过比较年最大径流事件和年最大河道内蓄水量的平均发生日期，分析年最大径流事件与降雨前期土壤含水量之间的关系。在黄河中上游流域的主要水文站中，有 36 个水文站拥有月潜在蒸发量 EP_m 数据，采用水量平衡方法估算得到当地河道内每日蓄水量。当年最大河道内蓄水量与年最大径流事件发生的平均日期相距小于 7d 时，可认为河道内蓄水量(降雨前期土壤含水量)与当地极端洪水的形成密切相关，反之则认为该预测因子与当地极端洪水的发生机制无明显关系。图 3-12 为年最大径流事件与年最大河道内蓄水量发生的平均日期相关关系，以及预测因子接受、拒绝的空间分布。

从图 3-12 可以发现，在 36 个水文站点中，能够被年最大河道内蓄水量预测因子接受的仅有 3 个站点，这在 3 个站点中仍有 1 个站点(湟水水系的民和站)可以被年最大周降雨量预测因子接受。对比降雨量预测因子(图 3-10、图 3-11)，极端洪水事件与河道内蓄水量预测因子的关系不算密切。也就是说，黄河中上游流域的洪水更有可能是降雨引起的，而不是由集水区内土壤含水量饱和主导。

3.3.3 极端洪水事件主导因子的分析

极端洪水事件具有频率低、影响范围广及造成损失庞大等特点。由于气候变

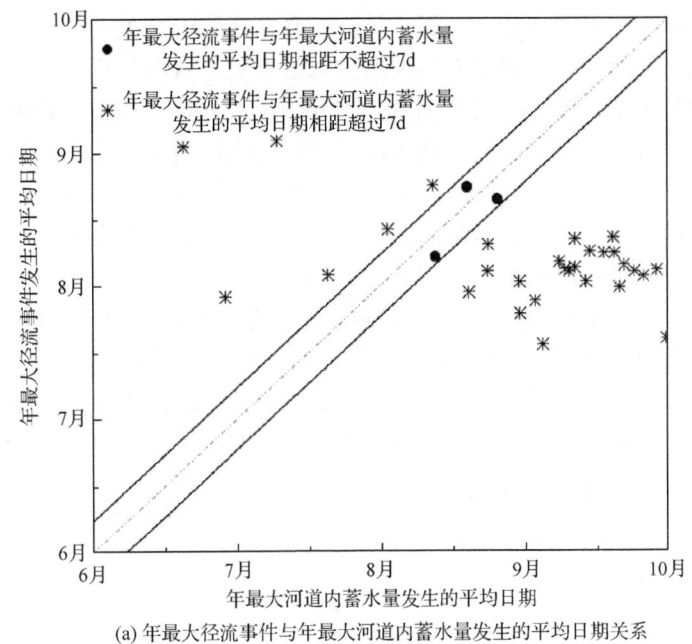

(a) 年最大径流事件与年最大河道内蓄水量发生的平均日期关系

图例：
- ● 年最大径流事件与年最大河道内蓄水量发生的平均日期相距不超过7d
- ✱ 年最大径流事件与年最大河道内蓄水量发生的平均日期相距超过7d

(b) 预测因子被接受(实心圆圈)和拒绝(空心圆圈)的空间分布

图 3-12 年最大径流事件与年最大河道内蓄水量发生的平均日期关系及假设结果空间分布

化，极端洪水事件的发生频率有所上升，尤其是夏季，因此在年尺度和季节尺度上探讨和分析极端洪水事件的主导机制有着重大的意义。洪水事件通常是气温、降雨及降雨前期土壤含水量共同作用的结果，其中降雨是引发洪水的最主要因素(翟媛，2015)。相对来说，气温因素对于融雪型洪水的影响更大，而黄河流域的极端洪水事件绝大多数发生在夏季，因此在本书不予考虑气温和融雪对洪水事件的影响。

选取日降雨量、周降雨量和河道内蓄水量三个预测因子对极端洪水事件的主导机制进行分析，并结合斯皮尔曼秩次相关法，找出引发黄河中上游流域极端洪水事件的主导因子。将统计得到的三个预测因子分别与年最大径流事件发生的平均日期进行斯皮尔曼秩次相关分析，计算得到斯皮尔曼相关系数，将可以被发生的平均日期 7d 阈值接受且拥有最大斯皮尔曼相关系数的预测因子，看作极端洪水事件的主导因子。其中，日降雨量和周降雨量主要是反映单次降雨强度和系列降雨强度的指标，河道内蓄水量则可以用来描述降雨前期土壤含水量这一特性。

图 3-13 为黄河中上游流域极端洪水事件发生的预测因子空间分布，可以发现研究区域中降雨是引发极端洪水事件的主要原因，有 47 个主要水文站点的极端洪水事件可以被降雨预测因子的 7d 阈值假设接受。在 36 个拥有月潜在蒸发量资料的站点，可通过水量平衡计算得到该站点区域的河道内蓄水量动态。从图 3-13 中可以看到，仅有 2 个水文站(李家村站、三湖河口站)的极端洪水事件受到河道内蓄水量预测因子的主导，表明黄河中上游流域的极端洪水事件与降雨前期土壤含水量的关系不甚明显，洪水产生机制更多是即时响应，以霍顿产流为主，而不是蓄满产流主导(李楠，2009)。

图 3-13　黄河中上游流域极端洪水事件发生的预测因子空间分布

在 47 个可以被降雨预测因子 7d 阈值假设接受的水文站点中，有 19 个水文站的极端洪水事件由日降雨量预测因子主导，其他 28 个水文站极端洪水事件的主导因子则为周降雨量预测因子。受日降雨量预测因子主导的研究区域主要分布在泾河及黄河流域中部(陕西地区)，这些地区的极端洪水往往是单次强降雨事件引发的，洪水的产生更具有即时性。相比日降雨量预测因子，周降雨量预测因子对黄河中上游流域的洪水有着更好的预测效果，尤其在汾河、渭河流域及黄河流域西部(青海、甘肃地区)，这意味着黄河中上游流域尽管形成洪水的过程以霍顿产流为主，但在降雨持续时间较长时，相对较高的降雨前期土壤含水量会使洪水的发生加剧。

另外，如图 3-13 所示，在 68 个主要水文站点中仍有 19 个站点的极端洪水事件与选取的三个预测因子无明显关系，其中超过一半的站点处于黄河干流，这可能是因为黄河干流受到大型水库调节控制、支流流量汇入及人类活动的干扰，洪水的形成机制更为复杂。

3.4 极端泥沙事件发生的主导因子

3.4.1 降雨对极端泥沙事件的影响

河道内泥沙动态与规律十分复杂，通常受到多种因素的共同影响与控制，河槽形态、降雨动态、径流动态及粒径情况都对泥沙输移过程有着重要的作用(Coppus et al., 2002)。泥沙动态一般比洪水动态更具有不确定性，土壤侵蚀和泥沙输移的过程往往是非线性、动态的，对于极端泥沙事件的发生机制仍在探索之中(Wan et al., 2014; Korup, 2012; Schiefer et al., 2006)。在以往相关文献的基础上，本节在日尺度上选择了年最大日降雨量、年最大日径流量和年最大日泥沙储量作为进一步研究极端泥沙事件发生的预测因子。

通过比较年最大泥沙事件和年最大日降雨量、年最大日径流量和河道内年最大日泥沙储量发生的平均日期，可以检验关于极端泥沙事件成因的假设。如果其中某个指标的平均日期与年最大泥沙事件发生的平均日期最接近，则该指标最有可能反映黄河中上游流域极端泥沙事件的主要产生机制(Asselman, 1999)。由于年极端降雨、径流和泥沙事件皆拥有强烈的季节性，即发生的平均日期年际变化较小，因此选择 7d 作为假设机制接受或者拒绝的一个阈值。当预测因子与年最大泥沙事件发生的平均日期小于等于 7d 时，可认为该预测因子是引发当地极端泥沙事件的主要因素，反之则该预测因子与当地极端泥沙事件的发生无明显联系。同时，研究中还尝试了其他的时间阈值(如 5d、10d)，最终得到了类似的结果。

图 3-14 为年最大泥沙事件与年最大日降雨量发生的平均日期相关关系，以及假设极端泥沙事件的成因可被日降雨量预测因子接受或拒绝的空间分布。

从图 3-14 可以看出，在 68 个水文站点中，有 29 个站点的年最大泥沙事件与年最大日降雨量发生的平均日期相距不超过 7d，极端事件能够被日降雨量预测因子接受。这些站点分布较为分散，大多数位于黄河干流及黄河流域中东部(陕西地区)，意味着该地区极端泥沙事件与日降雨量预测因子存在着密切的联系，可以被日降雨量预测因子较好地预测。能够被降雨因子接受的站点所在地区主要的特点是径流量较小且泥沙浓度相对较高，因此径流对泥沙的侵蚀作用可能不是最主要的，往往小于雨滴的溅击侵蚀作用。

3.4.2 径流对极端泥沙事件的影响

径流作为泥沙运移最主要的载体，对泥沙动态及泥沙事件具有巨大的影响。

(a) 年最大泥沙事件与年最大日降雨量发生的平均日期关系

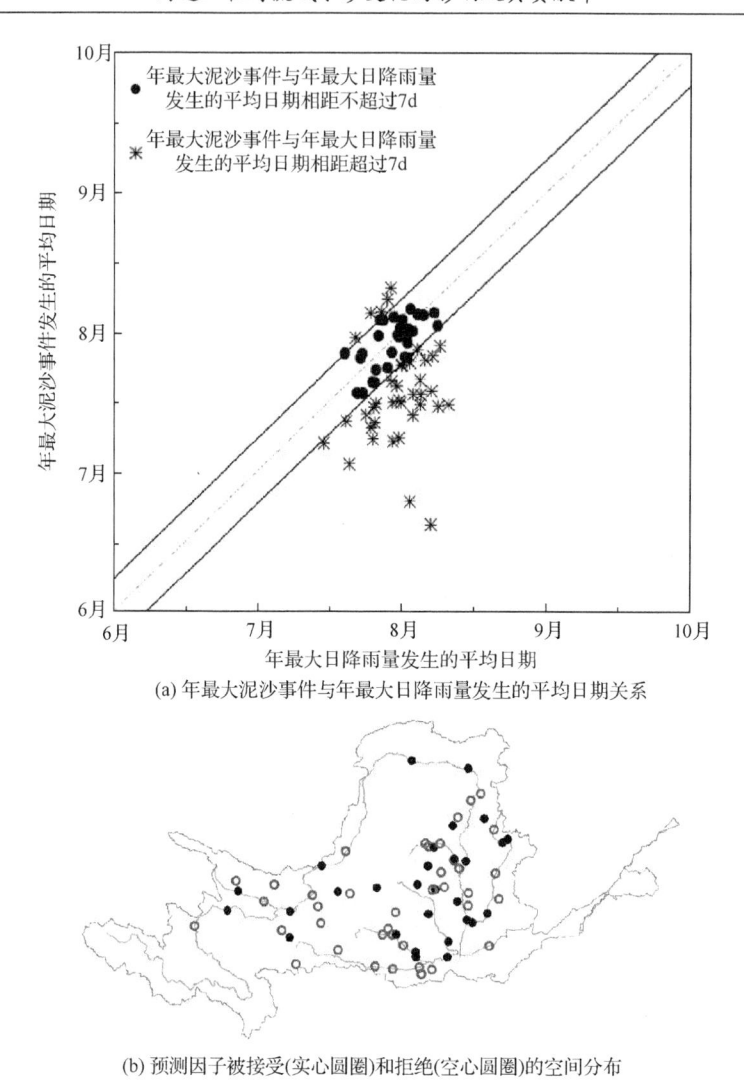

(b) 预测因子被接受(实心圆圈)和拒绝(空心圆圈)的空间分布

图 3-14 年最大泥沙事件与年最大日降雨量发生的平均日期关系及假设结果空间分布

本小节通过比较年最大泥沙事件和年最大日径流量发生的平均日期，分析极端泥沙事件与径流的关系。当年最大日径流量与年最大泥沙事件发生的平均日期相距小于等于 7d 时，可认为日径流量预测因子为当地极端泥沙事件形成的重要因素，反之则认为该预测因子与当地极端泥沙的发生机制无明显关系。同时，研究中还尝试了其他的时间阈值(如 5d、10d)，最终得到了类似的结果。图 3-15 为年最大泥沙事件与年最大日径流量发生的平均日期相关关系，以及预测因子接受、拒绝的空间分布。

第 3 章 黄河典型流域极端水沙事件产输规律

(a) 年最大泥沙事件与年最大日径流量发生的平均日期关系

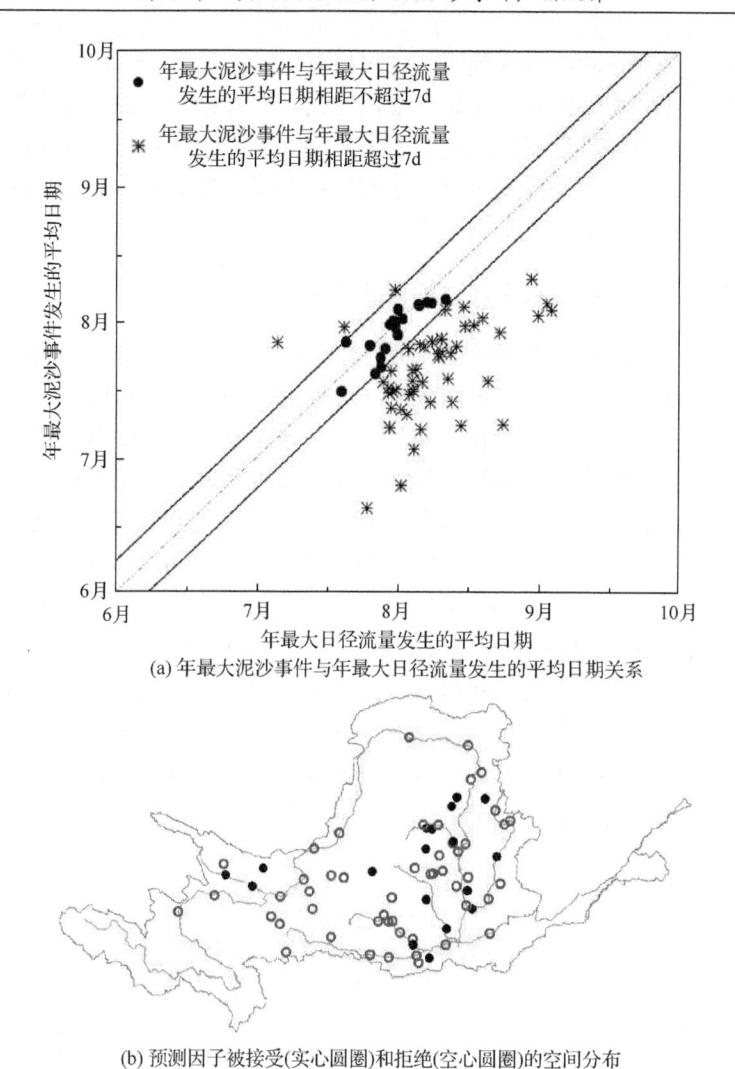

(b) 预测因子被接受(实心圆圈)和拒绝(空心圆圈)的空间分布

图 3-15 年最大泥沙事件与年最大日径流量发生的平均日期关系及假设结果空间分布

从图 3-15 可以发现，在 68 个主要水文站点中，能够被日径流量预测因子接受的有 18 个站点，大部分位于黄河中游流域(陕西地区)。该地区的径流量相对黄河上游较小，而泥沙浓度则比黄河上游大得多，在泥沙供应较为充足且泥沙运输年内动态较为稳定的情况下，泥沙事件更容易受到径流动态的影响。

尽管更大的流量能够输送更多的泥沙，但对比日降雨量预测因子(图 3-14)可以发现，研究区域内的极端泥沙事件与日降雨量预测因子的关系更为密切，近半数水文站的极端泥沙事件可以被年最大单次降雨事件较好地预测。图 3-15(b)中，北洛河与无定河流域的极端泥沙事件与日径流量预测因子有很好的相关性，还可知这两个流域内极端泥沙事件也与日降雨量预测因子关系密切。这些水文站年最大泥沙事件和日降雨量预测因子之间具有很强的联系(图 3-14)，可能是因为这些站点在径流和泥沙循环之间具有密切的关联性。也就是说，在北洛河和无定河流域中，降雨是径流生成的最主要因素，足够的泥沙供给为泥沙运输提供了充分的条件，当极端降雨事件发生时会立即导致极端水文响应，向河道输送大量的泥沙(Gao et al.，2013)。

3.4.3 河道内泥沙存储对极端泥沙事件的影响

尽管 3.4.1 小节和 3.4.2 小节的研究结果表明日降雨量和日径流量预测因子对黄河中上游流域许多水文站的极端泥沙事件有着较好的预测作用，但仍有近一半的站点不能用降雨或径流来解释，尤其是在渭河流域附近。根据以往的研究，河道的泥沙存储也可能在黄河流域的泥沙事件中起着重要的作用，特别是在流量相对较大的下游流域。考虑到河道内泥沙存储的影响，为了更好地量化其对极端泥沙事件形成的影响，本小节在黄河中上游流域 68 个主要水文站点中选取了 31 个设有上游站点的水文站(图 3-16)来估算河道内泥沙的变化，研究年最大泥沙事件与年最大日泥沙储量预测因子之间的关系。如图 3-16 所示，31 个站点中有 11 个水文站的极端泥沙事件受到年最大日泥沙储量预测因子的影响，站点主要分布在湟水、泾河及渭河下游或出口处。这些受到年最大日泥沙储量预测因子影响的水文站年均径流深都较大，然而泥沙浓度在整个研究区域一般属于最小的地区，小于研究区域内其他站点的五分之一。与其他含沙量充足的子流域相比，湟水、

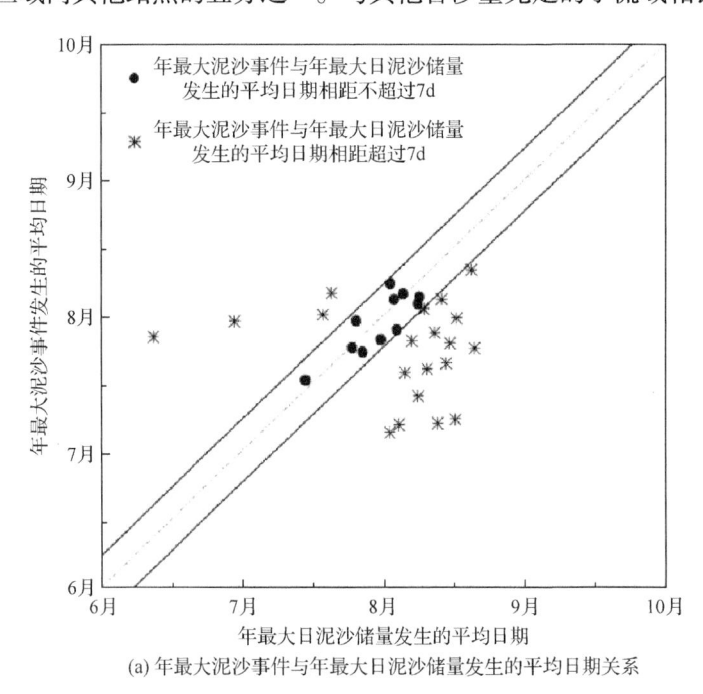

(a) 年最大泥沙事件与年最大日泥沙储量发生的平均日期关系

(b) 预测因子被接受(实心圆圈)和拒绝(空心圆圈)的空间分布

图 3-16 年最大泥沙事件与年最大日泥沙储量发生的平均日期关系及假设结果空间分布

泾河及渭河下游或出口处的泥沙运输过程通常可视为泥沙供给量有限，泥沙动态往往受到可用来运输的泥沙量控制。

3.4.4 极端泥沙事件主导因子的分析

影响河流泥沙浓度的机理是十分复杂的，坡面降雨事件引起的水土流失、坡面径流和水流挟沙能力的变化、河道内泥沙的淤积和侵蚀等都对泥沙浓度变化有着很强的影响(Fan et al., 2013；Zheng et al., 2012；Amos et al., 2004；Asselman, 1999)。前文研究结果表明，引起年最大泥沙事件的主导因子因地区的不同有着很大的差异，甚至在一条支流上极端泥沙事件也可能由不同的主导机制引发。

日降雨量预测因子是许多水文站点极端泥沙事件的主要驱动因素，在所有 68 个水文站中有 21 个站点的日降雨量预测因子可被看作是极端泥沙事件的主导因子，在 31 个设有上游站点的水文站中占了 9 个(图 3-17)。这些站点绝大部分位于径流量较小而泥沙浓度比较高的干支流上游流域，即湟水、汾河及泾河流域上游，年均径流量通常小于 2 亿 m^3，年均径流深小于 40mm，而年均泥沙浓度则超过 50kg/m^3，最大可达到 550kg/m^3。在这些子流域内，考虑到雨滴降落和水流流动的速度大小，可以得出结论：径流的水力侵蚀能力往往小于雨滴的降雨侵蚀能力(Mutema et al., 2015)。在极端降雨期间，强度大的降雨会在裸露的土壤或有浅层地表水覆盖的土壤上溅起雨水，导致该地区严重的土壤流失(Shi et al., 2012)。这种强降雨情况下的雨滴溅击侵蚀会在河流中产生大量泥沙，使得极端降雨事件和极端泥沙事件的发生日期有着高度的同步性。这与以往的研究结果一致：具有动能的强降雨可以有效地增加河道内含沙量和流域内产沙量(Croke et al., 2013；鲁克新等，2009；郑海金等，2009；侯建才等，2008)。

- 日降雨量预测因子
▲ △ 日径流量预测因子
◆ 河道内泥沙储量预测因子
× 与所选取主导因子无明显关系

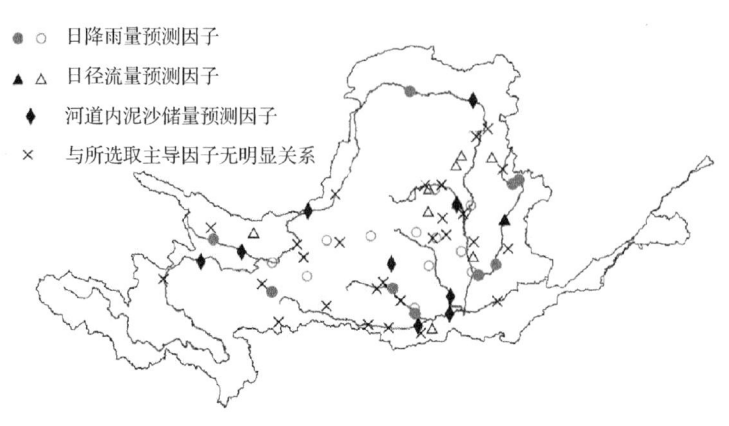

图 3-17 黄河中上游流域极端泥沙事件产生的主导因子空间分布
实心图形表示设有上游站点的水文站；空心图形表示未设上游站点的水文站

虽然径流是泥沙运输的主要载体，但在极端泥沙事件中，日径流量预测因子的优势并不像其他预测因子那样普遍，68 个站点中仅有 10 个水文站的日径流量预测因子能被观察到是极端泥沙事件的主导因子，在 31 个设有上游站点的水文站中更是只占了 2 个。其中，有 80%的水文站位于黄河中游部分(陕西地区)，即无定河流域附近，日径流量预测因子主导地区的年均径流量通常小于 3 亿 m^3，年均径流深一般在 60mm 左右，同时年均泥沙浓度在 5~150kg/m^3 不等，其中有 6 个水文站的泥沙浓度小于 40kg/m^3。研究发现，与日降雨量预测因子主导的地区相比，日径流量预测因子主导地区的径流量相对较大而泥沙浓度较小，泥沙运输年内动态整体较为稳定，径流作为泥沙输送的载体，使得极端泥沙事件和极端径流事件的发生日期有着较高的一致性。

此外，在黄河干流和主要支流出口附近这种集水面积较大的区域，坡面降雨的优势会在坡面汇流后被削弱(刘燕等，2013；Duvert et al.，2010)，而坡面径流具有很强的一致性，导致这些地区的泥沙事件产生机制更为复杂。由图 3-17 可知，在 31 个设有上游站点的水文站中，黄河干流和渭河支流流域出口处的极端泥沙事件更多地是由河道内泥沙储量控制。这些具有很大集水面积的站点，其年均径流量相对较大，大部分大于 100 亿 m^3，同时年均径流深高达 80mm，但年均泥沙浓度则处于整个黄河中上游流域最低的水平，绝大多数小于 3kg/m^3，即使是日最大泥沙浓度，也基本小于 100kg/m^3，泥沙浓度小于其他受日降雨量预测因子主导地区的五分之一。Croke 等(2013)也有类似的结论，他们在调查澳大利亚的洪水事件时发现，河道内的泥沙是洪水过程中的主要泥沙来源，特别是对于洪泛区有限的河段。这与本书研究区域下游河段情况是相似的，这些河段与洪泛区的连通性往往很低。

由于河道内泥沙储量预测因子主导的水文站点普遍存在径流量大而泥沙浓度

小的情况,该地区的泥沙输送很有可能受到可用来运输的泥沙量限制。也就是说,尽管全年径流量大,但泥沙运输时通常处于泥沙供应不足的状态。黄河流域上游降雨或径流侵蚀产生的大部分泥沙被低含沙量的支流水流冲淡,如渭河流域的大部分泥沙会在黄河流域南部湿润且植被茂盛的地区被稀释冲淡,随着河道坡度逐渐变缓,这些泥沙沿着河道沉积。此外,黄河干流和集水面积较大的支流下游水利设施(如大坝等)也会捕获拦截大部分泥沙,同时减缓水流速度,导致下游河道内的泥沙进一步淤积。因此,虽然黄河干流和支流出口处(如渭河、泾河)的径流量常年较大,但河道内没有足够的泥沙可用来运输(吴腾等,2010),泥沙事件往往由河道内的泥沙可供量(泥沙储量)主导控制。

对于集水面积较大而泥沙供给有限(不足)的水文站,引发极端泥沙事件的主导因子通常不是降雨或径流的直接侵蚀,也不是受水流最大挟沙能力控制,而是受泥沙的直接来源——河道内泥沙储量主导。图 3-18 为受河道内泥沙储量预测因子主导的水文站极端径流和泥沙事件发生日期的关系,可以发现,在这些受泥沙储量预测因子主导的水文站,极端泥沙事件通常可以在极端径流事件之前就被观测到,其内在机制的可能解释是泥沙运输在黄河中上游流域存在季节尺度上的"存储-释放"过程。在冬季或春季降雨量很小的季节,降雨和人类活动侵蚀产生的泥沙将沉积在沿途的上游沟渠和河道中。当雨季(夏季初)来临时,暴雨冲刷沉积在河道内的泥沙,引发年最大泥沙事件。大部分沉积的泥沙被冲到下游,而后在河道中没有足够多的泥沙来应付之后发生的最大降雨或径流事件,因此造成了黄河流域或黄土高原中许多子流域"大水小沙"和"小水大沙"现象(邵景安等,2016;樊登星等,2015;杨亚娟等,2013)。在这种情况下,河道内泥沙储

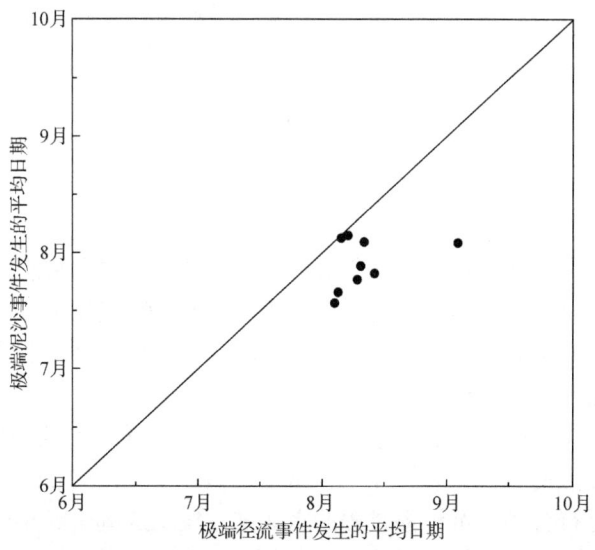

图 3-18 受河道内泥沙储量预测因子主导的水文站极端径流和泥沙事件发生的平均日期关系

量在极端泥沙事件的发生中起着主导作用，使极端泥沙事件和极端径流事件的非同步性有所上升。

3.4.5 引发极端泥沙事件主导因子的传播过程

为了进一步研究黄河中上游流域中极端降雨事件到极端泥沙事件的传播及其机制，本小节对年最大降雨、径流和泥沙事件的发生日期同步性进行分析。当两个极端事件，即年最大降雨事件和年最大径流事件、年最大径流事件和年最大泥沙事件发生的平均日期差异在 7d 阈值范围内时，认为两者是能够进行传播的，反之则认为两者不能成功传播。

极端水沙事件的传播如图 3-19 所示。从图 3-19 可以发现，黄河中上游流域的传播过程主要可以分为三大类：第一类为极端降雨事件可以传播到极端径流事件，并且进一步成功传播至极端泥沙事件，即图 3-19 中五角星标记的站点，数量不到所有主要水文站数量的三分之一；第二类为极端降雨事件只能传播到极端径流事件，即图 3-19 中五边形标记的站点；第三类为极端径流事件直接传播到极端泥沙事件，即图 3-19 中方形标记的站点。此外，还有一类极端泥沙事件与极端水文过程的发生不具有同步性，即图 3-19 中"×"标记的站点。

图 3-19　黄河中上游流域极端水沙事件的传播

从图 3-19 中还可以发现，符合第一类传播过程的水文站点主要位于黄河流域中东部(陕西地区)，这些站点所在的流域中，水文响应和泥沙侵蚀机制往往以降雨为主。年最大降雨事件会迅速引发年极端径流事件，并且造成严重的泥沙侵蚀，将大部分泥沙冲进河道中。

为了对极端泥沙事件的产沙量进行直观的描述，研究在年最大泥沙事件发生的这一天中，站点的日产沙量在年产沙量中的占比，如图 3-20 所示。其中，灰色圆圈的站点是符合第一类传播过程的水文站，发现这些站点年最大泥沙事件的日产沙量占年产沙量的比例相对较大，尤其在无定河流域。

图 3-20　黄河中上游流域年最大泥沙事件当日产沙量在年产沙量中的占比

符合第二类传播过程的水文站点(图 3-19 中五边形符号)，尽管该地区的水文反响应迅速(降雨事件发生会迅速导致极端径流事件)，但极端泥沙事件与降雨或径流之间不具有明显的相关关系。这类水文站所在的子流域是水文学中通常是冲刷区域，泥沙运输动态更为复杂。在其中一些子流域，极端泥沙事件可归因于河道内泥沙的存储情况，而另一些子流域则与降雨、径流及河道内泥沙储量都不相关(图 3-19 中叉型符号)。

为了进一步探讨水文到泥沙事件的传播过程，加入了区域的植被状况(植被覆盖度)进行分析研究。由于黄河干流上的水沙关系可能受到更多因素(如干流水库运行控制、支流汇入及人类活动等)的干扰，本小节选取了位于主要支流上的 44 个水文站对植被与水沙关系进行研究。经分析发现，当 NDVI 为 0.2~0.3 时，年最大径流事件与年最大泥沙事件发生的平均日期相当接近，这些站点大多位于无定河流域，该流域降雨量和径流量相对其他区域较小，而坡面及河道内可供运输的泥沙量则相当大。该地区大多极端降雨事件可以传播到极端径流事件和极端泥沙事件，属于第一类传播过程。降雨因子作为引发极端泥沙事件的主导因子，作用体现在：降雨量越大时，能够迅速产生的更多的径流，土壤被降雨及径流侵蚀，导致越多泥沙冲入河流。泥沙运输动态对降雨、径流的敏感性更强，即泥沙事件更多地受到降雨的影响。

当 NDVI 为 0.3~0.6 时，年最大径流事件与年最大泥沙事件发生的平均日期差异较大，多数在 15d 以上，这些站点大多属于第二类传播过程，即极端水文事件无法顺利传播到极端泥沙事件。水文响应和泥沙运输的不同步可归因为植被覆盖度较高时尽管不足以完全防止土壤被侵蚀，但植被对保护土壤及延迟泥沙运输发挥了重要作用(Langbein et al., 1958)，削弱了水文优势对泥沙动态的影响。

当 NDVI 大于 0.6 时，年最大径流事件与年最大泥沙事件发生的平均日期差异很小，基本小于 10d。这些站点主要位于植被覆盖度很高的湟水和渭河流域，该地区植被相对茂密，甚至有一部分是森林，植被有效地改善了土壤结构，并通过根系和土壤性质的组合作用形成了滞洪减沙的效果，加强了径流和泥沙关系的调节(Mul et al., 2009)。另外，这些植被覆盖度很高的流域内土壤侵蚀有限，含量相对较低的泥沙很容易被冲刷进河流，泥沙运输和径流动态都受到植被(森林)的影响，提高了水沙事件的同步性。

考虑到黄河中上游流域大部分水文站点的极端泥沙事件以降雨因子为主导，同时植被覆盖度(NDVI)对泥沙浓度和水沙之间的关系也有一定的影响，接下来分析各站点年均降雨量、年均泥沙浓度和植被覆盖度(NDVI)之间的关系。研究发现，随着 NDVI 增大，即植被覆盖度增大，年均泥沙浓度明显减小。年均泥沙浓度大于 $350kg/m^3$ 的三个站点皆位于无定河流域，该流域年均径流量通常小于 3 亿 m^3，年均径流深一般在 60mm 左右，但年均泥沙浓度在整个研究区域内最大。该结论与 Langbein 等(1958)的研究结果相似，降雨量大的地区通常有较多的植被来保护土壤以免受到侵蚀，而植被覆盖度低(NDVI 较小)的地区则较少受到降雨直接引起的侵蚀。由于气候干旱，流域内植被覆盖度较低的地区径流量也较小，因此即便年降雨量较小，其泥沙浓度还是会比降雨量大的地区大得多。

当 NDVI 大于 0.6 时，年均降雨量大多在 450mm 以上，其中渭河流域尤甚(渭河流域年平均降雨量大于 550mm)，然而这些站点的年均泥沙浓度却远小于 $50kg/m^3$，这是因为河道内缺乏可供运输的泥沙，泥沙动态受到河道内泥沙储量的限制。

当年均降雨量相似时，站点的年均泥沙浓度存在差异，这可归因于植被覆盖度(NDVI)的影响。当年均降雨量相同时，如年均降雨量为 525mm 的情况，NDVI 越小，流域内的泥沙浓度就越大。这是符合实际规律的：当植被覆盖情况越差，裸露的土地越多，土壤更易被降雨和水流侵蚀(Zhang et al., 2014；Rice et al., 2008)。各站点年均降雨量与 NDVI 的关系如图 3-21 所示，虽然 NDVI 一般随年

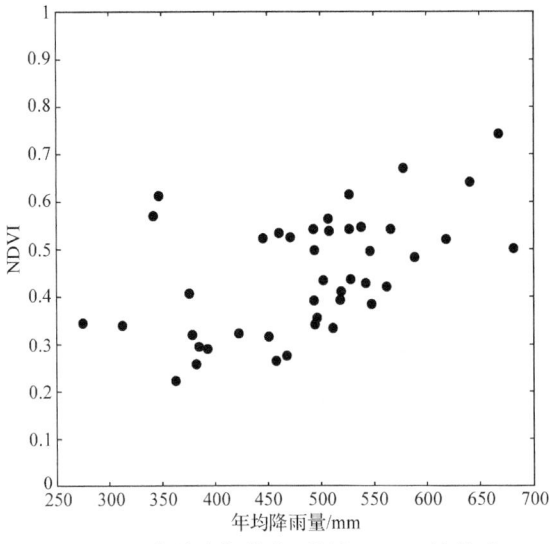

图 3-21 各站点年均降雨量与 NDVI 的关系

均降雨量的增加而增加，但可能有一系列 NDVI 对应相同的年均降雨量，植被情况不只受到降雨量的影响。在黄河流域中，地质地貌和人类活动(农业活动、生态系统恢复、水土保持措施等)都可能对植被覆盖度产生影响。

尽管降雨因子是黄河中上游流域土壤侵蚀和泥沙输送的主导因子，但其可能不是黄河中上游流域内控制极端泥沙事件的唯一因子。在具有相对较高植被覆盖度的流域中，土壤被植被很好地保护以免受到严重的侵蚀，并且许多侵蚀的泥沙沿着水流路径被中途截留，仅有很少一部分泥沙会到达流域出口，使得该地区(尤其靠近流域出口的站点)的泥沙供应受到限制，进一步佐证了黄河干流及渭河、泾河出口处站点(图 3-17 中菱形符号)的极端泥沙事件受河道内泥沙储量的主导。

3.5 本章小结

本章对黄河中上游流域年最大降雨、径流、泥沙事件的时空分布规律进行了分析，发现研究区域的年最大降雨事件通常发生在 7 月底至 8 月初，年际变化从东北向西南地区递增；年最大径流事件通常发生在 7 月底至 8 月底，流域中部的年际变化最小；年最大泥沙事件大多在 7 月上旬或者中旬被观测到，年际变化在黄河流域东部及中部最小，西部及北部则较大。研究区域内三个极端水文泥沙事件的总体年际变化由小到大为年最大泥沙事件<年最大径流事件<年最大降雨事件。极端水文和泥沙事件发生日期的空间差异性则相反，由小到大为年最大降雨事件<年最大径流事件<年最大泥沙事件。

黄河中上游流域极端洪水事件的产生机制更多的是即时水文响应，因此河道内蓄水量预测因子对极端洪水事件的发生并不起主导作用，侧面反映出研究区域内的洪水以霍顿产流为主，而不是受蓄满产流的主导。研究发现，黄河流域中部降雨因子对极端洪水事件的发生有着良好的预测性。相比日降雨量预测因子，周降雨量预测因子与年最大径流事件的关系更为密切，尤其在黄河下游的支流中，说明尽管前期土壤含水量(河道内蓄水量预测因子)与极端洪水的发生没有直接关系，但在历时较长的降雨过程中，相对较多的前期土壤水分会使得洪水发生的可能性及规模大大增加。

极端泥沙事件受降雨因子主导的站点大多位于径流量小而泥沙浓度比较大的干支流上游流域；受径流因子主导的站点多位于径流量相对较小而泥沙浓度比上游大得多的黄河中游流域，泥沙供应较为充足，泥沙运输更容易受到径流输沙能力的影响；在集水面积大、年均径流量大而泥沙浓度小的流域下游或出口处，极端泥沙事件则受河道内泥沙储量的主导，由于河道内泥沙供给量有限，泥沙运输主要受可供运输的泥沙量控制。总体来说，研究区域内极端泥沙事件受降雨因子主导的地区径流量最小，受河道内泥沙储量主导的地区径流量最大，受到径流因子主导的地区的径流量大小处于两者之间。受不同因子主导的地区泥沙浓度从小到大为河道内泥沙储量<径流因子<降雨因子。另外，植被覆盖情况对泥沙事件产生的主导因子也具有一定程度的影响。在植被覆盖度低的黄河流域中部地区，水文响应和泥沙侵蚀机制往往以降雨因子为主；在植被覆盖度较高的渭河、湟水及泾河流域，植被对土壤的保护及对泥沙运输的延迟作用，削弱了水文优势对泥沙动态的影响，使得极端泥沙事件主要受河道内泥沙储量的主导。

河道内的泥沙运输在季节尺度上存在"存储-释放"循环过程：在非汛期(秋季末、冬季和春季期间)，由于降雨量和径流量较小，大部分泥沙会在沿途的上游沟渠和河道中沉积；在汛期初期(夏季初)，河道内存储的泥沙会被降雨冲刷至下游，泥沙浓度出现峰值，易引起极端泥沙事件，同时使得泥沙事件发生的平均日期要比极端降雨事件和极端径流事件早。"存储-释放"过程对泥沙动态的影响在集水面积大、径流量大而泥沙浓度小的地区(黄河干流、渭河、泾河的下游及出口处)尤为显著，这些区域的泥沙运输往往受河道内有限的可供泥沙量控制，即极端泥沙事件通常受河道内泥沙储量的主导，增大了"大水小沙"和"小水大沙"现象出现的可能性。

参 考 文 献

樊登星, 余新晓, 贾国栋, 等, 2015. 密云水库上游不同土地利用方式下的土壤侵蚀特征[J]. 水土保持通报, 35(1): 5-8.

侯建才, 李占斌, 崔灵周, 等, 2008. 黄土高原典型流域次降雨径流侵蚀产沙规律研究[J]. 西北农林科技大学学报: 自然科学版, 36(2): 210-214.

李楠, 2009. 含沙量过程不确定性预报系统模型研究: 以潼关站为例[D]. 西安: 西安理工大学.

刘燕, 江恩惠, 曹永涛, 等, 2013. 小浪底水库拦沙后期调度对下游河道的影响[J]. 人民黄河, 35(11): 6-14.

鲁克新, 李占斌, 鞠花, 等, 2009. 不同空间尺度次暴雨径流侵蚀功率与降雨侵蚀力的对比研究[J]. 西北农林科技大学学报(自然科学版), 37(10): 204-208.

邵景安, 刘婷, 2016. 三峡库区不同土地利用背景下的土壤侵蚀时空变化及其分布规律[J]. 中国水土保持科学, 14(3): 1-9.

史红玲, 胡春宏, 王延贵, 等, 2014. 黄河流域水沙变化趋势分析及原因探讨[J]. 人民黄河, 36(4): 1-5.

田长涛, 巩铁欧, 刘桂桂, 2016. 流域降雨径流预报中土壤含水量计算分析[J]. 科技创新与应用, 16(2): 150-151.

王金忠, 赵海龙, 2010. 浅析土壤含水量的变化对清河水库洪水预报精度的影响[J]. 科技创新导报, 7(3): 135.

吴腾, 李秀霞, 2010. 黄河下游河道对水沙过程变异响应[J]. 科技导报, 28(20): 8-25.

杨亚娟, 许林军, 刘政鸿, 等, 2013. 毛不拉孔兑暴雨径流产输沙特征研究[J]. 水土保持应用技术, (1): 12-14.

翟媛, 2015. 黄土高原地区降雨径流理论分析[J]. 人民黄河, 37(9): 6-14.

张佳宝, 刘金涛, 2006. 前期土壤含水量对水文模拟不确定性影响分析[J]. 冰川冻土, 28(4): 519-525.

郑海金, 杨洁, 左长清, 等, 2009. 红壤坡地侵蚀性降雨及降雨动能分析[J]. 水土保持研究, 16(3): 3-30.

AMOS K J, ALEXANDER J, HORN A, et al., 2004. Supply limited sediment transport in a high-discharge event of the tropical Burdekin River, North Queensland, Australia[J]. Sedimentology, 51(1): 145-162.

ASSELMAN N E M, 1999. Suspended sediment dynamics in a large drainage basin: The River Rhine[J]. Hydrological Processes, 13(10): 1437-1450.

BERGHUIJS W R, WOODS R A, HUTTON C J, et al., 2016. Dominant flood generating mechanisms across the United States[J]. Geophysical Research Letters, 43(9): 4382-4390.

COPPUS R, IMESON A C, 2002. Extreme events controlling erosion and sediment transport in a semi-arid sub-Andean valley[J]. Earth Surface Processes and Landforms, 43(9): 4382-4390.

CROKE J, FRYIRS K, THOMPSON C, 2013. Channel-floodplain connectivity during an extreme flood event: Implications for sediment erosion, deposition, and delivery[J]. Earth Surface Processes and Landforms, 38(12): 1444-1456.

DUVERT C, GRATIOT N, EVRARD O, et al., 2010. Drivers of erosion and suspended sediment transport in three headwater catchments of the Mexican Central Highlands[J]. Geomorphology, 123(3): 243-256.

FAN X, SHI C, SHAO W, et al., 2013. The suspended sediment dynamics in the Inner-Mongolia reaches of the upper Yellow River[J]. Catena, 109: 72-82.

GAO P, NEARING M A, COMMONS M, 2013. Suspended sediment transport at the instantaneous and event time scales in semiarid watersheds of southeastern Arizona, USA[J]. Water Resources Research, 49(10): 6857-6870.

HUANG S, HUANG Q, LI P, et al., 2017. The propagation from meteorological to hydrological drought and its potential influence factors[J]. Journal of Hydrology, 547: 184-195.

KORUP O, 2012. Earth's portfolio of extreme sediment transport events[J]. Earth-Science Reviews, 112(3-4): 115-125.

LANGBEIN W B, SCHUMM S A, 1958. Yield of sediment in relation to mean annual precipitation[J]. Eos, Transactions American Geophysical Union, 39(6): 1076-1084.

MUL M L, SAVENIJE H H G, UHLENBROOK S, 2009. Spatial rainfall variability and runoff response during an extreme event in a semi-arid catchment in the South Pare Mountains, Tanzania[J]. Hydrology and Earth System sciences, 13(9): 1659-1670.

MUTEMA M, CHAPLOT V, JEWITT G, et al., 2015. Annual water, sediment, nutrient, and organic carbon fluxes in river basins: A global meta-analysis as a function of scale[J]. Water Resources Research, 51(11): 8949-8972.

OSTERKAMP W R, FRIEDMAN J M, 2000. The disparity between extreme rainfall events and rare floods: With emphasis on the semi-arid American West[J]. Hydrological Processes, 14(16-17): 2817-2829.

RICE S P, ROY A G, RHOADS B L, 2008. River Confluences, Tributaries and the Fluvial Network[M]. Chichester: John Wiley and Sons.

SCHIEFER E, MENOUNOS B, SLAYMAKER O, 2006. Extreme sediment delivery events recorded in the contemporary sediment record of a montane lake, southern Coast Mountains, British Columbia[J]. Canadian Journal of Earth Sciences, 43(12): 1777-1790.

SHI Z H, FANG N F, WU F Z, et al., 2012. Soil erosion processes and sediment sorting associated with transport mechanisms on steep slopes[J]. Journal of Hydrology, 454-455: 123-130.

SIVAKUMAR B, 2008. Dominant processes concept, model simplification and classification framework in catchment hydrology[J]. Stochastic Environmental Research and Risk Assessment, 22(6): 737-748.

SIVAPALAN M, BLÖSCHL G, ZHANG L, et al., 2003. Downward approach to hydrological prediction[J]. Hydrological Processes, 17(11): 2101-2111.

WAN L, ZHANG X P, MA Q, et al., 2014. Spatiotemporal characteristics of precipitation and extreme events on the Loess Plateau of China between 1957 and 2009[J]. Hydrological Processes, 28(18): 4971-4983.

ZHANG X, YU G Q, LI Z B, et al., 2014. Experimental study on slope runoff, erosion and sediment under different vegetation types[J]. Water Resources Management, 28(9): 2415-2433.

ZHENG M, YANG J, QI D, et al., 2012. Flow-sediment relationship as functions of spatial and temporal scales in hilly areas of the Chinese Loess Plateau[J]. Catena, 98: 29-40.

第4章　黄河流域头道拐至潼关区间水库淤积时空分布特征

本章以头潼区间的渭河流域、河龙区间和汾河流域为研究区域,基于流域内干支流水库泥沙淤积测量及调查资料,运用水文比拟法和数理统计法(回归分析法),对头潼区间干支流水库淤积量进行测算;提出水库失去拦沙功效的判断标准,确定淤积率;阐明水库群的群体效应,分析水库未来的拦沙效益。

4.1　头道拐至潼关区间黄土高原地区水库群分布特征

4.1.1　水库分布概况

根据工程规模、保护范围和重要程度,按照国家《防洪标准》(GB 50201—2014),水库工程可分为5个等级:大(Ⅰ)型水库、大(Ⅱ)型水库、中型水库、小(Ⅰ)型水库、小(Ⅱ)型水库,其库容分别为大于10亿 m^3、1亿~10亿 m^3、0.1亿~1亿 m^3、0.01亿~0.1亿 m^3、0.001亿~0.01亿 m^3。

研究区域水库的分布如表4-1和图4-1所示。可以看出,头道拐至潼关区间黄土高原区共有987座水库。渭河流域分布的水库最多,合计626座,其中大型水库5座,中型水库46座,小型水库575座。渭河流域水库数量占头道拐至潼关区间黄土高原区水库总数量的一半以上。河龙区间水库共223座,其中大型水库5座,中型水库47座,小型水库171座,主要分布在无定河、窟野河、延河和三川河等几大支流。汾河流域共建成水库138座,其中大型水库3座,中型水库13座,小型水库122座。

表4-1　黄土高原头道拐至潼关区间水库分布　　　　　　　(单位:座)

水库类型	河龙区间	汾河流域	渭河流域	合计
大型水库	5	3	5	13
中型水库	47	13	46	106
小型水库	171	122	575	868
合计	223	138	626	987

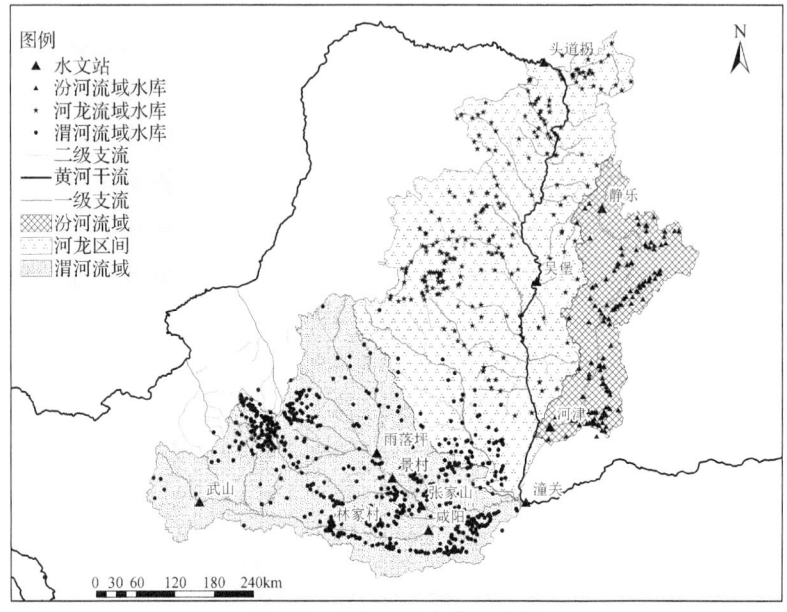

图 4-1 头潼区间水库分布图

4.1.2 渭河流域水库分布概况

渭河宝鸡峡以上区域共有中型水库 11 座，小型水库 120 座；宝鸡峡—咸阳段共有大型水库 4 座，中型水库 12 座，小型水库 136 座；咸阳以下区域，共有中型水库 8 座，小型水库 166 座；泾河景村以上区域，共有大型水库 1 座，中型水库 10 座，小型水库 95 座；景村—张家山段，共有小型水库 13 座；北洛河刘家河以上区域，共有小型水库 1 座；刘家河—状头段，共有中型水库 5 座，小型水库 44 座。渭河流域不同区间水库分布概况见表 4-2，渭河流域水库空间分布见图 4-2。

表 4-2 渭河流域不同区间水库分布概况

类型	区间	水库数量/座	水库控制流域面积/km²	总库容/亿 m³	兴利库容/亿 m³	死库容/亿 m³
大型水库	宝鸡峡—咸阳(渭河干流)	4	5117.60	8.940	4.657	1.114
	景村以上(泾河)	1	3478.00	5.400	0.203	0.675
	小计	5	8595.60	14.340	4.860	1.789
中型水库	宝鸡峡以上(渭河干流)	11	3149.00	2.874	0.244	1.515
	宝鸡峡—咸阳(渭河干流)	12	7624.00	4.205	3.951	0.693
	咸阳以下(渭河干流)	8	3091.00	2.361	1.248	0.430

续表

类型	区间	水库数量/座	水库控制流域面积/km²	总库容/亿 m³	兴利库容/亿 m³	死库容/亿 m³
中型水库	景村以上(泾河)	10	18354.83	2.001	0.620	0.761
	刘家河—状头(北洛河)	5	1638.20	1.461	0.679	0.305
	小计	46	33857.03	12.902	6.742	3.704
小型水库	宝鸡峡以上(渭河干流)	120	3684.34	2.538	0.612	0.842
	宝鸡峡—咸阳(渭河干流)	136	44088.63	1.398	0.743	0.214
	咸阳以下(渭河干流)	166	5546.75	1.967	1.067	0.331
	景村以上(泾河)	95	5445.42	2.162	0.510	0.634
	景村—张家山(泾河)	13	659.25	0.127	0.051	0.026
	刘家河以上(北洛河)	1	0.20	0.069	0.000	0.049
	刘家河—状头(北洛河)	44	1557.54	0.972	0.451	0.144
	小计	575	60982.13	9.233	3.434	2.240

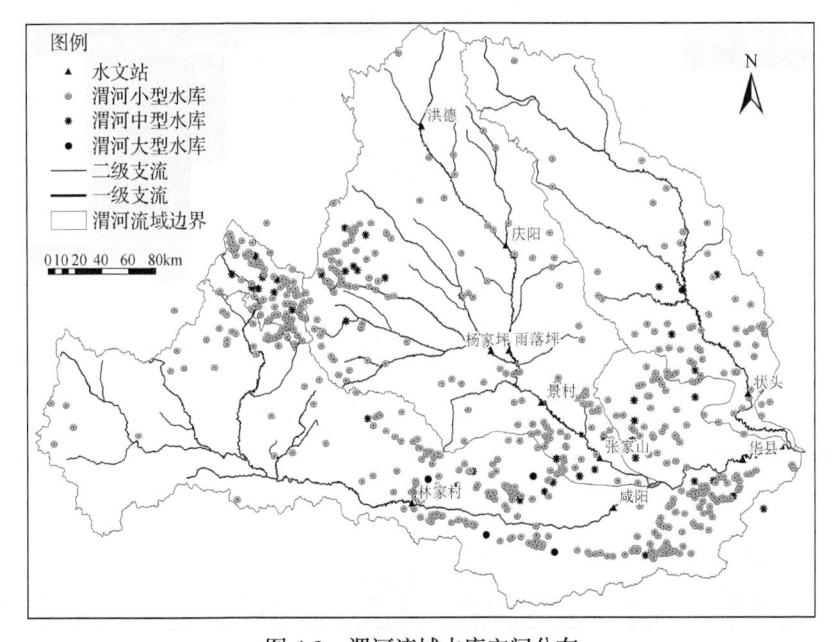

图 4-2 渭河流域水库空间分布

渭河支流数量众多，分布呈扇形(山泽萱等，2023；张妍等，2019)。其中，南侧的支流数量较多，流量小；较大流量的支流集中在北侧。流域面积超过1000km^{2}的支流有 13 条，位于南侧的有 5 条，即灞河、沣河、黑河、籍河和榜沙河；北侧有 8 条，即北洛河、石川河、泾河、漆水河、千河、葫芦河、散渡河、咸河。南岸支流均源自秦岭山区，坡度大，径流量充足，挟沙量小；北岸支流源自黄土丘陵区，坡度小，挟沙量大(赵玉，2014)。

渭河北岸支流水库数量相对较多，其中泾河水系水库 145 座，总库容为 11.2573 亿 m^3；葫芦河水系水库 111 座，总库容为 5.1766 亿 m^3；北洛河水系水库 71 座，总库容为 2.6312 亿 m^3；石川河水系水库 48 座，总库容为 2.3176 亿 m^3；韦水河合计 45 座，总库容为 3.3100 亿 m^3。五条水系水库总数为 420 座，总库容为 24.6927 亿 m^3，占渭河流域水库总数的 67.09%。渭河干流及主要支流水库分布情况见表 4-3。

表 4-3 渭河干流及主要支流水库分布情况

序号	河流水系	数量/座	总库容/万 m^3	序号	河流水系	数量/座	总库容/万 m^3
1	泾河	145	112572.56	17	牛头河	4	631.69
2	葫芦河	111	51765.75	18	赤水河	4	1667.95
3	北洛河	71	26312.14	19	遇仙河	3	840.20
4	石川河	48	23176.14	20	汤峪河	3	160.80
5	韦水河	45	33100.40	21	白龙河	3	169.82
6	千河	29	56211.43	22	小水河	2	349.30
7	渭河干流及支沟	26	6971.04	23	石堤河	2	180.65
8	灞河	27	4354.34	24	散渡河	2	1323.5
9	沣河	24	4637.06	25	涝河	2	43.00
10	零河	15	5637.03	26	甘峪	2	424.50
11	沈河	8	3213.48	27	榜沙河	2	32.50
12	清水河 [a]	8	357.95	28	新河	1	14.00
13	金陵河	7	205.90	29	西沙河	1	70.00
14	清水河 [b]	6	426.00	30	石头河	1	14700.00
15	溪河	5	180.09	31	麦李河	1	14.00
16	黑河	5	20713.80	32	罗纹河	1	37.20

续表

序号	河流水系	数量/座	总库容/万 m^3	序号	河流水系	数量/座	总库容/万 m^3
33	莲峰河	1	525.00	36	伐鱼河	1	272.00
34	耤河	1	273.00	37	磻溪河	1	260.00
35	方山峪	1	67.20				

注：a. 位于西安市周至县；b. 位于宝鸡市渭滨区。

4.1.3 河龙区间水库分布概况

河龙区间是指黄河中游头道拐(河口镇)—龙门(禹门口)河段，简称"河龙段"，又叫"北干流"(Zhang et al., 2022)。

截至2011年，河龙区间共建成水库223座，总库容为42.7069亿 m^3，兴利库容15.0215亿 m^3，死库容10.5392亿 m^3。其中，大型水库5座，库容17.8743亿 m^3(占总库容的41.85%)，兴利库容8.3090亿 m^3，死库容5.3938亿 m^3；中型水库47座，库容20.2013亿 m^3(占总库容的47.30%)，兴利库容5.0768亿 m^3，死库容4.2567亿 m^3；小型水库171座，库容4.6313亿 m^3(占总库容的10.85%)，兴利库容1.6357亿 m^3，死库容0.8887亿 m^3。河龙区间小型水库干涸统计数据显示，未干涸水库数量为129座，约占小型水库总数的75.4%；干涸水库数量为42座，约占总数的24.6%。河龙区间水库概况和分布分别见表4-4和图4-3。

表4-4 河龙区间水库概况

水库类型	数量/座	库容/亿 m^3	兴利库容/亿 m^3	死库容/亿 m^3
大型水库	5	17.8743	8.3090	5.3938
中型水库	47	20.2013	5.0768	4.2567
小型水库	171	4.6313	1.6357	0.8887
合计	223	42.7069	15.0215	10.5392

4.1.4 汾河流域水库分布概况

截至2011年，汾河流域共建成水库138座，总库容为17.2828亿 m^3，兴利库容6.2492亿 m^3，死库容1.9501亿 m^3。其中，大型水库3座，库容9.8300亿 m^3(占总库容的56.88%)，兴利库容3.5278亿 m^3，死库容0.4399亿 m^3；中型水库13座，库容5.4570亿 m^3(占总库容的31.57%)，兴利库容1.8991亿 m^3，死库容1.1508亿 m^3；小型水库122座，库容1.9958亿 m^3(占总库容的11.55%)，兴利库

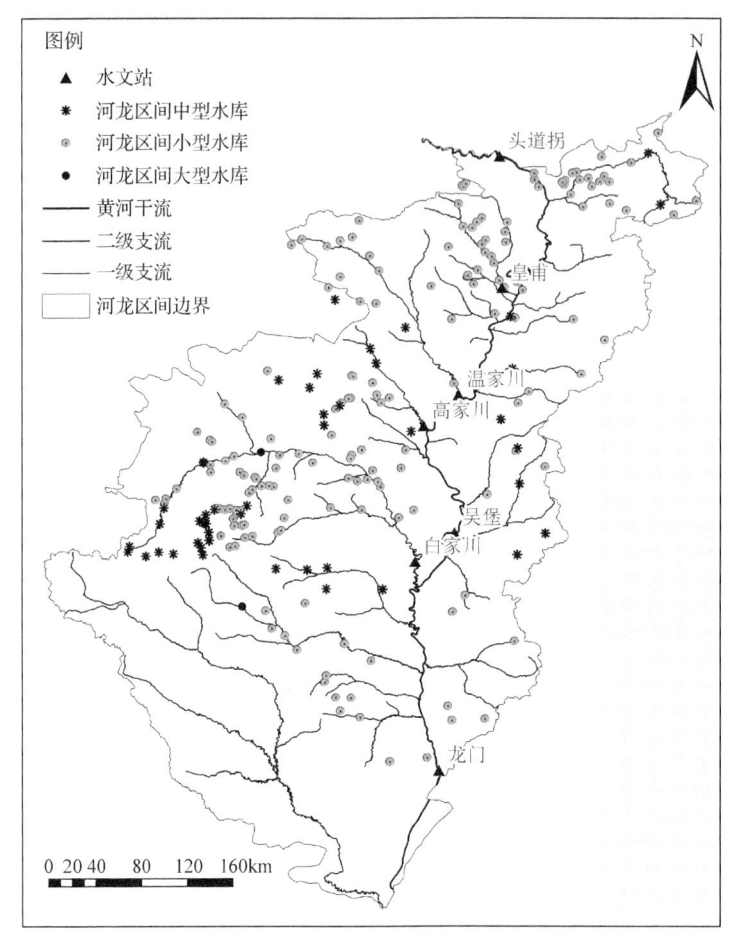

图 4-3　河龙区间水库分布

容 0.8223 亿 m³，死库容 0.3594 亿 m³。汾河流域水库概况和分布分别见表 4-5 和图 4-4。

表 4-5　汾河流域水库概况

水库类型	数量/座	库容/亿 m³	兴利库容/亿 m³	死库容/亿 m³
大型水库	3	9.8300	3.5278	0.4399
中型水库	13	5.4570	1.8991	1.1508
小型水库	122	1.9958	0.8223	0.3594
合计	138	17.2828	6.2492	1.9501

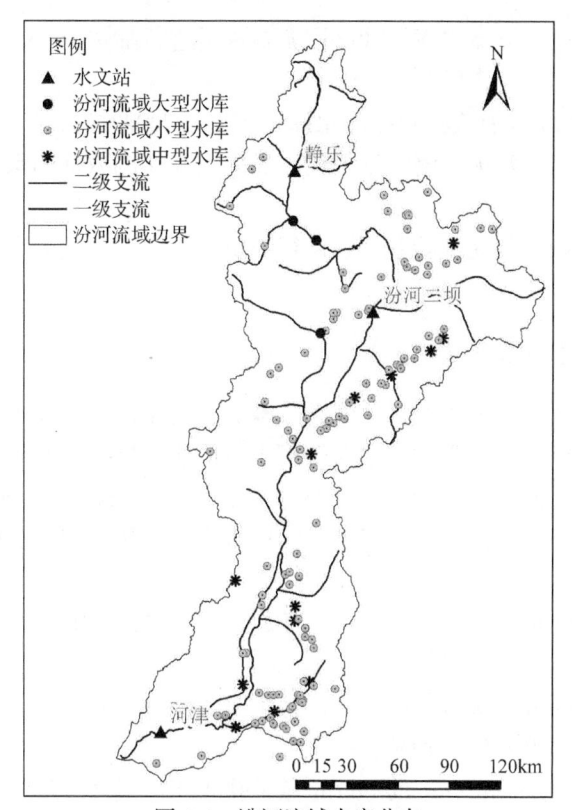

图 4-4　汾河流域水库分布

4.2　水库淤积量测算方法

4.2.1　流域干支流水库泥沙淤积调查情况与分析

基于流域内干支流水库泥沙淤积调查资料，淤积数据收集情况如下：大型水库 5 座，共收集到 5 座水库 2011～2017 年淤积数据；中型水库 46 座，共收集到 43 座水库历史淤积资料；小型水库 575 座，共收集到 202 座水库淤积历史资料。渭河流域水库淤积数据收集情况见表 4-6。

表 4-6　渭河流域水库淤积数据收集情况

水库类型	水库总数量/座	有数据水库数量/座	无数据水库数量/座
大型水库	5	5	0
中型水库	46	43	3
小型水库	575	202	373
合计	626	250	376

通过对流域内干支流水库泥沙淤积调查资料进行筛选分析,将水库淤积数据分为三类:

(1) 2011~2017 年有实测数据的水库,主要是大型水库;

(2) 2011~2017 年无实测数据但运行历史上有实测数据的水库,主要是中小型水库;

(3) 2011~2017 年无实测数据且运行历史上无实测数据的水库,主要是小型水库。

4.2.2 水库淤积量估算方法

本小节主要通过实地查勘,收集和了解头道拐至潼关区间干支流水库淤积情况,但水库数量巨大,且受制于水库管理单位的实际情况,并不能完全获得其淤积量数据。对于无淤积数据的水库,通过 ArcGIS 和 Google Earth 软件排查水库具体干涸情况,对水库进行分类研究,运用水文比拟法和回归分析法进行淤积量的预估。主要步骤如下:

(1) 通过实地查勘,分析头道拐至潼关区间 2011~2017 年干支流大中型水库淤积量;

(2) 针对无实测数据的小型水库,特别是小(Ⅱ)型水库,运用水文比拟法和回归分析法预估小型水库淤积量;

(3) 运用 ArcGIS 和 Google Earth 软件排查水库具体干涸情况,重点是小型水库。

具体技术路线如图 4-5 所示。

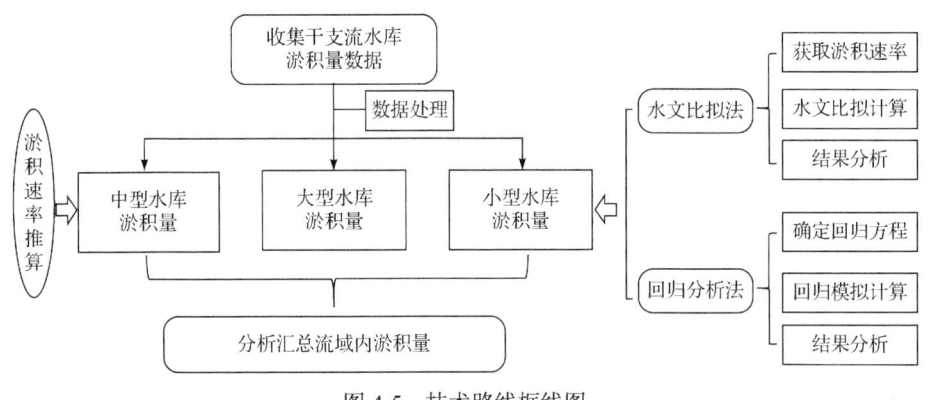

图 4-5 技术路线框线图

1. 水文比拟法

1) 水文比拟法的概念

水文比拟法是从参证流域推导出某些水文特征值移用到运用流域的方法(白

咏梅等，2010)。当研究的中小河流域缺乏测量水文数据，但又需要应用某些水文特征值时，可以选择同一区域的一些自然地理重要条件相类比，有实测数据的河流流域作为参照，计算其某些水文特征值，同时分析其影响因素。使用该计算结果，用于没有数据的中小型河流域。

2) 水文比拟法运用场景和选取原则

(1) 参证流域与运用流域必须在同一气候带，且下垫面条件相似。

(2) 参证流域应具有长期测量数据系列，且具有良好的代表性。

(3) 参证流域与运用流域面积相差不能太大。

3) 水文比拟法中相关参数的移用原则和移用方法

(1) 直接移用。当预估水库与参证水库处于同一河流的上、下游，且参证流域面积与运用流域面积没有明显的差别时，或两水库虽不在一条河流上但气候和下垫面条件相似时，可以直接把参证流域的水文特征值移用过来(徐冬梅等，2013)。直接移用适用于 2011～2017 年无实测数据且运行历史上有实测数据的水库，主要是中型水库和部分小型水库。

(2) 修正移用。当两个流域面积有很大的差距，或气候与下垫面条件有一定差异时，需要将参证流域的水文特征值修正改变后再移用过来，如式(4-1)所示：

$$X_{用} = \frac{F_{用}}{F_{参}} \times X_{参} \tag{4-1}$$

式中，$X_{用}$ 和 $X_{参}$ 分别为运用流域和参证流域的水文特征值；$F_{用}$ 和 $F_{参}$ 分别为运用流域和参证流域的面积。

2. 回归分析法

1) 回归分析的概念

回归分析是一种预测建模技术，分析研究目标和预测变量之间的关系(贾世卿，2018)。回归分析是基于时间序列模型的预测，以过去的趋势为预测远期发展的先决条件，即假设过去的事情继续延伸到未来预测，基于客观事物的持续发展，使用历史数据统计分析，以进一步推测未来的发展(Jakubowski et al.，2017)。

2) 回归分析法运用场景和选取原则

回归分析法简易便捷，极易掌握，但准确性较差，一般只适用于短期预测，供参照使用(Mulder et al.，2019)。就本书而言，回归分析法适用于 2011～2017 年无实测数据且运行历史上无实测数据的水库，主要是小型水库。

3) 回归分析法计算步骤

(1) 确定变量。明确预测目标，然后确定研究变量，寻找与预测目标有关的唯一或几个因素，即自变量。

(2) 建立预测模型。根据自变量和因变量的历史统计，建立回归分析方程，即建立回归分析预测模型。

(3) 进行相关分析。回归分析是对具备因果关系的影响因素(自变量)和预测对象(因变量)进行数理统计分析。唯有自变量和因变量之间的关系强烈时，建立的回归方程才有意义。因此，作为自变量的因子是否与预测对象相关及相关程度的大小，成为回归分析中需要解决的问题。相关分析时，一般需要确定相关系数的大小，以评估自变量和因变量之间的相关程度。R^2叫作方程的决定系数，体现回归方程中自变量X到因变量Y的解释程度，R^2介于0和1之间，越接近1，表示自变量X越能更好地解释因变量Y。

(4) 计算预测误差。回归分析模型能否预测未来情况，由回归分析模型检验和预测误差计算决定。回归方程通过各种检验才可以作为预测模型进行预测(张夏，2019)。

(5) 确定预测值。利用回归分析模型计算预测值，综合分析预测值，确定最终的期望值。

4.3 渭河流域水库淤积量

4.3.1 渭河流域大型水库淤积量

渭河流域共有大型水库5座，分别是巴家咀水库、冯家山水库、黑河金盆水库、石头河水库和羊毛湾水库，各水库简要情况如下。

1) 巴家咀水库

巴家咀水库是该流域内最大的水库，位于泾河支流蒲河中游，距离最近的庆阳市西峰区约19km，是一座具有防洪、供水、灌溉、发电功能为一体的大(Ⅱ)型水利枢纽工程，水库控制流域面积3478km²，多年平均径流量1.268亿 m³。经过1965年、1973年、2009年三次加高，坝高75.6m，坝顶宽6.0m，长565m，总库容5.4亿 m³，有效库容2.1亿 m³。截至2011年，总淤积量为3.3032亿 m³，2011~2017年的淤积量为0.1260亿 m³，截至2017年的总淤积量为3.4112亿 m³，库容淤积率为63.17%。

2) 冯家山水库

冯家山水库坐落在千河下游的宝鸡市千阳县、凤翔区、陈仓区三县(区)交界，距离千河入渭河口25.5km，控制流域面积3232km²，约占千河流域面积的92.5%。水库灌溉面积9.07hm²，总库容4.85亿 m³，兴利库容2.86亿 m³，死库容0.91亿 m³，截至2017年总淤积量为1.0742亿 m³，2011~2017年实测淤积量为0.1584亿 m³，库容淤积率为22.15%。

3) 黑河金盆水库

黑河金盆水库坐落于黑河峪口以上约 1.5km 处，距西安市 86km，是一项以城市供水为主要功能，兼有发电、防洪、农业灌溉等功能的大(Ⅱ)型水利工程。水库控制流域面积约 112.6km^2，多年平均径流量 4521 万 m^3，总库容约 2 亿 m^3，兴利库容 0.0750 亿 m^3，死库容 0.0430 亿 m^3。黑河金盆水库 2003 年开始采用蓄水运用方式，工况良好，淤积率小。

4) 石头河水库

石头河水库位于太白县、眉县、岐山县三县交界，渭河阴面支流石头河上游 1.5km 处，北面距离蔡家坡 20km。水库以灌溉为主要功能，兼具防洪和发电功能。该水库是陕西省关中西部地区实现南水北调以解决渭北黄土高原缺水问题的一项大型水利工程，控制流域面积 673km^2，多年平均降雨量 746.6mm，多年平均流量为 14.1m^3/s，多年平均径流量 4.48 亿 m^3，多年平均输沙量 16.37 万 t，总库容 1.47 亿 m^3，有效库容 1.2 亿 m^3，水库年调水量 2.7 亿 m^3，死库容 0.05 亿 m^3。

5) 羊毛湾水库

羊毛湾水库位于陕西乾县的渭河支流漆水河上，水库按多年调节设计，是一座以灌溉为主要功能，兼有防洪、养殖等功能的大型水利工程。总库容 1.2 亿 m^3，有效库容 0.5220 亿 m^3。羊毛湾水库控制流域面积 1100km^2，多年平均径流量 0.85 亿 m^3。2011～2017 年的淤积量为 0.1302 亿 m^3，截至 2017 年的总淤积量为 0.3935 亿 m^3，库容淤积率为 32.79%。

因为黑河金盆水库和石头河水库拦截的大多是直径较大、较粗糙的沙石混合物，所以未计算这两个水库的淤积量。渭河流域大型水库淤积情况见表 4-7。

表 4-7　渭河流域大型水库淤积情况

区间	水库名称	控制流域面积/km^2	总库容/亿 m^3	2011～2017 年淤积量/亿 m^3	累计淤积量/亿 m^3	库容淤积率/%
景村以上(泾河)	巴家咀水库	3478	5.400	0.1260	3.4112	63.17
宝鸡峡—咸阳(渭河干流)	冯家山水库	3232	4.850	0.1584	1.0742	22.15
	羊毛湾水库	1100	1.200	0.1302	0.3935	32.79
合计		7810	11.450	0.4146	4.8789	42.61

4.3.2　渭河流域中型水库淤积量

截至 2017 年，渭河流域中型水库共 46 座，其中 9 座水库(黑松林水库、桃曲坡水库、玉皇阁水库、冯村水库、尤河水库、石砭峪水库、涧峪水库、西郊水库、零河水库)位于咸阳—渭河入黄口(含石川河等渭北小支流)区间,由于拦截的泥沙主要是较粗的沙石混合物,淤积量接近零,因而未计算此区间水库的泥沙淤积量。剩余 37 座中型水库都是 2011～2017 年无实测数据但运行历史上有实测数据的水库,直接用历史资料计算淤积速率,延补 2011～2017 年淤积量。剩余 37 座水库的淤积量测算过程(王家崖水库、店子坪水库、王家湾水库在 2011～2017 年干涸,不产生泥沙淤积)如下。

考虑中型水库淤积测量时间不统一,将中型水库淤积测算分为三大类。

1) 第一类中型水库

第一类中型水库建库后淤积测量资料相对较多,1997 年、2007 年和 2011 年淤积量为实测值,该类中型水库共 5 座,见表 4-8。要预估 2011～2017 年淤积量,有两种方法。方法一,用建库至 2011 年的淤积速率预估 2011～2017 年的淤积量。方法二,用 2007～2011 年的淤积速率预估 2011～2017 年的淤积量。经统计分析,可以得出这 5 座水库总库容 26729 万 m³,其中 2011～2017 年淤积 872 万 m³(方法一和方法二的预估淤积量平均值),总淤积量为 11263.5 万 m³。

表 4-8 渭河流域中型水库淤积情况(第一类)

序号	水库名称	所在河流	所在行政区	建成年份	总库容/万 m³	实测淤积量/万 m³			预估淤积量/万 m³				淤积速率/(万 m³/年)	库容淤积率/%
						建库～1997年	1997～2006年	2007～2011年	方式一预估		方式二预估			
									2011～2017年	总淤积量	2011～2017年	总淤积量		
1	信邑沟水库	美阳河	陕西扶风县	1972	3709	1171	1034	363	453	3021	513	3081	67	82
2	泔河水库	泔河	陕西礼泉县	1973	6462	2292	98	32	431	2853	39	2462	58	41
3	泔河二库	泔河	陕西礼泉县	1985	3293	206	43	0	0	246	0	248	7	9
4	王家崖水库	千河	陕西陈仓区	1971	9417	3852	53	63	0	3968	0	3966	93	46
5	大北沟水库	大北沟	陕西乾县	1963	3848	1009	79	97	167	1356	141	1326	25	35
	合计			—	26729	8530	1307	555	1051	11444	693	11083	—	—

注:2011～2017 年水库淤积量=年淤积速率×7a;王家崖水库在 2011～2017 年干涸,因此淤积量为 0。

2) 第二类中型水库

第二类中型水库建库后进行了两次淤积测量,第一次在 1990 年左右,2000 年前后又进行了一次测量,该类水库共 14 座,见表 4-9。要预估 2011～2017 年的淤积量通常可采用两种方法。方法一,用建库至 20 世纪 90 年代的淤积速率预估 2011~2017 年的淤积量。方法二，用 20 世纪 90 年代至 2000 年前后的淤积速率预估 2011~2017 年的淤积量。经统计分析，可以得出这 14 座水库总库容为 43159 万 m^3，其中 2011~2017 年共淤积量为 2497.55 万 m^3(方法一和方法二的预估淤积量平均值)，总淤积量为 21393.5 万 m^3。

表 4-9 渭河流域中型水库淤积情况(第二类)

序号	水库名称	所在河流	所在行政区	建成年份	总库容/万 m^3	实测淤积量 起止年份	实测淤积量 淤积量/万 m^3	预估淤积量 起止时间	预估淤积量 淤积量/万 m^3	方式一预估 2011~2017	方式一预估 总淤积量/万 m^3	方式二预估 2011~2017	方式二预估 总淤积量/万 m^3	淤积速率/(万 m^3/a)	库容淤积率/%
1	林皋水库	白水河	陕西白水县	1972	3301	1971~1992	471	1992~2002	115	133	871	75	746	16	25
2	王家湾水库	盖家川	甘肃西峰区	1957	2685	1951~1991	1114	1991~2009	0	153	1305	0	1111	11.3	45.3
3	白荻沟水库	横水河	陕西凤翔区	1965	1463	1965~1992	301	1992~2003	123	76	593	83	599	11.5	41.4
4	咀头水库	葫芦河	宁夏西吉县	1976	4441	1976~1990	991	1990~1999	627	495	2957	489	2936	70.6	66.1
5	黄家川水库	葫芦河	宁夏西吉县	1961	1891	1961~1991	544	1991~2009	251	113	936	96	912	15.3	49.5
6	东坡水库	葫芦河	宁夏西吉县	1974	1725	1974~1990	417	1990~2010	956	268	1675	336	1755	43.8	99.2
7	崆峒水库	泾河	甘肃崆峒区	1981	2972	1981~1992	471	1992~2010	115	140	749	42	636	13.5	23.7
8	马莲水库	马莲川河	宁夏西吉县	1960	2663	1960~1987	1393	1987~1999	263	295	2460	157	2073	32.7	85.8
9	段家峡水库	千河	陕西陇县	1973	1831	1973~1994	247	1992~2003	16	65	397	8	285	5.4	19.6
10	什字水库	什子路河	宁夏西吉县	1961	2761	1961~1989	1606	1989~2002	151	301	2448	83	1946	27.7	80.4
11	石堡川水库	石堡川	陕西洛川县	1976	6370	1976~1992	222	1992~2003	725	245	1474	465	1944	51.8	27.7
12	郑家河水库	淤泥河	陕西黄陵县	1974	1253	1974~1991	27	1991~2012	9	210	1627	26	1235	1.5	3.3
13	东峡水库	渝河	甘肃静宁县	1959	8601	1959~1992	4063	1992~2013	236	9	33	2.1	35	45.8	53.9
14	三里店水库	渝河	宁夏隆德县	1961	1202	1961~1988	505	1988~2009	62	553	4696	77	4353	7.9	53.5
合计				—	43159		—			3056	22221	1939	20566	—	—

注：王家湾水库 2011~2017 年干涸，因此淤积量为 0。

3) 第三类中型水库

第三类中型水库建库后只进行了一次淤积测量,仅能依据该数据推算年均淤积量,据此计算 2007~2011 年总淤积量,该类水库共 18 座,见表 4-10。经分析统计,这 18 座水库总库容为 35389 万 m³,2011~2017 年总淤积量为 1865.5 万 m³,总淤积量为 9553 万 m³。

表4-10 渭河流域中型水库淤积情况(第三类)

序号	水库名称	所在河流	所在行政区	建成年份	总库容/万 m³	淤积现状					
						淤积量/万 m³	起止时间	淤积速率/(万 m³/a)	2011~2017年淤积量/万 m³	总淤积量/万 m³	库容淤积率/%
1	老鸦咀水库	大北沟	乾县	1970	2416	52	建库~2003年	1.59	13	75	3.6
2	杨家河水库	泔河	乾县	1981	1694	455	建库~2003年	20.57	115	749	45.6
3	夏寨水库	葫芦河	西吉县	1973	2419	685	建库~2012年	17.52	133	773	33.5
4	八台轿水源坝	滥泥河	西吉县	2009	1881	60	建库~2012年	20.47	122	143	10.9
5	二岔口水库	滥泥河	西吉县	1978	1163	442	建库~2009年	14.15	110	534	49.2
6	西庄水库	李家沟	彭阳县	2009	1464	45	建库~2012年	13.3	120	119	9.7
7	雅石沟水库	陆家阳洼沟	彭阳县	1980	1348	136	建库~2006年	2.5	12	177	12.9
8	槐沟水库	罗堡子沟	彭阳县	1999	1775	14	建库~2011年	2.02	17	62	2.2
9	店子坪水库	马莲河	庆城县	1976	3186	552	建库~2009年	16.87	0	530	17.7
10	店洼水库	洒河	彭阳县	1961	2185	1377	建库~2009年	28.57	203	1734	75.3
11	乃河水库	洒河	彭阳县	1975	1262	196	建库~2007年	6.28	46	256	21.5
12	石头崾岘水库	茹河	彭阳县	2001	1556	785	建库~2013年	65.4	456	1134	72.3
13	锦屏水库	散渡河	通渭县	1976	1203	103	建库~2009年	2.95	20	146	11.5
14	庙台水库	王洼沟	彭阳县	2004	1593	8.4	建库~2011年	1.56	9.5	15	1.6
15	东风水库	韦水河	凤翔区	1973	1555	203	建库~2003年	6.74	42	322	19.1
16	宝鸡峡水库	渭河	金台区	1975	5001	1801	建库~2012年	48.69	340	2062	42.6
17	福地水库	五里镇河	宜君县	1966	1053	414	建库~2003年	9.53	75	556	54.5
18	拓家河水库	仙姑河	洛川县	1975	2635	163	建库~2012年	4.22	32	166	7.3
	合计	—	—		35389		—		1865.5	9553	—

注:店子坪水库 2011~2017 年干涸,因此淤积量为 0。

该流域 37 座中型水库控制流域总面积 69028km²，总库容为 105277 万 m³，2011~2017 年泥沙淤积量为 5235.05 万 m³，截至 2017 年累计淤积量 42210 万 m³，库容淤积率为 40.1%，见表 4-11。

表 4-11 渭河流域各中型水库淤积情况汇总

类别	水库个数	水库总库容/万 m³	2011~2017 年淤积量/万 m³	总淤积量/万 m³	库容淤积率/%
第一类	5	26729	872	11263.5	42.1
第二类	14	43159	2497.55	21393.5	49.6
第三类	18	35389	1865.5	9553	27.0
合计	37	105277	5235.05	42210	40.1

4.3.3 渭河流域小型水库淤积量

1) 小型水库干涸情况的排查

针对无数据小型水库，用水文比拟法和回归分析法进行水库淤积量预估测算。小型水库并非 2011~2017 年都有水(干涸的水库是不会产生淤积的)，因此需要用 ArcGIS 软件处理水库数据，并用 Google Earth 软件对无数据的小型水库进行排查，查看每座水库的卫星遥感影像，筛选并统计干涸的水库总数。通过遥感卫星图片(Google Earth 软件)对此时期水库是否干涸进行逐个统计，2011~2017 年，渭河流域小(Ⅰ)型水库干涸的有 36 座，小(Ⅱ)型水库干涸的有 28 座，小型水库干涸总共 64 座。

2) 水文比拟法计算过程

(1) 将渭河流域小型水库按所在区域分类，分为渭河宝鸡峡以上(葫芦河)段、渭河宝鸡峡以上(其他河流)段、渭河宝鸡峡—咸阳段、渭河咸阳以下段、泾河张家山以上段、北洛河状头以上段。根据渭河流域的水系特征(流域内阳面支流控制面积大，呈现树枝状，汛期暴雨季节挟带大量泥沙进入渭河，水流含沙量高)，将渭河宝鸡峡以上(葫芦河)段、泾河张家山以上段、北洛河状头以上段三部分多沙区作为主要的区域，进行水库泥沙淤积预估。

(2) 由于预估水库与参证水库处于同一区域，气候条件相似，但参证流域与运用流域两个流域面积相差较大，下垫面条件也有一定差异，需要修正参证流域的水文特征值后再移用过来，即根据有数据水库控制流域面积与区间无数据水库控制流域面积的比值，预估无数据水库淤积速率，进而根据淤积速率，预估2011~2017 年无数据水库的淤积量。以渭河宝鸡峡以上(葫芦河)段为例，详解水库淤积量预估过程。

根据获取的流域内干支流水库泥沙淤积调查资料,渭河宝鸡峡以上(葫芦河)段共有 120 座小型水库,其中 72 座水库有历史淤积量资料。小型水库建库以来,绝大部分只测量过 1 次泥沙淤积量,测量时间有 1990 年、2000 年、2005 年、2008 年、2011 年等。测量时间点的淤积库容除以起止年限(建库时间至测量时间)得到水库的淤积速率。用此方法,一一计算有淤积库容数据的水库的淤积速率1,公式如下:

淤积速率1=淤积库容/起止年限

汇总有数据的水库淤积速率和坝址控制流域面积,计算单位面积的淤积速率,公式如下:

单位面积的淤积速率=水库淤积速率/坝址控制流域面积

单位面积的淤积速率乘以无数据水库的坝址控制面积,得到无数据水库的淤积速率2,即水文比拟法的修正移用,公式如下:

淤积速率2=单位面积的淤积速率×水库坝址控制流域面积

黄河水利科学研究院调查报告《头潼间干支流河道和水库淤积调查》将流域内小型水库的淤积量预估到 2011 年,在此基础上预估 2011~2017 年流域小型水库的淤积量。2011~2017 年水库淤积量即淤积速率 2 乘以时间(7a),公式如下:

淤积量=淤积速率2×时间

汇总所有小型水库的淤积量和累计淤积量,计算淤积率,公式如下:

淤积率=累计淤积量/总库容

经计算可得,渭河宝鸡峡以上(葫芦河)段,有数据水库 2011~2017 年淤积量 0.1594 亿 m^3,累计淤积量 0.9987 亿 m^3;无数据水库 2011~2017 年淤积量 0.0518 亿 m^3,累计淤积量 0.3246 亿 m^3;渭河宝鸡峡以上(葫芦河)段所有小型水库 2011~2017 年淤积量 0.2112 亿 m^3,累计淤积量 1.3233 亿 m^3;总库容 2.3024 亿 m^3,淤积率为 57.47%,详情见表 4-12。

表 4-12 渭河宝鸡峡以上(葫芦河)段水库淤积量测算结果

渭河宝鸡峡以上(葫芦河)段	面积/km^2	年均淤积量/亿 m^3	2006~2011 年淤积量/亿 m^3	至 2011 年淤积量/亿 m^3	2011~2017 年淤积量/亿 m^3	累计淤积量/km^3	总库容/km^3	淤积率/%
有数据水库	1150.72	0.0228	0.1138	0.8393	0.1594	0.9987	—	—
无数据水库	374.01	0.0074	0.0444	0.2728	0.0518	0.3246	—	—
合计	1524.73	0.0302	0.1582	1.1121	0.2112	1.3233	2.3024	57.47

渭河宝鸡峡以上(其他河流)段、渭河宝鸡峡—咸阳段、渭河咸阳以下段、泾

河张家山以上段、北洛河状头以上段五部分区域的水库淤积量测算过程和渭河宝鸡峡以上(葫芦河)段的水库测算过程相同,各段测算结果见表 4-13~表 4-17。

表 4-13 渭河宝鸡峡以上(其他河流)段水库淤积量测算结果

渭河宝鸡峡以上(其他河流)段	面积/km²	年均淤积量/亿 m³	2006~2011年淤积量/亿 m³	至2011年淤积量/亿 m³	2011~2017年淤积量/亿 m³	累计淤积量/亿 m³	总库容/亿 m³	淤积率/%
有数据水库	183.80	0.00113	0.00680	0.0617	0.0473	0.1090	—	—
无数据水库	181.30	0.00111	0.00666	0.0616	0.0467	0.1083	—	—
合计	365.10	0.00224	0.01346	0.1233	0.0940	0.2173	0.2822	77.00

表 4-14 渭河宝鸡峡—咸阳段水库淤积量测算结果

渭河宝鸡峡—咸阳段	面积/km²	年均淤积量/亿 m³	2006~2011年淤积量/亿 m³	至2011年淤积量/亿 m³	2011~2017年淤积量/亿 m³	累计淤积量/亿 m³	总库容/亿 m³	淤积率/%
有数据水库	1158.11	0.0108	0.0541	0.4381	0.0758	0.5139	—	—
无数据水库	944.91	0.0088	0.0530	0.3574	0.0618	0.4192	—	—
合计	2103.02	0.0196	0.1071	0.7955	0.1376	0.9331	1.3977	66.76

表 4-15 渭河咸阳以下段水库淤积量测算结果

渭河咸阳以下段	面积/km²	年均淤积量/亿 m³	2006~2011年淤积量/亿 m³	至2011年淤积量/亿 m³	2011~2017年淤积量/亿 m³	累计淤积量/亿 m³	总库容/亿 m³	淤积率/%
有数据水库	3093.85	0.0160	0.0802	0.6219	0.1122	0.7341	—	—
无数据水库	1575.90	0.0082	0.0490	0.3167	0.0572	0.3739	—	—
总计	4669.75	0.0242	0.1292	0.9386	0.1694	1.1080	1.9670	56.33

表 4-16 泾河张家山以上段水库淤积量测算结果

泾河张家山以上段	面积/km²	年均淤积量/亿 m³	2006~2011年淤积量/亿 m³	至2011年淤积量/亿 m³	2011~2017年淤积量/亿 m³	累计淤积量/亿 m³	总库容/亿 m³	淤积率/%
有数据水库	4318.20	0.0248	0.1239	0.9561	0.1735	1.1296	—	—
无数据水库	3583.56	0.0206	0.1234	0.7935	0.1440	0.9375	—	—
合计	7901.76	0.0454	0.2473	1.7496	0.3175	2.0671	2.7542	75.05

表 4-17 北洛河状头以上段水库淤积量测算表结果

北洛河状头以上段	面积/km²	年均淤积量/亿 m³	2006~2011年淤积量/亿 m³	至2011年淤积量/亿 m³	2011~2017年淤积量/亿 m³	累计淤积量/亿 m³	总库容/亿 m³	淤积率/%
有数据水库	1404.50	0.0059	0.0293	0.1998	0.0411	0.2409	—	—
无数据水库	1498.70	0.0063	0.0376	0.2132	0.0438	0.2570	—	—
合计	2903.20	0.0122	0.0669	0.4130	0.0849	0.4979	1.1701	42.55

流域内所有小型水库 2011~2017 年淤积量为 1.0152 亿 m³(10152 万 m³),但是小型水库在 2011~2017 年并非都有水(干涸的水库是不会产生淤积的),因此通过遥感卫星图片(Google Earth 软件)对在此时期水库是否干涸情况进行了逐个统计,得到小型水库干涸共 64 座。去掉这 64 座干涸水库的淤积量数据(374 万 m³),流域内所有小型水库 2011~2017 年淤积量为 0.9772 亿 m³(9772 万 m³)。减去有数据小型水库 2011~2017 年淤积量为 3991 万 m³,即无数据小型水库 2011~2017 年淤积量为 5781 万 m³。流域内各区域小型水库淤积详情见表 4-18。

表 4-18 流域内各区域小型水库淤积量汇总

分区	面积/km²	年均淤积量/亿 m³	2006~2011年淤积量/亿 m³	至 2011 年淤积量/亿 m³	2011~2017年淤积量/亿 m³	累计淤积量/亿 m³	总库容/亿 m³	淤积率/%
渭河宝鸡峡以上(葫芦河)段	1524.73	0.0302	0.1582	1.1121	0.2112	1.3233	2.3024	57.47
渭河宝鸡峡以上(其他)段	365.10	0.0022	0.0135	0.1233	0.0940	0.2173	0.2822	77.00
渭河宝鸡峡—咸阳段	2103.02	0.0196	0.1071	0.7955	0.1376	0.9331	1.3977	66.76
渭河咸阳以下段	4669.75	0.0242	0.1292	0.9386	0.1694	1.1080	1.9670	56.33
泾河张家山以上段	7901.76	0.0454	0.2473	1.7496	0.3175	2.0671	2.7542	75.05
北洛河状头以上段	2903.20	0.0122	0.0669	0.4130	0.0849	0.4979	1.1701	42.55
合计	19467.56	0.1338	0.7222	5.1321	1.0146	6.1467	9.8736	62.25

3) 回归分析模拟计算过程

(1) 一般来讲,受限于调节能力较弱,小型水库淤积的主要影响因素是运行时间,淤积量会随着运行年限的增加而累积,即该类型水库淤积量与运行时间存在一定程度的相关关系(确定运行时间为自变量 x,库容淤积率为因变量 y)。

(2) 小(Ⅰ)型水库和小(Ⅱ)型水库相比较而言,小(Ⅰ)型水库淤积数据更详尽些,将 146 座有淤积量数据的小(Ⅰ)型水库作为样本,按照水库运行时间进行排序,将运行年限相同的数据取其平均值,以运行时间为自变量 x,库容淤积率为因变量 y,得到关系式:$y=0.000001x^5-0.00008x^4+0.0007x^3+0.0305x^2+1.0281x-2.705$(图 4-6),决定系数 $R^2=0.6131$。

(3) 将 146 个水库运行时间逐个代入回归方程,逐一求出水库的库容淤积率,继而求出水库的淤积量,计算得到 146 个水库的累计淤积量为 12940.69 万 m³,水库的实测淤积量为 13246.22 万 m³,数据误差为 2.31%,小于 5%,可初步认定该回归方程初次检验满足要求。

(4) 利用此关系式,逐个推求无数据水库的库容淤积率和淤积量,并根据运行时间,求得水库的年均淤积量,最终求得无数据水库 2011~2017 年的淤积量为

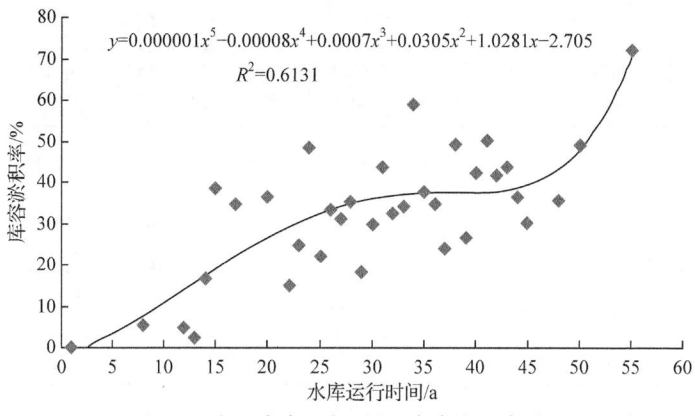

图 4-6 小型水库运行时间-库容淤积率关系

6401.06 万 m^3。小型水库并非 2011~2017 年都有水(干涸的水库不会产生淤积)，因此通过遥感卫星图片(Google Earth 软件)对此时期水库是否干涸情况进行逐个统计，小型水库干涸总共 64 座。去掉这 64 座干涸水库的淤积数据，渭河流域无数据小型水库的 2011~2017 年的总淤积量为 6027.06 万 m^3，加上有数据小型水库的淤积量 3991.66 万 m^3，渭河流域小型水库 2011~2017 年淤积量 10018.72 万 m^3。

4) 合理性检验

由于相同流域具有相似的水沙条件及地形地貌特征，可以假设位于相同支流的小型水库淤积速率近似等于淤地坝的淤积速率，继而依照淤地坝调查结果(表 4-19)对 2011~2017 年的小型水库淤积情况进行检验，以确定其合理性。根据淤地坝调查结果，2011~2017 年淤积量为 23788.76 万 m^3，因淤地坝控制面积大于水库坝址控制面积，需要乘以修正系数(淤地坝控制面积与水库坝址控制面积之比 0.5496)，最终 2011~2017 年淤积量为 13074.95 万 m^3，大于水文比拟法和回归分析法测算结果，因此淤地坝数据仅做参考。依据水文比拟法分析得到渭河流域小型水库 2011~2017 年的总淤积量为 1.0146 亿 m^3。依据回归分析法分析得到小型水库 2011~2017 年淤积量为 10018.72 万 m^3。由于中小水库具有一定的调节功能，如有的水库会进行一定程度的蓄清排浑，而且回归分析法的内在机理不是很清晰，散点图中点群不集中位于回归方程两侧，且决定系数 $R^2 = 0.6131 < 0.8$，此计算结果仅仅用于辅助参照。水文比拟法则考虑了气候和下垫面相近，且运用原则符合水库淤积实际情况，结果具有较高的可靠性，可用作最终的小型水库淤积量数据。

表 4-19 淤地坝调查结果

区域	淤地坝数量	控制面积/万 km^2	总库容/万 m^3	淤积库容/万 m^3	单位面积年淤积/万 m^3	区域面积/km^2	年淤积量/万 m^3	2011~2017年淤积量/万 m^3
葫芦河以上	7	32.6	336.6	52.7	0.35	3426.51	1199.27	7195.67

续表

区域	淤地坝数量	控制面积/万 km²	总库容/万 m³	淤积库容/万 m³	单位面积年淤积/万 m³	区域面积/km²	年淤积量/万 m³	2011~2017年淤积量/万 m³
北洛河刘家河—状头	7	28.36	743.65	150.83	0.38	1557.54	591.86	3551.19
石川河	15	54.5	1020.8	48.5	0.19	1036.42	196.91	1181.51
渭河宝鸡峡—咸阳	7	34.3	621.34	27.9	0.2	1987.80	397.56	2385.36
泾河雨落坪以上	20	99.5	1087.2	126	0.29	5445.42	1579.17	9475.03
合计	56	249.26	3809.59	405.93	1.41	13453.69	3964.77	23788.76

4.3.4 渭河流域水库淤积量测算

汇总流域内干支流水库泥沙淤积量测算结果：2011~2017年流域内干支流水库总淤积量1.9527亿 m³，其中大型水库淤积量0.4146亿 m³，中型水库淤积量0.5235亿 m³，小型水库淤积量1.0146亿 m³，详情见表4-20。

表 4-20 渭河流域内干支流水库淤积量测算结果

水库类型	控制流域面积/km²	总库容/亿 m³	2011~2017年淤积量/亿 m³	累计淤积量/亿 m³	淤积率/%
大型水库	8595.6	14.340	0.4146	4.8789	34.02
中型水库	33857.0	12.902	0.5235	4.2210	32.72
小型水库	60982.1	9.233	1.0146	6.1467	66.57
合计	103434.7	36.475	1.9527	15.2466	41.80

4.4 河龙区间水库淤积量

4.4.1 河龙区间大型水库淤积量

河龙区间共建成大型水库5座，分别是万家寨水库、龙口水库、王瑶水库、巴图湾水库和王圪堵水库，各水库简要情况如下。

1) 万家寨水库

万家寨水库坝址控制流域面积39.5万 km²，总库容8.96亿 m³，调节库容4.45亿 m³，防洪库容5.0亿 m³，死库容4.45亿 m³，多年平均流量790m³/s，多年平均输沙量1.49亿 t；年供水量14亿 m³，其中向内蒙古准格尔旗供水2.0亿 m³，向山西朔州、大同供水5.6亿 m³，向山西太原供水6.4亿 m³。2011~2017年淤积库容为0.434亿 m³，截至2017年累计淤积库容4.04亿 m³，库容淤积率为45.09%。

2) 龙口水库

黄河龙口水利枢纽为Ⅱ等工程，属大(Ⅱ)型规模，主要建筑物为二级建筑物。水库正常运用的洪水标准按百年一遇设计(洪水泄量 7561m³/s)、千年一遇校核(洪水泄量8276m³/s)。坝址控制流域面积39.74万 km²，多年平均径流量178.1亿 m³，多年平均输沙量 0.18 亿 m³。水库总库容 1.96 亿 m³，调节库容 0.71 亿 m³，兴利库容 0.685 亿 m³，死库容 0.025 亿 m³。2011~2017 年淤积库容 0.711 亿 m³。

3) 王瑶水库

2006 年 9 月~2015 年 12 月，水库处于蓄洪排沙运用阶段，其间水库采用蓄洪(异重流)排沙运用，历时 8 年多，水库入库沙量 3433.5 万 m³，出库沙量1468.91 万 m³。该时段淤积 1964.59 万 m³，淤满了空库时期形成的槽库容，同时 2015 年新增淤积 140.47 万 m³，致使水库累计淤积库容达 13870.59 万 m³，占总库容 68.3%。2007~2011 年的淤积库容为 1184.53 万 m³，据此可知 2012~2015年的总淤积库容为 1964.59–1184.53=780.06 万 m³，再加上 2011 年的淤积库容244.35 万 m³，得 2011~2015 年的淤积速率为(780.06+244.35)/5≈204.88 万 m³/a。据此可推算 2011~2017 年的淤积库容为 780.06+244.35+204.88×2=1434.17 万 m³，截至 2017 年总淤积库容约为 14280 万 m³。

4) 巴图湾水库

巴图湾水库坝址控制流域面积 3421km²，总库容 1.0343 亿 m³，兴利库容0.6102 亿 m³，死库容 0.768 亿 m³，为大(Ⅱ)型水库。水库设计洪水标准为 100 年一遇，校核洪水标准为 2000 年一遇。校核洪水位 1183.10m，调洪库容 5583 万 m³，设计洪水位 1180.80m，正常高水位 1179.60m。经分析计算，多年平均径流量为 7244 万 m³，多年平均来沙量为 41.5 万 m³。2007~2011 年淤积库容为0.0517 亿 m³，截至 2011 年累计淤积库容 0.5172 亿 m³，库容淤积率为 50.0%。2007~2011 年的淤积速率为 0.0517/5=0.01034 亿 m³/a，据此推算，2011~2017 年的淤积库容为 0.01034×7≈0.0724 亿 m³。

5) 王圪堵水库

王圪堵水库坝址以上流域面积 10751km²，坝址至上游内蒙古巴图湾水库区间流域面积 6000km²。水库总库容 3.89 亿 m³，滞洪库容 0.62 亿 m³，调节库容1.10 亿 m³，死库容 0.08 亿 m³，淤沙库容 2.09 亿 m³。枢纽工程由大坝、溢洪道、泄洪排沙洞和放水洞、坝后电站组成，大坝为均质土坝，最大坝高46m。

河龙区间大型水库淤积情况见表 4-21。

表4-21 河龙区间大型水库淤积情况

河流水系	水库数量/座	水库控制流域面积/km²	总库容/亿 m³	2011~2017年淤积量/亿 m³	累计淤积量/亿 m³	库容淤积率/%
无定河	2	30261	1.034	0.072	0.590	57.04

续表

河流水系	水库数量/座	水库控制流域面积/km²	总库容/亿 m³	2011~2017年淤积量/亿 m³	累计淤积量/亿 m³	库容淤积率/%
黄河	2	790000	10.920	1.145	4.751	43.50
延河	1	820	2.030	0.143	1.428	70.11
合计	5	821081	13.984	1.360	6.769	48.41

4.4.2 河龙区间中型水库淤积量

截至 2011 年，河龙区间共建成中型水库 44 座，水库控制流域面积为 424745km²，总库容为 19.2363 亿 m³，2007~2011 年淤积量为 0.5916 亿 m³，建库以来累计淤积量为 7.9801 亿 m³，库容淤积率为 41.48%(杨媛媛，2021)。根据水库淤积资料，利用 2007~2011 年的淤积速率来预估 2011~2017 年的淤积量。河龙区间各水系中型水库淤积情况见表 4-22。无定河流域水库数量占比较大，共有中型水库 25 座，总库容为 12.8720 亿 m³，将其单独列出，仅一座水库没有淤积资料。无定河流域中型水库 2002 年的总淤积量为 5.34 亿 m³，2013 年总淤积量为 6.82 亿 m³，具体的淤积情况见表 4-23。根据 2002~2013 年的淤积速率，预估 2011~2017 年的淤积量为 0.9425 亿 m³，截至 2017 年无定河流域中型水库的总淤积量为 6.5383 亿 m³，总库容淤积率为 50.79%。

表 4-22 河龙区间各水系中型水库淤积情况

序号	河流水系	水库数量	水库控制流域面积/km²	总库容/亿 m³	2007~2011年淤积量/亿 m³	2011~2017年淤积量/亿 m³	累计淤积量/亿 m³	库容淤积率/%
1	窟野河	2	372	1.1324	0.0073	0.0110	0.0646	5.7003
2	秃尾河	1	770	0.1060	0.0000	0.0000	0.0000	0.0000
3	无定河	25	7900	12.8720	0.4713	0.9425	6.5383	50.79
4	红河	4	7847	2.4267	−0.0041	−0.0062	0.0633	2.6064
5	岚漪河	1	1897	0.2309	0.0241	0.0362	0.1601	69.3157
6	蔚汾河	1	169	0.1061	−0.0204	−0.0306	−0.0404	−38.0773
7	湫水河	1	251	0.1794	0.0001	0.0002	0.0393	21.8785
8	三川河	3	1329	1.1131	0.0032	0.0048	0.0680	6.1091
9	黄河干流	1	403877	0.8971	0.0000	0.0000	0.6881	76.7027
10	车会沟	1	72	0.1550	0.0090	0.0135	0.0765	49.3548
11	清涧河	4	261	0.8438	0.1012	0.1518	0.7563	89.6302
	合计	44	424745	19.2363	0.5916	0.8874	8.8675	46.0977

表 4-23 无定河流域中型水库淤积量 (单位：万 m³)

序号	水库名称	所在河流	原总库容	2002~2013年均淤积量	2011~2017年均淤积量	2017年累计淤积量	年均淤积量
1	周湾水库	无定河	9651	29.04	203.29	4976.625	127.61
2	边墙渠水库	无定河	7478	29.08	203.58	3934.25	112.41
3	杨伏井水库	无定河	3693	288.63	2020.38	3463.50	432.94
4	营盘山水库	无定河	8725	511.13	3577.88	6133.50	766.69
5	河口庙水库	芦河	6664	−62.18	−435.27	1827.27	48.09
6	旧城水库	芦河	11086	101.82	712.73	8253.27	155.72
7	新桥水库	无定河	4400	57.74	404.15	4266.05	82.04
8	姬滩水库	东芦河	4758	102.45	717.18	3603.82	87.90
9	惠桥水库	芦河	6586	42.71	298.96	2965.625	72.33
10	金鸡沙水库	无定河	10478	73.45	514.18	4370.82	109.27
11	杨家湾水库	芦河	2021	−7.64	−53.45	519.45	13.32
12	土桥水库	芦河	3151	36.82	257.73	1677.27	43.01
13	河畔水库	东芦河	3616	−17.00	−119.00	1190.00	30.51
14	张家峁水库	东芦河	2935	−28.18	−197.27	758.27	19.95
15	猪头山水库	芦河	9530	133.64	935.45	5904.55	155.38
16	王家庙水库	芦河	2124	96.76	677.35	1952.45	57.43
17	水路畔水库	无定河	6250	−114.45	−801.18	1623.18	47.74
18	柳匠台水库	东芦河	3944	−68.27	−477.91	1435.91	43.51
19	大岔水库	东芦河	10220	127.00	889.00	3965.00	141.61
20	红石峡水库	榆溪河	1118	−12.50	−87.50	412.5	7.50
21	河口水库	白河	2325	24.45	171.18	846.82	15.68
22	石峁水库	头道河则	2509	23.18	162.27	1327.73	25.53
23	中营盘水库	榆溪河	1546	−20.45	−143.18	−26.82	−0.65
24	尤家峁水库	榆溪河	1572	−0.73	−5.09	2.09	0.08
25	李家梁水库	圪求河	2340	—	—	—	—
合计			128720	1346.5	9425.46	65383.13	2595.6

4.4.3 河龙区间小型水库淤积量

河龙区间共建成小型水库 158 座，水库控制流域面积 14267.48km²，总库容为 4.3293 亿 m³。根据《头潼间干支流河道和水库淤积调查》中 2007～2011 年河龙区间小型水库的淤积量，可预估 2011～2017 年淤积量为 0.798 亿 m³，建库以来累计淤积量为 2.4089 亿 m³，库容淤积率为 55.64%。河龙区间各水系小型水库淤积情况见表 4-24。

表 4-24　河龙区间各水系小型水库淤积情况

序号	区间	数量/座	水库控制流域面积/km²	总库容/亿 m³	2011～2017 年淤积量/亿 m³	累计淤积量/亿 m³	库容淤积率/%
1	皇甫川	16	1101.49	0.4827	0.4457	0.5913	122.50
2	孤山川	2	28.50	0.0872	0.0010	0.0320	36.56
3	窟野河	10	633.16	0.2680	0.0905	0.2917	108.84
4	秃尾河	6	60.10	0.0838	0.0225	0.1338	159.67
5	佳芦河	1	135.00	0.0890	0.0000	0.0000	0.00
6	无定河	68	9347.23	1.6255	0.1870	1.0940	67.30
7	延河	5	156.86	0.2238	0.0000	0.0000	0.00
8	仕望河	3	185.00	0.0897	0.0010	0.0110	11.79
9	红河	18	842.65	0.3499	0.0000	0.0000	0.00
10	朱家川河	2	176.00	0.1537	0.0060	0.0380	24.72
11	岚漪河	1	274.00	0.0661	0.0050	0.0200	30.86
12	蔚汾河	1	290.00	0.0954	0.0080	0.0350	36.52
13	湫水河	4	123.20	0.1320	0.0100	0.0340	25.76
14	三川河	1	47.50	0.0500	0.0000	0.0000	0.00
15	屈产河	1	97.40	0.0783	0.0090	0.0250	32.08
16	昕水河	1	257.60	0.0612	0.0000	0.0000	0.00
17	清水川	3	18.47	0.0326	0.0020	0.0150	45.28
18	云岩河	3	236.30	0.0631	0.0100	0.0631	100.00
19	乌龙河	1	20.00	0.0530	0.0010	0.0260	49.17
20	猴儿川河	2	108.76	0.0211	-0.0010	-0.0010	-5.02
21	鄂河	2	30.65	0.0258	0.0000	0.0000	0.00
22	黄河支沟	4	55.27	0.1247	0.0000	0.0000	0.00
23	孔兑沟	1	8.00	0.0204	0.0000	0.0000	0.00
24	芝河	1	10.34	0.0093	0.0000	0.0000	0.00
25	清水河	1	24.00	0.0430	0.0000	0.0000	0.00
	合计	158	14267.48	4.3293	0.7980	2.4089	55.64

4.4.4 河龙区间水库淤积量测算

河龙区间水库 2011~2017 年淤积量为 3.045 亿 m^3，其中大型水库淤积量为 1.360 亿 m^3，中型水库淤积量约为 0.887 亿 m^3，小型水库淤积量为 0.798 亿 m^3，建库以来累计淤积量 17.98 亿 m^3，库容淤积率为 47.88%。河龙区间水库淤积情况见表 4-25。

表 4-25 河龙区间水库淤积情况

水库类型	水库数量/座	水库控制流域面积/km²	总库容/亿 m³	2011~2017年淤积量/亿 m³	建库以来累计淤积量/亿 m³	库容淤积率/%
大型水库	4	821081	13.9840	1.360	6.769	48.41
中型水库	44	424745	19.2363	0.887	8.868	46.10
小型水库	158	14267.48	4.3293	0.798	2.409	55.64
合计	206	1260093.48	37.5496	3.045	18.046	48.06

由图 4-7 可知，大型水库库容淤积率为 48.01%，中型水库库容淤积率为 46.10%，小型水库库容淤积率为 55.64%，流域内干支流水库库容淤积率为 47.88%。总体来讲，流域内干支流水库总的库容淤积率处于水库运行正常范围内；大中型水库水沙调节能力强，水库运行过程中采用排沙减淤方法，因此库容淤积率较小；小型水库排沙能力弱，泥沙淤积率较大，接近水库正常运行范围上限，需要重点关注，同时说明小型水库在拦减泥沙方面起主要作用。

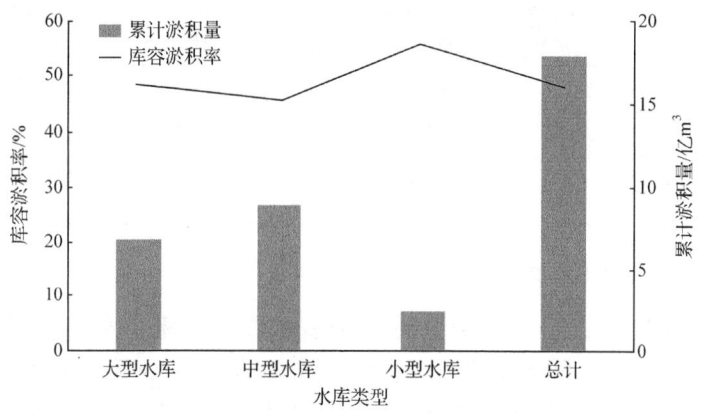

图 4-7 流域内干支流水库泥沙淤积情况

4.5 汾河流域水库淤积量

1. 汾河流域大型水库淤积量

汾河流域共建成大型水库 3 座，分别是汾河水库、汾河二库和文峪河水库，各水库简要情况如下。

1) 汾河水库

汾河水库控制流域面积 5268km²，总库容 7.33 亿 m³，兴利库容 2.47 亿 m³，死库容 0.0345 亿 m³，2011~2015 年淤积量 0.0695 亿 m³，截至 2015 年累计淤积量 3.8554 亿 m³。2011~2015 年的淤积速率为 0.0695/5=0.0139 亿 m³/a，据此可推算 2011~2017 年的淤积量为 0.0139×7=0.0973 亿 m³，截至 2017 年累计淤积量为 3.8832 亿 m³。

2) 汾河二库

汾河二库总库容 1.33 亿 m³，其中防洪库容 0.246 亿 m³，兴利库容 0.734 亿 m³，死库容 0.35 亿 m³。百年一遇洪峰流量 5090m³/s，千年一遇洪峰流量 7702m³/s。水库控制流域面积 2348km²，近年来淤积不明显。

3) 文峪河水库

文峪河水库控制流域面积为 1876km²，多年平均径流量 1.7 亿 m³，多年平均输沙量 108 万 t。水库总库容 1.17 亿 m³，其中防洪库容 0.26 亿 m³，死库容 0.0554 亿 m³。百年一遇设计洪水洪峰流量 1452m³/s，千年一遇校核洪水洪峰流量 2738m³/s。2011~2017 年淤积量为 0，建库以来累计淤积量为 0.2579 亿 m³，库容淤积率为 22.04%。

汾河流域大型水库淤积情况见表 4-26

表 4-26　汾河流域大型水库淤积情况

河流水系	水库名称	水库数量/座	水库控制流域面积/km²	总库容/亿 m³	2011~2017 年淤积量/亿 m³	累计淤积量/亿 m³	库容淤积率/%
汾河	汾河水库	1	5268	7.33	0.0973	3.8832	52.98
汾河	汾河二库	1	2348	1.33	0	0	0
文峪河	文峪河水库	1	1876	1.17	0	0.2579	22.04
	合计	3	9492	9.83	0.0973	4.1411	42.13

2. 汾河流域中型水库淤积量

截至 2017 年，汾河流域共建成中型水库 13 座，水库控制流域面积 4975.90km²，总库容为 5.4570 亿 m³。根据《头潼间干支流河道和水库淤积调查》中 2007~2011 年汾河流域小型水库的淤积量，预估 2001 年~2017 年淤积量为 0.0346 亿 m³，建库以来累计淤积量为 1.5172 亿 m³，库容淤积率为 27.80%。汾河流域中型水库淤积情况见表 4-27。

表 4-27　汾河流域中型水库淤积情况

序号	河流水系	水库数量/座	水库控制流域面积/km²	总库容/亿 m³	2011~2017 年淤积量/亿 m³	累计淤积量/亿 m³	库容淤积率/%
1	昌源河	3	1082.80	0.7897	−0.0379	0.0705	8.92

续表

序号	河流水系	水库数量/座	水库控制流域面积/km²	总库容/亿 m³	2011~2017年淤积量/亿 m³	累计淤积量/亿 m³	库容淤积率/%
2	汾河	1	140.40	0.5578	0.0000	0.0498	8.93
3	浍河	3	1901.00	1.7250	0.0904	0.5954	34.52
4	惠济河	1	274.40	0.2630	0.0000	0.0040	1.52
5	涝河	2	761.70	1.1060	0.0000	0.3407	30.80
6	曲亭河	1	127.50	0.3449	0.0000	0.1000	28.99
7	文峪河	1	465.10	0.4697	0.0000	0.2570	54.72
8	潇河	1	223.00	0.2009	−0.0179	0.0998	49.67
合计		13	4975.90	5.4570	0.0346	1.5172	27.80

3. 汾河流域小型水库淤积量

截至 2011 年，汾河流域共建成小型水库 122 座，水库控制流域面积 4167.05km²，总库容为 1.9958 亿 m³，2011~2017 年淤积量为 0.0937 亿 m³，建库以来累计淤积量为 0.6428 亿 m³，库容淤积率为 32.21%。汾河流域小型水库淤积情况见表 4-28。

表 4-28 汾河流域小型水库淤积情况

序号	地市	水库数量/座	水库控制流域面积/km²	总库容/亿 m³	2011~2017年淤积量/亿 m³	累计淤积量/亿 m³	库容淤积率/%
1	运城市	17	639.09	0.2922	0.0078	0.0297	10.18
2	太原市	14	427.05	0.3006	0.0315	0.0768	25.55
3	晋中市	36	1238.56	0.5764	−0.0559	0.1742	30.23
4	吕梁市	14	865.98	0.4267	0.0580	0.2411	56.49
5	临汾市	41	996.37	0.3999	0.0522	0.1209	30.24
合计		122	4167.05	1.9958	0.0937	0.6428	32.21

4. 汾河流域水库淤积测算

针对水库资料获取情况，分别对大型、中型、小型水库进行分析计算。3 座大型水库、13 座中型水库和 122 座小型水库淤积量均依据实测结果计算得到。

汾河流域水库 2011~2017 年淤积量为 0.2256 亿 m³，其中大型水库淤积量为 0.0973 亿 m³，中型水库淤积量为 0.0346 亿 m³，小型水库淤积量为 0.0937 亿 m³，建库以来累计淤积量 6.3011 亿 m³，库容淤积率为 36.46%。汾河流域水库淤积情况见表 4-29。

表 4-29　汾河流域水库淤积情况

水库类型	水库数量/座	水库控制流域面积/km²	总库容/亿 m³	2011~2017 年淤积量/亿 m³	建库以来累计淤积量/亿 m³	库容淤积率/%
大型水库	3	9492.00	9.8300	0.0973	4.1411	42.13
中型水库	13	4975.90	5.4570	0.0346	1.5172	27.80
小型水库	122	4167.05	1.9958	0.0937	0.6428	32.21
合计	138	18634.95	17.2828	0.2256	6.3011	36.46

4.6　头道拐至潼关区间水库的拦沙作用及未来拦沙效益分析

4.6.1　水库总体淤积量

根据前文基础数据和估算方法分析，头道拐至潼关区间水库不同时段的淤积量如表 4-30 所示。可以看出，2011~2017 年头道拐至潼关区间干支流水库淤积量共计 5.2237 亿 m³，年均拦沙 0.746 亿 m³。大型水库拦沙 1.8719 亿 m³，占比 36%；中型水库拦沙 1.4455 亿 m³，占比 27%；小型水库拦沙 1.9063 亿 m³，占比 37%。其中大中型水库淤积量占到总淤积量的 63%，这与水库的性质有关，小型水库大部分来自当地政府修建，主要任务是供水，故其多分布在水土流失轻微地区。

表 4-30　头道拐至潼关区间水库淤积量汇总　　　　（单位：亿 m³）

不同时段淤积量	水库类型	渭河流域	河龙区间	汾河流域	合计
建库以来淤积量	大型	4.8789	6.7690	4.1411	15.7890
	中型	4.2210	8.8675	1.5172	14.6057
	小型	6.1467	2.4089	0.6428	9.1984
	合计	15.2466	18.0454	6.3011	39.5931
2011~2017 年淤积量	大型	0.4146	1.3600	0.0973	1.8719
	中型	0.5235	0.8874	0.0346	1.4455
	小型	1.0146	0.7980	0.0937	1.9063
	合计	1.9527	3.0454	0.2256	5.2237

在这几个大区域中，河龙区间水库淤积量最大，主要是因为其中黄河干流水库万家寨和龙口水库的拦沙作用，这两个水库总拦沙量为 1.145 亿 m³，占河龙区间水库淤积量的 38%。

4.6.2 水库库容淤积率

水库库容淤积率是指水库总淤积量与总库容的比值，主要反映水库在某一个时段内水库库容损失程度。水库库容淤积率主要与水库运用方式、入库水沙过程和水库运行阶段等因素密切相关。表 4-31 和图 4-8 为头道拐至潼关区间水库库容淤积率。

表 4-31 头道拐至潼关区间水库库容淤积率

分区	水库类型	累计淤积量/亿 m³	总库容/亿 m³	库容淤积率/%
渭河流域	大型水库	4.8789	14.3400	34.02
	中型水库	4.2210	12.9020	32.72
	小型水库	6.1467	9.2330	66.57
	合计	15.2466	36.4750	41.80
河龙区间	大型水库	6.7690	13.9840	48.41
	中型水库	8.8675	19.2363	46.10
	小型水库	2.4089	4.3293	55.64
	合计	18.0454	37.5496	48.06
汾河流域	大型水库	4.1411	9.8300	42.13
	中型水库	1.5172	5.4570	27.80
	小型水库	0.6428	1.9958	32.21
	合计	6.3011	17.2828	36.46
头潼区间	大型水库	15.7980	38.1540	41.41
	中型水库	14.6057	37.5953	38.85
	小型水库	9.1984	15.5581	59.12
	合计	39.5931	91.3074	43.36

由表 4-31 可以得出，头道拐至潼关区间水库总体库容为 91.3074 亿 m³，总体累计淤积量为 39.5931 亿 m³，总体库容淤积率为 43.36%，其中大型水库淤积率为 41.41%，中型水库淤积率为 38.85%，小型水库淤积率为 59.12%。渭河流域水库总体库容淤积率为 41.80%，其中大型水库库容淤积率为 34.02%，中型水库库容淤积率为 32.72%，小型水库库容淤积率为 66.57%。河龙区间水库总体库容淤积率为 48.06%，其中大型水库库容淤积率为 48.41%，中型水库库容淤积率为 46.10%，小型水库库容淤积率为 55.64%。汾河流域水库总体库容淤积率为 36.46%，其中大型水库库容淤积率为 42.13%，中型水库库容淤积率为 27.80%，小

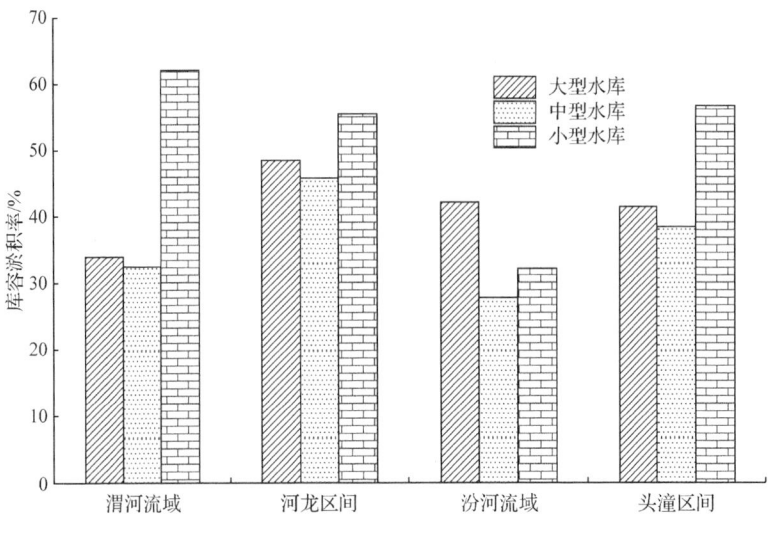

图 4-8　头道拐至潼关区间水库库容淤积率

型水库库容淤积率为 32.21%。综上所述，河龙区间水库总体库容淤积率最大，汾河流域水库总体库容淤积率最小。

4.6.3　水库未来拦沙效益分析

水库拦沙功能的实现主要依靠库容，当泥沙淤积量达到可淤积最大库容之后，即失去拦沙能力，具有明显的失效特点。在几十年的运行中，早期修建的水库逐渐失去了拦沙功能，分析水库在何种状态下不再拦沙，确定头道拐至潼关区间黄土高原水库拦沙功能失效的判断标准，对准确评估不同时期水库的拦沙功能具有非常重要的意义。

《水库降等与报废标准》(SL 605—2013)中 3.1.1 条规定，"库容符合下列情况之一，而又无法采取有效措施予以恢复的水库，应予以报废：1. 淤积严重，有效库容已淤满或基本淤满的……"。有效库容又称兴利库容，是指水库中用来进行径流调节以满足防洪和兴利等功能需要的库容，通常是指水库正常蓄水位至水库死水位之间的库容。由于水库一般是从低水位开始淤积，一般先淤积死库容，再淤积兴利库容，因此将兴利库容加上死库容作为水库最大可淤积库容，然后再减去已淤积库容，得到水库未来还可以拦蓄多少泥沙，即水库未来拦沙库容(未来拦沙效益)。

本小节未来拦沙效益分析不考虑水库加高增加库容、水库安全问题无法正常运用或水库功能被替代等其他不可控因素。头道拐至潼关区间水库未来拦沙库容如表 4-32 所示。经分析可知，头潼区间水库总未来拦沙库容为 17.64 亿 m^3，其中大型水库未来拦沙效益为 8.71 亿 m^3，中型水库未来拦沙库容为 8.28 亿 m^3，小型水库未来拦沙效益为 0.66 亿 m^3，可以看出头潼区间水库拦沙未来以大中型水库为主。

表 4-32 头道拐至潼关区间水库未来拦沙库容

分区	水库类型	兴利库容 /亿 m^3	死库容 /亿 m^3	累计淤积量 /亿 m^3	未来拦沙库容 /亿 m^3
渭河流域	大型水库	4.86	1.79	4.88	1.77
	中型水库	6.74	3.70	4.22	6.22
	小型水库	3.43	2.24	6.10	0.00
	合计	15.04	7.73	15.20	7.99
河龙区间	大型水库	8.31	5.39	6.76	6.94
	中型水库	5.08	4.26	8.81	0.53
	小型水库	1.64	0.89	2.41	0.12
	合计	15.02	10.54	17.98	7.58
汾河流域	大型水库	3.53	0.44	4.14	0.00
	中型水库	1.90	1.15	1.52	1.53
	小型水库	0.82	0.36	0.64	0.54
	合计	6.25	1.95	6.30	2.07
头潼区间	大型水库	16.70	7.62	15.78	8.71
	中型水库	13.72	9.11	14.55	8.28
	小型水库	5.89	3.49	9.15	0.66
	合计	36.31	20.22	39.48	17.64

注：因数据进行了舍入修约，表中部分合计数可能与数据之和略有差异。

渭河流域水库总体兴利库容为 15.04 亿 m^3，总体死库容为 7.73 亿 m^3，总体累计淤积量为 15.20 亿 m^3，总体未来拦沙库容为 7.99 亿 m^3。河龙区间水库总体兴利库容为 15.02 亿 m^3，总体死库容 10.54 亿 m^3，总体累计淤积量为 17.98 亿 m^3，总体未来拦沙库容为 7.58 亿 m^3。汾河流域水库总体兴利库容为 6.25 亿 m^3，总体死库容 1.95 亿 m^3，总体累计淤积量为 6.30 亿 m^3，总体未来拦沙库容为 2.07 亿 m^3。综上所述，汾河流域水库总体未来拦沙库容最小，即汾河流域水库总体未来拦沙效益最低；渭河流域和河龙区间水库总体未来拦沙库容均较大。

4.7 典型水库群调控模式对进入下游河道泥沙的影响

无定河是黄河中游多沙粗沙区面积和输沙量最大的一条支流，也是黄河流域粗泥沙集中来源区面积最大的一条支流，粗泥沙集中来源区面积 5253km^2，占黄河流域粗泥沙集中来源区面积的 28%(辛涛，2023；刘晓燕等，2020)。黄河下游河道淤积泥沙中，粒径大于 0.05mm 的粗泥沙是主要组成部分，其中粒径大于 0.1mm 的泥沙占黄河下游河道的淤积率超过 80%。因此，在无定河流域，尤其是在粗泥沙集中来源区，拦沙水库对减少黄河下游河道淤积具有重要的意义和作用。本节选取拦沙水库最多的无定河作为典型流域，分析其水库群的调控模式对进入下游河道泥沙的影响。

4.7.1 无定河流域拦沙水库现状

从多年的运用实践经验看，无定河流域拦沙水库在拦减入黄泥沙方面取得了明显的成效。无定河流域有 29 座拦沙水库，控制面积 3800km^2，已拦蓄泥沙 10.7 亿 t，其中红柳河和芦河库坝群拦蓄泥沙 9.7 亿 t，实现了对红柳河和芦河两条支流泥沙的有效控制。拦沙水库在拦减泥沙的同时，还发挥了灌溉供水和防洪的作用，有效灌溉面积约 16.44 万亩(1 亩≈666.67m^2)，水库"滞洪拦沙"，有效减少了水库下游洪水灾害。

无定河流域拦沙水库多建于 20 世纪 60、70 年代，这些水库普遍存在防洪标准低、施工质量差等诸多问题，同时由于水库"滞洪拦沙"运用，很多水库很快淤满。例如，1958 年新桥、旧城水两水库蓄水，1960 年两水库泥沙淤积量分别占总库容的 74%和 68.8%。为了提高水库滞洪拦沙能力，1961 年新桥水库由原来的 44m 加高到 47m，旧城水库经 5 次加高，坝高由当初 35m 加高到 60.6m。红柳河的西郊、柳树涧、鲍家湾、西湾等 4 座拦沙水库因蓄水库容及泄水能力不足，且未能及时进行治理，在 1994 年 8 月暴雨中垮坝。

水库淤满后，防洪能力迅速降低，对下游防洪安全造成严重威胁。为保证水库下游防洪安全，同时发挥水库蓄水拦沙的兴利作用，近年来当地开展了水库除险加固工作，主要是对有加高条件的水库进行坝体加高，对无加高条件的水库扩建泄洪设施，增大泄流规模，同时对坝体进行加固。

拦沙水库的首要任务是拦蓄泥沙，当水库淤满后，若坝体有加高条件应尽量加高坝体提高水库蓄水拦沙能力。水库淤满后，在无加高潜力的情况下，可考虑采用滞洪排沙方案，维持水库一定的长期有效库容。拦沙水库基本上位于黄土丘陵沟壑区，大部分水库无"引洪放淤"条件，且"引洪放淤"存在渠道规模大、造价高、利用率低、管护困难等诸多缺点，因此"引洪放淤"方案不适合拦沙水库后期治理。

由以上分析可知，水库淤满后的首选治理模式是加高坝体，继续滞洪拦沙运用。在坝体无加高潜力时可考虑滞洪排沙运用。因此，近年来在进行水库除险加固过程中，除新桥、河口庙等水库坝体无加高条件采用"滞洪排沙"模式进行治理外，其余拦沙水库全部采用"滞洪拦沙"方式进行治理。

无定河流域库容大于 500 万 m³ 的水库有 41 座,其中以拦沙为主的水库 29 座,占 70.7%,主要集中在红柳河(7 座)和芦河(15 座)上,大理河和部分支流上零星分布。

1. 芦河流域拦沙水库

芦河流域有 15 座拦沙水库,其中猪头山、大岔、张家峁、王家庙、杨家湾、土桥、惠桥、河口庙、旧城、柳匠台、姬滩和河畔 12 座中型水库,还有龙眼、大湾畔和袁家湾 3 座小(Ⅰ)型水库。除险加固前,总库容 5.26 亿 m³,淤积量 2.97 亿 m³,占总库容的 56%,剩余有效库容 2.29 亿 m³。"十一五"期间,水利部门按照满足 30 年拦沙和滞蓄千年一遇三日洪量的标准对芦河流域大中型水库进行除险加固,对部分坝体进行加高,新建泄流建筑物。芦河流域拦沙水库总有效库容为 4.08 亿 m³。

袁家湾、龙眼、大湾畔这 3 座小型水库库容相对较小,拦沙作用有限,水库除险加固治理时,三座小型水库主要采用增设溢洪道的措施,增强水库泄流能力,水库拦沙功能大大降低。因此,主要考虑芦河流域 12 座中型水库。以千年一遇三日洪量作为各水库滞洪库容,以预测的 2010~2030 年来沙量作为各水库规划期内拦沙库容,计算规划期内芦河库坝群各水库需求库容,如表 4-33 所示。由以上分析可以看出,芦河流域拦沙坝系能够满足规划期内流域内拦沙需求。

表 4-33 芦河流域拦沙水库规划期内库容需求分析

水库名称	控制面积/km²	输沙模数/[万 t/(km²·a)]	年均输沙量/万 m³	拦沙需求库容/万 m³	滞洪需求库容/万 m³	库容总需求/万 m³	现有库容/万 m³
旧城	171	1.16	141.4	2828	654	3482	4360
王家庙	43	0.70	21.4	428	176	604	1565
杨家湾	73	0.70	36.4	728	277	1005	1387
土桥	39	1.62	45.0	900	160	1060	1517
惠桥	144	1.20	123.6	2472	589	3061	4261
河口庙	604	0.22	98.6	986	920	1906	3782
河畔	60	1.30	55.7	1114	458	1572	2171
柳匠台	58	1.34	55.7	1114	443	1557	1952
姬滩	75	1.16	62.1	1242	573	1815	2286
大岔	186	1.16	154.3	3086	711	3797	7767
张家峁	50	1.16	41.4	828	205	1033	1754
猪头山	216	1.16	179.3	3586	825	4411	6230

注:河口庙水库滞洪排沙运用,拦沙量按照输沙量的 50%计算。

2. 红柳河流域拦沙水库

红柳河流域现有周湾、边墙渠、水路畔、营盘山、杨伏井、新桥和金鸡沙 7 座拦沙水库，除险加固前总库容 5.32 亿 m^3，淤积量 3.94 亿 m^3，占总库容的 74%，剩余库容 1.38 亿 m^3。"十一五"期间，水利部门按照满足 30 年拦沙和滞蓄千年一遇三日洪量的标准对红柳河流域大中型水库进行除险加固，对部分坝体进行加高，新建泄流建筑物，总有效库容为 2.42 亿 m^3。

按照《防洪标准》(GB 50201—2014)，根据红柳河各库坝库容规模，以千年一遇三日洪量作为各水库滞洪库容，以预测的 2010~2030 年入库沙量作为各水库规划期内拦沙库容，计算出规划期 20 年红柳河库坝群各水库库容需求。

进行来沙量计算时，选取大理河青阳岔、周河志丹作为河源梁涧区代表站，选取殿市、马湖峪、李家河、曹坪站作为黄土丘陵沟壑区代表站，各水库入库沙量分析以参证流域水文站实测资料为依据，结合水库实测淤积量资料，综合分析各地区输沙模数及拦沙水库入库沙量。计算结果如表 4-34 所示。

表 4-34　红柳河流域拦沙水库规划期内库容需求分析

水库名称	控制面积/km^2	输沙模数/[万 t/($km^2 \cdot a$)]	年均输沙量/万 m^3	拦沙需求库容/万 m^3	滞洪需求库容/万 m^3	库容总需求/万 m^3	现有库容/万 m^3
水路畔	105	1.31	98.6	1972	1063	3035	2307
边墙渠	93	1.31	87.1	1742	1050	2792	3890
周湾	119	1.31	111.4	2228	913	3141	4971
营盘山	112	1.31	105	2100	859	2959	4689
杨伏井	42	1.31	39.3	786	322	1108	1774
新桥	861(633)	1.16	524.3	10486	2419	12905	1000
金鸡沙	205	0.67	98.6	1972	455	2427	5614

注：新桥水库括号内控制面积是考虑涧地影响的实际控制面积。

由表 4-34 可见，红柳河 7 座水库中，边墙渠、周湾、营盘山、杨伏井、金鸡沙 5 座水库库容满足规划期内滞洪拦沙要求，而新桥和水路畔水库现有库容不满足要求，特别是新桥水库，水库基本淤满，现有调洪库容仅 1000 万 m^3，水库自身的防洪问题尚难以解决，更不能发挥水库的拦沙作用。若不及时采取治理措施，一旦水路畔水库或者新桥水库出现垮坝，则下游的金鸡沙水库、大沟湾水库、巴图湾水库的安全将受到严重威胁，甚至会影响王圪堵水库的正常运用，因此亟须对两座拦沙水库进行治理。

3. 大理河和无定河干流支沟

除红柳河和芦河流域拦沙水库外，在大理河分布有大台、古峁、红河则 3 座拦沙水库，在无定河干流两岸支沟还分布有卧虎山、三旺庄、大川沟和韩岔4座拦沙水库。2009~2010年，当地政府对水库实施了除险加固，其中大台水库、红河则水库和韩岔水库受淹没影响暂时无法加高，除险加固时通过增设溢流堰增大其泄流能力，保障水库防洪安全；古崄、卧虎山、三旺庄和大川沟水库按照30年拦沙和500年一遇日洪量的库容要求对水库进行除险加固，并对泄流设施进行改建，适当增加泄流能力。

4.7.2 无定河流域水库群运用方式

1. 水库拦沙运用期运用方式

拦沙水库的主要任务是蓄水拦沙，水库运用初期采用"滞洪拦沙"方式运行。洪水期间，河道来水含沙量一般较大，水库对洪水泥沙进行全拦全蓄，洪水过后水库应及时下泄所蓄清水，为下次拦蓄洪水泥沙预留库容。

拦沙水库到达设计淤积年限(设计为30a)后，拦沙库容将被淤满，如不进行加高治理，泥沙进一步在库区淤积，将减少滞洪库容，给水库带来防洪安全风险，因此需要及时进行治理。根据自然条件相似的无定河流域现有拦沙水库的运用及治理情况分析，拦沙水库淤满后，结合库区及大坝的加高条件，可比较选取"滞洪拦沙"或"滞洪排沙"两种适宜的治理模式。

当水库淤满后大坝有进一步加高潜力时，应及时对坝体进行加高，增加拦沙库容，采用"滞洪拦沙"方式运行，继续发挥水库的滞洪拦沙功能。若水库无进一步加高潜力，可在其上游寻找新的坝址修建拦沙水库，继续对流域内泥沙进行拦蓄，同时原有水库采用"滞洪排沙"方式运用，加大水库泄流能力，维持水库一定的调洪库容，确保坝体防洪安全。

水库拦沙运用期的运用方式如图4-9所示。

2. 水库拦沙后期运用方式

无定河流域拦沙水库多建于20世纪60、70年代，由于水库采用"滞洪拦沙"，很多水库很快淤满。水库淤满后，防洪能力迅速降低，对下游防洪安全造成严重威胁。对于水库淤满的处理方案有三种：一是加高坝体，水库继续"滞洪拦沙"运用，简称"滞洪拦沙"方案；二是水库"滞洪排沙"运用，维持一定的兴利库容，简称"滞洪排沙"方案；三是利用沙漠引洪放淤，即引洪水入沙漠，利用泥沙改造沙漠，简称"引洪放淤"方案。"滞洪拦沙"就是加高加固坝体，继续发挥水库滞洪拦沙作用，洪水期间对水沙进行全拦全蓄，洪水结束后根据用水及防洪需求及时下泄清水，为下游用水提供水量，同时腾出足够的滞洪库容；"滞洪排沙"方案通过设置泄洪排沙洞，水库蓄清排浑运用，形成一定的长期有

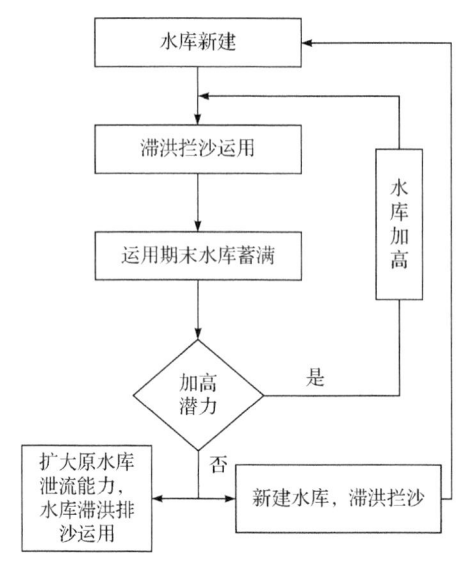

图 4-9　水库拦沙运用期运用方式示意图

效库容，以满足水库防洪和蓄水的要求；"引洪放淤"方案通过修建引洪渠，引洪放淤，利用洪水泥沙改造沙漠，发展灌溉，并使水库达到冲淤平衡，形成长期有效库容，减少水库淤积。这三种运用方式各有优缺点，如表 4-35 所示。

表 4-35　水库拦沙后期运用方式对比分析

运用方式	优点	缺点
滞洪拦沙	拦减入黄泥沙效果好，同时能够继续发挥供水、灌溉及防洪等方面的作用	受地形条件约束，坝址处需要有加高条件，需要一定的拦沙库容
滞洪排沙	不受地形条件约束，各拦沙水库都适用，可以维持一定的长期有效库容	拦减入黄泥沙效果很差，同时形成的长期有效库容不一定能满足防洪和蓄水要求
引洪放淤	将洪水、泥沙就地消化，而且可淤出大面积的良田	受自然条件约束，库周需要有可用于放淤的大片沙漠，同时引洪放淤渠道规模大、投资多、利用率低、管理困难

无定河流域的拦沙水库，除了新桥和河口庙水库外，其他采用"滞洪拦沙"方式拦减泥沙，等水库淤满后，若有条件则进行坝体加高继续"滞洪拦沙"。只有新桥和河口庙水库无坝体加高条件，则采用"滞洪排沙"方式运用。

"滞洪排沙"有修建溢洪道、修建泄洪排沙洞、同时修建溢洪道和泄洪排沙洞 3 种运用方式。

(1) 修建溢洪道。修建溢洪道的优点是在维持水库较大泄流能力的前提下，库区原淤积的泥沙不被冲走，能够保持淤积面不下切，拦沙效果较好；同时，溢洪道建设难度要比泄洪排沙洞小，投资也小。缺点是库区排水不畅，由于长流水的存在，无法在库区淤积面上开展农业耕作。即使达到"相对平衡"状态，库区积水面积较大、排水不畅时，也有可能引起库区土地盐渍化。

(2) 修建泄洪排沙洞。修建泄洪排沙洞的优点是库区排水较彻底，对于有蓄水需求的水库，还可形成一定库容；对于没有蓄水需求的，由于库区形成一定规模的冲沟，排水彻底，库区淤积面以上、冲沟以外的地方可以进行农业耕种。缺点是水库区间洪水会造成库区淤积面下切，库区原有淤积泥沙会被冲往下游，淤积面下切造成沟蚀量增加；同时，泄洪洞施工难度要比溢洪道施工难度大，投资也较大。

(3) 同时修建溢洪道和泄洪排沙洞。该方案主要是通过修建一定规模的泄洪排沙洞，排泄水库区间来水，防止长流水或者盐渍化而影响库区淤积面上正常的农业耕作。泄洪排沙洞的规模以满足排泄10年一遇洪水而不会影响正常的农业耕作为标准。同时修建溢洪道，溢洪道的规模考虑整个水库的防洪标准，保证遇到标准内洪水水库不垮坝。

4.7.3 无定河流域水库群运用方式对进入下游泥沙的影响

通过前文分析可以看出，无定河流域的拦沙水库群基本采用"滞洪拦沙"的运用方式，即洪水期间河道来水含沙量一般较大，水库对洪水泥沙进行全拦全蓄，洪水过后水库应及时下泄所蓄清水，为下次拦蓄洪水泥沙预留库容。拦沙库容被淤满后，有条件的水库采用加高方式，增大库容，继续滞洪拦沙。

无定河流域水库群基本能全面控制干支流各水库控制范围内来的泥沙，使其不进入下游河道。同一条干流或支流上的水库群，能有效增加总体的使用寿命，控制流域来的泥沙。

4.8 本章小结

头道拐至潼关区间黄土高原区总计共有989座水库。渭河流域分布的水库最多，总计626座，其中大型水库5座、中型水库46座，小型水库575座。渭河流域水库占头道拐至潼关区间黄土高原区水库总数量的一半多。河龙区间水库共225座，其中大型水库5座，中型水库46座，小型水库174座，主要分布在无定河、窟野河、延河、红河和三川河等几大支流。汾河流域共建成水库138座，其中，大型水库3座，中型水库13座，小型水库122座。

收集并估算头道拐至潼关区间987座水库的淤积量，其中大型水库13座，中型水库106座，小型水库868座。2011~2017年头道拐至潼关区间水库共淤积5.2237亿m^3，年均拦沙0.746亿m^3。大型水库淤积1.8719亿m^3，中型水库淤积1.4455亿m^3，小型水库1.9603亿m^3，分别占总淤积量的36%、27%和37%。

2011～2017 年头道拐至潼关区间干支流水库的淤积量中，河龙区间的淤积量最大，大中小型水库共淤积 3.0454 亿 m^3，以河龙区间干流大型水库淤积为主，淤积量约为 1.3600 亿 m^3；渭河流域大中小型水库淤积量为 1.9527 亿 m^3，其中大型和中型淤积量接近，分别为 0.4146 和 0.5235 亿 m^3，小型水库数量最多，总淤积量为 1.0146 亿 m^3；汾河流域大中小型水库淤积量最小，为 0.2256 亿 m^3。

截至 2017 年，头道拐至潼关区间水库总淤积率为 43.36%，其中大型水库淤积率为 41.41%，中型水库淤积率为 38.85%，小型水库淤积率为 59.12%。对比 2017 年头道拐至潼关区间水库淤积量与水库死库容，可以看出，大中小型水库淤积量是死库容的 3～4 倍，未来水库拦沙只能依靠牺牲水库的兴利库容，或对于可加高坝体的水库采取加高方式增加库容，继续发挥拦沙效益。

经分析可知，头道拐至潼关区间水库总未来拦沙库容为 17.64 亿 m^3，其中大型水库未来拦沙库容为 8.71 亿 m^3，中型水库未来拦沙库容为 8.28 亿 m^3，小型水库未来拦沙库容为 0.66 亿 m^3。可以看出，头道拐至潼关区间水库拦沙未来以大中型水库为主。按区域来分，渭河流域未来水库拦沙库容为 7.99 亿 m^3，河龙区间未来水库拦沙库容为 7.58 亿 m^3，汾河流域未来拦沙库容为 2.07 亿 m^3。

通过分析无定河流域水库群的运用方式，得出除了 2 座水库采用"滞洪排沙"运用方式，其他水库均采用"滞洪拦沙"的运用方式，大部分水库淤满后，再采用坝体加高方式继续"滞洪排沙"。因此，无定河流域水库群基本能全面控制干支流各水库控制范围内来的泥沙，使其不进入下游河道。同一条干流或支流上的水库群，能有效地增加总体的使用寿命，控制流域来的泥沙。

参 考 文 献

白咏梅, 关庆国, 刘惠群, 2010. 水文比拟法在无资料中小河流洪水预报中的应用[J]. 水利科技与经济, 16(2): 196-197.
贾世卿, 2018. 基于多元线性回归的软件老化问题分析[D]. 天津: 天津理工大学.
刘晓燕, 党素珍, 高云飞, 等, 2020. 黄土丘陵沟壑区林草变化对流域产沙影响的规律及阈值[J]. 水利学报, 51(5): 505-518.
山泽萱, 张妍, 张成前, 等, 2023. 渭河微塑料污染现状与风险评价[J]. 环境科学, 44 (1): 231-242.
辛涛, 2023. 黄土区典型流域生态建设治理对洪水动力过程的影响机理[D]. 西安: 西安理工大学.
徐冬梅, 刘晓民, 2013. 水文水利计算[M]. 郑州: 黄河水利出版社.
杨媛媛, 2021. 黄河河口镇—潼关区间淤地坝拦沙作用及其拦沙贡献率研究[D]. 西安: 西安理工大学.
张夏, 2019. 基于线性回归模型河流流量资料延展实例分析[J]. 水利科技与经济, 25(4): 67-70.
张妍, 毕直磊, 张鑫, 等, 2019. 土地利用类型对渭河流域关中段地表水硝酸盐污染的影响[J]. 生态学报, 39(12): 4319-4327.

赵玉, 2014. 渭河流域典型水库淤积及其对径流输沙的影响[D]. 杨凌: 中国科学院教育部水土保持与生态环境研究中心.

JAKUBOWSKI J B, STYPULKOWSKI F G, BERNARDEAU, 2017. Multivariate linear regression and cart regression analysis of TBM performance at Abu Hamour phase- I tunnel[J]. Archives of Mining Sciences, 62(4): 825-841.

MULDER A, OLSSON C, 2019. Simple bayesian testing of scientific expectations in linear regression models[J]. Behavior Research Methods, 51(3): 1117-1130.

ZHANG Z, CHAI J, LI Z, et al., 2022. Effect of check dam on sediment load under vegetation restoration in the Hekou-Longmen region of the Yellow River[J]. Frontiers in Environmental Science, 9: 823604.

第 5 章 淤地坝系拦沙效益及拦沙能力变化

5.1 淤地坝时空分布特征

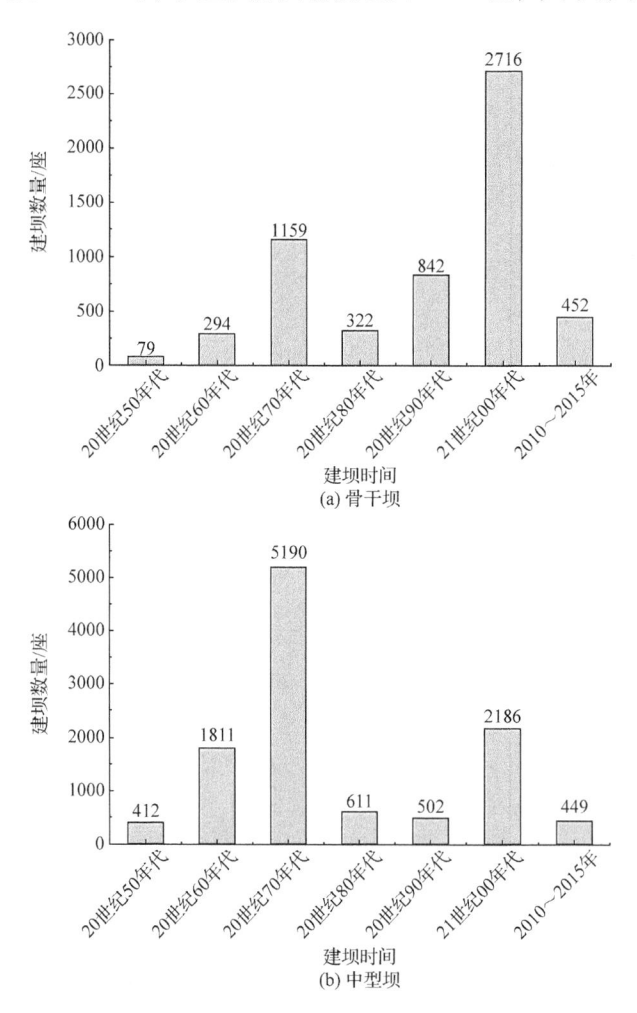

5.1.1 黄土高原淤地坝建坝历程

黄土高原淤地坝建设基本始于 20 世纪 50 年代，1968~1976 年和 2004~2008 年是淤地坝建设的两个高峰期。黄土高原不同类型淤地坝的建坝历程见图 5-1。统计结果表明，截至 2018 年，黄土高原共有淤地坝 59154 座，其中骨干坝 5877 座、

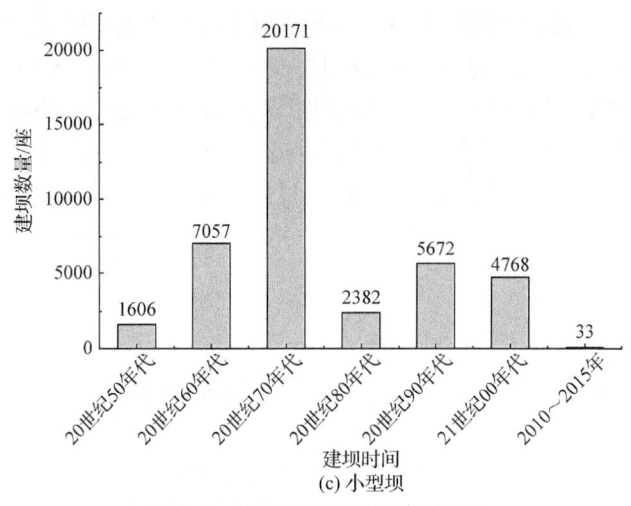

[图表：小型坝建坝数量柱状图]
- 20世纪50年代：1606
- 20世纪60年代：7057
- 20世纪70年代：20171
- 20世纪80年代：2382
- 20世纪90年代：5672
- 21世纪00年代：4768
- 2010~2015年：33

(c) 小型坝

图 5-1 黄土高原淤地坝建坝历程

中型坝 12131 座、小型坝 41146 座，中型以上淤地坝 18018 座。24%的大型坝(骨干坝)、68%的中型坝和 69%的小型坝建成于 1980 年以前。中型以上淤地坝累积控制面积 4.8 万 km^2，拦蓄泥沙近 56.5 亿 t(张祎, 2021)。骨干坝的建坝高峰期在 2000~2009 年，近 50%的骨干坝在此期间建设；中型坝和小型坝的建坝高峰期在 20 世纪 70 年代，47%的中型坝和 48%的小型坝在 20 世纪 70 年代建设。

5.1.2 黄土高原淤地坝空间分布

图 5-2～图 5-4 分别为黄土高原骨干坝、中型坝和小型坝空间分布。从图 5-2～

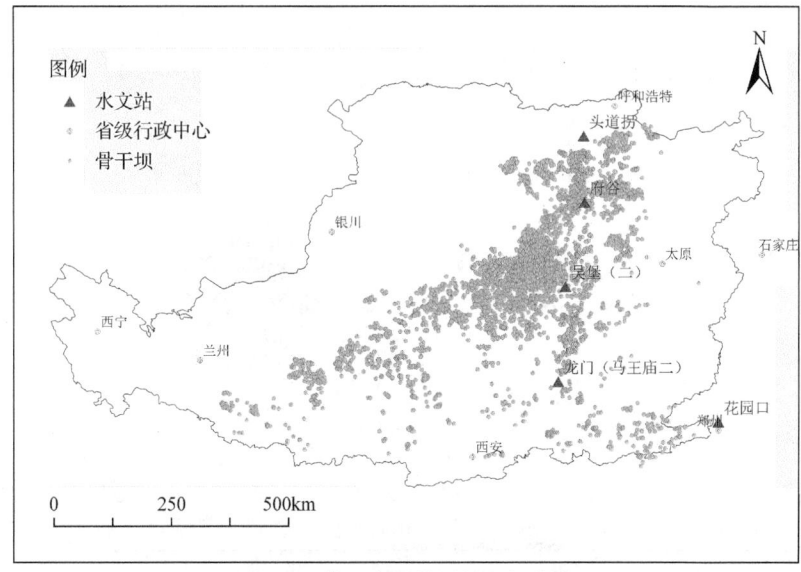

图 5-2 黄土高原骨干坝空间分布

图 5-4 可以看出，河龙区间和北洛河上游是黄土高原淤地坝的主要聚集区，该聚集区内的大、中、小型淤地坝数量分别占黄土高原各类型淤地坝总量的 70%、88%、91%。同时，该区域也是黄土高原老旧淤地坝的聚集区。1990 年以前，黄土高原的大、中型淤地坝几乎全部分布在陕北的河龙区间和北洛河上游，山西、陕西两省约 3.5 万座小型淤地坝主要分布于此，且大多建成于 20 世纪 60、70 年代。

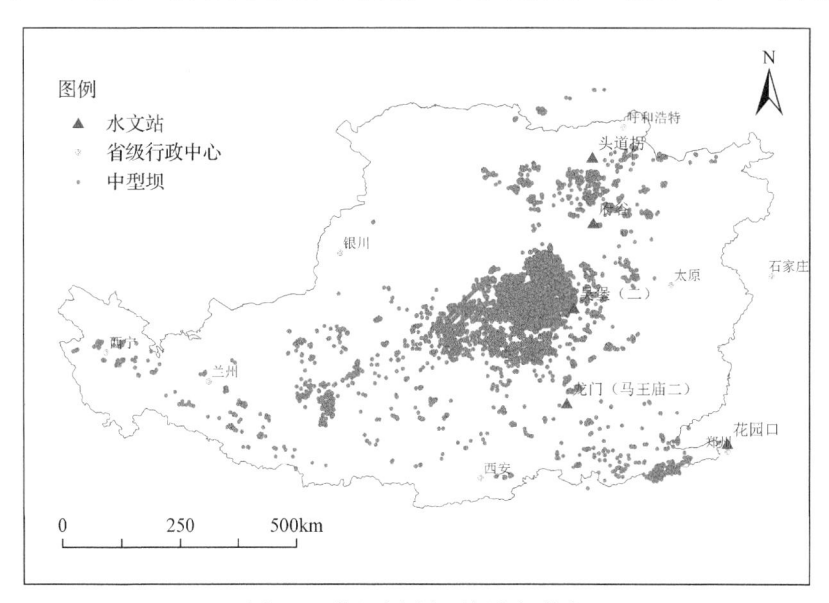

图 5-3 黄土高原中型坝空间分布

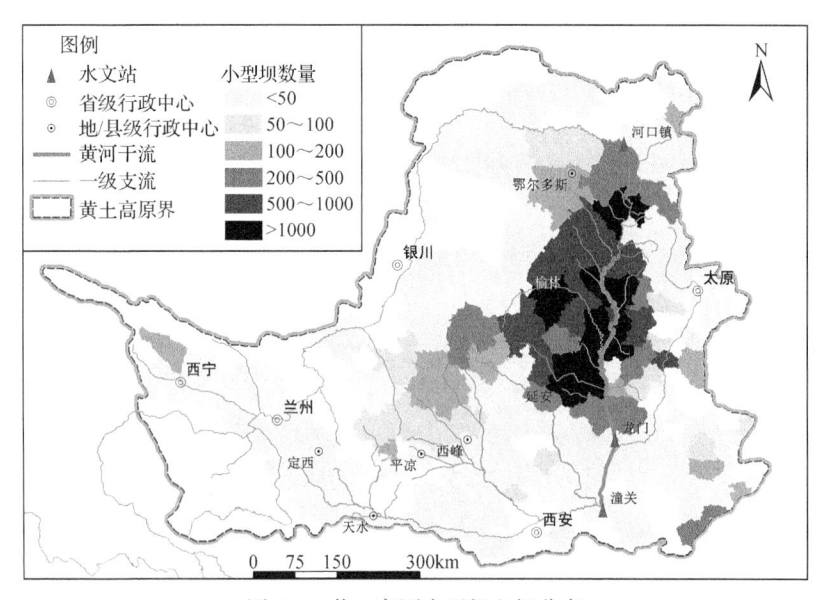

图 5-4 黄土高原小型坝空间分布

5.1.3 主要流域淤地坝分布及拦沙量分析

1. 渭河流域

渭河流域骨干坝随时间变化特征如表 5-1 所示。渭河流域共建骨干坝 846 座，其中 20 世纪 50 年代(1950~1959 年)建坝 2 座，控制面积 13.8km², 总库容 263.0 万 m³, 淤积库容 144.0 万 m³, 拦泥量 194.4 万 t；20 世纪 60 年代(1960~1969 年)建坝 7 座，控制面积 66.0km², 总库容 1514.0 万 m³, 淤积库容 949.9 万 m³, 拦泥量 1282.4 万 t；20 世纪 70 年代(1970~1979 年)建坝 8 座，控制面积 71.9km², 总库容 1395.0 万 m³, 淤积库容 497.6 万 m³, 拦泥量 671.8 万 t；20 世纪 80 年代(1980~1989 年)建坝 9 座，控制面积 75.0km², 总库容 1115.7 万 m³, 淤积库容 543.1 万 m³, 拦泥量 733.2 万 t；20 世纪 90 年代(1990~1999 年)建坝 106 座，控制面积 666.8km², 总库容 9346.8 万 m³, 淤积库容 4143.8 万 m³, 拦泥量 5594.1 万 t；2000~2009 年建坝 641 座，控制面积 3159.7km², 总库容 53131.1 万 m³, 淤积库容 9073.7 万 m³, 拦泥量 12249.5 万 t；2010~2013 年建坝 73 座，控制面积 335.2km², 总库容 7354.3 万 m³, 淤积库容 421.0 万 m³, 拦泥量 568.4 万 t。

表 5-1 渭河流域骨干坝随时间变化特征

建坝时间	建坝数量/座	控制面积/km²	总库容/万 m³	淤积库容/万 m³	拦泥量/万 t
1950~1959 年	2	13.8	263.0	144.0	194.4
1960~1969 年	7	66.0	1514.0	949.9	1282.4
1970~1979 年	8	71.9	1395.0	497.6	671.8
1980~1989 年	9	75.0	1115.7	543.1	733.2
1990~1999 年	106	666.8	9346.8	4143.8	5594.1
2000~2009 年	641	3159.7	53131.1	9073.7	12249.5
2010~2013 年	73	335.2	7354.3	421.0	568.4

2. 汾河流域

汾河流域骨干坝随时间变化特征如表 5-2 所示。汾河流域共建骨干坝 154 座，其中 1980~1989 年建坝 16 座，控制面积 189.5km², 总库容 2094.9 万 m³, 淤积库容 1067.0 万 m³, 拦泥量 1440.5 万 t；1990~1999 年建坝 68 座，控制面积 564.6km², 总库容 6850.3 万 m³, 淤积库容 2255.9 万 m³, 拦泥量 3045.5 万 t；2000~2009 年建坝 52 座，控制面积 274.0km², 总库容 3565.8 万 m³, 淤积库容 459.4 万 m³, 拦泥量 620.2 万 t；2010~2014 年建坝 18 座，控制面积 179.4km², 总库容 2204.5 万 m³, 淤积库容 18.0 万 m³, 拦泥量 24.3 万 t。

表 5-2　汾河流域骨干坝随时间变化特征

建坝时间	建坝数量/座	控制面积/km²	总库容/万 m³	淤积库容/万 m³	拦泥量/万 t
1980~1989 年	16	189.5	2094.9	1067.0	1440.5
1990~1999 年	68	564.6	6850.3	2255.9	3045.5
2000~2009 年	52	274.0	3565.8	459.4	620.2
2010~2014 年	18	179.4	2204.5	18.0	24.3

3. 孤山川流域

孤山川流域骨干坝随时间变化特征如表 5-3 所示。孤山川流域共建骨干坝 52 座，其中 1950~1959 年建坝 1 座，控制面积 4.5km²，总库容 90.0 万 m³，淤积库容 58.5 万 m³，拦泥量 79.0 万 t；1960~1969 年建坝 7 座，控制面积 19.3km²，总库容 573.5 万 m³，淤积库容 372.9 万 m³，拦泥量 503.4 万 t；1970~1979 年建坝 40 座，控制面积 211.9km²，总库容 5609.6 万 m³，淤积库容 3482.8 万 m³，拦泥量 4701.8 万 t；1980~1989 年建坝 1 座，控制面积 1.5km²，总库容 51.0 万 m³，淤积库容 33.2 万 m³，拦泥量 44.8 万 t；1990~1999 年建坝 2 座，控制面积 10.0km²，总库容 110.0 万 m³，淤积库容 56.9 万 m³，拦泥量 76.8 万 t；2000~2007 年建坝 1 座，控制面积 3.0km²，总库容 89.0 万 m³，淤积库容 57.9 万 m³，拦泥量 78.2 万 t。

表 5-3　孤山川流域骨干坝随时间变化特征

建坝时间	建坝数量/座	控制面积/km²	总库容/万 m³	淤积库容/万 m³	拦泥量/万 t
1950~1959 年	1	4.5	90.0	58.5	79.0
1960~1969 年	7	19.3	573.5	372.9	503.4
1970~1979 年	40	211.9	5609.6	3482.8	4701.8
1980~1989 年	1	1.5	51.0	33.2	44.8
1990~1999 年	2	10.0	110.0	56.9	76.8
2000~2007 年	1	3.0	89.0	57.9	78.2

4. 皇甫川流域

皇甫川流域骨干坝随时间变化特征如表 5-4 所示。皇甫川流域共建骨干坝 220 座，其中 1970~1979 年建坝 10 座，控制面积 47.7km²，总库容 1084.6 万 m³，淤积库容 596.4 万 m³，拦泥量 805.1 万 t；1980~1989 年建坝 26 座，控制面积 121.8km²，总库容 3251.3 万 m³，淤积库容 1433.1 万 m³，拦泥量 1934.7 万 t；

1990～1999 年建坝 44 座,控制面积 471.8km²,总库容 8207.1 万 m³,淤积库容 3207.8 万 m³,拦泥量 4330.5 万 t;2000～2009 年建坝 118 座,控制面积 563.7km²,总库容 20102.1 万 m³,淤积库容 1001.3 万 m³,拦泥量 1351.8 万 t;2010～2012 年建坝 22 座,控制面积 124.8km²,总库容 4412.7 万 m³,淤积库容 141.7 万 m³,拦泥量 191.3 万 t。

表 5-4　皇甫川流域骨干坝随时间变化特征

建坝时间	建坝数量/座	控制面积/km²	总库容/万 m³	淤积库容/万 m³	拦泥量/万 t
1970～1979 年	10	47.7	1084.6	596.4	805.1
1980～1989 年	26	121.8	3251.3	1433.1	1934.7
1990～1999 年	44	471.8	8207.1	3207.8	4330.5
2000～2009 年	118	563.7	20102.1	1001.3	1351.8
2010～2012 年	22	124.8	4412.7	141.7	191.3

5. 窟野河流域

窟野河流域骨干坝随时间变化特征如表 5-5 所示。窟野河流域共建骨干坝 267 座,其中 1970～1979 年建坝 22 座,控制面积 76.7km²,总库容 2374.6 万 m³,淤积库容 1607.1 万 m³,拦泥量 2169.6 万 t;1980～1989 年建坝 18 座,控制面积 57.4km²,总库容 1903.7 万 m³,淤积库容 1214.0 万 m³,拦泥量 1638.9 万 t;1990～1999 年建坝 42 座,控制面积 146.7km²,总库容 3207.4 万 m³,淤积库容 810.3 万 m³,拦泥量 1094.0 万 t;2000～2009 年建坝 173 座,控制面积 618.7km²,总库容 17824.0 万 m³,淤积库容 1413.7 万 m³,拦泥量 1908.7 万 t;2010～2014 年建坝 12 座,控制面积 50.7km²,总库容 1697.6 万 m³,淤积库容和拦泥量为 0。

表 5-5　窟野河流域骨干坝随时间变化特征

建坝时间	建坝数量/座	控制面积/km²	总库容/万 m³	淤积库容/万 m³	拦泥量/万 t
1970～1979 年	22	76.7	2374.6	1607.1	2169.6
1980～1989 年	18	57.4	1903.7	1214.0	1638.9
1990～1999 年	42	146.7	3207.4	810.3	1094.0
2000～2009 年	173	618.7	17824.0	1413.7	1908.7
2010～2014 年	12	50.7	1697.6	0	0

6. 秃尾河流域

秃尾河流域骨干坝随时间变化特征如表 5-6 所示。秃尾河流域共建骨干坝 84 座，其中 1960～1969 年建坝 7 座，控制面积 19.6km²，总库容 532.0 万 m³，淤积库容 455.0 万 m³，拦泥量 614.3 万 t；1970～1979 年建坝 41 座，控制面积 134.8km²，总库容 3745.6 万 m³，淤积库容 3059.4 万 m³，拦泥量 4130.2 万 t；1980～1989 年建坝 8 座，控制面积 21.0km²，总库容 735.1 万 m³，淤积库容 495.7 万 m³，拦泥量 669.2 万 t；1990～1999 年建坝 6 座，控制面积 22.2km²，总库容 563.0 万 m³，淤积库容 353.0 万 m³，拦泥量 476.6 万 t；2000～2008 年建坝 22 座，控制面积 79.5km²，总库容 2356.3 万 m³，淤积库容 378.2 万 m³，拦泥量 510.6 万 t。

表 5-6 秃尾河流域骨干坝随时间变化特征

建坝时间	建坝数量/座	控制面积/km²	总库容/万 m³	淤积库容/万 m³	拦泥量/万 t
1960～1969 年	7	19.6	532.0	455.0	614.3
1970～1979 年	41	134.8	3745.6	3059.4	4130.2
1980～1989 年	8	21.0	735.1	495.7	669.2
1990～1999 年	6	22.2	563.0	353.0	476.6
2000～2008 年	22	79.5	2356.3	378.2	510.6

7. 无定河流域

无定河流域骨干坝随时间变化特征如表 5-7 所示。无定河流域共建骨干坝 964 座，其中 1950～1959 年建坝 35 座，控制面积 144.0km²，总库容 3656.0 万 m³，淤积库容 2836.0 万 m³，拦泥量 3829.0 万 t；1960～1969 年建坝 138 座，控制面积 536.0km²，总库容 15378.0 万 m³，淤积库容 11734.0 万 m³，拦泥量 15840.0 万 t；1970～1979 年建坝 467 座，控制面积 23300.0km²，总库容 54574.0 万 m³，淤积库容 43678.0 万 m³，拦泥量 58965.0 万 t；1980～1989 年建坝 85 座，控制面积 375.0km²，总库容 8934.0 万 m³，淤积库容 64380.0 万 m³，拦泥量 8691.0 万 t；1990～1999 年建坝 52 座，控制面积 325.0km²，总库容 8508.0 万 m³，淤积库容 50090.0 万 m³，拦泥量 6762.0 万 t；2000～2009 年建坝 171 座，控制面积 888.0km²，总库容 21496.0 万 m³，淤积库容 8922.0 万 m³，拦泥量 12045.0 万 t；2010～2013 年建坝 16 座，控制面积 64.0km²，总库容 1707.0 万 m³，淤积库容 575.0 万 m³，拦泥量 776.0 万 t。

表 5-7　无定河流域骨干坝随时间变化特征

建坝时间	建坝数量/座	控制面积/km²	总库容/万 m³	淤积库容/万 m³	拦泥量/万 t
1950～1959 年	35	144.0	3656.0	2836.0	3829.0
1960～1969 年	138	536.0	15378.0	11734.0	15840.0
1970～1979 年	467	23300.0	54574.0	43678.0	58965.0
1980～1989 年	85	375.0	8934.0	64380.0	8691.0
1990～1999 年	52	325.0	8508.0	50090.0	6762.0
2000～2009 年	171	888.0	21496.0	8922.0	12045.0
2010～2013 年	16	64.0	1707.0	575.0	776.0

8. 延河流域

延河流域骨干坝随时间变化特征如表 5-8 所示。延河流域共建骨干坝 98 座，其中 1950～1959 年建坝 4 座，控制面积 136.1km²，总库容 934.0 万 m³，淤积库容 753.2 万 m³，拦泥量 1016.8 万 t；1960～1969 年建坝 5 座，控制面积 155.1km²，总库容 28.1 万 m³，淤积库容 587.7 万 m³，拦泥量 793.4 万 t；1970～1979 年建坝 32 座，控制面积 455.4km²，总库容 4125.4 万 m³，淤积库容 2676.3 万 m³，拦泥量 3613.0 万 t；1980～1989 年建坝 5 座，控制面积 26.3km²，总库容 510.2 万 m³，淤积库容 133.1 万 m³，拦泥量 179.7 万 t；1990～1999 年建坝 4 座，控制面积 16.7km²，总库容 344.1 万 m³，淤积库容 189.3 万 m³，拦泥量 255.6 万 t；2010～2011 年建坝 11 座，控制面积 46.7km²，总库容 1518.6 万 m³，淤积库容 13.0 万 m³，拦泥量 17.6 万 t。

表 5-8　延河流域骨干坝随时间变化特征

建坝时间	建坝数量/座	控制面积/km²	总库容/万 m³	淤积库容/万 m³	拦泥量/万 t
1950～1959 年	4	136.1	934.0	753.2	1016.8
1960～1969 年	5	155.1	28.1	587.7	793.4
1970～1979 年	32	455.4	4125.4	2676.3	3613.0
1980～1989 年	5	26.3	510.2	133.1	179.7
1990～1999 年	4	16.7	344.1	189.3	255.6
2000～2009 年	37	188.1	4053.8	1406.0	1898.1
2010～2011 年	11	46.7	1518.6	13.0	17.6

9. 大理河流域

大理河流域骨干坝随时间变化特征如表 5-9 所示。大理河流域共建骨干坝 218 座，其中 1950～1959 年建坝 8 座，控制面积 58.8km²，总库容 1322.9 万 m³，淤积库容 889.9 万 m³，拦泥量 1201.4 万 t；1960～1969 年建坝 38 座，控制面积 146.2km²，总库容 962.3 万 m³，淤积库容 2802.5 万 m³，拦泥量 3783.4 万 t；1970～1979 年建坝 131 座，控制面积 653.2km²，总库容 15842.3 万 m³，淤积库容 12352.9 万 m³，拦泥量 16676.4 万 t；1980～1989 年建坝 10 座，控制面积 61.4km²，总库容 854.3 万 m³，淤积库容 626.8 万 m³，拦泥量 846.2 万 t；1990～1999 年建坝 8 座，控制面积 68.5km²，总库容 1712.7 万 m³，淤积库容 1020.1 万 m³，拦泥量 1377.1 万 t；2000～2009 年建坝 19 座，控制面积 98.7km²，总库容 2942.5 万 m³，淤积库容 1417.5 万 m³，拦泥量 1913.6 万 t；2010～2011 年建坝 4 座，控制面积 13.5km²，总库容 347.5 万 m³，淤积库容 176.5 万 m³，拦泥量 238.3 万 t。

表 5-9 大理河流域骨干坝随时间变化特征

建坝时间	建坝数量/座	控制面积/km²	总库容/万 m³	淤积库容/万 m³	拦泥量/万 t
1950～1959 年	8	58.8	1322.9	889.9	1201.4
1960～1969 年	38	146.2	962.3	2802.5	3783.4
1970～1979 年	131	653.2	15842.3	12352.9	16676.4
1980～1989 年	10	61.4	854.3	626.8	846.2
1990～1999 年	8	68.5	1712.7	1020.1	1377.1
2000～2009 年	19	98.7	2942.5	1417.5	1913.6
2010～2011 年	4	13.5	347.5	176.5	238.3

5.2 黄土高原淤地坝淤积特征分析

实践证明，淤地坝作为黄土高原水土保持建设的重点和水土流失治理的关键措施，主要发挥着以下几个方面的作用：一是拦泥保土，减少入黄泥沙尤其是粗泥沙；二是淤地造田，提高粮食产量，保障粮食安全；三是促进水资源利用，解决农民生活生产用水；四是增加农民收入，发展农村经济，解决"三农"问题；五是促进退耕还林还草，改善生态环境；六是以坝代桥，改善农村交通条件等。大规模淤地坝建设，对于治理水土流失、减少入黄泥沙、改善黄土高原地区的生态环境、发展区域经济、提高群众生活水平和确保黄河安澜，具有不可替代的重要作用。

淤地坝的水土保持作用重大。2003 年，水利部部长汪恕诚在全国水利厅局长会议上指出，淤地坝建设是年水利工作的三项新"亮点"工程之一。20 世纪 90 年代以来，多项基金相继资助开展了河龙区间水沙变化分析研究，其中淤地坝拦沙减蚀作用分析是很重要的一部分。

研究淤地坝淤积特征已成为泥沙研究和水土保持研究的一项重要课题。本书旨在通过对已收集的黄土高原淤地坝数据进行综合分析，探讨黄土高原淤地坝淤积特征，从而为黄河综合治理决策提供依据。

5.2.1 不同地貌区地貌特征分析

黄土高原地区根据地形地貌特征可分为黄土丘陵沟壑区、黄土高塬沟壑区、风沙区等 7 个水土保持分区。

1. 黄土丘陵沟壑区

黄土丘陵沟壑区分布广，涉及 7 省(自治区)，面积 21.18 万 km^2，主要特点是地形破碎，千沟万壑，坡角 15°以上的土地面积占 50%～70%。依据地形地貌差异，黄土丘陵沟壑区分为丘Ⅰ、丘Ⅱ、丘Ⅲ、丘Ⅳ、丘Ⅴ等 5 个副区。丘Ⅰ和丘Ⅱ副区主要分布于陕西、山西、内蒙古三省(自治区)，面积为 9.1697 万 km^2，该区以峁崂状丘陵为主，沟壑密度 2～7km/km^2，沟道深度 100～300m，多呈 U 型或 V 型，沟壑面积大。丘Ⅲ～丘Ⅴ副区主要分布于青海、宁夏、甘肃、河南，面积 12.0134 万 km^2，该区以墚状丘陵为主，沟壑密度 2～4km/km^2。小流域上游一般为涧地和掌地，地形较为平坦，沟道较少；中下游有冲沟。

2. 黄土高塬沟壑区

黄土高塬沟壑区主要分布于甘肃东部、陕西延安南部和渭河以北、山西南部等地，面积 3.56 万 km^2。该区地形由塬、坡、沟组成。塬面宽平，坡角 1°～3°，其中甘肃董志塬和陕西洛川塬面积最大、塬面较为完整；坡陡沟深，沟壑密度 1～3km/km^2；沟道多呈 V 型；沟壑面积较小。

3. 石质山岭区

石质山岭区主要包括秦岭、吕梁山、阴山、六盘山等。该区涉及 7 省(自治区)，面积 13.28 万 km^2，山高坡陡谷深，沟道比降大，多呈 V 型，沟壑密度 2～4km/km^2，水土流失轻微。

4. 其他类型区

其他类型区包括风沙区、高地草原区、冲积平原区和林区，由于地形平缓、地表组成物质抗蚀性强、植被覆盖度较高等，这些类型区沟壑密度小，侵蚀程度相对较轻。

5.2.2 不同地貌区淤地坝库容特征曲线

黄土高原侵蚀类型复杂，不同地貌形态的区域水土流失差异较大。因此，根据黄土高原水土保持分区来拟合不同分区的淤地坝淤积特征曲线，如图 5-5～图 5-9 所示。

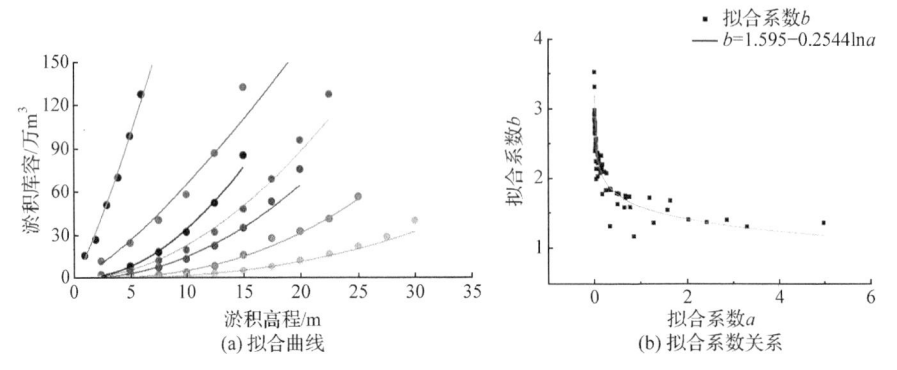

图 5-5 丘Ⅰ、丘Ⅱ副区淤地坝淤积特征曲线拟合
(a)中不同灰度数据点表示不同淤地坝的特征点，后同

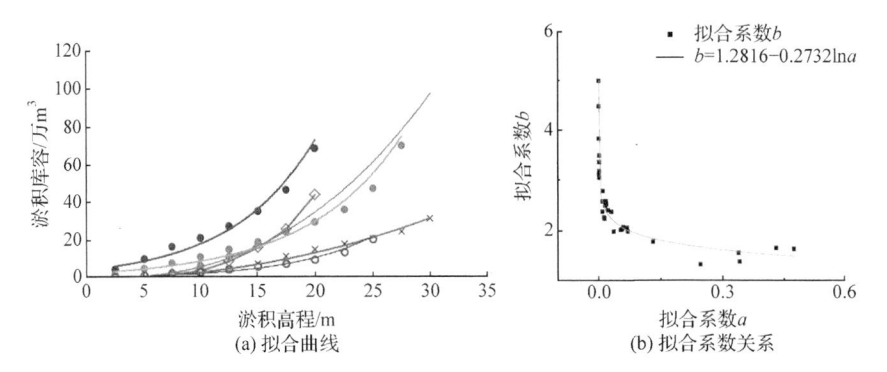

图 5-6 丘Ⅲ、丘Ⅳ副区淤地坝淤积特征曲线拟合

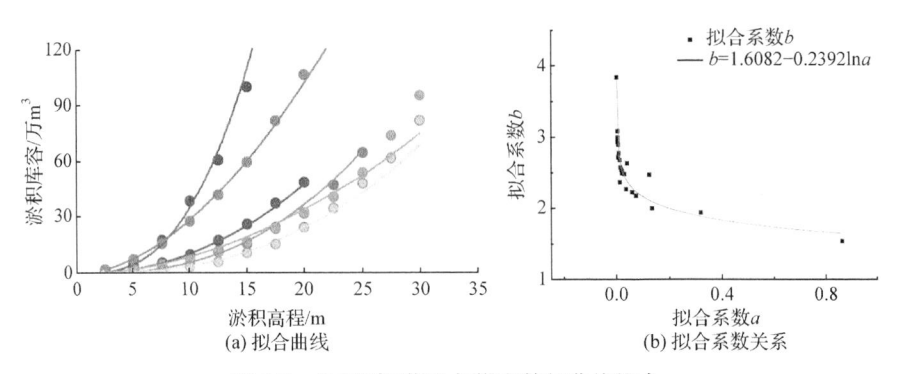

图 5-7 丘Ⅴ副区淤地坝淤积特征曲线拟合

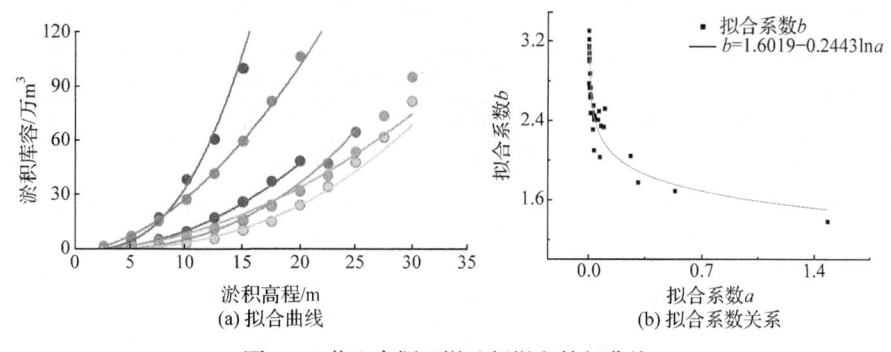

图 5-8 黄土高塬区淤地坝淤积特征曲线

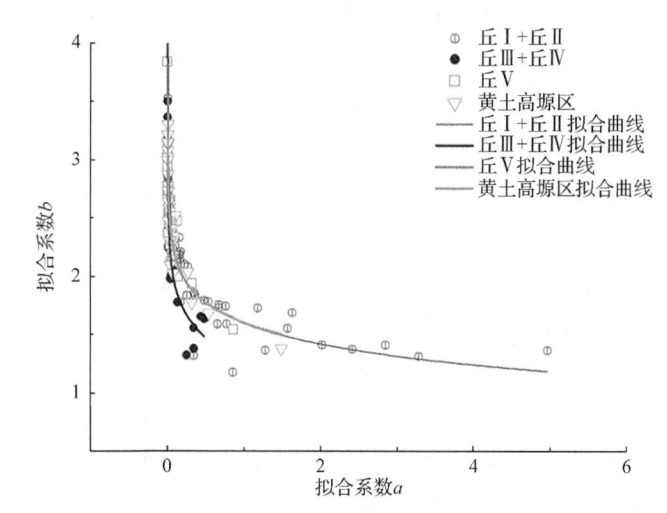

图 5-9 水土保持分区淤地坝淤积特征曲线

5.2.3 骨干坝淤积特征

为了研究探索黄土高原骨干坝淤积特征，在黄土高原不同水土流失类型区收集了 24 座骨干坝的设计文件和实测数据，对淤积高程和淤积库容进行拟合回归，分析骨干坝淤积特征。统计数据见表 5-10，骨干坝淤积库容在不同淤积高程下的变异系数见表 5-11，拟合结果见图 5-10。

表 5-10 黄土高原不同水土流失类型区 24 座骨干坝统计数据

坝名	不同淤积高程下的淤积库容/万 m³											
	2.5m	5.0m	7.5m	10.0m	12.5m	15.0m	17.5m	20.0m	22.5m	25.0m	27.5m	30.0m
大沟骨干坝	1.5	6.0	14.0	29.0	49.0	77.0	92.0	160.0	209.0	261.0	323.0	409.0
任家沟骨干坝	0	3.0	6.0	16.0	29.0	52.0	80.0	112.0	149.0	196.0	248.0	304.0
苏圪台骨干坝	0	0.1	4.0	8.0	15.0	27.0	49.0	77.0	99.0	135.0	179.0	203.0

续表

坝名	不同淤积高程下的淤积库容/万 m³											
	2.5m	5.0m	7.5m	10.0m	12.5m	15.0m	17.5m	20.0m	22.5m	25.0m	27.5m	30.0m
寨峁山骨干坝	0.1	2.0	4.5	9.5	15.0	21.5	31.0	42.5	59.0	79.5	107.1	150.0
杜家壕骨干坝	0	2.0	3.0	12.0	33.0	60.0	93.0	144.0	198.0	270.0	354.0	—
金掌沟骨干坝	0.5	2.0	6.0	10.0	17.5	30.0	55.0	72.5	101.0	135.0	172.5	—
刘家峁骨干坝	0	1.0	2.0	3.5	6.0	12.5	25.6	40.0	57.0	77.5	101.0	
张富贵骨干坝	0	1.0	6.0	14.0	26.0	44.0	68.0	96.0	132.0	176.0	—	
艾蒿掌骨干坝	0.2	2.0	5.0	10.0	17.5	30.0	47.5	67.5	92.5	115.2		
燕河沟骨干坝	0.2	0.9	2.5	4.5	8.5	16.5	27.7	32.5	41.5	56.7		
北峁洼骨干坝	2.0	8.0	16.0	29.0	46.5	74.5	105.5	137.6	194.5	—		
娘娘庙骨干坝	1.0	6.0	15.0	22.0	34.0	55.0	80.0	103.0	131.0			
前黄村沟骨干坝	1.5	5.5	14.0	23.0	32.0	48.0	69.0	90.0	111.0			
孙家山骨干坝	1.1	3.2	6.5	9.5	14.5	16.4	31.8	40.1	58.3	—		
西无色浪骨干坝	0.7	1.3	7.8	22.4	39.1	72.1	105.1	162.2	—			
二道沟骨干坝	0.5	2.4	9.8	18.0	30.0	48.8	66.8	93.8	—			
郝家南沟骨干坝	0.5	2.0	4.5	10.5	19.0	40.0	70.5	103.0				
桂业沟骨干坝	1.0	5.0	12.5	25.0	45.0	66.7	88.0	123.0				
李家焉骨干坝	2.0	8.0	24.0	45.0	75.0	111.0	162.0	222.0				
张家坪东沟骨干坝	16.0	27.0	51.0	70.0	99.0	128.0	163.0	—				
三皇庙骨干坝	11.5	24.0	37.5	57.4	75.0	100.0	125.0	—				
张家沟骨干坝	2.4	6.3	15.0	26.0	35.0	49.0	63.0	—				
沙圪坨1#骨干坝	3.0	19.0	36.5	52.0	68.5	98.0	—					
许家沟骨干坝	5.0	11.6	18.5	28.2	40.7	56.0	—					

表5-11 黄土高原骨干坝淤积库容在不同淤积高程下的变异系数

淤积高程/m	淤积库容均值/万 m³	标准差/万 m³	变异系数/%
2.5	2.11	3.83	181.45
5.0	6.22	7.27	116.90
7.5	13.40	12.53	93.50
10.0	23.10	17.34	75.04
12.5	36.24	23.45	64.70
15.0	55.58	30.97	55.72
17.5	77.20	38.42	49.77

续表

淤积高程/m	淤积库容均值/万 m³	标准差/万 m³	变异系数/%
20.0	100.98	49.40	48.92
22.5	116.63	55.33	47.44
25.0	150.19	74.61	49.68
27.5	212.09	99.80	47.05
30.0	266.50	114.48	42.96

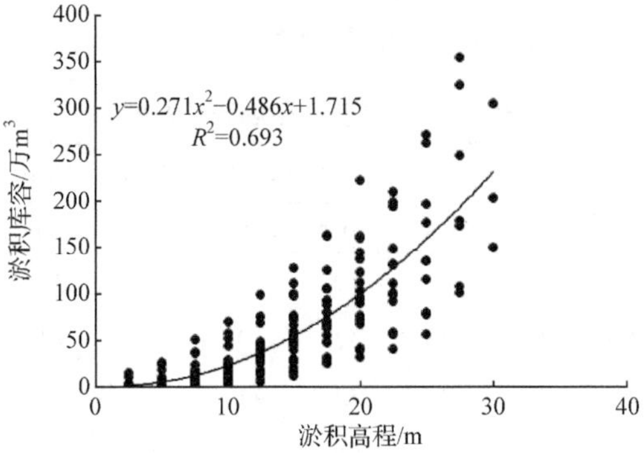

图 5-10 黄土高原骨干坝淤积特征曲线

通过表 5-10 中收集的已有数据可知，截至 2017 年底，黄土高原骨干淤地坝最大淤积库容在 56.0 万～409.0 万 m³，最大淤积高程达 30m。

由表 5-11 可知，随着淤积高程的增加，黄土高原骨干坝淤积库容总体呈现出变异系数逐渐减小的趋势，说明各骨干坝在发挥水土保持功效初期各沟道的形态差异较大，导致淤积库容差异较大。随着淤积高程的增加，淤地坝对沟道及地形的调节作用逐渐增强，骨干坝之间的累计淤积库容差异逐渐减小，共同发挥稳定的水土保持功效。

由图 5-10 可知，黄土高原骨干坝淤积库容与淤积高程呈二次多项式函数关系，如式(5-1)所示：

$$y = 0.271x^2 - 0.486x + 1.715, \quad R^2 = 0.693 \tag{5-1}$$

式中，y 为淤积库容；x 为淤积高程。

从黄土高原骨干坝淤积特征曲线可以看出，淤积高程为 0～15m 时，淤积库容随着淤积高程增加的增幅较小；淤积高程为 15m 以上时，淤积库容随着淤积高程的增加，增幅急剧增大。

5.2.4 中型坝淤积特征

经过几十年的发展，黄土高原淤地坝建设虽然取得了很大的成就，但已建成的淤地坝中有相当数量的中小型淤地坝是20世纪80年代以前群众性建坝高潮中建设起来的，在规划设计、建设特别是管理养护等过程中存在许多问题。多数坝已经淤满，坝系布局不合理，设施不配套，老化失修、病险问题突出，重建轻管，综合效益偏低，淤地坝设计不合理、设计标准偏低，坝地非点源污染加剧，无效蒸发大，水资源浪费较严重等(张翔，2022)。

为了研究探索黄土高原中型坝淤积特征，在黄土高原不同水土流失类型区收集了17座中型坝的设计文件和实测数据，对淤积高程和淤积库容进行拟合回归，分析中型坝淤积特征。统计数据见表5-12，中型坝淤积库容在不同淤积高程下的变异系数见表5-13，拟合结果见图5-11。

表5-12 17座中型坝统计数据

坝名	不同淤积高程下的淤积库容/万 m³								
	2.5m	5.0m	7.5m	10.0m	12.5m	15.0m	17.5m	20.0m	22.5m	25.0m
高界中型坝	0.7	1.6	2.8	4.2	6.3	8.5	11.5	14.3	18.1	22.7
张家畔中型坝	0.5	1.1	2.1	3.3	4.9	6.7	9.4	12.1	17.1	21.1
四塔中型坝	1.9	2.6	4.5	7.1	9.1	14.1	16.1	22.4	28.5	—
魏家峁中型坝	0.9	1.8	3.7	6.2	9.9	15.6	20.5	25.5	—	—
贺塔中型坝	1.5	3.4	6.2	10.1	15.2	24.7	34.8	45.1	—	—
宋家梁中型坝	2.1	3.5	7.1	11.2	17.8	24.5	39.2	47.5	—	—
榆树峁中型坝	1.8	3.9	7.1	12.2	18.6	25.1	36.2	44.1	—	—
白草峁中型坝	1.5	3.4	6.2	12.3	18.7	26.7	36.5	47.1	—	—
武家洼中型坝	0.5	1.2	2.5	4.1	6.5	10.5	15.9	22.1	—	—
王家沟中型坝	2.1	4.2	7.5	12.3	15.7	16.2	14.1	43.4	—	—
好地洼中型坝	2.5	5.1	9.9	15.6	25.1	32.2	44.3	—	—	—
黄好梁中型坝	3.9	7.1	9.2	13.2	18.5	34.8	42.2	—	—	—
泡牛沟中型坝	1.7	3.8	6.3	14.1	19.5	29.3	—	—	—	—
高石畔中型坝	5.1	10.5	17.6	25.6	35.5	45.1	—	—	—	—
西沟中型坝	3.1	6.7	12.1	17.2	23.1	28.2	—	—	—	—
张家焉中型坝	2.1	4.3	8.3	12.5	20.2	26.4	—	—	—	—
小塌子沟中型坝	1.9	2.7	8.8	15.2	25.5	32.5	—	—	—	—

表5-13 黄土高原中型坝淤积库容在不同淤积高程下的变异系数

淤积高程/m	淤积库容均值/万 m³	标准差/万 m³	变异系数/%
2.5	1.99	1.19	59.98

续表

淤积高程/m	淤积库容均值/万 m³	标准差/万 m³	变异系数/%
5.0	3.94	2.40	60.91
7.5	7.17	3.85	53.69
10.0	11.55	5.58	48.34
12.5	17.09	8.02	46.93
15.0	23.47	10.45	44.50
17.5	29.17	13.35	45.79
20.0	30.13	14.67	47.11
22.5	21.23	6.31	29.73
25.0	21.90	1.13	5.17

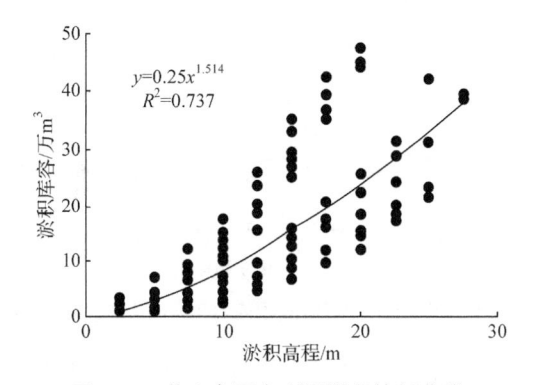

图 5-11 黄土高原中型坝淤积特征曲线

通过表 5-12 中收集的已有数据可知，截至 2017 年底，黄土高原中型坝最大淤积库容在 21.1 万～47.5 万 m³，最大淤积高程达 25m。

由表 5-13 可知，随着淤积高程的增加，黄土高原中型坝淤积库容总体呈现出变异系数逐渐减小的趋势，说明各中型坝在发挥水土保持功效初期，淤积库容差异较大，随着淤积高程的增加，中型坝之间的累计淤积库容差异逐渐减小，共同发挥稳定的水土保持功效。

由图 5-11 可知，黄土高原中型坝淤积库容与淤积高程呈幂指数函数关系：

$$y = 0.25x^{1.514}, \quad R^2 = 0.737 \tag{5-2}$$

式中，y 为淤积库容；x 为淤积高程。

从黄土高原中型坝淤积特征曲线可以看出，淤积高程为 0～25m 时，淤积库容随着淤积高程的增加，增幅总体较为平缓，呈现逐渐缓慢增长的趋势。

5.2.5 不同类型淤地坝淤积特征汇总

通过分别分析黄土高原骨干坝和中型坝的淤积特征，发现一定特征：相同点是骨干坝和中型坝随着淤积高程的增加，淤积库容的变异系数均呈现出逐渐减小的趋势，说明黄土高原淤地坝随着高程的增加，对沟道和地形的调节作用逐渐增加，达到一定淤积高程后，各坝淤积库容之间的差异逐渐减小，淤积库容趋于稳定；不同点是骨干坝淤积库容在不同淤积高程下变异系数范围为 42.96%～181.45%，中型坝淤积库容在不同淤积高程下变异系数范围为 5.17%～60.91%(图 5-12)，与中型坝相比，骨干坝沟道的地形变化更大，不同坝体累计淤积库容差异更大。说明黄土高原骨干坝和中型坝的淤积特征各有不同，在黄土高原淤地坝建设中，以小流域为单元，以治沟骨干工程为主体，骨干坝、中小型坝相结合的原则，蓄水、拦泥、生产、防洪各效益兼顾，逐步形成布局合理、排淤结合、效益稳定的淤地坝系。

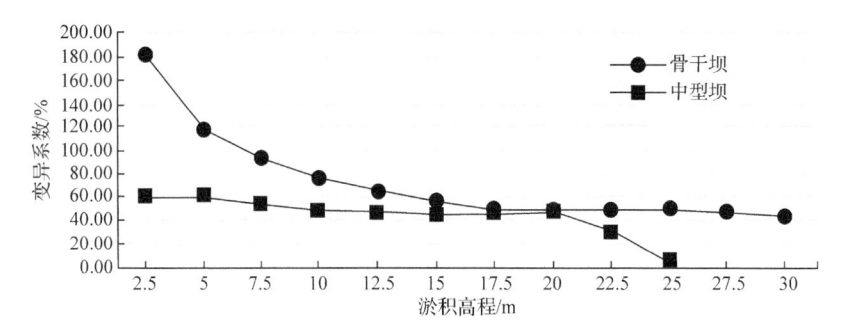

图 5-12　黄土高原骨干坝和中型坝淤积库容变异系数随淤积高程的变化情况

对收集到数据的黄土高原淤地坝进行统计分析，得到黄土高原淤地坝不同淤积高程的平均淤积库容，并与淤积高程进行回归拟合，得到黄土高原淤地坝淤积特征曲线，如图 5-13 所示。

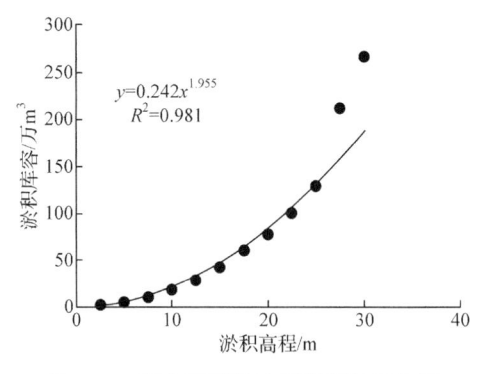

图 5-13　黄土高原淤地坝淤积特征曲线

由图 5-13 可知，黄土高原淤地坝淤积库容与淤积高程呈幂函数变化趋势，淤积特征曲线方程为

$$y = 0.242x^{1.955}, \quad R^2 = 0.981 \tag{5-3}$$

式中，y 为淤积库容；x 为淤积高程。

随着黄土高原淤地坝淤积高程的增加，淤积库容增速逐渐增大，未来黄土高原淤地坝安全状况将成为黄土高原淤地坝防护体系的主要问题。因此，病险淤地坝的调查和加固对黄土高原淤地坝持续发挥水土保持效益具有重要意义。

5.3 典型区域淤地坝系拦沙效益分析

根据监测资料，对骨干坝、中小型淤地坝的拦沙量和单位面积拦沙量进行分类统计计算。小流域产沙量包括坝系拦沙量、坡面工程拦沙量、把口站输沙量三部分(郭嘉嘉, 2023；王飞超, 2023；封扬帆等, 2022)，采用式(5-4)推算：

$$W_c = W_s + W_p + W_o \tag{5-4}$$

式中，W_c 为小流域年产沙量(t)；W_s 为坝系年拦沙量(t)；W_p 为坡面工程年拦沙量(t)；W_o 为把口站年输沙量(t)。

小流域坝系拦沙率 η 为小流域坝系年拦沙量占小流域年产沙量的百分比，用式(5-5)计算：

$$\eta = \frac{W_s}{W_c} \times 100\% \tag{5-5}$$

2006～2010 年，黄土高原小流域示范工程景阳沟等 12 个小流域累计拦沙 1805.56 万 t，小流域产沙量为 2239.24 万 t，坝系拦沙率平均为 80.63%。2010 年坝系拦沙量和小流域产沙量较 2006 年都有所下降，坝系拦沙率也下降了 10 个百分点(表 5-14)。产沙量减少是因为坝系拦沙量和把口站输沙量减少；坝系拦沙率下降主要是因为坝系拦沙量减少，其次是因为坡面工程拦沙量增加。

表 5-14 12 个小流域坝系不同坝型年度拦沙量

年份	骨干坝		中型坝		小型坝		坝系拦沙量/万 t	小流域产沙量/万 t	坝系拦沙率/%
	拦沙量/万 t	占比/%	拦沙量/万 t	占比/%	拦沙量/万 t	占比/%			
2006	547.75	94.13	23.58	4.05	10.94	1.88	581.91	671.91	86.61
2007	428.32	81.16	63.82	12.09	35.63	6.75	527.78	620.49	85.06
2008	104.84	55.24	54.52	28.73	30.42	16.03	189.79	275.95	68.78
2009	143.88	62.02	55.58	23.96	32.55	14.03	232.01	312.72	74.19
2010	172.09	62.79	65.88	24.04	36.11	13.17	274.08	358.18	76.52
合计	1396.88	77.37	263.38	14.59	145.66	8.07	1805.56	2239.24	80.63

注：因为数据进行过舍入修约，各年份数据之和可能不等于合计数据。

从图 5-14 可以看出,2006~2010 年,黄土高原小流域示范工程景阳沟等 12 个小流域坝系拦沙量年际变化总体呈现减少的趋势,2006 年的坝系拦沙量最大,为 581.91 万 t,2008 年的坝系拦沙量最小,为 189.79 万 t。通过对比坝系拦沙量与水土流失治理度的变化关系,得出结论:在不考虑其他因素的影响下,坝系拦沙量的变化趋势与水土流失治理度的变化趋势相反,说明随着水土流失治理度的逐年提高,坝系拦沙量呈现减少的趋势。随着水土保持与生态建设的推进,区内坡面治理度、植被覆盖度逐年提高,坡耕地和荒草地、裸地面积逐年减小。近年来,退耕还林的效益渐渐显现,幼林逐渐长大,郁闭度增大,拦沙率逐渐提高;随着生态建设和封禁措施的实施,区内荒山荒坡(荒草地与裸地)的坡面植被迅速恢复,人为扰动造成的坡面水土流失大大减弱,坡面水土保持和林草措施拦蓄了区内绝大部分的泥沙,坡面产沙量明显降低,淤积量也明显减小。

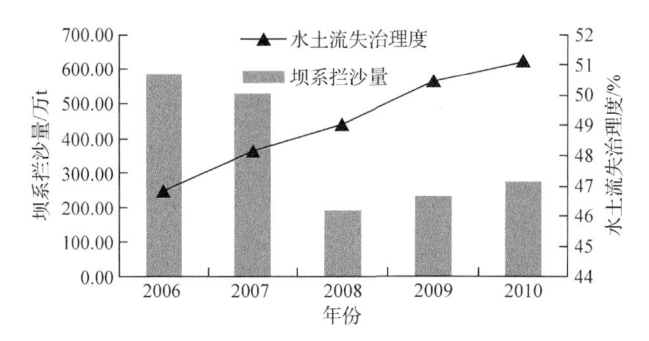

图 5-14 黄土高原 12 条小流域坝系拦沙量年际变化

结合表 5-14,从图 5-15 可以看出,截至 2010 年底,黄土高原小流域示范工程景阳沟等 12 个小流域坝系拦沙以骨干坝为主,其中骨干坝的累计拦沙量为 1396.88 万 t,约占整个坝系拦沙量的 77%;中型坝为 263.38 万 t,约占整个坝系拦沙量的 15%;小型坝为 145.66 万 t,仅占整个坝系拦沙量的 8%。骨干坝的拦沙量大于中型坝,中型坝的拦沙量大于小型坝。在整个坝系拦沙量中,骨干坝的

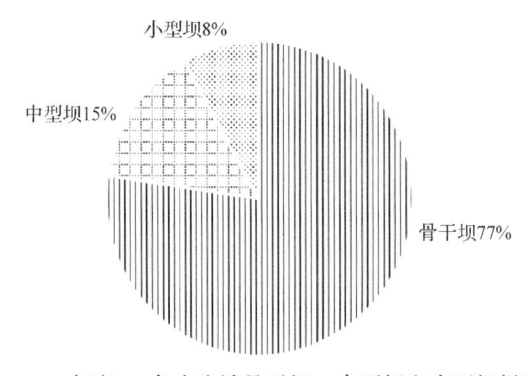

图 5-15 2010 年底 12 条小流域骨干坝、中型坝和小型坝拦沙量占比

拦沙量占相当大比例。2008 年的坝系拦沙量是 5 年中最小的，中小型坝的拦沙量与骨干坝的拦沙量相差较小，主要原因是 2008 年汛期最大日降雨量为 52.5mm，较 2007～2010 年的其他年份明显偏小，坡面土壤侵蚀相对较小，上游来洪来沙较少，经过中小型淤地坝的拦蓄后输到下游骨干坝控制区域的泥沙减少，中型坝和小型坝发挥了很大作用。

5.3.1 黄土丘陵沟壑区第一副区

在黄土高原 12 个小流域示范工程坝系中，按照从上游到下游的顺序，属于黄土丘陵沟壑区第一副区的有内蒙古自治区准格尔旗西黑岱小流域、内蒙古自治区清水河县范四窑小流域、陕西省横山区元坪小流域、陕西省米脂县榆林沟小流域和山西省河曲县树儿梁小流域，共计 5 个。黄土丘陵沟壑区第一副区 5 个小流域坝系拦沙动态变化见表 5-15。

表 5-15 黄土丘陵沟壑区第一副区 5 个小流域示范工程坝系拦沙动态变化

年份	骨干坝		中型坝		小型坝		坝系拦沙量/万 t	小流域产沙量/万 t	坝系拦沙率/%
	拦沙量/万 t	占比/%	拦沙量/万 t	占比/%	拦沙量/万 t	占比/%			
2006	459.37	96.86	13.52	2.85	1.35	0.28	474.24	501.66	94.53
2007	390.77	85.31	48.32	10.55	18.97	4.14	458.07	496.44	92.27
2008	66.06	64.67	30.45	29.81	5.64	5.52	102.15	132.22	77.26
2009	109.40	76.43	25.54	17.84	8.20	5.73	143.15	169.92	84.25
2010	93.61	68.23	25.84	18.84	17.75	12.93	137.19	164.55	83.37
合计	1119.21	85.12	143.68	10.93	51.90	3.95	1314.79	1464.18	89.80

注：因为数据进行过舍入修约，各年份数据之和可能不等于合计数据。

从表 5-15 可以看出，2006～2010 年，黄土丘陵沟壑区第一副区 5 个小流域示范工程坝系总共拦沙 1314.79 万 t。其中，骨干坝拦沙 1119.21 万 t，占 85.12%；中型坝拦沙 143.68 万 t，占 10.93%；小型坝拦沙 51.90 万 t，占 3.95%；坝系拦沙以骨干坝为主。小流域产沙量为 1476.18 万 t，坝系拦沙率为 89.07%。2010 年坝系拦沙量和小流域产沙量较 2006 年都有所下降，坝系拦沙率下降了 9 个百分点。小流域产沙量减少是因为坝系拦沙量和把口站输沙量减少；坝系拦沙率下降主要是因为坝系拦沙量减少，其次是因为坡面工程拦沙量增加。

图 5-16 为黄土丘陵沟壑区第一副区 5 个小流域坝系骨干坝、中型坝和小型坝拦沙量年际变化曲线。从图 5-16 可以看出，2006～2008 年，黄土高原丘陵沟壑区第一副区 5 个小流域的坝系拦沙量总体呈现减少的趋势，尤其是 2008 年。因为 2006 年和 2007 年降雨较后 3 年丰沛，侵蚀量大，坝系上游来沙多，所以拦沙量大，而且新筑土坝迎水坡也会被侵蚀掉一些土方汇入坝内。而后几

年拦沙量迅速减少，一方面是降雨减少，侵蚀量减小；另一方面是坡面治理措施的增加，坡面拦沙量加大，来沙减少，侵蚀量减少。图 5-16 中骨干坝与坝系拦沙量数值和变化趋势都最为相近，说明流域内上游沟道来沙主要被骨干坝拦截。2010 年中小型坝的拦沙量较 2006 年有所增加，但相较骨干坝来说，变化幅度不大。

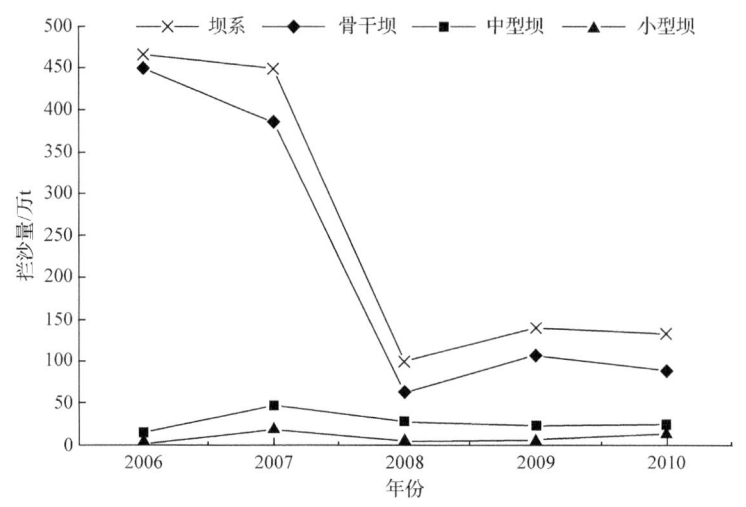

图 5-16 黄土丘陵沟壑区第一副区 5 个小流域坝系拦沙量年际变化曲线

黄土丘陵沟壑区第一副区 5 个小流域示范工程坝系拦沙情况见表 5-16，具体如下。

表 5-16 黄土丘陵沟壑区第一副区 5 个小流域示范工程坝系拦沙情况

流域	年份	坝系拦沙量/万t	骨干坝		中型坝		小型坝		单位面积拦沙量/(t/km²)				小流域产沙量/万t	坝系拦沙率/%
			拦沙量/万t	占比/%	拦沙量/万t	占比/%	拦沙量/万t	占比/%	坝系	骨干坝	中型坝	小型坝		
西黑岱	2006	—											—	—
	2007	8.29	1.96	23.60	5.96	71.80	0.37	4.60	1493	630	3061	749	11.05	75.00
	2008	8.76	1.29	14.73	6.96	79.45	0.51	5.82	1578	415	3575	1032	11.52	76.02
	2009	5.77	0.38	6.59	5.13	88.90	0.26	4.51	1039	122	2635	526	8.53	67.62
	2010	5.80	1.74	29.95	3.21	55.37	0.85	14.68	1046	559	1651	1725	8.51	68.24
范四窑	2006	23.54	21.40	90.89	2.14	9.11	0	0	4407	5194	1860	0	26.11	90.16
	2007	2.31	1.49	64.57	0.82	35.44	0	0	380	362	433	0	4.88	47.34
	2008	1.97	1.09	55.51	0.88	44.50	0	0	324	265	463	0	4.61	42.74
	2009	5.13	3.56	69.42	1.57	30.52	0	0	844	865	829	0	7.80	65.81
	2010	4.04	2.54	62.99	1.50	37.01	0	0	664	618	791	0	6.73	60.01

续表

流域	年份	坝系拦沙量/万t	骨干坝 拦沙量/万t	骨干坝 占比/%	中型坝 拦沙量/万t	中型坝 占比/%	小型坝 拦沙量/万t	小型坝 占比/%	单位面积拦沙量/(t/km²) 坝系	骨干坝	中型坝	小型坝	小流域产沙量/万t	坝系拦沙率/%
元坪	2006	—	—	—	—	—	—	—	—	—	—	—	—	—
	2007	420.00	368.00	87.60	35.00	8.30	17.00	4.10	171709	157265	460526	566667	429.25	97.85
	2008	77.18	56.81	73.61	16.85	21.83	3.52	4.57	31553	24277	221684	117450	86.92	88.79
	2009	130.98	104.90	80.09	18.25	13.94	7.83	5.98	53547	44827	240158	261000	140.89	92.97
	2010	113.37	78.67	69.40	18.25	16.10	16.44	14.50	46348	33620	240158	548100	123.28	91.96
榆林沟	2006	—	—	—	—	—	—	—	—	—	—	—	5.74	0.00
	2007	0.00	0.00	0.00	0.00	0.00	0.00	0.00	0	0	0	0	5.80	0.00
	2008	0.00	0.00	0.00	0.00	0.00	0.00	0.00	0	0	0	0	5.86	0.00
	2009	0.00	0.00	0.00	0.00	0.00	0.00	0.00	0	0	0	0	5.91	0.00
	2010	0.00	0.00	0.00	0.00	0.00	0.00	0.00	0	0	0	0	5.94	0.00
树儿梁	2006	450.33	437.97	97.30	11.40	2.40	1.35	0.30	41066	39939	1004	123	469.81	95.85
	2007	27.47	19.32	70.35	6.54	23.83	1.60	5.83	2505	1762	597	146	45.46	60.42
	2008	14.24	6.86	48.00	5.77	40.00	1.61	12.00	1299	1054	1653	1317	23.31	61.08
	2009	1.27	0.57	44.70	0.59	46.80	0.11	8.50	113	69	170	89	6.79	18.66
	2010	13.98	10.65	76.18	2.88	20.60	0.45	3.22	1275	1635	825	368	20.09	69.57

西黑岱小流域 5 年内共计产沙 39.62 万 t，坝系拦沙 28.63 万 t。其中，骨干坝拦沙 5.37 万 t，占坝系拦沙的 18.76%；中型坝拦沙 21.26 万 t，占 74.28%；小型坝拦沙 1.99 万 t，占 6.96%。中型坝的单位面积拦沙量较大。

范四窑小流域 5 年内共计产沙 50.13 万 t，坝系拦沙 37.00 万 t。其中，骨干坝拦沙 30.09 万 t，占坝系拦沙的 81.34%；中型坝拦沙 6.90 万 t，占 18.66%。骨干坝的单位面积拦沙量较大。

元坪小流域 5 年内共计产沙 780.33 万 t，坝系拦沙 741.52 万 t。其中，骨干坝拦沙 608.37 万 t，占坝系拦沙的 82.04%；中型坝拦沙 88.35 万 t，占 11.91%；小型坝拦沙 44.80 万 t，占 6.04%(因数据进行了舍入修约，占比合计不等于 100%)。小型坝的单位面积拦沙量较大。

榆林沟小流域在 2006～2010 年淤地坝没有淤积。

树儿梁小流域 5 年内共计产沙 565.47 万 t，坝系拦沙 507.28 万 t。其中，骨干坝拦沙 475.37 万 t，占坝系拦沙的 93.71%；中型坝拦沙 27.16 万 t，占 5.35%；小型坝拦沙 5.11 万 t，占 1.01%(因数据进行过舍入修约，占比合计不等于 100%)。骨干坝的单位面积拦沙量较大。

5.3.2 黄土丘陵沟壑区第二副区

在黄土高原 12 个小流域示范工程坝系中，属于黄土丘陵沟壑区第二副区的有陕西省宝塔区麻庄小流域和山西省永和县岔口小流域，共计 2 个。黄土丘陵沟壑区第二副区 2 个小流域坝系示范工程拦沙动态变化见表 5-17。

表 5-17 黄土丘陵沟壑区第二副区 2 个小流域示范工程坝系拦沙动态变化

年份	骨干坝 拦沙量/万t	占比/%	中型坝 拦沙量/万t	占比/%	小型坝 拦沙量/万t	占比/%	坝系拦沙量/万t	小流域产沙量/万t	坝系拦沙率/%
2006	70.65	100.00	—	0.00	—	0.00	70.65	86.33	81.84
2007	4.00	46.95	0.46	5.39	4.06	47.66	8.52	26.62	32.01
2008	1.30	21.55	0.97	16.12	3.76	62.33	6.03	22.44	26.88
2009	3.90	23.17	11.84	70.40	1.08	6.42	16.82	34.33	49.01
2010	3.71	22.40	11.76	71.02	1.09	6.58	16.56	34.79	47.60
合计	83.56	70.46	25.04	21.11	9.99	8.42	118.59	204.51	57.99

注：因为数据进行过舍入修约，各年份数据之和可能不等于合计数据。

从表 5-17 可以看出，2006~2010 年，黄土丘陵沟壑区第二副区 2 个小流域示范工程坝系总共拦沙 118.59 万 t。其中，骨干坝拦沙 83.56 万 t，占 70.46%；中型坝拦沙 25.04 万 t，占 21.11%；小型坝拦沙 9.99 万 t，占 8.42%。坝系拦沙以骨干坝为主。小流域产沙量为 204.51 万 t，坝系拦沙率平均为 57.99%。2010 年坝系拦沙量和小流域产沙量较 2006 年都有所下降，坝系拦沙率下降了 34 个百分点。产沙量减少是因为坝系拦沙量和把口站输沙量减少；坝系拦沙率下降主要是因为坝系拦沙量减少，其次是因为坡面工程拦沙量增加。

图 5-17 为黄土丘陵沟壑区第二副区 2 个小流域示范工程坝系拦沙量年际变化曲线。从图 5-17 可以看出，2006~2008 年，黄土高原丘陵沟壑区第二副区 2 个小流域的坝系拦沙量呈现减少的趋势。虽然 2007 年 2 个小流域平均降雨量达 538.05mm，是这 5 年中最高，但 2007 年的坝系拦沙量较 2006 年迅速减少，这是源于坡面治理措施的增加，坡面拦沙量加大，来沙减少，侵蚀量减少。图 5-17 中骨干坝与坝系拦沙量数值和变化趋势都最为相近，说明流域内上游沟道来沙主要被骨干坝拦截。2010 年中型坝的拦沙量较 2007 年有所增加。

黄土丘陵沟壑区第二副区 2 个小流域示范工程坝系拦沙情况如表 5-18 所示，具体如下。

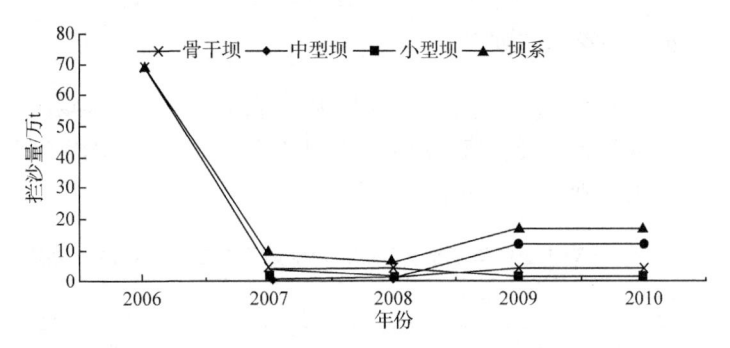

图 5-17 黄土丘陵沟壑区第二副区 2 个小流域坝系拦沙量年际变化曲线

表 5-18 黄土丘陵沟壑区第二副区 2 个小流域示范工程坝系拦沙情况

流域	年份	坝系拦沙量/万t	骨干坝		中型坝		小型坝		单位面积拦沙量/(t/km²)				小流域产沙量/万t	坝系拦沙率/%
			拦沙量/万t	占比/%	拦沙量/万t	占比/%	拦沙量/万t	占比/%	坝系	骨干坝	中型坝	小型坝		
麻庄	2006	—	—	—	—	—	—	—	—	—	—	—	7.59	—
	2007	—	—	—	—	—	—	—	—	—	—	—	7.81	—
	2008	—	—	—	—	—	—	—	—	—	—	—	8.19	—
	2009	15.90	3.21	20.21	11.65	73.25	1.04	6.54	3000.0	3080.0	3000.0	2920.0	24.29	65.46
	2010	15.90	3.21	20.21	11.65	73.25	1.04	6.54	3000.0	3080.0	3000.0	2920.0	24.29	65.46
岔口	2006	70.65	70.65	100.00	0	0	0	0	5607.5	5607.5	0	0	78.74	89.74
	2007	8.52	4.00	47.00	0.46	5.40	4.06	47.70	676.2	317.5	36.5	322.3	18.81	45.30
	2008	6.03	1.30	21.55	0.97	16.12	3.76	62.33	354.1	148.1	371.7	666.3	14.25	42.31
	2009	0.92	0.68	74.20	0.20	21.40	0.04	4.40	68.2	78.1	0.8	18.7	10.04	9.21
	2010	0.66	0.50	75.00	0.12	17.50	0.05	7.50	86.4	103.1	69.8	41.7	10.50	6.30

麻庄小流域仅有 2009 年和 2010 年两年的坝系拦沙数据，2 年内共计产沙 48.58 万 t，坝系拦沙 31.80 万 t。其中，骨干坝拦沙 6.43 万 t，占坝系拦沙的 20.21%；中型坝拦沙 23.29 万 t，占 73.25%；小型坝拦沙 2.08 万 t，占 6.54%。骨干坝的单位面积拦沙量较大。

岔口小流域 5 年内共计产沙 132.34 万 t，坝系拦沙 86.79 万 t。其中，骨干坝拦沙 77.14 万 t，占坝系拦沙的 88.88%；中型坝拦沙 1.75 万 t，占 2.01%；小型坝拦沙 7.91 万 t，占 9.11%。骨干坝的单位面积拦沙量较大，2010 年坝系拦沙率比 2006 年下降了 83.44 个百分点。

5.3.3 黄土丘陵沟壑区第三副区

在黄土高原 12 个小流域示范工程坝系中,属于黄土丘陵沟壑区第三副区的有宁夏回族自治区西吉县聂家河小流域,共计 1 个,黄土丘陵沟壑区第三副区聂家河小流域示范工程坝系拦沙动态变化见表 5-19。

表5-19 黄土丘陵沟壑区第三副区聂家河小流域示范工程坝系拦沙动态变化

年份	骨干坝		中型坝		小型坝		坝系拦沙量/万t	小流域产沙量/万t	坝系拦沙率/%
	拦沙量/万t	占比/%	拦沙量/万t	占比/%	拦沙量/万t	占比/%			
2006	0.13	93.45	0.01	5.62	0.00	0.93	0.14	2.13	6.70
2007	0.13	93.45	0.01	5.63	0.00	0.92	0.14	2.12	6.38
2008	0.08	93.47	0.00	5.60	0.00	0.93	0.09	2.22	3.97
2009	0.07	94.04	0.00	5.85	0.00	0.11	0.07	2.20	3.17
2010	0.10	94.04	0.01	5.85	0.00	0.11	0.10	2.23	4.55
合计	0.50	93.64	0.03	5.69	0.00	0.67	0.54	10.90	4.93

注:因为数据进行过舍入修约,各年份数据之和可能不等于合计数据。

从表 5-19 可以看出,2006~2010 年,聂家河小流域示范工程坝系总共拦沙 0.54 万 t。其中,骨干坝拦沙 0.50 万 t,占 93.64%;中型坝拦沙 0.03 万 t,占 5.69%;小型坝拦沙 0.003576 万 t,占 0.67%。坝系拦沙以骨干坝为主。小流域产沙量为 10.90 万 t,坝系拦沙率平均为 4.93%。该小流域产沙量和坝系拦沙率相比其他小流域都是最低。小流域产沙量低,一是因为 12 条小流域中仅有聂家河小流域位于该副区,且聂家河小流域面积最小;二是因为该副区 5 年来汛期平均降雨量是 6 个副区中最小的。坝系拦沙率低是因为聂家河小流域淤地坝数量是 12 个小流域中最少的,布坝密度和坡面治理度也是最低的,流域内产沙量主要来自坡面工程拦沙。2010 年坝系拦沙量较 2006 年有所下降,小流域产沙量有所增加,坝系拦沙率下降了 2 个百分点。5 年来把口站没有发生洪水,也没有输沙,产沙量增加是因为坡面工程拦沙量增加;坝系拦沙率下降主要是因为坝系拦沙量减少,其次是因为坡面工程拦沙量增加。

图 5-18 为黄土丘陵沟壑区第三副区聂家河小流域坝系拦沙量年际变化曲线。从图 5-18 可以看出,2006~2009 年,聂家河小流域坝系拦沙量呈现减少的趋势,这应是源于坡面治理措施的增加,坡面拦沙量加大,来沙减少,侵蚀量减少。2010 年聂家河小流域坝系拦沙量较 2009 年有所增加,这是因为 2009 年降雨量仅为 105mm,而 2010 年增加到了 352.4mm,降雨量增加了 247.4mm,所以土壤侵蚀量增加,上游来沙增加,拦沙量增加。聂家河小流域

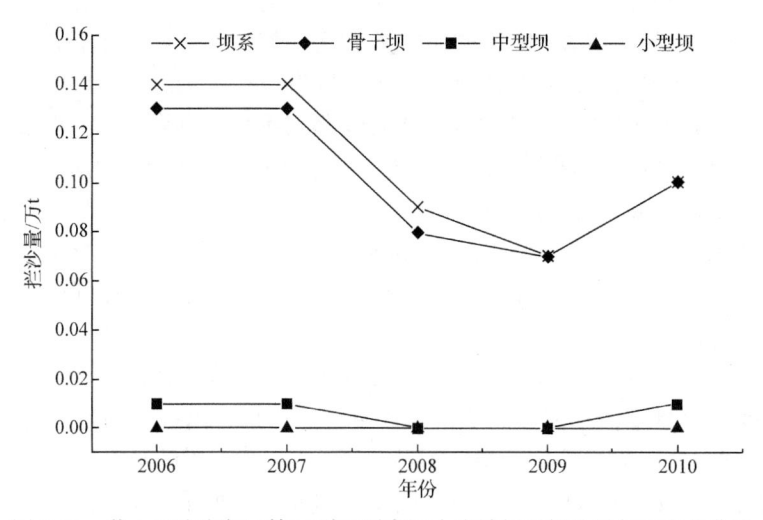

图 5-18 黄土丘陵沟壑区第三副区聂家河小流域坝系拦沙量年际变化曲线

骨干坝与坝系拦沙量数值和变化趋势都最为相近,说明流域内上游沟道来沙主要被骨干坝拦截。

5.3.4 黄土丘陵沟壑区第四副区

在黄土高原 12 个小流域示范工程坝系中,按照从上游到下游的顺序,属于黄土丘陵沟壑区第四副区的有青海省大通县景阳沟小流域,共计 1 个。景阳沟小流域示范工程坝系拦沙动态变化见表 5-20。

表 5-20 黄土丘陵沟壑区第四副区景阳沟小流域坝系拦沙动态变化

年份	骨干坝		中型坝		小型坝		坝系拦沙量/万 t	小流域产沙量/万 t	坝系拦沙率/%
	拦沙量/万 t	占比/%	拦沙量/万 t	占比/%	拦沙量/万 t	占比/%			
2006	0.31	46.21	0.23	34.31	0.13	19.49	0.68	3.27	20.78
2007	7.28	63.75	3.38	29.56	0.77	6.70	11.43	14.09	81.10
2008	2.70	43.44	2.80	44.99	0.72	11.57	6.21	8.87	70.08
2009	2.70	43.44	2.80	44.99	0.72	11.57	6.21	8.87	70.08
2010	2.70	43.44	2.80	44.99	0.72	11.57	6.21	9.23	67.35
合计	15.69	51.05	12.00	39.02	3.05	9.94	30.75	44.32	69.38

注:因为数据进行过舍入修约,各年份数据之和可能不等于合计数据。

从表 5-20 可以看出,2006~2010 年,景阳沟小流域坝系总共拦沙 30.75 万。其中,骨干坝拦沙 15.69 万 t,占 51.05%;中型坝拦沙 12.00 万 t,占 39.02%;小型坝拦沙 3.05 万 t，占 9.94%(因数据进行过舍入修约，占比合计不等于 100%)。坝系拦沙以骨干坝为主。景阳沟小流域产沙量为 44.32 万 t，坝系拦沙率平均为 69.38%。2010 年坝系拦沙量和小流域产沙量较 2006 年都有增加，坝系拦沙率增加了近 47 个百分点。小流域产沙量增加主要是因为坝系拦沙量增加，其次是把口站输沙量增加，2007~2010 年的 4 年中，汛期降雨量有减少的趋势，虽然 2006 年坡面治理度较之前有大幅增加，但 2006 年后坡面治理工程没有增加，水土流失有加剧的趋势，现有的坡面治理工程没有完全遏制水土流失的加剧；坝系拦沙率增加主要是因为坝系拦沙量增加。

图 5-19 为景阳沟小流域坝系拦沙量年际变化曲线。从图 5-19 可以看出，2006~2007 年景阳沟小流域的坝系拦沙量有所增加，这一方面是因为降雨量增加，另一方面是因为淤地坝数量、拦沙量增加。2008 年后景阳沟小流域坝系拦沙量回落，这是因为 2006 年流域内坡面治理面积增加了 2663.3hm^2，水土流失治理度由 2006 年以前的 25.73%增加到 77.65%，造林、种草使流域内林草覆盖度增加，坡改梯工程有效拦蓄了地表径流和泥沙，减轻了坡面冲刷和水土流失。从图 5-19 还可以看出，景阳沟小流域的骨干坝、中型坝和小型坝的拦沙量变化较为相似，骨干坝与坝系拦沙量数值和变化趋势都最为相近，说明流域内上游沟道来沙主要被骨干坝拦截。

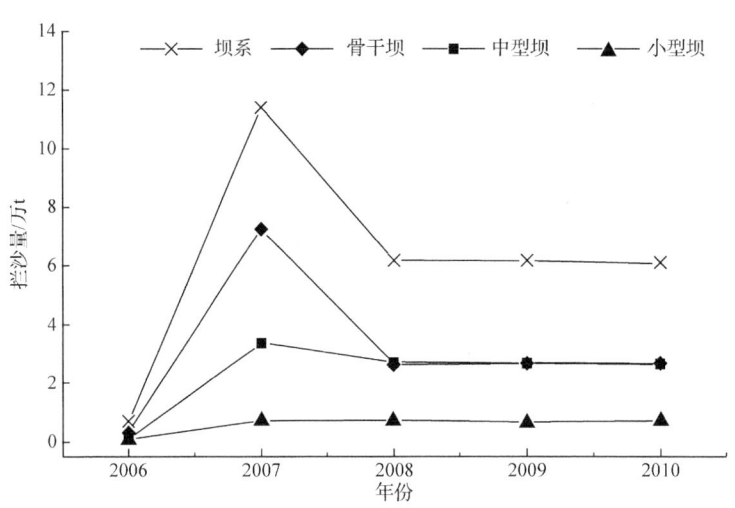

图 5-19 景阳沟小流域坝系拦沙量年际变化曲线

5.3.5 黄土丘陵沟壑区第五副区

在黄土高原 12 个小流域示范工程坝系中，属于黄土丘陵沟壑区第五副区的有甘肃省安定区称钩河小流域和环县城西川小流域，共计 2 个。黄土丘陵沟壑区第五副区 2 个小流域坝系拦沙动态变化见表 5-21。

表 5-21 黄土丘陵沟壑区第五副区 2 个小流域坝系拦沙动态变化

年份	骨干坝		中型坝		小型坝		坝系拦沙量/万t	小流域产沙量/万t	坝系拦沙率/%
	拦沙量/万t	占比/%	拦沙量/万t	占比/%	拦沙量/万t	占比/%			
2006	17.28	47.26	9.82	26.85	9.46	25.89	36.56	48.01	76.15
2007	24.86	53.35	11.10	23.81	10.64	22.84	46.59	75.63	61.61
2008	34.70	46.08	20.30	26.95	20.30	26.95	75.31	107.67	69.94
2009	28.37	42.34	15.99	23.86	22.67	33.82	67.01	95.95	69.83
2010	71.98	63.13	25.47	22.34	16.55	14.52	114.01	144.67	78.81
合计	177.19	52.19	82.66	24.35	79.62	23.45	339.48	471.93	71.93

注：因为数据进行过舍入修约，各年份数据之和可能不等于合计数据。

从表 5-21 可以看出，2006~2010 年，称钩河和城西川 2 个小流域坝系总共拦沙 339.48 万 t。其中，骨干坝拦沙 177.19 万 t，占 52.19%；中型坝拦沙 82.66 万 t，占 24.35%；小型坝拦沙 79.62 万 t，占 23.45%(因数据进行了舍入修约，占比合计不等于 100%)。坝系拦沙量基本骨干坝和中小型坝各占一半。小流域产沙量为 471.93 万 t，坝系拦沙率平均为 71.93%。2010 年坝系拦沙量和小流域产沙量较 2006 年都有所增加。产沙量增加主要是因为坝系拦沙量增加，其次是因为坡面工程拦沙量增加；坝系拦沙率上升主要是因为坝系拦沙量增加。

图 5-20 为黄土丘陵沟壑区第五副区 2 个小流域坝系拦沙量年际变化曲线。从图 5-20 可以看出，2006~2008 年，黄土高原丘陵沟壑区第五副区称钩河和城

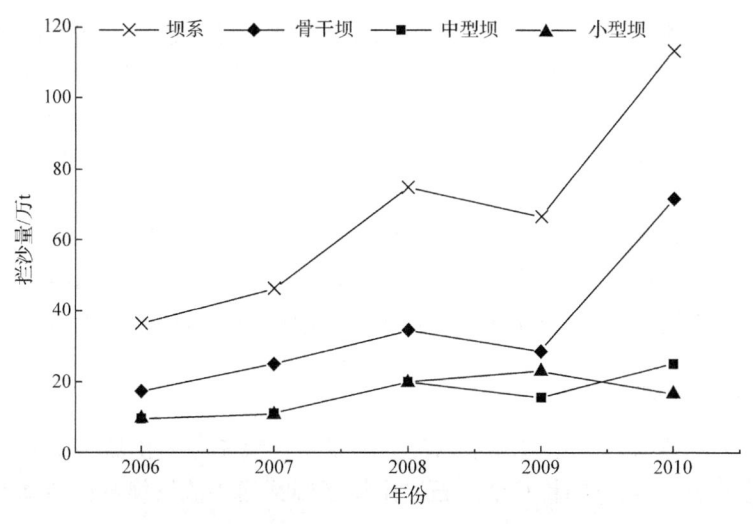

图 5-20 黄土丘陵沟壑区第五副区 2 个小流域坝系拦沙量年际变化曲线

西川 2 个小流域的坝系拦沙量呈现上升的趋势,说明上游来沙还在增加,流域坡面工程实施后还未有效遏制坡面水土流失;2009 年有小幅下降,是因为 2009 年降雨量较小,平均仅 243.8mm;2010 年汛期降雨量增加,2010 年的坝系拦沙量又开始上升,土壤侵蚀量增加,上游来沙增加,拦沙量增加。骨干坝与坝系拦沙量数值和变化趋势最为相近,说明流域内上游沟道来沙主要被骨干坝拦截。

第五副区 2 个小流域坝系拦沙情况如表 5-22 所示,具体如下。

表 5-22 黄土丘陵沟壑区第五副区 2 个小流域坝系拦沙情况

流域	年份	坝系拦沙量/万t	骨干坝拦沙量/万t	骨干坝占比/%	中型坝拦沙量/万t	中型坝占比/%	小型坝拦沙量/万t	小型坝占比/%	单位面积拦沙量/(t/km²) 坝系	骨干坝	中型坝	小型坝	小流域产沙量/万t	坝系拦沙率/%
称钩河	2006	—	—	—	—	—	—	—	—	—	—	—	—	—
	2007	1.89	1.42	75.26	0.24	12.60	0.23	12.13	372.2	375.4	267.2	578.1	18.93	9.99
	2008	20.01	9.26	46.29	9.13	45.66	1.61	8.05	1831.0	1152.6	4176.5	2287.7	39.85	50.21
	2009	9.32	2.14	22.93	4.16	44.58	3.03	32.49	638.3	242.4	1138.9	1415.8	26.66	34.95
	2010	10.82	5.33	49.29	3.26	30.18	2.22	20.53	740.6	604.8	894.4	1038.1	28.56	37.89
城西川	2006	36.56	17.28	47.26	9.82	26.85	9.46	25.89	6399.8	6365.9	8078.2	5492.6	48.01	76.14
	2007	44.70	23.44	52.43	10.86	24.28	10.41	23.29	7826.4	8636.3	8934.2	6041.9	56.70	78.84
	2008	55.30	25.44	46.01	11.17	20.20	18.69	33.80	7635.4	6934.0	8758.6	8132.0	67.82	81.53
	2009	57.69	26.23	45.47	11.83	20.50	19.64	34.04	7966.2	7148.9	9275.4	8544.6	69.29	83.26
	2010	103.19	66.65	64.59	22.22	21.52	14.33	13.89	14249.3	18165.3	17421.0	6237.4	116.11	88.87

称钩河小流域只有 2007～2010 年四年的坝系拦沙数据,四年内共计产沙 114.00 万 t,坝系拦沙 42.04 万 t。其中,骨干坝拦沙 18.15 万 t,占坝系拦沙的 43.17%;中型坝拦沙 16.79 万 t,占 39.94%;小型坝拦沙 7.09 万 t,占 16.86%(因数据进行了舍入修约,占比合计不等于 100%)。中型坝的单位面积拦沙量较大。

城西川小流域 5 年内共计产沙 357.94 万 t,坝系拦沙 297.44 万 t。其中,骨干坝拦沙 159.04 万 t,占坝系拦沙的 53.47%;中型坝拦沙 65.87 万 t,占 22.15%;小型坝拦沙 72.53 万 t,占 24.38%。中型坝的单位面积拦沙量较大。

5.3.6 石质山岭区

在黄土高原 12 个小流域示范工程坝系中,属于石质山岭区的有河南省济源市砚瓦河小流域,共计 1 个。石质山岭区砚瓦河小流域坝系拦沙动态变化见表 5-23。

表 5-23 石质山岭区砚瓦河小流域坝系拦沙动态变化

年份	骨干坝		中型坝		小型坝		坝系拦沙量/万t	小流域产沙量/万t	坝系拦沙率/%
	拦沙量/万t	占比/%	拦沙量/万t	占比/%	拦沙量/万t	占比/%			
2006	—	—	—	—	—	—	—	2.53	0.00
2007	1.28	42.00	0.56	18.00	1.20	40.00	3.03	5.58	54.34
2008	0.00	0.00	0.00	0.00	0.00	0.00	0.00	2.53	0.00
2009	0.01	98.00	0.00	2.00	0.00	0.00	0.01	2.71	0.30
2010	0.00	0.00	0.00	0.00	0.00	0.00	0.00	2.71	0.00
合计	1.29	42.30	0.56	18.36	1.20	39.34	3.04	16.07	18.92

注：因数据进行了舍入修约，各年份数据之和可能不等于合计数据。

从表 5-24 可以看出，2006~2010 年，石质山岭区砚瓦河小流域坝系总共拦沙 3.04 万 t。其中，骨干坝拦沙 1.29 万 t，占 42.30%；中型坝拦沙 0.56 万 t，占 18.36%；小型坝拦沙 1.20 万 t，占 39.34%。坝系拦沙以骨干坝和小型坝为主，中型坝拦沙量相对较少。小流域产沙量为 16.07 万 t，坝系拦沙率平均为 18.92%。2010 年小流域产沙量较 2007 年有所下降，2010 年坝系拦沙率为 0。产沙量下降是因为坝系拦沙量下降，另外坡面工程拦沙量有所增加。

从图 5-21 可以看出，砚瓦河流域坝系 2010 年和 2008 年两年拦沙量为 0；2009 年的拦沙量较 2007 年大幅减少，这是因为 2009 年造林 366.8hm^2；该流域 2010 年降雨量为 428.1mm，与 2007 年相比增加了 56.7mm，2010 年坝系拦沙量为 0，实施流域坡面工程有效遏制了坡面水土流失，且石质山岭区水土流失没有黄土丘陵沟壑区严重。

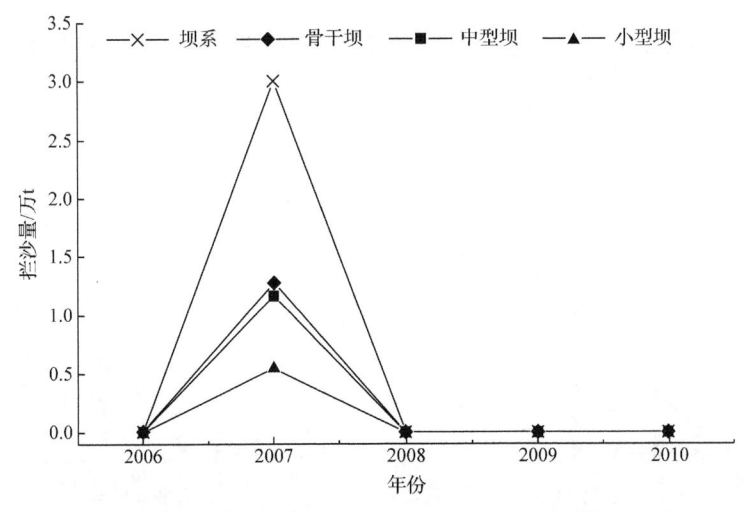

图 5-21 石质山岭区砚瓦河小流域坝系拦沙量年际变化曲线

5.4 淤地坝拦沙量估算方法

进入 21 世纪以来，黄河输沙量大幅减少，2000~2015 年潼关站输沙量较 1950~1999 年减少 78.9%。淤地坝对黄河减沙的实际贡献成为人们关心的热点，客观评价淤地坝的实际拦沙量是认识黄河来沙量锐减的重要环节(高云飞等，2014)。淤地坝拦沙主要通过侵蚀-输移-淤积来实现，其拦沙具有明显的时效性，1980 年以前建成的淤地坝绝大多数在 20 世纪 90 年代中期逐渐失去拦沙能力(汪岗等，2002)。

淤地坝淤积库容一般通过悬移质输沙量和推移质输沙量来确定，这两个量一般根据当地输沙模数经验公式来计算，这样就会遇到两个问题：一是当地缺乏经验公式；二是虽有经验公式，但坝控区域土地利用现状变化后，计算值与实际值出现较大偏差。

以往研究者通常利用坝地面积推求淤地坝在某时段的拦沙总量或年均拦沙量，其基本原理是：获取初期和末期的坝地面积，并计算出与坝地面积对应的淤积体积，末期与初期的淤积体积之差即为淤地坝在该时段内的拦沙总量(冉大川等，2000)。该方法思路清晰，计算结果的准确性取决于两方面因素：①各地沟道地形千差万别，根据坝地面积推算淤积体积是该方法的技术难点；②坝地面积统计结果的准确性，准确统计黄土高原数万座淤地坝的坝地面积绝非易事。因此，为定量计算研究区淤地坝的实际拦沙量，不得不探索新的淤地坝拦沙量计算方法。

5.4.1 建模原理

本小节收集了 35 座中型以上淤地坝的设计文件，拟合淤积高程-淤积库容的关系(图 5-22)，建立通过总库容、坝高和淤积高程估算淤积库容的模型，各拟合函数见表 5-24。

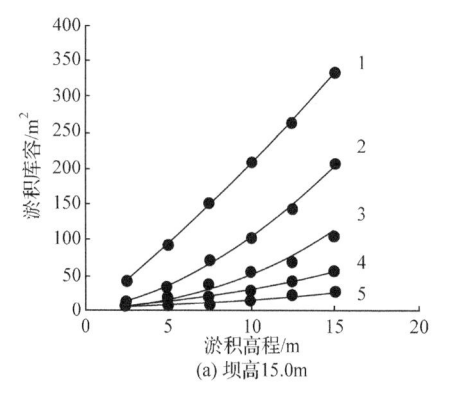

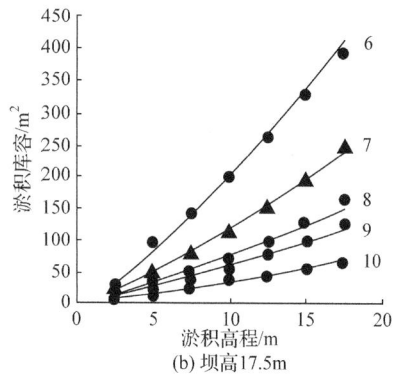

图 5-22
(a) 坝高15.0m
(b) 坝高17.5m

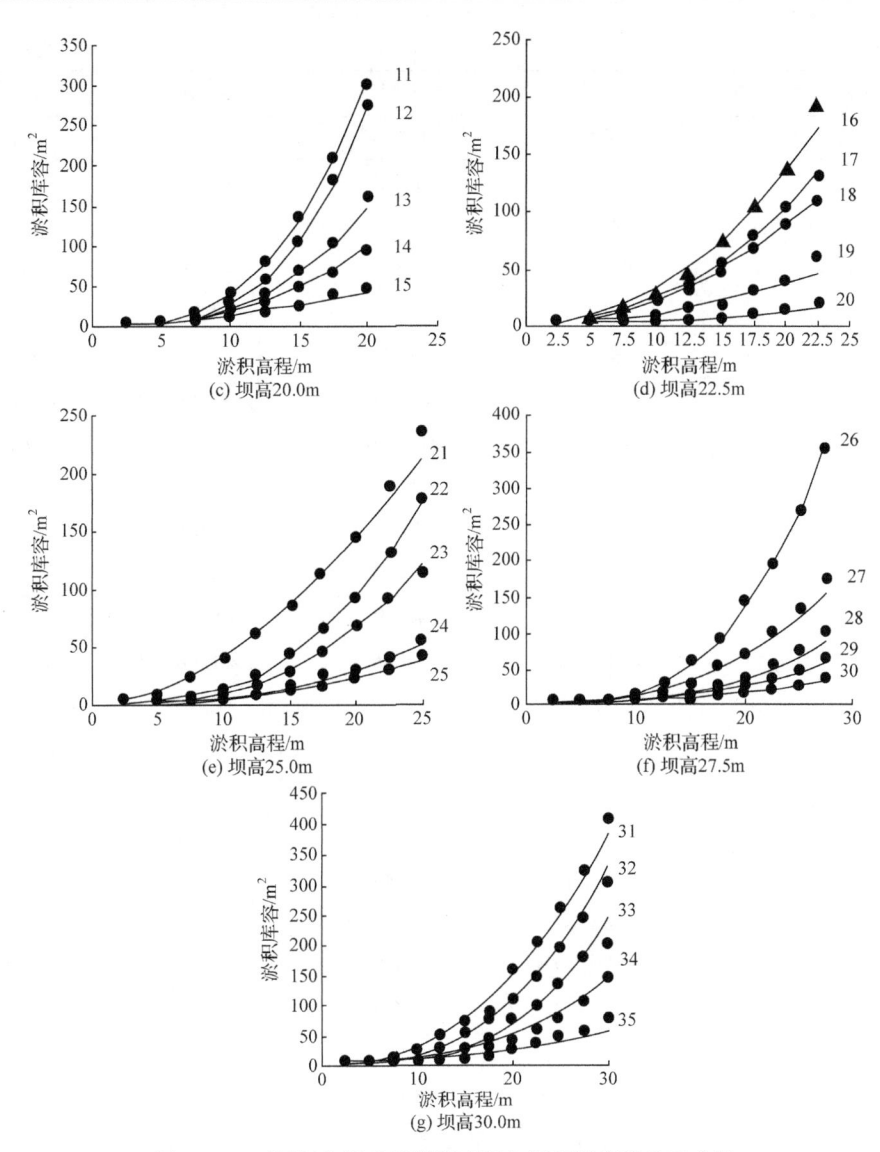

图 5-22 不同坝高淤地坝淤积高程与淤积库容的关系曲线
图中每条曲线右侧标注的数字为第1~35座淤地坝的序号

表 5-24 不同坝高淤地坝淤积高程与淤积库容函数关系

坝高	淤地坝序号	坝名	所在县级行政区	拟合函数	R^2
15.0m	1	代黄庙	子长市	$y=13.207x^{1.1926}$	0.9995
	2	李家塔下山	吴堡县	$y=2.5797x^{1.6084}$	0.9985
	3	沙圪坨 1#	府谷县	$y=0.6891x^{1.8745}$	0.9722
	4	许家	大宁县	$y=1.3932x^{1.3298}$	0.9937

续表

坝高	淤地坝序号	坝名	所在县级行政区	拟合函数	R^2
15.0m	5	张家焉	横山区	$y=0.4954x^{1.4355}$	0.9858
17.5m	6	干沟	靖边县	$y=9.7323x^{1.3095}$	0.9862
	7	大山	绥德县	$y=6.5385x^{1.2541}$	0.9979
	8	张家坪东沟	五寨县	$y=4.5238x^{1.2199}$	0.9839
	9	三皇庙	横山区	$y=3.4636x^{1.2283}$	0.9945
	10	张家沟	隰县	$y=1.61x^{1.3314}$	0.9927
20.0m	11	李家焉	准格尔旗	$y=0.0339x^{3.0433}$	0.9922
	12	油房圪梁	准格尔旗	$y=0.0114x^{3.3674}$	0.997
	13	西无色浪	准格尔旗	$y=0.0305x^{2.8263}$	0.9655
	14	二道沟	五寨县	$y=0.0477x^{2.5496}$	0.9965
	15	郝家南沟	清涧县	$y=0.3636x^{1.5652}$	0.9648
22.5m	16	北峁洼	府谷县	$y=0.27729x^{2.0649}$	0.9968
	17	娘娘庙(G10)	子长市	$y=0.1589x^{2.1651}$	0.9953
	18	前黄村沟	府谷县	$y=0.2469x^{1.96}$	0.9987
	19	孙家山	方山县	$y=0.1933x^{1.75}$	0.9829
	20	老坟湾	横山区	$y=0.0345x^{1.97}$	0.9781
25.0m	21	桂业沟	隰县	$y=0.7884x^{1.74}$	0.9852
	22	张富贵	准格尔旗	$y=0.0207x^{1.128}$	0.9852
	23	艾蒿掌	华池县	$y=0.0199x^{2.71}$	0.997
	24	燕河沟(JZ42)	绥德县	$y=0.0171x^{2.51}$	0.9952
	25	张子洼沟1#	庆城县	$y=0.0335x^{2.18}$	0.9955
27.5m	26	杜家壕	准格尔旗	$y=0.0092x^{3.19}$	0.9898
	27	金掌沟	华池县	$y=0.0403x^{2.49}$	0.9938
	28	刘家峁	绥德县	$y=0.0069x^{2.85}$	0.9871
	29	上支角	大宁县	$y=0.0167x^{2.46}$	0.9955
	30	芦家畔(中)	横山区	$y=0.034x^{2.08}$	0.9909
30.0m	31	大沟	子洲县	$y=0.157x^{2.29}$	0.997
	32	任家沟	准格尔旗	$y=0.027x^{2.76}$	0.9972
	33	苏圪台	神木市	$y=0.005x^{3.18}$	0.9936
	34	寨峁山	子洲县	$y=0.015x^{2.69}$	0.9821
	35	冯梨峁	横山区	$y=0.157x^{1.73}$	0.9455

由图 5-22 可知，不同坝高的淤地坝淤积库容与淤积高程均呈幂函数关系：

$$y = ax^b \tag{5-6}$$

式中，y 为淤积库容(万 m^3)；x 为淤积高程(m)；a、b 为与坝高和总库容相关的系数。

对收集到的 35 座淤地坝分别建立式(5-6)的函数关系，计算出 a、b。对每一座淤地坝来说，淤满的时候必定满足式(5-6)，即

$$V = aH^b \tag{5-7}$$

式中，H 为坝高；V 为总库容。

当 H、V 已知的时候，根据式(5-7)可得 a、b 的关系：

$$b = \frac{\ln V - \ln a}{\ln H} \tag{5-8}$$

根据求得的 35 组 a、b 绘制散点图(图 5-23)，可知 a、b 呈负相关的对数函数关系，通过非线性函数拟合得到二者的数学关系：

$$b = 1.57 - 0.16\ln a, \quad R^2 = 0.834 \tag{5-9}$$

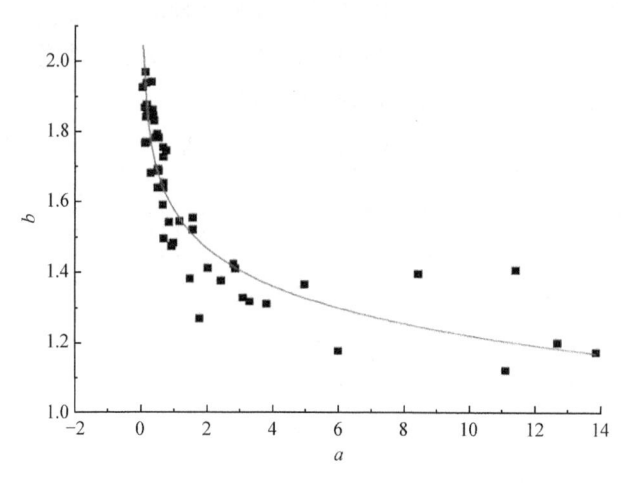

图 5-23 a 与 b 的散点图及拟合曲线

将式(5-8)和式(5-9)联立，得

$$a = e^{\frac{\ln V - 1.57\ln H}{1 - 0.16\ln H}} \tag{5-10}$$

综上可得

$$y = e^{\frac{\ln V - 1.57\ln H}{1 - 0.16\ln H}} x^{1.57 - 0.16\frac{\ln V - 1.57\ln H}{1 - 0.16\ln H}} \tag{5-11}$$

5.4.2 淤积量测量

2017 年 5 月,依托全国水土流失动态监测项目,选择合同沟、景阳沟、聂家河、特拉沟、西五色浪、城西川、称沟河 7 条坝系 277 座淤地坝中的 50 座淤地坝进行淤积量实测。在淤积面上选择 3 个断面,对于未蓄水坝,利用激光测距仪在每个断面上选择 3 个点测量淤积高程,并测量坝高;对于蓄水坝,利用水上无人机测量设备在每个断面上选择 3 个点测量淤积高程,并测量坝高。取 9 个点的平均高程作为淤积高程。按设计文件中的坝高-库容曲线确定淤积库容。对于无设计文件的坝,按前文确定的淤积库容模型,利用坝高、总库容和淤积高程确定淤积库容。

5.4.3 黄土高原淤地坝 2011~2017 年淤积量估算

根据前文构建的淤积高程-淤积库容模型,推算出单坝 2011~2017 年的年均拦沙量,将单坝年均拦沙量与 2011~2017 年仍有拦沙能力的淤地坝数量相乘,即可得到骨干坝 2011~2017 年的实际拦沙量。

依托全国水土流失动态监测项目,开展合同沟、景阳沟、聂家河、特拉沟、西五色浪、城西川、称沟河 7 条坝系共 277 座淤地坝的泥沙观测,监测坝系基本情况见表 5-25。汛期结束后,开始测量已淤积库容,根据已掌握的 2011 年已淤积库容,推算监测坝系 2011~2017 年的淤积量。

表 5-25 监测坝系基本情况

序号	省(自治区)	名称	所属支流	所在县级行政区	淤地坝数量			
					骨干坝	中型坝	小型坝	合计
1	甘肃	称沟河	祖厉河	安定区	20	22	32	74
		城西川	马莲河	环县	11	8	42	61
2	青海	景阳沟	湟水河	大通县	6	13	16	35
3	宁夏	聂家河	清水河	西吉县	8	10	3	21
4	内蒙古	特拉沟	皇甫川	准格尔旗	14	8	0	22
		合同沟	孔兑	达拉特旗	14	16	10	40
		西五色浪	皇甫川	准格尔旗	11	13	0	24
	合计				84	90	103	277

先对前文构建的淤积高程-淤积库容模型进行精度验证。在淤地坝分布较为集中的山西省西部、陕西省榆林和延安地区,选择了 20 座淤地坝进行精度验证分析。通过统计资料,获得每座淤地坝的坝高 H 和总库容 V,淤积高程通过实测确定。淤积高程的实测方法参照《水土保持监测理论与方法》(郭索彦,2010)

中的加权平均淤积高程法确定，在需要测量的淤地坝淤积面上均匀选取 3 个断面，每个断面上均匀选取 6 个测点，实测各断面各测点淤积高程，取 6 个测点的平均淤积高程计算每个断面的淤积高程，取 3 个断面的淤积高程计算淤地坝的平均淤积高程 H_y。基于搜集的淤地坝设计文件中坝高-库容曲线，按 H_y 查找确定实际淤积库容。将 H、V 和 H_y 代入式(5-6)，得到计算淤积库容。误差=(计算淤积库容−实际淤积库容)/实际淤积库容×100%。由评价结果可知，本方法计算的淤地坝淤积库容与实际淤积库容的误差平均值为 4.08%，标准差为 15.19%，单坝最大误差在 30%内，详见表 5-26，能够满足淤地坝淤积量估算的精度需要。

表 5-26 验证淤地坝基本信息

编号	坝名	所在县级行政区	东经	北纬	总库容/万 m³	坝高/m	淤积高程/m	实际淤积库容/万 m³	计算淤积库容/万 m³	误差/%
1	靳家庄	隰县	111°11′12″	36°45′4.3″	85.76	16.0	4.7	10.9	12.83	17.71
2	薛家沟	石楼县	110°54′10.8″	37°2′10.5″	66.72	27.5	15.3	17.8	21.92	23.15
3	石朋头	中阳县	111°09′4.7″	37°15′44″	59.62	28.0	7.6	5.4	4.71	−12.78
4	青阳坪 2#	中阳县	111°06′12″	37°18′12″	70.53	24.3	5.0	3.5	4.03	15.14
5	南沟	临县	110°58′36″	38°0′11.3″	60.85	19.9	9.7	19.5	17.32	−11.18
6	梨树洼	神池县	111°46′8.4″	39°16′28.5″	50.35	19.0	7.5	8.60	9.63	11.98
7	庞家咀 1#	偏关县	111°38′9″	39°24′50″	59.92	16.7	6.4	9.8	12.1	23.47
8	菜岭沟 9#	偏关县	111°37′42″	39°30′2″	15.49	16.1	6.8	3.10	2.72	−12.26
9	后山	横山区	109°19′37.61″	37°51′15.13″	22.79	18.0	5.0	1.2	1.12	−6.67
10	黑家峁	横山区	109°17′26.23″	37°51′28.79″	20.00	26.0	8.0	2.2	2.02	−8.18
11	南家沟	绥德县	110°30′19.27″	37°37′19.11″	91.15	16.0	5.0	8.2	7.65	−6.71
12	安余梁	佳县	110°26′21.96″	38°15′43.55″	169.95	30.0	11.5	16.5	18.93	14.73
13	大平沟坝	安塞区	109°17′16.3″	36°51′45.6″	10.48	15.8	9.0	1.7	2.13	25.29
14	左庄沟	宝塔区	109°31′23.7″	36°53′1.7″	18.46	20.0	5.0	1.24	1.01	−18.55
15	高山沟	宝塔区	108°39′48.6″	37°4′37.1″	14.43	12.0	5.5	3.5	3.31	−5.43
16	瓜地沟	宝塔区	109°33′35.1″	36°51′43.1″	18.60	12.5	3.0	1.3	1.34	3.08
17	印子沟	吴起县	107°57′11.8″	36°56′12.5″	123.13	20.0	6.3	15.9	20.63	29.75
18	苏阳湾	志丹县	110°15′1.2″	36°59′7.6″	183.57	33.0	7.5	13.8	15.38	11.45
19	高家圪台	延川县	109°27′6.9″	37°56′0.5	140.14	22.0	1.0	1.2	1.16	−3.33
20	大南沟	延川县	109°55′10″	37°1′47.8″	71.55	24.0	5.3	5.2	4.73	−9.04

然后，筛选出黄土高原截至 2011 年仍有拦沙能力的有效淤地坝，通过公

式：淤积量=有效淤地坝数量×单坝淤积量(单位控制面积淤积量×控制面积)，计算黄土高原淤地坝 2011~2017 年的淤积量。

黄土高原侵蚀类型复杂，不同地貌形态的水土流失差异较大(韩双宝等，2023；何梦真等，2023；蒋凯鑫等，2023)，因此根据黄土高原水土保持分区来计算淤地坝单位控制面积的淤积量。经过统计，黄土高原风沙区和黄土丘陵沟壑区第一副区至第五副区的侵蚀量最大，该第一副区至第五副区的单坝年均单位控制面积淤积量均较大，风沙区的单坝年均单位控制面积淤积量高达 3240m³。石质山岭区和黄土高塬区的侵蚀量相对较小，这两个区域的淤地坝淤积量也相对较小。

表 5-27 为黄土高原淤地坝 2011~2017 年淤积量、拦沙量计算结果。从表 5-27 可以看出，2011~2017 年，黄土高原骨干坝淤积量为 4.232 亿 m³，中型坝淤积量为 1.717 亿 m³，小型坝淤积量为 1.828 亿 m³；黄土高原淤地坝 2011~2017 年共拦沙 10.5 亿 t。

表 5-27 黄土高原淤地坝 2011~2017 年淤积量、拦沙量

分区	单坝年均单位控制面积淤积量/[万m³/(km²·a)]	骨干坝				中型坝				小型坝			
		有效淤地坝数量/座	单坝平均控制面积/km²	2011~2017年淤积量/亿m³	2011~2017年拦沙量/亿t	有效淤地坝数量/座	单坝平均控制面积/km²	2011~2017年淤积量/亿m³	2011~2017年拦沙量/亿t	有效淤地坝数量/座	单坝平均控制面积/km²	2011~2017年淤积量/亿m³	2011~2017年拦沙量/亿t
丘Ⅰ	0.314	2058	4.670	2.115	2.855	3149	1.402	0.971	1.311	7081	0.7	1.091	1.470
丘Ⅱ	0.308	466	5.929	0.596	0.804	559	2.013	0.243	0.328	1394	0.7	0.210	0.280
丘Ⅲ	0.289	293	5.822	0.345	0.465	296	2.290	0.137	0.185	801	0.7	0.113	0.150
丘Ⅳ	0.286	156	4.027	0.126	0.170	85	1.557	0.027	0.036	328	0.7	0.046	0.060
丘Ⅴ	0.231	474	5.718	0.438	0.591	351	2.031	0.115	0.155	1122	0.7	0.127	0.170
石质山岭区	0.172	268	4.902	0.158	0.213	199	2.577	0.062	0.083	635	0.7	0.053	0.070
黄土高塬区	0.196	400	4.556	0.250	0.337	170	1.959	0.046	0.062	775	0.7	0.074	0.100
风沙区	0.324	204	4.427	0.205	0.277	325	1.591	0.117	0.158	719	0.7	0.114	0.150
合计	—	4319	—	4.232	5.713	5134	—	1.717	2.318	12855	—	1.828	2.470

注：因数据进行了舍入修约，各分区数据之和可能不等于合计数据。

5.5 淤地坝未来拦沙能力分析

5.5.1 总体淤积情况分析

分析不同时段各类型淤地坝的淤积状况，有利于探索淤地坝的运行规律，掌据不同类型淤地坝的淤积状况,为淤地坝建设、运行管理、效益评估、风险预警等提供数据支撑。为摸清淤地坝淤积情况,科学分析淤地坝运行状态,引入淤积率的概念。

淤积率是淤积量占总库容的百分比,是表示淤地坝淤积程度的物理量,可分为设计淤积率、实际淤积率和淤失率。设计淤积率指设计淤积库容占总库容的百分比,是判别淤地坝淤满与否的阈值。实际淤积率指实际淤积量占总库容的百分比。淤失率是指淤地坝失去拦蓄功能时的淤积率,不同类型淤地坝的淤失率通常为一个常数。当实际淤积率大于等于设计淤积率时,即判定为淤地坝淤满,据此对不同时段各类型淤地坝是否淤满进行判定、分析。由表 5-28 可以看出,黄土高原地区淤地坝设计总库容 110.33 亿 m³,设计淤积库容 77.50 亿 m³,已淤积 55.04 亿 m³,剩余库容 22.46 亿 m³,淤积率为 49.89%。其中,1986 年以前、1986~2003 年、2003~2020 年修建淤地坝淤积率分别为 72.57%、43.47%、18.74%。

表 5-28 黄土高原地区淤地坝淤积情况统计表

项目	1986 年以前修建淤地坝	1986~2003 年修建淤地坝	2003~2020 年修建淤地坝	合计
总库容/亿 m³	52.90	23.81	33.62	110.33
设计淤积库容/亿 m³	41.31	15.35	20.84	77.50
淤积库容/亿 m³	38.39	10.35	6.30	55.04
剩余库容/亿 m³	2.92	5.00	14.54	22.46
淤积率/%	72.57	43.47	18.74	49.89

据分析统计,黄土高原地区淤地坝已淤满 41008 座,占总数 58776 座的 69.77%。1986 年以前、1986~2003 年、2003~2020 年修建的淤地坝淤满数量分别为 28198 座、8624 座、4186 座,各占总数的 87.97%、62.15%、32.59%,见表 5-29。

表 5-29 黄土高原地区不同时段淤满淤地坝数量统计

时段	淤满淤地坝数量/座	未淤满淤地坝数量/座	淤地坝总数/座	淤满淤地坝占比/%
1986 年以前	28198	3857	32055	87.97
1986~2003 年	8624	5252	13876	62.15
2003~2020 年	4186	8659	12845	32.59
合计	41008	17768	58776	69.77

1. 骨干坝

黄土高原地区骨干坝设计总库容 57.94 亿 m³,设计淤积库容 38.02 亿 m³,

淤积库容 22.36 亿 m³，剩余库容 15.66 亿 m³，淤积率为 38.59%。其中，1986 年以前、1986~2003 年、2003~2020 年修建的骨干坝淤积率分别为 68.67%、39.45%、15.66%，见表 5-30。

表 5-30　黄土高原地区骨干坝淤积情况

项目	1986 年以前	1986~2003 年	2003~2020 年	合计
总库容/亿 m³	18.26	15.16	24.52	57.94
设计淤积库容/亿 m³	13.71	9.33	14.98	38.02
淤积库容/亿 m³	12.54	5.98	3.84	22.36
剩余库容/亿 m³	1.17	3.35	11.14	15.66
淤积率/%	68.67	39.45	15.66	38.59

黄土高原地区共有骨干坝 5905 座，其中淤满骨干坝 1390 座，未淤满骨干坝 4515 座，淤满骨干坝占 23.54%。1986 年以前、1986~2003 年、2003~2020 年修建的骨干坝淤满数量分别为 1042 座、252 座、96 座，各占骨干坝总数的 64.76%、15.96%、3.53%，见表 5-31。

表 5-31　黄土高原地区不同时段淤满骨干坝数量统计

时段	淤满骨干坝数量/座	未淤满骨干坝数量/座	骨干坝总数/座	淤满骨干坝占比/%
1986 年以前	1042	567	1609	64.76
1986~2003 年	252	1327	1579	15.96
2003~2020 年	96	2621	2717	3.53
合计	1390	4515	5905	23.54

2. 中型坝

黄土高原地区中型坝设计总库容 27.31 亿 m³，设计淤积库容 21.32 亿 m³。淤积库容 16.58 亿 m³，剩余淤积库容 4.74 亿 m³，淤积率为 60.71%。其中，1986 年以前、1986~2003 年、2003~2020 年修建的中型坝淤积率分别为 74.69%、49.30%、20.25%，见表 5-32。

表 5-32　黄土高原地区中型坝淤积情况统计表

时段	1986 年以前	1986~2003 年	2003~2020 年	合计
总库容/亿 m³	18.77	2.86	5.68	27.31
设计淤积库容/亿 m³	15.52	2.13	3.67	21.32
淤积库容/亿 m³	14.02	1.41	1.15	16.58

续表

时段	1986 年以前	1986~2003 年	2003~2020 年	合计
剩余库容/亿 m³	1.5	0.72	2.52	4.74
淤积率/%	74.69	49.30	20.25	60.71

黄土高原地区共有中型坝 12169 座，其中淤满中型坝 5915 座，未淤满中型坝 6254 座，淤满中型坝占 48.61%。1986 年以前、1986~2003 年、2003~2020 年修建的中型坝淤满数量分别为 5484 座、314 座、117 座，各占中型坝总数的 77.35%、19.60%、3.36%，见表 5-33。

表 5-33　黄土高原地区不同时段淤满中型坝数量统计

时段	淤满中型坝数量/座	未淤满中型坝数量/座	中型坝总数/座	淤满中型坝占比/%
1986 年以前	5484	1606	7090	77.35
1986~2003 年	314	1288	1602	19.60
2003~2020 年	117	3360	3477	3.36
合计	5915	6254	12169	48.61

3. 小型坝

黄土高原地区小型坝设计总库容 25.08 亿 m³，设计淤积库容 18.16 亿 m³，淤积库容 16.10 亿 m³，剩余库容 2.06 亿 m³，淤积率为 64.19%。其中，1986 年以前、1986~2003 年、2003~2020 年修建的小型坝淤积率分别为 74.54%、51.12%、38.30%，见表 5-34。

表 5-34　黄土高原地区小型坝淤积情况统计

时段	1986 年以前	1986~2003 年	2003~2020 年	合计
总库容/亿 m³	15.87	5.79	3.42	25.08
设计淤积库容/亿 m³	12.08	3.89	2.19	18.16
淤积库容/亿 m³	11.83	2.96	1.31	16.10
剩余库容/亿 m³	0.25	0.93	0.88	2.06
淤积率/%	74.54	51.12	38.30	64.19

黄土高原地区小型坝淤满 33703 座，未淤满 6999 座，淤满小型坝占 82.80%。其中，1986 年以前、1986~2003 年、2003~2020 年修建的小型坝淤满数量分别为 21672 座、8058 座、3973 座，各占小型坝总数的 92.79%、75.34%、

59.74%，见表5-35。

表5-35 黄土高原地区不同时段淤满小型坝数量统计

时段	淤满小型坝数量/座	未淤满小型坝数量/座	小型坝总数/座	淤满小型坝占比/%
1986年以前	21672	1684	23356	92.79
1986~2003年	8058	2637	10695	75.34
2003~2020年	3973	2678	6651	59.74
合计	33703	6999	40702	82.80

通过分析不同时段各类型淤地坝的淤积状况，可以发现：不同类型淤地坝在时间维度呈现相同的淤积规律，建坝时间越早，淤积程度越高。从设计标准来看，设计标准越高，淤积程度越低，也就是说，同一时期修建的淤地坝，骨干坝的淤积程度低于中型坝，中型坝的淤积程度低于小型坝。

5.5.2 分区域淤积情况分析

分区域分析淤地坝淤积情况有利于掌握各省(自治区)水土流失重点区域、主要水土流失类型区淤地坝的运行状态和淤积速率，为淤地坝的工程布局和配置提供依据(刘蓓蕾，2021；杨媛媛，2021)。

1. 按省(自治区)淤积情况分析

根据统计数据分析，黄土高原地区已淤满淤地坝主要分布在陕西、山西两省，淤满淤地坝数量分别占淤地坝总数的73.37%、78.18%，见表5-36。

表5-36 黄土高原地区不同省(自治区)淤满淤地坝数量统计

	淤地坝	青海	甘肃	宁夏	内蒙古	陕西	山西	河南	合计
骨干坝	淤满淤地坝数量/座	9	81	15	39	1148	88	10	1390
	淤地坝总数/座	173	559	329	877	2651	1191	125	5905
	淤满淤地坝占比/%	5.20	14.49	4.56	4.45	43.30	7.39	8.00	23.54
中型坝	淤满淤地坝数量/座	0	40	72	53	5689	33	28	5915
	淤地坝总数/座	128	451	373	702	9483	844	188	12169
	淤满淤地坝占比/%	0.00	8.87	19.30	7.55	59.99	3.91	14.89	48.61
小型坝	淤满淤地坝数量/座	197	317	248	365	18172	14078	326	33703
	淤地坝总数/座	373	590	400	698	21953	16126	562	40702
	淤满淤地坝占比/%	52.82	53.73	62.00	52.29	82.78	87.30	58.01	82.80

续表

	淤地坝	青海	甘肃	宁夏	内蒙古	陕西	山西	河南	合计
合计	淤满淤地坝数量/座	206	438	335	457	25009	14199	364	41008
	淤地坝总数/座	674	1600	1102	2277	34087	18161	875	58776
	淤满淤地坝占比/%	30.56	27.38	30.40	20.07	73.37	78.18	41.60	69.77

2. 按水土流失重点区域淤积情况分析

按照水土流失重点区域，多沙区、多沙粗沙区、粗泥沙集中来源区大中型淤地坝已淤满数量分别为 6975 座、6668 座、3287 座，各占区域大中型淤地坝总数的 43.06%、51.99%、68.71%，均大于黄土高原地区大中型淤满淤地坝占比均值，见表 5-37。不同类型的淤满淤地坝按水土流失重点区域分布情况见图 5-24、图 5-25。

表 5-37　黄土高原地区水土流失重点区域大中型淤地坝淤积情况统计表

类型		粗泥沙集中来源区	多沙粗沙区	多沙区	黄土高原地区
骨干坝 (大型坝)	淤满淤地坝数量/座	709	1257	1348	1390
	淤地坝总数/座	1104	3174	4930	5905
	淤满淤地坝占比/%	64.22	39.60	27.34	23.54
中型坝	淤满淤地坝数量/座	2578	5411	5627	5915
	淤地坝总数/座	3680	9652	11269	12169
	淤满淤地坝占比/%	70.05	56.06	49.93	48.61
合计	淤满淤地坝数量/座	3287	6668	6975	7305
	淤地坝总数/座	4784	12826	16199	58776
	淤满淤地坝占比/%	68.71	51.99	43.06	12.43

5.5.3　淤积典型分析

1. 不同时段淤地坝淤积典型分析

2019 年 11 月 19～26 日，水利部水土保持司、水利部黄河水利委员会水土保持局、黄河上中游管理局、黄河水利科学研究院组成 9 个调研组，采用实地查看、现场问询、调查问卷、座谈交流等方式，选取黄土高原七省(自治区)174 座典型淤地坝开展调研，其中 157 座淤地坝淤积数据较为完整，控制面积 642.37km²，总库容 11315.29 万 m³，设计淤积库容 6941.50 万 m³，淤积库容

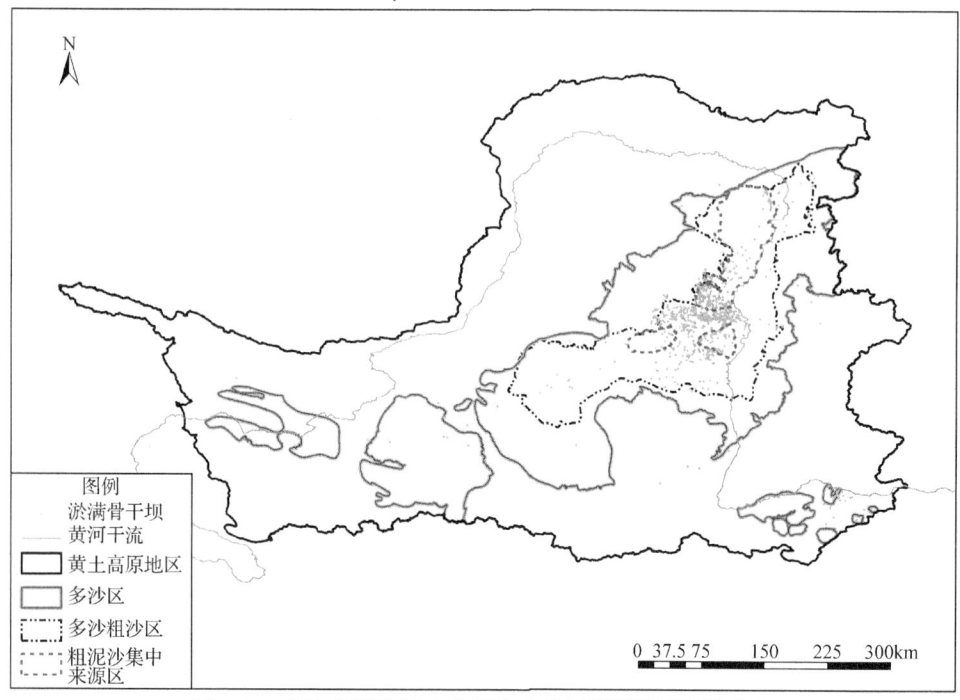

图 5-24 黄土高原地区水土流失重点区域淤满骨干坝分布

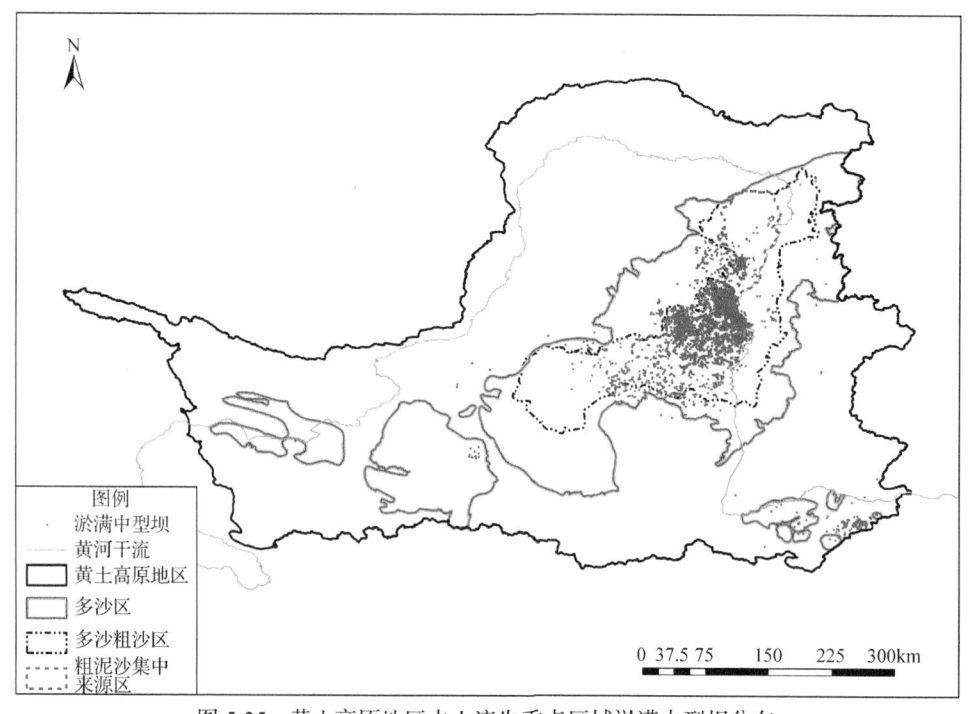

图 5-25 黄土高原地区水土流失重点区域淤满中型坝分布

4233.09 万 m³，平均淤积率 37.41%，设计淤地面积 14350.04 亩，已淤地面积 6572.14 亩，利用面积 3552.87 亩，平均坝地利用率 54.06%。

典型淤地坝淤积调查情况详见表 5-38。

表 5-38 七省(自治区)典型淤地坝不同时段淤积分析

时段	省(自治区)	控制面积 /km²	总库容 /万 m³	设计淤积库容/万 m³	淤积库容/万 m³	淤积率 /%	设计淤地面积/亩	已淤地面积/亩	利用面积/亩	坝地利用率/%
1986 年以前	陕西	82.35	1533.84	1322.49	1295.49	84.46	1747.00	1867.00	1226.50	65.69
	甘肃	9	99.50	43.62	75.85	76.23	135.00	120.00	120	100.00
	宁夏	8.7	67.70	35.70	65.08	96.13	—	—	—	—
	山西	22.77	179.50	142.60	142.60	79.44	240.50	240.50	220	91.48
	河南	—	—	—	—	—	—	—	—	—
	内蒙古	20.6	531.07	341.17	143.05	26.94	20.63	20.63	12.89	62.48
	小计	143.42	2411.61	1885.58	1722.07	71.60	2143.13	2248.13	1579.39	71.76
1986～2003 年	陕西	27.63	1111.16	811.47	315.65	28.41	363.90	512.50	418.50	81.66
	甘肃	49.02	661.61	343.42	310.62	46.95	1091.90	750.49	162.58	21.66
	宁夏	31.4	502.20	207.53	178.39	35.52	390.00	344.00	0	0
	山西	23.49	373.26	237.71	235.38	63.06	782.00	472.50	432.50	91.53
	青海	8.62	110.15	54.47	17.49	15.88	150.30	44.60	0	0
	内蒙古	73.91	1127.17	572.30	323.03	28.66	111.90	54.70	28.48	52.07
	小计	214.07	3885.55	2226.90	1380.56	35.53	2890.00	2178.79	1042.06	47.83
2003～2020 年	陕西	26.74	525.00	370.08	107.73	20.52	324.20	478.35	180.40	37.71
	甘肃	29.32	598.39	319.44	159.08	26.58	497.70	198.19	0	0
	宁夏	25.71	392.79	166.79	15.32	3.90	604.75	45.16	0	0
	山西	113.58	1977.92	1158.02	608.10	30.74	6864.15	1120.74	722.55	64.47
	青海	36.58	406.51	229.07	73.23	18.01	526.90	256.10	0	0
	河南	28.80	369.92	155.19	49.60	13.41	404.29	—	—	—
	内蒙古	24.15	747.60	430.43	117.40	15.70	94.92	46.68	28.47	60.99
	小计	284.88	5018.13	2829.02	1130.46	22.53	9316.91	2145.22	931.42	43.42
合计		642.37	11315.29	6941.50	4233.09	37.41	14350.04	6572.14	3552.87	54.06

按时段分析，1986 年以前修建的淤地坝平均淤积率 71.60%，淤积量超过设计淤积库容的有 3 座，淤积量接近设计淤积库容的有 13 座，5 座未淤满。

1986~2003 年修建的淤地坝平均淤积率 35.53%，淤积量超过设计淤积库容的有 2 座，淤积量接近设计淤积库容的有 3 座，32 座未淤满。

2003~2020 年修建的淤地坝平均淤积率 22.53%，淤积量超过设计淤积库容的有 2 座，淤积量接近设计淤积库容的有 10 座，87 座未淤满(含基本没有淤积 6 座)。

通过调查分析，1986 年以前，甘肃、宁夏、山西、陕西修建的淤地坝淤积率较大，坝地利用率大；内蒙古的淤地坝淤积率较小，仅 26.94%；河南缺乏实测资料；青海未修建淤地坝。

1986~2003 年，山西修建的淤地坝淤积率较大，平均淤积率 63.06%；其他省(自治区)修建的淤地坝淤积率较小；河南省修建的淤地坝此次调查未涉及。

2003~2020 年修建的淤地坝由于拦蓄时间较短，淤积率相对较小，平均淤积率均在 50%以下，其中宁夏的淤积率最低，仅为 3.90%。

需要说明的是，陕西 1986~2003 年这一时期修建的骨干坝中，相当一部分的设计淤积年限为 20a，而同时期其他省份修建的骨干坝设计淤积年限为 10a 或略大于 10a，这是这一时期陕西淤地坝淤积率小的主要原因。

2. 不同类型淤地坝淤积典型分析

1) 骨干坝

现场调研骨干坝 105 座，淤积数据完整的有 96 座，平均淤积率 38.34%。1986 年以前、1986~2003 年、2003~2020 年修建的骨干坝淤积率分别为 80.72%、35.50%、22.71%，详见表 5-39。

表 5-39 典型骨干坝不同时段淤积情况统计

时段	控制面积 /km²	总库容 /万 m³	设计淤积库容 /万 m³	淤积库容 /万 m³	淤积率 /%
1986 年以前	116.51	1872.05	1497.23	1511.09	80.72
1986~2003 年	210.00	3853.62	2208.14	1367.96	35.50
2003~2020 年	232.17	4375.00	2513.60	993.75	22.71
合计	558.68	10100.67	6218.97	3872.80	38.34

2) 中型坝

现场调研中型坝 47 座，淤积数据完整的有 37 座，平均淤积率 28.31%。1986 年以前、1986~2003 年、2003~2020 年修建的中型坝淤积率分别为 36.08%、39.65%、20.94%，详见表 5-40。

表 5-40　典型中型坝不同时段淤积情况统计

时段	控制面积/km²	总库容/万 m³	设计淤积库容/万 m³	淤积库容/万 m³	淤积率/%
1986 年以前	20.46	507.99	363.05	183.30	36.08
1986～2003 年	2.67	22.70	12.73	9.00	39.65
2003～2020 年	44.17	571.00	279.00	119.59	20.94
合计	67.30	1101.69	654.78	311.89	28.31

3) 小型坝

现场调研小型坝 22 座，平均淤积率 41.11%。1986 年以前、1986～2003 年、2003～2020 年修建的小型坝淤积率分别为 81.41%、39.00%、23.73%，详见表 5-41。

表 5-41　典型小型坝不同时段淤积情况统计

时段	控制面积/km²	总库容/万 m³	设计淤积库容/万 m³	淤积库容/万 m³	淤积率/%
1986 年以前	6.45	31.57	25.30	25.70	81.41
1986～2003 年	1.40	9.23	6.03	3.60	39.00
2003～2020 年	8.54	72.13	36.42	17.12	23.73
合计	16.39	112.93	67.75	46.42	41.11

5.5.4　仍有拦沙能力淤地坝识别

淤地坝拦沙功能的实现主要依靠库容，随着泥沙淤积量接近可淤积库容的最大值，拦沙能力逐步降低，具有明显的时效性。在几十年运行中，早期修建的淤地坝逐渐失去拦沙作用，分析淤地坝在何种状态下不再拦沙，确定黄土高原淤地坝拦沙功能基本失效的判断标准，对于准确评估不同时期淤地坝的拦沙能力具有非常重要的意义。

淤地坝拦沙能力通常按淤地坝设计库容计算。按淤地坝设计要求，总库容由拦泥库容和滞洪库容构成，拦泥库容相当于水库工程的死库容，是理论上可淤积库容的最大值，主要用于拦泥淤地。当淤地坝淤积到拦泥库容后，来水来沙通过溢洪道或卧管、放水涵洞等设施排出坝外，保留滞洪库容用于防汛，基本失去拦沙作用。2009 年，水利部开展了黄土高原淤地坝安全大检查专项行动，从检查结果发现，各省(自治区)均存在较多淤地坝已淤积库容超过拦泥库容的现象，即很多淤地坝在淤积达到拦泥库容后，仍在发挥拦沙作用。以往研究对该现象也有提及，如 1986～1996 年无定河流域修建于 20 世纪 60 年代末～80 年代初的淤地坝已经相继淤满(许炯心等，2006)。在 1992 年大理河等 5 条河流的淤地坝调查数据中，均存在部分淤地坝淤满的现象(焦菊英等，2003)。因此，如果根据设计资料，直接将拦泥库容作为淤地坝拦沙功能失效的判断标准，与现实情况存在偏差，会导致淤地坝滞洪减灾，以及淤地造田等计算误差加大。

根据高云飞等(2014)的研究，在黄土高原，可将平均淤积率(淤积库容/总库容)0.77、0.88 分别作为现状骨干坝、中小型坝拦沙功能减退的判断标准。通过分析水利普查数据，早期修建的骨干坝、中小型坝的平均淤积率分别为 0.77、0.88 时保持稳定，淤积库容不再变化，基本失去拦沙作用。利用陕北淤地坝调查数据进行结果检验，骨干坝拦沙作用减退时的平均淤积率同样为 0.77。

根据上述判别标准，筛选出黄土高原截至 2011 年仍有拦沙能力的淤地坝。经大量计算，黄土高原仍有拦沙能力的骨干坝 4319 座、中型坝 5134 座、小型坝 12855 座。

5.6 本章小结

黄土高原淤地坝建设基本始于 20 世纪 50 年代，1968～1976 年和 2004～2008 年是淤地坝建设的两个高峰期。统计表明，截至 2018 年，黄土高原共有淤地坝 59154 座，其中骨干坝 5877 座、中型坝 12131 座、小型坝 41146 座。中型以上淤地坝累积控制面积 4.8 万 km^2，拦蓄泥沙近 56.5 亿 t。

河龙区间和北洛河上游是黄土高原淤地坝的主要聚集区，该聚集区内的大型、中型和小型淤地坝数量分别占黄土高原各类型淤地坝总量的 70%、88%、91%。

根据 2011 年全国水利普查数据，按"十二五"期间确定的淤地坝拦沙能力判断标准判断，骨干坝的淤积率达到 0.77 便失去拦沙能力，中小型坝的淤积率达到 0.88 失去拦沙能力，黄土高原仍有拦沙能力的骨干坝、中型坝和小型坝分别为 4319 座、5134 座和 12855 座。

2011～2017 年，黄土高原骨干坝淤积量 4.232 亿 m^3，中型坝淤积量 1.717 亿 m^3，小型坝淤积量 1.828 亿 m^3。黄土高原淤地坝 2011～2017 年共拦沙 10.5 亿 t。

黄土高原侵蚀类型复杂，不同地貌形态的水土流失差异较大；黄土高原风沙区和黄土丘陵沟壑区第一副区至第五副区的侵蚀量最大，该第一副区至第五副区的单坝年均单位面积淤积量较大，风沙区的单坝年均单位面积淤积量高达 3240m^3。石质山岭区和黄土高塬区的侵蚀量相对较小，这两个区域的淤地坝淤积量也相对较小。

随着黄土高原淤地坝淤积高程的增加，淤积库容增速逐渐增大，未来黄土高原淤地坝安全状况将成为黄土高原淤地坝防护体系的主要问题。因此，病险淤地坝的调查及加固对黄土高原淤地坝持续发挥水土保持效益具有重要意义。

参 考 文 献

封扬帆, 李鹏, 张祎, 等, 2022. 西柳沟流域拦沙坝沟道冲刷减蚀能力模拟[J]. 水土保持学报, 36(5): 24-31.

高云飞, 郭玉涛, 刘晓燕, 等, 2014. 黄河潼关以上现状淤地坝拦沙作用研究[J]. 人民黄河, 36(7): 97-99.

郭嘉嘉, 2023. 淤地坝建设对流域下垫面特征及水沙效应的影响[D]. 西安: 西安理工大学.

郭索彦, 2010. 水土保持检测理论与方法[M]. 北京: 水利水电出版社.

韩双宝, 王赛, 赵敏敏, 等, 2023. 北洛河流域生态环境变迁及对水资源和水沙关系的影响[J]. 水文地质工程地质, 50(6): 14-24.

何梦真, 张乐涛, 魏仪媛, 等, 2023. 黄河中游不同地貌分区景观格局脆弱性及其驱动力[J]. 环境科学, 45(6): 1-15.

焦菊英, 王万忠, 李靖, 等, 2003. 黄土高原丘陵沟壑区淤地坝的淤地拦沙效益分析[J]. 农业工程学报, 19(3): 302-306.

蒋凯鑫, 莫淑红, 于坤霞, 等, 2023. 黄土高原地区淤地坝拦沙分析方法研究进展[J]. 水土保持学报, 37(6): 1-10.

刘蓓蕾, 2021. 黄土高原淤地坝建设与地形特征的响应关系研究[D]. 西安: 西安理工大学.

冉大川, 柳林旺, 赵力仪, 等, 2000. 黄河中游河口镇至龙门区间水土保持与水沙变化[M]. 郑州: 黄河水利出版社.

汪岗, 范昭, 2002. 黄河水沙变化研究: 第一卷[M]. 郑州: 黄河水利出版社.

王飞超, 2023. 黄土高原淤地坝系安全运行与水沙资源利用潜力研究[D]. 西安: 西安理工大学.

许炯心, 孙季, 2006. 无定河淤地坝拦沙措施时间变化的分析与对策[J]. 水土保持学报, 20(2): 26-30.

杨媛媛, 2021. 黄河河口镇—潼关区间淤地坝拦沙作用及其拦沙贡献率研究[D]. 西安: 西安理工大学.

张翔, 2022. 黄河中游河龙区间淤地坝拦蓄泥沙及其对河流减沙的作用[D]. 杨凌: 中国科学院教育部水土保持与生态环境研究中心.

张祎, 2021. 小流域淤地坝淤积过程对坝地土壤有机碳矿化作用机制研究[D]. 西安: 西安理工大学.

第6章 淤地坝系调峰消能机理与模拟

长期以来,研究人员一直采用经验统计的方法对淤地坝的减水减沙作用进行分析(綦俊谕等,2010;冉大川等,2004)。随着淤积过程的发展,淤地坝显著改变了沟道地形(唐鸿磊,2019;惠波,2015;Boix-Fayos et al., 2007;刘蓓蕾,2005;史学建等,2005;Busnelli et al., 2001);同时,淤地坝泄水建筑物和溢洪道的存在对沟道的径流过程也产生了深刻影响(黄金柏等,2011;张红娟等,2007;Muralidharan et al., 2007)。径流过程的改变及随之改变的输沙过程是淤地坝发挥水沙调控作用的本质。由于计算能力的限制,淤地坝系对沟道水流调控作用的研究一直处于停滞状态。为解决模型计算效率问题,通常采用高性能计算技术如中央处理器(CPU)并行计算技术,包括消息传递接口(message passing interface, MPI)和 OpenMP(open multi processing),来实现多核并行计算,但 CPU 并行计算技术对硬件要求较高,成本较高。近年来,图形处理单元(GPU)并行计算技术的发展速度远超 CPU,因其具有高性能和低成本的优势,越来越多的学者开始使用该技术来发展动力波模型(Wang et al., 2021a)。

本书采用基于 GPU 并行计算技术的水动力数值模型来进行级联坝系对流域水动力过程的作用模拟。模型的控制方程为平面二维浅水方程(SWE)。在忽略运动黏性项、紊流黏性项、风应力和科里奥利力的基础上,平面二维非线性浅水方程的守恒格式可用式(6-1)的矢量形式来表示:

$$\frac{\partial \boldsymbol{q}}{\partial t} + \frac{\partial \boldsymbol{f}}{\partial x} + \frac{\partial \boldsymbol{g}}{\partial y} = \boldsymbol{S} \tag{6-1}$$

且有

$$\boldsymbol{q} = \begin{bmatrix} h \\ q_x \\ q_y \end{bmatrix} \tag{6-2}$$

$$\boldsymbol{f} = \begin{bmatrix} q_x \\ uq_x + gh^2/2 \\ uq_y \end{bmatrix} \tag{6-3}$$

$$\boldsymbol{g} = \begin{bmatrix} q_y \\ vq_x \\ vq_y + gh^2/2 \end{bmatrix} \quad (6\text{-}4)$$

$$\boldsymbol{S} = \boldsymbol{S}_\text{b} + \boldsymbol{S}_\text{f} = \begin{bmatrix} i \\ -gh\partial z_\text{b}/\partial x \\ -gh\partial z_\text{b}/\partial y \end{bmatrix} + \begin{bmatrix} 0 \\ -C_\text{f}u\sqrt{u^2+v^2} \\ -C_\text{f}v\sqrt{u^2+v^2} \end{bmatrix} \quad (6\text{-}5)$$

式中，t 为时间；q 为变量矢量，包括水深 h、两个方向上的单宽流量 q_x 和 q_y；u、v 分别为 x、y 方向上的流速；f 和 g 分别为 x、y 方向上的通量矢量；S 为源项矢量，包括底坡源项 S_b、摩阻力源项 S_f；i 为净雨率(单位时间降雨量减去蒸发量和下渗量)，本模型中的下渗过程采用 Green-Ampt 模型计算；z_b 为河床底面高程；谢才系数 $C_\text{f} = gn^2/h^{1/3}$，其中 n 为曼宁系数。此外，水面高程 $\eta = h + z_\text{b}$。

本模型采用了基于有限体积法的 Godunov 类型二维有限体积格式求解非结构化网格上的平面二维非线性浅水方程。采用 MUSCL 方法对计算单元边界上的变量进行二阶空间插值，然后用初始水深进行重构，计算变量均采用重构后的数值以保持数值变量守恒。重构后的数值作为初始值代入 HLLC 黎曼解法器中，计算出水和动量的通量项。为了适应任意复杂非结构化网格，坡面源项采用本书课题组提出的底坡通量法进行计算，即将一个计算单元中的坡面源项转换为位于该单元边界上的通量项，摩擦源项使用点隐式进行处理(Wang et al.，2021a)。此外，采用二步龙格-库塔法进行时间步进。用张瑞谨提出的悬移质挟沙力公式[式(6-6)]计算径流挟沙能力(武汉水利电力学院水流挟沙力研究组，1959)：

$$S^* = k_\text{s}\left(\frac{U^3}{gR\omega}\right)^m \quad (6\text{-}6)$$

式中，S^* 为悬移质水流挟沙能力(kg/m³)；U 为断面平均流速(m/s)；R 为水力半径(m)，对于宽浅河道，R 可近似用断面平均水深 h 代替；ω 为泥沙沉降速度(m/s)，当泥沙中值粒径取 0.06mm 时，泥沙沉降速度为 0.0022m/s；g 为重力加速度(m/s²)；k_s 和 m 分别为水流挟沙能力系数和指数，黄河相关资料表明，k_s 和 m 可分别取 0.22 和 0.76。

根据王茂沟流域 1∶1 万比例尺地形图，确定了流域内典型淤地坝的空间位置。为了更好地反映流域内的淤地坝系串联、并联和混联条件对水动力过程的影响，在流域内部选取了 10 个淤地坝作为典型淤地坝，编号分别为 dam1～dam10，同时设置了 section1～section15 共计 15 个典型沟道断面，用于分析坝系流域淤地坝不同级联方式下的水动力特征。王茂沟流域 8 个典型淤地坝的空间位置如图 6-1

所示。

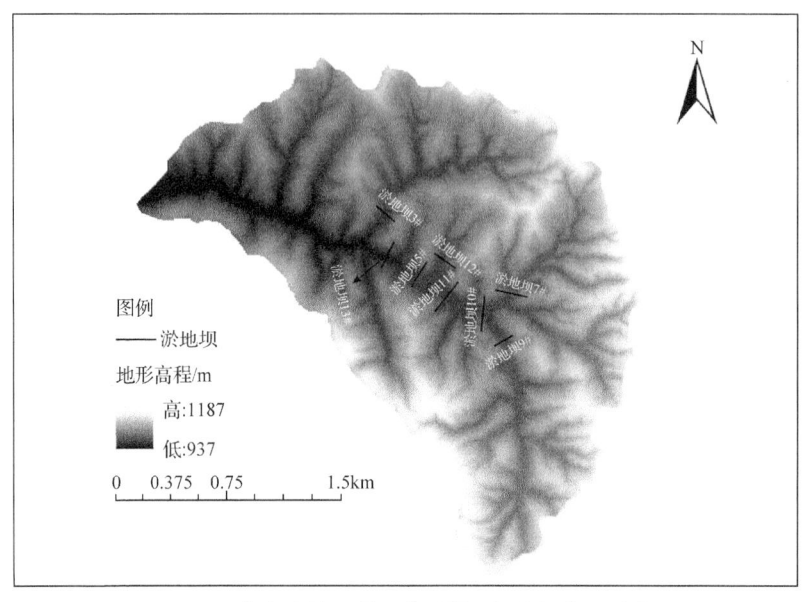

图 6-1　王茂沟流域地形、典型淤地坝空间位置示意图

此外，为了更好地对比分析王茂沟流域淤地坝系对流域水沙输移的影响，根据较早时期的地形图和典型淤地坝的库容资料，恢复了原始沟道的地形资料，获得了没有淤地坝条件下的王茂沟流域 DEM 资料。在数值模拟计算中，无坝算例所选的典型沟道断面位置与有坝算例完全一致。

6.1　淤地坝系水动力过程模拟

6.1.1　"7·15"洪水模型验证

2012 年 7 月 15 日，暴雨袭击了韭园沟流域。根据韭园沟流域 9 个雨量站的实测资料，韭园沟流域面平均降雨量为 46.8mm。其中，马连沟雨量站降雨历时 1h 55min，降雨量为 52.3mm；王家洼雨量站降雨历时 2h10min，降雨量为 27.6mm；黑家洼雨量站降雨历时 3h35min，降雨量为 62.2mm。在此次暴雨过程中，韭园沟流域的最大点降雨量出现在王茂沟流域，历时 2h 45min，点降雨量为 90.5mm，最大 1h 降雨量达到 75.7mm。本次暴雨中心出现在韭园沟毗邻的满堂川镇闫家沟村雨量站，降雨量为 111.2mm。此次暴雨不但导致韭园沟流域的农业生产遭受严重损失，部分淤地坝坝地农作物颗粒无收，而且造成淤地坝、梯田等部分水土保持措施损毁。

在此次暴雨过程中,王茂沟流域淤地坝坝地淤积的深厚泥沙为研究侵蚀产沙和淤地坝的拦蓄作用提供了天然的试验场。通过测量王茂沟流域淤地坝坝地的泥沙淤积厚度和坝地面积,结合王茂沟流域把口站实测泥沙量,可以估算此次暴雨的泥沙总量、淤地坝淤积的泥沙总量和流域泥沙输移比。

根据现场调查,王茂沟流域坝地的主要作物为玉米,因此以玉米根部为基准面,测量玉米根部至淤积面的高程(图 6-2),即为此次暴雨过程中坝地的泥沙淤积厚度。每个淤地坝坝地测量坝前、坝中和坝后三个位置的泥沙淤积厚度,取平均值后乘以坝地面积,即得到每个淤地坝坝地的泥沙淤积体积,再乘以泥沙容重,求得泥沙淤积量,结果见表 6-1。

(a) 竖井洪痕　　　(b) 坝地泥沙淤积厚度调查

图 6-2　淤地坝坝地竖井洪痕、泥沙淤积厚度调查现场照片

表 6-1　2012 年 7 月 15 日暴雨王茂沟流域各淤地坝坝地泥沙淤积量计算结果

淤地坝名称	控制面积/km²	淤地面积/hm²	泥沙淤积平均厚度/cm	泥沙淤积量/t
王茂沟 1#坝	2.89	3.32	14	6275
王茂沟 2#坝	2.97	4.04	140	76356
黄柏沟 2#坝	0.18	0.47	18	1142
康河沟 2#坝	0.32	0.40	32	1728
马地嘴坝	0.50	1.23	46	7638
关地沟 1#坝	1.14	2.81	42	15933
死地嘴 1#坝	0.62	3.02	48	19570
黄柏沟 1#坝	0.34	0.24	36	1166
康河沟 1#坝	0.06	0.28	31	1172
康河沟 3#坝	0.25	0.33	20	891

续表

淤地坝名称	控制面积/km²	淤地面积/hm²	泥沙淤积平均厚度/cm	泥沙淤积量/t
埝堰沟1#坝	0.86	0.97	46	6024
埝堰沟2#坝	0.18	1.98	34	9088
埝堰沟3#坝	0.46	1.37	3	555
王塔沟1#坝	0.35	0.64	42	3629
关地沟2#坝	0.10	0.24	45	1458
关地沟3#坝	0.05	0.24	56	1814
背塔沟坝	0.20	0.94	15	1904
关地沟4#坝	0.40	1.66	12	2689

注：泥沙容重取 1.35g/cm³，不包括已经淤平的淤地坝。

另外，根据王茂沟流域各淤地坝的竖井、边坡和其他物体上的洪水痕迹，确定各淤地坝坝地洪水淹没的最大深度，并将这一实测的洪水深度与模拟洪水淹没深度进行对比。由于本模型本身仅考虑了水动力过程，为表征泥沙输运及其对河床形态演变的影响，本书将坝地计算洪水位与泥沙淤积平均厚度之和作为坝前最大水深最终模拟结果，并将其与现场调查结果进行对比，见表6-2。对比结果表明，2012年"7·15"特大暴雨的淤地坝坝前最大水深模拟值与灾后调查值之间吻合程度较好，表明水动力过程模拟模型较好地反映了淤地坝系影响下的王茂沟流域水沙输移过程，因此可以利用该模型进行坝系流域的水动力过程分析。

表6-2　2012年7月15日暴雨王茂沟流域典型淤地坝坝前最大水深模拟值与灾后调查值对照

序号	位置	坝前最大水深/m	
		灾后调查值	模拟值
1	关地沟1#坝	3.53	3.02
2	死地嘴1#坝	1.38	1.83
3	王茂沟2#坝	3.08	4.12

6.1.2　流域坝系内部洪水过程演变

有坝流域和无坝流域两种工况下相同模拟时刻的王茂沟流域三维洪水演进过程分别如图6-3和图6-4所示。从图6-3、图6-4可以看出，有坝流域的水面面积较大，蓄存了较多的雨水。

第 6 章　淤地坝系调峰消能机理与模拟

流域内总水量322122.1695m³

图 6-3　模拟时刻为 3h 时有坝流域三维洪水演进过程

流域内总水量184574.6044m³

图 6-4　模拟时刻为 3h 时无坝流域三维洪水演进过程

图 6-5 为有坝流域和无坝流域两种工况下王茂沟流域上、中、下游四个典型沟道断面洪水过程线模拟结果。从图 6-5 可以看出，与无坝流域相比，有坝流域典型沟道断面的洪水过程线模拟结果均发生了明显变化。总体而言，有坝流域的洪水总量(Q)减少、洪峰出现时间滞后(Wang et al.，2021a)。

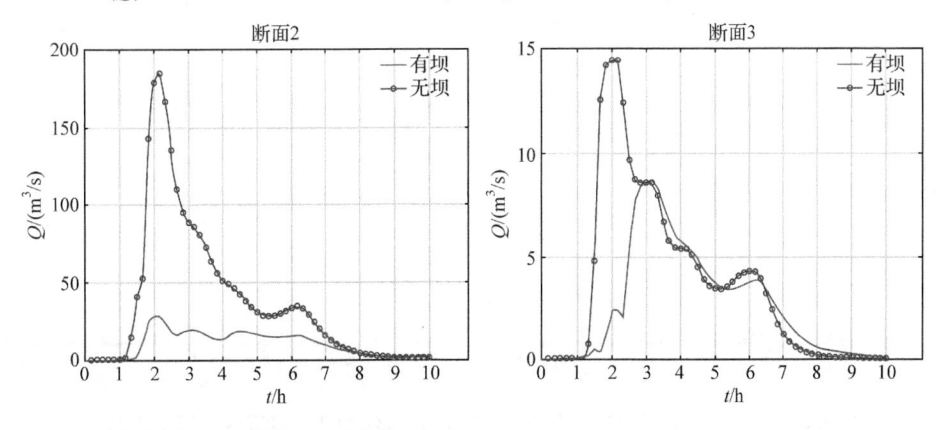

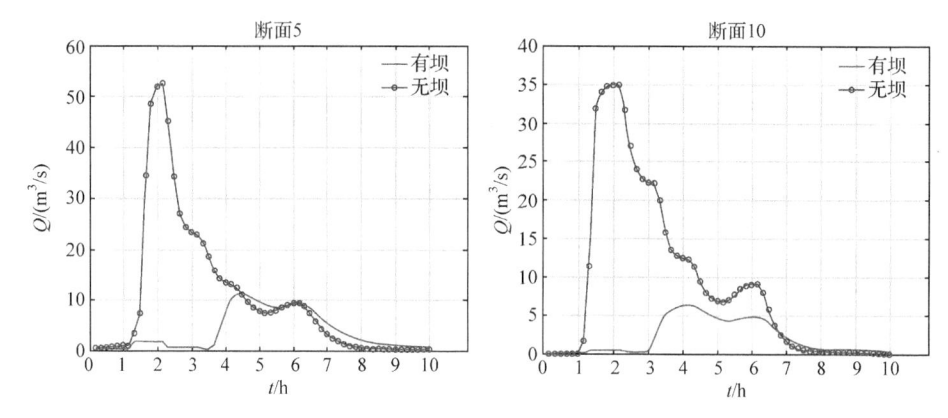

图 6-5 有坝流域和无坝流域典型沟道断面洪水过程线模拟结果对比

图 6-6 为有坝流域和无坝流域两种工况下王茂沟流域典型沟道断面的径流侵蚀功率过程线模拟结果对比。从图 6-6 可以看出，对于相同沟道断面位置、相同研究模拟时刻而言，无坝流域的径流侵蚀功率(P)均远大于有坝流域，甚至部分沟道断面可达百倍以上。因此，淤地坝可以大大削减沟道径流侵蚀能力(支再兴，2018)。

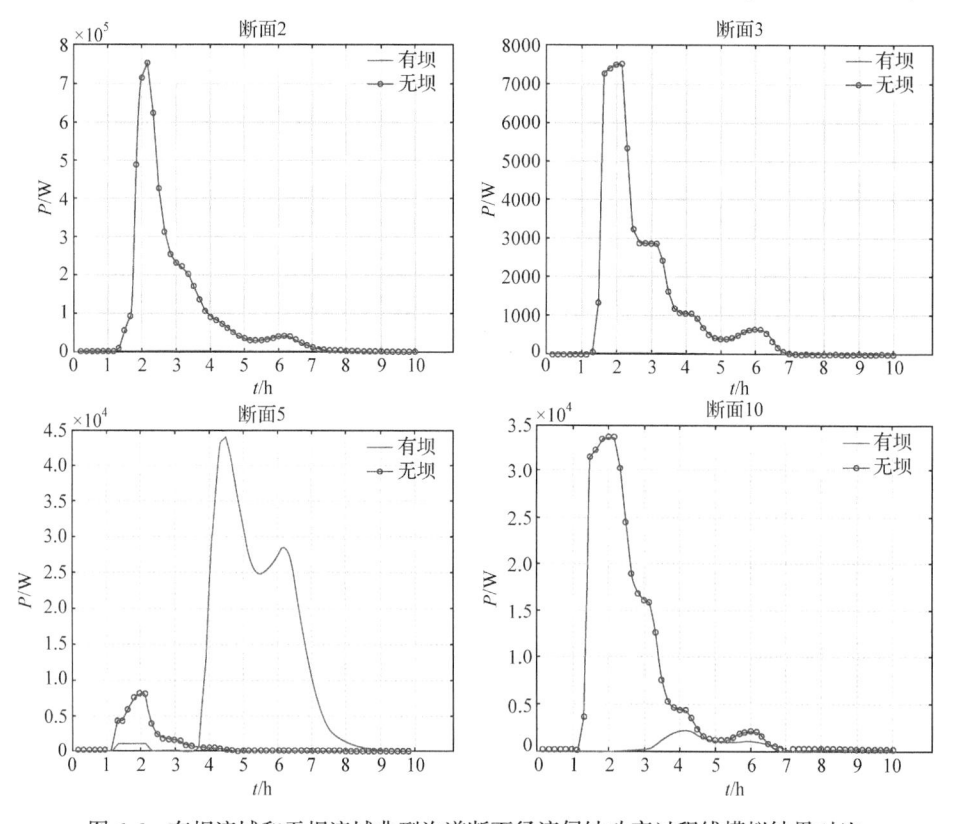

图 6-6 有坝流域和无坝流域典型沟道断面径流侵蚀功率过程线模拟结果对比

淤地坝的级联布设方式包括串联、并联和混联三种。对于相同流域而言,淤地坝的级联布设方式不同,则淤地坝系对洪峰流量和径流侵蚀功率的削减能力也可能会存在较大差异(袁水龙等,2018)。本书采用构建的王茂沟流域水动力数值模型,对串联、并联、混联三种淤地坝级联布设方式的滞洪能力、过流径流功率、径流挟沙能力进行了模拟研究。在模拟研究中,淤地坝串联布设方式是指5#和10#淤地坝串联,淤地坝并联布设方式是指7#和9#淤地坝并联,淤地坝混联布设方式是指5#、7#、9#和10#淤地坝混联。

图6-7~图6-9分别为串联、并联、混联三种淤地坝级联布设方式下王茂沟流域断面11、断面14的洪水过程线、过流径流功率过程线、径流挟沙能力过程线模拟结果。从图6-7~图6-9可以看出,淤地坝不同级联布设方式对沟道洪水的滞洪能力、过流径流功率和径流挟沙能力的影响差异较大,有坝流域的滞洪能力均优于无坝流域;在并联、混联两种级联布设方式下,断面11的滞洪能力相差不大且均优于串联布设方式,过流径流功率与径流挟沙能力也相差不大且均小于串联

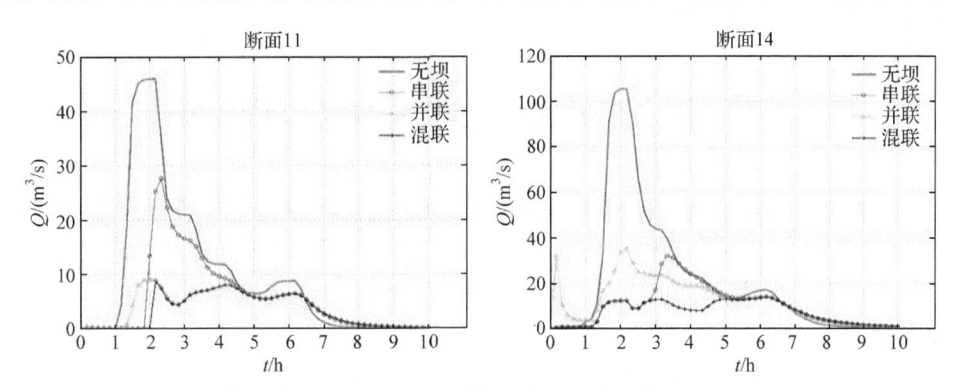

图 6-7 不同淤地坝级联方式下典型沟道断面洪水过程线模拟结果对比

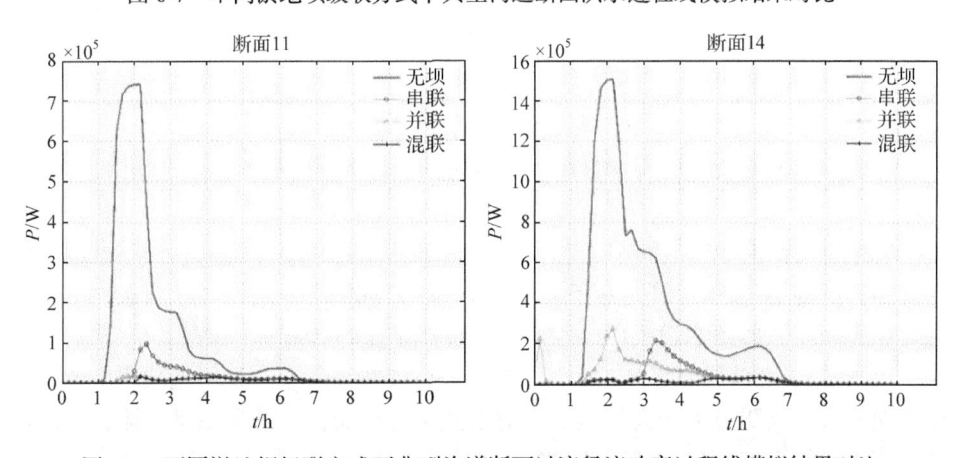

图 6-8 不同淤地坝级联方式下典型沟道断面过流径流功率过程线模拟结果对比

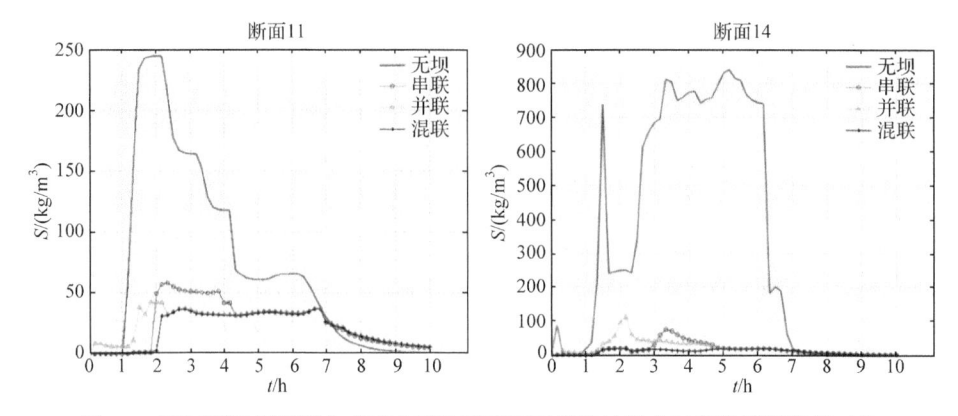

图 6-9 不同淤地坝级联方式下典型沟道断面径流挟沙能力过程线模拟结果对比

布设方式；对于断面 14 而言，混联布设方式下淤地坝削减洪峰流量和减少过流径流挟沙的能力均强于串联和并联两种布设方式。因此，混联布设方式下淤地坝系的滞洪能力和控沙能力最佳。

6.2　不同重现期淤地坝系水动过程模拟

根据王茂沟流域现状条件下不同重现期暴雨雨型概化、各时段最大降雨量统计、Cv、Cs/Cv 及下渗资料来推求净雨过程，进一步计算 50a 和 300a 重现期设计暴雨条件下的流域洪水过程。表 6-3 为不同重现期设计暴雨条件下的 6h 设计净雨过程。

表 6-3　不同重现期设计暴雨条件下的 6h 设计净雨过程

重现期	不同净雨历时的设计净雨/mm					
	1h	2h	3h	4h	5h	6h
50a	1.71	28.51	10.34	4.60	1.58	3.07
300a	4.49	42.84	17.69	8.25	2.70	5.89

根据王茂沟流域的支沟分布情况，选择王茂沟 1#坝、黄柏沟 1#坝、埝堰沟 1#坝和王茂沟 2#坝作为研究对象。图 6-10 为在 300 年一遇设计暴雨条件下有坝流域和无坝流域典型沟道断面的洪水过程线和能量过程线模拟结果。

由图 6-10 可以看出，在 300 年一遇的设计暴雨条件下，无坝流域四个研究沟道断面的洪水要明显大于有坝流域；对于能量过程而言，其受流量、流速、地形等众多因素的影响，变化情况比较复杂。

6.2.1 洪峰流量对比

表 6-4 和表 6-5 分别为 300 年和 50 年一遇设计暴雨条件下有坝流域、无坝流域四个研究沟道断面的设计洪峰流量和削减比例。

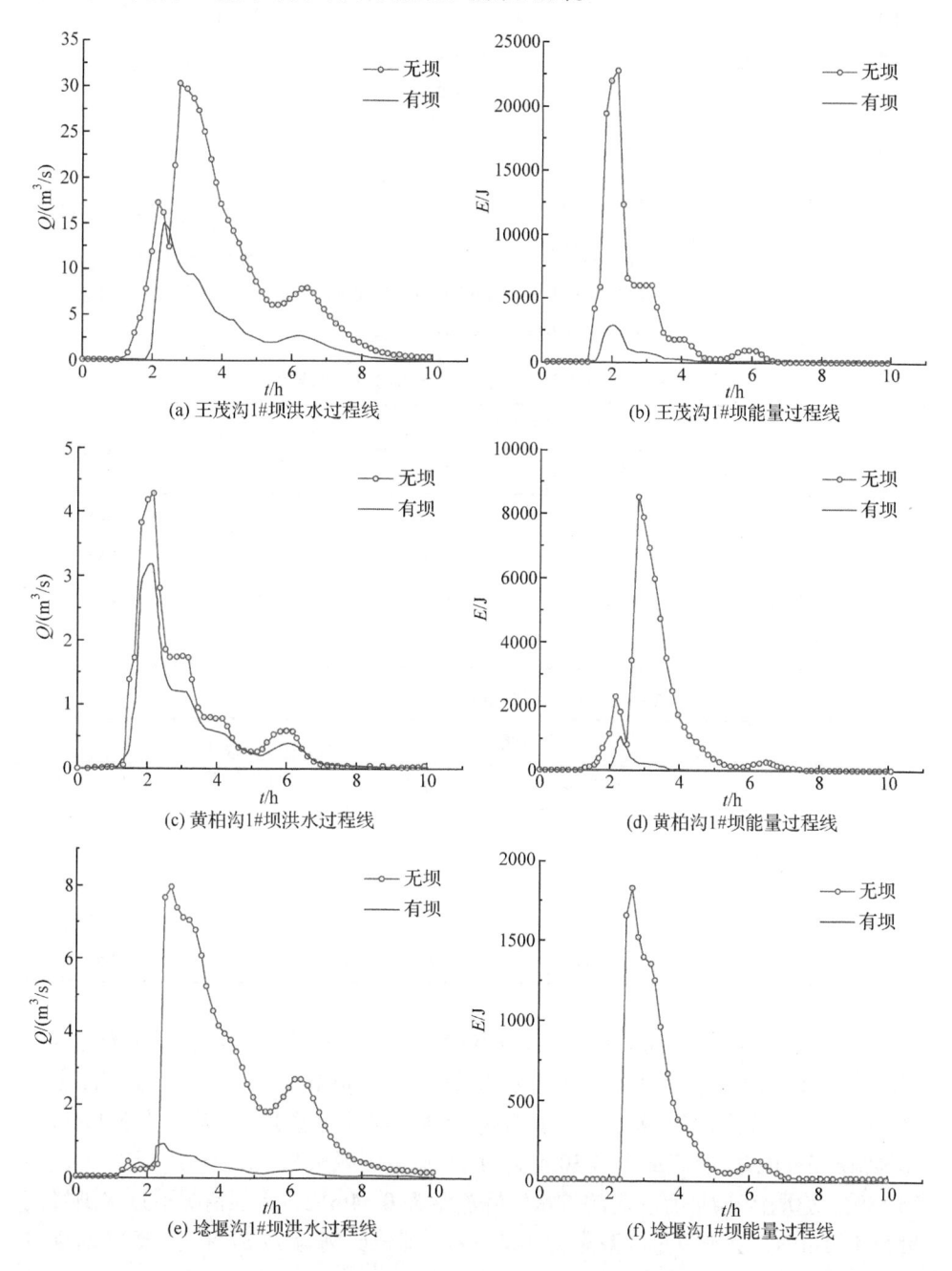

(a) 王茂沟1#坝洪水过程线

(b) 王茂沟1#坝能量过程线

(c) 黄柏沟1#坝洪水过程线

(d) 黄柏沟1#坝能量过程线

(e) 埝堰沟1#坝洪水过程线

(f) 埝堰沟1#坝能量过程线

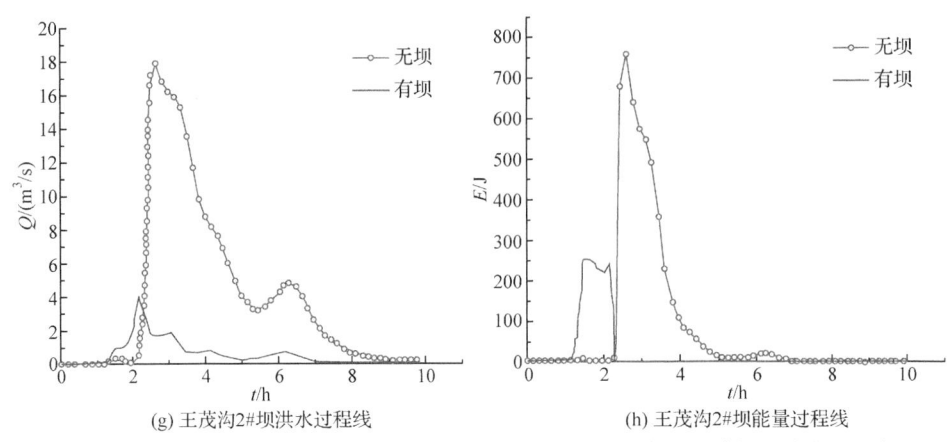

(g) 王茂沟2#坝洪水过程线   (h) 王茂沟2#坝能量过程线

图 6-10 300 年一遇设计暴雨条件下有坝流域和无坝流域典型沟道断面洪水过程线和能量过程线模拟结果

表 6-4 300 年一遇设计洪峰流量模拟结果

淤地坝名称	过水洪峰流量/(m³/s)		洪峰流量削减量/(m³/s)	削减比例/%
	无坝流域	有坝流域		
王茂沟 1#坝	30.10	15.45	14.65	48.68
黄柏沟 1#坝	4.30	3.20	1.10	25.58
墕堰沟 1#坝	4.21	0.94	3.27	77.67
王茂沟 2#坝	17.93	4.23	13.70	76.41

表 6-5 50 年一遇设计洪峰流量模拟结果

淤地坝名称	过水洪峰流量/(m³/s)		洪峰流量削减量/(m³/s)	削减比例/%
	无坝流域	有坝流域		
王茂沟 1#坝	6.90	4.31	2.59	37.54
黄柏沟 1#坝	2.51	1.85	0.66	26.29
墕堰沟 1#坝	2.37	0.36	2.01	84.81
王茂沟 2#坝	4.40	0.81	3.59	81.59

由表 6-4 可知，在 300 年一遇设计暴雨条件下，王茂沟 1#坝有坝时的过水洪峰流量为 15.45m³/s，无坝情况下过水洪峰流量为 30.10m³/s，洪峰流量削减量为 14.65m³/s，削减比例为 48.68%。黄柏沟 1#坝有坝时的过水洪峰流量为 3.20m³/s，无坝情况下过水洪峰流量为 4.30m³/s，洪峰流量削减量为 1.10m³/s，削减比例为 25.58%。墕堰沟 1#坝有坝时的过水洪峰流量为 0.94m³/s，无坝情况下过水洪峰流量为 4.21m³/s，洪峰流量削减量为 3.27m³/s，削减比例为 77.67%。王茂沟 2#坝有

坝时的过水洪峰流量为 4.23m³/s，无坝情况下过水洪峰流量为 17.93m³/s，洪峰流量削减量为 13.70m³/s，削减比例为 76.41%。

由表 6-5 可知，在 50 年一遇设计暴雨条件下，王茂沟 1#坝有坝时的过水洪峰流量为 4.31m³/s，无坝情况下过水洪峰流量为 6.90m³/s，洪峰流量削减量为 2.59m³/s，削减比例为 37.54%。黄柏沟 1#坝有坝时的过水洪峰流量为 1.85m³/s，无坝情况下过水洪峰流量为 2.51m³/s，洪峰流量削减量为 0.66m³/s，削减比例为 26.29%。埝堰沟 1#坝有坝时的过水洪峰流量为 0.36m³/s，无坝情况下过水洪峰流量为 2.37m³/s，洪峰流量削减量为 2.01m³/s，削减比例为 84.81%。王茂沟 2#坝有坝时的过水洪峰流量为 0.81m³/s，无坝情况下过水洪峰流量为 4.40m³/s，洪峰流量削减量为 3.59m³/s，削减比例为 81.59%。

综上所述，在不同频率设计暴雨条件下，淤地坝对洪峰流量的削减作用都很明显；随着设计暴雨量的增加，下游淤地坝的削减比例逐渐增大。这主要是因为降雨量较大时，下游地区产汇流面积显著增大，无坝流域的产汇流全部集中到下游，流量很大；在有坝流域，由于上游坝的拦蓄作用，汇流到下游的流量减少，有坝和无坝时的洪峰流量之差更大，所以降雨量大时下游削减量增加。

为了找出影响洪峰流量削减量的因素，绘制了 50 年一遇、300 年一遇设计暴雨条件下洪峰流量削减量与淤地坝控制面积之间的散点图，见图 6-11。由图 6-11 可知，与 50 年一遇设计暴雨条件相比，300 年一遇设计暴雨条件下的洪峰流量削减量与淤地坝控制面积之间的线性相关关系更显著，在降雨量较大条件下，淤地坝控制面积大小对洪峰流量的削减起主要作用。

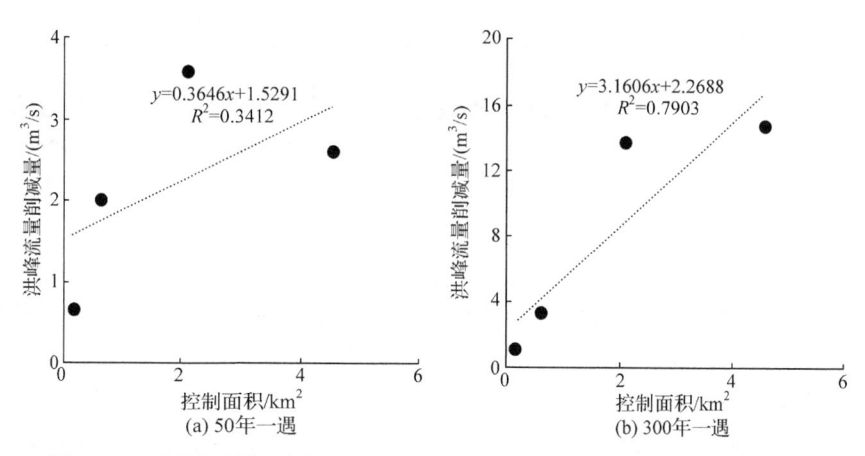

图 6-11　不同设计暴雨条件下淤地坝控制面积与洪峰流量削减量之间的关系

6.2.2　径流能量削减对比

淤地坝不仅能够拦蓄洪水，还能改变地形，进而影响径流流速(Tang et al., 2020；

支再兴，2018)。与有坝流域相比，无坝流域的沟道径流流量显著增大，同时由于地形的影响，无坝流域的沟道沟底高程低，过水断面束窄，流速增加(Tang et al.，2019)。因为径流能量的大小与径流平均流速的平方相关，所以相同沟道断面情况下无坝流域的径流能量远大于有坝流域(支再兴，2018)。表 6-6 和表 6-7 分别是 300 年一遇和 50 年一遇设计暴雨条件下沟道径流能量峰值和淤地坝削减结果。

表 6-6 300 年一遇设计暴雨条件下有坝流域和无坝流域沟道径流能量峰值和削减结果

淤地坝名称	径流能量峰值/J		径流能量峰值削减量/J	削减比例/%
	无坝流域	有坝流域		
王茂沟 1#坝	22671.50	2930.08	19741.42	87.08
黄柏沟 1#坝	8485.20	1044.18	7441.02	87.69
埝堰沟 1#坝	1814.77	8.94	1805.83	99.51
王茂沟 2#坝	759.65	255.38	504.27	66.38

表 6-7 50 年一遇设计暴雨条件下有坝流域和无坝流域沟道径流能量峰值和削减结果

淤地坝名称	径流能量峰值/J		径流能量峰值削减量/J	削减比例/%
	无坝流域	有坝流域		
王茂沟 1#坝	10554.00	1369.71	9184.29	87.02
黄柏沟 1#坝	265.61	26.59	239.02	89.99
埝堰沟 1#坝	86.46	3.45	83.01	96.01
王茂沟 2#坝	198.13	85.17	112.96	57.01

从表 6-6 可以看出，在 300 年一遇设计暴雨条件下，王茂沟 1#坝有坝时的径流能量峰值为 2930.08J，无坝情况下径流能量峰值为 22671.50J，削减量为 19741.42J，削减比例为 87.08%。黄柏沟 1#坝有坝时的径流能量峰值为 1044.18J，无坝情况下径流能量峰值为 8485.20J，削减量为 7441.02J，削减比例为 87.69%。埝堰沟 1#坝有坝时的径流能量峰值为 8.94J，无坝情况下径流能量峰值为 1814.77J，削减量为 1805.83J，削减比例为 99.51%。王茂沟 2#坝有坝时的径流能量峰值为 255.38J，无坝情况下径流能量峰值为 759.65J，削减量为 504.27J，削减比例为 66.38%。

从表 6-7 可以看出，在 50 年一遇的降雨条件下，王茂沟 1#坝有坝时的径流能量峰值为 1369.71J，无坝情况下径流能量峰值为 10554.00J，削减量为 9184.29J，削减比例为 87.02%。黄柏沟 1#坝有坝时的径流能量峰值为 26.59J，无坝情况下径流能量峰值为 265.61J，削减量为 239.02J，削减比例为 89.99%。埝堰沟 1#坝有坝时的径流能量峰值为 3.45J，无坝情况下径流能量峰值为 86.46J，削减量为 83.01J，削减比例为 96.01%。王茂沟 2#坝有坝时的径流能量峰值为 85.17J，无坝情况下径流能量峰值为198.13J，削减量为112.96J，削减比例为57.01%。

为了找出影响径流能量峰值削减量的因素，绘制了50年一遇、300年一遇设计暴雨条件下径流能量峰值削减量与淤地坝控制面积之间的散点图，见图6-12。由图6-12可以看出，在300年一遇的情况下，径流能量峰值削减量与控制面积之间的相关性并不好，这是因为径流能量峰值的大小受到径流流量、地形、径流流速等的共同作用，机理复杂，所以拟合的线性相关方程的决定系数 R^2 并不理想。

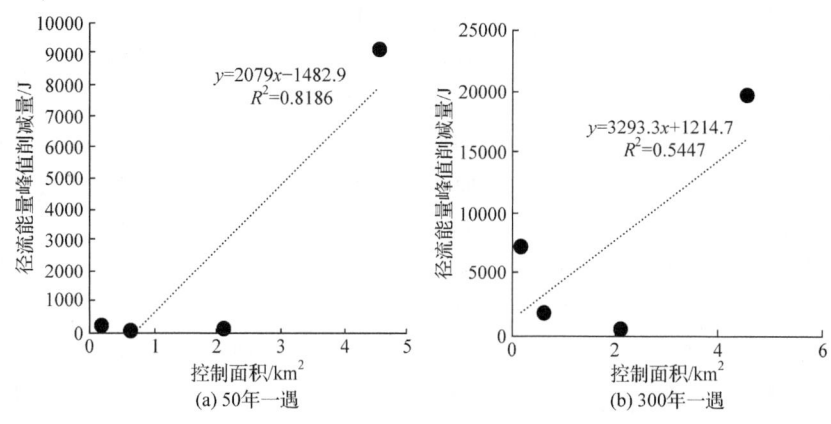

图6-12 不同设计暴雨条件下淤地坝控制面积与径流能量峰值削减量之间的关系

由于径流能量与径流平均流速之间呈二次方关系，所以无坝流域情况下径流具有的能量远大于有淤地坝拦截时，从而淤地坝径流能量峰值削减比例明显大于洪峰流量削减比例。王茂沟2#坝出现了异常情况，经过调研发现，王茂沟2#坝位于王茂沟的主沟道，过水断面比其他淤地坝都要宽，流速在此处发生明显的下降，导致径流能量峰值削减比例反而比洪峰流量削减比例小。

6.3 级联坝系对设计暴雨洪水的影响分析

根据王茂沟流域现状条件下不同重现期暴雨雨型概化、各时段最大降雨量统计、Cv、Cs/Cv及下渗资料来推求净雨过程，进一步计算不同重现期下的流域洪水过程。结合 RSULE 模型计算不同重现期下王茂沟流域各淤地坝坝控流域的侵蚀量，得到现状条件下不同重现期各淤地坝的洪水总量，见表6-8。

表6-8 现状条件下不同重现期各淤地坝的洪水总量　　　　（单位：万 m³）

淤地坝名称	10a	20a	30a	50a	100a	200a	300a
关地沟4#坝	1.0	1.6	2.0	2.3	3.2	4.0	4.5

淤地坝名称	10a	20a	30a	50a	100a	200a	300a
背塔沟坝	0.4	0.7	0.9	1.0	1.4	1.7	1.9
关地沟2#坝	0.1	0.2	0.2	0.2	0.3	0.4	0.5
关地沟3#坝	0.3	0.5	0.6	0.7	1.0	1.3	1.5
关地沟1#坝	1.0	1.6	2.0	2.3	3.2	4.0	4.5
死地嘴1#坝	1.5	2.4	3.0	3.4	4.8	6.0	6.7
王塔沟1#坝	0.8	1.3	1.6	1.8	2.6	3.2	3.6
王茂沟2#坝	1.6	2.6	3.3	3.8	5.5	6.9	7.7
康河沟3#坝	0.6	0.9	1.1	1.3	1.8	2.3	2.5
康河沟2#坝	0.2	0.4	0.5	0.5	0.8	1.0	1.1
康河沟1#坝	0.1	0.2	0.2	0.3	0.4	0.4	0.5
堎堰沟3#坝	0.9	1.5	1.8	2.1	3.0	3.7	4.1
堎堰沟2#坝	0.4	0.6	0.8	0.9	1.3	1.7	1.9
堎堰沟1#坝	0.3	0.5	0.6	0.8	1.0	1.3	1.4
黄柏沟2#坝	0.5	0.7	0.9	1.0	1.4	1.7	1.9
黄柏沟1#坝	0.4	0.5	0.7	0.8	1.0	1.3	1.4
王茂沟1#坝	3.2	4.9	6.0	6.9	9.3	11.5	12.7

根据表6-8计算得到无坝条件下坝系骨干坝王茂沟2#坝和王茂沟1#坝上游控制的流域不同重现期的洪水总量,见表6-9。

表6-9 无坝条件下王茂沟2#坝和王茂沟1#坝上游不同重现期的洪水总量 (单位:万 m³)

淤地坝名称	10a	20a	30a	50a	100a	200a	300a
王茂沟2#坝	6.9	10.9	13.6	15.5	22.1	27.6	30.8
王茂沟1#坝	13.4	21.2	26.1	30.1	42.1	52.4	58.2

根据表6-9得到无坝条件下王茂沟2#坝和王茂沟1#坝洪水总量 W 与重现期 T 的关系,分别如式(6-7)、式(6-8)所示:

$$W = 2.8995T^{0.4273} \tag{6-7}$$

$$W = 5.7871T^{0.4179} \tag{6-8}$$

根据水量平衡原理,结合各淤地坝泄水建筑物的泄水能力和各淤地坝水位库容曲线,采用试算法对各淤地坝进行调洪演算,得到不同重现期下各淤地坝的泄流过程。经过坝系调控,王茂沟2#坝和王茂沟1#坝上游不同重现期的泄洪总量见表6-10。

表 6-10　坝系调控下王茂沟 2#坝和王茂沟 1#坝上游不同重现期的泄洪总量 (单位：万 m³)

淤地坝名称	10a	20a	30a	50a	100a	200a	300a
王茂沟 2#坝	3.0	3.3	4.3	5.2	7.6	10.9	11.5
王茂沟 1#坝	6.3	8.5	10.7	12.6	18.6	25.5	27.8

王茂沟 2#坝上游和王茂沟 1#坝上游不同重现期的洪水总量和泄洪总量分别如图 6-13 和图 6-14 所示。

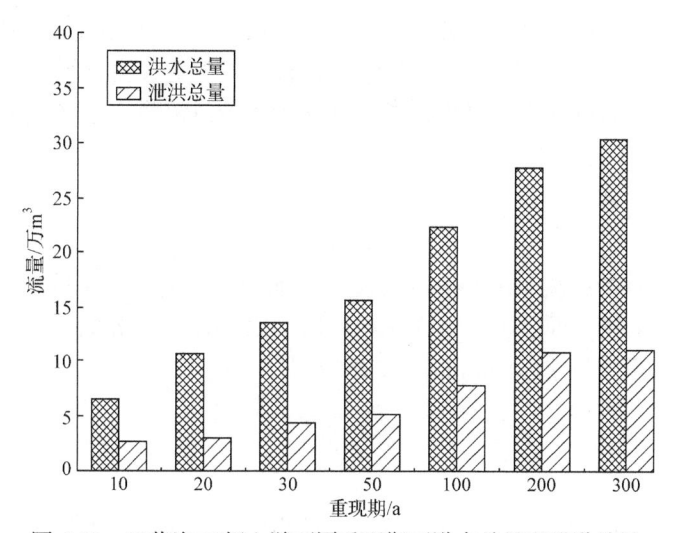

图 6-13　王茂沟 2#坝上游不同重现期下洪水总量和泄洪总量

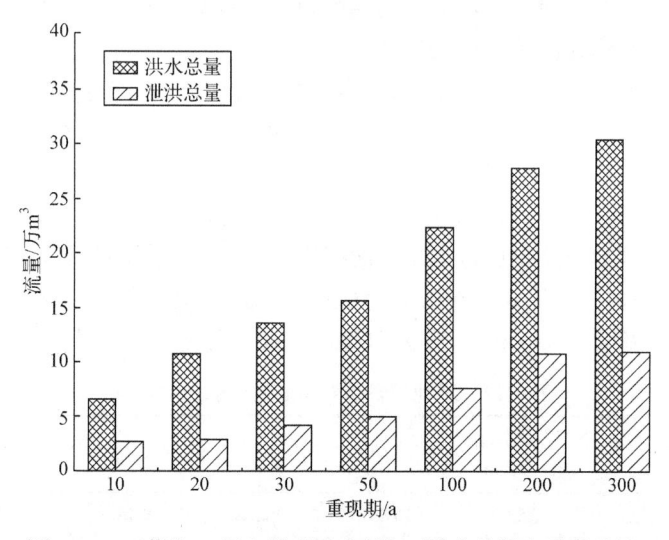

图 6-14　王茂沟 1#坝上游不同重现期下洪水总量和泄洪总量

将王茂沟 2#坝和王茂沟 1#坝上游洪水总量代入式(6-7)和式(6-8)即可得到坝系调控后的重现期,见表 6-11。

表 6-11 坝系调控下王茂沟 2#坝和王茂沟 1#坝重现期对比 (单位: a)

淤地坝名称	10a	20a	30a	50a	100a	200a	300a
王茂沟 2#坝	1	1	2	4	9	22	25
王茂沟 1#坝	1	3	4	6	16	35	43

随着坝地的淤积,沟道的比降减小,沟道由 V 型沟道逐渐演变为 U 型沟道(Wang et al., 2021b)。在此,引入断面过流能力的概念,量化淤地坝对地形的影响,定义单位水位(1m)下的某沟道断面流量为单位过流量,来衡量沟道断面的过流能力。

根据谢才公式:

$$Q = AC\sqrt{Ri} \tag{6-9}$$

式中,Q 为过水断面流量(m^3/s);A 为过水断面面积(m^2);C 为谢才系数($m^{1/2}/s$);R 为断面水力半径,即过水断面面积与湿周之比(m);i 为比降(%)。

谢才系数可由曼宁(Manning)公式求得:

$$C = \frac{1}{n} R^{1/6} \tag{6-10}$$

式中,n 为糙率系数。

进一步,可以使用实际断面过流量与参考断面过流量的比值来衡量过流能力的强弱。其中,参考断面可定义为与实际过流断面具有相同断面面积的圆形有机玻璃管,且其比降为流域的平均比降。

在 DEM 的支持下,分别提取未淤积沟道(27 个)和淤积沟道(34 个)的典型断面,并计算出单位水位(1 m)下的湿周和过水断面面积,求出水力半径,并提取河道比降,根据谢才公式,计算过流能力,见表 6-12。计算结果显示,自然沟道的平均比降为 16.42%,坝地淤积后,平均比降降至 0.29%;自然沟道的单位水位过水断面面积为 6.58m²,坝地单位水位过水断面面积为 33.14m²;平均湿周从 10.25m 增加到 34.97m;平均水力半径从 0.64m 增加到 0.95m;自然沟道的平均过流量为 12.72m³/s,坝地的平均过流量为 6.39m³/s,随着坝地的淤积,自然沟道的过流量降低了约 1/2。

表 6-12 淤地坝淤积对沟道过流能力的影响

类别	平均比降/%	单位水位过水断面面积/m²	平均湿周/m	平均水力半径/m	平均糙率	平均过流量/(m³/s)
自然沟道	16.42	6.58	10.25	0.64	0.16	12.72
坝地	0.29	33.14	34.97	0.95	0.27	6.39

取流域的平均比降 6.90%、有机玻璃糙率 0.008、自然沟道和坝地的过水断面面积 6.58m² 和 33.14m²，进行参考断面的过流量计算。结果显示，自然沟道参考断面的过流量为 348.28m³/s，自然沟道过流量与其参考断面过流量的比值为 0.0365；坝地参考断面的过流量为 3006.75m³/s，坝地过流量与其参考断面过流量的比值为 0.0021。从这一角度分析，淤积坝淤积显著地降低了沟道的过流能力(刘蕾等，2020)。

6.4 淤地坝淤积过程对径流侵蚀动力的影响

6.4.1 淤地坝淤积过程对径流动能的影响

图 6-15 为 4 种工况下王茂沟主沟沿程断面沟道径流动能变化过程。从图 6-15 可以得出，王茂沟主沟沿程断面沟道径流动能空间分布比较复杂，在 1637m 断面处开始呈现明显的差异，3 种建坝工况(建坝未淤积、建坝淤积 4m 和建坝淤积 8m)下的径流动能均比未建坝时有明显的减小，在王茂沟 2#坝断面至坝前 479m 处断面沟道径流动能出现明显的波动。为了分析坝前径流动能波动的原因，提取了 1637m 处和 1975m 处断面的质量和流速数据，图 6-16(a)和图 6-17(a)分别为 1637m 断面径流量变化过程和径流流速变化过程。由径流动能计算公式可知，径流动能受沿程断面径流量流速和径流量直接影响。从 1637m 断面径流量变化过程[图 6-16(a)]可以发现，未建坝的工况径流量最大，建坝淤积 8m 的工况径流量小于未建坝的工况，建坝淤积 4m 的工况径流量大于建坝淤积 8m 的工况，建坝未淤积的工况径流量最小。

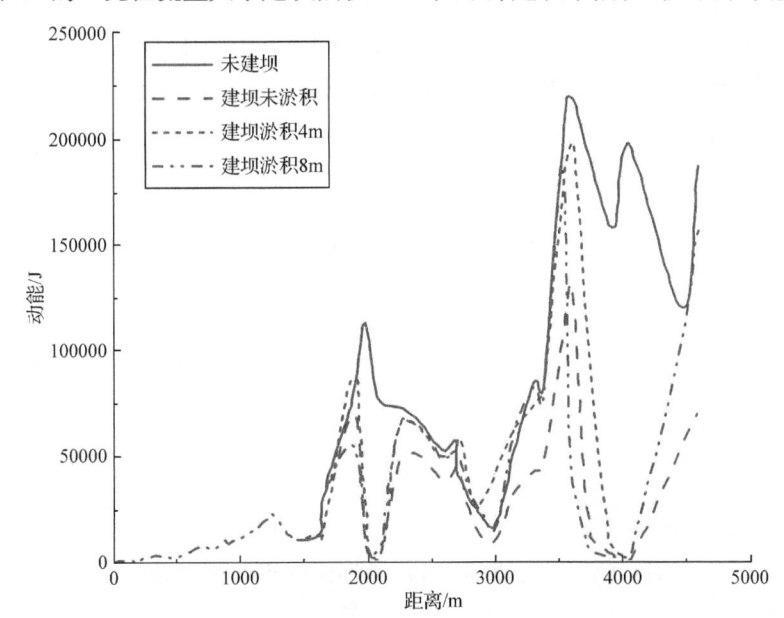

图 6-15 王茂沟主沟沿程断面沟道径流动能变化过程

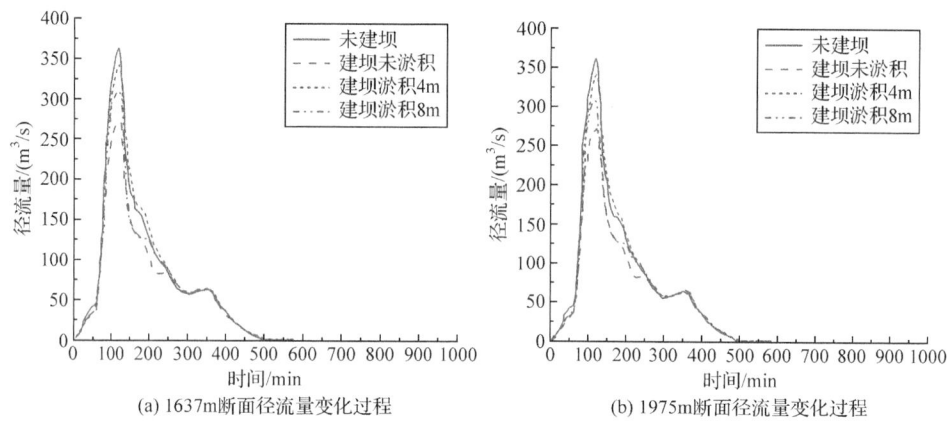

图 6-16　1637m 断面和 1975m 断面径流量变化过程

从 1975m 断面径流量变化过程[图 6-16(b)]可以发现，1975m 断面的径流变化过程和 1637m 断面的径流量变化过程相同。这是由于上游小型坝的拦蓄作用，淤积越多，淤地坝剩余库容越小，1637m 断面的径流量随建坝淤积程度变大而减小。从 1637m 断面径流流速变化过程线[图 6-17(a)]可以发现，建坝未淤积的径流流速最大，建坝淤积 4m 的径流流速小于建坝未淤积的径流流速，建坝淤积 8m 的径流流速小于建坝淤积 4m 的径流流速，未建坝的工况径流流速最小。从 1975m 断面处径流流速变化过程[图 6-17(b)]可以发现，建坝未淤积的工况径流流速最大，未建坝工况的径流流速大于建坝淤积工况，建坝淤积 4m 的径流流速比建坝未淤积的径流流速小。通过对比 1637m 断面和 1975m 断面的径流量和径流流速变化过程，可以解释王茂沟 2#坝前径流动能出现的波动。

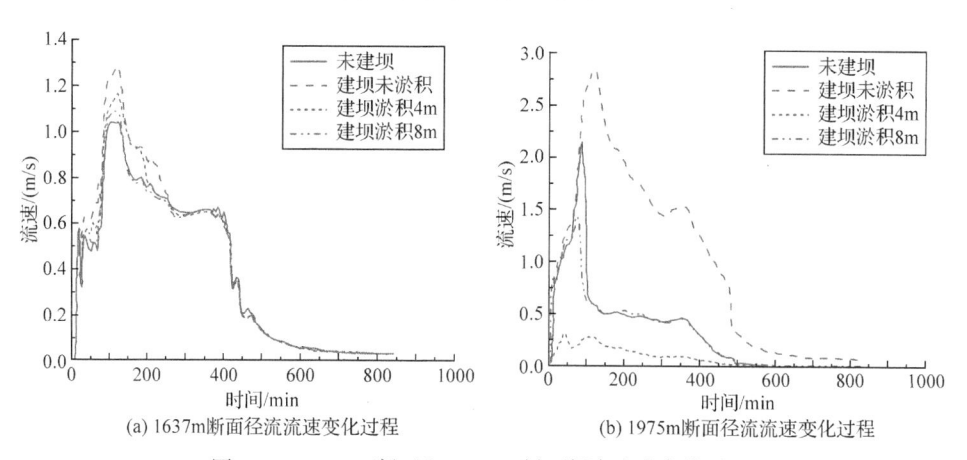

图 6-17　1637m 断面和 1975m 断面径流流速变化过程

从图 6-15 王茂沟主沟沿程断面沟道径流动能过程线可以看出，王茂沟 2#坝后 2150m 断面之后的下游主沟径流动能呈现出明显的减小趋势，3 种建坝淤积不同程度的工况较未建坝工况径流动能都有所减小，其中建坝未淤积的工况减小程度最大，建坝淤积 4m 的工况次之，建坝淤积 8m 的工况减小程度最小。由于王茂沟 2#坝的拦蓄作用，坝前径流速度迅速减小，同时由于淤地坝的蓄水作用，下游沟道内的径流水量明显减少，使得不同工况下王茂沟 2#坝下游沟道内径流动能存在明显的差异。

未建坝工况沿程的总动能约为 3.2×10^8J，建坝未淤积工况的沿程总动能约为 1.4×10^8J，比未建坝工况减小了 55.93%；建坝淤积 4m 工况的沿程总动能约为 2.3×10^8J，比未建坝工况减小了 27.44%；建坝淤积 8m 工况的沿程总动能约为 2.0×10^8J，比未建坝工况减小了 38.09%。未建坝工况沿程径流总量约为 $2.55 \times 10^8 m^3$，建坝未淤积工况沿程径流总量约为 $2.07 \times 10^8 m^3$，比未建坝工况减小了 18.82%；建坝淤积 4m 的沿程径流总量约为 $2.47 \times 10^8 m^3$，比未建坝工况减小了 3.14%；建坝淤积 8m 的沿程径流总量约为 $2.54 \times 10^8 m^3$，比未建坝工况减小了 0.39%。建坝未淤积、建坝淤积 4m 和建坝淤积 8m 工况的沿程总动能呈先减小后增大的趋势，而沿程径流总量呈持续减小趋势。建坝未淤积的工况沿程流速比未建坝工况减小了 10.45%，建坝淤积 4m 的工况沿程流速比未建坝工况减小了 7.49%，建坝淤积 8m 的工况沿程流速比未建坝工况减小了 12.94%。根据动能计算公式可知，流量和流速是影响动能的两个关键因素，建坝未淤积工况动能减小的流量和流速贡献率分别为 63.22%和 36.78%；建坝淤积 4m 工况动能减小的流量和流速贡献率分别为 29.54%和 70.46%；建坝淤积 8m 工况动能减小的流量和流速贡献率分别为 2.93%和 97.07%。可以得出，随着淤地坝的淤积，流量对动能的影响越来越小，流速对动能的影响越来越大。淤地坝的建设明显减小了王茂沟流域沟道内的径流动能(袁水龙，2017)。

6.4.2 淤地坝淤积过程对径流势能的影响

流域降雨后，雨水降落到地面形成径流，径流汇流到沟道，从上游至下游，从支沟道再汇入主沟道，高程不断减小，水量不断增大。图 6-18 为王茂沟主沟沿程断面径流势能变化过程，从图中可以看出径流势能从上游到下游递增，这是因为水流从上游向下游运动过程中支流汇入，流量不断增大，从而径流势能逐渐增大。1629m 断面处不同淤积程度的径流势能存在明显的差异，支流汇入后径流势能明显增大，王塔沟支流的汇入使王茂沟主沟流量迅速增大。未建坝的工况径流势能比建坝未淤积和建坝淤积 4m 的工况大，这是因为王塔沟支流和死地嘴支流存在两个小型坝，小型坝拦蓄了支流的部分洪水，减少了汇入王茂沟主沟的流量。

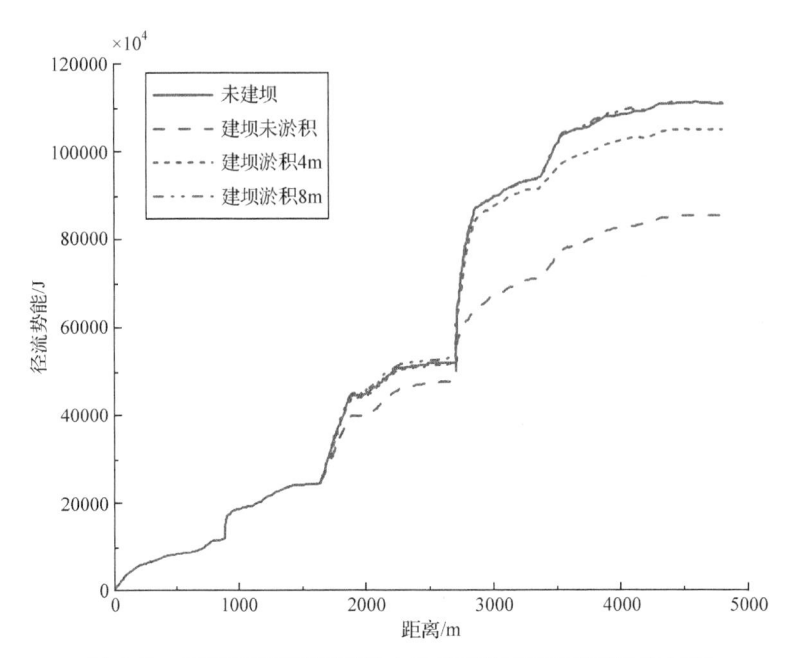

图 6-18　不同淤积程度王茂沟主沟沿程断面径流势能变化过程

根据势能公式可知，质量是影响势能的直接因素，流量减小使质量减小，质量减小使势能减小，所以建坝未淤积和建坝淤积 4m 的工况径流势能比未建坝的工况小。未建坝和建坝淤积 8m 的工况在 1629m 断面后径流势能差异仍不明显，是因为建坝淤积 8m 工况下王塔沟支流的小型坝已处于淤满状态，没有剩余库容拦蓄洪水，支流中的大部分洪水汇入了王茂沟主沟。2116m 断面也就是王茂沟 2#坝后，3 种建坝不同淤积程度工况的径流势能出现了不同程度的上升，这是由于不同淤积程度下王茂沟 2#坝剩余库容不同，拦蓄径流的量也不同，所以经过王茂沟 2#坝后径流势能上升的幅度也不同。

不同淤积程度工况之间的径流势能差异在 2719m 断面后再一次明显放大，这是因为 2719m 断面前 20m 内有康河沟和埝堰沟两条支沟汇入王茂沟主沟，其中康河沟支流建有 2 个小型坝，埝堰沟支流建有 3 个小型坝，这 5 个小型坝拦蓄的水量减小了两条支沟汇入王茂沟主沟的径流量，使不同淤积程度工况之间的径流势能差异明显增大。建坝未淤积和建坝淤积 4m 的工况径流势能在 4060m 断面处出现不同程度减小，也是王茂沟 1#坝不同淤积程度下剩余库容不同导致的。因此，可以得出流域的径流势能与淤地坝拦蓄洪水的径流量和流域的地形有直接关系，淤地坝的拦蓄洪水能力是影响径流势能最显著的因素。淤地坝的修建减小了流域的径流势能，但随着淤地坝的淤积，调控流域径流势能的能力逐渐减小。

6.4.3 淤地坝淤积过程对径流侵蚀功率的影响

洪峰流量模数和径流深这两个关键侵蚀动力影响因子，能够准确地反映沟道的侵蚀动力情况。

图 6-19 为淤地坝不同淤积程度下王茂沟主沟沿程断面径流侵蚀功率的变化过程线。从图 6-19 中可以得出，王茂沟 2#坝前不同淤积程度的径流侵蚀功率出现了差异，这是因为王茂沟 2#坝前的上游有两座小型坝在王塔沟支沟里，小型坝的拦蓄作用减小了汇入主沟的径流量。经过王茂沟 2#坝后，不同淤积程度的沿程径流侵蚀功率呈现明显的规律，未建坝工况的径流侵蚀功率从上游至下游呈波动上升趋势，建坝未淤积工况的径流侵蚀功率从上游至下游呈波动下降趋势，这说明淤地坝的修建明显改变了流域沿程径流侵蚀动力过程。建坝淤积 4m 和建坝淤积 8m 工况的沿程径流侵蚀功率较未建坝工况存在明显的减小，淤积程度越小，径流侵蚀功率减小得越明显，这是因为淤积作用减小了淤地坝的剩余库容，拦蓄洪水的水量减少。

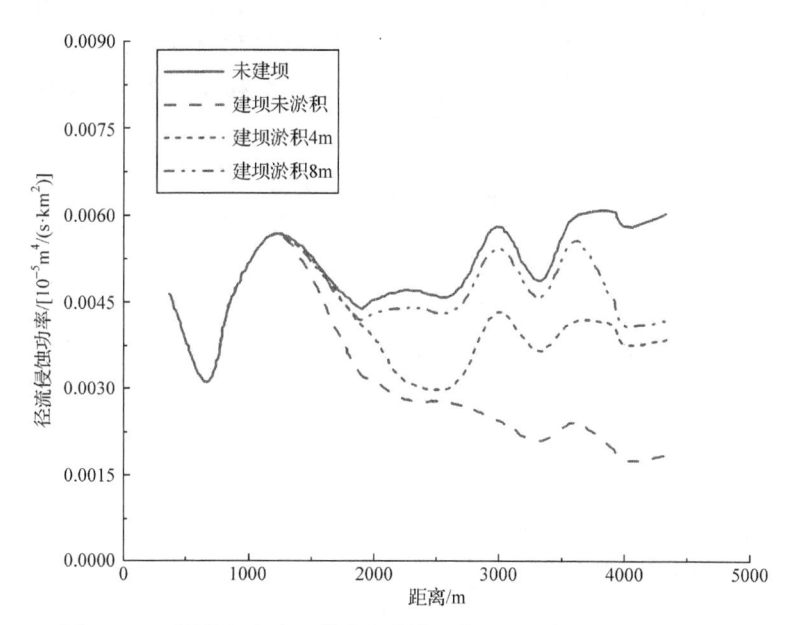

图 6-19 不同淤积程度王茂沟主沟沿程断面径流侵蚀功率变化过程

6.4.4 淤地坝坝系效应概化研究

运用水文模型进行模拟，可以在一定程度上表达流域水文过程，但是在大尺度流域范围上运用水文模型进行模拟，很难将整个流域的地形、河网等下垫面条件参数化，而且过度参数化不一定能提高水文模型的精度。在建立大尺度流域水文模型时，流域干支流水工建筑物情况复杂，淤地坝建设数量巨大，且大多位于小流域的沟道中，现有流域水文模型结构很少能够描述小流域沟道水工建筑物情况。即使能够将所有的淤地坝数据都输入到模型中，也工程量巨大，而且模型运行存在很大的压力，过多的水工建筑物数据容易引起模型在运行过程中发散，很难实现对大尺度流域进行精确的模拟。为了建立高效的大尺度流域水文模型，需要将各种水工建筑物进行坝系概化，在尽可能减少在模型中输入水工建筑物数据的情况下，还能准确反映流域出口的水文过程。

本小节以王茂沟流域为研究区域，将流域中的 12 个有效淤地坝加入模型中(具体参数见表 6-13)，模拟 2017 年"7·26"洪水过程。在率定出模型参数后，纳什效率系数达到 0.84，随后将模型中的淤地坝全部删除，并且在距沟口 89m 处重新加入一个淤地坝，设计单坝布局如图 6-20 所示，断面形状如图 6-21 所示。通过调整淤地坝的基本参数及放水建筑物形状，使这个单坝在流域出口的水文过程与原先坝群在流域出口的水文过程一致。模拟的单坝与坝系的流域出口水文过程如图 6-22 所示，纳什效率系数为 0.98，决定系数 R^2 为 0.99，单坝可以很好地反映坝系在沟口的水文过程。因此，通过坝系效应概化研究，证明在模型的小流域出口可以通过设置单坝概化坝系效应，来达到简化模型的效果，实现大尺度流域水文模型模拟。

表 6-13 淤地坝具体参数

编号	坝名	坝高/m	坝顶长/m	总库容/m³	溢洪道 深度/m	溢洪道 底宽/m
1	王茂沟 1#坝	18.6	87	240000	3.00	3.0
2	王茂沟 2#坝	13.5	55	46400	3.50	3.0
3	黄柏沟 1#坝	6.0	23	4628	1.00	1.0
4	黄柏沟 2#坝	8.5	29	2540	1.20	1.8
5	埝堰沟 1#坝	7.0	39	15300	2.50	1.5
6	埝堰沟 2#坝	12.0	37	57800	1.20	1.5
7	埝堰沟 3#坝	10.9	28	39000	—	—
8	关地沟 1#坝	10.0	29	24630	1.34	1.2
9	关地沟 2#坝	6.0	24	2900	1.04	1.0
10	关地沟 3#坝	11.8	42	62350	—	—
11	死地嘴 1#坝	9.5	33	14850	0.57	1.0
12	王塔沟坝	9.5	18	20275	1.10	0.9
13	设计单坝	16.0	90	—	4.0	3.0

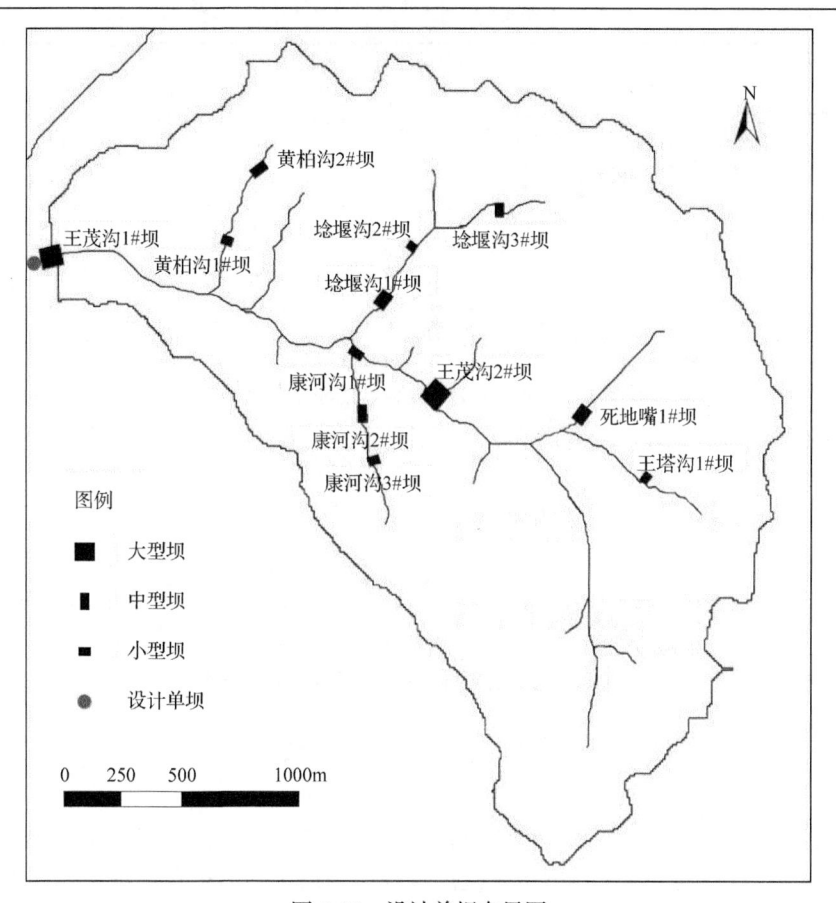

第6章 淤地坝系调峰消能机理与模拟

图 6-20 设计单坝布局图

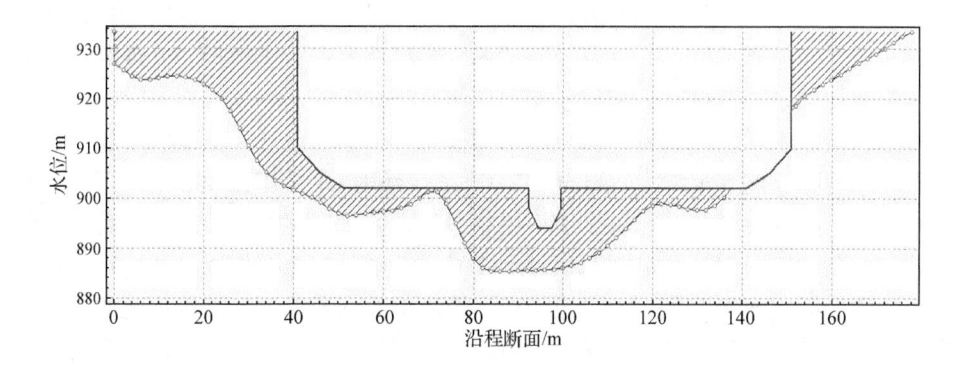

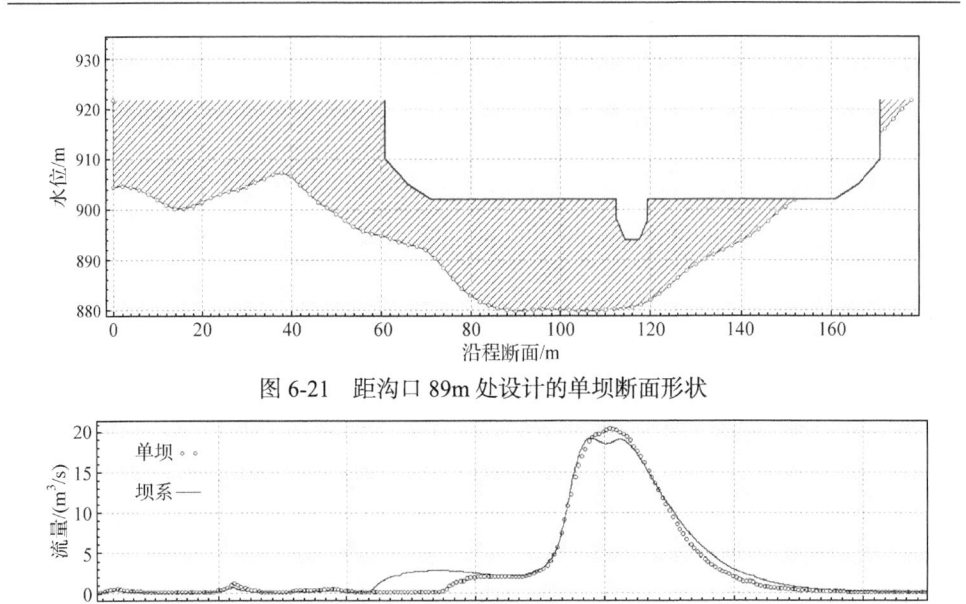

图 6-21　距沟口 89m 处设计的单坝断面形状

图 6-22　单坝效应和坝系效应模拟结果对比

6.5　本章小结

沟道工程的建设能够调节径流过程,起到削减径流能量的作用。本章通过水文水动力模型模拟研究了典型历史次洪过程的坝系水动力过程、坝系不同重现期水动力过程,研究级联坝系对设计暴雨洪水的影响和淤地坝淤积对径流能量的影响。研究结果表明,与无坝流域相比,有坝流域的洪水总量减少、洪峰出现时间滞后,淤地坝可以大大削减沟道径流侵蚀能力。对串联、并联、混联三种淤地坝级联布设方式的滞洪能力、过流径流功率、挟沙能力进行了模拟,发现混联布设方式下淤地坝系的滞洪能力和控沙能力最佳。在 50 年一遇和 300 年一遇设计暴雨条件下,淤地坝对洪峰流量的削减作用都很明显;随着设计暴雨量的增加,下游淤地坝的削减比例逐渐增大;与 50 年一遇设计暴雨条件相比,300 年一遇设计暴雨条件下的洪峰流量削减量与淤地坝控制面积之间的线性相关关系更显著;在降雨量较大条件下,淤地坝控制面积对洪峰流量的削减起主要作用,淤地坝对径流能量峰值的削减比例明显大于淤地坝对洪峰流量的削减比例。随着坝地的淤积,沟道的比降减小,沟道形状由 V 型逐渐演变为 U 型,降低了沟道的过流能力。通过模拟淤地坝修建前后及不同淤积程度 4 种工况下的径流能量变化过程,建坝未淤积、建坝淤积 4m、建坝淤积 8m 的沟道沿程径流动能分别比未建坝的工况减小了 55.93%、27.44%、38.09%;淤地坝的修建减小了流域的径流势能,但随着淤地坝的淤积，调控流域径流势能的能力减小，淤地坝的建设改变了流域径流侵蚀动力过程，淤积的程度越小，径流侵蚀功率减小得越明显。通过坝系效应概化研究，证明了模型的小流域出口可以通过设置单坝概化坝系效应，来达到简化模型的效果，实现大尺度流域水文模型模拟。

参 考 文 献

黄金柏, 付强, 桧谷治, 等, 2011. 黄土高原小流域淤地坝系统水收支过程的数值解析[J]. 农业工程学报, 27(27): 51-57.

惠波, 2015. 黄土高原小流域淤地坝系淤积特征及其生态效应研究[D]. 西安: 西安理工大学.

刘蓓蕾, 2005. 黄土高原淤地坝建设与地形特征的响应关系研究[D]. 西安: 西安理工大学.

刘蕾, 李庆云, 刘雪梅, 等, 2020. 黄河上游西柳沟流域淤地坝系对径流影响的模拟分析[J]. 应用基础与工程科学学报, 28(3): 73-84.

綦俊谕, 蔡强国, 方海燕, 等, 2010. 岔巴沟流域水土保持减水减沙作用[J]. 中国水土保持科学, 8(1): 28-33.

冉大川, 罗全华, 刘斌, 等, 2004. 黄河中游地区淤地坝减洪减沙及减蚀作用研究[J]. 水利学报, 35(5): 7-13.

史学建, 彭红, 2005. 从地貌演化谈黄土高原淤地坝建设[J]. 中国水土保持科学, 8(8): 28-29.

唐鸿磊, 2019. 淤地坝全寿命周期内的流域水沙阻控效率分析[D]. 杭州: 浙江大学.

武汉水利电力学院水流挟沙力研究组, 1959. 长江中下游水流挟沙力研究：兼论以悬移质为主的挟沙水流能量平衡的一般规律[J]. 泥沙研究, (2): 54-73.

袁水龙, 2017. 淤地坝系对流域水沙动力过程调控作用与模拟研究[D]. 西安: 西安理工大学.

袁水龙, 李占斌, 李鹏, 等, 2018. MIKE 耦合模型模拟淤地坝对小流域暴雨洪水过程的影响[J]. 农业工程学报, 34(13): 152-159.

张红娟, 延军平, 周立花, 等, 2007. 黄土高原淤地坝对水资源影响的初步研究：以绥德县韭园沟典型坝地为例[J]. 西北大学学报(自然科学版), 37(3): 475-478.

支再兴, 2018. 淤地坝对沟道水流的调控作用研究[D]. 西安: 西安理工大学.

BOIX-FAYOS C, BARBERÁ G G, LÓPEZ-BERMÚDEZ F, et al., 2007. Effects of check dams, reforestation and land-use changes on river channel morphology: Case study of the Rogativa catchment (Murcia, Spain)[J]. Geomorphology, 91(1-2): 103-123.

BUSNELLI M M, STELLING G S, LARCHER M, 2001. Numerical morphological modeling of open-check dams[J]. Journal of Hydraulic Engineering, 127(2): 105-114.

MURALIDHARAN D, ANDRADE R, RANGARAJAN R, 2007. Evaluation of check-dam recharge through water-table response in ponding area[J]. Current Science, (92): 1350-1352.

TANG H, PAN H, RAN Q, 2020. Impacts of filled check dams with different deployment strategies on the flood and sediment transport processes in a Loess Plateau catchment[J]. Water, 12(5): 1319.

TANG H, RAN Q, GAO J, 2019. Physics-based simulation of hydrologic response and sediment transport in a hilly-gully catchment with a check dam system on the Loess Plateau, China[J]. Water, 11(6): 1161.

WANG T, HOU J, LI P, et al., 2021a. Quantitative assessment of check dam system impacts on catchment flood characteristics-a case in hilly and gully area of the Loess Plateau, China[J]. Natural Hazards, 105(3): 3059-3077.

WANG Z, CHEN Z, YU S, et al., 2021b. Erosion-control mechanism of sediment check dams on the Loess Plateau[J]. International Journal of Sediment Research, 36(4): 668-677.

第7章 流域侵蚀能量时空分布格局

7.1 流域水沙能量动力关系模拟

7.1.1 流域径流输沙关系物理解析

径流和泥沙是流域重要的两种自然物质和资源,二者相互作用、相互影响,在短期内不断塑造着流域的表层地貌(Bai et al., 2020)。径流是驱动流域泥沙运动和沉积等变化的重要动力因子,二者间存在着物理学意义上的因果关系(Yuan et al., 2019)。

根据水文学的基本理论,某一个研究时间段内流域径流总量的表达式如下:

$$W = \int Q \mathrm{d}t \tag{7-1}$$

式中,W 为某研究时段内的流域径流总量(m^3);Q 为瞬时流量(m^3/s);t 为研究时段总历时(s)。

根据水文学的基本理论,某一个研究时间段内流域输沙量的表达式如下:

$$S = \int s_h Q \mathrm{d}t \tag{7-2}$$

式中,S 为某研究时段内的流域输沙量(kg);Q 为瞬时流量(m^3/s);s_h 为径流含沙量(kg/m^3);t 为研究时段总历时(s)。

由式(7-1)和式(7-2),可得

$$\frac{S}{W} = \frac{\int s_h Q \mathrm{d}t}{\int Q \mathrm{d}t} = s_h \tag{7-3}$$

由式(7-3)可知,径流输沙关系主要取决于径流含沙量的变化。当径流含沙量平稳变化时,径流输沙关系变化则表现出明显的确定性规律;当径流含沙量非平稳变化时,径流输沙关系变化则表现出无规律性。由于径流含沙量的变化受到流域下垫面特征的影响和坡面沟道水土保持措施的作用,一般情况下表现出明显的非平稳变化,因此径流输沙关系在同一流域的不同时期或者不同流域的同一时期存在明显的差异性(Yuan et al., 2022)。

7.1.2 径流侵蚀功率

根据能量守恒定律可知,输沙量的变化受到流域径流能量的作用,单位质量输沙量输移单位距离消耗的径流能量是一定的。本小节将泥沙在输移过程中消耗的径流能量称为径流输沙能量，径流输沙能量是径流能量中对泥沙输移运动起有效作用的那部分能量。因此，建立和识别径流输沙能量计算的理论和方法对于建立流域水沙动力关系预报模型具有重要的意义。

径流深和洪峰流量分别反映了流域次暴雨洪水的某些特性，但均不能反映降雨过程与下垫面条件的共同作用，特别是次暴雨侵蚀产沙方面的特征，而次暴雨径流侵蚀功率同时具有两者的优点，能较好反映水力侵蚀的作用。

$$E = Q'_m H \tag{7-4}$$

$$Q'_m = \frac{Q_m}{A} \tag{7-5}$$

$$H = \frac{Q \Delta t}{A} \tag{7-6}$$

式中，E 为次暴雨径流侵蚀功率[m^4/(s·km^2)]，具有功率的量纲；Q'_m 为洪峰流量模数[m^3/(s·km^2)]，大小等于次暴雨洪水的洪峰流量 Q_m(m^3/s)与流域面积 A(km^2)的比值；H 为次暴雨平均径流深(m)；Q 为次暴雨平均流量(m^3/s)；Δt 为时段长度，此处 $\Delta t = 1$s。

为了进一步明确 E 的物理含义，可对式(7-4)进行如下变换：

$$E = Q'_m H = \frac{W}{A} \cdot \frac{Q_m}{A} = \frac{W}{A^2} \cdot A' \cdot \frac{Q_m}{A'} = \frac{A'}{A^2} \cdot WV = \frac{A'}{\rho g A^2} \cdot \rho g WV = \frac{A'}{\rho g A^2} \cdot FV \tag{7-7}$$

令 $\text{con} = \dfrac{A'}{\rho g A^2}$，则式(7-7)可简化为式(7-8)：

$$E = \text{con} \cdot FV \tag{7-8}$$

式中，W 为次暴雨的径流总量(m^3)；A 为流域面积(m^2)；Q_m 为洪峰流量(m^3/s)；A' 为与 Q_m 对应的流域出口断面的过水面积(m^2)；V 为流域出口断面与 Q_m 对应的平均流速(m/s)；ρ 为水的密度(kg/m^3)；g 为重力加速度(m/s^2)；F 为作用力(N)。

从式(7-8)可以看出，径流侵蚀功率 E 具有功率的量纲，综合反映了流域次暴雨过程中水力侵蚀与径流输沙的效率，具有明确的物理意义，表达了流域内不同下垫面条件的空间分布对侵蚀产沙的综合作用(鲁克新等，2009)。

将每一个子流域每年的径流过程概化为一次以月为时间步长的径流过程，各月径流深的平均值 H_mon 作为 H，月平均流量的最大值 $Q_{m,\text{mon}}$ 作为 Q_m，代入式(7-4)～式(7-6)，得到年径流侵蚀功率计算公式：

$$E_y = Q'_{m,\text{mon}} H_\text{mon} \tag{7-9}$$

$$Q'_{m,mon} = Q_{m,mon} / A' \tag{7-10}$$

$$H_{mon} = Q_{mon} \cdot \Delta t / A' \tag{7-11}$$

式中，E_y 为年径流侵蚀功率$[m^4/(s \cdot km^2)]$；$Q'_{m,mon}$ 为年内最大月平均流量模数 $[m^3/(s \cdot km^2)]$，其大小等于年内最大月平均流量 $Q_{m,mon}$ 与 A' 的比值；H_{mon} 为各月径流深的平均值(m)，计算方法为年内各月径流深之和除以 12；Q_{mon} 为年内各月平均流量的平均值(m^3/s)，计算方法为年内各月平均流量之和除以 12；Δt 为时段长度，此处按每月 30d 计算，$\Delta t = 2.592 \times 10^6 s$。

7.2 无定河流域水沙及侵蚀能量空间分布特征

降雨侵蚀力是 USLE 等流域土壤侵蚀预报模型中应用最广泛的侵蚀动力因子，但仍具有一定的局限性。相比之下，径流侵蚀功率可以更加充分地反映地表水力侵蚀动力的综合作用(章文波等，2002)。本节分析径流侵蚀功率的空间分布，以期从能量的角度阐明流域侵蚀的分布情况，研究流域空间侵蚀的特征(李占斌等，2005)。

7.2.1 径流侵蚀功率与输沙关系分析

影响侵蚀产沙的因素有很多，需要分析径流侵蚀功率与实际输沙量之间的关系，以说明径流侵蚀功率的优越性。选取无定河流域出口控制站白家川站、主要支流大理河出口控制站绥德站、流域中游站点丁家沟站、风沙区站点赵石窑站，这四个水文站的资料来源于 1960～2015 年黄河水文年鉴。由式(7-9)～式(7-11)计算各站点历年的年径流侵蚀功率 E_y，同时经过统计分析得到相应年份的年径流量 Q_y 与年输沙量 T_y，分别绘制年径流量-年输沙量和年径流侵蚀功率-年输沙量之间的散点图(图 7-1)，并对其进行回归分析，结果见表 7-1。

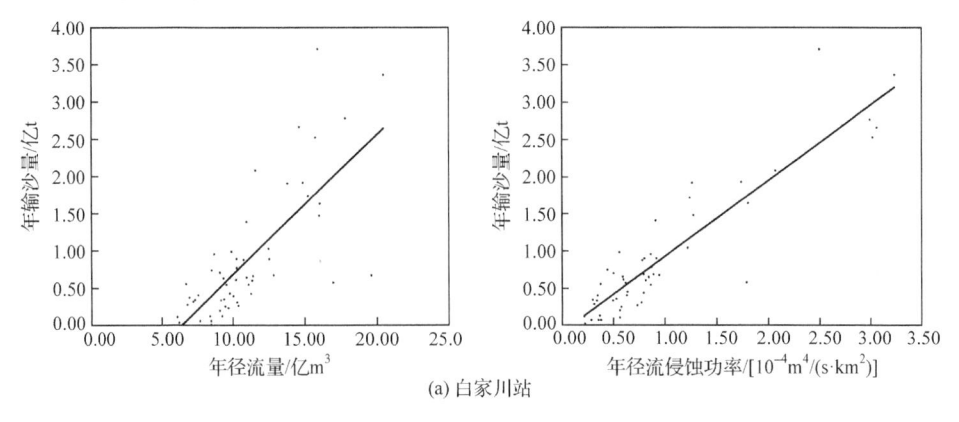

(a) 白家川站

(b) 丁家沟站

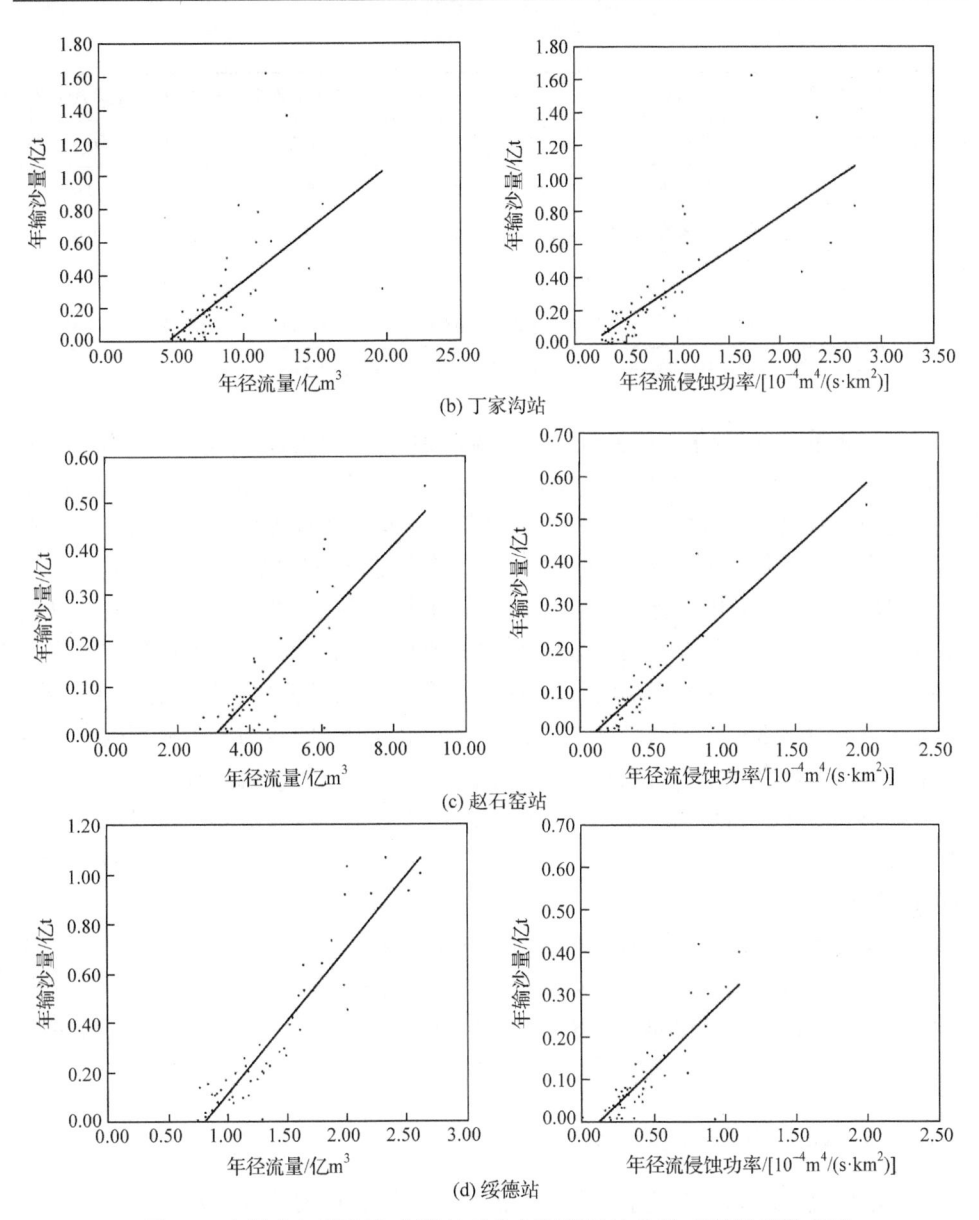

(c) 赵石窑站

(d) 绥德站

图 7-1　各站点年径流量-年输沙量和年径流侵蚀功率-年输沙量散点图

表 7-1　各站点年径流量-年输沙量和年径流侵蚀功率-年输沙量回归分析结果

研究对象	站点	回归方程	决定系数 R^2	F 检验值	显著性水平
年径流量-年输沙量	白家川	$T_y = 0.1884 Q_y - 1.1993$	0.57	71.91	0.01
	丁家沟	$T_y = 0.0678 Q_y - 0.3214$	0.36	30.18	0.01
	绥德	$T_y = 0.5833 Q_y - 0.4660$	0.88	381.00	0.01

续表

研究对象	站点	回归方程	决定系数 R^2	F 检验值	显著性水平
年径流量-年输沙量	赵石窑	$T_y = 0.0846Q_y - 0.2695$	0.70	127.41	0.01
年径流侵蚀功率-年输沙量	白家川	$T_y = 1.0257E_y - 0.1123$	0.84	280.20	0.01
	丁家沟	$T_y = 0.4148E_y - 0.0599$	0.57	70.29	0.01
	绥德	$T_y = 0.1294E_y + 0.1142$	0.73	149.00	0.01
	赵石窑	$T_y = 0.3123E_y - 0.0357$	0.75	166.30	0.01

注：T_y 表示年输沙量(亿 t)；Q_y 表示年径流量(亿 m³)；E_y 表示年径流侵蚀功率[10^{-4}m⁴/(s·km²)]。

年径流量-年输沙量回归方程、年径流侵蚀功率-年输沙量回归方程均通过了显著性水平为 0.01 的 F 检验，说明年输沙量与年径流量、年输沙量与年径流侵蚀功率之间均有显著的线性关系，可以通过年径流量或年径流侵蚀功率来估算年输沙量。通过对比各站的决定系数可以看出，在无定河流域的风沙区(赵石窑站)、大理河出口(绥德站)和无定河流域出口白家川站，年径流量和年输沙量均可以较好地与年输沙量进行拟合，决定系数 R^2 都在 0.5 以上，且所有的点都分布于拟合曲线附近。在无定河流域中游(丁家沟站)，年径流量与年输沙量的拟合结果较差，决定系数 R^2 为 0.36，且从图 7-1 中可以明显看出，拟合曲线的上段和下段有较多的异常点远离拟合曲线，说明在全流域中游尺度上使用年径流量来估算年输沙量是不准确的。在这四个水文站，年径流侵蚀功率与年输沙量之间线性回归方程的决定系数均在 0.5 以上，说明该线性回归方程可以全面反映枯水、中水和丰水时的输沙情况。

综上所述，在无定河流域，通常使用的水沙关系方程拟合效果并不理想，单纯以水量多少来判断产沙多少是不准确的，而径流侵蚀功率代表了径流携带的产生侵蚀的能量，可以更全面地反映流域的实际输沙情况，进一步证明了径流侵蚀功率作为一个综合因子反映流域实际输沙的优越性。

7.2.2 流域径流输沙的空间分布

无定河流域地形地貌复杂，导致产流产沙情况有很大的空间差异，不同地区的侵蚀产沙量往往相差极大，难以在此区域不同地点进行针对性的水土资源管理、水土保持工程建设，研究该流域侵蚀输沙空间差异的需求非常迫切。SWAT 模型可以输出各子流域的月产流量(WYLD)与月输沙量(SYLD)，据此求得各子流域 1992～1996 年的年径流量与年输沙量，将年径流量与年输沙量分别除以子流域的面积，得到各子流域的年径流深与年输沙模数。将 1992～1996 年的年径流深和年输沙模数做算术平均,得到各子流域出口处多年平均径流深和多年平均输沙模数,后文均简称为径流深和输沙模数,见图 7-2。

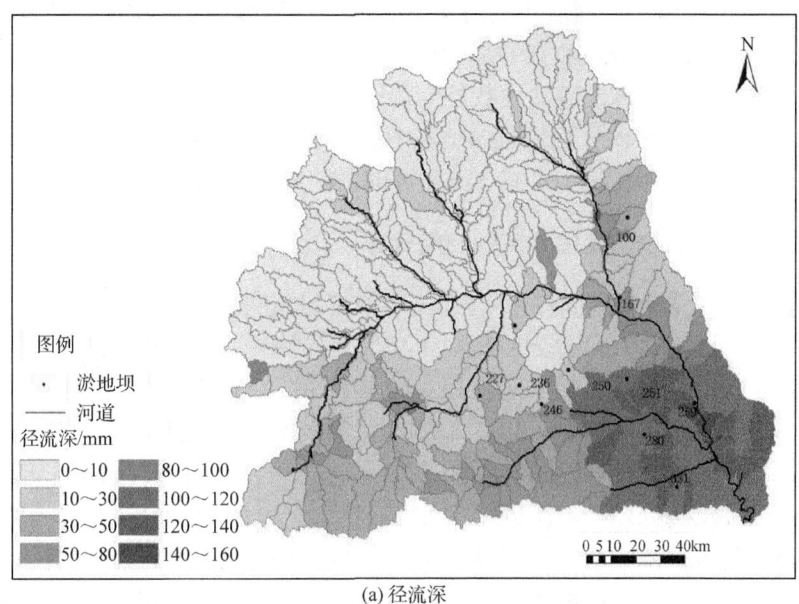

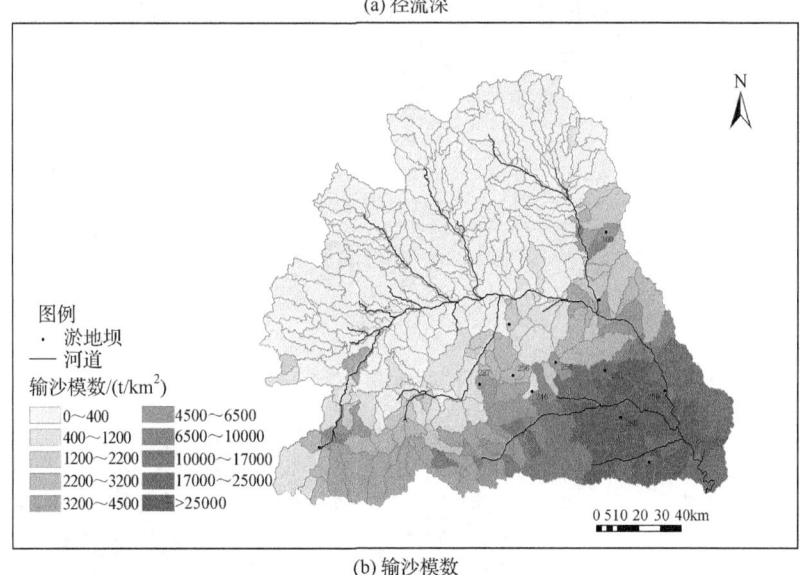

(a) 径流深

(b) 输沙模数

图 7-2　无定河流域 1992~1996 年径流深和输沙模数空间分布
图中数字为子流域编号,后同

从图 7-2 可以看出,无定河流域的产流能力由西北向东南逐渐增大,下游地区的产流能力强于上游。流域径流深大于 80mm 的面积为 4325km^2,占全流域面积的 14.3%，且其中 99.7%的面积集中在下游干流地区及下游的支流大理河和淮宁河(张萍等，2020)。从图 7-2 可以看出，无定河流域侵蚀强度在空间上分布十分不均匀，呈现东南大、西北小的特点。流域输沙模数大于 8000t/km² 的面积为 5621km²，占流域总面积的 18.6%，其中 98%位于流域东南部典型的黄土丘陵沟壑区，该区部分子流域的输沙模数甚至大于 25000t/km²，流域北部风沙区的输沙模数基本为 0～500t/km²。在临近淤地坝下游的子流域，输沙模数明显比淤地坝上游的子流域小，说明淤地坝具有十分显著的拦沙作用。

7.2.3 无定河流域径流侵蚀功率的空间分布

流域内侵蚀强度的空间差异巨大，需要从能量角度进行深入分析，径流侵蚀功率可以客观全面地反映流域侵蚀特点，其空间差异性显示了径流侵蚀能量的空间差异，可以揭示流域输沙模数空间差异巨大的原因。由于 SWAT 模型具有半分布特点，可以模拟各子流域的径流量，为研究流域径流侵蚀功率的空间分布特征创造了条件。SWAT 模型的输出文件中包含了模拟时段(1992～1996 年)内各子流域的月产流量，选取历年的最大月平均流量作为当年的 $Q_{m,mon}$，子流域面积为 A'，求得各年的最大月平均流量模数 $Q'_{m,mon}$，计算得到各年的平均月径流深 H_{mon}；使用改进的年径流侵蚀功率公式依次计算各子流域的年径流侵蚀功率 E_y。为了反映一般规律，将 1992～1996 年历年各子流域的年径流侵蚀功率做算术平均，求得多年平均径流侵蚀功率，后文均简称为子流域的径流侵蚀功率，见图 7-3。

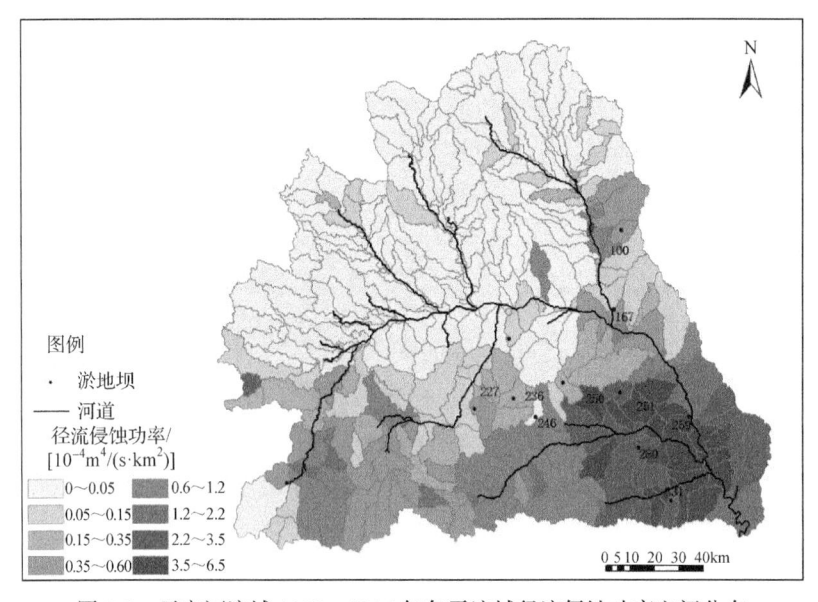

图 7-3 无定河流域 1992～1996 年各子流域径流侵蚀功率空间分布

河源梁涧区和黄土丘陵沟壑区的水力侵蚀严重,是无定河流域的主要产沙区域。在此区域,径流侵蚀功率呈现"下游大、上游小,东部大、西部小,南部大、北部小"的空间特征,上游地区的径流侵蚀功率为 $0\sim1.2\times10^{-4}\mathrm{m}^4/(\mathrm{s}\cdot\mathrm{km}^2)$,下游地区的径流侵蚀功率均在 $1.2\times10^{-4}\mathrm{m}^4/(\mathrm{s}\cdot\mathrm{km}^2)$ 以上,流域东南部的干流及支流大理河与淮宁河的径流侵蚀功率均大于 $3.5\times10^{-4}\mathrm{m}^4/(\mathrm{s}\cdot\mathrm{km}^2)$。另外,淤地坝所在的子流域径流侵蚀功率明显比邻近的其他子流域小,说明淤地坝极大地减小了径流侵蚀能量(王伟等,2020)。

并不是所有的径流都会产生侵蚀输沙,径流侵蚀功率表示径流携带的可以产生侵蚀的能量,径流侵蚀功率的变化反映了径流侵蚀输沙能力的变化,使流域输沙强度变化,因此流域输沙强度的空间分布应该与径流侵蚀功率的空间分布一致(张译心等,2020)。综合以上研究结果(图 7-2、图 7-3)可以发现,无定河流域输沙模数和径流侵蚀功率的空间分布基本一致,均呈现"下游大、上游小,东部大、西部小,南部大、北部小"的分布特征,在河源梁涧区和黄土丘陵沟壑区特别是流域东南部,径流的侵蚀能力较强,导致该地区的输沙强度普遍较大;而在风沙区,较小的径流侵蚀功率使该地区的水力侵蚀强度维持在很低的水平。

7.2.4 无定河流域径流侵蚀功率的空间尺度效应

得到径流侵蚀功率的空间分布特征之后,想进一步了解其大小是否与流域面积有关,即是否存在空间阈值。SWAT 模型不仅可以输出各子流域的产水产沙量,还可以输出各子流域出口断面处的河道总流量(FLOW_OUT),该流量是某一子流域出口控制面积上的产水量汇集到该出口处的总流量。子流域出口断面控制面积为 A_c,指子流域出口以上集水区总面积,包含上游所有子流域面积,以下简称为控制面积。将控制面积 A_c 作为 A',子流域出口断面的河道总流量(FLOW_OUT)作为径流序列,计算出各子流域出口断面处的多年平均径流侵蚀功率,以下简称为子流域出口处的径流侵蚀功率 E。

选取河源梁涧区和黄土丘陵沟壑区的子流域,去除加入淤地坝时模型划分的无效子流域和部分淤地坝等作用导致的异常值,将子流域出口断面控制面积作为空间尺度因子,与对应子流域出口处的径流侵蚀功率进行拟合,结果见图 7-4。拟合方程如下:

$$E = 29.622 A_c^{-0.748}, \quad R^2 = 0.66 \qquad (7\text{-}12)$$

式中,E 为子流域出口处的多年平均径流侵蚀功率$[10^{-4}\mathrm{m}^4/(\mathrm{s}\cdot\mathrm{km}^2)]$;$A_c$ 为控制面积(km^2)。

从式(7-15)可知,径流侵蚀功率与控制面积呈现幂函数关系,决定系数为 0.66。随着控制面积的增加,径流侵蚀功率有减小的趋势,并且其减小速率由快变慢,

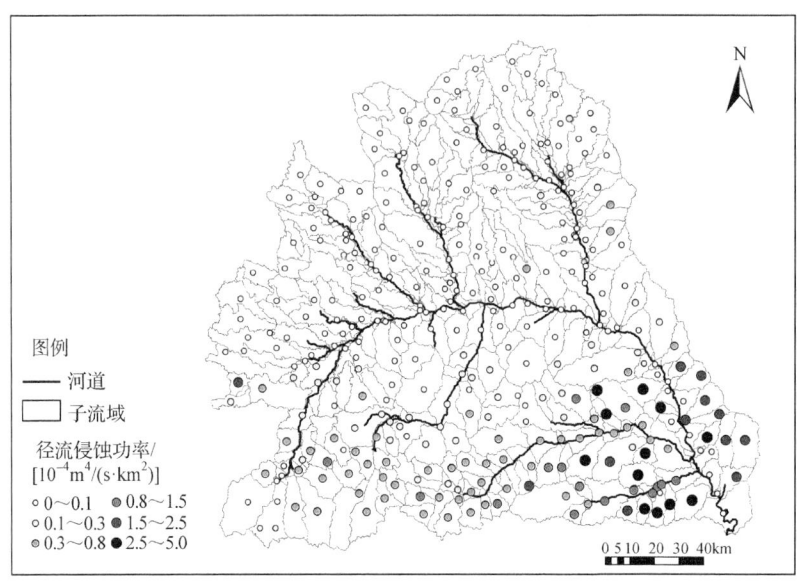

图 7-4 无定河流域 1992～1996 年子流域出口处的径流侵蚀功率空间分布

最后基本趋于平缓，说明汇流面积达到一定值后继续增大将不再使径流侵蚀功率明显减小，径流侵蚀功率对其敏感性大大降低。为了确定这一面积，对拟合函数求导，得到如式(7-16)所示导数方程：

$$E' = -22.157 A_c^{-1.748} \tag{7-13}$$

当 $A_c \geqslant 306$ 时，$|E'| \leqslant 0.001$，即当控制面积大于等于 306km² 时，径流侵蚀功率的变化速率小于等于 $0.001 \times 10^{-4} [\text{m}^4/(\text{s} \cdot \text{km}^2)]/\text{km}^2$，即径流侵蚀功率随控制面积的变化速率很小，控制面积的增加将不再使径流侵蚀功率明显减小(图 7-5)。因此，确定无定河流域河源梁涧区和黄土丘陵沟壑区径流侵蚀功率变化的空间阈值为 306km²。

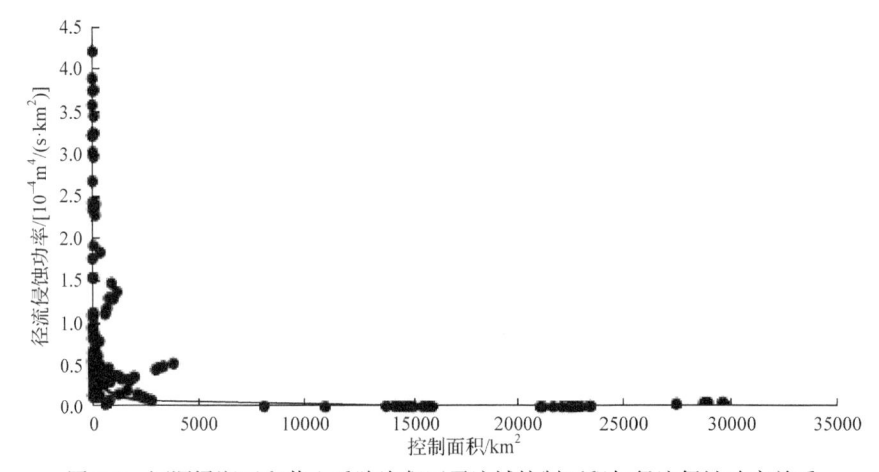

图 7-5 河源梁涧区和黄土丘陵沟壑区子流域控制面积与径流侵蚀功率关系

地处无定河流域北部和西北部的风沙区，面积约占全流域面积的 54.3%，地势平坦，主要土质为第四纪沙土和沙质黄土。该区气候干燥，风蚀剧烈，多分布流动、固定与半固定沙丘，少量海子、滩地点缀其中；河流稀少，水蚀轻微，大部分地区基本不产生地表径流，仅有三个子流域出口处的径流侵蚀功率大于 $0.5×10^{-4}m^4/(s·km^2)$，其他部分的径流侵蚀功率都小于 $0.5×10^{-4}m^4/(s·km^2)$(图 7-6)，且不受控制面积等因素的影响。

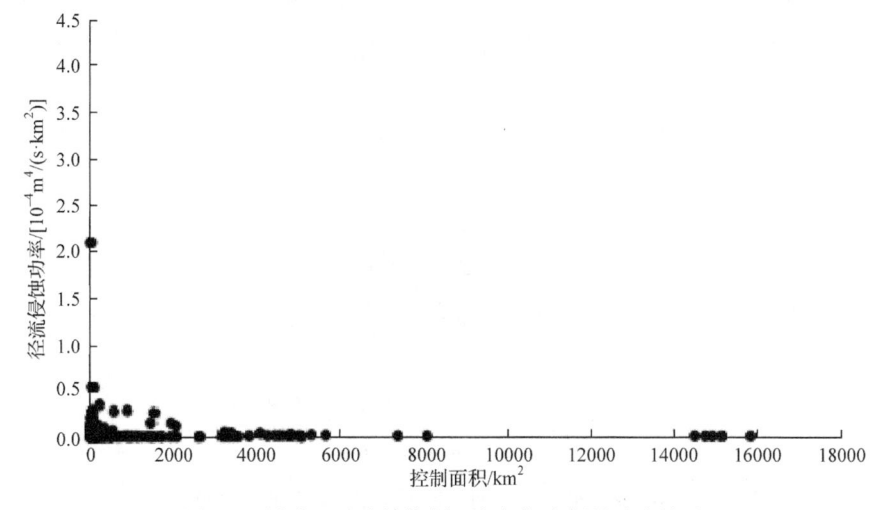

图 7-6 风沙区子流域控制面积与径流侵蚀功率关系

7.3 大理河流域水-能-沙时空分布规律

7.3.1 流域水文要素的空间分布规律

利用 SWAT 模型计算出大理河流域 1991~2000 年水文要素的具体数值，其中多年平均降雨量为 347.9mm，多年平均蒸散发量为 306.7mm，多年平均地表径流深为 29.64mm，多年平均总径流深为 38.57mm。本小节模拟结果中并没有地下径流产生，是因为黄土高原的产流方式多以超渗产流为主，很难有降雨直接转化为地下径流。图 7-7 为大理河流域 1991~2000 年多年平均降雨量、多年平均蒸散发量、多年平均地表径流深空间分布。从图 7-7 中可以看出，大理河流域的降雨量主要集中在流域的东南部和西南部，流域蒸散发量分布与降雨量的空间分布情况相近，也是集中在大理河流域的东南部和西南部，流域下游(丘陵区)的地表径流深较大。

(a) 多年平均降雨量

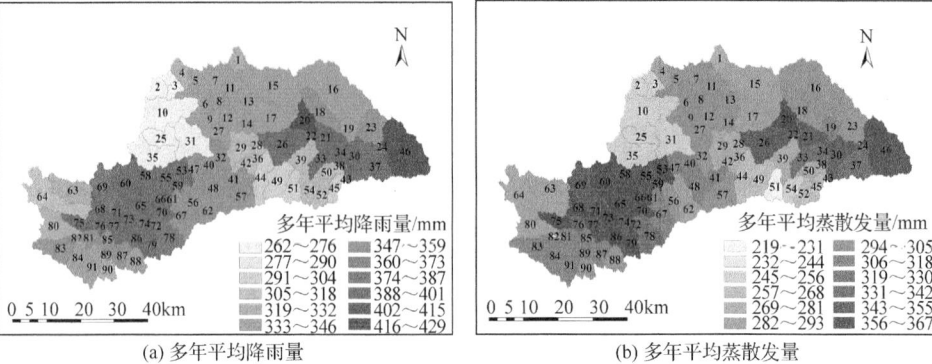

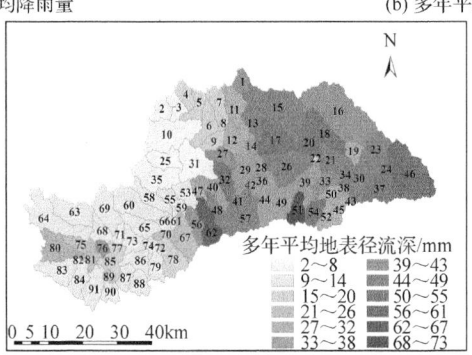

(b) 多年平均蒸散发量

(c) 多年平均地表径流深

图 7-7　1991～2000 年大理河流域水文要素多年平均值空间分布

7.3.2　流量、输沙量、径流侵蚀功率的汇聚过程

图 7-8 为 1991～2000 年大理河流域各子流域出口的控制面积、月均流量、月均径流侵蚀功率、月均输沙量的变化过程。从图 7-8 可以看出，大理河流域各个子流域出口的控制面积从上游到下游逐渐增大，46 号子流域出口处控制着整个流域的面积；干流上的月均流量从上游到下游呈现出逐渐增加的趋势，到流域出口处(46 号)月均流量达到最大，支流月均流量小于干流月均流量；干流上的月均径流侵蚀功率随着控制面积的增加呈现出减少的趋势，且在流域出口处(46 号)达到最小值，而远离干流的子流域中的月均径流侵蚀功率整体上大于靠近干流处；月均输沙量的汇聚变化过程与月均流量的汇聚变化过程相近，同样表现为从上游到下游逐渐增加的过程，月均输沙量也是在流域出口处(46 号)达到最大，支流月均输沙量小于干流月均输沙量。

为了定量研究各支流的来水来沙量，对 SWATOUT 输出表中 Rch 项的径流深和含沙量进行换算，并对支流的来水来沙量进行整理，最终得出 1991～2000 年大理河流域各支流年均径流量和输沙量的空间分布，如图 7-9 所示。从图 7-9 可以看出，大理河流域的径流量和输沙量主要集中在流域的下游。

表 7-2 为 1991~2000 年大理河流域各支流的年均径流量和输沙量。由表 7-2 可知，大理河流域的年均径流量和输沙量主要集中在 5(小理河)、1(南驼耳巷沟)、2(岔巴沟)三条支流中，其中小理河的年均径流量和输沙量最多，年均径流量可达 2985.50 万 m³，年均输沙量可达 699.31 万 t。

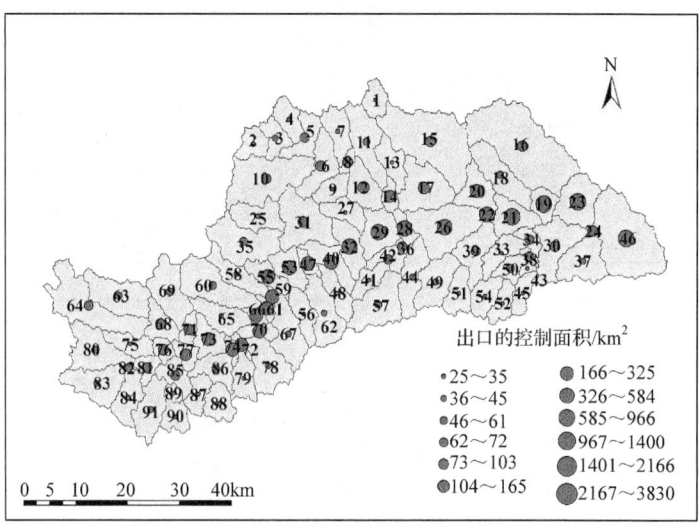

(a) 出口的控制面积

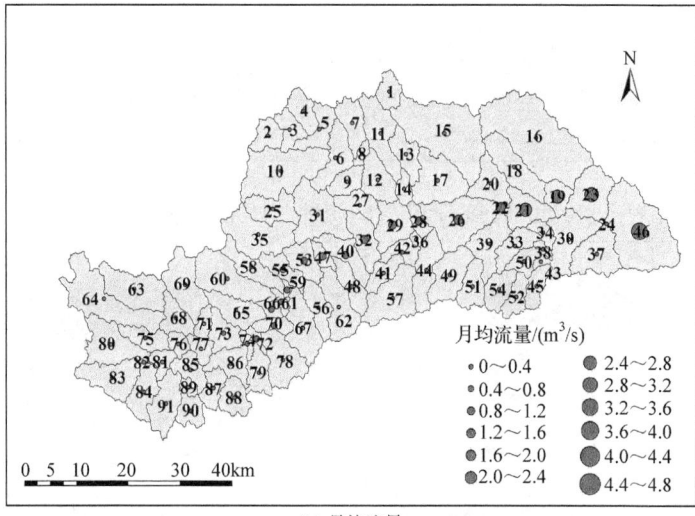

(b) 月均流量

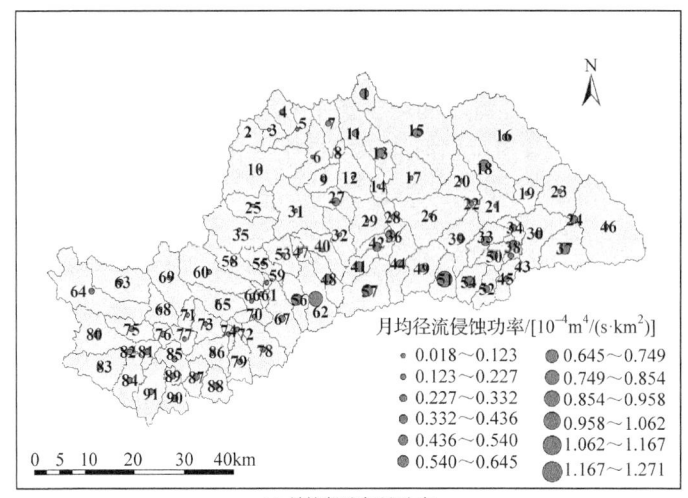

(c) 月均径流侵蚀功率

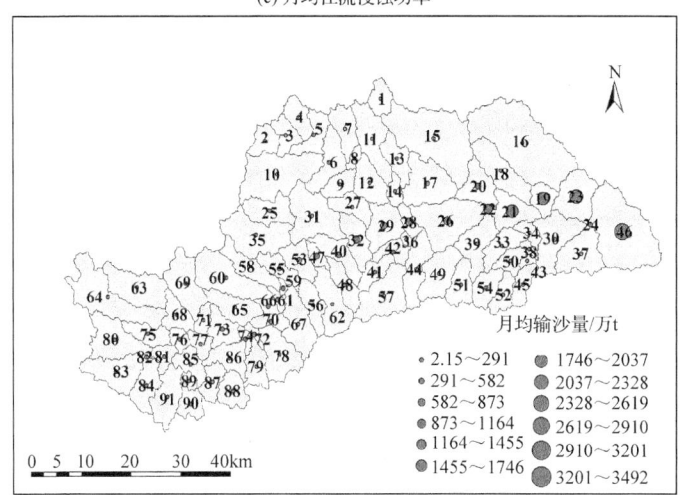

(d) 月均输沙量

图 7-8　大理河流域各子流域出口的控制面积、月均流量、月均径流侵蚀功率、月均输沙量的变化过程

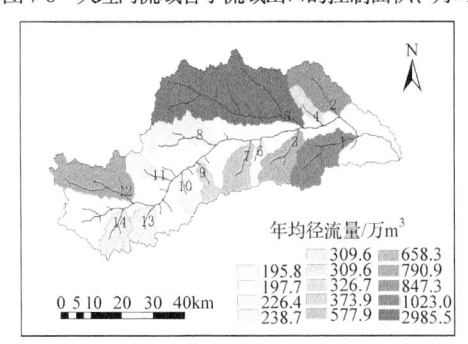

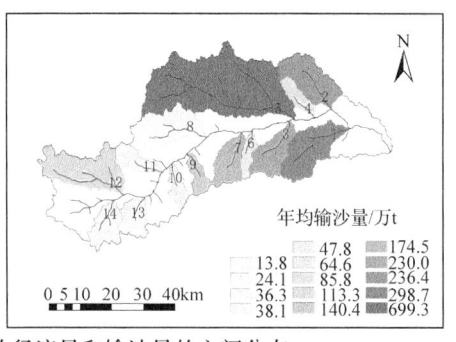

图 7-9　大理河流域各支流年均径流量和输沙量的空间分布

图中数据表示各支流的平均值

表 7-2 大理河各支流年均径流量和输沙量

指标	支流编号						
	1	2	3	4	5	6	7
年均径流量/万 m³	1023.02	847.34	658.32	326.73	2985.50	195.77	577.92
年均输沙量/万 t	298.70	236.40	230.04	85.79	699.31	64.55	174.55

指标	支流编号						
	8	9	10	11	12	13	14
年均径流量/万 m³	238.67	373.87	226.38	197.71	790.96	309.56	309.62
年均输沙量/万 t	13.80	140.36	47.78	24.12	113.34	36.27	38.09

7.3.3 径流模数的时空分布

以 SWAT 模型输出的模拟结果为基础数据，得到的 1991～2000 年大理河流域的径流模数时空分布如图 7-10 所示。以径流模数大于 6 万 m³/km² 作为强来水区的标准，确定的大理河流域各子流域径流模数如表 7-3 所示。

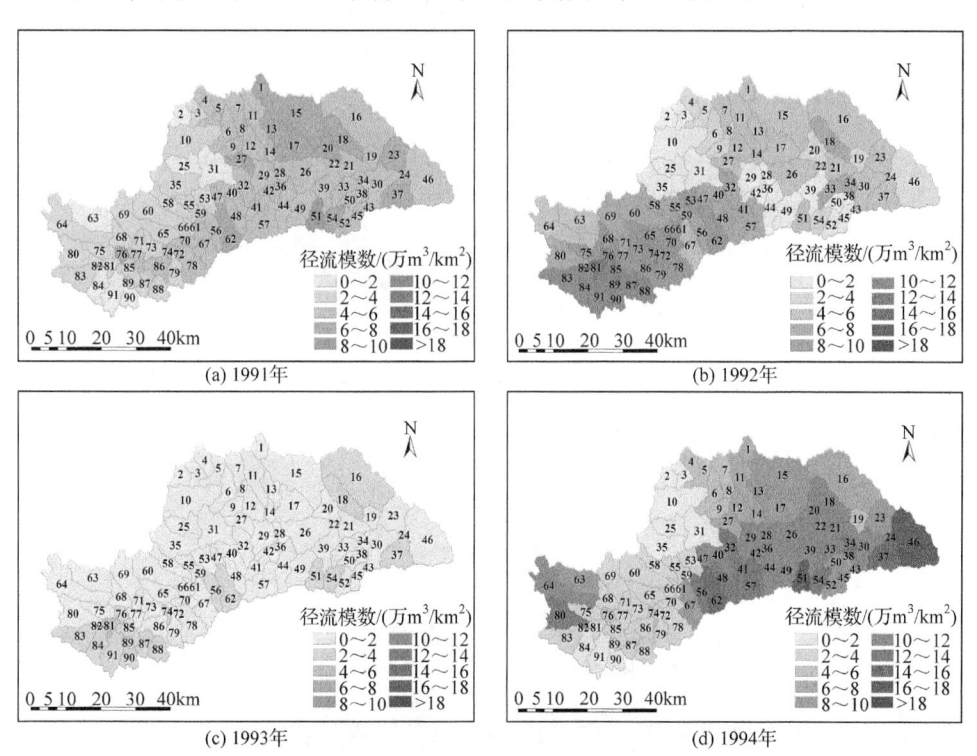

(a) 1991年

(b) 1992年

(c) 1993年

(d) 1994年

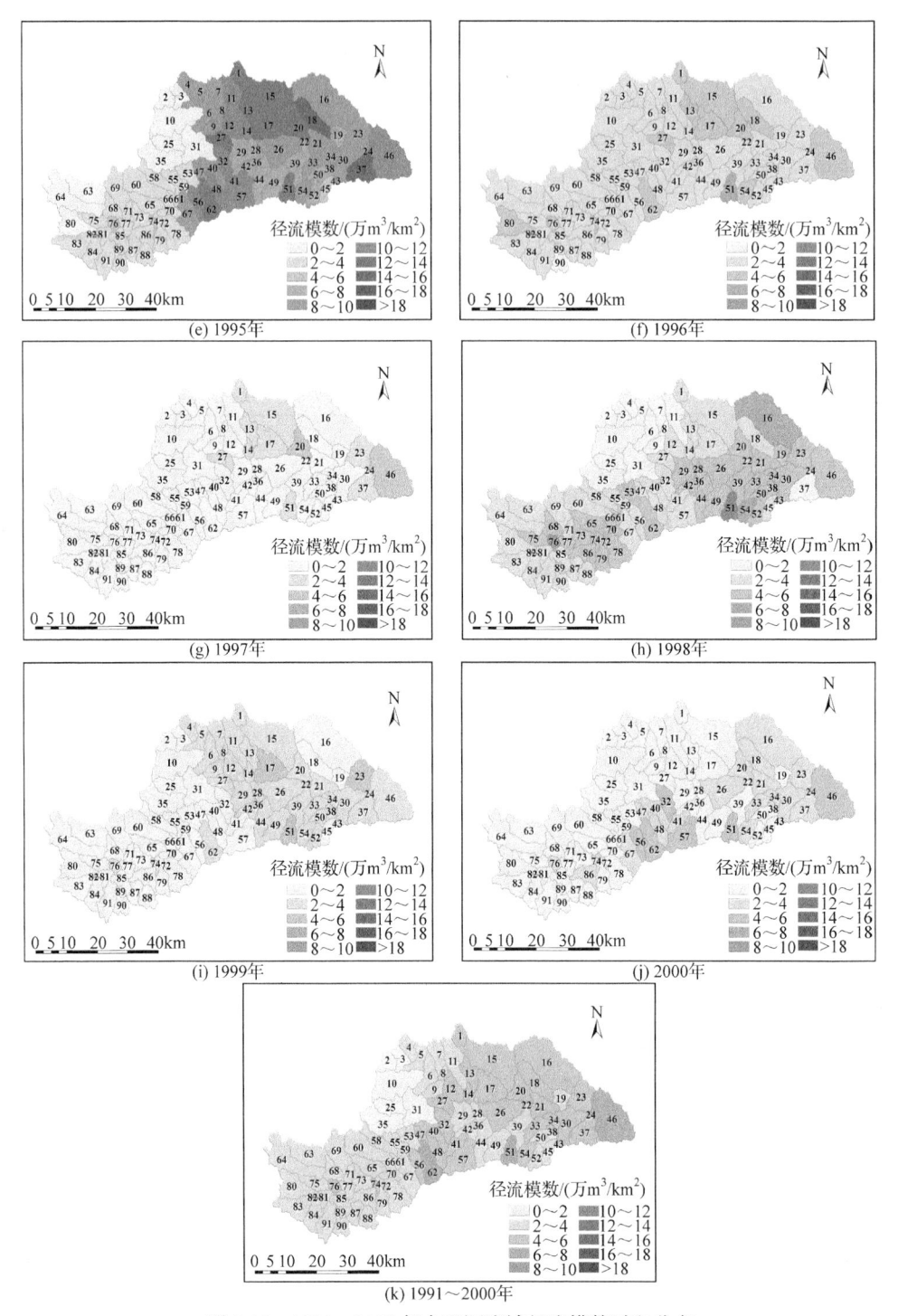

图 7-10 1991～2000 年大理河流域径流模数时空分布

表 7-3　1991～2000 年大理河流域历年径流模数、强来水区统计结果

年份	径流模数/(万 m³/km²)	径流模数大于 6 万 m³/km² 的强来水区编号	强来水区分布
1991	4.44	82、51、37、62、17、15、76、13、23 等	下游
1992	6.11	82、81、89、85、87、76、88、83、90 等	上游
1993	1.71	81、82	上游
1994	7.06	46、51、62、37、32、56、57、54、48 等	下游
1995	6.70	37、18、17、15、20、13、62、82、1 等	下游
1996	3.31	82、51	分散
1997	1.42	—	—
1998	3.84	82、51、76、54、16	分散
1999	2.05	—	—
2000	1.91	82	上游
1991～2000	3.86	82、51、62、46	以下游为主

由图 7-10 和表 7-3 可知，1991～2000 年大理河流域的多年平均径流模数为 3.86 万 m³/km²；径流模数>6 万 m³/km² 的强来水区主要分布在 82、51、62、46 号子流域；1997 年、1999 年无径流模数>6 万 m³/km² 的强来水区；大理河流域的产水区主要集中在流域下游，耗水区主要集中在流域的上游。

7.3.4　输沙模数的时空分布

以 SWAT 模型输出的模拟结果为基础数据，得到的 1991～2000 年大理河流域输沙模数时空分布如图 7-11 所示。以输沙模数大于 2 万 t/km² 作为强产沙区的标准，确定的大理河流域各子流域输沙模数如表 7-4 所示。

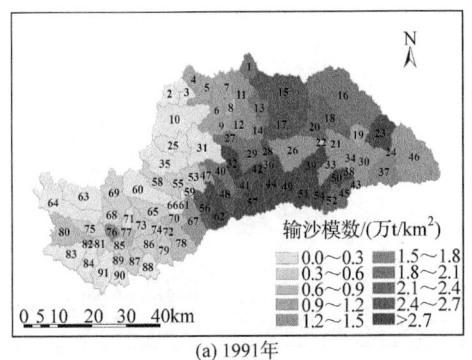

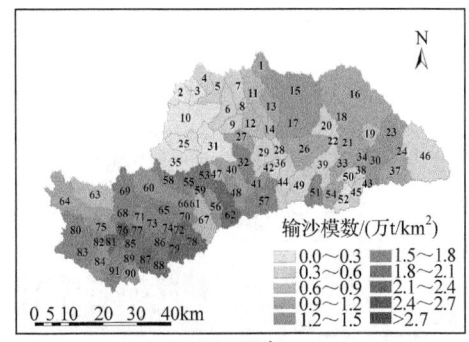

(a) 1991年　　(b) 1992年

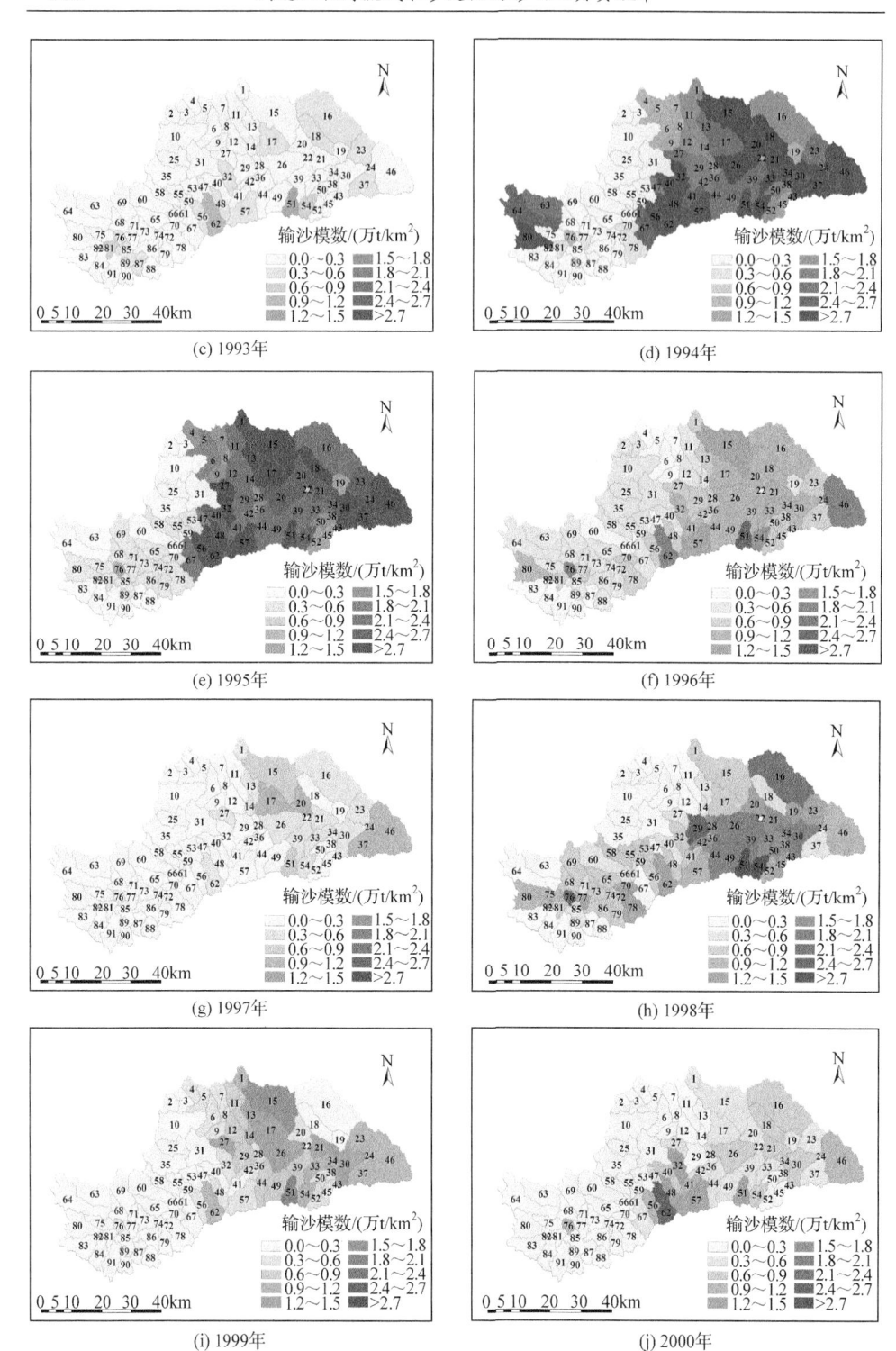

(c) 1993年
(d) 1994年
(e) 1995年
(f) 1996年
(g) 1997年
(h) 1998年
(i) 1999年
(j) 2000年

(k) 1991~2000年

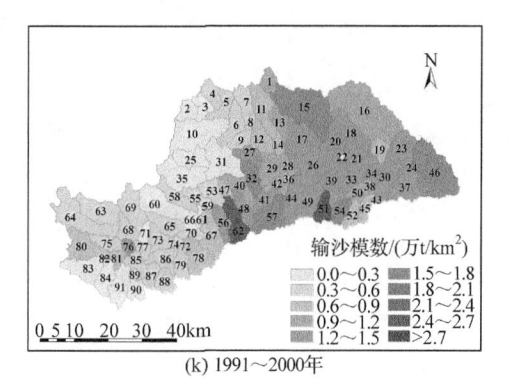

图 7-11　1991~2000 年大理河流域输沙模数时空分布

表 7-4　1991~2000 年大理河流域历年输沙模数、强产沙区统计结果

年份	输沙模数/(万 t/km²)	年输沙模数大于 2 万 m³/km² 的强产沙区编号	强产沙区分布
1991	1.33	82、51、62、17、15、76、23 等	下游
1992	1.14	51、62、76、81、87、88 等	上游
1993	0.21	82	—
1994	1.53	46、62、37、30、51、26、21、34、57 等	下游
1995	1.50	62、32、15、56、18、51、17、48、46 等	下游
1996	0.70	82、51	下游
1997	0.21	—	—
1998	0.91	51、82、54、76、29、16	分散
1999	0.44	—	—
2000	0.35	62	中游
1991~2000	0.83	82、51、62	以下游为主

由图 7-11 和表 7-4 可知，1991~2000 年大理河流域输沙模数的时空分布差异显著；多年平均输沙模数为 0.83 万 t/km²；输沙模数>2 万 t/km² 的子流域编号为 82、51、62；输沙模数呈现从上游到下游逐渐增加的趋势；1997 年、1999 年无输沙模数>2 万 t/km² 的强产沙区。

7.3.5　径流侵蚀功率的时空分布

以 SWAT 模型输出的模拟结果为基础数据，得到的 1991~2000 年大理河流域径流侵蚀功率的时空分布如图 7-12 所示。以径流侵蚀功率大于 1.0×10^{-4} m⁴/(s·km²)作为强侵蚀区的标准，得到的大理河流域各子流域径流侵蚀功率如表 7-5 所示。

(a) 1991年

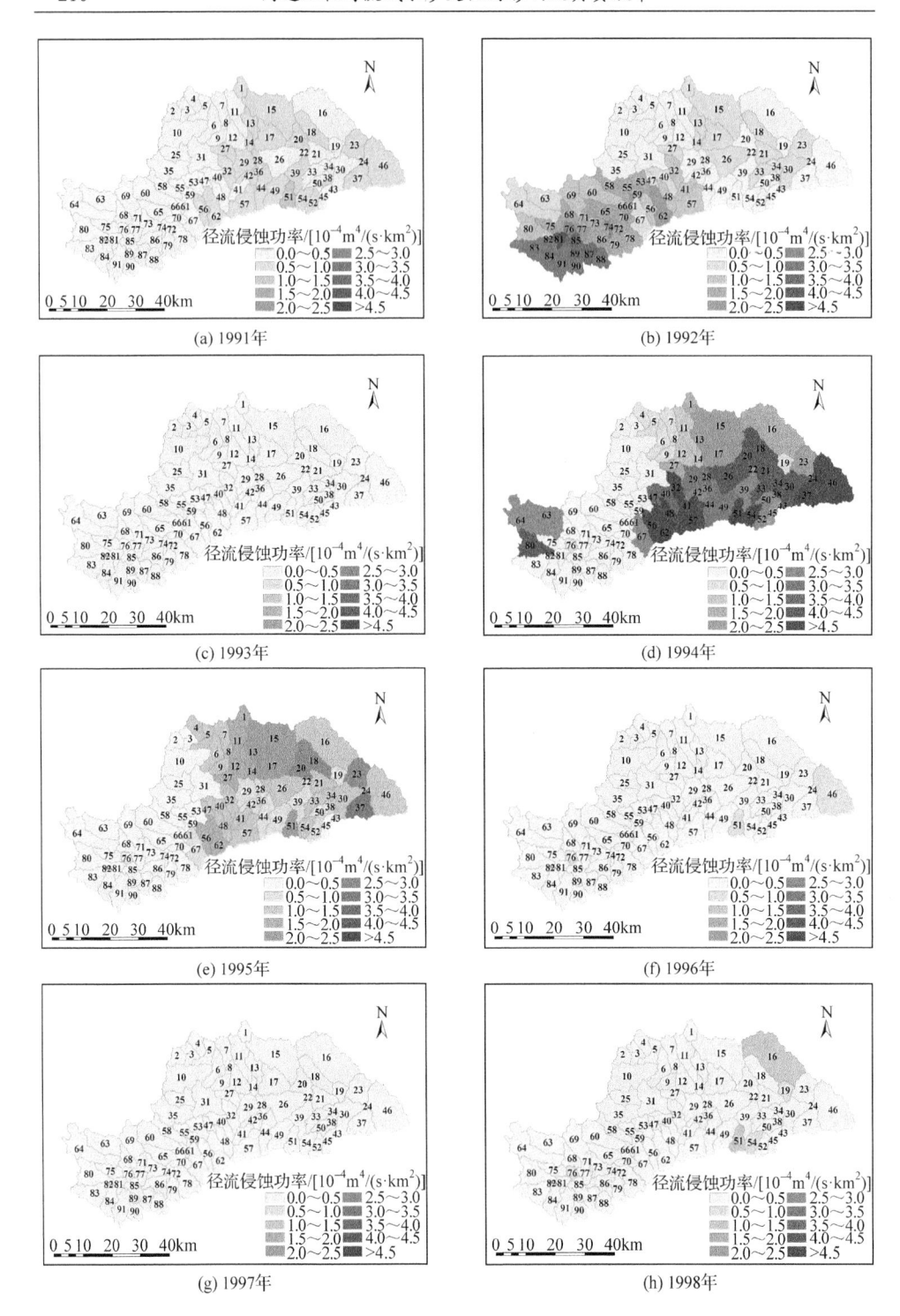

(b) 1992年

(c) 1993年

(d) 1994年

(e) 1995年

(f) 1996年

(g) 1997年

(h) 1998年

(i) 1999年

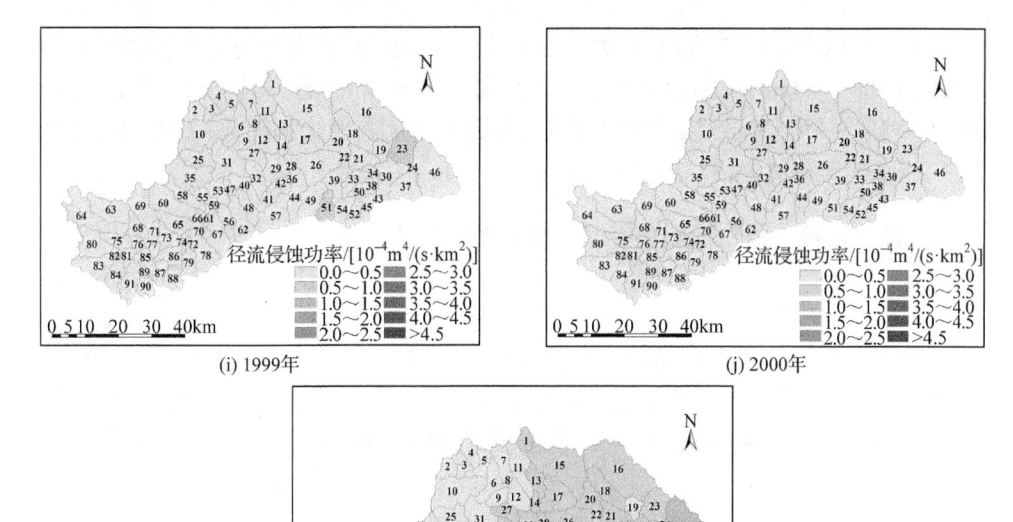

(j) 2000年

(k) 1991～2000年

图 7-12　1991～2000 年大理河流域径流侵蚀功率时空分布

表 7-5　1991～2000 年大理河流域历年径流侵蚀功率、强侵蚀区统计结果

年份	径流侵蚀功率/$[10^{-4}\text{m}^4/(\text{s}\cdot\text{km}^2)]$	径流侵蚀功率大于 $1.0\times10^{-4}\text{m}^4/(\text{s}\cdot\text{km}^2)$ 的强侵蚀区编号	强侵蚀区分布
1991	0.38	82、51	分散
1992	1.29	82、81、89、85、87、88、90、83、84 等	上游
1993	0.05	82	—
1994	1.96	46、62、51、32、57、56、48、54、38 等	下游
1995	0.89	82、37、18、20、23、17、15、13、51 等	下游
1996	0.21	82	—
1997	0.04	—	—
1998	0.23	82、51、16	分散
1999	0.14	—	—
2000	0.06	—	—
1991～2000	0.53	82、51、62、46	以下游为主

由图 7-12 和表 7-5 可知，1991～2000 年大理河流域多年平均径流侵蚀功率为 $0.53\times10^{-4}\mathrm{m}^4/(\mathrm{s}\cdot\mathrm{km}^2)$；径流侵蚀功率>$1.0\times10^{-4}\mathrm{m}^4/(\mathrm{s}\cdot\mathrm{km}^2)$ 的子流域编号为 82、51、62、46；多年平均径流侵蚀功率呈现从上游到下游逐渐增加的趋势；1997 年、1999 年、2000 年无径流侵蚀功率>$1.0\times10^{-4}\mathrm{m}^4/(\mathrm{s}\cdot\mathrm{km}^2)$ 的区域。

7.3.6 径流模数、输沙模数、径流侵蚀功率的关系

1. 实测关系

选取大理河流域出口站(绥德站)1954～2015 年的径流、输沙数据，计算流域每年的径流模数、输沙模数和径流侵蚀功率，分别得出径流模数-径流侵蚀功率、径流侵蚀功率-输沙模数、径流模数-输沙模数之间的关系，如图 7-13 所示。

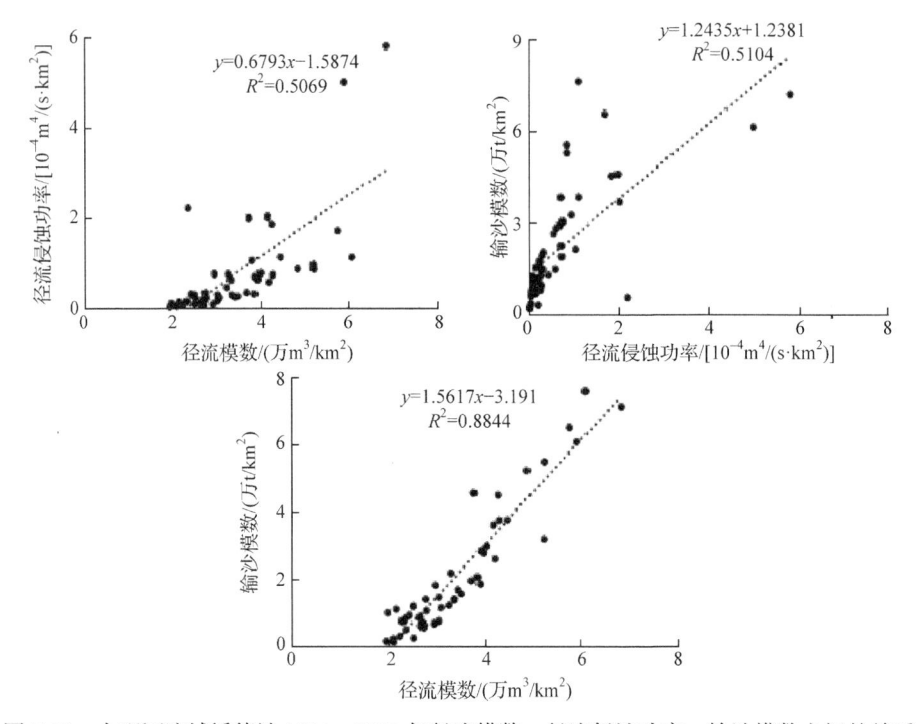

图 7-13 大理河流域绥德站 1954～2015 年径流模数、径流侵蚀功率、输沙模数之间的关系

从图 7-13 可以看出，大理河流域绥德站 1954～2015 年的径流模数-径流侵蚀功率、径流侵蚀功率-输沙模数、径流模数-输沙模数之间均有较好的线性相关关系，其中径流模数-径流侵蚀功率和径流侵蚀功率-输沙模数线性相关关系的 R^2 可以达到 0.50，径流模数-输沙模数线性相关关系的 R^2 可以达到 0.88。

2. 模拟关系

根据 SWAT 模型输出的大理河 91 个子流域 1991~2000 年历年模拟计算结果，建立大理河各子流域每年径流模数-输沙模数、径流模数-径流侵蚀功率、输沙模数-径流侵蚀功率之间的关系，如图 7-14 所示。

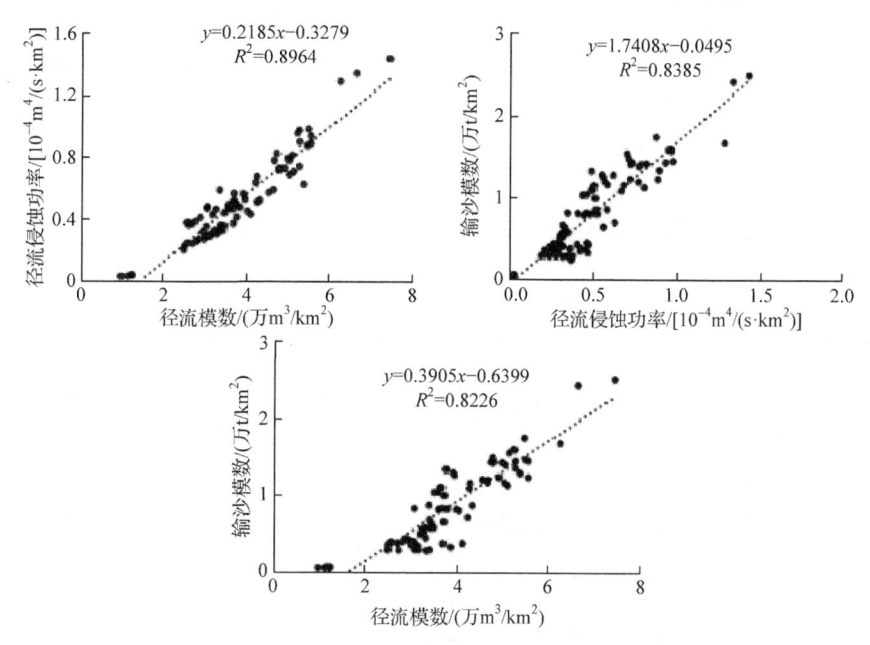

图 7-14 大理河流域 1991~2000 年径流模数、径流侵蚀功率、输沙模数的关系

从图 7-14 可以看出，将大理河 91 个子流域 1991~2000 年历年模拟结果全部纳入分析后，径流模数-径流侵蚀功率、径流侵蚀功率-输沙模数、径流模数-输沙模数之间有较好的线性相关关系，且径流模数-径流侵蚀功率、径流侵蚀功率-输沙模数之间的线性相关关系要优于用实测数据拟合得到的相关关系。径流模数-径流侵蚀功率线性相关关系的 R^2 约为 0.90，径流侵蚀功率-输沙模数线性相关关系的 R^2 约为 0.84，径流模数-输沙模数线性相关关系略微差于用实测数据拟合得到的线性相关关系，但其 R^2 也达到了 0.82。

7.4 延河流域侵蚀能量空间分布及其与生态建设响应关系

延河是黄河中游的一级支流，全长 286.9km，流域面积 7725km²。延河发源于靖边县，流经志丹、安塞、宝塔、延长四县(区)，在延长县南河沟汇入黄河(图 7-15)。延河流域坐标范围是 36°21′N～37°19′N，108°38′E～110°29′E，平均海拔 1218m，年降雨量 500mm 左右，年平均气温约为 9.0℃(张莉等，2013)。植被分布南部为阔叶-针叶混交林带，中部为草灌过渡带，北部为草原带，随环境梯度的变化明显(温仲明等，2008)。

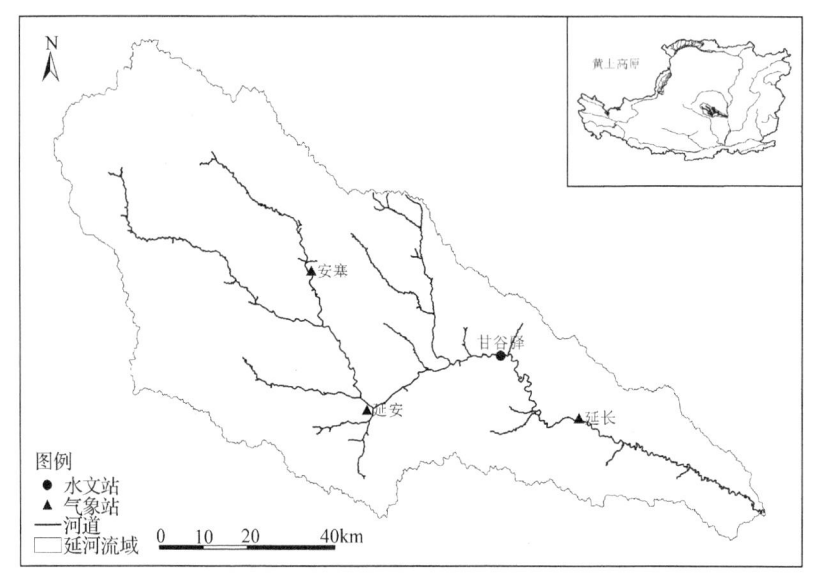

图 7-15 延河流域位置及气象水文站点分布

7.4.1 延河流域径流侵蚀功率的空间分布

SWAT 模型的输出结果包括了 81 个子流域 1988～1996 年任意一个月的流量。年内流量的最大月径流量可由 SWAT 模型输出结果读出，求得年内月最大流量模数，计算得到年平均径流深，最后使用改进的年径流侵蚀功率公式计算出延河流域各子流域率定时段内每年的径流侵蚀功率。为了反映一般规律，将各子流域 9 年的径流侵蚀功率做平均，得到 1988～1996 年多年平均径流侵蚀功率(图 7-16)。可以明显看出，延河流域的径流侵蚀功率空间分布具有"支流大、干流小，上游大、下游小，南部大、北部小"的特点，即靠近河源的地区径流侵蚀功率大于干流或接近干流的地区,干流及其附近地区径流侵蚀功率由上游到下游呈减小趋势，流域南部各支流所在子流域的径流侵蚀功率明显大于北部各支流所在子流域的径流侵蚀功率。

7.4.2 延河流域径流侵蚀功率的空间尺度效应

延河流域的径流侵蚀功率具有明显的空间分布规律，其"支流大、干流小，上游大、下游小"的分布情况说明径流侵蚀功率可能存在一定的空间尺度效应。

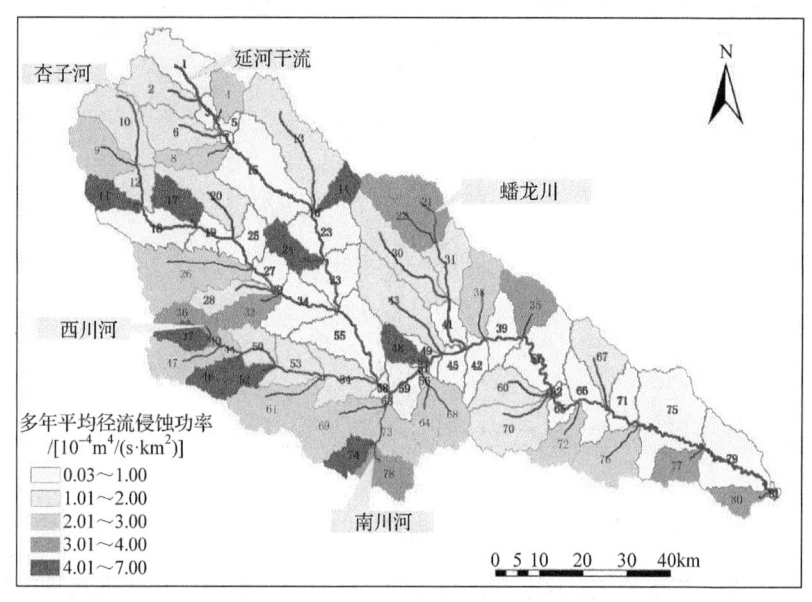

图 7-16 延河流域 1988~1996 年多年平均径流侵蚀功率空间分布

为了揭示可能存在的空间尺度效应，本小节选取子流域出口断面控制的流域面积和上游河长作为衡量空间尺度的指标，分别与径流侵蚀功率进行拟合。

根据子流域文件(Watershed 图层)计算出每一个子流域出口断面控制的流域面积，该面积为子流域出口断面以上的流域总面积，将其作为空间尺度因子，与对应子流域的多年平均径流侵蚀功率进行拟合，结果见图 7-17，拟合方程如下：

$$E = 0.009x^{-0.75}, \quad R^2 = 0.797 \tag{7-14}$$

式中，E 为多年平均径流侵蚀功率[$m^4/(s \cdot km^2)$]；x 为控制面积(km^2)。可见，径流侵蚀功率与控制面积呈现出幂函数关系，决定系数约为 0.8。随着控制面积的增加，径流侵蚀功率有减小的趋势，并且减小速率由快变慢，最后基本趋于平缓，说明汇流面积达到一定值后，继续增大将不再使径流侵蚀功率明显减小，径流侵蚀功率对其敏感性大大降低。为了确定这一面积，对拟合函数求导，得到如式(7-18)所示导数方程：

$$E' = -0.0068x^{-1.75} \tag{7-15}$$

当 $x \geqslant 155$ 时，$|E'| \leqslant 0.01 \times 10^{-4}$，由此可知，当控制面积大于等于 $155km^2$ 时，径流侵蚀功率的变化速率小于等于 $0.01 \times 10^{-4}[m^4/(s \cdot km^2)]/km^2$，即径流侵蚀功率随控制面积的变化速率很小，控制面积的增加将不再使径流侵蚀功率明显减小。

由于延河流域支流较多，且大多数支流长度短、水量小，不便于整理和研究，因此选取延河干流与延河流域的两条主要支流西川河、杏子河(图 7-16)进行分析。以河长作为空间尺度因子，绘制河道所在子流域出口断面的上游河长与子流域多

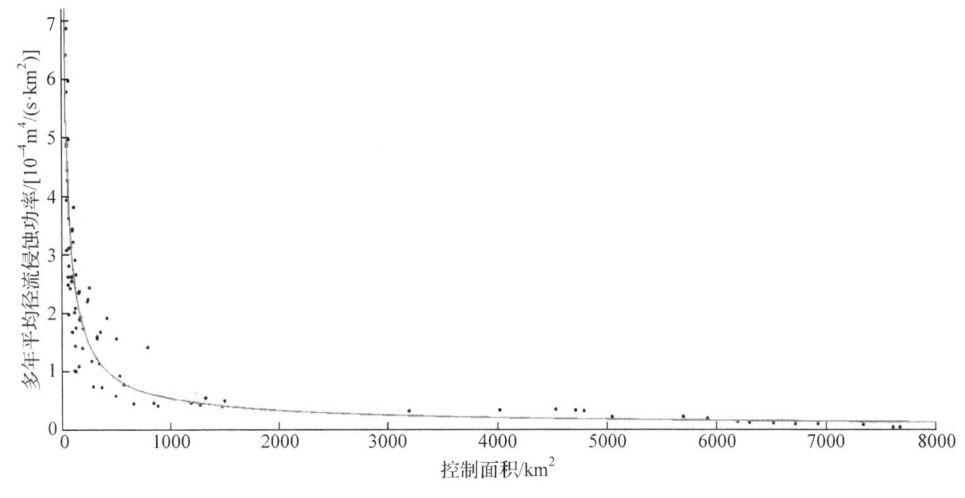

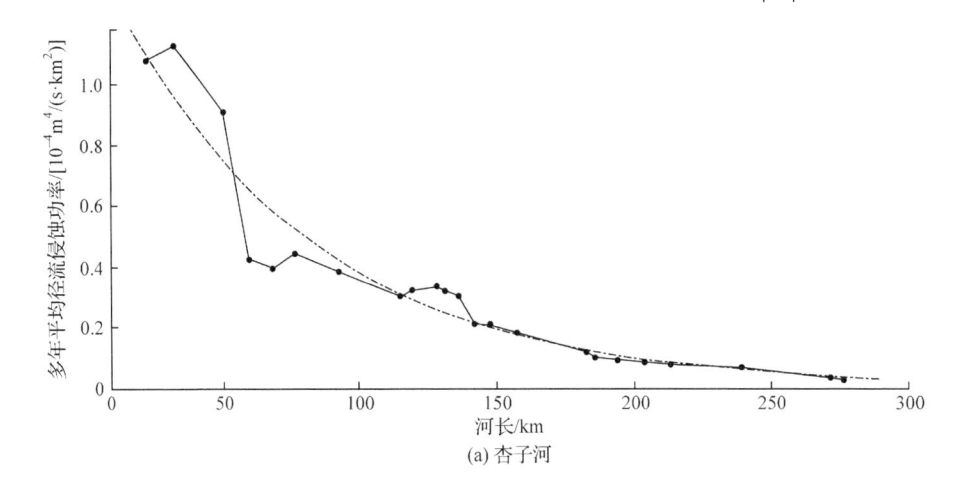

图 7-17 子流域出口断面流域控制面积与多年平均径流侵蚀功率相关关系

年平均径流侵蚀功率的散点图，并进行拟合，以揭示径流侵蚀功率随河长的变化趋势，见图 7-18。可以发现，所有河长与径流侵蚀功率都呈现指数函数关系，拟合方程见表 7-6，其中 E 为多年平均径流侵蚀功率[$m^4/(s \cdot km^2)$]，x 为河长(km)。可见，拟合方程决定系数均达到 0.92。随着河长的增加，多年径流侵蚀功率有减小的趋势，并且减小速率由快变慢，说明河长达到一定值后，继续增大将不再使径流侵蚀功率迅速减小。为了研究其变化速率，对拟合方程求导，导数方程见表 7-6。求解导数方程可以得到：在杏子河，当 $x \geqslant 52$ 时，$|E'| \leqslant 0.01 \times 10^{-4}$，即当河长大于等于 52km 时，径流侵蚀功率的变化速率小于等于 0.01×10^{-4}[$m^4/(s \cdot km^2)$]/km，河长的增加将不再使径流侵蚀功率迅速减小；在西川河，当 $x \geqslant 90$ 时，$|E'| \leqslant 0.01 \times 10^{-4}$，

(a) 杏子河

(b) 西川河

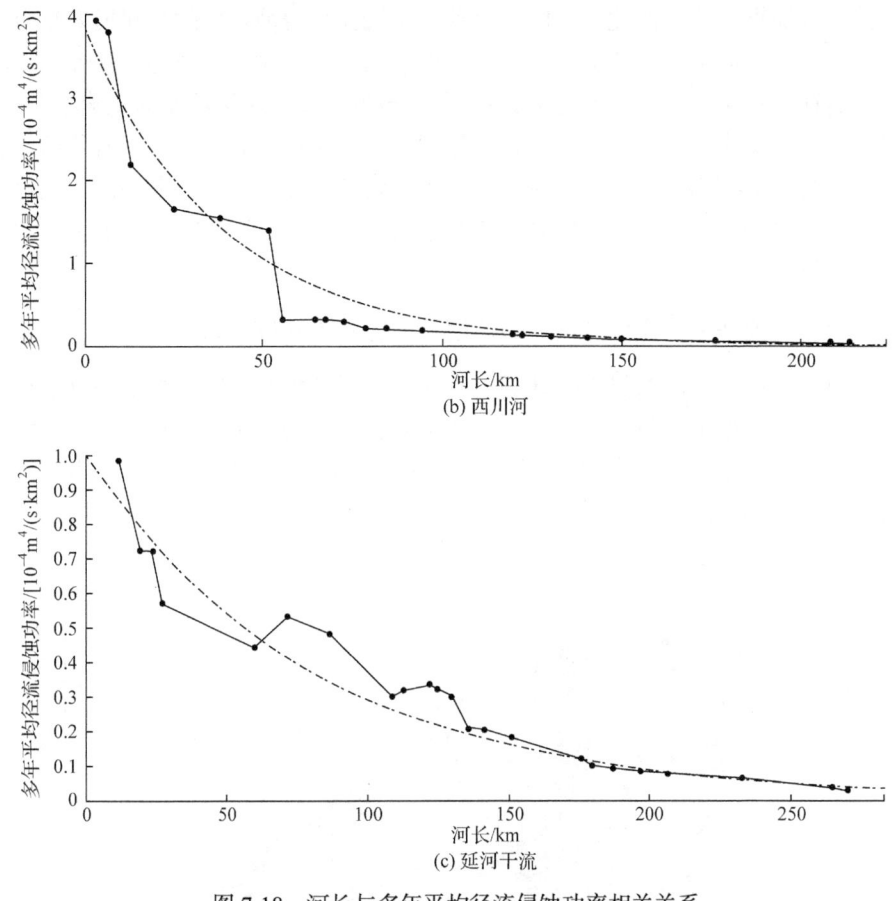

(c) 延河干流

图 7-18 河长与多年平均径流侵蚀功率相关关系

即当河长大于等于 90km 时,河长的增加将不再使径流侵蚀功率迅速减小;在延河干流,当 $x \geq 17$ 时,$|E'| \leq 0.01 \times 10^{-4}$,即当河长大于等于 17km 时,河长的增加将不再使径流侵蚀功率迅速减小。

表 7-6 多年平均径流侵蚀功率随河长变化的拟合公式

河流	拟合方程	决定系数 R^2	导数方程
杏子河	$E = 0.00015e^{-0.0136x}$	0.92	$E' = -0.204 \times 10^{-5} e^{-0.0136x}$
西川河	$E = 0.0004e^{-0.0258x}$	0.93	$E' = -1.032 \times 10^{-5} e^{-0.0258x}$
延河干流	$E = 0.0001e^{-0.0124x}$	0.92	$E' = -0.124 \times 10^{-5} e^{-0.0124x}$

由以上研究发现,延河流域的径流侵蚀功率存在一定的尺度效应,在控制面积小于 155km² 时,其随面积增大迅速减小,在控制面积大于等于 155km² 时,径

流侵蚀功率缓慢减小，因此 155km² 为延河流域径流侵蚀功率的空间尺度效应阈值。对干流、支流来说，两支流长度为 52km 和 90km 时，会使径流侵蚀功率的变化由迅速变为缓慢；延河干流长度大于 17km 时，径流侵蚀功率变化速率较小。可见，干流、支流的空间尺度效应并不相同。延河干流发源于流域上游北部，杏子河位于流域上游南部，西川河位于流域中游南部，由于空间位置不同，其尺度效应也不同，可能是受到流域降雨(刘春利等，2010)与人类工程措施分布不均匀(谢红霞，2008)的影响。

7.4.3 径流侵蚀功率时空分布与流域环境及生态建设响应关系

选取子流域淤地坝数量、淤地坝控制面积、淤地坝总库容、淤地坝已淤积库容 4 个指标进行聚类分析，将子流域聚为 4 类，分别为无坝类、聚类 1、聚类 2、聚类 3(图 7-19)。将每一类的 4 个指标与子流域径流侵蚀功率进行相关分析，发现相关性不强(表 7-7)。

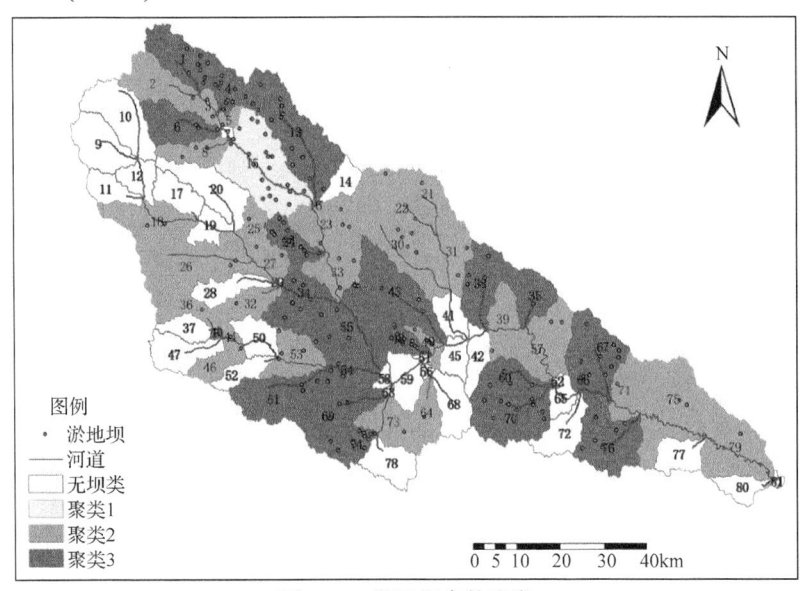

图 7-19 淤地坝参数聚类

表 7-7 淤地坝参数聚类后的相关性

指标		径流侵蚀功率	淤地坝数量	淤地坝控制面积	淤地坝总库容	淤地坝已淤积库容
聚类 2 径流侵蚀功率	Pearson 相关性	1	−0.220	0.223	−0.193	−0.163
	显著性(双侧)	—	0.270	0.263	0.335	0.416
聚类 3 径流侵蚀功率	Pearson 相关性	1	0.281	0.058	0.062	0.194
	显著性(双侧)	—	0.217	0.804	0.788	0.400

先将无坝子流域排除，将有坝的子流域按径流侵蚀功率进行聚类，结果见图 7-20。聚类 1 为 24、46、48 和 74 号子流域，其淤地坝控制面积均在 57km² 以上，且除了 46 号子流域只有一个坝外，其他 3 个子流域均有大量淤地坝存在。聚类 2 主要分布在小型支流与河源地区，除了 4、67、70、76 号子流域外，其他子流域淤地坝较少。聚类 3 主要分布在延河干流地区，大部分子流域淤地坝分布较多。进行相关性分析后发现，聚类 1 的 4 个指标中，淤地坝数量、淤地坝控制面积、淤地坝已淤积库容与径流侵蚀功率的相关性都达到–0.8 以上，但是相关性均未通过检验，相关性不显著。聚类 2 中淤地坝数量与径流侵蚀功率相关性为 –0.563，在 0.05 水平上显著。聚类 3 中 4 个指标与径流侵蚀功率的相关性均不强。

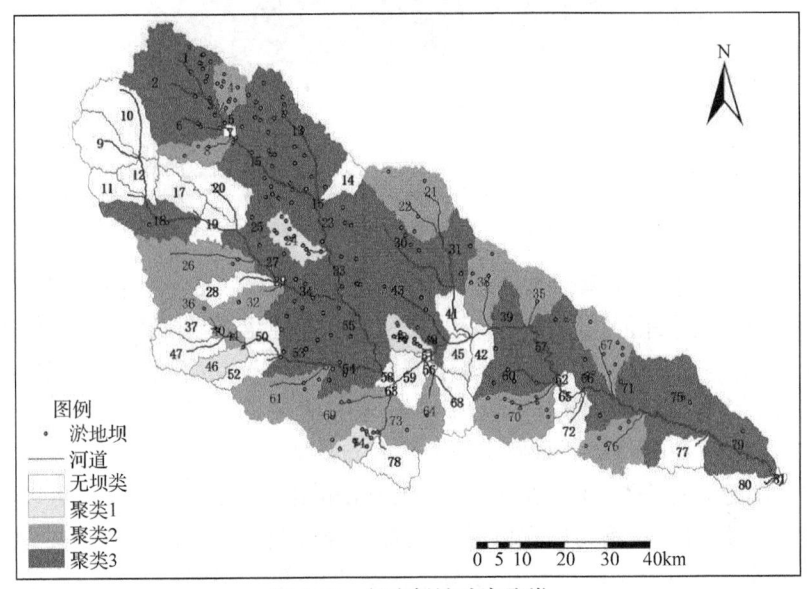

图 7-20 径流侵蚀功率聚类

延河流域径流侵蚀功率的空间分布具有规律性，为了进一步探究产生这种现象的原因，使用 Q 型聚类中的组间连接法(between-groups linkage)，选取径流侵蚀功率、河网密度、淤地坝控制面积比(淤地坝控制面积与子流域总面积的比值)、林草地面积比(林草地面积与子流域总面积的比值)4 个聚类要素，对 81 个子流域进行聚类分析。经过 SPSS 软件的聚类分析，将 81 个子流域分为 3 类，分别为聚类 1、聚类 2 和聚类 3，3 种聚类的空间分布见图 7-21。可以看出，聚类 1 零星分布于流域内，且数量较少，仅占流域总面积的 7%，这些子流域内径流侵蚀功率数值很大，主要特点是子流域内存在大量淤地坝；聚类 2 主要分布于中下游地区和支流所在的子流域，占流域总面积的 50%，这些子流域内径流侵蚀功率数值相对较大；聚类 3 主要分布于延河干流河道所在子流域和杏子河所在子流域，占流域总面积的 43%，这些子流域内径流侵蚀功率数值相对较小。

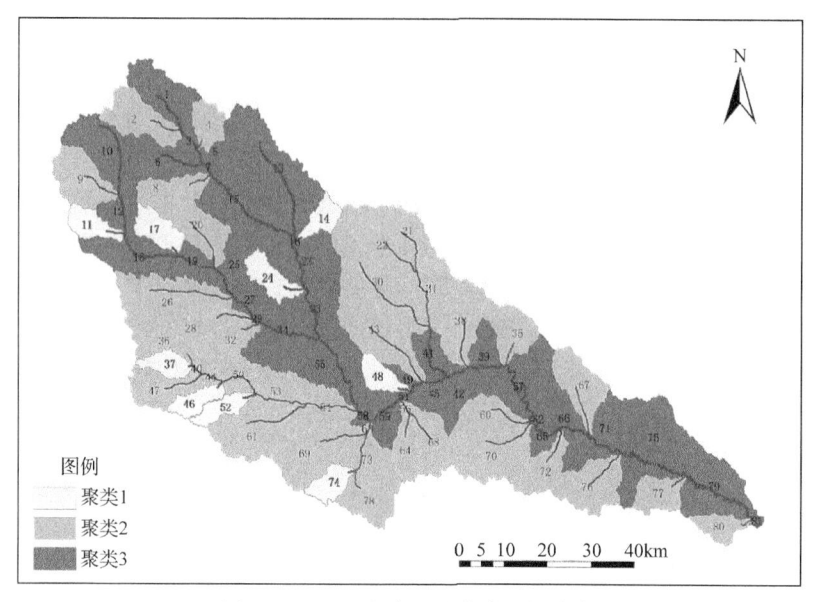

图 7-21 延河流域不同聚类空间分布

在子流域尺度，土壤侵蚀主要受土地利用、集水区面积、沟壑密度、土壤质地、植被覆盖等地形因素影响(李占斌等，2008)，也受到降雨量等气候因素的影响(陆兆熊等，1992)。本小节选取子流域出口断面控制面积、淤地坝控制面积比、林草地面积比、河网密度 4 个影响因子来探究径流侵蚀功率的分布规律。使用 SPSS 软件将不同聚类的径流侵蚀功率与选取的因子进行相关分析，子流域聚类的空间分布见图 7-21，斯皮尔曼(Spearman)相关系数见表 7-8。可以看出：聚类 1 的径流侵蚀功率与所选因子均没有显著的相关关系，说明在这些数量较少的区域内，是更复杂的因素在影响径流侵蚀功率。影响聚类 2 径流侵蚀功率的主要因子是子流域出口断面控制面积和河网密度，林草地面积比只有轻微影响，这些子流域位于支流所在地区，复杂的河网会降低径流侵蚀功率。聚类 3 的径流侵蚀功率仅与子流域出口断面控制面积显著相关，相关系数约为−0.97，这是因为这些子流域主要位于延河干流，空间尺度对径流侵蚀功率产生了极大的影响。综上所述，空间尺度对延河大部分地区有影响，干流地区尤其显著；河网密度对支流分布区域径流侵蚀功率影响较大，而对干流地区基本没有影响(龚珺夫等，2017)。

表 7-8 多年平均径流侵蚀功率与各指标的相关性

聚类	子流域出口断面控制面积	河网密度	淤地坝控制面积比	林草地面积比
聚类 1	−0.400	−0.567	−0.438	−0.117

续表

聚类	子流域出口断面控制面积	河网密度	淤地坝控制面积比	林草地面积比
聚类2	−0.675**	−0.463**	−0.112	0.345*
聚类3	−0.969**	−0.036	0.193	0.318

注：**表示在0.01水平(双侧)上显著相关，*表示在0.05水平(双侧)上显著相关。

7.5 本章小结

本章引入径流侵蚀功率的概念，并将其推广到年尺度。通过分析无定河流域、大理河流域、延河流域径流侵蚀功率与输沙量的关系，证明径流侵蚀功率的优越性，并使用第6章建立的SWAT模型输出结果分析计算流域水沙及径流侵蚀功率的空间分布特点，期望得到其空间变化的阈值。研究结果表明，通过分析各站点的径流量-输沙量关系和径流侵蚀功率-输沙量关系，认为相比传统的水沙关系方程，径流侵蚀功率与输沙量的相关性更高，说明径流侵蚀功率可以更全面地反映枯水、中水和丰水时的输沙情况，证明了径流侵蚀功率作为一个综合因子反映流域实际输沙的优越性。

在无定河流域，径流模数、输沙模数和径流侵蚀功率均呈现"下游大、上游小，东部大、西部小，南部大、北部小"的空间特征，选取子流域出口断面控制面积作为空间尺度因子。在无定河流域南部的河源梁涧区和黄土丘陵沟壑区，径流侵蚀功率与空间尺度效应呈现幂函数关系，空间尺度效应的阈值为306km^2。在流域北部的风沙区，径流侵蚀功率普遍很小且不受控制面积等因素的影响。

根据大理河流域1991~2000年的一些水文要素如降雨量、蒸发量、地表径流深，在整个流域的空间对流域的径流模数、输沙模数、径流侵蚀功率的汇聚过程、时空分布规律进行定量化的描述，得出流量、输沙量从上游到下游呈现逐渐递增的趋势，径流侵蚀功率则相反，且支流的径流侵蚀功率大于干流。对径流模数、输沙模数、径流侵蚀功率三者的关系进行分析，得出径流模数-径流侵蚀功率呈线性相关，R^2约为0.90；径流侵蚀功率-输沙模数呈线性相关，R^2约为0.84；径流模数-输沙模数呈线性相关，R^2约为0.82。

在延河流域，年径流侵蚀功率的空间分布具有"支流大、干流小，上游大、下游小"的特点。将子流域出口断面控制面积作为空间尺度因子，与径流侵蚀功率拟合，呈幂函数关系，空间尺度效应阈值为155km^2；将子流域出口断面以上河长作为空间尺度因子，与径流侵蚀功率拟合，呈指数函数关系，且干流、支流的空间尺度效应不同。

本章研究结果从能量角度阐明了延河流域水力侵蚀动力的空间分布，为在流域不同地区进行针对性的水土资源管理、水土保持工程建设提供理论支持。

参 考 文 献

龚珺夫, 李占斌, 李鹏, 等, 2017. 基于 SWAT 模型的延河流域径流侵蚀能量空间分布[J]. 农业工程学报, 33(13): 120-126.

李占斌, 鲁克新, 李鹏, 等, 2005. 基于径流侵蚀功率的流域次暴雨产沙模型研究[M]//黄河水利科学研究院. 第六届全国泥沙基本理论研究学术讨论会论文集: 第 1 册. 郑州: 黄河水利出版社.

李占斌, 朱冰冰, 李鹏, 2008. 土壤侵蚀与水土保持研究进展[J]. 土壤学报, 45(5): 802-809.

刘春利, 杨勤科, 谢红霞, 2010. 延河流域降雨侵蚀力时空分布特征[J]. 环境科学, 31(4): 850-857.

鲁克新, 李占斌, 鞠花, 等, 2009. 不同空间尺度次暴雨径流侵蚀功率与降雨侵蚀力的对比研究[J]. 西北农林科技大学学报: 自然科学版, 37(10): 204-208.

陆兆熊, 蔡强国, 1992. 黄土高原地区土壤侵蚀及土地管理研究进展[J]. 水土保持学报, 6(4): 86-95.

王伟, 李占斌, 杨瑞, 等, 2020. 无定河流域径流侵蚀功率时空变化特征[J]. 水土保持研究, 27(1): 26-32.

温仲明, 焦峰, 焦菊英, 2008. 黄土丘陵区延河流域潜在植被分布预测与制图[J]. 应用生态学报, 19(9): 1897-1904.

谢红霞, 2008. 延河流域土壤侵蚀时空变化及水土保持环境效应评价研究[D]. 西安: 陕西师范大学.

张莉, 温仲明, 苗连朋, 2013. 延河流域植物功能性状变异来源分析[J]. 生态学报, 33(20): 6543-6552.

张萍, 郑明国, 蔡强国, 等, 2020. 无定河黄土区降雨和产沙的相关性及其时空变异[J]. 水土保持学报, 34(1): 8-16.

张译心, 徐国策, 李占斌, 等, 2020. 不同时间尺度下流域径流侵蚀功率输沙模型模拟精度[J]. 水土保持研究, 27(3): 1-7, 22.

章文波, 谢云, 刘宝元, 2002. 用雨量和雨强计算次降雨侵蚀力[J]. 地理研究, 21(3): 384-390.

BAI L, WANG N, JIAO J, et al., 2020. Soil erosion and sediment interception by check dams in a watershed for an extreme rainstorm on the Loess Plateau, China[J]. International Journal of Sediment Research, 35(4): 408-416.

YUAN S, LI Z, CHEN L, et al., 2022. Influence of check dams on flood hydrology across varying stages of their lifespan in a highly erodible catchment, Loess Plateau of China[J]. Catena, 210: 105864.

YUAN S, LI Z, LI P, et al., 2019. Influence of check dams on flood and erosion dynamic processes of a small watershed in the Loss Plateau[J]. Water, 11(4): 834.

第 8 章　级联坝系布局及其对水沙动力的调控作用

8.1　王茂沟流域坝系布局分析

本节通过划分坝系单元、解析坝系级联物理模式来厘清王茂沟流域坝系布局，提出坝系布局的不同工况。

8.1.1　坝系单元划分

根据坝系单元控制理论，一条坝系由若干条子坝系组成，每条子坝系都修建于相对独立的支沟内；除坝系下游出口处的子坝系外，各子坝系之间一般不存在水沙传递关系。

为了分析坝系建设对流域水沙关系的影响，本书对王茂沟流域坝系进行了坝系单元划分。图 8-1 为王茂沟流域坝系单元划分结果，由图 8-1 可以看出，王茂沟流域坝系可以划分为黄柏沟坝系单元、埝堰沟坝系单元、康河沟坝系单元、马地嘴坝系单元、关地沟坝系单元，其中马地嘴坝系单元又包括死地嘴坝系单元和王塔沟坝系单元。

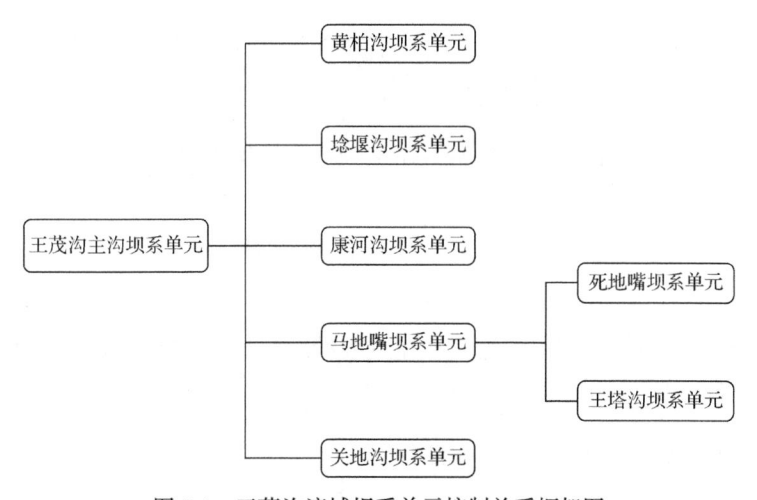

图 8-1　王茂沟流域坝系单元控制关系框架图

8.1.2　坝系级联物理模式

坝系中单坝之间或者坝系单元之间的关系称为坝系级联模式。坝系级联模式可以分为串联、并联和混联。串联模式是指若干座淤地坝在沟道内由上至下依次呈梯级状布置。这种模式的优点在于上下坝之间具有相互调节和相互保护的作用，但上游一旦发生溃坝，可能引发"连锁溃坝"的现象。例如，1977年7月陕西省绥德县韭园沟坝系特大暴雨引发了流域内的连锁溃坝，流域内333座淤地坝中有73%发生溃坝。并联模式是指坝系内坝与坝之间位置相互独立，不存在相互的水沙影响。混联模式是指坝系内既有串联又有并联模式。黄土高原沟壑纵横，地形支离破碎，沟道错综复杂，大多数淤地坝系属于混联模式。图8-2为王茂沟流域淤地坝坝系级联物理模式解析结果。

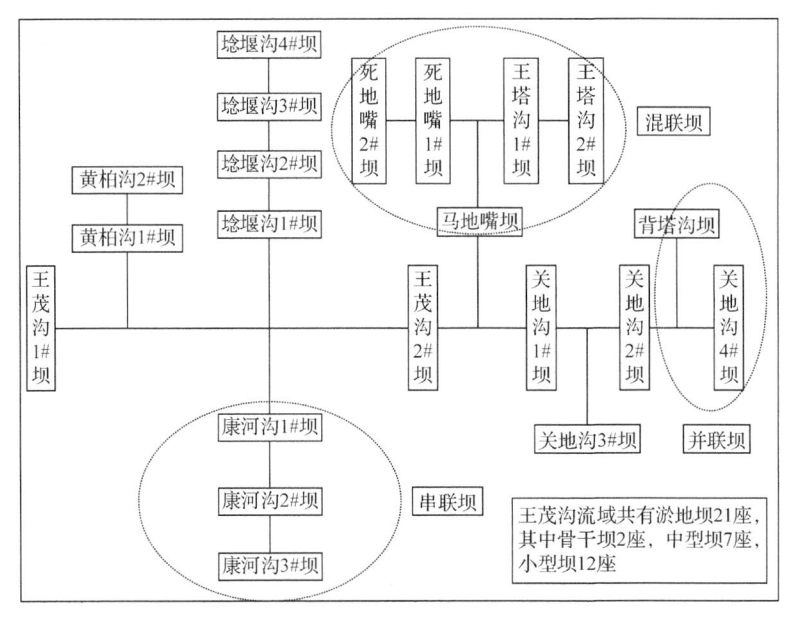

图 8-2 王茂沟流域淤地坝坝系级联物理模式

8.2 坝系布局对径流过程的影响

为了研究不同坝系布局对流域径流过程的影响，选择模拟精度最高的196404号实测洪水，设置不同的工况进行模拟。

8.2.1 不同坝型组合对径流过程影响

1. 工况设计

8.1节已对王茂沟流域已建成坝系单元划分，坝系级联物理模式解析设置以下8种工况探究不同坝型组合对流域径流过程的影响(表8-1)。其中，W代表整个流域从未建坝；G 代表整个流域只建有骨干坝，即王茂沟 1#坝、王茂沟 2#坝；Z 代表整个流域只建有中型坝，即黄柏沟 2#坝、墕堰沟 1#坝、康河沟 2#坝、死地嘴 1#坝、马地嘴坝、关地沟 1#坝、关地沟 4#坝；X 代表流域只建有小型坝，即黄柏沟 1#坝、墕堰沟 2#坝、墕堰沟 3#坝、墕堰沟 4#坝、康河沟 1#坝、康河沟 3#坝、死地嘴 2#坝、王塔沟 1#坝、王塔沟 2#坝、关地沟 2#坝，由于背塔沟坝和关地沟 3#坝所在的沟道较小，可以忽略不计。除了以上四种单一工况外，还有它们之间的组合工况，其中 GZ 代表流域建有骨干坝和中型坝，GX 代表流域建有骨干坝和小型坝，ZX 代表流域建有中型坝和小型坝，GZX 代表流域坝系建成既有骨干坝、中型坝，又有小型坝(袁水龙，2017)。

表 8-1 不同坝型组合的工况设计

工况	编码	坝型组合
1	W	未建坝
2	G	只建有骨干坝
3	Z	只建有中型坝
4	X	只建有小型坝
5	GZ	骨干坝和中型坝组合
6	GX	骨干坝和小型坝组合
7	ZX	中型坝和小型坝组合
8	GZX	骨干坝、中型坝和小型坝组合

2. 结果分析

图 8-3 为模拟的 8 种工况洪水过程线。由图 8-3 可以直观地看出，在建坝之前，流域洪水过程陡涨陡落，洪水过程线比较尖瘦；流域建坝之后，洪水过程涨水段和退水段变化均较为缓慢，特别是退水段更为明显，洪水过程明显坦化。对比流域未建坝(工况 1)和只建骨干坝(工况 2)的洪水过程线可以明显看出，骨干坝的建设减小了洪峰流量，减缓了退水过程；对比流域未建坝(工况 1)、只建中型坝(工况 3)和只建小型坝(工况 4)的洪水过程线可以看出，中型坝和小型坝的建设使洪峰和洪量均明显减少；对比 8 种不同工况的洪水过程线可以得出，淤地坝的建设明显改变了流域的洪水过程，且不同坝型起的作用不尽相同，不同坝型组合对洪水的调节作用也不同。

为了定量分析不同坝型组合对洪水过程的影响，对不同工况条件下洪水特征参数进行统计，见表 8-2。通常用洪峰流量、洪水总量和洪水历时三个要素来描述洪水特征。由表 8-2 可以看出，流域未建坝(工况 1)、只建骨干坝(工况 2)、只

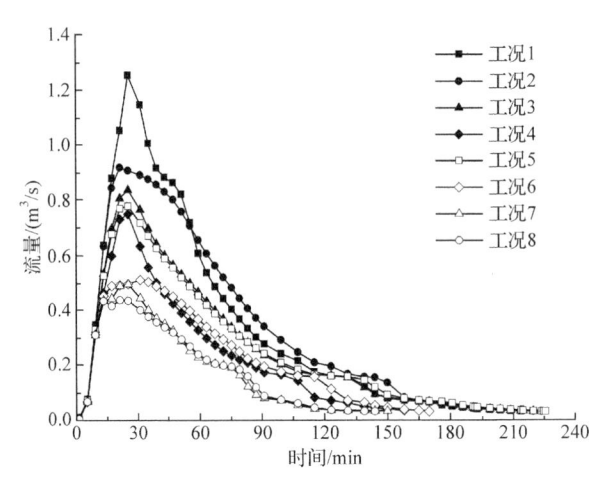

图 8-3 不同坝型组合 8 种工况模拟洪水过程线

建中型坝(工况 3)、只建小型坝(工况 4)的洪峰流量分别为 1.26m³/s、0.92m³/s、0.84m³/s、0.76m³/s，三种坝型的建设分别使洪峰流量减少 27.28%、33.39%、40.13%，其中小型坝的建设使洪峰流量减小得最多；工况 5、工况 6、工况 7、工况 8 的洪峰流量分别为 0.78m³/s、0.51m³/s、0.50m³/s、0.44m³/s，四种工况分别使洪峰流量减小 38.07%、59.71%、60.75%、65.34%，不同的坝型组合对洪峰流量的影响也不同，流域形成坝系(工况 8)后对洪峰流量的减小作用最大。

表 8-2 不同工况条件下洪水特征参数统计

工况	洪峰时间	洪峰流量/(m³/s)	洪峰流量减少率/%	洪水总量/m³	淤地坝滞蓄水量/m³	洪水总量减少率/%	洪水历时/min
1	19:14	1.26	—	4853.93	—	—	188
2	19:08	0.92	27.28	4828.87	105.63	2.18	194
3	19:12	0.84	33.39	3556.61	1314.50	27.08	192
4	19:12	0.76	40.13	2541.04	2178.79	44.89	143
5	19:10	0.78	38.07	3532.24	1328.45	27.37	198
6	19:19	0.51	59.71	2518.06	2191.35	45.15	150
7	19:10	0.50	60.75	1802.36	2835.48	58.42	112
8	19:10	0.44	65.34	1779.58	2847.82	58.67	114

淤地坝的建设对洪水不仅有削峰作用，还会明显减小洪水总量(杨启红，2009)。由表 8-2 可以看出，流域中未建坝时的洪水总量为 4853.93m³。建坝之前，由于沟道比降较大，洪水基本全部出沟，沟道中的滞蓄水量接近于 0。流域中只建有骨干坝时，淤地坝会滞蓄 105.63m³ 洪水，使洪水总量减少 2.18%。王茂沟流

域的两座骨干坝都建有放水设施,其中王茂沟1#坝设有溢洪道,王茂沟2#坝设有竖井,且进水口基本和坝地相平,所以滞蓄水量很小,但骨干坝对洪水过程的调控作用巨大。流域只建有中型坝时,中型坝会滞蓄1314.50m³洪水,减少洪水总量27.08%。流域只建有小型坝时,小型坝会滞蓄2178.79m³洪水,减少洪水总量44.89%。由于小型坝大多数为"闷葫芦"坝,没有放水建筑物,所以洪水总量的减少率最大。工况5、工况6、工况7、工况8的滞蓄水量分别为1328.45m³、2191.35m³、2835.48m³、2847.82m³,洪水总量分别减少27.37%、45.15%、58.42%、58.67%,还是流域同时建有骨干坝、中型坝、小型坝时的拦蓄能力最大。

从表8-2可以看出,8种工况的洪水历时分别为188min、194min、192min、143min、198min、150min、112min、114min,流域建设骨干坝和中型坝会增加洪水历时,建设小型坝会使洪水历时减少。这是因为小型坝没有放水建筑物,洪水出不了坝,所以洪水过程会在较短时间内结束。

8.2.2 不同坝系级联方式对径流过程的影响

1. 工况设计

除了不同坝型组合对流域暴雨洪水过程有影响,不同坝系物理级联方式也会对洪水过程产生重大影响。小型淤地坝没有放水建筑物,会将洪水全部拦蓄,不利于探究不同坝系级联方式对流域洪水过程的影响。因此,本书忽略坝系中的小型淤地坝,选择的坝系级联模式中淤地坝都有放水建筑物,设置4种工况来探究这种作用。其中,W代表未建坝;CL代表串联坝系单元,有关地沟4#坝、关地沟1#坝、王茂沟2#坝;BL代表并联坝系单元,有关地沟4#坝、关地沟1#坝、死地嘴1#坝、马地嘴坝;HL代表混联坝系单元,有关地沟4#坝、关地沟1#坝、王茂沟2#坝、死地嘴1#坝、马地嘴坝、王茂沟2#坝(混联)。不同坝系级联方式工况设计见表8-3。

表8-3 不同坝系级联方式工况设计

工况	编码	级联模式	淤地坝
1	W	未建坝	—
2	CL	串联	关地沟1#坝、关地沟4#坝、王茂沟2#坝
3	BL	并联	关地沟1#坝、关地沟4#坝、死地嘴1#坝、马地嘴坝
4	HL	混联	关地沟1#坝、关地沟4#坝、死地嘴1#坝、马地嘴坝、王茂沟2#坝

2. 结果分析

为了对比不同坝系对流域洪水过程的调控作用,选择同一集水区域,设置未建坝、串联、并联、混联四种工况，进行洪水过程的模拟，模拟结果见图 8-4。由图 8-4 可以看出，三种坝系级联方式均会使流域洪水过程坦化，洪峰流量、洪水总量均明显减小，混联方式减小幅度最大，并联方式次之，串联方式对洪水过程的影响最小。

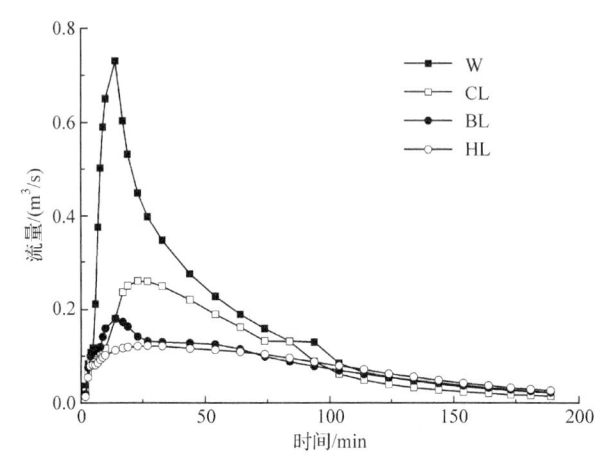

图 8-4 不同坝系布局下流域洪水模拟结果

为了定量分析坝系级联方式对洪水过程的影响，统计四种工况下的洪水特征，详见表 8-4。由表 8-4 可以看出，并联坝系没有改变出现洪峰的时间，串联坝系和混联坝系使出现洪峰时间滞后 10min。流域未建坝时洪水历时为 162min，串联坝系、并联坝系和混联坝系的洪水历时分别为 137min、168min 和 178min，串联坝系缩短了洪水历时，并联坝系和混联坝系延长了洪水历时，混联坝系的洪水历时最长。

表 8-4 不同工况条件下洪水特征参数统计

工况	洪峰时间	洪峰流量/(m³/s)	洪峰流量减少率/%	洪水总量/m³	洪水总量减少率/%	洪水历时/min
W	19:05	0.73	—	1882.89	—	162
CL	19:15	0.26	64.30	1176.42	37.52	137
BL	19:05	0.18	75.38	924.84	50.88	168
HL	19:15	0.12	83.31	890.94	52.68	178

未建坝(W)、串联(CL)、并联(BL)、混联(HL)四种工况下的洪峰流量分别为 0.73m³/s、0.26m³/s、0.18m³/s、0.12m³/s，混联使洪峰流量减少 83.31%，减少幅度最大，串联和并联分别使洪峰流量减少 64.30%和 75.38%。不同的坝系级联方式不但减少了洪水的洪峰流量，而且大幅减少了洪水总量。四种工况下的洪水总量

分别为 1882.89m³、1176.42m³、924.84m³、890.94m³，串联、并联、混联三种级联方式分别使洪水总量减少了 37.52%、50.88%、52.68%，和对洪峰流量的调控作用相似，仍然是混联的减少幅度最大、并联次之、串联最小。综上所述，三种级联方式中混联方式对流域洪水的调控作用最强，在坝系建设过程中要合理布置坝系的级联方式。

8.3 单坝对沟道径流侵蚀动力过程的调控作用

淤地坝的修建会显著改变沟道的水流流速，但是由于不同坝型淤地坝修建的位置不同、控制面积不同、放水建筑物不同，不同结构的淤地坝对沟道水流流速的调控作用也不一样(高海东等，2015)。本节通过模拟建坝前后沟道水流流速，探究单坝对沟道侵蚀动力过程的调控作用。

本节所选的骨干坝为王茂沟 2#坝，放水建筑物为竖井，没有溢洪道；中型坝为关地沟 1#坝，放水建筑为竖井；小型坝为埝堰沟 2#坝，无放水建筑物，为"闷葫芦"坝。断面 A 位于淤地坝前 10m，断面 B 位于淤地坝后 10m。

8.3.1 建坝前后流速随时间的变化

图 8-5~图 8-7 分别为沟道修建骨干坝、中型坝、小型坝前后，坝前断面 A 和坝后断面 B 流速随时间的变化过程。由图 8-5~图 8-7 可以看出，骨干坝、中型坝、小型坝的修建均会使坝前流速迅速减小，其中骨干坝的减幅最大。坝前流速减小，使得水流挟沙力急剧减少，泥沙在坝前大量淤积。三种坝型的修建均会使坝后流速减小，骨干坝坝后流速的减幅最小，小型坝的减幅最大，这是因为骨干坝和中型坝均有放水建筑物，而小型坝为"闷葫芦"坝，无放水建筑物。相比沟道建坝前，骨干坝修建后坝后流速随时间变化过程坦化，最大流速出现时间比

(a) 断面A流速随时间变化过程

(b) 断面B流速随时间变化过程

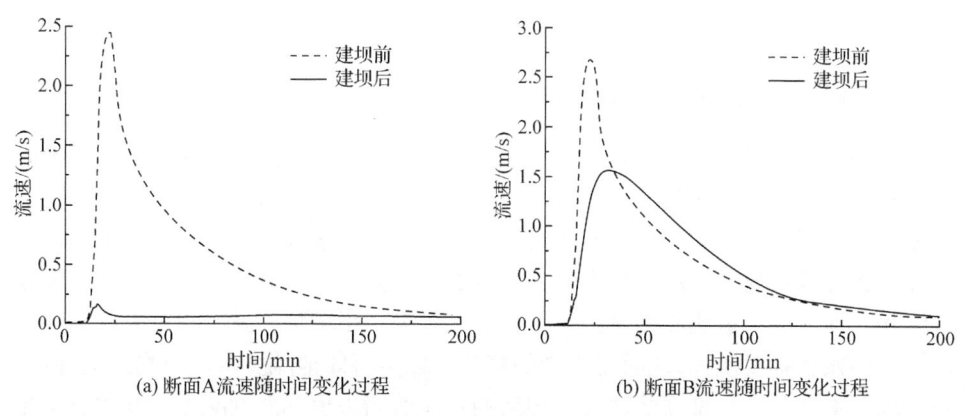

图 8-5 骨干坝建坝前后流速随时间变化过程

建坝前滞后，这与骨干坝竖井的过水能力有关。中型坝坝后流速先增大后减小，随后再增大，这是因为刚开始坝前水位还未到达竖井进水口，随着坝前水位抬升至进水口，坝后流速再次增大。三种坝型坝后流速减小，减少了沟道水流对下游的冲刷。

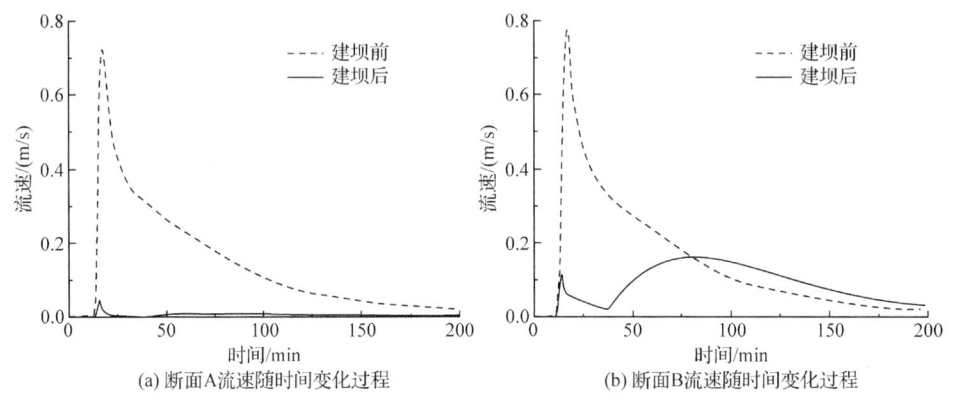

图 8-6　中型坝建坝前后流速随时间变化过程

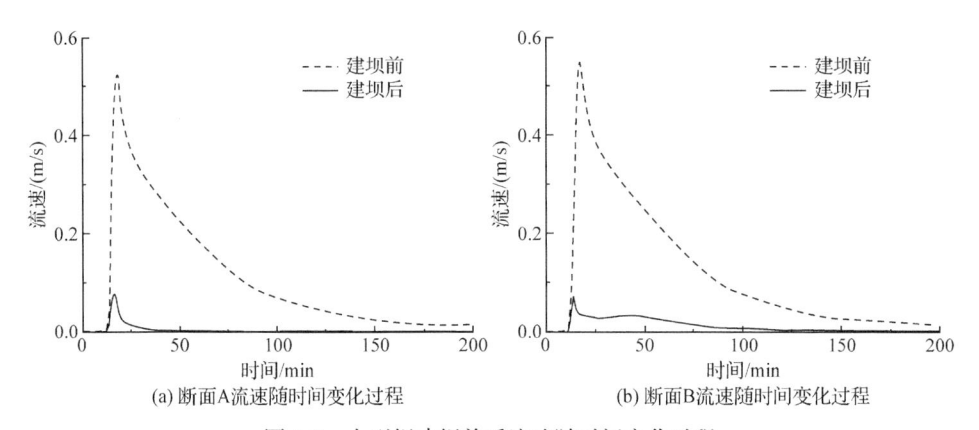

图 8-7　小型坝建坝前后流速随时间变化过程

8.3.2　建坝前后径流剪切力随时间的变化

图 8-8～图 8-10 分别为沟道修建骨干坝、中型坝、小型坝前后坝前断面 A 和坝后断面 B 径流剪切力随时间的变化过程。由图 8-8～图 8-10 可以看出，骨干坝、中型坝、小型坝修建后，坝前的径流剪切力均减小至接近于 0。由径流剪切力的计算公式可以知道，径流剪切力的大小取决于水力半径和能坡，建坝后随着泥沙的淤积，坝前的沟道比降明显减小。相比中型坝、小型坝，骨干坝坝前断面径流剪切力的减小幅度最大，说明骨干坝的修建可以更有效地减少水流对沟道的冲刷。骨干坝、中型坝、小型坝修建后，坝后的径流剪切力也都急剧减小，其中骨干坝

最大径流剪切力减小了 66.20%，中型坝和小型坝减小 90%以上。这是因为骨干坝放水建筑物的过水能力较大，坝后水流对土壤还有一定的分离能力，还会对沟道造成一定的冲刷(党维勤等，2020)。

(a) 断面A径流剪切力随时间变化过程　　(b) 断面B径流剪切力随时间变化过程

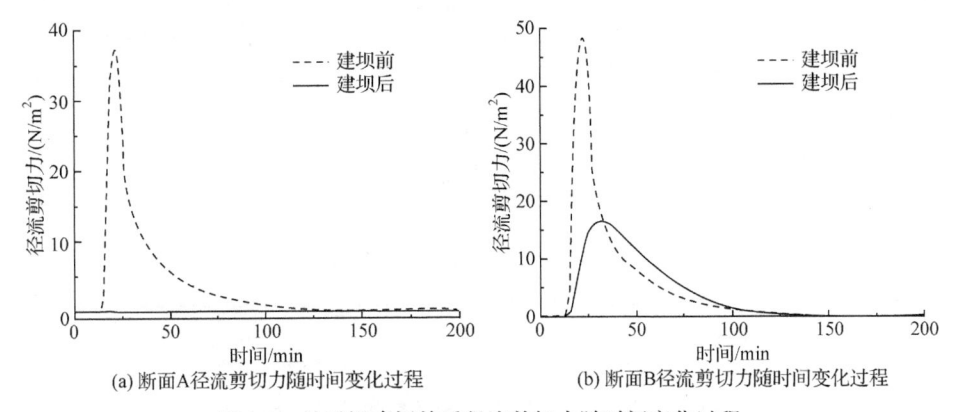

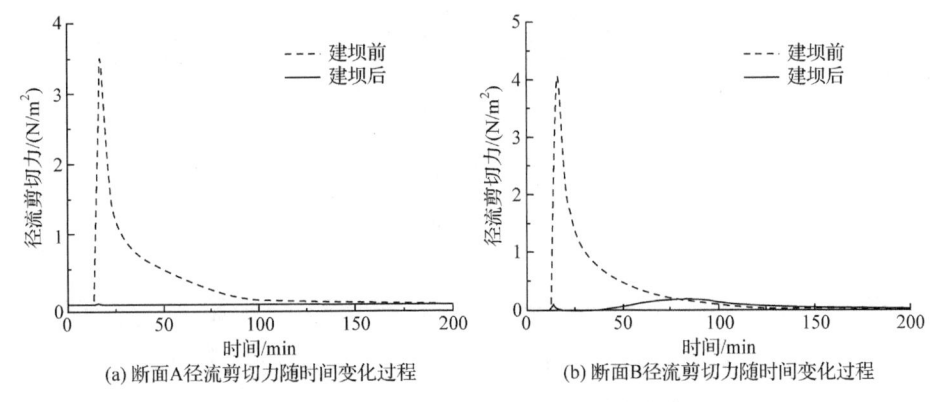

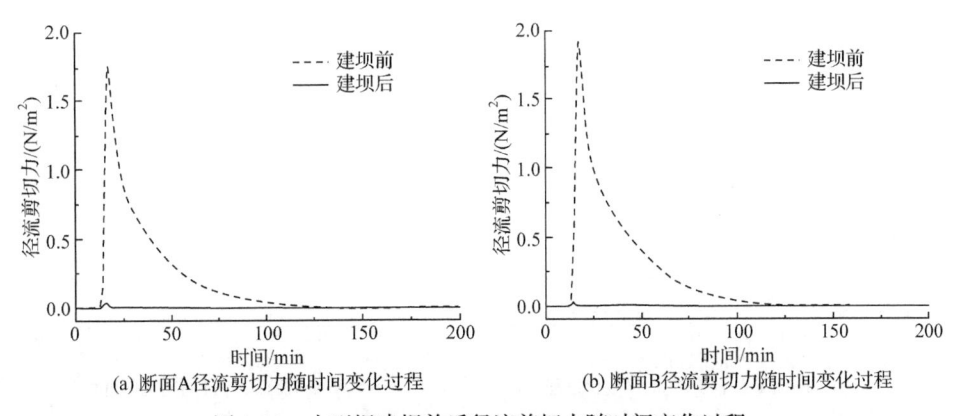

图 8-8　骨干坝建坝前后径流剪切力随时间变化过程

(a) 断面A径流剪切力随时间变化过程　　(b) 断面B径流剪切力随时间变化过程

图 8-9　中型坝建坝前后径流剪切力随时间变化过程

(a) 断面A径流剪切力随时间变化过程　　(b) 断面B径流剪切力随时间变化过程

图 8-10　小型坝建坝前后径流剪切力随时间变化过程

8.3.3 建坝前后径流功率随时间的变化

图 8-11～图 8-13 分别为沟道修建骨干坝、中型坝、小型坝前后坝前断面 A

(a) 断面A径流功率随时间变化过程　　(b) 断面B径流功率随时间变化过程

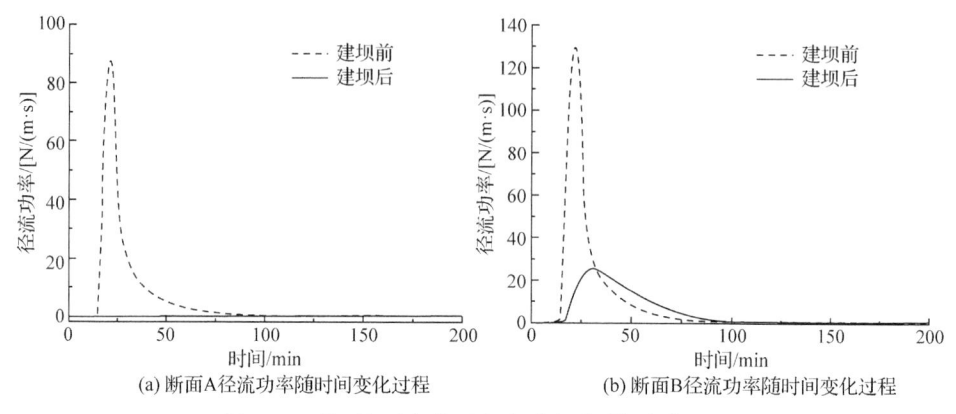

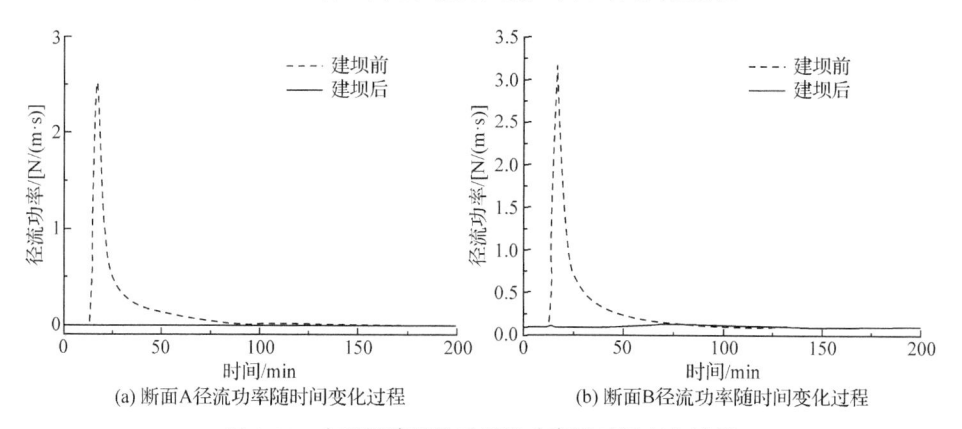

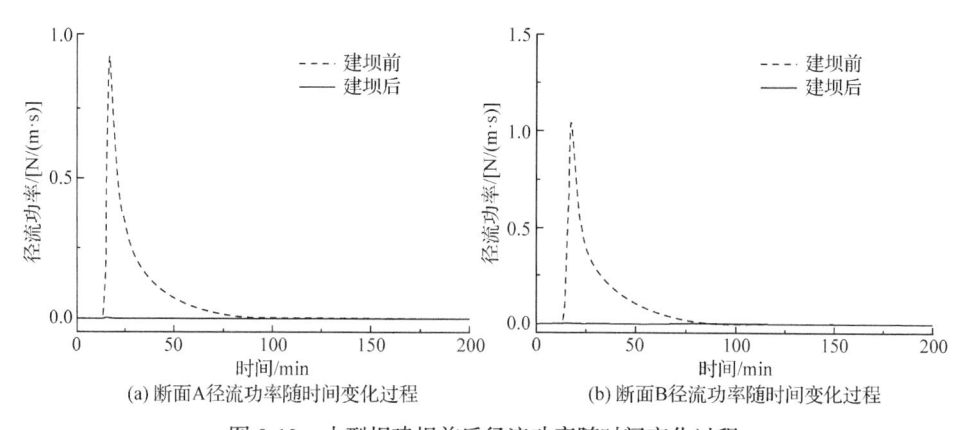

图 8-11　骨干坝建坝前后径流功率随时间变化过程

(a) 断面A径流功率随时间变化过程　　(b) 断面B径流功率随时间变化过程

图 8-12　中型坝建坝前后径流功率随时间变化过程

(a) 断面A径流功率随时间变化过程　　(b) 断面B径流功率随时间变化过程

图 8-13　小型坝建坝前后径流功率随时间变化过程

和坝后断面 B 径流功率随时间的变化过程。由图 8-11~图 8-13 可以看出，淤地坝修建前后，径流功率随时间的变化趋势与径流剪切力随时间的变化趋势基本一致。骨干坝、中型坝、小型坝的修建均会使坝前的径流功率减小到接近于 0。骨干坝、中型坝、小型坝修建后，坝后的径流功率也都急剧减小，其中中型坝、小型坝的减小幅度较大，骨干坝的减小幅度较小。这是因为径流功率是径流剪切力和流速的乘积，骨干坝的放水建筑物过流能力较大，坝后断面还具有一定的径流剪切力和流速。淤地坝的修建明显减小了坝前、坝后的径流功率，减少了水流对沟道的侵蚀(曾鑫等，2022)。

8.3.4 建坝前后单位水流功率随时间的变化

图 8-14~图 8-16 分别为沟道修建骨干坝、中型坝、小型坝前后坝前断面 A 和坝后断面 B 单位水流功率随时间的变化过程。单位水流功率定义为流速和水力能坡的乘积。单位水流功率的大小与土壤侵蚀有良好的相关关系，单位水流功率越大则径流具有的能量越大，越容易引起土壤侵蚀，能有效反映坡面径流输沙过程(郭晖等，2021)。

由图 8-14~图 8-16 可以看出，骨干坝、中型坝、小型坝的修建均使坝前断面的单位水流功率显著减小，减小了径流的侵蚀能量，这是因为单位水流功率为流速和水力能坡的乘积，淤地坝的修建使得坝前的流速和水力能坡均显著减小。淤地坝的修建使坝后的最大单位水流功率均明显减小，其中骨干坝减幅最小，中型坝居中，小型坝减幅最大，减幅分别为 28.40%、61.50%、86.20%。淤地坝的修建使坝后最大单位水流功率明显减小，不同坝型对坝后总的单位水流功率影响不尽相同。骨干坝和中型坝的修建使坝后总的单位水流功率分别增加 15.10%和 2.30%，小型坝的修建使坝后总的单位水流功率减小 84.50%。因此，骨干坝和中型坝只是改变了单位水流功率的分布，对其总量影响不大；小型坝不但改变了坝后单位水

(a) 断面A单位水流功率随时间变化过程

(b) 断面B单位水流功率随时间变化过程

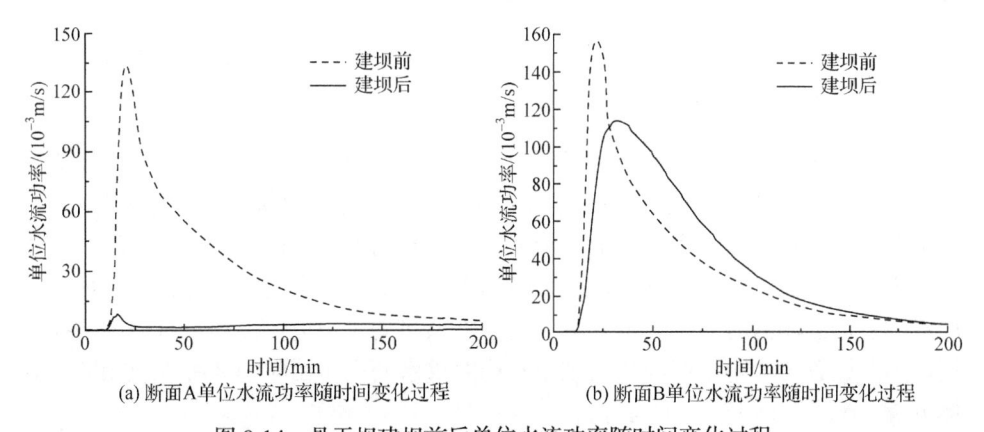

图 8-14 骨干坝建坝前后单位水流功率随时间变化过程

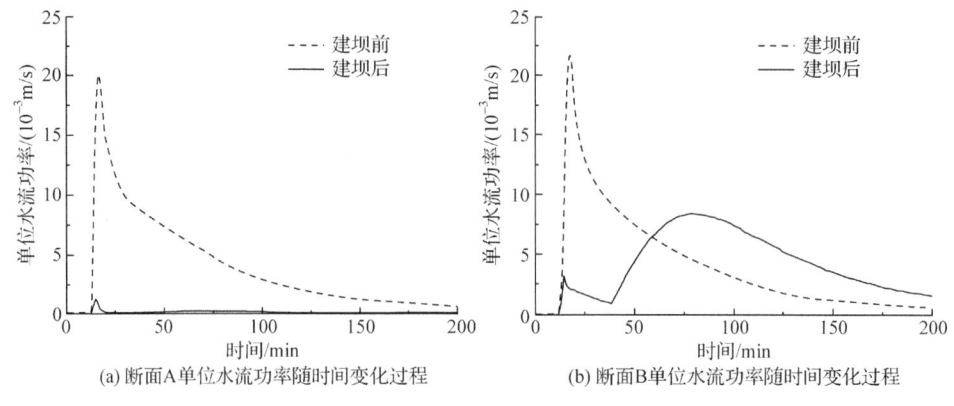

图 8-15 中型坝建坝前后单位水流功率随时间变化过程

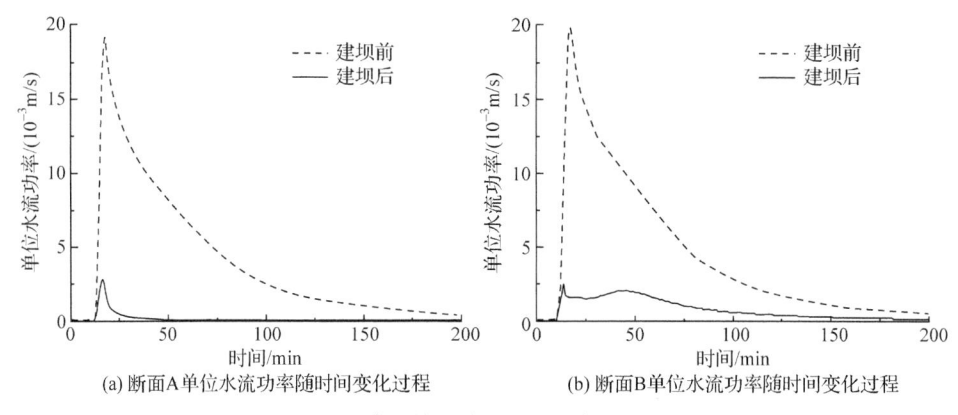

图 8-16 小型坝建坝前后单位水流功率随时间变化过程

流功率随时间的分布,而且明显减小了坝后单位水流功率的总量,所以小型坝的修建对下游沟道的减蚀作用最大。

8.4 坝系布局对沟道径流侵蚀动力过程的调控作用

以小流域为单元,在沟道中合理布设骨干坝、中型坝和小型坝,从而建成沟道防治体系,即形成沟道坝系。8.3 节探讨了单坝对沟道侵蚀动力过程的调控作用,黄土高原淤地坝建设大多已经形成坝系,坝系对沟道水流侵蚀动力过程的调控作用更强。本节通过模拟 8 种不同坝系布局工况下的沟道水动力过程,研究坝系布局对沟道侵蚀动力时空变化的影响,揭示坝系布局对沟道侵蚀动力过程的调控作用。本节设置的 8 种工况与探讨坝系布局对洪水调控作用时的 8 种工况相同,具体见表 8-5。

表 8-5 坝系布局对沟道侵蚀动力过程的调控作用的工况设计

工况	编码	淤地坝
1	W	未建坝
2	G	王茂沟 1#坝、王茂沟 2#坝
3	Z	关地沟 1#坝、关地沟 4#坝、死地嘴 1#坝、马地嘴坝、埝堰沟 1#坝、康河沟 2#坝、黄柏沟 2#坝
4	X	关地沟 2#坝、王塔沟 1#坝、王塔沟 2#坝、死地嘴 2#坝、埝堰沟 2#坝、埝堰沟 3#坝、埝堰沟 4#坝、康河沟 1#坝、康河沟 3#坝、黄柏沟 1#坝
5	GZ	王茂沟 1#坝、王茂沟 2#坝、关地沟 1#坝、关地沟 4#坝、死地嘴 1#坝、马地嘴坝、埝堰沟 1#坝、康河沟 2#坝、黄柏沟 2#坝
6	GX	王茂沟 1#坝、王茂沟 2#坝、关地沟 2#坝、王塔沟 1#坝、王塔沟 2#坝、死地嘴 2#坝、埝堰沟 2#坝、埝堰沟 3#坝、埝堰沟 4#坝、康河沟 1#坝、康河沟 3#坝、黄柏沟 1#坝
7	ZX	关地沟 1#坝、关地沟 4#坝、死地嘴 1#坝、马地嘴坝、埝堰沟 1#坝、康河沟 2#坝、黄柏沟 2#坝、关地沟 2#坝、王塔沟 1#坝、王塔沟 2#坝、死地嘴 2#坝、埝堰沟 2#坝、埝堰沟 3#坝、埝堰沟 4#坝、康河沟 1#坝、康河沟 3#坝、黄柏沟 1#坝
8	GZX	王茂沟 1#坝、王茂沟 2#坝、关地沟 1#坝、关地沟 4#坝、死地嘴 1#坝、马地嘴坝、埝堰沟 1#坝、康河沟 2#坝、黄柏沟 2#坝、关地沟 2#坝、王塔沟 1#坝、王塔沟 2#坝、死地嘴 2#坝、埝堰沟 2#坝、埝堰沟 3#坝、埝堰沟 4#坝、康河沟 1#坝、康河沟 3#坝、黄柏沟 1#坝

为了研究沟道侵蚀动力的空间变化过程,将流域主沟道划分 12 个断面,其中 1~3 相邻断面之间的距离为 200m,其余断面之间的距离为 400m。主沟道上总共建有 5 座淤地坝,其中骨干坝王茂沟 2#坝位于断面 7 和断面 8 之间,中型坝关地沟 1#坝位于断面 5 和断面 6 之间,中型坝关地沟 4#坝位于断面 2 和断面 3 之间,小型坝关地沟 2 号坝位于断面 3 和断面 4 之间。

8.4.1 流速的时空变化

流速是径流侵蚀动力和泥沙输移过程中最重要的水力学参数,通过研究流速时空分布变化规律,揭示淤地坝系对沟道侵蚀动力和泥沙输移能力的调控作用。图 8-17 为不同工况下沟道径流流速的时空变化过程,其中(a)为流域出口断面流速随时间的变化过程,(b)为沟道径流最大流速沿程变化过程。

由图 8-17(a)可以看出,8 种工况下流速均是先急剧增大,再逐渐减小,而且流速增大过程有所重合。流速最大的为工况 1(未建坝),达到 1.99m/s;流速最小的为工况 8(建有骨干坝、中型坝、小型坝),达到 1.55m/s;工况 1 流速是工况 8 的 1.28 倍,其他工况的流速介于工况 1 和工况 8 之间。这说明不修建任何沟道措施时,流域出口断面的流速最大;当沟道修建骨干坝、中型坝、小型坝,即坝系形成时,流域出口断面的流速最小,其他各种坝系组合的流域出口断面流速介于这两种工况之间。因此,沟道坝系形成时,对沟道的流速调控作用最大,可以有

(a) 流域出口断面流速随时间的变化过程

(b) 沟道径流最大流速沿程变化过程

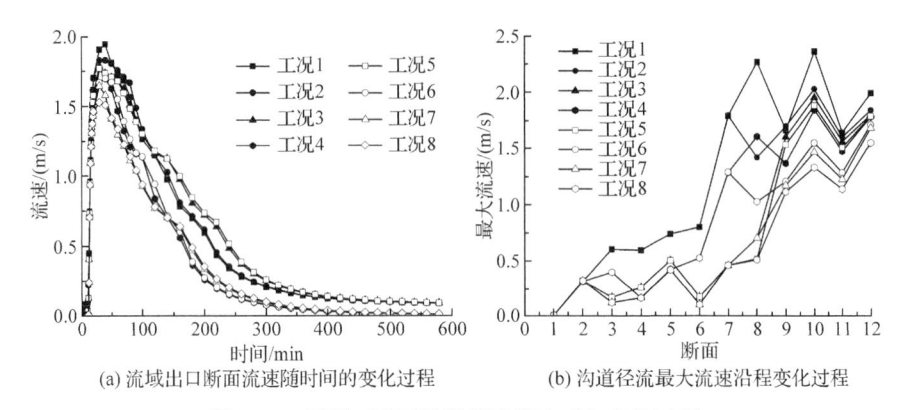

图 8-17 不同工况下沟道径流流速时空变化过程

效减小径流对下游的冲刷能力和泥沙输移能力。对比工况 1 至工况 4 可以发现，工况 1(未建坝)的流速最大，工况 2(建有骨干坝)、工况 3(建有中型坝)次之，工况 4(建有小型坝)的流速最小，说明小型坝的建设对沟道流速的调控作用最大，这与单坝对流速调控作用研究的结果一致。

由图 8-17(b)可以看出，从主沟道上游到下游，8 种工况的最大流速呈现沿程增大的趋势，这是因为在水流沿沟道向下运动过程中，势能逐渐转换为动能，而且不断有水流汇入主沟道。对比 8 种工况，工况 1(未建坝)沿程各断面的最大流速最大，工况 8(建有骨干坝、中型坝、小型坝)沿程各断面的最大流速最小，其他工况沿程的断面最大流速介于这两种工况之间。说明坝系形成后对沟道流速的分布影响最大，明显减小了沿程流速，减少了径流对沟道的冲刷，同时使得更多的泥沙在沟道沉积。断面 2 到断面 3，工况 5 和工况 8 的最大流速明显减小；断面 3 到断面 4，工况 6 的流速明显减小；断面 5 到断面 6，工况 5 和工况 8 的最大流速明显减小；断面 7 到断面 8，工况 2 和工况 6 的最大流速明显减小。这几组断面之间流速的减小，均是由于在这几组断面之间建有不同类型的淤地坝，说明淤地坝的建设明显改变了沟道流速原有的分布规律(李占斌等，2002)。

8.4.2 径流剪切力的时空变化

图 8-18 为不同工况下沟道径流剪切力的时空变化过程，其中(a)为流域出口断面径流剪切力随时间的变化过程，(b)为沟道最大径流剪切力沿程变化过程。

由图 8-18(a)可以看出，8 种工况下流域出口断面的径流剪切力均是先急剧增大再减小，与流域出口断面流速的变化过程一致。工况 1(未建坝)出口断面最大径流剪切力为 15.51N/m^2，是 8 种工况的最大值；工况 8(建有骨干坝、中型坝、小型坝)流域出口断面最大径流剪切力为 10.69N/m^2，是 8 种工况的最小值；工况 1 的最大径流剪切力是工况 8 的 1.45 倍，其他工况下流域出口断面的最大径流剪切力介于工况 1 和工况 8 之间，说明流域坝系建成(建有骨干坝、中型坝、小型坝)

(a) 流域出口断面径流剪切力随时间的变化过程

(b) 沟道最大径流剪切力沿程变化过程

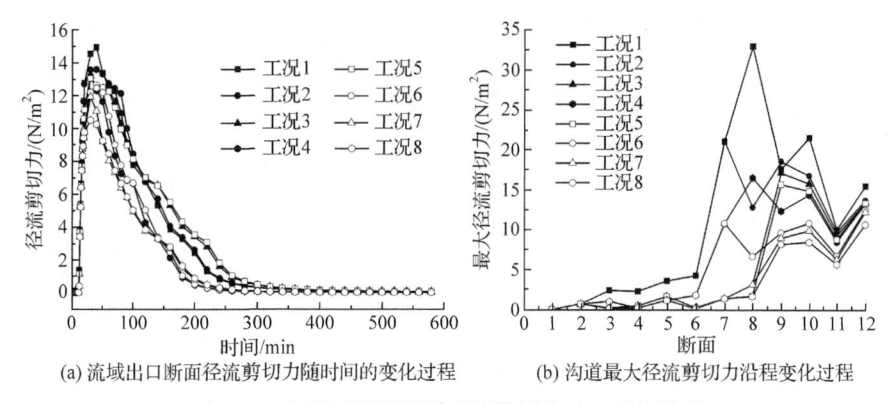

图 8-18 不同工况下沟道径流剪切力时空变化过程

时对径流剪切力削减最大。对比工况 1 至工况 4 可以看出，工况 1(未建坝)流域出口断面的最大径流剪切力最大，工况 2(建有骨干坝)、工况 3(建有中型坝)次之，工况 4(建有小型坝)流域出口断面最大径流剪切力最小，说明小型坝的建设对沟道径流剪切力的调控能力最强，这与单坝的研究结果一致。

由图 8-18(b)可以看出，8 种工况的断面最大径流剪切力沿程呈现先增大后减小趋势。由径流剪切力的计算公式可以知道，径流剪切力是水力半径和水力能坡的乘积，所以这是沿程水力半径和水力能坡变化共同作用的结果。对比 8 种工况，工况 1(未建坝)沿程各断面的最大径流剪切力最大，工况 8(建有骨干坝、中型坝、小型坝)沿程各断面的最大径流剪切力最小，其他工况沿程断面最大径流剪切力介于这两种工况之间。坝系形成后对沟道径流剪切力的分布影响最大，明显减小了沿程的径流剪切力，减少了径流对沟道的侵蚀。断面 7 到断面 8，工况 2、工况 6 的最大径流剪切力急剧减小，这是因为断面 7 和断面 8 之间建有骨干坝王茂沟 2#坝，说明骨干坝的建设可以明显减小沟道的径流剪切力，从而减少沟道侵蚀。

8.4.3 径流功率的时空变化

沟道径流对土壤的侵蚀过程是一个做功消耗能量的过程。径流功率就是单位面积水体势能与动能随时间的变化率。径流功率表征作用于单位面积的水流消耗的功率，可以反映径流侵蚀能力的大小。

图 8-19 为不同工况下沟道径流功率的时空变化过程，其中(a)为流域出口断面径流功率随时间的变化过程，(b)为沟道最大径流功率沿程变化过程。

由图 8-19(a)可以看出，8 种工况流域出口断面的径流功率均是先急剧增大再减小，与流域出口断面流速和径流剪切力的变化过程一致，这是因为径流功率就是径流剪切力和流速的乘积。工况 1(未建坝)出口断面最大径流功率为 $29.36N/(m·s)$，为 8 种工况的最大值；工况 8(建有骨干坝、中型坝、小型坝)流域出口断面最大径流功率为 $15.83N/(m·s)$，为 8 种工况的最小值；工况 1 的最大径

(a) 流域出口断面径流功率随时间的变化过程

(b) 沟道最大径流功率沿程变化过程

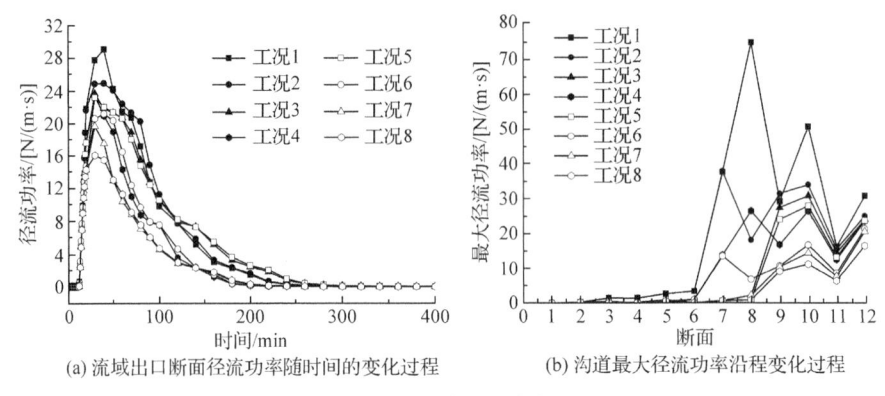

图 8-19 不同工况下沟道径流功率时空变化过程

流功率是工况 8 的 1.85 倍,其他工况下流域出口断面的最大径流功率介于工况 1 和工况 8 之间,说明流域坝系建成(建有骨干坝、中型坝、小型坝)时对径流功率削减作用最大。由工况 1 至工况 4 可以看出,工况 1(未建坝)流域出口断面的径流功率最大,工况 2(建有骨干坝)、工况 3(建有中型坝)次之,工况 4(建有小型坝)出口断面径流功率最小,说明小型坝的建设对沟道径流功率的调控能力最强,这与单坝对径流功率调控作用的研究结果一致。

由图 8-19(b)可以看出,工况 1(未建坝)断面最大径流功率沿程起伏很大,其余工况从沟头到沟口基本呈现先增大后减小的趋势。对比 8 种工况,工况 1(未建坝)沿程各断面的最大径流功率最大,工况 8(建有骨干坝、中型坝、小型坝)沿程各断面的最大径流功率最小,其他工况沿程断面最大径流功率介于这两种工况之间。说明淤地坝的建设明显减小了沟道各断面的最大径流功率,且当坝系建成时,这种削减作用最为明显。断面 7 到断面 8,工况 2、工况 6 的断面最大径流功率急剧减小,这是因为断面 7 和断面 8 之间建有骨干坝王茂沟 2#坝,说明骨干坝的建设可以明显减小沟道的径流功率。断面 8 到断面 9,工况 1 和工况 4 的径流功率明显减小,其余工况(建有骨干坝或中型坝)的径流功率明显增大,说明骨干坝和中型坝的建设对沟道径流功率具有明显的调控作用。

8.4.4 径流能量的时空变化

当流域发生降雨事件时,降落到流域内的雨水经过产流过程形成净雨,净雨通过坡面汇流进入沟道,从支沟到干沟,从上游到下游,最后流出流域的出口断面。主沟道水流由沟头向沟口运动过程中,由于高程降低,势能必然逐渐减小,减小的势能转化为动能使得沟道水流的动能增加,同时支沟和坡面水流的汇入也使得动能逐渐增加。沟道水流在向下运动过程中,能量主要损耗有两方面:一是冲刷沟道、输移泥沙过程中消耗能量,二是沟道中修建的淤地坝使沟道水流能量损失。淤地坝的修建减小了沟道水流动能,这样水流就没有足够的能量冲刷沟道。

本小节探讨坝系对沟道水流动能的调控作用。

图 8-20 为不同工况下沟道径流能量的时空变化过程,其中(a)为流域出口断面单位重量水流具有的动能(单位动能)随时间的变化过程,(b)为单位重量水体势能(单位势能)沿程变化过程,(c)为最大单位重量水体动能沿程变化过程。

(a) 流域出口断面径流单位动能随时间变化过程

(b) 沟道径流单位势能沿程变化

(c) 沟道径流最大单位动能沿程变化

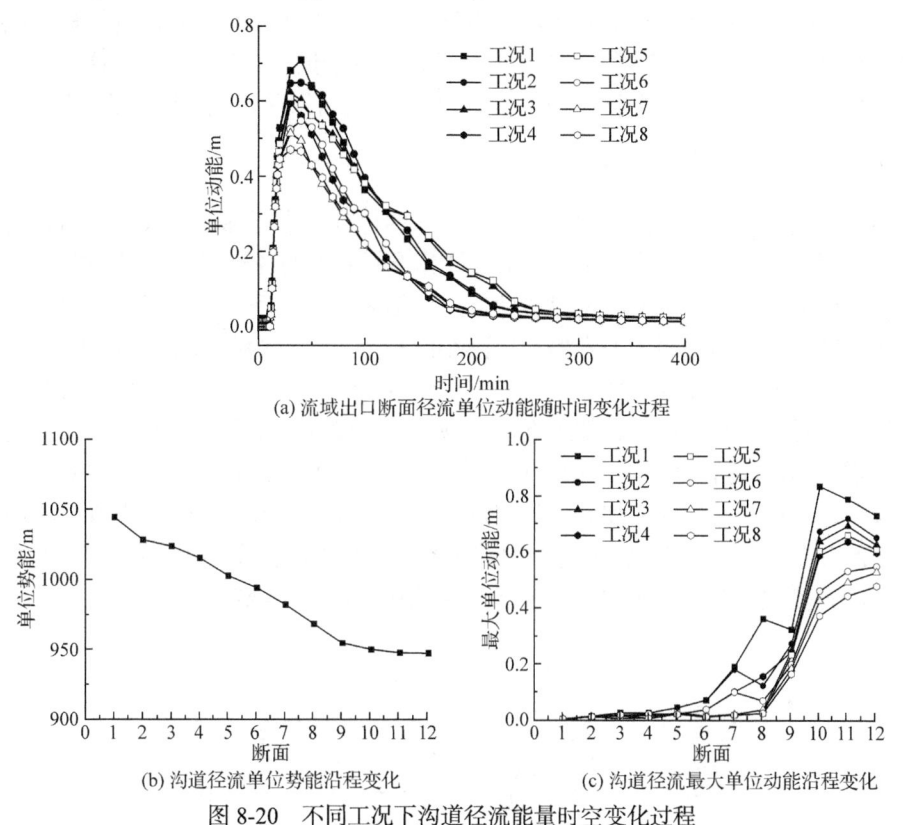

图 8-20　不同工况下沟道径流能量时空变化过程
能量以水头表示

由图 8-20(a)可以看出,8 种工况下出口断面单位动能均是先增大后减小,和流速的变化趋势一致,这是因为动能是通过流速计算得出的。工况 1(未建坝)流域出口断面最大单位动能为 0.73m,为 8 种工况中的最大值;工况 8(建有骨干坝、中型坝、小型坝)流域出口断面最大单位动能为 0.48m,为 8 种工况中的最小值;工况 1 的出口断面最大单位动能是工况 8 的 1.52 倍,其他工况下流域出口断面的最大单位动能介于工况 1 和工况 8 之间,说明流域坝系建成(建有骨干坝、中型坝、小型坝)时对沟道水流的能量消耗最多,这样减小了冲刷沟道的能量,从而减少了沟道侵蚀。对比工况 1 至工况 4 可以看出,工况 1(未建坝)流域出口断面的单位动能最大,工况 2(建有骨干坝)、工况 3(建有中型坝)次之,工况 4(建有小型坝)流域出口断面单位动能最小,这说明小型坝在消耗沟道水流能量中所占的比例最大。

由图 8-20(b)可以看出,沟头到沟口单位重量水体的势能逐渐减小。由图 8-20(c)可以看出,沟头到沟口,8 种工况断面最大单位动能呈增大趋势,这与断面最大流速的变化趋势一致。对比 8 种工况,工况 1 沿程各断面的最大单位动能最大,工况 8 沿程各断面的最大单位动能最小,其他工况沿程断面最大单位动能介于这两种工况之间,说明坝系建成(建有骨干坝、中型坝、小型坝)时对沟道水流的能量消耗最多。断面 7 到断面 8,工况 2、工况 6 的断面最大单位动能急剧减小,这是因为断面 7 和断面 8 之间建有骨干坝,说明骨干坝的建设可以明显减小坝后的动能。

8.4.5 径流侵蚀功率的空间变化

径流侵蚀功率作为流域次暴雨侵蚀产沙的侵蚀动力指标,反映了不同断面控制流域范围内的侵蚀动力情况,本小节计算不同断面的径流侵蚀功率。图 8-21 为不同工况下沟道径流侵蚀功率沿程变化。由图 8-21 可以看出,沿沟道向下,8 种工况的径流侵蚀功率表现为先增大后减小的趋势。对比 8 种工况,工况 1(未建坝)沿程各断面的径流侵蚀功率最大,工况 8(建有骨干坝、中型坝、小型坝)沿程各断面的径流侵蚀功率最小,其他工况沿程断面径流侵蚀功率介于这两种工况之间,说明坝系建成(建有骨干坝、中型坝、小型坝)时整个沟道的径流侵蚀功率减小幅度最大。淤地坝的修建使坝后径流侵蚀能力急剧减小,改变了原有沟道径流侵蚀功率的分布。8 种工况下,沟道上中游径流侵蚀功率起伏变化大,沟道下游(断面 9 以下)径流侵蚀功率基本保持不变,说明流域侵蚀基本稳定。

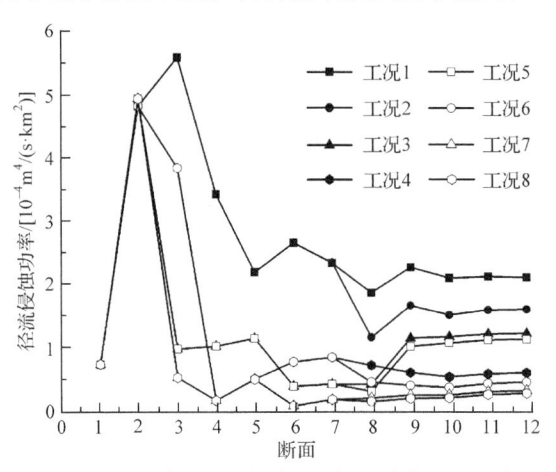

图 8-21 不同工况下沟道径流侵蚀功率沿程变化

8.5 坝系级联方式对沟道侵蚀动力过程的调控作用

前文研究了未建坝、串联坝系、并联坝系、混联坝系四种工况下,淤地坝级联方式对洪水过程的调控作用,表明三种坝系级联方式均会使流域洪水过程坦化,洪峰流量、洪水总量均明显减小,其中混联方式减小幅度最大,并联次之,串联方式对洪水过程的影响最小。洪水过程的改变必然使沟道侵蚀动力改变,本节设置四种工况,即沟道未建坝(W)、串联坝系(CL)、并联坝系(BL)、混联坝系(HL),计算侵蚀动力参数,探讨淤地坝级联方式对沟道侵蚀动力过程的调控作用。

8.5.1 流速随时间变化

图 8-22 为不同级联方式下出口断面流速随时间变化过程。由图 8-22 可以看出,未建坝(W)和串联坝系(CL)2 种工况下出口断面流速先增大后减小,并联坝系(BL)和混联坝系(HL)2 种工况出口断面的流速先增大再减小,随后又缓慢增加,最后再减小。并联坝系(BL)和混联坝系(HL)与未建坝(W)和串联坝系(CL)出口断面流速变化趋势不同,主要是并联坝系和混联坝系调节洪水的特点决定的,并联坝系和混联坝系的调节使得不同支沟的洪水错峰遭遇。对比 4 种工况可以发现,沟道未建坝(W)时,流速随时间变化过程陡涨陡落,其他 3 种工况均有不同程度的坦化,混联坝系(HL)随时间变化过程最为平坦。4 种工况的沟道出口断面最大流速分别为 2.68m/s(W)、1.13m/s(CL)、0.82m/s(BL)、0.58m/s(HL),串联、并联、混联坝系使流域出口流速分别减小 57.83%、69.40%、78.36%,其中混联坝系对流域出口断面流速削减最多,对流速的调控作用最大。

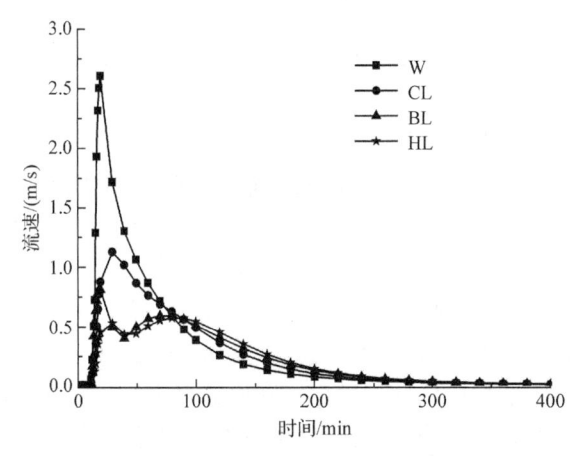

图 8-22 不同级联方式下出口断面流速随时间变化过程

8.5.2 径流剪切力随时间变化

图 8-23 为不同级联方式下出口断面径流剪切力随时间变化过程。由图 8-23 可以看出,未建坝(W)和串联坝系(CL)2 种工况下出口断面径流剪切力先增大后减小,并联坝系(BL)和混联坝系(HL)2 种工况下出口断面径流剪切力先急剧增大再

减小，随后又缓慢增加，最后再减小，这与出口断面流速的变化趋势一致。4 种工况下，沟道出口断面的最大径流剪切力分别为 46.24N/m²(W)、8.62N/m²(CL)、4.54N/m²(BL)、2.27N/m²(HL)。串联、并联、混联坝系的修建均使沟道出口断面的最大径流剪切力急剧减小，分别减小 81.36%、90.18%、95.09%，其中混联坝系的减小幅度最大。坝系建设不仅使出口断面的最大径流剪切力急剧减小，而且使径流剪切力随时间变化过程变得坦化，其中混联坝系的坦化作用最为明显。综上所述，坝系建设明显改变了沟道径流剪切力随时间的变化过程和峰值，说明坝系建设明显改变了沟道的侵蚀强度和侵蚀过程，而且混联坝系的作用最为明显。

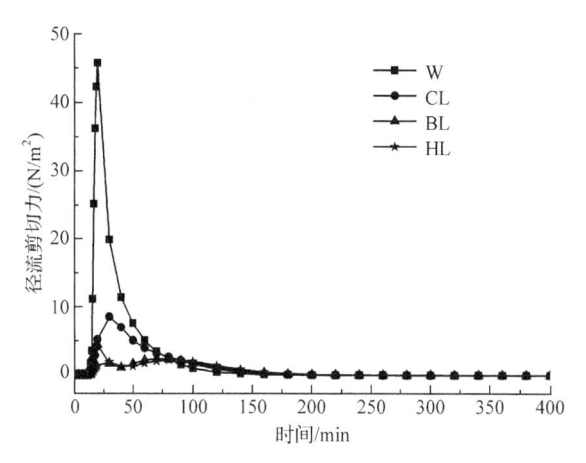

图 8-23 不同级联方式下出口断面径流剪切力随时间变化过程

8.5.3 径流功率随时间变化

图 8-24 为不同级联方式下出口断面径流功率随时间变化过程。由图 8-24 可以看出，未建坝(W)、串联坝系(CL)和并联坝系(BL)3 种工况出口断面径流功率先增大后减小，混联坝系(HL)工况下出口断面的径流功率已经减小至接近于 0，基本看不出变化趋势。4 种工况下，沟道出口断面的最大径流功率分别为 120.50N/(m·s)(W)、9.76N/(m·s)(CL)、3.73N/(m·s)(BL)、1.32N/(m·s)(HL)。串联、并联、混联坝系的修建均使沟道出口断面的最大径流功率急剧减小，其中串联坝系减小了 91.90%，并联坝系减小了 96.90%，串联坝系减小了 98.90%，减小幅度均在 90%以上，混联坝系的减小幅度最大。三种级联方式的坝系均可以削减流域出口断面的径流功率，减少对下游沟道的冲刷，其中混联坝系削减幅度最大，减蚀效果最好(薛少博等，2021)。

8.5.4 径流侵蚀功率空间分布

径流侵蚀功率综合了径流深和洪峰流量模数这两个重要的侵蚀动力因子，可

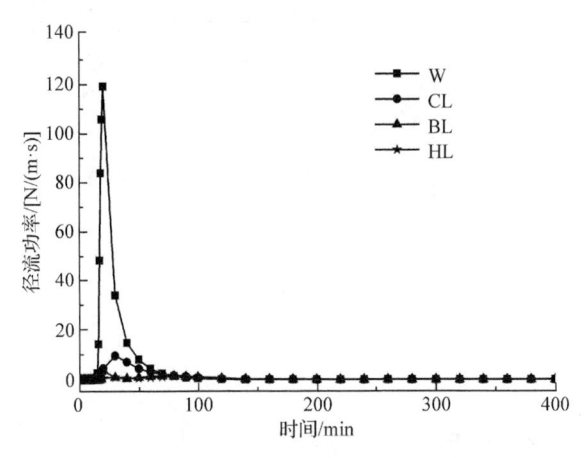

图 8-24 不同级联方式下出口断面径流功率随时间变化过程

以很好地描述流域的侵蚀动力。鲁克新等(2009)建立了基于径流侵蚀功率的流域次暴雨水沙响应模型，同时利用黄土高原不同空间尺度的实测径流泥沙资料对其进行验证，结果表明，径流侵蚀功率直接反映了降雨和流域下垫面的时空差异对水蚀过程的影响，较降雨侵蚀力更敏感地反映了次降雨水蚀过程的侵蚀动力机制。淤地坝的建设明显改变了小流域的洪水过程，减小了洪水总量和洪水强度，也就是说淤地坝的建设明显改变了小流域的侵蚀动力过程。本小节通过研究流域径流侵蚀功率空间分布，揭示淤地坝对流域侵蚀动力过程的作用。

计算不同断面的径流侵蚀功率，其反映了断面控制流域范围内的侵蚀动力情况。图 8-25 为建坝前小流域的径流侵蚀功率空间分布，图 8-26 为坝系形成后小流域径流侵蚀功率的空间分布。由图 8-25、图 8-26 可以看出，沟道修建淤地坝之前，流域多条支沟的径流侵蚀功率大于主沟，说明支沟的侵蚀动力大于主沟，但整体上流域的径流侵蚀功率变化不大，特别是主沟上游到下游，流域的径流侵蚀功率基本保持不变，大致在 $2 \times 10^{-4} \sim 5 \times 10^{-4} \text{m}^4/(\text{s} \cdot \text{km}^2)$。这是主要是因为王茂沟流域面积比较小，降雨和下垫面的时空差异不大，整个流域的侵蚀动力过程基本一致。坝系建成后，整个流域从支沟到主沟的径流侵蚀功率均明显减小，说明淤地坝的建设明显减小了流域的侵蚀能力。由于淤地坝建设对坡面的侵蚀动力过程基本没有影响，淤地坝的建设主要是减小了沟道的侵蚀动力。对比建坝前后，可以发现淤地坝的建设不仅使得坝上游的径流侵蚀功率显著减小，而且坝下游的径流侵蚀功率也显著减小，说明淤地坝具有明显的异地减沙效益。当淤地坝系形成后，小流域主沟从上游到下游，流域的径流侵蚀功率表现为先减小后增大，这和沟道未建坝时径流侵蚀功率的变化规律明显不一致，说明淤地坝的建设不仅减小了径流侵蚀能力，而且改变了流域侵蚀动力过程。

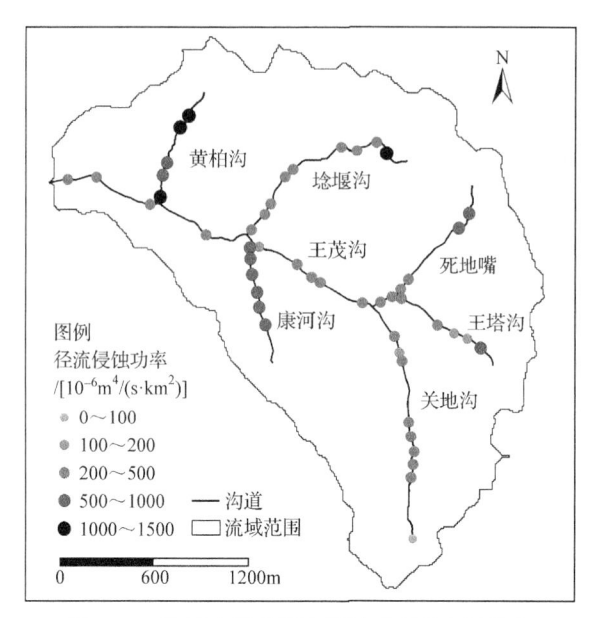

图 8-25 流域建坝前径流侵蚀功率的空间分布

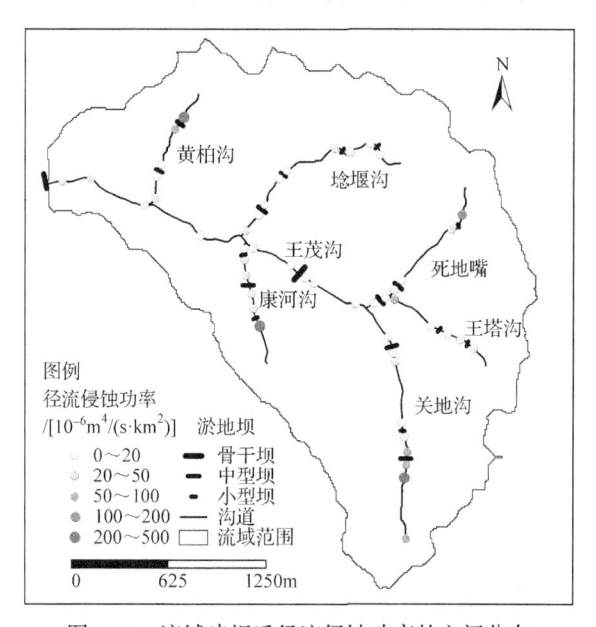

图 8-26 流域建坝后径流侵蚀功率的空间分布

8.5.5 坝系布局对流域输沙量的调控作用

根据王茂沟流域把口站 1961~1964 年实测次降雨径流泥沙资料,分析得到上述研究时段内流域次降雨洪水的径流深、洪峰流量模数、输沙模数及对应的径流侵蚀功率。图 8-27 是在双对数坐标系中绘制的王茂沟流域 1961~1964 年实测次暴雨洪水径流侵蚀功率和输沙模数的关系。由图可以看出，在研究时段内，王茂沟流域的次暴雨输沙模数随着径流侵蚀功率的增大而增大，次暴雨径流侵蚀功率与输沙模数之间具有良好相关关系。根据图 8-27 中数据点的分布规律，经回归分析，建立用于描述王茂沟流域研究时段内的次暴雨洪水径流侵蚀功率与输沙模数相关关系的回归方程：

$$M_s = 701157.30 P^{0.889}, \quad R^2 = 0.79, \quad n = 23 \tag{8-1}$$

式中，M_s 为次暴雨输沙模数(t/km^2)；P 为次暴雨径流侵蚀功率[m^4/(s·km^2)]；n 为次暴雨洪水场次。

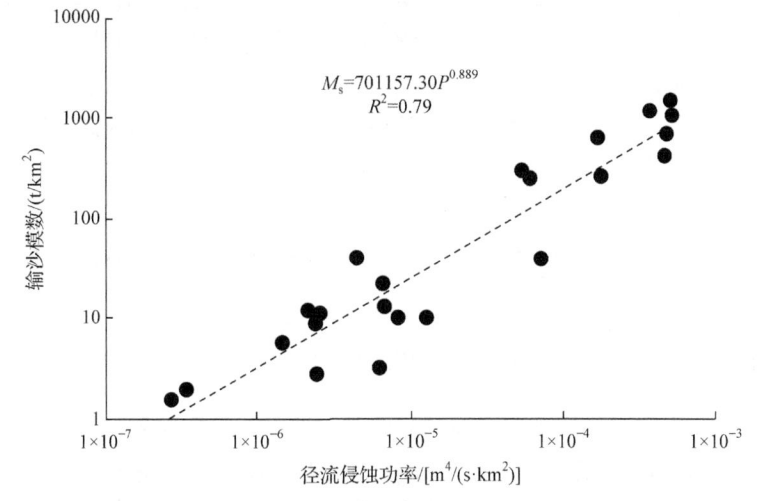

图 8-27 王茂沟流域次暴雨径流侵蚀功率与输沙模数的关系

经分析计算，式(8-1)的 F 检验值为 45.50。取 $\alpha = 0.05$，由 F 分布表查得 $F_{0.95}(1, 21) = 4.32$，45.50 > 4.32，因此式(8-1)通过 $\alpha = 0.05$ 的检验，具有较高的置信度。

根据式(8-1)计算了 8 种工况下王茂沟流域的输沙模数，计算结果见表 8-6。

表 8-6 不同坝系布局下的输沙模数计算结果

工况	洪峰流量/(m³/s)	洪水总量/m³	径流侵蚀功率/[m⁴/(s·km²)]	输沙模数/(t/km²)	输沙模数减小率/%
1	1.26	4853.93	1.72×10⁻⁴	314.99	—
2	0.92	4828.87	1.25×10⁻⁴	237.07	24.74
3	0.84	3556.61	8.38×10⁻⁵	166.61	47.11
4	0.76	2541.04	5.42×10⁻⁵	113.04	64.11
5	0.78	3532.24	7.73×10⁻⁵	155.03	50.78

续表

工况	洪峰流量/(m³/s)	洪水总量/m³	径流侵蚀功率/[m⁴/(s·km²)]	输沙模数/(t/km²)	输沙模数减小率/%
6	0.51	2518.06	3.60×10^{-5}	78.65	75.03
7	0.50	1802.36	2.53×10^{-5}	57.41	81.78
8	0.44	1779.58	2.20×10^{-5}	50.66	83.92

由表8-6可以看出,工况1(未建坝)下流域的输沙模数最大,达到314.99t/km²;工况8(坝系建成后)流域的输沙模数最小,为50.66t/km²,相比流域未建坝时输沙模数减小了83.92%;其他工况的输沙模数介于两者之间,说明坝系建设可以有效减少小流域泥沙出沟,而且骨干坝、中型坝和小型坝合理配置时减沙效益最为明显。对比工况1~4,可以看出工况2(建有骨干坝)使流域输沙模数减小24.74%,工况3(建有中型坝)使流域输沙模数减小47.11%,工况4(建有小型坝)使流域输沙模数减小64.11%。其中,小型坝的减沙效益最为明显,这与流域小型坝数量多及小型坝没有放水建筑物有关。

8.6 淤地坝系结构与布局对水沙变化的作用

8.6.1 坝型组合对小流域暴雨洪水过程的影响

流域不建坝时,洪水总量为4853.93m³,沟道中基本不蓄水,这是由于沟道建坝之前,沟道比降较大,除了局部低洼处的积水,洪水基本可以快速流出流域。当流域只建骨干坝时,淤地坝会拦蓄洪水105.63m³,出沟洪水总量减少2.18%;只建中型坝时,拦蓄洪水1314.50m³,减小出沟洪水总量27.08%;只建小型坝时,会拦蓄洪水2178.79m³,减少出沟洪水总量44.89%,说明在沟道中修建小型坝能够拦蓄大部分洪水,出沟洪水总量最少。这是由于小型坝基本为没有放水建筑物的"闷葫芦"坝,对上游来水全拦全蓄,而且流域中小型坝数量最多,因此小型坝修建使出沟洪水总量的减幅最大。工况GZ、GX、ZX和工况GZX分别使小流域洪水总量分别减少27.37%、45.15%、58.42%、58.67%,其中坝系建成后(GZX)洪水总量减幅最大。对比流域洪水历时可以看出,工况G、工况Z和工况GZ为骨干坝和中型坝,增加了流域洪水历时;工况X、工况GX、工况ZX和工况GZX均建有小型坝,减小了流域洪水历时。说明淤地坝建设改变了小流域的洪水历时,其中骨干坝和中型坝增加了洪水历时,小型坝缩短了洪水历时。

8.6.2 坝系级联方式对小流域暴雨洪水过程的影响

为了对比不同坝系级联方式对小流域暴雨洪水过程的影响，选择同一集水区域，设置未建坝、串联坝系、并联坝系、混联坝系四种工况进行工况模拟，3种坝系级联方式均使洪水过程明显坦化，洪峰、洪量急剧减小，其中混联坝系减幅最大，并联坝系次之，串联坝系最小(图8-4)。

为了定量分析坝系级联方式对小流域洪水过程的影响，统计了4种工况下的小流域暴雨洪水特征值，详见表8-4。未建坝(W)、串联(CL)、并联(BL)、混联(HL)四种工况下的洪峰流量分别为 $0.73m^3/s$、$0.26m^3/s$、$0.18m^3/s$、$0.12m^3/s$，串联、并联和混联坝系分别使洪峰减小64.30%、75.38%、83.31%，其中混联坝系的减幅最大。不同坝系级联方式不但减少了小流域暴雨洪水的洪峰流量，而且大幅减小了洪水总量。串联、并联和混联坝系分别使洪水总量减少37.52%、50.88%、52.68%，与对洪峰的调控作用类似，仍然是混联方式的减少幅度最大、并联次之、串联最小。对比坝系级联方式对洪峰出现时间的影响，可以得出并联坝系并未改变洪峰出现的时间，串联坝系和混联坝系使洪峰出现时间滞后。

8.6.3 淤地坝连通性与水沙输移响应关系

连通性是评价河流生态系统的重要指标，水利工程设施对河流纵向连续性具有较大影响(丁越岿等，2016；张晶等，2010；鲁克新等，2009；陈婷，2007)，通常采用纵向连续性指标对河网连通性进行评估。纵向连续性指标能够在一定程度上反映坝、闸等障碍物对河道过流能力、生物迁移、能量传递过程的影响(丁越岿等，2016；张晶等，2010；鲁克新等，2009)。纵向连续性指标计算公式为

$$C = L/N \tag{8-2}$$

式中，C 为纵向连续性指标；L 为水系长度(m)；N 为水利工程等障碍物的数量。

淤地坝建设对沟道纵向连续性产生了重大影响，而且淤地坝系布局不同，对沟道纵向连续性的影响也不同。参考河流纵向连续性指标计算公式[式(8-2)]，本小节提出了沟道连通性指数计算公式：

$$R = \sum_{i=1}^{n} \frac{S_i}{S(n_i+1)} \tag{8-3}$$

式中，R 为沟道连通性指数；S 为水系长度(m)；S_i 为第 i 条支沟长度(m)；n_i 为第 i 条支沟上淤地坝的数量。R 的取值范围为 0~1，R 越接近于1，沟道的连通性越好。

淤地坝通过拦蓄洪水显著改变了流域次暴雨洪水过程。前人大多采用对比流域法研究淤地坝建设对小流域次洪过程的影响，有学者研究表明，建坝流域相比未建坝流域，洪峰流量、径流系数明显减小，洪水滞时显著增加(祖强等，2022；薛少博等，2021)。这些方法只能整体上研究已建成坝系对次洪过程的影响，而不能区分不同类型淤地坝或者不同坝系布局在这种影响中占多大的比例。本小节通过模拟不同坝型组合和坝系布局下小流域暴雨洪水过程，识别不同坝型和不同坝系级联方式在调节洪水过程中发挥的作用。

前文分析得出，小流域坝系中骨干坝、中型坝和小型坝的建设分别使洪峰流量减少 27.28%、33.39%、40.13%，洪水总量减少 2.18%、27.08%、44.89%，小型坝建设对洪水过程影响最大，中型坝次之，骨干坝最小，这主要是由这 3 种坝型的结构特点决定的。小型坝没有放水建筑物，对区间及上游来水几乎是全拦全蓄，只要不发生溃坝，洪水基本不会出沟，因此洪峰流量和洪水总量的减幅最大；中型坝一般设有卧管或竖井等放水建筑物，洪水会通过放水建筑排出；骨干坝不但设有放水建筑物，而且设有溢洪道，洪水到达时会及时通过放水建筑物和溢洪道排出，因此洪峰流量和洪水总量的减幅最小。骨干坝作为流域坝系中的控制性工程，对中型坝和小型坝起到保护作用。为了进一步分析坝系布局对暴雨洪水过程的作用机理，通过式(8-3)计算 8 种不同坝型组合下的沟道连通性指数，见表 8-7。淤地坝建设明显降低了沟道的连通性，坝系建成后会使沟道连通性指数降低 79.0%。图 8-28 和图 8-29 分别为沟道连通性指数与洪峰流量、洪水总量的关系。由图 8-28 和图 8-29 可以看出，沟道连通性指数与洪峰流量的决定系数高达 0.97，与洪水总量的决定系数为 0.89。沟道连通性指数与洪峰流量和洪水总量均有很好的相关关系，说明坝系布局通过改变沟道连通度调节流域的暴雨洪水过程。

表 8-7 不同工况下的沟道连通性指数

工况	沟道连通性指数	洪峰流量/(m^3/s)	洪水总量/m^3
W	1	1.26	4853.93
G	0.70	0.92	4828.87
Z	0.58	0.84	3556.61
X	0.39	0.76	2541.04
GZ	0.52	0.78	3532.24
GX	0.28	0.51	2518.06
ZX	0.26	0.50	1802.36
GZX	0.21	0.44	1779.58

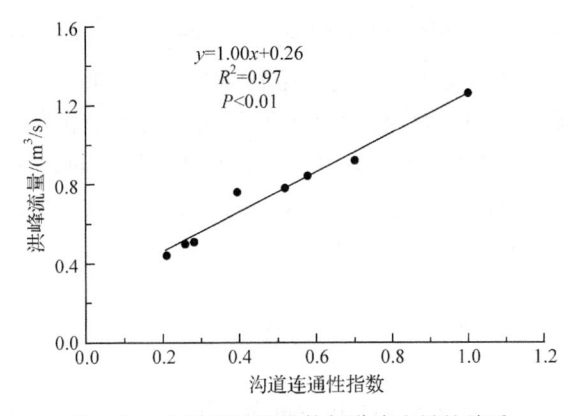

图 8-28　沟道连通性指数与洪峰流量的关系

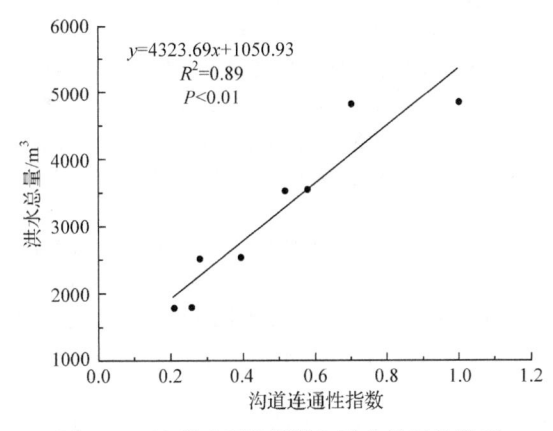

图 8-29　沟道连通性指数与洪水总量的关系

8.7　本章小结

本章通过解析级联坝系水结构，建立流域水文模型，模拟沟道水动力过程，分析淤地坝对沟道侵蚀动力过程的调控作用，阐明了淤地坝调蓄径流、拦泥减沙的作用机理，揭示了水沙调控动力学机制。

研究结果表明，串联、并联、混联三种坝系级联方式使洪峰流量分别减少64.30%、75.38%、83.31%，洪水总量分别减少 37.52%、50.88%、52.68%；并联坝系不会改变洪峰出现时间，串联和混联坝系使洪峰滞后 10min 出现；串联坝系减小了洪水历时，并联和混联坝系增加了洪水历时。

不同坝系布局下，沟道沿程的侵蚀动力改变也不同，沟道不建坝时，流域出口断面流速最大，混联坝系出口断面流速最小；混联坝系使出口断面的最大径流剪切力减小了 95.09%；串联、并联、混联坝系出口断面的最大径流功率分别减小了 91.90%、96.90%、98.90%，减小幅度均在 90%以上，混联坝系的减幅最大。坝系建成后，整个流域从支沟到主沟的径流侵蚀功率均明显减小，主沟从上游到下游，流域的径流侵蚀功率表现为先减小后增大。淤地坝建设可以有效减小流域的输沙模数，骨干坝、中型坝、小型坝相比流域不建坝时，输沙模数分别减小 24.74%、47.11%、64.11%，其中小型坝减幅最大；对于不同坝系布局，坝系建成后流域输沙模数减幅最大，减小了 83.92%。

参 考 文 献

陈婷, 2007. 平原河网地区城市河流生境评价研究[D]. 上海: 华东师范大学.
党维勤, 党恬敏, 高璐媛, 等, 2020. 黄土高原淤地坝及其坝系试验研究进展[J]. 人民黄河, 42(9): 141-145,160.
丁越尚, 张洪, 单保庆, 2016. 海河流域河流空间分布特征及演变趋势[J]. 环境科学学报, 36(1): 47-54.
高海东, 贾莲莲, 李占斌, 等, 2015. 基于图论的淤地坝对径流影响的机制[J]. 中国水土保持学, 13(4): 1-8.
郭晖, 钟凌, 郭利霞, 等, 2021. 淤地坝对流域水沙影响模拟研究[J]. 水资源与水工程学报, 32(2): 124-134.
李占斌, 鲁克, 丁文峰, 2002. 黄土坡面土壤侵蚀动力过程试验研究[J]. 水土保持学报, 16(2): 5-7, 49.
鲁克新, 李占斌, 鞠花, 2009. 径流侵蚀功率理论在不同尺度坡面侵蚀产沙中的应用[J]. 水资源与水工程学报, 20(4): 70-73.
薛少博, 李鹏, 申震洲, 等, 2021. 次降雨条件下坝系流域泥沙淤积过程模拟试验研究[J]. 泥沙研究, 46(5): 55-60.
杨启红, 2009. 黄土高原典型流域土地利用与沟道工程的径流泥沙调控作用研究[D]. 北京: 北京林业大学.
袁水龙, 2017. 淤地坝系对流域水沙动力过程调控作用与模拟研究[D]. 西安: 西安理工大学.
曾鑫, 孙凯, 王晨沣, 等, 2022. 淤地坝对次洪事件侵蚀动力及输沙的调控作用[J]. 清华大学学报(自然科学版), 62(12): 1896-1905.
张晶, 董哲仁, 孙东亚, 等, 2010. 基于主导生态功能分区的河流健康评价全指标体系[J]. 水利学报, 41(8): 883-892.
祖强, 陈祖煜, 于沭, 等, 2022. 极端降雨条件下小流域淤地坝系连溃风险分析[J]. 水土保持学报, 36(1): 30-37.

第 9 章 淤地坝淤积泥沙特性及其对流域泥沙的再分配作用

9.1 淤地坝对流域地形地貌的影响

淤地坝的沟道中沉积泥沙在逐次暴雨侵蚀中能够形成明显的沉积旋回层(魏艳红，2017；袁水龙，2017)。坝地中每一层淤积量对应一次降雨，且小雨对小沙，大雨对大沙。沉积旋回层泥沙是坝控小流域内侵蚀产沙和侵蚀环境变化的集中体现，同时沉积旋回层存储了小流域侵蚀变化和侵蚀环境变化的大量信息，受降雨条件、侵蚀环境、土地利用变化及人类活动的影响，沉积旋回层泥沙的各种理化性质变化就是储存信息的直接体现。坝地是汇集山丘沟谷径流泥沙淤积的一种特殊农地，是土壤侵蚀的产物(毕银丽等，1997)。

王茂沟流域作为水土保持示范坝系流域，总流域面积 5.97km²，有淤地坝 23 座，主沟道长 4.3km。王茂沟主沟道上有 5 座淤地坝，其中王茂沟 1#坝和王茂沟 2#为骨干坝，关地沟 1#坝和关地沟 4#坝为中型坝，关地沟 2#坝为小型坝。图 9-1 是王茂沟流域淤地坝修建前后的主沟道纵断面。从图 9-1 可以看出，原来河道在淤地坝的作用下被分成了 5 段，每段的河道比降明显降低，并且有"翘尾巴"的现象。随着沟道泥沙的不断淤积，坝地面积越来越大，同时主沟道的比

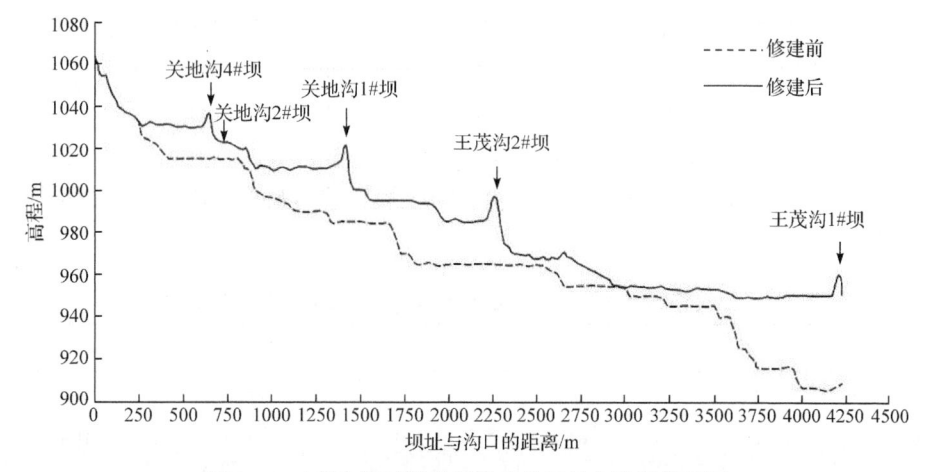

图 9-1 王茂沟流域淤地坝修建前后的主沟道纵断面

降从原始沟道的 12.3%降低到修建淤地坝后的 4.0%，使侵蚀基准面抬高，沟道由 V 型逐渐演变为 U 型。

9.2 坝地淤积泥沙的粒径分析

9.2.1 坝地淤积泥沙粒径统计特征

据美国土壤粒级制的分级标准，淤积泥沙颗粒组成包括砂粒(粒径为 0.05~2mm)、粉粒(粒径为 0.002~0.05mm)和黏粒(粒径<0.002mm)三大粒级(吴克宁等，2019)。由图 9-2 可知，王茂沟流域坝地的坝前、坝中、坝后淤积泥沙颗粒组成相差不大。

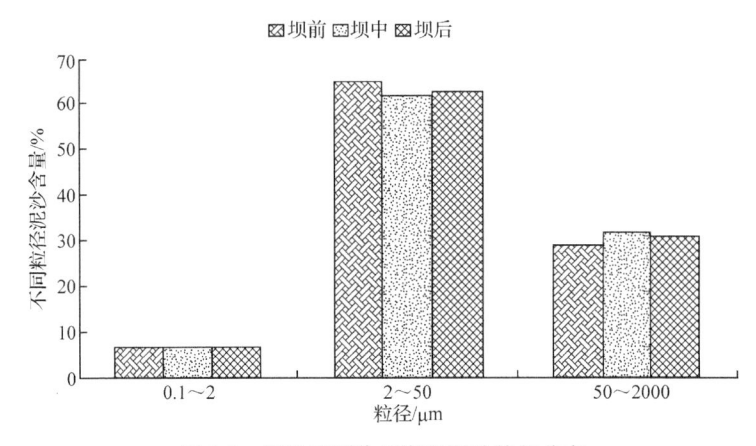

图 9-2 坝地不同位置淤积泥沙粒径分布

表 9-1 为王茂沟流域典型淤地坝坝地淤积泥沙剖面粒径组成的统计特征。粉粒占主导地位，粉粒含量在 39.64%~85.90%，平均值为 63.22%；砂粒含量次之，为 3.38%~57.74%，平均值为 29.94%；黏粒含量最少，为 2.62%~15.26%，平均值为 6.84%。粉粒是该区域坝地淤积泥沙的主要组成部分，主要原因在于该区域土壤侵蚀类型以水力侵蚀为主，水力侵蚀对土壤颗粒的筛选作用产生了这种异质性土壤。

表 9-1 王茂沟流域典型淤地坝坝地淤积泥沙剖面粒径组成的统计特征

指标	平均值/%	中位数/%	标准差/%	变异系数/%	方差
黏粒含量	6.84	6.68	1.18	17.25	1.39
粉粒含量	63.22	63.37	6.45	10.20	41.6
砂粒含量	29.94	29.89	7.34	24.52	53.88

在垂直方向上，坝地的淤积泥沙表现为粗细相间分布，从上到下依次为细、粗、细、粗的分布规律；在水平方向上，粗泥沙含量坝中>坝后>坝前，分别为31.47%、30.81%、28.52%。从总体上看，坝中和坝后的粗泥沙含量相差不大，但是坝前粗泥沙含量与坝后相比明显降低，表现为上游较粗、下游较细。

坝地淤积泥沙剖面粒径组成的变异系数大小依次为砂粒>黏粒>粉粒。根据Nielson 等(1985)的分类系统：变异系数≤10%为弱变异性，10%<变异系数<100%为中等变异性，变异系数≥100%为高度变异性，说明王茂沟流域的淤地坝坝地淤积泥沙剖面的粉粒、黏粒、砂粒都具有中等变异性。

9.2.2 坝地淤积泥沙的质地分类

图 9-3 为坝地和坡地土壤质地三角图。由图 9-3 可见，坝地和坡地土壤可分为三种质地，即砂质壤土、粉砂壤土和粉砂土。显然，粉砂壤土的土样最多，其次为砂质壤土，而粉砂土的样本数最少。王茂沟流域坡地上的土壤样品均为粉砂壤土，其黏粒含量较低，而坝地绝大多数的土壤样品均属于粉砂壤土。由图 9-3 可见，坝地内这种搬运、沉积的过程细化了淤积泥沙颗粒组成。坡地土壤黏粒、粉粒、砂粒含量均值分别为 0.28%、66.27%、33.45%，与坝地淤积泥沙相比，坡地土壤砂粒和粉粒含量大，黏粒含量小。坡地土壤转变成坝地淤积泥沙，这个过程是一个泥沙输移分选作用的过程，这主要是因为坡地土壤在侵蚀过程中，黏粒和粉粒比砂粒更容易被径流悬移和搬运。

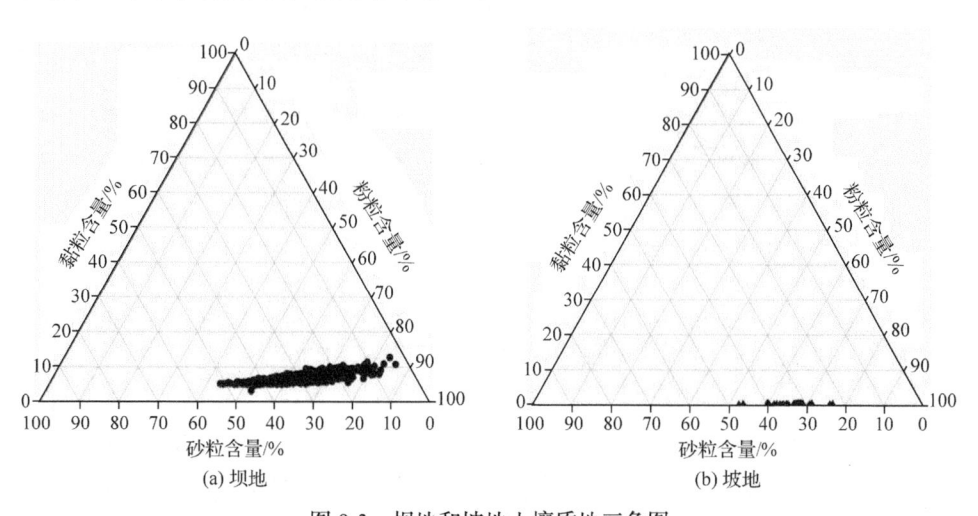

(a) 坝地　　　(b) 坡地

图 9-3　坝地和坡地土壤质地三角图

9.2.3 坝地淤积泥沙颗粒的粗化度

表 9-2 为王茂沟流域淤地坝坝地淤积泥沙粒径和质地粗化度统计特征。由

表 9-2 可知，坝地淤积泥沙颗粒组成的粒径以 0.05~0.1mm 和 0.002~0.05mm 为主，这说明径流对于坡面上土壤颗粒的冲刷具有一定的分选作用。一般的侵蚀性降雨能将极细砂粒和粉粒从坡面冲刷下来，进而搬运至淤地坝坝地中沉积下来。土壤质地粗化度可以说明侵蚀后土壤颗粒组成的变化，即石砾和砂粒(粒径>0.05mm)含量之和与粉粒和黏粒(粒径≤0.05mm)含量之和的比值(本节对石砾、砂粒、粉粒、黏粒的划分采用美国制)。土壤质地粗化度越大，说明粗颗粒在土壤颗粒组成中占比越大；土壤质地粗化度越小，说明粗颗粒在土壤颗粒组成中占比越小，表现为土壤受侵蚀的程度越大(李勉等，2017)。

由表 9-2 可知，王茂沟流域坝地淤积泥沙质地粗化度为 0.27~0.58，平均值为 0.44，坝前(0.40)<坝后(0.45)<坝中(0.46)，即颗粒组成上游到下游有一个逐渐变粗的趋势。黄土高原支离破碎的景观格局导致坝地淤积泥沙颗粒的组成和分布相当复杂，但是大多数来自沟间地的泥沙在沟道中沉积遵循一个普遍的规律：较粗泥沙颗粒由于受到重力作用先逐渐沉积，细颗粒随着水流沿着沟道向下游流动的时候逐渐沉积，表现为上游到下游逐渐变细和坝内泥沙水平位移轨迹。大多数坝地的面积受沟道长度或者流域形状影响，泥沙在淤地坝内沉积分选规律不是特别明显。

表 9-2 坝地淤积泥沙粒径和质地粗化度统计特征

采样地点	采样深度/cm	不同粒径的泥沙颗粒含量/%							D_{50}/μm	淤积泥沙质地粗化度
		1.0~2.0mm	0.5~1.0mm	0.25~0.5mm	0.1~0.25mm	0.05~0.1mm	0.002~0.05mm	<0.002mm		
坝前	0~10	0.00	0.04	0.25	5.50	22.48	64.56	7.17	29.81	0.39
	10~20	0.00	0.03	0.20	5.45	21.92	65.50	6.90	29.92	0.38
	20~30	0.05	0.06	0.09	5.63	22.86	64.71	6.60	31.29	0.40
	30~40	0.00	0.00	0.10	4.22	22.65	66.32	6.71	30.39	0.37
	40~50	0.00	0.00	0.14	4.55	24.04	64.72	6.55	31.52	0.40
	50~60	0.00	0.01	0.11	4.95	24.86	63.45	6.63	32.35	0.43
	60~70	0.00	0.01	0.10	4.51	23.28	65.21	6.90	30.23	0.39
	70~80	0.00	0.00	0.05	5.36	25.33	62.70	6.55	33.08	0.44
	80~90	0.00	0.03	0.21	5.86	24.34	62.88	6.67	32.45	0.44
	90~100	0.00	0.04	0.04	4.76	22.35	65.85	6.99	29.55	0.37
	100~110	0.00	0.00	0.06	4.82	23.98	64.19	6.95	31.04	0.41
	110~120	0.00	0.00	0.08	5.41	24.10	63.46	6.95	31.48	0.42
	120~130	0.00	0.00	0.02	4.96	24.18	63.98	6.85	31.31	0.41
	130~140	0.00	0.00	0.07	5.06	22.94	64.87	7.05	30.07	0.39
	140~150	0.00	0.00	0.02	4.88	24.79	63.51	6.80	31.80	0.42

续表

采样地点	采样深度/cm	不同粒径的泥沙颗粒含量/%						D_{50}/μm	淤积泥沙质地粗化度
		1.0~2.0mm	0.5~1.0mm	0.25~0.5mm	0.1~0.25mm	0.05~0.1mm	0.002~0.05mm	<0.002mm	
坝前	150~160	0.00	0.01	0.08	5.68	23.72	63.31	7.20	30.72	0.42
	160~170	0.00	0.00	0.04	4.59	20.91	66.95	7.51	27.67	0.34
	170~180	0.00	0.00	0.05	4.26	22.11	66.31	7.28	29.05	0.36
	180~190	0.00	0.00	0.03	4.91	22.14	65.64	7.28	28.91	0.37
	190~200	0.00	0.00	0.03	5.52	24.60	63.34	6.50	32.49	0.43
坝中	0~10	0.00	0.00	0.23	3.55	18.50	69.15	8.57	25.21	0.29
	10~20	0.00	0.00	0.17	3.39	17.73	72.20	6.53	30.41	0.27
	20~30	2.64	0.94	0.08	3.86	22.26	64.08	6.15	32.95	0.42
	30~40	3.50	0.36	0.27	6.38	25.54	58.25	5.71	37.57	0.56
	40~50	0.00	0.10	0.59	8.08	27.30	57.84	6.09	37.01	0.56
	50~60	0.00	0.00	0.04	7.48	28.01	58.21	6.26	36.54	0.55
	60~70	0.00	0.02	0.08	7.19	26.40	59.68	6.64	34.54	0.51
	70~80	0.16	0.08	0.10	5.83	23.07	63.94	6.82	31.50	0.41
	80~90	2.35	4.85	0.74	7.39	21.25	57.46	5.97	31.17	0.58
	90~100	0.00	0.00	0.06	5.18	23.69	64.20	6.87	30.87	0.41
	100~110	0.00	0.00	0.00	6.80	26.14	60.71	6.36	34.25	0.49
	110~120	0.00	0.01	0.06	5.56	24.53	63.08	6.77	31.42	0.43
	120~130	0.00	0.03	0.21	6.02	24.08	62.49	7.17	31.16	0.44
	130~140	0.00	0.00	0.11	5.75	23.49	63.47	7.17	30.70	0.42
	140~150	0.00	0.00	0.04	5.66	26.15	61.75	6.39	33.77	0.47
	150~160	0.00	0.01	0.08	6.82	28.30	58.71	6.09	36.66	0.54
	160~170	0.00	0.00	0.00	5.81	26.48	61.24	6.47	34.29	0.48
	170~180	0.00	0.00	0.00	6.65	26.04	60.46	6.85	33.50	0.49
	180~190	0.00	0.02	0.22	6.89	25.63	60.56	6.68	33.52	0.49
	190~200	0.00	0.02	0.19	6.39	25.88	61.07	6.45	33.96	0.48
坝后	0~10	0.00	0.01	0.13	5.41	22.35	64.99	7.11	29.57	0.39
	10~20	0.00	0.00	0.07	5.30	23.39	64.38	6.86	30.59	0.40
	20~30	0.00	0.01	0.10	6.35	24.96	61.97	6.61	32.78	0.46
	30~40	0.00	0.01	0.11	6.61	25.11	61.44	6.71	32.87	0.47
	40~50	0.00	0.02	0.11	6.27	25.98	61.01	6.60	33.52	0.48
	50~60	0.00	0.03	0.14	6.20	25.48	61.53	6.63	32.98	0.47

续表

采样地点	采样深度/cm	不同粒径的泥沙颗粒含量/%						D_{50}/μm	淤积泥沙质地粗化度
		1.0~2.0mm	0.5~1.0mm	0.25~0.5mm	0.1~0.25mm	0.05~0.1mm	0.002~0.05mm	<0.002mm	
坝后	60~70	0.02	0.02	0.07	6.13	26.04	61.26	6.46	33.78	0.48
	70~80	0.00	0.04	0.25	6.23	24.92	61.94	6.62	32.89	0.46
	80~90	0.00	0.05	0.28	6.24	24.89	61.72	6.82	32.20	0.46
	90~100	0.00	0.02	0.10	5.93	25.00	62.11	6.83	32.15	0.45
	100~110	0.00	0.01	0.10	6.10	24.62	62.31	6.85	31.96	0.45
	110~120	0.00	0.02	0.12	5.63	23.27	63.74	7.22	29.82	0.41
	120~130	0.00	0.02	0.17	5.60	23.88	63.22	7.12	30.66	0.42
	130~140	0.00	0.01	0.14	6.26	24.48	62.08	7.02	31.52	0.45
	140~150	0.00	0.00	0.04	6.08	25.44	61.77	6.67	32.98	0.46
	150~160	0.00	0.00	0.03	5.94	24.88	62.24	6.91	32.04	0.45
	160~170	0.00	0.00	0.06	5.57	23.82	63.48	7.06	30.66	0.42
	170~180	0.00	0.01	0.08	6.05	25.09	61.95	6.82	32.46	0.45
	180~190	0.00	0.00	0.12	5.84	25.16	62.02	6.84	32.36	0.45
	190~200	0.00	0.00	0.00	5.82	25.25	62.01	6.91	32.33	0.45

9.2.4 坝地淤积泥沙颗粒与分形特征

1. 坝地淤积泥沙颗粒分形维数的分布特征

土壤颗粒粒径的大小决定土壤物理、化学和生物学特性，具体包括土壤颗粒间的结合、孔隙大小、数量和几何形态，这与水土流失、土壤退化关系密切(谢祥荣等，2024；贾振江等，2024)。与单纯的土壤粒径分布相比，分形维数不仅可以综合反映不同粒径颗粒含量，而且可以综合描述土壤的不规则结构(Li et al.，2022；Zou et al.，2021)。黏粒、粉粒含量越高，土壤质地就越细，相应的分形维数就越大；砂粒含量越高，土壤质地就越粗，相应的分形维数就越小(Dong et al.，2022)。

整个王茂沟坝系淤积泥沙颗粒分形维数随土层深度的变化规律见图 9-4。通过计算王茂沟坝地 0~200cm 土层淤积泥沙颗粒分形维数(表 9-3)，可知坝地淤积泥沙分形维数的变化范围为 2.651~2.965，测定值变幅不大。分形维数均值为 2.799，中值为 2.798，中值和均值接近，说明研究区域内淤积泥沙分形维数分布比较均匀，未受到特异值影响。坝前、坝中、坝后淤积泥沙颗粒分形维数分别为 2.803、2.783、2.795，即坝中<坝后<坝前，说明上游泥沙粗、下游泥沙细。

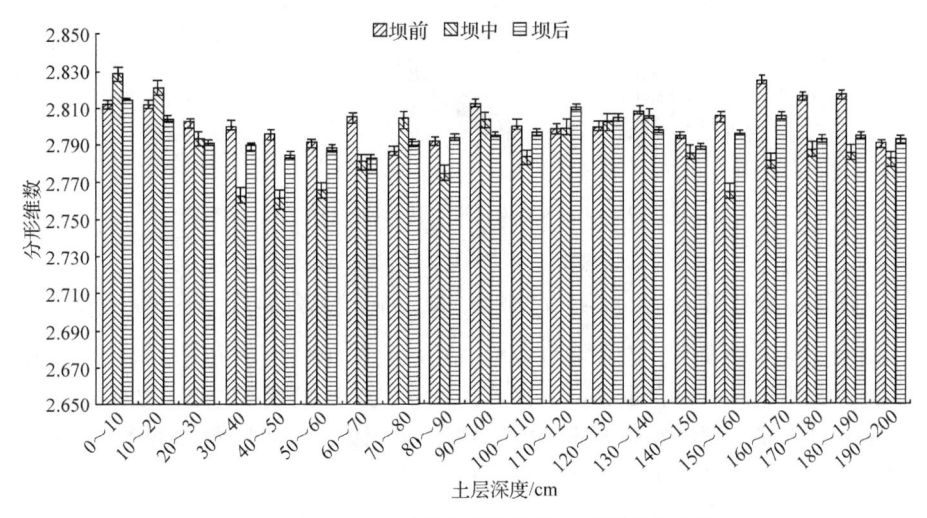

图 9-4 淤积泥沙颗粒分形维数随土层深度的变化

表 9-3 坝地淤积泥沙颗粒分形维数统计特征值

样点数	最小值	最大值	均值	中值	标准差	变异系数	偏度	峰度
940	2.651	2.965	2.799	2.798	0.046	0.016	0.141	0.548

2. 坝地淤积泥沙颗粒分形维数与颗粒组成的关系

土壤颗粒分形维数在一定程度上可以用于衡量土壤质地的均一程度(郑永林等，2018)。王茂沟坝系淤积泥沙颗粒分形维数与淤积泥沙黏粒含量、砂粒含量和粉粒含量的相关关系见图 9-5。将淤积泥沙颗粒分形维数分别与砂粒含量、粉粒含量和黏粒含量进行拟合，以坝地淤积泥沙颗粒分形维数为因变量，分别以坝地淤积泥沙砂粒含量[式(9-1)]、粉粒含量[式(9-2)]及黏粒含量[式(9-3)]为自变量，结果如下：

$$y = -0.0061x + 2.9817, \quad R^2 = 0.9171 \tag{9-1}$$

$$y = 0.0068x + 2.3711, \quad R^2 = 0.8587 \tag{9-2}$$

$$y = 0.0355x + 2.5557, \quad R^2 = 0.7959 \tag{9-3}$$

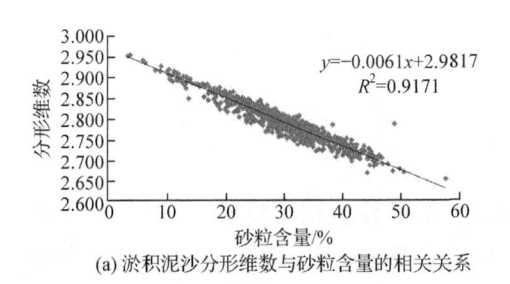

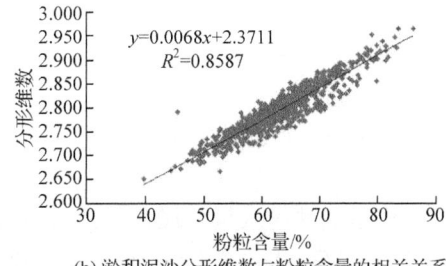

(a) 淤积泥沙分形维数与砂粒含量的相关关系

(b) 淤积泥沙分形维数与粉粒含量的相关关系

(c) 淤积泥沙分形维数与黏粒含量的相关关系

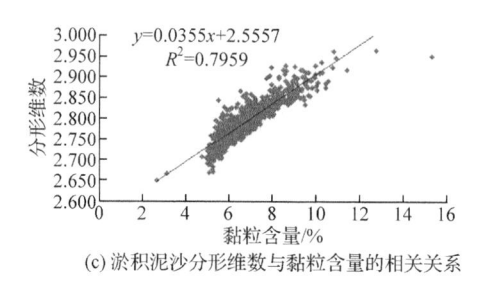

图 9-5 淤积泥沙颗粒分形维数与砂粒含量、粉粒含量和黏粒含量的相关关系

相关分析结果表明：淤积泥沙黏粒、粉粒含量越高，淤积泥沙颗粒分形维数就越大；淤积泥沙砂粒含量越高，淤积泥沙颗粒分形维数就越小。从拟合结果来看，坝地淤积泥沙颗粒对分形维数的影响作用大体上表现为砂粒>粉粒>黏粒，表明坝地淤积泥沙颗粒分形维数受砂粒含量的影响最显著。

9.2.5 淤积泥沙颗粒分形维数与淤积泥沙性质的关系

王茂沟流域坝地淤积泥沙颗粒分形维数与不同粒径颗粒含量和淤积泥沙基本性质的相关关系见表 9-4。从分形维数的计算公式可以得出，分形维数的计算与淤积泥沙颗粒粒径由大到小的累计含量有关，通过对淤积泥沙颗粒分形维数与不同粒径颗粒含量进行相关分析，可以进一步明确淤积泥沙颗粒分形维数与泥沙颗粒组成之间的关系。分析表明，淤积泥沙颗粒分形维数与黏粒(粒径<0.002mm)含量、粉粒(粒径 0.002~0.05mm)含量呈极显著正相关关系($P<0.01$)，与砂粒(粒径>0.05mm)含量呈极显著负相关关系($P<0.01$)。黏粒、粉粒含量越高，淤积泥沙分形维数越大；砂粒含量越高，淤积泥沙分形维数越小。这与王国梁等(2005)对宜兴土壤样品分形维数的研究结论较为一致。

表 9-4 坝地淤积泥沙颗粒分形维数与不同粒径颗粒含量和淤积泥沙基本性质的相关关系

淤积泥沙性质	分形维数	黏粒含量	粉粒含量	砂粒含量	有机碳含量	淤积泥沙可蚀性
分形维数	1.000	—	—	—	—	—
黏粒含量	0.789**	1.000	—	—	—	—
粉粒含量	0.920**	0.711**	1.000	—	—	—
砂粒含量	−0.938**	−0.803**	−0.990**	1.000	—	—
有机碳含量	0.435	0.274*	0.555*	−0.526**	1.000	—
淤积泥沙可蚀性	0.841**	0.583**	0.800**	−0.803**	0.328	1.000

注：**表示相关性极显著($P<0.01$)，*表示相关性显著($P<0.05$)。

淤积泥沙含水量与淤积泥沙有机碳(SOC)含量没有相关关系，与黏粒、粉粒含量呈显著正相关关系($P<0.05$)，与砂粒含量呈极显著负相关关系($P<0.01$)，与淤

积泥沙分形维数呈极显著正相关关系($P<0.01$)。黏粒、粉粒含量越高，淤积泥沙含水量越大；砂粒含量越高，淤积泥沙含水量越小。

坝地淤积泥沙可蚀性与分形维数呈极显著正相关($P<0.01$)，与黏粒、粉粒含量呈极显著正相关($P<0.01$)，与砂粒含量呈极显著负相关($P<0.01$)。增加淤积泥沙中的砂粒含量，可以改善淤积泥沙结构，降低淤积泥沙可蚀性，从而增强淤积泥沙的抗侵蚀能力。由于淤地坝具有"淤粗排细"作用，间接说明了修建淤地坝增强了坝地淤积泥沙的抗侵蚀能力。

对分形维数 D 和各粒级含量 X 进行回归分析，得出的回归方程如表 9-5 所示。

表 9-5 淤积泥沙颗粒分形维数与各粒级含量的回归分析结果

粒级/mm	回归方程	R^2
1.0～2.0	$D = -0.017X + 2.797$	0.25
0.5～1.0	$D = -0.025X + 2.797$	0.57
0.25～0.5	$D = -0.096X + 2.806$	0.33
0.1～0.25	$D = -0.015X + 2.881$	0.44
0.05～0.1	$D = -0.005X + 2.909$	0.19
0.002～0.05	$D = 0.006X + 2.393$	0.61
<0.002	$D = 0.036X + 2.548$	0.52

以 0.05mm 为临界点进行分析，粒径小于等于 0.05mm 的颗粒平均含量为 69.73%，粒径大于 0.05mm 的颗粒平均含量为 30.27%，对小于等于 0.05mm 和大于 0.05mm 粒级含量与分形维数进行回归分析发现，小于等于 0.05mm 粒级范围与分形维数成极显著正相关，大于 0.05mm 粒级范围与分形维数成极显著负相关。在小于等于 0.05mm 粒级范围，粒级含量越高分形维数越大；大于 0.05mm 粒级范围，粒级含量越高分形维数越小。

随着淤积泥沙剖面的深度增加，淤积泥沙有机碳含量和不同粒径颗粒含量的变化关系比较复杂，没有明显的规律性。从统计学角度上来说，以 0.25mm 和 0.05mm 为界，有机碳含量与粒径大于 0.25mm 的颗粒含量没有相关关系，与 0.05<粒径≤0.25mm 各粒径的颗粒含量呈极显著负相关，与粒径小于等于 0.05mm 的颗粒含量呈极显著正相关。从表层到深层，淤积泥沙有机碳含量与不同粒径颗粒含量的关系在 0.1～0.25mm、0.05～0.1mm、0.002～0.05mm、<0.002mm 这 4 个粒级较明显。坝地淤积泥沙有机碳含量与粉粒和黏粒含量呈正相关，与细砂粒和极细砂粒含量呈负相关，这与我国其他地方土壤的研究结果一致。坝地淤积泥沙中粉粒和黏粒的粒径小，是无机胶体，有机碳是有机胶体，二者很容易结合形成无机-有机胶体。这是坝地淤积泥沙有机碳含量与黏粒和粉粒含量显著相关的主要原因，淤积泥沙中黏粒、粉粒含量越高，有机碳的含量也越高。

9.3 单坝与坝系泥沙淤积特征

9.3.1 不同类型单坝的淤积特征

王茂沟流域坝系共有 23 座淤地坝，分为"两大件"和"一大件"两种类型。"两大件"包括坝体+放水建筑物(竖井或卧管)、坝体+溢洪道两种模式，其中"坝体+竖井"模式有 5 座，"坝体+卧管"模式有 2 座，"坝体+溢洪道"模式有 2 座；"一大件"是指只有坝体而无任何放水设施，也称"闷葫芦"坝，共有 14 座。

1. 有放水建筑物坝的淤积特征

王茂沟坝系中有放水建筑物的坝共有 7 座，分别是王茂沟 2#坝、关地沟 1#坝、死地嘴 1#坝、黄柏沟 1#坝、埝堰沟 1#坝、埝堰沟 2#坝、关地沟 4#坝，前 5 座坝的放水建筑物是竖井，后 2 座为卧管。整个王茂沟坝系经过长年的运行，绝大多数淤地坝处于淤满或者将要淤满的状态，这时候竖井和卧管的泄水能力相对较弱，有无放水建筑物对淤地坝的淤积泥沙颗粒影响不大，但是通过放水建筑物后的淤积泥沙仍存在不显著的细化的过程。总之，放水建筑物相同时，控制面积决定淤地坝淤粗排细的效果，控制面积大的淤地坝淤粗排细的效果比控制面积小的淤地坝好。

2. 有溢洪道坝的淤积特征

王茂沟坝系中有溢洪道的坝共有 2 座，分别是王茂沟 1#坝和关地沟 2#坝。因为王茂沟 1#坝是沟口第一座坝，所以通过关地沟 2#坝及下游的关地沟 1#坝来分析溢洪道对淤积泥沙的影响。关地沟 2#坝基本上处于淤满的状态，来多少排多少，相对而言，淤粗排细的特征较明显。

3. "闷葫芦"坝的淤积特征

王茂沟坝系共有"闷葫芦"坝 14 座，没有放水建筑物和溢洪道，属于典型的全拦全蓄"闷葫芦"坝。分析 14 座"闷葫芦"坝的坝前、坝后泥沙中值粒径 D_{50} 变化发现，坝前中值粒径<坝后中值粒径的淤地坝多于坝前中值粒径>坝后中值粒径的淤地坝(表 9-6)，这表明淤泥泥沙颗粒粒径的总体变化趋势还是坝前<坝后，但是大多数坝地面积很小，且受人为耕作的影响，泥沙在淤地坝内沉积分选的规律不是特别明显。总之，对于控制面积相近的淤地坝，有无放水建筑物或者溢洪道决定了淤地坝淤粗排细的效果，无放水建筑物或者溢洪道的"闷葫芦"坝的淤粗排细效果较有放水建筑物或者溢洪道的淤地坝差。

表 9-6 部分淤地坝不同位置的中值粒径 (单位：μm)

坝名	D_{50}		
	坝前	坝中	坝后
王茂沟 1#坝	34.15	33.75	33.06
黄柏沟 1#坝	26.71	—	32.66
黄柏沟 2#坝	33.95	—	33.98
康河沟 1#坝	34.80	—	37.03
康河沟 2#坝	32.96	—	33.77
康河沟 3#坝	35.85	—	32.46
墕堰沟 1#坝	26.60	—	27.02
墕堰沟 2#坝	25.11	31.94	32.01
墕堰沟 3#坝	29.52	—	30.58
墕堰沟 4#坝	27.53	—	32.80
王茂沟 2#坝	27.46	33.23	35.90
死地嘴 1#坝	27.79	31.29	28.14
死地嘴 2#坝	28.28	—	28.72
王塔沟 1#坝	36.10	—	36.63
王塔沟 2#坝	29.25	—	30.03
关地沟 1#坝	31.70	38.13	39.88
关地沟 2#坝	27.98	—	31.24
关地沟 3#坝	35.89	—	28.10
关地沟 4#坝	33.12	—	36.20
背塔沟坝	29.44	—	30.25
马地嘴坝	28.86	31.38	31.52

9.3.2 坝系单元下的坝地泥沙淤积特征

1. 不同级联模式下的坝地泥沙淤积特征

整个王茂沟流域淤地坝系属于混联模式，由局部的串联、并联、混联组成。黄柏沟坝系单元中的两座坝是串联关系，从沟头到沟口，淤泥泥沙由粗变细；墕堰沟坝系单元中的 4 座坝是串联关系，从沟头到沟口，淤泥泥沙由粗变细；康河沟坝系单元的 3 座坝是串联关系，从沟头到沟口，淤泥泥沙由细变粗，但是单坝内每座坝的淤泥泥沙都从坝后到坝前由粗变细，这可能与坝控流域的面积和不同土地利用类型有关；马地嘴坝系单元是由王塔沟两座串联坝与死地嘴两座串联坝并联，再与马地嘴坝串联，整体属于混联模式，王塔沟两座坝从沟头到沟口淤积泥沙由粗变细，死地嘴两座坝从沟头到沟口整体变粗，但是单坝由粗变细，混入马地嘴坝后的淤积泥沙粒径介于两个支沟之间；关地沟坝系单元也是混联模式，关地沟4#坝和背塔沟坝并联后与关地沟2#坝串联，然后与关地沟3#坝并联，再与关地沟1#坝串联，最长的沟道从沟头到沟口淤积泥沙由细变粗，支沟并入主沟后泥沙颗粒的粗细发生相对明显的中和。总之，在有放水建筑物的串联坝上，从沟头到沟口淤积泥沙的粒径由粗变细；没有放水建筑物的"闷葫芦"坝上，从沟头到沟口淤积泥沙的粒径变化不明显，有时候会出现由细变粗的趋势，但是单坝内坝前比坝后相对较细，这也与坝控面积有关；并联坝进入下游坝后，泥沙粒径会出现中和现象。

2. 不同沟道级别的泥沙淤积特征

按照淤地坝的分类方法，王茂沟流域可以划分成三级沟道，一级沟道上有16座淤地坝("一大件"小型坝)，二级沟道上有5座淤地坝(中型坝)，三级沟道上有2座淤地坝("两大件"骨干坝)。

最上游坝→支沟沟口坝→主沟沟口坝的坝地淤积泥沙颗粒分形维数从小到大(图9-6)，粒径表现为从粗到细的变化趋势，即随着沟道级别的增加，淤积泥沙的粒径越来越小，粗泥沙越来越少，细泥沙越来越多。

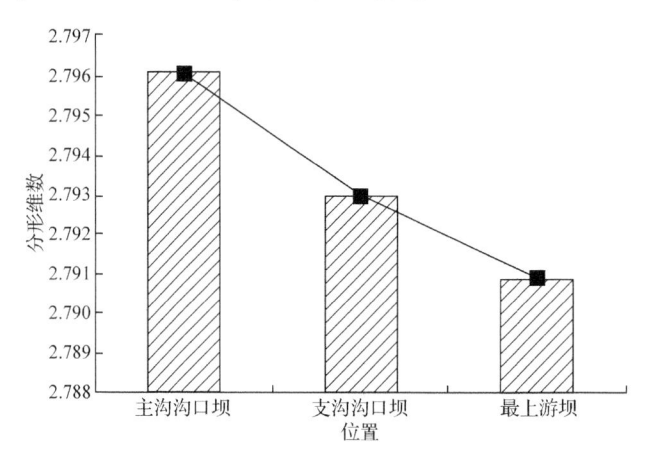

图9-6 王茂沟流域不同沟道的坝地淤积泥沙颗粒分形维数

3. 不同坝系单元的泥沙淤积特征

6个坝系单元的平均分形维数随土层深度的增加，呈波浪形变化规律，60cm以上土层深度的淤积泥沙颗粒分形维数变化相对不太剧烈，60cm以下土层深度的淤积泥沙颗粒分形维数变化很剧烈(图 9-7)。60cm 土层深度的淤积泥沙颗粒分形维数为 2.790，60cm 以上土层是耕作层，人为因素影响比较多。

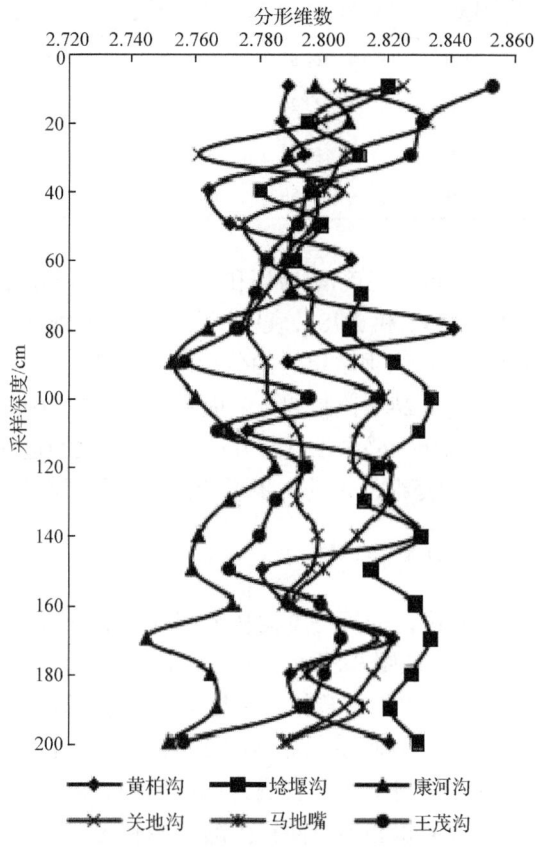

图 9-7 王茂沟流域坝系单元分形维数垂直变化

不同坝系单元的淤积泥沙中值粒径和分形维数见表 9-7。从整个王茂沟坝系分析，王茂沟 1#坝是"两大件"淤地坝，包括坝体和溢洪道，控制黄柏沟坝系单元、埝堰沟坝系单元、康河沟坝系单元；王茂沟 2#坝也是"两大件"淤地坝，包括坝体和竖井，控制马地嘴坝系单元和关地沟坝系单元。可以认为王茂沟 2#坝控制范围内的径流泥沙基本不会进入王茂沟 1#坝坝地，因为王茂沟 2#坝的竖井泄洪量很小。

表 9-7 不同坝系单元的淤积泥沙中值粒径和分形维数

坝系单元	中值粒径 $D_{50}/\mu m$			分形维数		
	最大值	最小值	均值	最大值	最小值	均值
关地沟坝系单元	46.68	11.94	30.82	2.964	2.668	2.793
马地嘴坝系单元	50.63	11.11	32.34	2.938	2.686	2.804

续表

坝系单元	中值粒径 $D_{50}/\mu m$			分形维数		
	最大值	最小值	均值	最大值	最小值	均值
埝堰沟坝系单元	59.21	14.83	29.82	2.917	2.651	2.816
康河沟坝系单元	47.27	22.26	34.66	2.858	2.667	2.774
黄柏沟坝系单元	40.44	14.74	31.65	2.925	2.740	2.780
主沟坝系单元	46.30	11.58	32.64	2.965	2.691	2.794

王茂沟主沟坝系单元包括王茂沟1#坝和王茂沟2#坝,两座淤地坝坝地淤积泥沙颗粒分形维数分别为2.791和2.783,表明王茂沟2#坝内淤积泥沙的砂粒含量比王茂沟1#坝多,质地粗。主沟坝系单元的分形维数均值为2.794。王茂沟1#坝控制的3个坝系单元和王茂沟2#坝控制的2个坝系单元的坝地淤积泥沙颗粒分形维数均值分别为2.797和2.799,都比各自的分形维数大,表明进入王茂沟1#坝和王茂沟2#坝的泥沙颗粒逐渐变细,更进一步说明淤地坝的淤粗排细作用。

9.3.3 王茂沟坝系坝地泥沙淤积特征

根据主沟采样点的布设,分析王茂沟从上游到下游淤积泥沙中值粒径的沿程变化,结果如图9-8所示。从图9-8可以看出,关地沟4#坝和关地沟2#坝淤积泥沙的D_{50}自上而下表现为明显下降趋势;关地沟1#坝淤积泥沙的D_{50}自上而下表现为明显下降趋势;王茂沟2#坝淤积泥沙的D_{50}自上而下表现为明显下降趋势;王茂沟1#坝淤积泥沙的D_{50}自上而下表现为增加趋势。总体表现为阶段性递减趋势,主要原因可能是坝控面积和坝控面积内的土地利用状况不同。

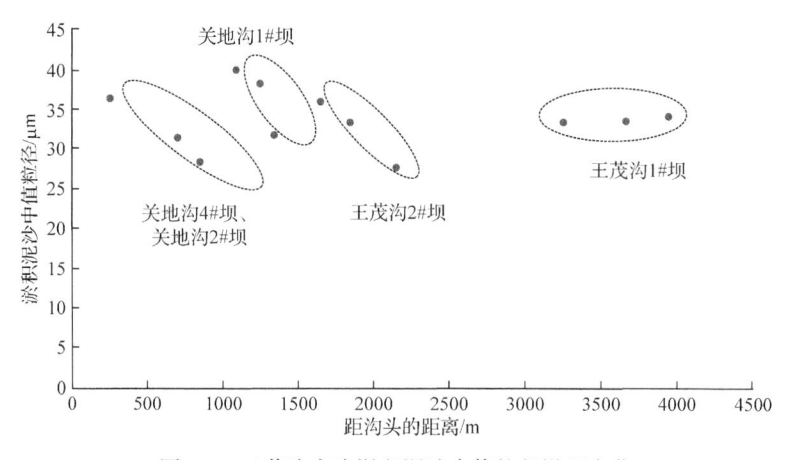

图9-8 王茂沟主沟淤积泥沙中值粒径沿程变化

以王茂沟 2#坝为分界，王茂沟 2#坝之上属于上游，之下属于下游，下游和上游的分形维数分别为 2.793 和 2.791，即下游分形维数>上游分形维数，说明上游淤积泥沙颗粒比下游淤积泥沙颗粒粗，间接说明淤地坝的"淤粗排细"作用。

9.4 本章小结

淤地坝作为黄土高原主要的沟道工程措施，既能拦截泥沙、保持水土，又能淤地造田、增产粮食。研究淤地坝对泥沙再分配的影响对了解坝系流域的水运动、生产力和土壤侵蚀至关重要。通过现场样品采集、定位监测和室内试验分析，得到坝中与坝后泥沙颗粒差异不大，但坝前粗泥沙含量明显下降；上游泥沙更粗，下游泥沙更细；坝地泥沙沉积剖面中的粉粒、黏粒和砂粒含量呈中等变异性。坝地泥沙颗粒的分形维数为 2.651～2.965。随着深度的增加，平均分形维数呈波动变化。砂粒含量对坝地泥沙颗粒的分形维数影响最大。

在有放水建筑物的串联坝中，泥沙颗粒从沟头到流域出口由粗变细；无放水建筑物的淤地坝坝地泥沙颗粒无明显差异。随着坝系级联数的增加，淤地坝排出的泥沙粒径变小，粗泥沙颗粒越来越少，细泥沙颗粒越来越多。

参 考 文 献

毕银丽, 王百群, 郭胜利, 等, 1997. 黄土丘陵区坝地系统土壤养分特征及其与侵蚀环境的关系Ⅰ. 坝地土壤的理化性状及其数值分析[J]. 土壤侵蚀与水土保持学报, 3(3): 2-10.
贾振江, 刘学智, 李王成, 等, 2024. 旱区连作砂田土壤质量和土地生产力演变与调控研究进展[J]. 生态学报, 44(5): 2136-2148.
李勉, 杨二, 李平, 等, 2017. 黄土丘陵区小流域淤地坝泥沙沉积特征[J]. 农业工程学报, 33(3): 161-167.
王国梁, 周生路, 赵其国, 2005. 土壤颗粒的体积分形维数及其在土地利用中的应用[J]. 土壤学报, 42(4): 545-550.
魏艳红, 2017. 延河与皇甫川流域典型淤地坝淤积特征及其对输沙变化的影响[D]. 杨凌: 中国科学院教育部水土保持与生态环境研究中心.
吴克宁, 赵瑞, 2019. 土壤质地分类及其在我国应用探讨[J]. 土壤学报, 56(1): 227-241.
谢祥荣, 陈正发, 朱贞彦, 等, 2024. 根土复合体力学效应及其模型构建研究进展与展望[J]. 水土保持学报, 38(2): 13-28.
袁水龙, 2017. 淤地坝系对流域水沙动力过程调控作用与模拟研究[D]. 西安: 西安理工大学.
郑永林, 王海燕, 解雅麟, 等, 2018. 北京平原地区造林树种对土壤肥力质量的影响[J]. 中国水土保持科学, 16(6): 89-98.
DONG Z, MAO D, YE M, et al., 2022. Fractal features of soil grain-size distribution in a typical *Tamarix* cones in the Taklimakan Desert, China[J]. Scientific Reports, 12(1): 16461.
LI K, NI R, LV C, et al., 2022. The effect of *Robinia pseudoacacia* expansion on the soil particle size distribution on Mount Tai, China[J]. Catena, 208: 105774.
NIELSON D R, BOUMA J, 1985. Soil Spatial Variability: Proceedings of a Workshop of the ISSS and the SSSA, Las Vegas, USA[C]. Wageningen: PUDOC.
ZOU X, ZHANG Z, WU M, et al., 2021. Slope-scale spatial variability of fractal dimension of soil particle size distribution at multiple depths[J]. Soil Science Society of America Journal, 85(1): 117-131.

第 10 章 泥沙来源研究方法及流域泥沙来源辨识

黄土高原每一个小流域都是一个独立的侵蚀产沙单元,研究小流域侵蚀产沙的规律对于建立流域尺度的侵蚀预报模型具有十分重要的意义,同时为优化坡沟治理结构提供了有效的理论指导。据统计,20 世纪 50 年代以来,黄土高原已建成 11 万余座淤地坝(陈方鑫,2017)。淤地坝作为一种高效的治沟工程措施,不仅起到保土保水的良好效果,还在泥沙搬运的过程中滞留了大部分的泥沙,大量的自然环境信息与人文环境信息沉淀于淤积的泥沙中(Gao,2012)。本书选取黄土高原典型淤地坝(内蒙古园子沟淤地坝、横山寨子峁淤地坝、绥德埝堰沟淤地坝)为研究对象,全剖面采集淤地坝坝地沉积旋回泥沙样品,根据大雨对大沙的准则(魏霞等,2007),分析小流域侵蚀产沙与降雨的响应关系。运用"源-汇"理论,利用复合指纹识别技术对小流域内的侵蚀产沙分布情况进行准确计算,定量研究小流域内泥沙来源的历史变化规律,探究小流域侵蚀产沙历史的时空分布。

10.1 黄土高原泥沙来源研究方法

人们对泥沙来源的研究始于 20 世纪 60 年代以后提出的一系列确定泥沙来源的方法,如径流小区观测法(Adams,1994)、水沙资料分析法(姚文艺等,1987)、大面积调查法等。

利用传统方法虽然能够获得泥沙来源的一些资料,但自身都存在一定的局限性。例如,径流小区观测法并不能在较大面积的区域使用;水沙资料分析法缺少更为详细的泥沙样本,工作量较大,资料收集繁琐,不便于大范围地普及;大面积调查法整个调查过程工作量巨大,消耗大量的人力财力,结果的准确性也需要进一步探讨等。淤地坝保存了来自小流域不同部位的泥沙样,从坝地沉积泥沙入手,基于指纹识别因子法研究泥沙来源,较传统方法有更多优势,并且能够克服传统方法的不足。利用指纹识别因子法反推黄土高原淤地坝沉积物泥沙来源,采用单因子或者两因子识别技术。

简单指纹识别因子法尽管弥补了径流小区观测法和大面积调查法的一些不足,但其计算结果的可靠性较差,只能区分两种或三种泥沙源地的泥沙来源。在此情况下,有关专家提出了更为可靠、更为精确的研究方法——复合指纹识别技术。复合指纹识别技术基于小流域内不同源地土壤理化指标的差异,借助数理统计的方法找到小流域内最佳指纹识别因子及其组合,结合相关模型计算不同源地泥沙的贡献率(Collins et al.,2002)。

复合指纹识别技术是研究小流域泥沙来源问题的一个主要方法,近年来在研究中得到了广泛的应用,但是该方法在研究泥沙来源方面还是存在着有待解决的问题。关于适用研究区域泥沙指纹识别因子的筛选,由于不同研究区域适用的指纹识别因子不同,需要测定各种可能的指纹识别因子,因此增加了复合指纹识别技术应用的难度,同时会消耗更多的人力和物力,缩小指纹识别因子的范围是目前需要考虑的问题。另外,参数取舍也是一个研究难点,需要在不同地区应用不同的参数。

10.2 典型坝系小流域泥沙来源辨识

10.2.1 内蒙古园子沟流域泥沙来源

皇甫川流域位于黄河中游河龙区间的右岸上段,是黄河流域一级支流和主要的多沙粗沙区。流域地势高差大,岸坡陡峭,砒砂岩大面积出露,暴雨侵蚀强烈,沟道发育,多沙、粗沙,水土流失严重,在我国乃至世界罕见。特拉沟小流域是皇甫川流域干流纳林川左岸一级支沟,流域面积 $128.2km^2$,属沙质丘陵沟壑区,见图 10-1。流域内地表物质多为黄土、风沙土和砒砂岩,零星分布有栗钙土。流

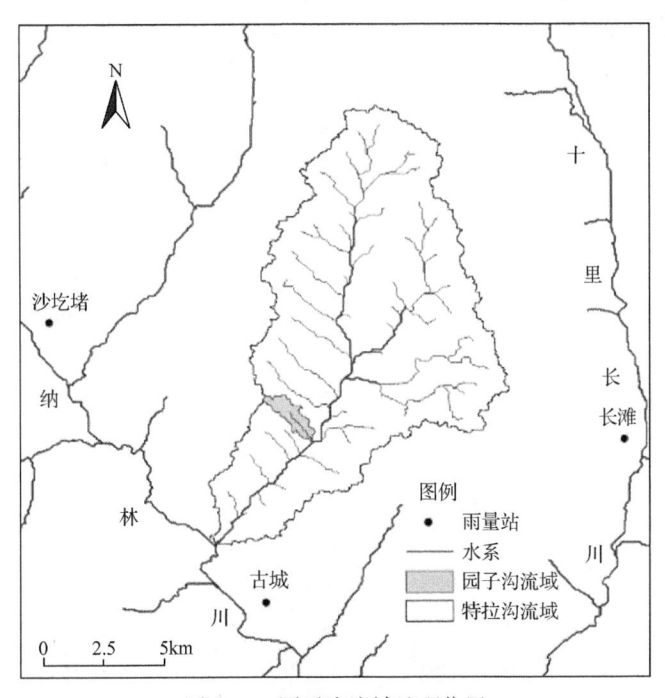

图 10-1 园子沟流域地理位置

域出口处地势平坦，两岸均为川台地。流域内沟谷地面积约占总面积的 25%。园子沟淤地坝位于特拉沟主沟道右岸，2006 年 10 月竣工，坝控面积 1.52km²，总库容 25 万 m³，淤地面积 3.4hm²，坝高 18m。坝控流域内，沟道两侧岸坡较陡，支沟短、深、窄，土地利用类型以草地为主，面积占比达 90%。

2017 年 7 月中旬，在皇甫川流域干流纳林川左岸支流特拉沟流域的主沟道右岸，选取一处沟口、主沟发育且坝地未种植农作物的单坝系"闷葫芦"淤地坝——园子沟淤地坝，测量淤地坝上游坡比、坝顶与坝地高差，沿坝地中泓线前、中、后选取三个无支沟汇入的采样点，分别采集坝地沉积旋回原状土柱；同时，在坝中沉积旋回采样点旁边再次打钻，使用 100cm³ 不锈钢取土环刀采集土壤容重样品，并称重、记录。在坝控流域内，选取典型沟间地、沟谷地，沿径流线分上、中、下三点，取其表层 0～5cm 土壤样品。沟壁样品则采用铁铲刮取的方式获取。所有样品密封、编号、记录，带回土壤化学实验室进行测试分析。

园子沟淤地坝坝地沉积泥沙以砂粒为主，粉粒次之，黏粒最少。占比最多的砂粒进一步细分，主要集中在极细砂(粒径 0.05～0.1mm)和细砂(粒径 0.1～0.25mm)。对坝地沉积泥沙的中值粒径 D_{50} 在水平方向和垂直方向进行分析，见图 10-2。近坝处、坝中和远坝处的中值粒径均值分别为 55μm、56μm 和 57μm。坝控流域内，沟间地采集土样的 D_{50} 均值为 73μm，沟壁 D_{50} 均值为 99μm，支沟沟道 D_{50} 均值

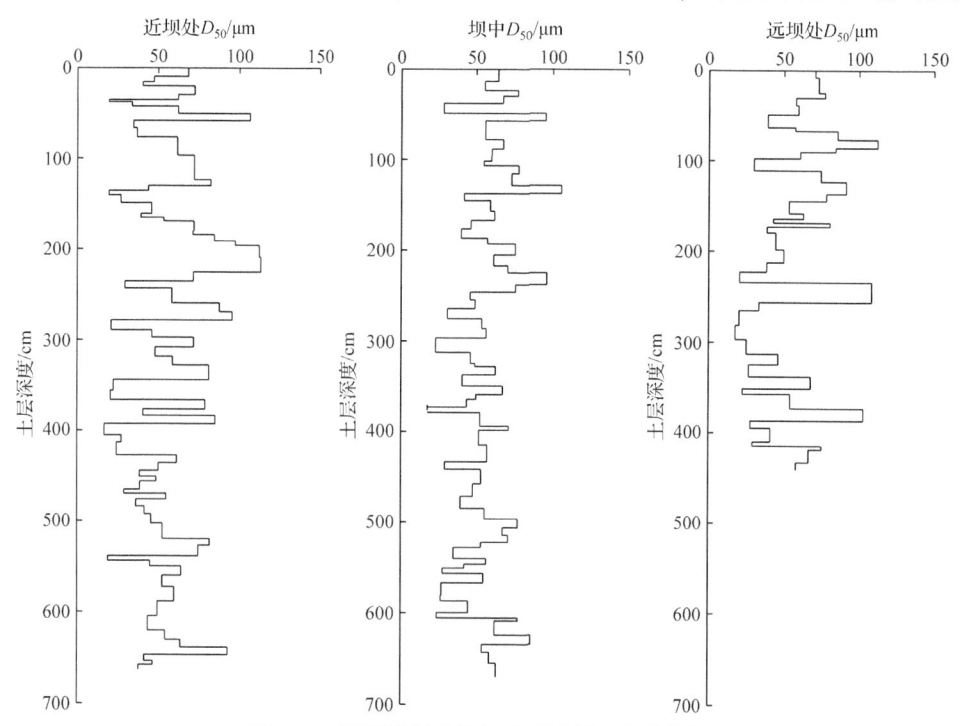

图 10-2 园子沟淤地坝坝地采样剖面中值粒径

为119μm。皇甫川流域出口皇甫水文站径流泥沙中值粒径的监测显示,1990～1996年泥沙中值粒径为0.046mm。这说明侵蚀性降雨事件形成的雨洪携带的泥沙沿程发生了沉降,短、深、窄的支沟沟道在束窄雨洪过水断面的同时为两侧陡立沟壁的重力侵蚀创造了条件。淤地坝的修建有效拦截了粒径>0.05mm的粗泥沙。垂直方向上,近坝处和远坝处的沉积泥沙D_{50}波动较坝中大,这可能是因为坝中位置采集的沉积旋回覆盖了更多的降雨事件,即较小的侵蚀性降雨事件带来的泥沙或无法到达坝前。

选取坝中采样剖面进行断代分析,根据粗泥沙的指示作用,划分了28场侵蚀性降雨事件与坝地泥沙沉积旋回的对应关系,见图10-3。

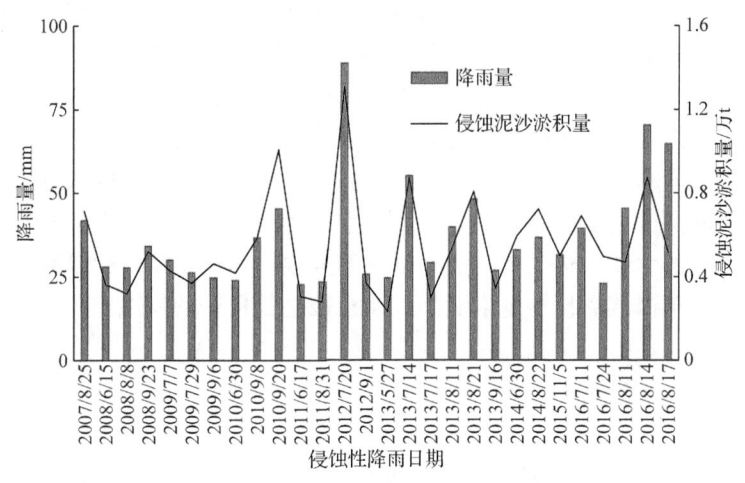

图10-3 泥沙沉积旋回与侵蚀性降雨事件的对应关系

从图10-3可以看出,坝地淤积泥沙主要来自每年为数不多的几场强降雨,日降雨量≥30.0mm的侵蚀性降雨事件以占总侵蚀性降雨事件57.1%的比例,贡献了坝地侵蚀泥沙淤积总量的72.4%,四场日降雨量≥50.0mm的侵蚀性降雨事件贡献了坝地侵蚀泥沙淤积总量的23.2%。园子沟侵蚀性降雨事件对应的最小日降雨量为22.8mm,截至2016年底,淤积率为0.44。根据2011年底内蒙古准格尔旗辖区内皇甫川流域骨干坝的实地调查,发现2004年及之后建成的骨干坝淤积率小于0.1的占95.7%,淤积率小于0.01的占51.1%,这说明流域植被等生态建设提高了侵蚀性降雨事件对应的降雨量,延长了淤地坝的使用年限。

为了分析建坝后年际之间侵蚀泥沙淤积变化,将侵蚀性降雨事件按照所在年份合并计算,获得年侵蚀泥沙淤积量。园子沟淤地坝建坝以来(2007～2016年),坝控流域内侵蚀泥沙淤积量年际变化大,年均侵蚀泥沙淤积量为1.5万t,侵蚀模数为10147t/(km²·a)。2011年、2015年流域内侵蚀性降雨事件分别为2场、1场,侵蚀泥沙淤积量较少,同时特拉沟流域把口站未监测到输沙量;2013年、2016

年汛期降雨量较多且降雨强度较大，导致侵蚀泥沙淤积量显著增加(图 10-3)，园子沟坝控流域侵蚀模数超过 20000t/(km²·a)。这说明在该研究流域的下垫面条件下，侵蚀性降雨事件对应的日降雨量提高至 22.8mm，当遭遇日降雨量>22.8mm 的降雨事件时，坡面植被的减蚀作用相对有限，流域侵蚀泥沙主要依靠沟口淤地坝的拦截。

通过园子沟年降雨侵蚀力与年侵蚀泥沙淤积量双累积曲线(图 10-4)，进一步分析淤地坝建成以来坝控流域内淤积泥沙的变化。园子沟年降雨侵蚀力与年侵蚀泥沙淤积量的关系存在一个转折点，位于园子沟淤地坝建坝运行第七年(2013 年)左右。因此，本小节将园子沟淤地坝建设运行划分为以下两个阶段：第一阶段(2007~2013 年)，新建运行的"闷葫芦"淤地坝，对原本出沟的侵蚀泥沙全部拦截，打破了原有的能沙关系；第二阶段(2013~2016 年)，坝地沟道内已淤积大量的侵蚀泥沙，有效抬高了流域侵蚀基准面，增大了沟道雨洪的过水断面面积，促使挟带的泥沙沿程快速沉降，此时淤地坝坝体直接拦截的泥沙占整个侵蚀性降雨事件侵蚀泥沙淤积量的比例较前期下降。淤积层环刀采样获取的水分数据表明，坝地含水量随深度增加波动趋缓，平均含水量为 23.8%，这些水分有效促进了坝控流域内植被的生长，进一步减少了侵蚀的发生。因此，第二阶段减少的侵蚀泥沙或来自淤地坝修建后侵蚀基准面抬高及植被生长良好的减蚀作用。

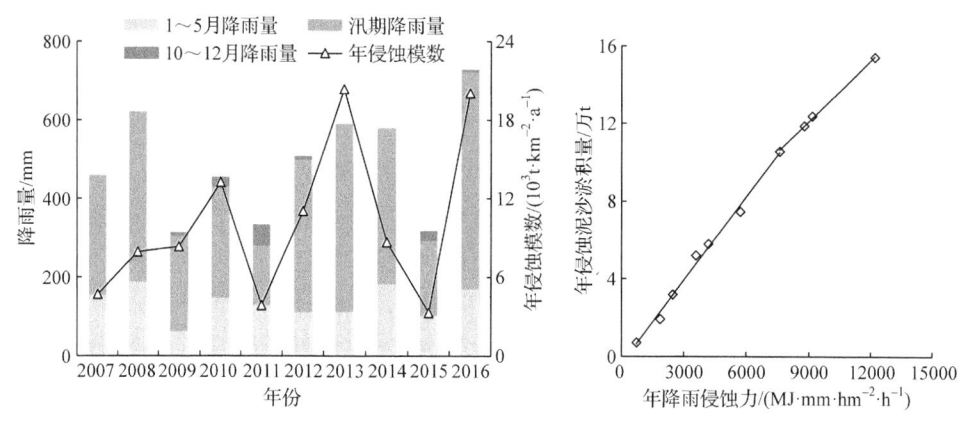

图 10-4 观测期内降雨分布与年侵蚀模数关系和年降雨侵蚀力与年侵蚀泥沙淤积量的双累积曲线

处于园子沟沟口的"闷葫芦"淤地坝，有效拦截了坝控流域内不同侵蚀性降雨事件沉积的泥沙。通过这部分携带侵蚀部位信息的侵蚀泥沙，可反演出淤地坝建成后坝控流域内潜在泥沙源地对坝地淤积泥沙贡献率的变化情况。将坝控流域内的坝地淤积泥沙潜在来源地分为两大类，即峁边线以上的沟间地、峁边线以下坝地边缘以上的沟谷地。通过复合指纹识别技术，筛选出 $d_{0.1}$(表示 10%的颗粒小于该粒径)、

$d_{0.9}$(表示 90%的颗粒小于该粒径)和总有机碳含量作为最佳指纹识别因子组合。泥沙来源计算结果见图 10-5，平均拟合优度 GOF 为 81.7%。

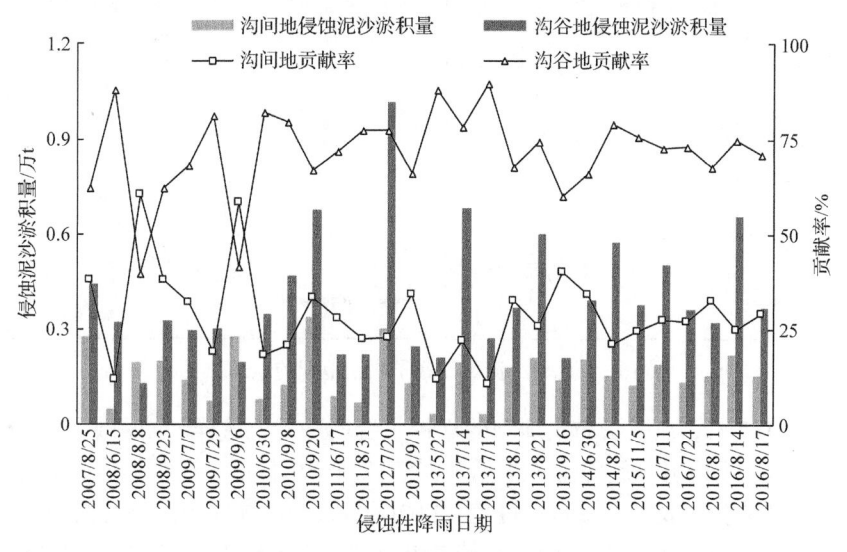

图 10-5 园子沟坝控流域泥沙来源

来自沟谷地的侵蚀泥沙为园子沟淤地坝坝地淤积泥沙的主要来源，平均贡献率达 71.4%；来自沟间地的侵蚀泥沙贡献率较小，为 28.6%。沟间地、沟谷地泥沙贡献率在淤地坝建成运行第一阶段波动较大，第二阶段趋于平缓。沟谷地的侵蚀泥沙淤积量变化趋势与坝地淤积总量变化趋势基本一致，沟间地的侵蚀泥沙淤积量虽有波动，但基本在均值(0.16 万 t)附近摆动，在部分降雨量较小的侵蚀性降雨事件中淤积量几乎为零。总体趋势方面，沟间地的侵蚀泥沙淤积量稳中略降，而沟谷地的侵蚀泥沙淤积量随降雨量的增大呈增大的趋势，这说明作为流域内侵蚀泥沙主要来源的沟谷地，因具有短、深、窄的地形及大面积裸露的砒砂岩，受降雨等影响较大。

10.2.2 横山元坪小流域泥沙来源

元坪小流域(申雷，2016)位于陕西省榆林市横山南部，距市区约 10.0km，属无定河一级支流芦河的一级支沟，流域面积 131.4km²，相对高差 369m，位于黄土丘陵沟壑第Ⅰ副区，流域地形支离破碎，水土流失十分严重，土壤侵蚀模数为 13000t/(km²·a)。

本小节研究对象横山寨子峁淤地坝，位于元坪小流域中游，坝控流域面积 3.6km²，设计坝高 20m，总库容为 95.4 万 m³，设计淤积年限为 20a。工程于 2004 年 11 月 10 日开始动工，于 2005 年 9 月 30 日竣工，流域和淤地坝的地理位置如图 10-6 所示。

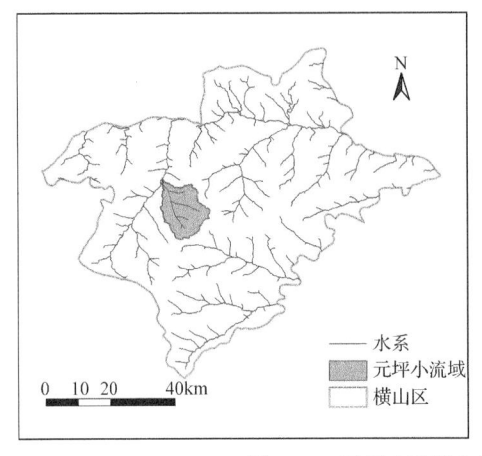

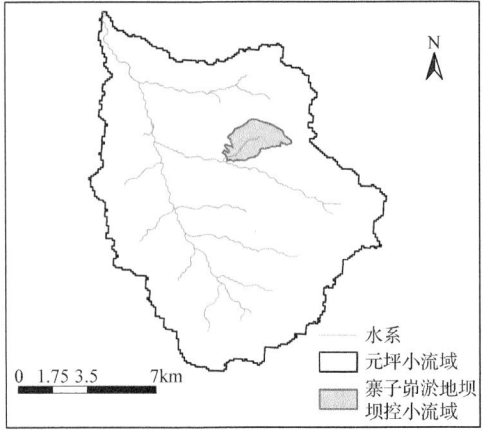

图 10-6 元坪小流域和寨子峁淤地坝的地理位置

2017 年 7 月,在寨子峁淤地坝的坝控小流域进行土壤样品的采集,共分为两大类,分别是坝地沉积旋回土壤样品和泥沙源地土壤样品。在距坝体 35m 的坝地处,使用打钻机钻取一个垂直深度为 12.02m 的原装土壤样品,每钻约 50cm,分装于孔径 80cm 的 PVC 管中,并于 PVC 两侧用胶带固定,保持原状土壤,如图 10-7 所示。泥沙源地土壤样品主要集中在坝地左右两岸,采集样品时保证该泥沙源地无沉积现象发生。坡耕地、草地土壤样品沿径流线在长坡面上选择 5.0m×5.0m 的网格,随机采集 10 个 5cm 厚的表层土壤样品,并将其均匀混合;支沟沟道沿水流方向选择 5.0m×5.0m 的网格,采取 10 个 5cm 厚的表层土壤样品并混合;沟壁沿垂直方向在上部、中部、下部采集表层土壤后混匀,利用四分法取得。共采集泥沙源地土壤样品 36 个,包括坡耕地 9 个、草地 9 个、沟壁 9 个、沟道 9 个。将所有的土壤样品风干 1 周左右,于 2017 年 8 月在实验室进行测试,共测定地球化学等指标 17 个,分别是 Mg 含量、Cr 含量、Co 含量、Fe 含量、Ni 含量、Mn 含量、Cu 含量、Zn 含量、Rb 含量、Cd 含量、Pb 含量、V 含量、$d_{0.1}$、$d_{0.5}$、TN 含量、TP 含量、TOC 含量。

图 10-7 坝地沉积旋回采样

受树木年轮水文学和交叉定年基本原理的启发,淤地坝各层沉积物旋回的泥沙对应一次或者多次连续的侵蚀性降雨。对于黄土高原地区，淤地坝坝地的沉积泥沙在一年中由几场大暴雨形成，并且通常是洪峰和沙峰同步。基于沉积旋回层的土壤粒度组成、历史降雨资料和实测坝地沉积旋回厚度的相关关系，来反演淤地坝淤积过程，建立时间坐标，如图10-8所示。

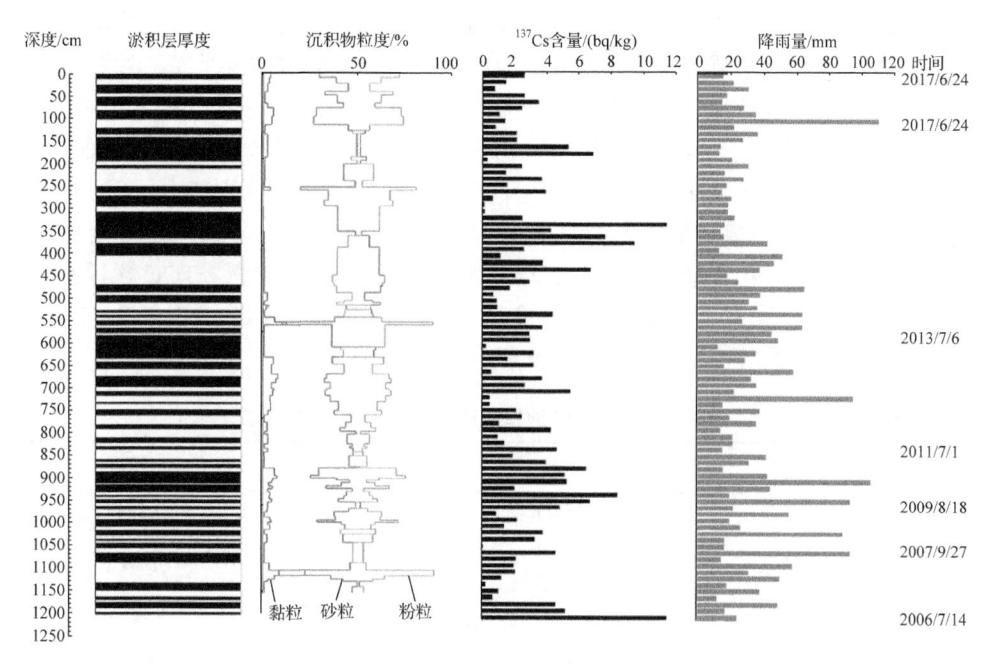

图 10-8 淤地坝各沉积旋回层厚度、粒度、^{137}Cs含量、降雨量、沉积时间图

采用复合指纹识别技术精确计算各潜在泥沙源地对每层坝地沉积旋回泥沙的贡献率，定量计算共分为三个步骤(Walling et al., 2015)。①利用无参数克鲁斯卡尔-沃利斯检验(Kruskal-Wallis test, K-W检验)统计分析，筛选可用于研究小流域泥沙来源的指纹识别因子；②利用多元判别分析，找到最佳指纹识别因子组合；③使用多变量的混合模型，定量计算各泥沙源地泥沙贡献率，计算公式如下：

$$R_{es} = \sum_{i=1}^{n} \left[\frac{C_i - \left(\sum_{S=1}^{m} C_{Si} P_S\right)}{C_i} \right]^2 \tag{10-1}$$

$$\text{GOF} = \left(1 - \frac{1}{n}\sum_{i=1}^{n} \frac{C_i - \sum_{S=1}^{m} P_S C_{Si}}{C_i}\right) \times 100\% \tag{10-2}$$

式中，R_{es}为残差平方和；C_i为沉积泥沙中指纹识别因子i的浓度；P_S为泥沙源地

S 的泥沙贡献率；C_{Si} 为泥沙源地 S 中指纹识别因子 i 的平均浓度；m 为泥沙源地数量；n 为指纹识别因子的数量。

在使用此模型时，应注意所有泥沙源地的泥沙贡献率是非负的，并且它们的总和为 1。在满足上述约束条件下，当函数取最小值时，可以得到各泥沙源地泥沙贡献率。一般认为当 GOF>80%时，Collins 混合模型的计算结果才是准确的。

根据不同的泥沙源地，将样本分类为四个泥沙源地的数据分类库，并采用"有进出"的逐步判别方法。选择有辨别能力的 12 个指纹识别因子作为变量，并且根据贝叶斯判别函数进行威尔克斯(Wilks)统计量检验。若检验统计量 F 小于临界值 F_a，则该因子判别能力显著，应保留，同时影响现有因子的判别能力；反之，剔除该因子。K-W 检验结果如表 10-1 所示，表明 Co 含量、Cr 含量、Fe 含量、Mg 含量、Mn 含量、Ni 含量、Pb 含量、Zn 含量、V 含量、TN 含量、TOC 含量、$d_{0.1}$ 具有良好的分选型($P<0.05$)，其中 Fe 含量、Mg 含量、Mn 含量、Ni 含量、Zn 含量、V 含量、TOC 含量、$d_{0.1}$ 指标差异性显著($P<0.05$)。

表 10-1 不同泥沙源地指纹识别因子 K-W 检验结果

指纹识别因子	卡方	自由度	P 值
Cd 含量	5.4144	3	0.143
Co 含量	8.8258	3	0.031[*]
Cr 含量	13.6590	3	0.003[**]
Cu 含量	5.1061	3	0.164
Fe 含量	16.4750	3	0.000[**]
Mg 含量	20.5580	3	0.000[**]
Mn 含量	15.7170	3	0.001[**]
Ni 含量	19.2360	3	0.000[**]
Pb 含量	8.8438	3	0.031[*]
Rb 含量	5.6106	3	0.132
Zn 含量	21.0000	3	0.000[**]
V 含量	14.6720	3	0.002[*]
TN 含量	7.9970	3	0.046[*]
TP 含量	7.6120	3	0.054
TOC 含量	12.1170	3	0.006[**]
$d_{0.1}$	28.9060	3	0.000[**]
$d_{0.5}$	2.7918	3	0.424

根据表 10-1 中的最优指纹识别因子组合，进行初始分类，建立初始分组为 4 的样本总体。在泥沙源地共采集了 36 个样品，即样本容量为 36，每种潜在泥沙源地均取样 9 个。从表 10-2 可以看出，预测分组是通过逐步分析进行的，并与初始分组进行比较，最终剔除 Mn 含量指标，得到最佳因子组合为 Zn 含量+Mg 含量+Ni 含量+$d_{0.1}$。利用这 4 种物理化学性质，沟壁的土壤样品正确判别率达到 100%，草地为 66.7%，坡耕地为 88.9%，支沟沟道为 88.9%，总正确判别率达到 86.1%。

表 10-2　复合指纹识别因子辨别结果

项目	源地类别	预测的群组信息				总计
		坡耕地	草地	沟壁	支沟沟道	
样品数量	坡耕地	8	1	0	0	9
	草地	2	6	0	1	9
	沟壁	0	0	9	0	9
	支沟沟道	0	0	1	8	9
判别率%	坡耕地	88.9	11.1	0.0	0.0	100
	草地	22.2	66.7	0.0	11.1	100
	沟壁	0.0	0.0	100.0	0.0	100
	支沟沟道	0.0	0.0	11.1	88.9	100

注：正确地对 86.1%初始的 4 个分组进行分类。

从表 10-2 可以看出，在源地分类和判别过程中，沟壁的判别率达 100%，然而流域内人为扰动较大，部分草地与坡耕地相接，导致部分的草地被判别成坡耕地或支沟沟道。坡耕地的判别率为 88.9%，草地的判别率仅 66.7%，支沟沟道的判别率为 88.9%，除了草地的判别率较低影响了整体判别准确性，其他指纹识别因子有显著性差异。经计算，最优指纹识别因子组合判别率达到不同来源贡献率计算的要求，超过了 80%，可进行后续计算。

通过多元判别分析，确定了 Mg 含量+Zn 含量+Ni 含量+$d_{0.1}$最佳指纹识别因子组合，有 88.9%的可能性将泥沙区别开。根据各沉积旋回中最佳指纹识别因子，利用式(10-1)定量计算出各沉积旋回坡耕地、草地、沟壁和支沟沟道泥沙的贡献率，计算结果如图 10-9 所示。利用式(10-2)计算各沉积旋回贡献率结果的拟合优度，得到 GOF 全部大于 80%，认为结果可信。由图 10-9 可知，Collins 混合模型表明，在淤地坝运行期间，四种不同泥沙源地在次降雨条件下对坝地沉积旋回泥沙的贡献率差异较大。沟壁的贡献率为 32.96%~81.08%，均值为 53.60%；坡耕地的贡献率为 0.14%~46.70%，均值为 24.18%；草地的贡献率为 0.05%~40.86%，均值为 19.06%；支沟沟道的贡献率为 0.00%~10.46%，均值为 2.83%。

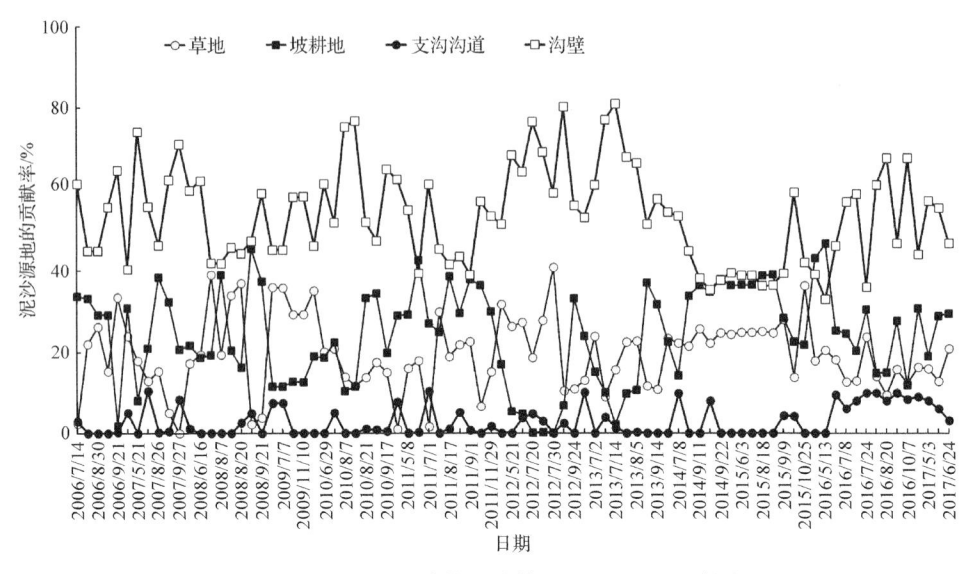

图 10-9　Collins 混合模型计算四泥沙源地的贡献率

研究区内的四个潜在泥沙源地中,贡献率最大的为沟壁,其次为坡耕地和草地,支沟沟道的贡献率最小。沟壁是本小节研究区的主要泥沙源地(贡献率均值为53.60%),重力侵蚀力造成沟道下切、溯源及崩塌等,部分泥沙经过坡耕地和草地也汇集于此。坡耕地为本小节研究区的主要土地利用类型,并且坡耕地经常翻耕农作,这是坡耕地成为第二泥沙源地(贡献率均值为 24.18%)。研究区内的草地植被覆盖度较大,与坡耕地相比,土壤侵蚀程度略低(贡献率均值为 19.06%)。支沟沟道为贡献率最小的泥沙源地(贡献率均值为 2.83%)。薛凯(2011)在陕西省绥德县的王茂沟流域研究发现,流域侵蚀泥沙主要源地为沟壁,其次为坡耕地和沟坡。赵恬茵(2017)在甘肃省西沟小流域研究发现,五来源和三来源模式均表明泥沙主要来自沟壁,其次是农耕地和沟坡。陈方鑫(2017)在陕西省延长县胡家湾流域研究发现,沟道(该研究中的沟道即指本书沟壁)是泥沙的主要源地,贡献率为 60.8%,其次为农耕地,贡献率为 20.7%,林地贡献率为 11.3%,草地贡献率为 7.2%,这与本书的泥沙贡献率较为一致。

利用单因素方差分析不同降雨量梯度的贡献率,得到沟壁、坡耕地、草地在不同降雨量梯度下的贡献率无显著性差异($P>0.05$),而支沟沟道的贡献率在不同降雨量梯度下有显著性差异($P<0.05$)。这说明来自支沟沟道的泥沙与降雨量等级有关,随着降雨量等级增大,支沟沟道的泥沙贡献率先增加,直到降雨量为 30~40mm 呈减小趋势。由表 10-3 可知,Collins 混合模型结果表明,在不同降雨量梯度下,沟壁为主要来沙区,其次为坡耕地和草地,最后为支沟沟道。坡耕地和草地的贡献率在不同降雨量梯度下占比不同,降雨量为 12~15mm、15~20mm、20~

30mm 和 30~40mm 时，坡耕地的贡献率较大，而在降雨量大于 40mm 条件下草地贡献率较大。

表 10-3 不同降雨量梯度下的 Collins 混合模型结果

降雨量/mm	沟壁泥沙贡献率/%		坡耕地泥沙贡献率/%		草地泥沙贡献率/%		支沟沟道泥沙贡献率/%	
	均值	标准差	均值	标准差	均值	标准差	均值	标准差
12~15	52.72	0.122	23.55	0.128	21.35	0.093	2.59	0.038
15~20	50.36	0.104	28.77	0.101	19.01	0.088	2.02	0.029
20~30	56.43	0.143	22.14	0.114	18.84	0.085	2.86	0.036
30~40	55.17	0.094	23.65	0.114	17.05	0.078	4.30	0.045
>40	54.35	0.133	18.92	0.142	23.74	0.129	3.18	0.037

图 10-10 是四泥沙源区泥沙累计贡献率与累计降雨量的关系曲线。由图 10-10 可知，沟壁和支沟沟道两种泥沙源地的累计贡献率变化很小，其次为坡耕地和草地。高云飞等(2014)认为，骨干坝拦沙能力失效的平均淤积率为 0.77，观测期内该坝的淤积率为 0.41，小于 0.77，处于剧烈侵蚀阶段，因此沟壁的累计贡献率无显著性变化。

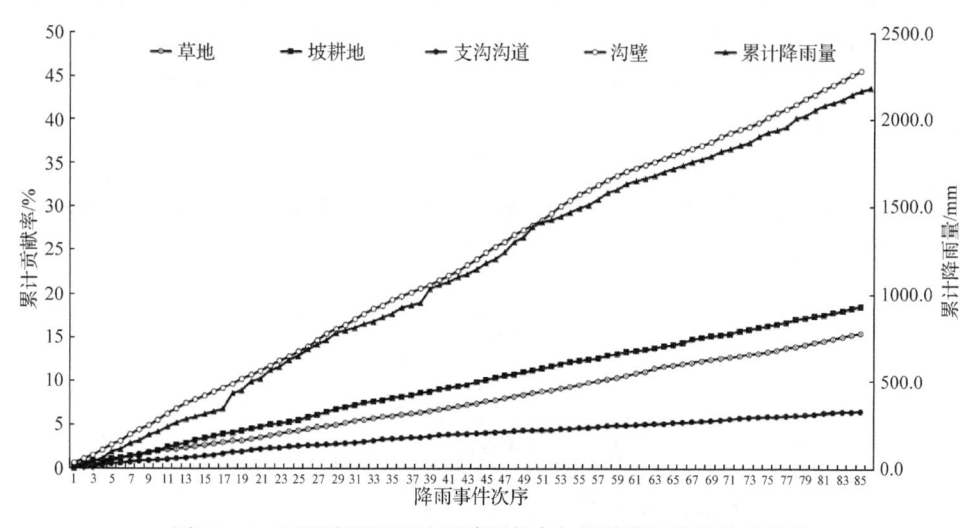

图 10-10 四泥沙源区泥沙累计贡献率与累计降雨量的关系曲线

坡耕地与草地的贡献率变化主要与两种泥沙源地的面积有关。由图 10-11 可知，该研究区的地类主要由坡耕地转化为草地，草地面积增大使其贡献率呈较弱的减小趋势；坡耕地面积虽然在减小，但是由于翻耕农作，其土质疏松，贡献率呈较弱的增大趋势。

(a) 2009年 (b) 2017年

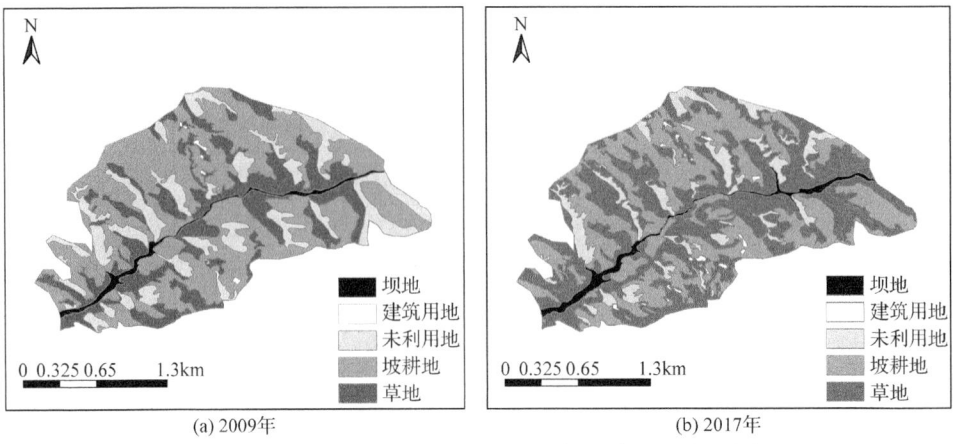

图 10-11 2009年与2017年寨子峁淤地坝控流域土地利用分布对比

10.2.3 绥德埝堰沟小流域泥沙来源

埝堰沟小流域是王茂沟流域的一条支沟，位于东经 110°20′04″～110°22′28″，北纬 37°25′33″～37°35′54″，海拔 1027～1188m，平均坡角为 12.5°。流域呈温带大陆季风气候特征，年平均降雨量为 513mm，70%的降雨集中在雨季。

埝堰沟小流域内共建设 3 座淤地坝，如图 10-12 所示。其中，1#、2#淤地坝均有放水建筑物，3#淤地坝无放水建筑物，为"闷葫芦"坝。埝堰沟 3#淤地坝于 1960 年修筑在埝堰沟的沟头位置，1990 年进行填补，坝控流域面积约为 18.1hm²，淤积面积约为 6000m²。在进行淤地坝系调查时发现，流域内主要的土地利用类型为坡耕地、林-灌地、草地和梯田。在坝控区域内，在距坝体约 30m 处钻取垂直深度为 6.59m 的剖面，然后测量每层淤积旋回泥沙的厚度，分别采集每个淤积旋回层的土壤样品。

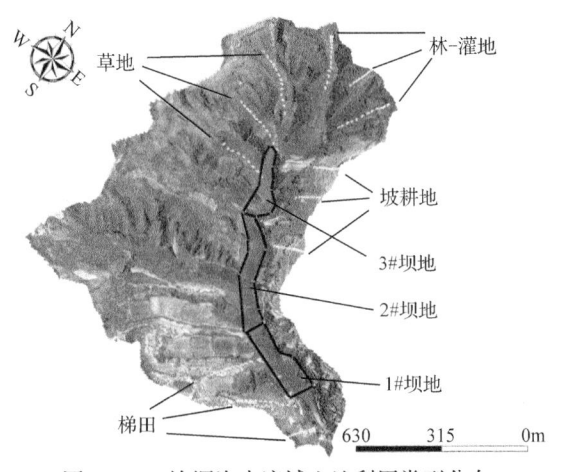

图 10-12 埝堰沟小流域土地利用类型分布

2017年6月，在流域内进行土壤样品的采集。经调查，该小流域主要有15条长坡。其中，坡耕地占据4条长坡，林-灌地占据3条长坡，草地占据4条长坡，梯田占据4条长坡，在每种坡面景观中选取3条长坡。坡耕地以农耕为主，主要种植玉米、土豆，一年一耕，有翻耕，人为干扰严重，无施肥。林-灌地内林高在6m以上，人工种植，主要树种为油松，种植年限在30a以上；灌层高为1m左右，主要植被为柠条，种植年限为20a，均无人为扰动。草地草本植物覆盖度达90%，人工种植，主要为白羊草，种植年限20a，无人为扰动。梯田种植苹果、枣树，有少量喷雾化肥使用，种植年限在30a以上，有少量人为扰动。在每种坡面景观中，从坡顶到坡底每隔10m采集0~5cm土层深度的^{137}Cs土壤样品，并在原点位分层采集0~20cm、20~40cm、40~60cm、60~80cm和80~100cm土层深度的土壤样品，每种坡面景观三个重复样品，共采集土壤样品924个，其中用于^{137}Cs土壤样品144个，带回实验室进行室内分析。

将汇总的1971~1990年降雨资料与埝堰沟3#坝地泥沙沉积旋回进行对应，如图10-13所示，并结合大雨对大沙的原则，结合降雨资料，选取典型的降雨事件对应沉积旋回(1972年8月、1987年8月、1988年7月、1990年7月)。

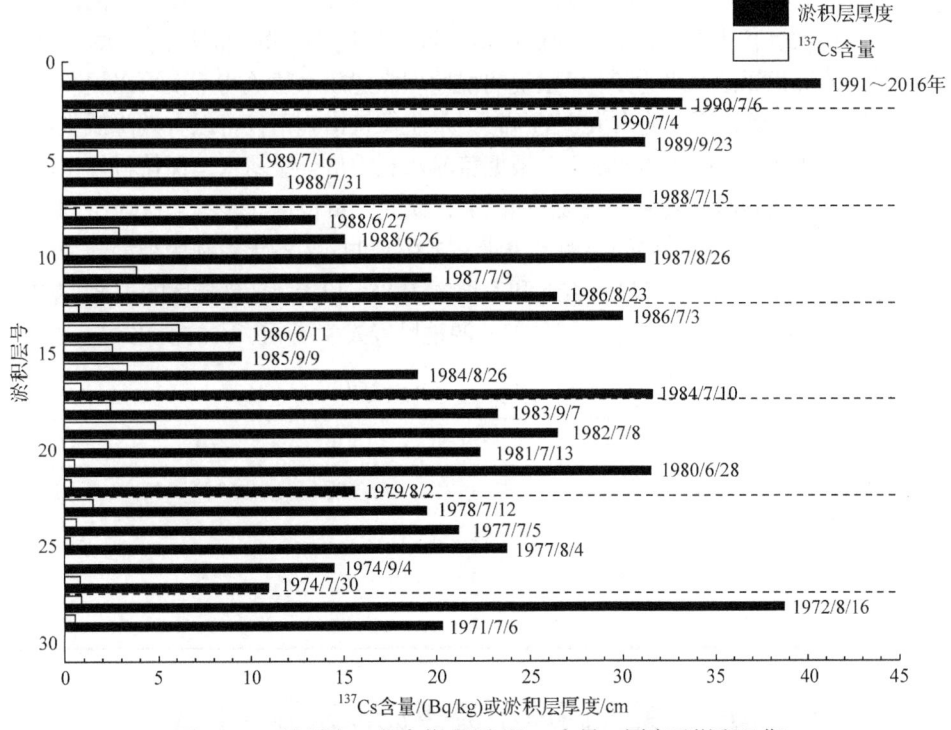

图10-13 埝堰沟3#坝各淤积层^{137}Cs含量、厚度及淤积日期

参照张信宝等(1999)、李少龙等(1995)和Murray等(1993)的研究方法，当流域

内不同来源沉积物的核素含量存在差异时,不考虑颗粒分选的作用。通过对流域沉积物核素含量和不同来源放射性核素含量进行比较,可以计算出不同来源泥沙的贡献率,一般采用式(10-3)~式(10-5)的配比公式计算:

$$f_1 \cdot C_1 + f_2 \cdot C_2 + f_3 \cdot C_3 = C_d \tag{10-3}$$

$$f_1 \cdot P_1 + f_2 \cdot P_2 + f_3 \cdot P_3 = P_d \tag{10-4}$$

$$f_1 + f_2 + f_3 = 1 \tag{10-5}$$

式中,C_d为流域输出泥沙的碳元素含量(Bq/kg);C_1、C_2、C_3分别为1、2、3类源地土壤中的碳元素含量(Bq/kg);P_d为流域输出泥沙的磷元素含量(Bq/kg);P_1、P_2、P_3分别为1、2、3类源地土壤中的磷元素含量(Bq/kg);f_1、f_2、f_3分别为1、2、3类源地的贡献率(%)。

坝地泥沙源地贡献率计算结果如表10-4所示。从表10-4可以看出,埝堰沟小流域沉积泥沙的69%来自坡耕地,林-灌地、草地和梯田泥沙占比较小,分别为3%、13%和14%。3#坝为"闷葫芦"坝,坝控流域内主要景观为坡耕地、林-灌地和草地,沉积泥沙主要来自坡耕地,约占沉积泥沙的61%。从2#坝的沉积泥沙贡献率来看,3#坝溃坝使其中大量的沉积物进入2#坝内,所以2#坝内3#坝提供的沉积泥沙较多。1#坝沉积主要泥沙源地为坡耕地,坡耕地提供的沉积泥沙占99%,并且2#坝提供的沉积泥沙几乎为零,可以说明淤地坝修建放水建筑物不仅可以提高淤地坝的使用寿命,而且不会输出大量的泥沙。水土保持措施不仅可以有效降低土壤侵蚀速率,还可以减少泥沙的冲刷量。根据黄河水利委员会绥德水土保持科学试验站的《水土保持试验研究成果汇编(第一集)》,研究人员根据韭园沟4次典型暴雨及历年治理前(1954~1964年)的土壤流失量,推算了韭园沟各土地利用类型的径流泥沙来源:流域内径流泥沙来自农坡地和荒坡的占85%以上,来自陡崖的占8%左右。因此,经过几十年的治理,小流域的泥沙源地已经发生了相当大的变化。

表10-4 坝地泥沙源地贡献率 (单位:%)

类型	坡耕地	林-灌地	草地	梯田	2#坝	3#坝
1#坝	99	—	—	0.08	0.02	—
2#坝	15	35	30	—		20
3#坝	61	16	23	—	—	
总体	69	4	13	14	—	—

10.3 黄土高原小流域泥沙来源变化

黄土高原地区是我国土壤侵蚀治理的重要区域。强烈的土壤侵蚀引起土壤养分流失，土地退化和生产力降低，侵蚀产生的泥沙涌入河道，成为污染物迁移转化的主要载体。流域作为黄土高原水土保持综合治理的基本单元，蕴含了大量泥沙侵蚀特征和侵蚀环境信息。特别是在20世纪50年代，黄土高原许多流域开展了淤地坝建设，在60年代得到了大力推广和普及。淤地坝在拦蓄泥沙的同时，记录了侵蚀环境变化的信息，这为广大学者研究小流域侵蚀产沙速率、泥沙来源和泥沙输移比等提供了有利条件。

我国在黄土高原地区进行了大量关于泥沙来源的研究。北至内蒙古自治区鄂尔多斯市达拉特旗西柳沟流域，南至甘肃省天水市渭河流域，西至甘肃省甘谷县附近的渭河流域，东至山西省吕梁市离石区三川河流域(图10-14)，其中以内蒙古皇甫川流域、陕北无定河流域和延河流域进行的研究最多。

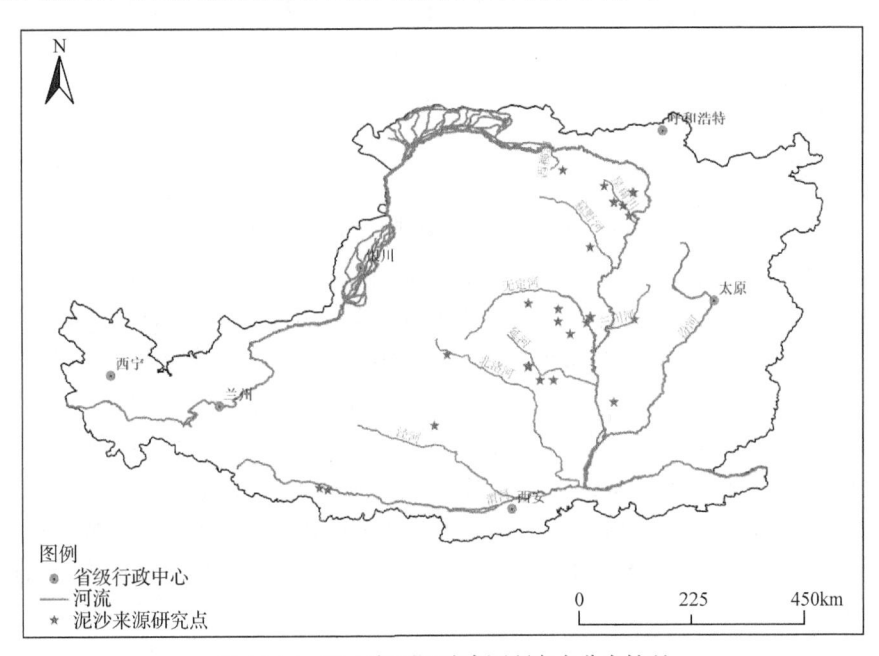

图10-14 黄土高原泥沙来源研究点分布情况

10.3.1 皇甫川流域

皇甫川流域位于黄土高原与鄂尔多斯高原交接地带(图10-15)，为黄河中游上段的多沙粗沙区，母质土主要有砒砂岩、黄土和风沙土；该地区沟深梁大，起伏较缓，沟坡土质多由基岩组成。侵蚀类型主要有风蚀、水蚀和重力侵蚀三种。该流域广泛分布着砒砂岩，而且碎屑沉积岩成岩性差，结构松散，又受到干冷气候的影响，机械风化、剥落极为强烈，从而基岩侵蚀产沙成为该流域泥沙的主要来源之一(倪绍祥，1992)。

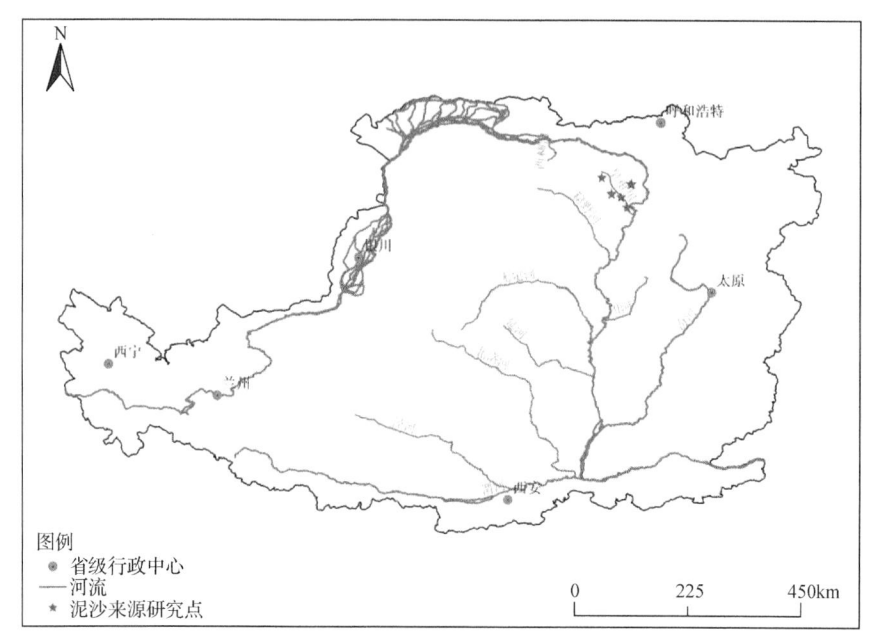

图 10-15 皇甫川流域泥沙来源研究点分布情况

表 10-5 为部分学者在皇甫川流域泥沙来源的研究成果。张平仓等(1990)详细分析了皇甫川流域各种产沙地层的产沙特征和颗粒组成,在分析对比河口 1966~1984 年悬移质泥沙的颗粒组成的基础上,应用等量原理建立数学模型,得出流域内基岩、上新世纪红色黏土、第四纪黄土和风成沙地层的相对产沙量(贡献率)分别为 68.49%、1.02%、30.37%和 0.12%。随后,李少龙等(1995)选用 ^{226}Ra 作为标识物研究了皇甫川大塔沟的泥沙来源,发现基岩的产沙量占侵蚀泥沙总量的 55.0%~76.5%,这一结果和实际情况是相符的;得出基岩侵蚀泥沙量的变化反映了淤地坝内不同地点的流水作用不同,使淤积状态不同,从而使淤地坝不同点的泥沙来源组成有一定的不同。王晓(2001)利用粒度分析法计算出黑毛兔沟、饭铺沟、五分地沟 3 条典型小流域中有 79.39%~84.14%的泥沙来源于沟谷地,15.86%~20.61%的泥沙来源于沟间地,其中广泛分布于沟谷地的砒砂岩对总产沙量贡献了 59.13%~82.31%(无具体时间)。之后,众多学者也得出了皇甫川流域泥沙主要来源于基岩的结论。Tian 等(2019)筛选出高频率磁化率(X_{hf})、TN 含量、^{137}Cs 含量组成复合指纹识别因子,得出黄家沟流域 2001~2014 年沉积泥沙来自风化砂岩、裸露黄土、荒地的比例分别为 74.06%、15.67%、10.27%。Zhao 等(2017)在杨家沟和小石拉塔沟分别筛选出 Cu 含量、Pb 含量、P 含量、La 含量、W 含量、Si 含量、Cs 含量、Nb 含量、Sr 含量、X_{hf}、Mo 含量作为指纹识别因子,利用混合模型,得出杨家沟 2007~2010 年平均有 66.8%的泥沙来源于风化砂岩,其余的 17.5%和 15.7%分别来源于裸地和草地;小石拉塔沟 1958~1972 年沉积的泥沙平

均有61.52%来源于风化砂岩,32.54%和5.94%分别来源于裸露黄土和草地。另外,Zhao等(2015)采用WATEM/SEDEM模型模拟了小石拉塔沟1958~1972年的产沙情况,结果显示观测值与模拟值吻合良好,并得出约92.8%的沉积物来自沟壁的砒砂岩,其余来自裸露黄土、耕地和冲积平原;其他学者研究结果的差异可能是地貌不同造成的,而且砒砂岩冬季会冻结在雪中,雪融化时砒砂岩很容易被侵蚀,夏季又极易被风沙侵蚀。范利杰(2013)采用复合指纹识别技术测定了杨家沟2003~2008年的侵蚀产沙来源:裸岩地39.7%、坡耕地35.6%、草地24.7%;该地区2006年以前来自坡耕地的泥沙较多,2006年以后坡耕地面积大幅度减小,来自坡耕地的侵蚀泥沙也随之减少。弥智娟(2014)选用Nb含量、Sb含量、U含量、频率依赖磁化率(X_{fd})作为复合指纹识别因子,测算出小石拉塔沟1958~1973年沉积泥沙中的61.7%来自砂岩,32.3%来自裸地,6.0%来自草地。安正锋(2017)筛选出X_{hf}、TN含量、^{137}Cs含量作为最优指纹识别因子组合,识别出黄家沟2001~2014年沉积泥沙主要来源于砂岩(73.4%),其余来源于农地(15.3%)和草地(11.3%)。

表10-5 皇甫川流域泥沙来源研究

参考文献	研究流域	贡献率
李少龙等(1995)	大塔沟	基岩55.0%~76.5%
Tian等(2019)	黄家沟	风化砂岩74.06%,裸露黄土15.67%,荒地10.27%
Zhao等(2017)	小石拉塔沟	风化砂岩61.52%,裸露黄土32.54%,草地5.94%
	杨家沟	风化砂岩66.8%,裸地17.5%,草地15.7%
Zhao等(2015)	小石拉塔沟	裸露风化岩石的产沙量占总产沙量的92.8%
范利杰(2013)	杨家沟	裸岩地39.7%,坡耕地36.5%,草地24.7%
弥智娟(2014)	小石拉塔沟	砂岩61.7%,草地6.0%,裸地32.3%
安正锋(2017)	黄家沟	砂岩73.4%,农地15.3%,草地11.3%
张平仓等(1990)	皇甫川流域	基岩68.49%,上新世纪红色黏土1.02%,第四纪黄土30.37%,风成沙地层0.12%
王晓(2001)	黑毛兔沟	沟谷地82.31%,沟间地17.69%
	饭铺沟	沟谷地79.39%,沟间地20.61%
	五分地沟	沟谷地84.14%,沟间地15.86%

综合以上研究发现,皇甫川流域侵蚀泥沙主要来源于砂岩。砂岩多位于峁边线以下陡峭的沟壁,因此可认为皇甫川泥沙主要来源于沟谷地。

10.3.2 无定河流域

无定河流域位于毛乌素沙漠南缘及黄土高原北部地区(图10-16)。西北部为风沙区，河源地区被厚层黄土覆盖，形成梁峁丘陵地形，梁长峁大，但沟谷密度小，沟谷之间地表较为平坦、完整，土壤侵蚀以沟蚀和重力侵蚀为主；东南部为黄土丘陵沟壑区，沟谷密度很大，黄土层较厚，土壤侵蚀剧烈，面蚀、沟蚀和重力侵蚀均十分发育。流域植被以人工植被为主，东南部人类活动强烈，大部分区域被开垦为农耕地，西北部毛乌素沙地植被稀疏，自然植被以灌木、草本植物为主。

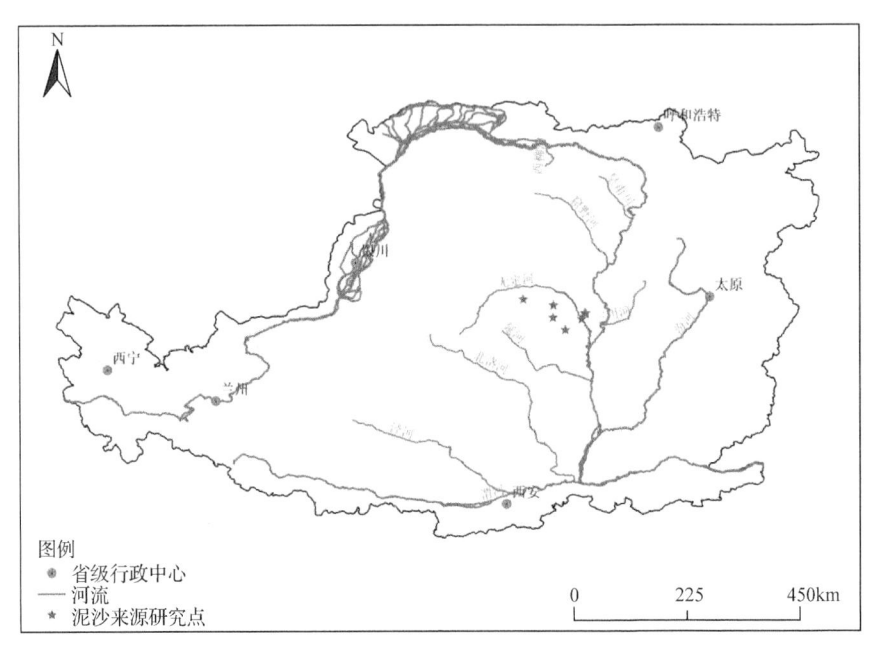

图 10-16 无定河流域泥沙来源研究点分布情况

龚时旸等(1978)根据团山沟、团园沟、韭园沟 3 条小流域的观测资料，得出沟谷地的侵蚀量占总侵蚀量的 38.2%~54.6%，团园沟侵蚀泥沙主要来源于沟谷地，团山沟和韭园沟沟间地比沟谷地侵蚀量大，原因可能是治理前农耕地的面积占比较大(治理前韭园沟耕地面积占总面积的 66.7%)。徐雪良(1987)根据韭园沟 1954~1964 年的实测径流泥沙资料，计算出非治理状态下平均泥沙贡献率为沟谷地 69.2%、沟间地 30.8%。随后，黄河水利委员会绥德水土保持科学试验站得出韭园沟 1982~2002 年沉积泥沙来源为梁峁坡 38.7%、沟谷坡地 45.8%、沟谷地 15.5%。

王茂沟为韭园沟的一条支沟，众多学者对其泥沙来源状况进行了研究(表 10-6)。陈浩(1999)根据坡面水下沟的"净产沙"原理，在分析黄河中游地区典型小流域坡沟侵蚀关系产沙机理的基础上，运用成因分析法确定了王茂沟侵蚀泥沙有 78.41%来源于坡面，有 21.59%来源于沟道。这表明坡面在治理中是应优先考虑的重点部位，在黄河中游小流域采取"治坡为主，坡沟兼治"的治理方针是十分正确的。张风宝等(2012)采用王茂沟一个淤地坝(1958 年淤积，1990 年淤平)

沉积泥沙中的养分,得到其泥沙主要来源于沟壁坍塌和沟道扩展。薛凯(2011)筛选出土壤有机质(SOM)、TP、Mg、X_{fd}组成最佳指纹识别因子组合,采用混合模型计算出王茂沟整个淤地坝淤积阶段(1958~1991年)来自沟壁、沟坡和坡耕地的泥沙分别占总产沙量的68.52%、5.03%和26.45%,证明沟道的演化过程是小流域侵蚀产沙的主要过程。赵恬茵(2017)采用复合指纹识别技术得到王茂沟一座1960~1990年淤积的淤地坝泥沙贡献率为沟壁69%、农耕地21%、沟坡10%;1964年、1965年和1983年、1984年,产沙量有明显变化,经分析是由于1960~1970年以淤地坝和梯田为主的水土保持措施减少坡面侵蚀,以及1983年以后农民大面积开垦陡坡。Li等(2019)对2017年"7·26"暴雨进行研究,发现王茂沟流域在此次暴雨下的侵蚀产沙有61.93%来源于沟谷地,有38.07%来源于沟间地,这表明1999年以来的植被恢复措施可以有效地控制大暴雨期间的水土流失(2000~2015年,该流域植被覆盖度增加了31%)。陈方鑫(2017)利用复合指纹识别技术,识别埝堰沟(王茂沟支沟)小流域淤地坝1960~1990年淤积的泥沙贡献率为沟谷地61.8%(沟道45%、陡坡16.8%)和沟间地(耕地)38.2%。张祎(2018)采用^{137}Cs示踪技术,识别出埝堰沟1971~1990年淤积的泥沙贡献率为坡耕地69%、梯田14%、草地13%、林地3%。据黄河水利委员会绥德水土保持科学试验站《水土保持试验研究成果汇编(第一集)》,研究人员根据韭园沟4次典型暴雨及历年治理前(1954~1964年)的流失量,推算出韭园沟流域内来自农坡地和荒坡的泥沙占85%以上,来自陡崖的占8%左右。可以看出,经过几十年的治理,小流域的泥沙源地已经发生了相当大的变化。此外,在其他小流域,张信宝等(1999)同样采用^{137}Cs示踪技术得出榆林马家沟流域1993年的沉积泥沙主要来源于沟谷地(67%);白璐璐(2019)采用复合指纹识别技术,利用混合模型,得出横山元坪流域2006~2017年淤积泥沙贡献率为沟壁54.22%、坡耕地23.56%、草地15.54%、支沟沟道6.68%。

表 10-6 无定河流域泥沙来源研究

参考文献	研究流域	贡献率
张风宝等(2012)	王茂沟	主要来源于沟壁坍塌和沟道扩展
陈方鑫(2017)	埝堰沟	沟道45%(其中陡坡16.8%),耕地38.2%
薛凯(2011)	王茂沟	沟壁68.52%,沟坡5.03%,坡耕地26.45%
Chen等(2017)	埝堰沟	冲沟45%,耕地38.2%,陡坡16.8%
龚时旸等(1978)	子洲团山沟 绥德团园沟 韭园沟	沟谷地38.2%,沟间地61.8% 沟谷地54.6%,沟间地43.3% 沟谷地43.4%,沟间地50.1%
徐雪良(1987)	韭园沟	沟谷地69.2%,沟间地30.8%
李勉等(2008)	关地沟	沟谷地30%,沟间地70%

续表

参考文献	研究流域	贡献率
张信宝等(1999)	榆林马家沟	沟谷地67%，沟间地33%
Li等(2019)	王茂沟	沟谷地61.93%，沟间地38.07%
陈浩(1999)	王茂沟	沟道21.59%，坡面78.41%
赵恬茵(2017)	王茂沟	沟壁69%，农耕地21%，沟坡10%
白璐璐(2019)	横山元坪流域	沟壁54.22%，坡耕地23.56%，草地15.54%，支沟沟道6.68%
侯建才(2007)	关地沟(3#坝)	沟谷地30%，沟间地70%
	关地沟(4#坝)	沟谷地34%，沟间地66%
张祎(2018)	埝堰沟	坡耕地69%，梯田14%，草地13%，林地3%

从以上学者的研究结果可以看出，韭园沟、王茂沟等小流域的侵蚀泥沙主要来源于沟谷地，但也有学者的研究结果与之相反，得出侵蚀泥沙主要来源于沟间地。李勉等(2008)采用^{137}Cs示踪法分析了关地沟小流域淤地坝1959~1987年沉积泥沙，其中70%来源于沟间地，30%来源于沟谷地；侯建才(2007)在关地沟采用^{137}Cs示踪技术测定出关地沟3#坝(1959~1984年淤积)和关地沟4#坝(1961~1987年淤积)泥沙贡献率分别为沟谷地30%、沟间地70%和沟谷地34%、沟间地66%。通过这两位研究者的研究结果，发现虽然许多研究表明沟谷地是泥沙的主要源地，但是对于微小流域而言，情况可能不同，说明流域面积大小、流域沟道发育状况、沟道治理情况等都对流域侵蚀泥沙来源有着重要影响。

综合以上研究结果，无定河流域侵蚀泥沙大多来源于沟谷地。随着流域坡面治理及淤地坝等水土保持工程的建设，坡面产沙量具有减小的趋势。

10.3.3 延河流域

延河流域地处陕西省北部，是黄河中游河口镇—龙门区间的一级支流(图10-17)。流域内黄土丘陵沟壑区面积占流域总面积的90%，沟道密布，支流、支沟交错，地形破碎，梁峁起伏；主要土壤类型为黄绵土，土质疏松，抗冲蚀能力差，极易被分散和搬运。土壤侵蚀以水蚀为主，伴有少量的风蚀和重力侵蚀。

表10-7为部分学者关于延河流域泥沙来源的研究成果。Chen等(2017,2016a)筛选出Mg、Y、Ti、P、Sc、Co和Cr作为指纹识别因子，测算出胡家湾流域退耕还林初期(2014年采样)的泥沙来源为沟道34.7%、农地27.9%、林地21.7%、草地12.7%、休耕地3%，而且发现随着林地的成熟，林地贡献的泥沙逐渐减少。胡家湾流域退耕林和休耕地的贡献率均比农地少，这表明还林、还草均是比较合理的水土保持生物措施。2014年6月，Chen等(2016b)对胡家湾三场侵蚀性降雨沉

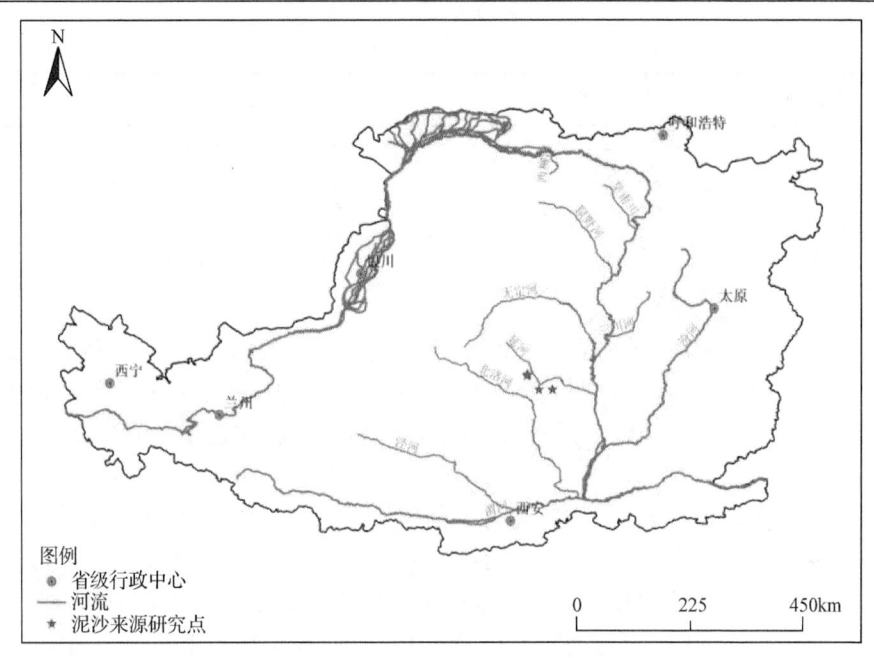

图 10-17 延河流域泥沙来源研究点分布情况

积样品重新进行采集,利用分子标志物进行指纹识别,得出林地为主要泥沙源地,贡献率 50.5%,其余耕地、草地、沟道的贡献率分别为 25.6%、14.4%、9.5%。林地通常不是潜在的泥沙源头,但该地区人工林覆盖度大(62.3%),平均坡度大于流域平均坡度,地表覆盖也不发达。林地的低入渗率使发生侵蚀性降雨时的径流增大、侵蚀增强,而该流域林地内的沟道连通性较好,方便泥沙输移。

表 10-7 延河流域泥沙来源研究

参考文献	研究流域	贡献率
Chen 等(2017, 2016a)	胡家湾	沟道 34.7%,农地 27.9%,林地 21.7%,草地 12.7%,休耕地 3%
张信宝等(1999)	子长赵家沟	沟谷地 74%,沟间地 26%
Zhang 等(2017)	胡家湾	裸地 44.1%,农田 37.7%,草地 9.0%,林地 9.2%
陈方鑫等(2016)	胡家湾	沟道 60.8%,农地 20.7%,林地 11.3%,草地 7.2%
文安邦等(1998)	子长赵家沟	沟谷地 76%,沟间地 24%
杨明义等(2001, 1999)	麦地沟	沟谷地 72.6%,沟间地 27.4%
Chen 等(2016b)	胡家湾	林地 50.5%,耕地 25.6%,草地 14.4%,沟道 9.5%
张玮(2015)	胡家湾	沟谷地 59.3%,沟间地 40.7%
徐龙江(2008)	燕沟(庙沟)	主沟道沟壁 26.4%,果园 65.5%,耕地 4.8%,支沟道 3.3%
杨明义等(2010)	燕沟(庙沟)	主沟道 33.7%,坡地果园 60%,坡耕地 3%,支沟道 3.3%

续表

参考文献	研究流域	贡献率
冯明义等(2003)	赵家沟	沟谷地77%，沟间地23%(1994年) 沟谷地85%，沟间地15%(1995年) 沟谷地94%，沟间地6%(1996年)
王文娣(2019)	瓦树塌	沟道65%，坡面35%

另外，陈方鑫等(2016)采集了2013年7月12日暴雨沉积样品，将土壤的理化指标及正构烷烃组成新的复合指纹识别因子，测算出本次沉积泥沙贡献率为沟道60.8%、农地20.7%、林地11.3%、草地7.2%。除此之外，张玮(2015)采用复合指纹识别技术对胡家湾流域淤地坝运行期间(1974~2003年)的沉积泥沙贡献率进行测算，结果显示，沟谷地为主要泥沙源地，贡献率为59.3%，沟间地贡献率为40.7%；而且发现1999年退耕还林(草)之前，农耕地侵蚀泥沙贡献率为29%，1999以后农耕地侵蚀泥沙贡献率下降为16%，退耕后坡耕地年侵蚀产沙量仅为退耕前的50%。Zhang等(2017)采用复合指纹识别技术，得出2013年特大暴雨期间胡家湾流域沉积泥沙贡献率为裸地44.1%、农田37.7%、草地9.0%、林地9.2%。

在其他小流域，文安邦等(1998)、张信宝等(1999)采用^{137}Cs示踪技术得出，子长赵家沟流域1993年和1973~1977年的沉积泥沙贡献率分别为沟谷地76%、沟间地24%和沟谷地74%、沟间地26%。随后，冯明义等(2003)用同样的方法测算出赵家沟沟间地贡献率从1994年的23%减少到1995年的15%和1996年的6%，沟谷地贡献率从1994年的77%增加到1995年的85%和1996年的94%。分析得出，退耕后耕作土逐渐密实，抗蚀性增强，侵蚀减弱，但土壤密实后入渗率减小，墚峁坡地产流量增加，墚峁坡地流入沟谷的径流量加大，加剧了沟谷地的冲沟侵蚀和重力侵蚀。在纸坊沟的一条支沟麦地沟，杨明义等(2001,1999)采用^{137}Cs示踪技术，得出其沉积泥沙72.6%来源于沟谷地，27.4%来源于沟间地。王文娣(2019)筛选出Mg、Al、Bi、Co作为识别因子，采用混合模型测算出安塞瓦树塌流域2010~2016年沉积泥沙沟道贡献率在60%以上；徐龙江、杨明义采集了2007年7月25日暴雨下庙沟流域沉积的泥沙，用复合指纹识别技术测算出其泥沙主要来源于坡地(果园)，占60%以上(杨明义等，2010；徐龙江，2008)。

通过以上在延河流域的研究，发现延河流域泥沙主要来源于沟谷地，且退耕还林前后沉积泥沙主要源地变化比较大，退耕后坡面产沙逐渐减少，这说明退耕还林、坡改梯、淤地坝建设等对流域水土保持具有重要作用。

10.3.4 其他流域

关于黄土高原泥沙来源的研究主要集中于皇甫川流域、无定河流域和延河流域，其他流域的研究较少。其他流域的一些研究结果如表 10-8 所示。图 10-18 为其他流域泥沙来源研究点分布情况。

表 10-8 其他流域泥沙来源研究

参考文献	流域	小流域	贡献率
赵恬茵(2017)	罗玉沟	桥子西沟	沟壁 63%，沟坡 13%，农耕地 24%
Liu 等(2018)	罗玉沟	西家寨	农田 29.05%，林地 12.17%，草地 15.39%，休耕地 21.53%，沟道 21.58%
龚时旸等(1978)	三川河	王家沟	沟谷地 52.9%，沟间地 47.1%
魏天兴(2002)	山西黄河沿岸	岳家沟	沟谷地>70%
刘卉芳等(2004)	山西黄河沿岸	岳家沟	沟谷地>60%
张信宝等(1999)	山西黄河沿岸	岳家沟	沟谷地 80%，沟间地 20%
秦伟等(2009)	北洛河	四面窑沟	草地为主要源地，草地>农地>建设用地>林地
陈浩(1999)	泾河	南小河沟	坡面 85.23%，沟道 14.77%
王永吉(2017)	窟野河	六道沟	红泥沟壁 79.7%，片沙覆盖区 12.9%，黄土沟壁 5.4%，退耕地 2.1%
Li 等(2016)	西柳沟	西柳沟	裸露土地 48.0%，沙漠 28.6%，耕地 19.3%，林地 2.1%，草地 2.0%

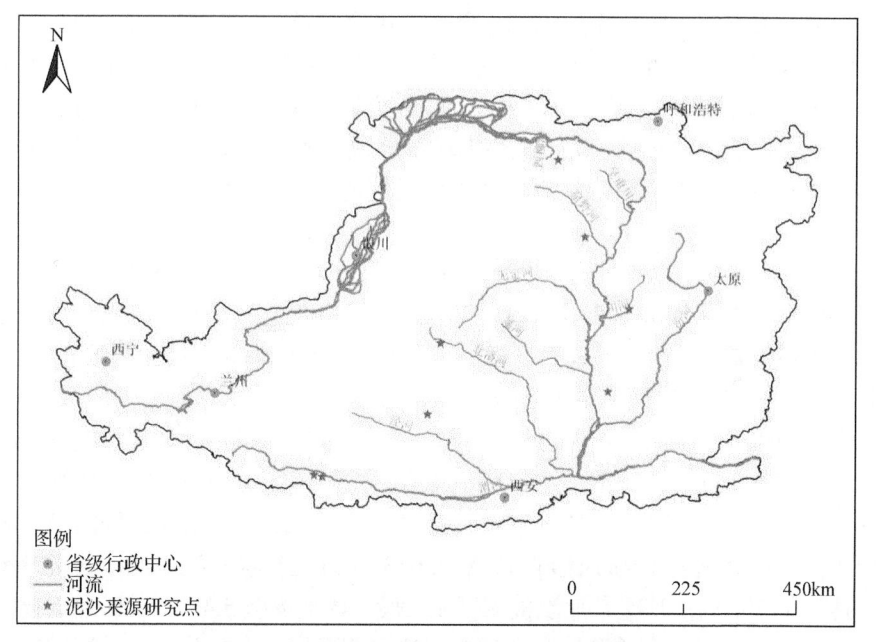

图 10-18 其他流域泥沙来源研究点分布情况

罗玉沟流域是渭河支流籍河左岸的一级支流，属于黄土丘陵沟壑区第三副区。赵恬茵(2017)通过采集罗玉沟桥子西沟小流域土壤样品，并收集2012年(五次)、2013年(三次)共八次降雨洪水泥沙样，采用复合指纹识别技术，得出沟壁、沟坡、农耕地对其泥沙平均贡献率分别为63%、13%、24%。此外，Liu等(2018)在罗玉沟西家寨小流域采用复合指纹识别技术，测算出2002~2014年沉积泥沙的贡献率为农田29.05%、林地12.17%、草地15.39%、休耕地21.53%、沟道21.58%，土地利用/覆盖的重大变化通常会导致侵蚀的初始量增加，随后在植被和土地覆盖度之间建立新的平衡(Kuhn et al., 2009)。在该研究区，2002年以来退耕还林工程的实施初步增加了水土流失。

三川河位于吕梁山脉西部，大部分属晋西黄土丘陵区和河谷川地区，流域内山峦起伏、樑峁连绵、沟壑纵横且具有沟深坡陡的特点，土质疏松，水土流失严重。龚时旸等(1978)根据离石王家沟小流域的试验观测资料，得出其沟谷地的侵蚀量占总侵蚀量的52.9%，沟间地占47.1%。张信宝等(1999)采用^{137}Cs示踪技术，得出山西黄河沿岸吉县岳家沟小流域1992~1994年的沉积泥沙贡献率为沟谷地80%、沟间地20%。随后，魏天兴(2002)根据岳家沟小流域1993年、1998年和1999年的坡面径流小区资料和小流域沟口测流堰实测泥沙资料，计算出流域输出泥沙的70%以上来源于沟谷地；在同一小流域，刘卉芳等(2004)根据1993~2002年的实测资料，计算出其泥沙主要来自沟谷地(沟头、沟道和沟坡)，沟谷地侵蚀量占流域总侵蚀量的60%以上。

北洛河为渭河一级支流，流域土壤类型包括黄绵土、黑垆土和灰褐土等，从西北到东南跨黄土丘陵沟壑区、子午岭林区、黄土高塬区、阶地平原区等水土流失类型区。秦伟等(2009)基于GIS和RUSLE模型，对北洛河上游南岸的四面窑沟小流域土壤侵蚀进行评估，由于该小流域草地覆盖度达到了57.07%，草地为侵蚀泥沙主要源地，且贡献率为草地>农地>建设用地>林地。

泾河流域是西北黄土高原水土流失较为严重的地区之一，主要有两大地貌区：土石山区和黄土区，其地貌类型主要由丘陵、塬、樑、峁和河川等构成。陈浩(1999)根据坡面水下沟的"净产沙"原理，在分析黄河中游地区典型小流域坡沟侵蚀关系产沙机理的基础上，运用成因分析法，确定了庆阳南小河沟侵蚀泥沙有85.23%来源于坡面，有14.77%来源于沟道。

六道沟流域位于陕北神木，处于黄土高原半干旱草原与荒漠草原的过渡地带，主要土壤类型为沙黄土、绵沙土、新黄土等，主要侵蚀类型为水蚀、风蚀和重力侵蚀。王永吉(2017)筛选出Cr、Mg、Na、Y、TN、Ba作为指纹识别因子，采用混合模型，计算出六道沟小流域1978~2013年红泥沟壁对沉积泥沙的贡献率最大，达到了79.7%，其次是片沙覆盖区12.9%、黄土沟壁5.4%、退耕地2.1%。

西柳沟是内蒙古自治区境内由南向北注入黄河的十大孔兑之一，流域地貌分为黄土覆盖砒砂岩丘陵沟壑区、风沙区和冲积平原区三大类型,地处风蚀沙化区和严重水土流失区重叠的地区,水土流失非常严重。其中,丘陵沟壑区植被稀疏,地面支离破碎,土壤侵蚀剧烈,以水力侵蚀和重力侵蚀为主,是西柳沟的主要产沙区。Li 等(2016)采用 ^{137}Cs 示踪技术对 2011 年 6 月采集的土壤样品进行研究,结合流域不同土地利用类型面积,得到裸露土地、沙漠、耕地、林地和草地的贡献率分别为 48.0%、28.6%、19.3%、2.1%和 2.0%。

综合以上流域的研究结果可以看出,黄土高原侵蚀泥沙大部分来自沟谷地。随着退耕还林(草)、坡改梯、淤地坝建设等一系列水土保持措施的实施,来自沟间地的泥沙有减少的趋势,由此可看出黄土高原坡面治理已经取得了一定的成效。

10.4 本章小结

黄土高原每个小流域都是独立的侵蚀沉积单元,研究小流域侵蚀产沙规律对于建立流域尺度的侵蚀预报模型具有重要意义,也可为坡沟治理结构优化提供理论指导。根据不同典型小流域实测的淤积厚度、^{137}Cs 含量、土壤粒径和历史降雨数据,分析了淤地坝坝地的泥沙来源和水沙调控效应。结果表明:①泥沙主要是由每年数次强降雨事件产生的。日降雨量≥30.0mm 的侵蚀性降雨事件占总降雨事件的 57.1%,贡献了园子沟流域总泥沙量的 72.4%。2007~2016 年,园子沟流域的年均土壤侵蚀模数为 10147t/(km²·a)。②沟道是园子沟坝地泥沙的主要来源,贡献率为 71.4%,沟间地的泥沙贡献率仅为 28.6%。沟壁是寨子崾坝控区的主要泥沙源地(贡献率为 53.60%)。墕堰沟流域 69%的泥沙来自坡耕地,林-灌地、草地和梯田的泥沙贡献率较小,分别为 3%、13%和 14%。

参 考 文 献

安正锋, 2017. 多沙粗沙区小流域侵蚀产沙来源与模拟[D]. 杨凌: 西北农林科技大学.
白璐璐, 2019. 黄土高原典型坝控流域泥沙来源解析及其模型的综合评价[D]. 西安: 西安理工大学.
陈方鑫, 2017. 利用生物标志物和复合指纹分析法识别小流域泥沙来源[D]. 武汉: 华中农业大学.
陈方鑫, 张含玉, 方怒放, 等. 2016. 利用两种指纹因子判别小流域泥沙来源[J]. 水科学进展, 27(6): 867-875.
陈浩, 1999. 黄河中游小流域的泥沙来源研究[J]. 土壤侵蚀与水土保持学报, 5(1): 20-27.
范利杰, 2013. 皇甫川坝控小流域侵蚀产沙强度与泥沙来源研究[D]. 杨凌: 西北农林科技大学.
冯明义, WALLING D E, 张信宝, 等, 2003. 黄土丘陵区小流域侵蚀产沙对坡耕地退耕响应的^{137}Cs法[J]. 科学通报, 48(13): 1452-1457.
高云飞, 郭玉涛, 刘晓燕, 等, 2014. 陕北黄河中游淤地坝拦沙功能失效的判断标准[J]. 地理学报, 69(1): 73-79.
龚时旸, 蒋德麒, 1978. 黄河中游黄土丘陵沟壑区沟道小流域的水土流失及治理[J]. 中国科学, 8(6): 671-678,707.
侯建才, 2007. 黄土丘陵沟壑区小流域侵蚀产沙特征示踪研究[D]. 西安: 西安理工大学.

李勉, 杨剑锋, 侯建才, 等, 2008. 黄土丘陵区小流域淤地坝记录的泥沙沉积过程研究[J]. 农业工程学报, 24(2): 64-69.

李少龙, 苏春江, 1995. 小流域泥沙来源的 ^{226}Ra 分析法[J]. 山地学报, 13(3): 199-202.

刘卉芳, 魏天兴, 朱清科, 等, 2004. 晋西黄土区小流域泥沙来源分析[J]. 水土保持通报, 24(4): 19-22.

弥智娟, 2014. 黄土高原坝控流域泥沙来源及产沙强度研究[D]. 杨凌: 西北农林科技大学.

倪绍祥, 1992. 陕晋蒙交界地带披砂岩丘陵区的侵蚀及其治理[J]. 南京大学学报: 自然科学版, 28(3): 459-466.

秦伟, 朱清科, 张岩, 2009. 基于 GIS 和 RUSLE 的黄土高原小流域土壤侵蚀评估[J]. 农业工程学报, 25(8): 157-163,154.

申雷, 2016. 横山县元坪流域示范坝系建设方案探析[J]. 陕西水利, 2016(4): 163-174.

王文娣, 2019. 黄土高原小流域泥沙来源与粒径变化研究[D]. 杨凌: 西北农林科技大学.

王晓, 2001. 用粒度分析法计算砒砂岩小流域泥沙来源的探讨[J]. 中国水土保持, (1): 22-24, 48.

王永吉, 2017. 基于淤地坝沉积解译水蚀风蚀交错带小流域侵蚀特征演变[D]. 杨凌: 西北农林科技大学.

魏天兴, 2002. 黄土区小流域侵蚀泥沙来源与植被防止侵蚀作用研究[J]. 北京: 北京林业大学学报, 24(5/6): 19-24.

魏霞, 李占斌, 李勋贵, 等, 2007. 基于灰关联的坝地分层淤积量与侵蚀性降雨响应研究[J]. 自然资源学报, 22(5): 842-850.

文安邦, 张信宝, 沃林 D E, 1998. 黄土丘陵区小流域泥沙来源及其动态变化的 ^{137}Cs 法研究[J]. 地理学报, 53(S1): 124-133.

徐龙江, 2008. 黄土高原小流域洪水泥沙来源的复合指纹分析法研究[D]. 杨凌: 教育部水土保持与生态环境研究中心.

徐雪良, 1987. 韭园沟流域沟间地、沟谷地来水来沙量的研究[J]. 中国水土保持, (8): 25-28.

薛凯, 2011. 利用坝地沉积旋廻研究黄土高原小流域泥沙来源演变规律[D]. 杨凌: 中国科学院教育部水土保持与生态环境研究中心.

杨明义, 田均良, 刘普灵, 1999. 应用 ^{137}Cs 研究小流域泥沙来源[J]. 土壤侵蚀与水土保持学报, 5(3): 49-53.

杨明义, 田均良, 刘普灵, 等, 2001. ^{137}Cs 示踪研究小流域土壤侵蚀与沉积空间分布特征[J]. 自然科学进展, 11(1): 73-77.

杨明义, 徐龙江, 2010. 黄土高原小流域泥沙来源的复合指纹识别法分析[J]. 水土保持学报, 24(2): 30-34.

姚文艺, 郑合英, 1987. 人类活动对无定河流域产沙影响的分析[J]. 中国水土保持, (1): 42-45.

张风宝, 薛凯, 杨明义, 等, 2012. 坝地沉积旋回泥沙养分变化及其对小流域泥沙来源的解释[J]. 农业工程学报, 28(20): 143-149.

张平仓, 唐克丽, 郑粉丽, 等, 1990. 皇甫川流域泥沙来源及其数量分析[J]. 水土保持学报, 4(4): 29-36.

张玮, 2015. 利用近 40 年来坝地沉积旋回研究黄土丘陵区小流域侵蚀变化特征[D]. 杨凌: 西北农林科技大学.

张信宝, 文安邦, 1999. 黄土高原侵蚀泥沙的铯-137 示踪研究[C]. 北京: CCAST "黄土高原生态环境治理"研讨会.

张祎, 2018. 生态建设条件下流域水蚀对土壤有机碳迁移-沉积过程影响研究[D]. 西安: 西安理工大学.

赵恬茵, 2017. 复合指纹识别法研究黄土高原小流域泥沙来源[D]. 杨凌: 西北农林科技大学.

ADAMS C, 1994. Mine waste as a source of galena river bed sediment[J]. Journal of Geology, 52(4): 275-282.

CHEN F X, FANG N F, WANG Y X, et al., 2017. Biomarkers in sedimentary sequences: Indicators to track sediment sources over decadal timescales[J]. Geomorphology, 278: 1-11.

CHEN F X, ZHANG H, FANG N, et al., 2016a. Using two kinds of fingerprint factors to identify sediment sources in a small catchment[J]. Advances in Water Science, 557: 123-133.

CHEN F X, ZHANG F, FANG N, et al., 2016b. Sediment source analysis using the fingerprinting method in a small catchment of the Loess Plateau, China[J]. Journal of Soils & Sediments, 16(5): 1655-1669.

COLLINS A L, WALLING D E, 2002. Selecting fingerprint properties for discriminating potential suspended sediment sources in river basins[J]. Journal of Hydrology, 216(1): 218-244.

GAO H, 2012. Quantitative study on influences of terraced field construction and check-dam siltation on soil erosion[J].

Journal of Geographical Sciences, 22(5): 946-960.

KUHN N J, HOFFMANN T, SCHWANGHART W, et al., 2009. Agricultural soil erosion and global carbon cycle: Controversy over?[J]. Earth Surface Processes and Landforms, 34: 1033-1038.

LI M, YAO W, SHEN Z, et al., 2016. Erosion rates of different land uses and sediment sources in a watershed using the ^{137}Cs tracing method: Field studies in the Loess Plateau of China[J]. Environmental Earth Sciences, 75: 591.

LI P, XU G, LU K, et al., 2019. Runoff change and sediment source during rainstorms in an ecologically constructed watershed on the Loess Plateau, China[J]. Science of the Total Environment, 664: 968-974.

LIU C, LI Z, CHANG X, et al., 2018. Apportioning source of erosion-induced organic matter in the hilly-gully region of loess plateau in China: Insight from lipid biomarker and isotopic signature analysis[J]. Science of the Total Environment, 621: 1310-1319.

MURRAY A S, OLIVE L J, OLLEY J M, et al., 1993. Tracing the source of suspended sediment in the Murrumbidgee River, Australia[J]. Tracers in Hydrology, 215: 293-302.

TIAN P, AN Z, ZHAO G, et al., 2019. Assessing sediment yield and sources using fingerprinting method in a representative catchment of the Loess Plateau,China[J]. Environmental Geology, 78(8): 261.

WALLING D E, OWENS P N, LEEKS G J L, 2015. Fingerprinting suspended sediment sources in the catchment of the River Ouse, Yorkshire, UK[J]. Hydrological Processes, 13(7): 955-975.

ZHANG J, YANG M, ZHANG F, et al., 2017. Fingerprinting sediment sources after an extreme rainstorm event in a small catchment on the Loess Plateau, PR China[J]. Land Degradation & Development, 28: 2527-2539.

ZHAO G, KLIK A, MU X, et al., 2015. Sediment yield estimation in a small watershed on the northern Loess Plateau, China[J]. Geomorphology, 241: 343-352.

ZHAO G, MU X, HAN M, et al., 2017. Sediment yield and sources in dam-controlled watersheds on the northern Loess Plateau[J]. Catena, 149: 110-119.

第 11 章　不同淤积状态下淤地坝的水沙阻控作用

11.1　淤地坝淤积状态与水沙阻控作用关系概述

淤地坝在流域尺度上对径流和泥沙的拦截作用已在世界范围内得到了广泛的关注和研究(Norman et al., 2016；Shi et al., 2015；Xu et al., 2013；Boix-Fayos et al., 2008；Ran et al., 2008)。例如，Shi 等(2015)将 Mann-Kendall 检验和 Pettitt 转折点测试法应用于面积 3264km^2 的皇甫川流域，发现流域内的 448 座淤地坝显著减少了流域的年径流和年输沙量。Norman 等(2016)将 SWAT 模型应用在美国亚利桑那州的 Turkey Pen 流域，发现流域内的 2000 座淤地坝减少了 50%的流域输沙量。以上研究表明，在干旱和半干旱流域中，淤地坝配合一系列的坡面水土保持措施(如梯田、造林等)，可以在不同程度上削减流域的径流量和泥沙输出量。在大量的数值研究中，为了简化计算，淤地坝往往被当成一个静态系统。因此，研究者往往只能从模拟结果中得出有无淤地坝的差别。在实际情况下，一个流域中的淤地坝在同一研究时段内往往处于不同的淤积状态，如新建、轻度淤积、重度淤积、淤满(达到设计库容)、冲毁失效等。此外，在大量的数值模拟中，淤积达到设计库容的淤地坝往往会被视为失效，但达到设计库容淤满状态的淤地坝是否真的就失去拦水拦沙能力了呢？

淤地坝建成初期主要通过坝体阻滞洪水的运动，迫使泥沙沉积以达到拦水拦沙的作用。与此同时，沉积的泥沙会逐渐形成不断向上游扩张并且不断抬升的淤积层(坝地)。坝地淤积过程往往会延伸至坝库的尾水区(Agoramoorthy et al., 2018)及各个相连支沟的沟口区域(Heede, 1978)。坝地的抬升和扩张有时会在单场或多场降雨-洪水事件后快速进行(Zhang et al., 2016)。由于在淤地坝库容逐渐缩小的过程中，坝地不断地扩张和抬升，在研究淤地坝对流域水沙的阻控效率时，淤地坝应当被视为一个动态系统。作为此动态系统的一个重要组成部分，淤积形成的坝地已被证实对局部地区的水文响应过程如入渗(Zhao et al., 2010)、蒸发(Huang et al., 2013)、地下水补给(Parimalarenganayaki et al., 2015)等有重要影响。更重要的是，在洪水期间，由于坝地河道内相对平坦(坡度一般小于 0.2%)，坝地上的水流运动和泥沙运动会减缓(Fang et al., 2011)，如图 11-1(b)所示。

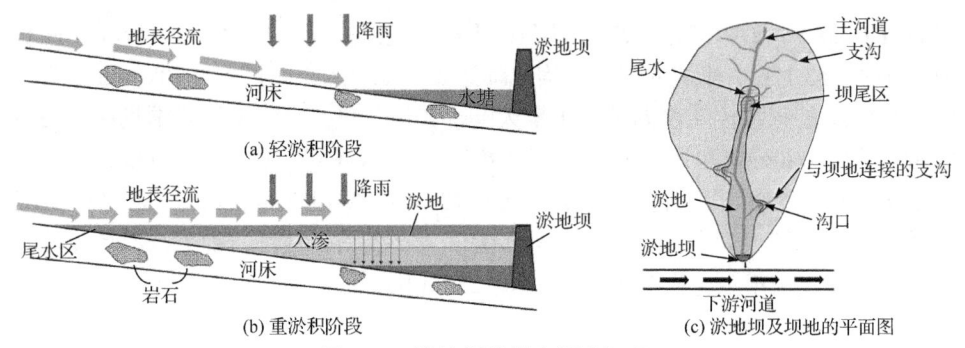

图 11-1 淤地坝的拦水拦沙机理

若将淤地坝及其坝地视为一个动态系统，配置有溢洪道的淤地坝在其设计库容的寿命周期内对水沙运动的影响有两个不同的阶段：①轻淤积阶段；②重淤积阶段(Xu et al., 2004)。在轻淤积阶段，来自上游河道和支沟的地表径流进入淤地坝库区后被坝体拦截，进而发生泥沙沉积，此为淤地坝早期的阻水拦沙作用[图 11-1(a)]。在重淤积阶段，由于坝地高程逐渐抬升至溢洪道进口高程，地表径流经过坝地后能较为轻松地由溢洪道离开库区进入下游，因此坝体对径流的阻挡作用逐渐减弱。Guyassa 等(2017)通过实验发现，淤积形成的平地在一定程度上能减缓地表径流在坝地上的运动速度，延缓径流峰值时刻。也有研究表明，水库库尾和支沟沟口的尾水影响会减缓局部的径流流速(Chatanantavet et al., 2012；Hu et al., 2009)，促进泥沙沉降。淤地坝作为一个动态系统，随着淤地坝由轻淤积阶段向重淤积阶段过渡，坝体的阻水拦沙作用会逐渐减弱，但是坝地的滞水落沙作用可能会逐渐显现并占据主导地位。

虽然众多研究已经证明淤地坝是十分有效的拦水拦沙工程措施，但是淤地坝在重淤积阶段下的水沙阻控效率尚未得到定量评估。本章通过 InHM 数值模拟，对不同淤积状态下的淤地坝在洪水过程中的拦水拦沙效率和机理进行模拟和研究，拟回答以下几个关键科学问题：

(1) 淤地坝在不同的淤积状态，特别是在重淤积状态下，对流域的水沙运动过程是否仍具备有效的阻控作用？如果有，其阻控机理是否发生转变？

(2) 淤地坝形成的坝地在扩张和抬升的过程中对水沙运动有何影响？

(3) 淤地坝系统对水沙运动过程的影响范围有多大？

11.2 研究区域与研究方法

11.2.1 研究区域概况

1. 蛇家沟流域

蛇家沟流域位于陕西省子洲县，是岔巴沟流域中下游左岸的一级支沟(地理位置为 109°58′E，37°42′N)，如图 11-2(b)所示。蛇家沟流域面积为 4.72km²，高程 936.71～1143.12m。流域内河道平均比降达 11.5‰，沟壑密度为 0.78km/km²(张乐涛，2016)。蛇家沟流域属温带半干旱大陆性季风气候，多年平均降雨量和潜在蒸发量分别为 480mm 和 1570mm(基于 1959～1969 年的观测数据)，且集中发生在汛期(6～9 月)的短历时高强度降雨贡献了 70%的降雨量(Zhang et al.，2016)。蛇家沟的土壤以黄绵土为主，土质疏松，孔隙度大，极易被侵蚀。蛇家沟流域年均径流深和土壤侵蚀模数分别为 55.6mm 和 12800t/(km² · a)。

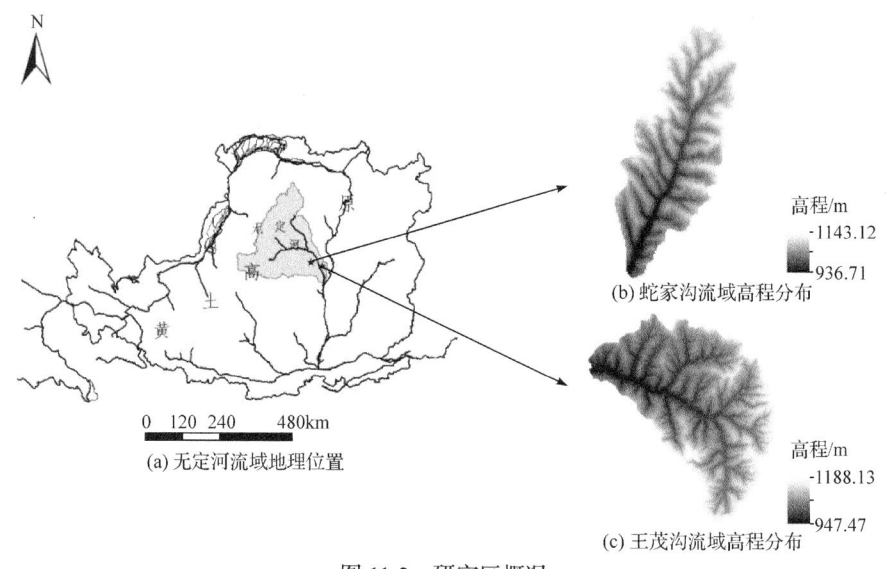

图 11-2　研究区概况

2. 王茂沟流域

王茂沟流域位于陕西省榆林市绥德县境内，属于韭园沟中游左岸的一级支沟(地理位置为 110°20′E，37°36′N)，如图 11-2(c)所示。王茂沟的流域面积为 5.97km²，高程 947.47～1188.13m。流域内河道平均比降达 27.0‰，沟谷地面积为 2.97km²(约占流域面积的 50%)(支再兴，2018)。流域内地质构造自上而下为质地均匀、土性疏松、垂直节理发育的黄绵土覆盖层(厚度为 20～30m)，厚度为 50～100m 的红色黄土层和以三叠纪砂页岩为主的基岩层(高海东，2013)。此流域属于黄土丘陵沟壑区第一副区，地形破碎，梁峁起伏，沟壑纵横(沟壑密度达 4.3km/km²)。该流域的气候条件和蛇家沟相似，多年平均降雨量为 513mm，多年平均水面蒸发量达 1519mm(基于 1954～2000 年的观测数据)，汛期降雨量一般占年降雨总量的 70%以上，多为集中性的短历时高强度暴雨(Yuan et al.，2019)。由于土壤的易蚀性、暴雨的集中性和沟壑纵横的地貌特征，王茂沟流域内水土流失严重，年均径流深和年均输沙量分别为 39.2mm 和 59100t(支再兴，2018)。流域的土壤侵蚀以水力侵蚀和重力侵蚀为主,侵蚀产沙主要来源于沟谷地(袁水龙,2017)。

11.2.2 数据来源及处理

1. 数字高程模型

蛇家沟流域的数字高程模型来源于自然资源部,分辨率为 20m。王茂沟流域的地形图来源于陕西测绘地理信息局(纸质地形图)和自然资源部(数字地形图),以 1980 西安坐标系为大地基准。

2. 径流-泥沙观测数据

1959~1969 年,子洲县径流实验站对黄土高原岔巴沟流域进行了详尽的径流-泥沙观测,观测项目包括岔巴沟内各个子流域的汛期洪水过程、汛期降雨过程、悬移质含沙量等(水利部黄河水利委员会,2017)。蛇家沟是岔巴沟内一条典型的狭长形支沟,在子洲径流实验站对其进行了不同尺度(坡面-沟道-流域)的水沙监测试验(Fang et al., 2011)。蛇家沟水文站最初设置于流域出口上游 200m 处,1964 年以后移动至原址上游 542m 处,两个雨量站分别设置于流域上游坡面和水文站附近,见图 11-3(a)。基于水利部黄河委员会编刊的《黄河流域子洲径流实验站水文实验资料》,蛇家沟流域在 1959~1969 年共发生 31 次有记录的洪水过程,最大洪峰流量为 95.00m³/s,最大输沙量为 6.40 万 t(1968 年 7 月 15 日洪水)。

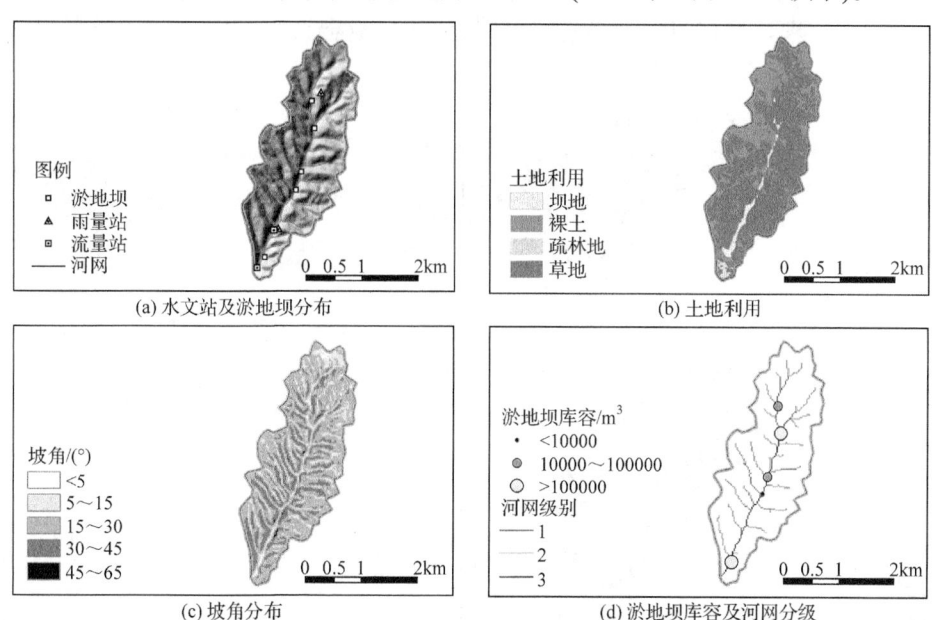

图 11-3 蛇家沟流域概况

王茂沟流域的径流泥沙观测数据主要采自流域出口的王茂庄水文站,时间范围为 1960~1965 年，来源于水利部黄土高原生态环境数据库(水利部，2010)。王茂庄水文站共记录了 1960~1965 年 36 场洪水过程，记录的最大洪峰流量为 21.00m³/s，最大输沙量为 14.63 万 t(1961 年 3 月 8 日洪水)。

3. 土地利用

蛇家沟流域土地利用来源于国家地球系统科学数据中心黄土高原分中心(杨勤科，2017a，2017b，2017c)，分为 1975 年、1986 年和 2006 年三个年份，分辨率为 30m。图 11-3(b)为蛇家沟流域 2006 年的土地利用。流域内主要为低覆盖度草地(69.30%)，其次为裸土(未被利用的坡地和退耕坡地，占 25.80%)，坝地(3.30%)和流域出口分布的少量疏林地(1.60%)。根据文献记载(Zhang et al.，2016；Ran et al.，2012；Fang et al.，2011)，蛇家沟流域 20 世纪 60 年代的植被覆盖非常有限，坡面水保措施还未开始实施，以裸土和耕地为主。随着水土保持和退耕还林的实施，1986 年蛇家沟流域林地覆盖度达到 32.10%，但大部分林地到 2006 年已消失殆尽，流域的植被覆盖逐渐恢复到以低覆盖度草地为主、其次为裸土的状态。

王茂沟流域的土地利用由遥感图像解译得到，时间为 2012 年，云量覆盖为 0。流域内主要的土地利用类型也为低覆盖度草地(35.28%)，其次为梯田(25.78%)和坡耕地(22.32%)，坝地和林地(包括果园和疏林地)分别占 6.24%和 9.15%，见图 11-4(b)。2004 年以来，随着退耕还林(草)的实施，流域内大面积的坡耕地已转变为草地，截至 2017 年，其覆盖度已降为 10.39%(袁水龙，2017)。

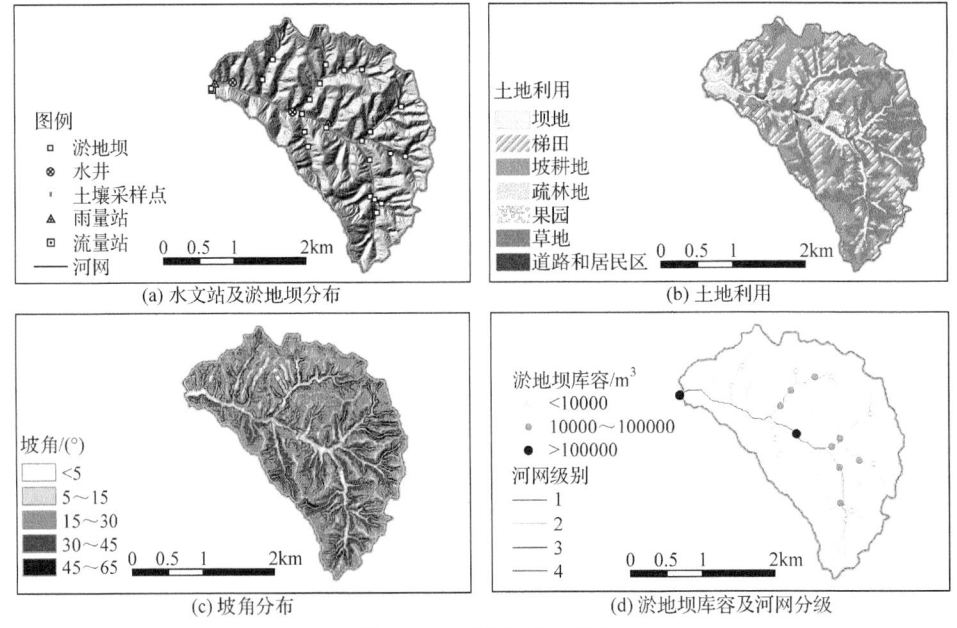

图 11-4 王茂沟流域概况

4. 淤地坝分布

根据 1978 年岔巴沟流域淤地坝普查，蛇家沟流域在 1959~1969 年共修建 5 座淤地坝，其分布见图 11-3(a)。库容超过 10 万 m³ 的骨干坝有两座，分别位于流域出口(库容 20.60 万 m³)和流域上游两沟交汇处(库容 15.90 万 m³)；两座中型坝分布于中游主河道和上游左侧支沟，库容分别为 6.32 和 3.69 万 m³；小型坝库容仅为 0.34 万 m³，早已淤满。

20 世纪 50 年代开展水土保持工作以来，王茂沟流域内先后共修建 42 座淤地坝，其中大部分已冲毁失效(Tang et al., 2019)。经过对原有淤地坝进行维护和加高，2014 年实地考察发现流域内有 22 座淤地坝，其中骨干坝 2 座、中型坝 8 座、小型坝 12 座，分布见图 11-4(a)。两座骨干坝将王茂沟流域分割为两部分：由王茂沟 2 号坝(无溢洪道，以竖井泄水)控制的上游部分和由出口王茂沟 1 号坝(以溢洪道泄水)控制的下游部分。

5. 土壤特征参数

土壤特征参数饱和导水率(K_s)、孔隙度、容重等来源于土壤采样(2014 年 4 月)和室内试验。由于经费、路线安排等，野外土壤采样仅在王茂沟流域内进行，蛇家沟流域的土壤参数通过模型率定(基于实测的王茂沟流域土壤特征参数)和前人研究相结合的方法获得。土壤采样覆盖了王茂沟流域内 7 种不同的土地利用类型，共 15 个采样点，每个采样点取三层土样，土层深度分别为 0~20cm、20~50cm、50~80cm。每个土样取三份，第一份土样通过烘干法测定其容重和饱和含水量，第二份土样采用常水头饱和导水率测定仪测定其饱和导水率。各土地利用类型土壤的饱和导水率、孔隙度和容重如表 11-1 所示。

表 11-1 王茂沟流域土壤采样点的饱和导水率(K_s)、孔隙度和容重

土地利用类型	K_s/(m/s)			孔隙度			容重/(g/cm³)		
	0~20cm 土层	20~50cm 土层	50~80cm 土层	0~20cm 土层	20~50cm 土层	50~80cm 土层	0~20cm 土层	20~50cm 土层	50~80cm 土层
坝地	2.78×10^{-6}	5.22×10^{-6}	1.07×10^{-6}	0.62	0.53	0.57	1.37	1.16	1.37
梯田	7.81×10^{-7}	3.60×10^{-6}	1.78×10^{-6}	0.44	0.45	0.40	1.27	1.36	1.26
坡耕地	2.18×10^{-6}	3.91×10^{-6}	2.63×10^{-6}	0.47	0.51	0.53	1.29	1.37	1.30
疏林地	1.27×10^{-6}	3.25×10^{-6}	2.12×10^{-6}	0.43	0.46	0.47	1.27	1.27	1.31
果园	4.44×10^{-6}	5.48×10^{-6}	1.61×10^{-6}	0.46	0.42	0.45	1.28	1.28	1.45
草地	8.45×10^{-7}	4.12×10^{-6}	3.70×10^{-6}	0.44	0.51	0.47	1.30	1.35	1.29
道路和居民区	2.37×10^{-8}	2.24×10^{-8}	2.45×10^{-8}	0.25	0.31	0.42	1.62	1.66	1.66

对于第三份土样,用高速离心机法测定其土壤水分特征曲线,结果如图 11-5 所示。将各类土壤的水分特征曲线用 van Genuchten 函数拟合,得到各类土壤的 V-G 模型参数(α, β)。从图 11-5 可以看出,相比深层黄土的均质性,浅层黄土的水力性质会受到不同土地利用的影响而表现出一定的空间差异性,坝地土壤与其他土地利用类型的土壤差异最明显。对于 0～20cm 和 20～50cm 土层,在同样的压力水头下,坝地土壤含水量要大于其他土地利用类型的土壤含水量,且表层最明显。对于深度 50cm 以下的土壤,坝地和其他土地利用类型土壤水分特征的差异性逐渐消失。坝地土壤的这种特性主要源于其形成过程,是由多场降雨径流挟带的泥沙淤积形成的(Zhao et al., 2010)。"粗沙先淤,细沙后淤"的沉积过程使得坝地土壤有明显的分层特征。粗颗粒层黄土的饱和含水量、饱和导水率均大于细颗粒层(袁水龙, 2017)。在以往的数值模拟中,坝地的饱和导水率均大于坡面普通黄土。

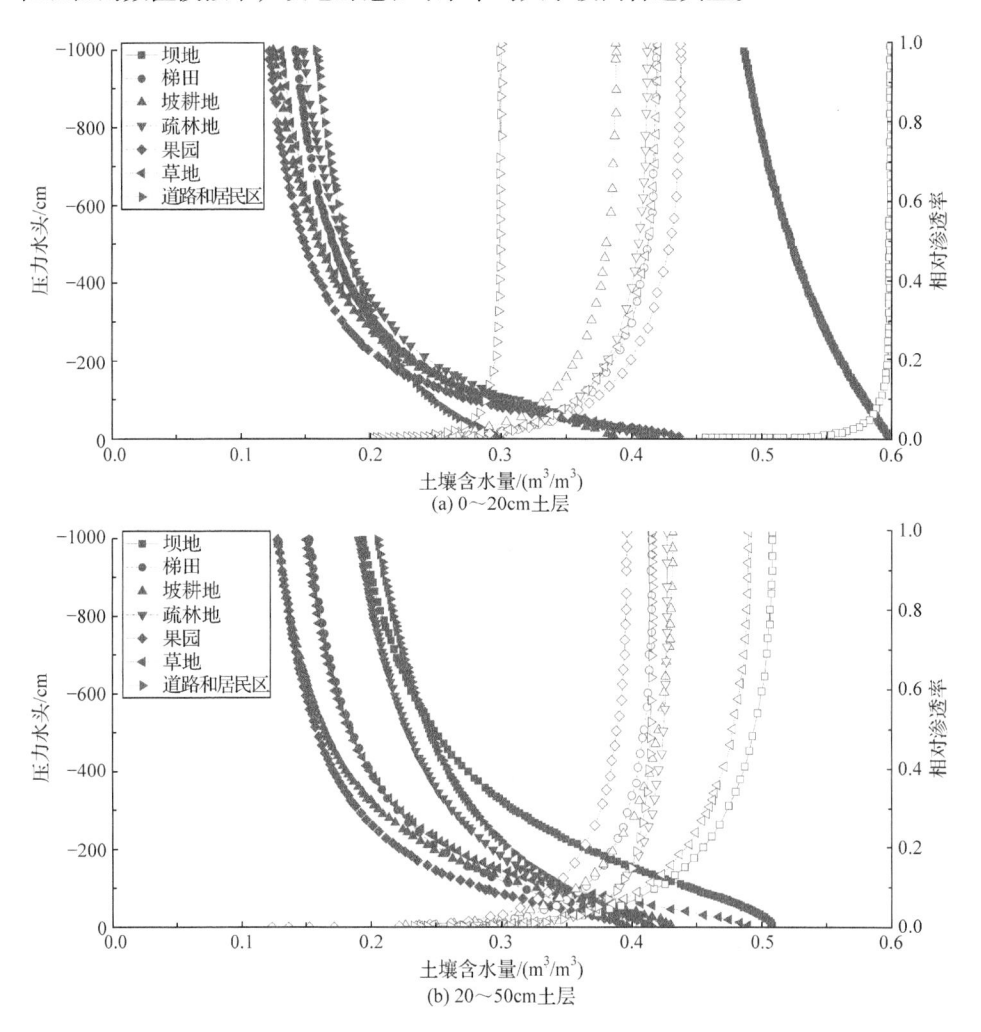

(a) 0～20cm 土层

(b) 20～50cm 土层

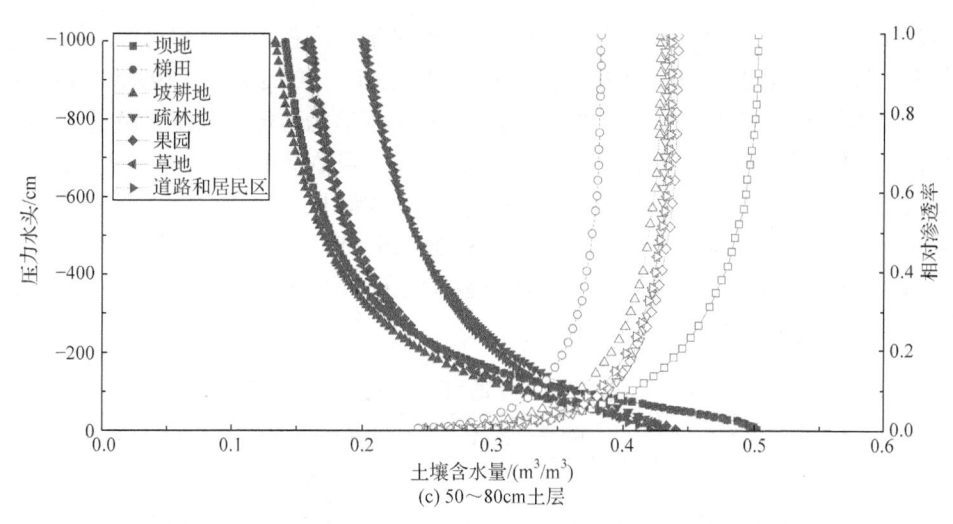

图 11-5 不同土地利用类型下王茂沟流域土壤的水分特征曲线
实心数据点表示压力水头；空心数据点表示相对渗透率

蛇家沟流域和王茂沟流域的土壤同属黄绵土(根据美国农业部的土壤系统分类，属于砂质壤土)(Rawls et al., 1991)，在水力性质、颗粒级配上较为相似，且均具有易侵蚀性和易结皮性(Ran et al., 2019；Tang et al., 2019；Fang et al., 2011)。因此，王茂沟流域的土壤参数对于蛇家沟流域的土壤有一定的参考意义。此外，相比于王茂沟流域，蛇家沟流域的土地利用较为简单，坡面土壤水平方向和垂直方向的空间变异性要小于王茂沟流域。

11.2.3 模拟工况设置

为了研究不同淤积状态下淤地坝在洪水期间对流域径流运动和泥沙运动的影响，本章选择蛇家沟及其出口附近的一个大型淤地坝(蛇家沟 1#坝，SJG1)作为研究对象，构建一系列的淤积库容工况，来代表一个动态的淤地坝系统。

前期的一系列测试性模拟结果表明，当此淤地坝的淤积库容低于 60%设计库容时，即使在 100mm/h 的强降雨下(100a 重现期)，淤地坝上游产生并汇合的径流均未能通过淤地坝并在流域出口形成径流响应。在本书中，由于低于 60%设计库容的工况能在大部分降雨情况下实现完全阻水拦沙，因此将 60%设计库容作为蛇家沟淤地坝轻度淤积和重度淤积的分界线。将达到 60%设计库容时的淤地坝及整个流域作为淤地坝动态淤积库容设计的初始工况。从 60%设计库容工况开始，以总库容的 5%(10300m³)为间隔，共设置 9 个不同的淤积工况，用以代表淤地坝发展的动态过程。例如，80%设计库容工况代表此工况下淤地坝 80%的设计库容已被消耗为淤积的泥沙，形成了约 10.77 万 m²的坝地。不同淤积工况之间最大的差异在于，每个淤积库容对应特定的坝地面积和坝地高程。坝地的面积随着淤积库容的增大而增大,且向上游和支沟延伸,同时坝地的高程随库容的消耗而相应地抬升。基于坝地坡度十分小的事实(Wang et al., 2011; Fang et al., 1998),模拟的一个基本假定为坝地的坡度为 0。此假定简化了坝地的地形,以便于模拟网格的构建,但保留了坝地与原始沟道及不同淤积工况下坝地最重要的地形差异(坡度)。随着淤积库容的增大,越来越高且越来越大的新淤积层将会代替上一个淤积工况的坝地。例如,从 60%设计库容工况到 100%设计库容工况,坝地的高程共抬升了 4.40m(30.34%),面积增加了 36.43%(表 11-2)。不同淤积工况下的坝地边界及流域泥沙平衡分析如图 11-6 所示。

表 11-2 不同淤积工况下的坝地面积及高程抬升情况

模拟工况	坝地面积/万 m²	坝地面积增幅/%	坝地高程抬升/m	高程增幅/%
0%	0	—	0	—
60%	8.95	—	14.50	—
65%	9.45	5.64	15.20	4.83
70%	9.89	10.49	15.80	8.97
75%	10.33	15.40	16.40	13.10
80%	10.77	20.36	17.00	17.24
85%	11.15	24.53	17.50	20.69
90%	11.52	28.74	18.00	24.14
95%	11.90	33.00	18.50	27.59
100%	12.21	36.43	18.90	30.34

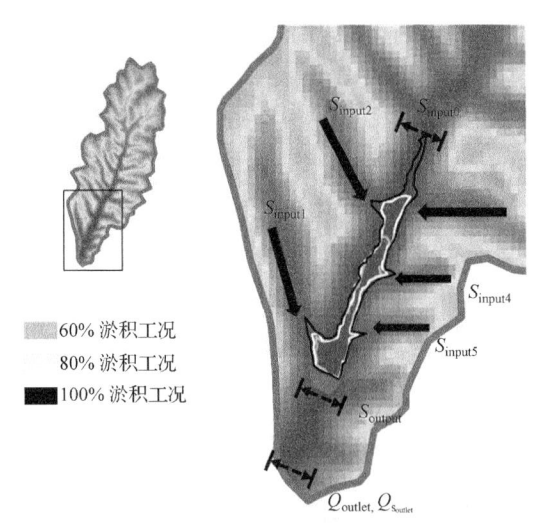

图 11-6 不同淤积工况下的坝地边界及流域泥沙平衡分析示意图

S_{input} 为各支沟(编号 1~5)和上游河道(编号 0)向坝地输入的泥沙通量(kg); S_{output} 为坝地输出的泥沙通量(kg); Q_{outlet} 为流域出口的流量(m³/s); $Q_{S_{outlet}}$ 为流域出口的输沙率(kg/s)

考虑到黄土高原小流域产沙主要集中在汛期的几场暴雨-洪水事件中(Ran et al.，2019；Ni，2008)，选定五个不同强度的降雨事件作为模型的输入条件。为了减少影响水沙过程的因素，在模拟中排除雨型的差异性。模拟选用的雨型为1h等强度降雨。五个降雨事件的降雨强度分别为55mm/h、75mm//h、80mm/h、90mm/h 和100mm/h，代表本地区高强度的降雨过程。

为了评估不同工况下坝地的拦沙效率，在每次模拟结束后计算淤地坝在此淤积工况下的泥沙拦截效率(STE)。Brown(1943)提出的小型水库泥沙拦截效率计算公式[式(11-1)]在全世界范围内广泛应用(Pal et al.，2019；Verstraeten et al.，2018)：

$$\text{STE} = 100\% \times \left(1 - \frac{1}{1 + 0.0021 D \frac{\text{CD}_{sc}}{\text{CD}_{ca}}}\right) \quad (11\text{-}1)$$

式中，D 为描述水库的特征参数，取值范围为 0.046~1；CD_{sc} 为水库库容[L^3]；CD_{ca} 为水库的控制面积[L^2]。此公式未考虑淤地坝库容变化的同时坝地变化，且适用于无溢洪道的情况。因此，本次模拟在与坝地相连的五个支沟沟口及上游河道处设置 6 个观测断面，来监测进入坝地的径流和泥沙(支沟断面 1~5，上游断面 0，见图 11-6)。基于泥沙平衡，用式(11-2)计算坝地的泥沙拦截效率：

$$\text{STE} = \frac{\sum_{i=0}^{n} S_{\text{input}} - S_{\text{output}}}{S_{\text{input}}} \times 100\% \quad (11\text{-}2)$$

式中，S_{input} 为从上游支沟/河道进入坝地的泥沙通量；S_{output} 为从溢洪道离开淤地坝的泥沙通量；n 为各个支沟(1~5)及上游河道的编号(0)。

11.3 模型构建与验证

11.3.1 三维网格的构建

模拟所用的计算网格来自流域原有的 20m 精度数字高程模型。先基于 DEM 生成二维的不规则三角网格，然后通过在二维网格下方加入数层网格的办法构建流域的三维数值网格(图 11-7)。每个模拟工况的表层计算网格均由 10062 个节点和 19918 个不规则三角单元构成。表层网格的水平方向($X\text{-}Y$方向)离散步长由流域边界及上游高地处的 180m 向河道/沟道处的 20m 精度逐渐递进，且三角网格的精度在淤地坝附近加密至 3~10m。在表层网格下共添加了 16 层代表地下

(a) 整个流域及其边界条件示意图

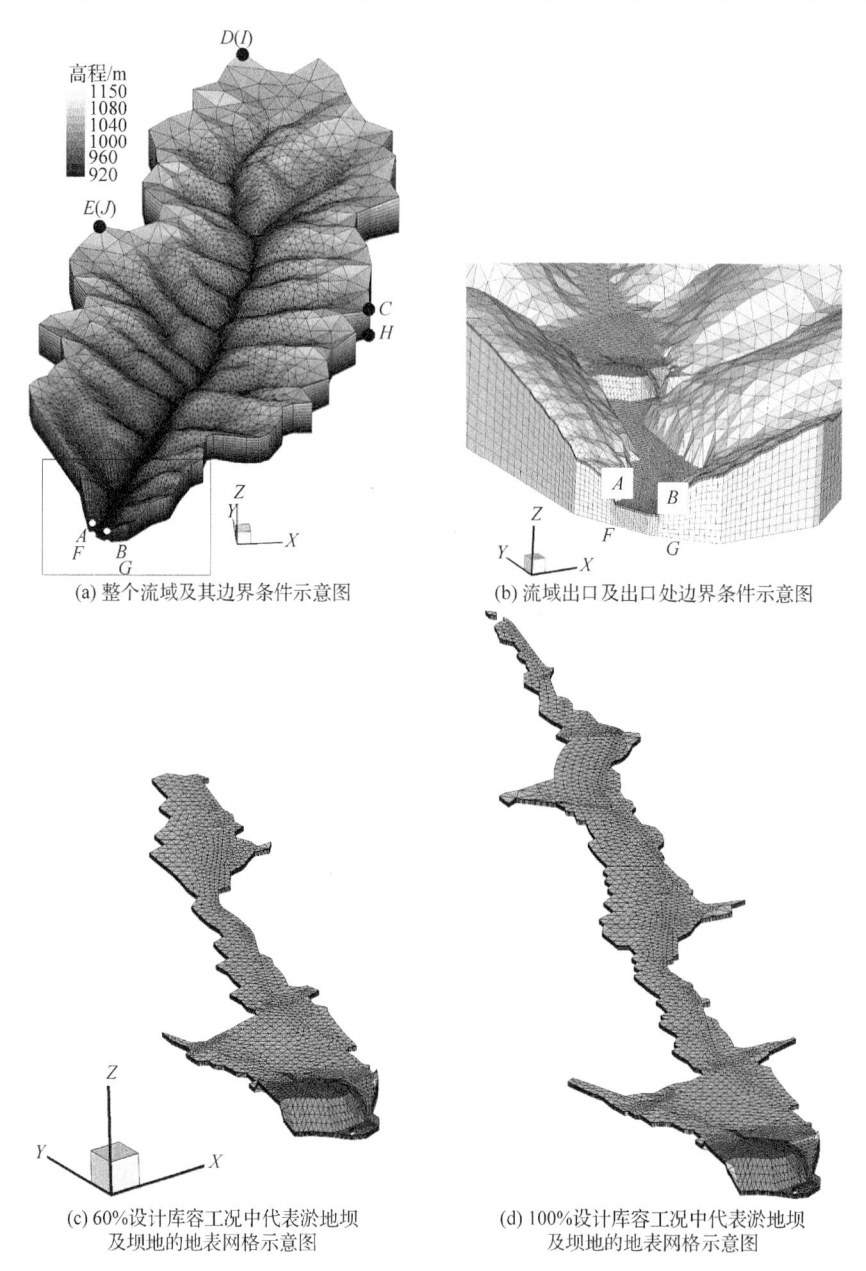

(b) 流域出口及出口处边界条件示意图

(c) 60%设计库容工况中代表淤地坝及坝地的地表网格示意图

(d) 100%设计库容工况中代表淤地坝及坝地的地表网格示意图

图 11-7　数值模拟所用的三维网格

空间的网格。以 900m 高程为三维网格的下边界，垂直方向(Z 方向)上各层网格之间的离散步长由 0.1m(近地表)逐渐加厚至 39.3m(下边界)。此种离散方法既保证了计算网格在水文响应过程活跃的地方(如河道/沟道、坝地、近地表土壤)有足够的精度，又通过在不活跃的地方(如分水岭、深层土壤)降低网格精度来降低计算资源的损耗(Heppner et al., 2008)。不同工况间最主要的差异来自坝地的扩张和抬升。

11.3.2 边界条件和初始条件设置

对于地表以下的三维 Richard's 方程，模型设定如下两个边界条件：①侧向和底面为不透水边界；②在流域水力梯度最低的出口断面，壤中流向着下游最远处一个给定的源汇点(岔巴沟河道)以一定的水力梯度由出口处的 A—B—G—F 断面向外流出。任意边界节点的出流量 $Q_{b,1}[L^3\ T^{-1}]$ 以式(11-3)计算：

$$Q_{b,1} = k_{rw} \frac{\rho_w g}{\mu_w} kA \frac{h_1 - h_{b,pm}}{dl} \tag{11-3}$$

式中，k_{rw} 为与饱和度相关的多孔介质土壤相对渗透率；ρ_w 为水的密度$[ML^{-3}]$；g 为重力加速度$[L^{-1}T^{-2}]$；μ_w 为水的黏度$[ML^{-1}T^{-1}]$；k 为固有渗透张量$[L^2]$；A 为节点面积$[L^2]$；h_1 为源汇点的总水头$[L]$；$h_{b,pm}$ 为出流边界点的总水头$[L]$；dl 为两个点之间的水平距离$[L]$。对于地表水流方程组，模型设定的两个边界条件分别为覆盖全流域的特定降雨序列和流域出口处的自由出流边界条件。在短历时的暴雨-洪水过程模拟中，蒸发不予以考虑。

在每次正式模拟之前，先进行历时约 1a 的全流域饱和排水模拟：在无降雨条件下，流域由饱和状态(地下水位接近地表)开始排水，直至流域出口的流量稳定地达到 0.006m³/s(蛇家沟流域汛期开始时的平均基流)。饱和排水过程旨在通过基流的模拟获得一个接近流域实际情况的初始水文条件，使得三维网格内部各个点的压力水头连续且接近实际情况(Carr et al., 2014)。正式模拟以此条件为初始条件，历时 48h。降雨过程起始于 3600s，终止于 7200s(降雨发生在模拟的第二个小时)。

11.3.3 模型参数设置

数值模型中，流域的土壤由一层均质的近地表(0~0.5m)黄土和深处的另一层均质黄土构成。此设定考虑了表层黄土与深层黄土的差异性，又在一定程度上简化了不同深度土壤间的异质性。

根据土地利用的不同，将表层土分为三种土壤，即坝地淤土、普通表层黄土和淤地坝的坝体压实土。表 11-3 为模型中用来表征土壤渗透能力和土壤水分运动特征的土壤参数。基于王茂沟流域实测的土壤水分特征曲线，用 van Genuchten 模型来表征不同土壤的水分运动特征，如式(11-4)所示：

$$\theta = \theta_r + \frac{\theta_s - \theta_r}{[1+(\alpha h)^n]^m} \tag{11-4}$$

式中，θ、θ_s、θ_r 分别为土壤的体积含水量、饱和体积含水量、残余体积含水量$[L^3L^{-3}]$；h 为压力水头$[L]$；$\alpha\ [L^{-1}]$、n 和 m 为 van Genuchten 特征参数。如前所述，

蛇家沟流域和王茂沟流域在地形、气候、土壤类型上都有极高的相似性(Ran et al., 2019; Tang et al., 2019)，因此在缺乏蛇家沟土壤采样数据的情况下，采取以下方法获得蛇家沟流域的土壤参数：以王茂沟流域内坝地土壤、坡面土壤和坝体土壤的 van Genuchten 参数和饱和导水率为基础，通过模型率定来获得蛇家沟流域的土壤参数。

表 11-3 土壤参数

土层深度/m	土壤分区	饱和导水率/(m/s)	孔隙度	van Genuchten 参数		
				α/m^{-1}	n	θ_r
0~0.5m	坝地淤土	4.00×10⁻⁶	0.45	0.37	1.19	0.13
	普通表层黄土	2.90×10⁻⁶	0.42	1.38	1.74	0.08
	坝体压实土	4.00×10⁻¹⁰	0.35	1.52	1.29	0.04
>0.5m	深层黄土	2.70×10⁻⁶	0.40	1.35	1.83	0.11
	基岩	1.00×10⁻⁹	0.20	4.30	1.25	0.08

根据子洲径流实验站公布的岔巴沟流域土壤级配，蛇家沟流域的土壤中值粒径为 0.05mm，本小节模拟以此作为表层土壤(0~0.5m)的中值粒径，来进行土壤侵蚀和泥沙输运模拟。坝体压实土和其他土壤的黏聚系数分别为 0.60 和 0.30(Heppner et al., 2008)。基于采用相同粒径土壤的文献(Ran et al., 2012; Gabet et al., 2003)，泥沙模块中影响雨滴溅击动能的水深阻尼系数 c_ψ、扰动系数 ξ 和雨强指数 b 分别为 600m⁻¹、0.25 和 1.6。表 11-4 为模型中描述地表水沙运动的主要参数。其中，描述径流运动的曼宁糙率系数(n')、描述降雨溅击侵蚀和水力侵蚀过程的雨滴溅击侵蚀系数(c_f)、地表可侵蚀系数(φ)由模型率定。

表 11-4 地表水沙运动的主要参数

地表土地利用分区	曼宁糙率系数	移动水深/m	地表微地貌高度/m	雨滴溅击侵蚀系数/(s/m)⁰·⁶	地表可侵蚀系数/m⁻¹
坡面	0.010	0.0015	0.0015	50.00	0.005
沟道和河道	0.008	0.0015	0.0015	50.00	0.005
坝地	0.008	0.0015	0.0015	0.05	0.001
淤地坝	0.004	0.0015	0.0015	5.00	0.001
参数来源	率定	文献	文献	率定	率定

11.3.4 模型的率定和验证结果

在蛇家沟 31 场洪水资料中选择两场降雨-洪水事件来进行模型的率定

(1964年7月14日)和验证(1964年8月2日)。在这31场降雨-洪水事件中选取这两场来进行率定和验证的原因是：①这两场降雨-洪水事件的记录(降雨过程和水沙过程)较为齐全和精确(观测取样的时间步长较短)，适合用于模拟与实测的对比；②所选事件的产流量、产沙量在31场事件中较大，在模拟蛇家沟洪水过程中具有典型性。在率定过程中，先调整饱和导水率(K_{sat})、曼宁糙率系数(n')和van Genuchten参数，使得模拟流量过程与实测流量过程吻合；然后调整雨滴溅击侵蚀系数(c_f)和地表可侵蚀系数(φ)，使模拟输沙过程与实测输沙过程吻合。率定和验证过程的模拟评价标准采用水文研究者常用的纳什效率系数(EF)，计算公式为

$$\mathrm{EF} = \left[\sum_{i=1}^{n}(O_i - \bar{O})^2 - \sum_{i=1}^{n}(S_i - O_i)^2\right] \bigg/ \sum_{i=1}^{n}(O_i - \bar{O})^2 \quad (11\text{-}5)$$

式中，O_i为实测值；$\bar{O}$为实测值的平均值；S_i为模拟值；n为采样的样本数量。

纳什效率系数越接近于1，说明模拟的水沙过程越接近实测的水沙过程。一般来说，利用基于物理的分布式模型对场次尺度的降雨-洪水事件进行模拟，若流量过程和输沙过程的纳什效率系数均大于0.65，即为可以接受的模拟效果。例如，Ni等(2008)运用水沙模型(THIHMS-SW)在岔巴沟的三川口流域获得的EF为0.70。在本次模拟中，率定阶段得到的流量过程和输沙过程的纳什效率系数分别为0.763和0.738；验证阶段得到的流量过程和输沙过程的纳什效率系数分别为0.781和0.732。此外，在率定场次中，实测输沙量和模拟输沙量分别为1.76万t和1.38万t；在验证场次中，实测输沙量和模拟输沙量分别为2.30万t和1.88万t。流量过程线和输沙过程线表明，经过参数率定后，InHM模型能够较为准确地捕捉蛇家沟流域的水沙运动情况(图11-8)。率定获得的参数见表11-3和表11-4。

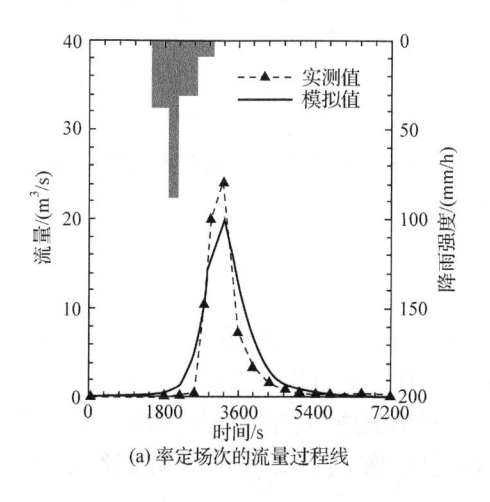

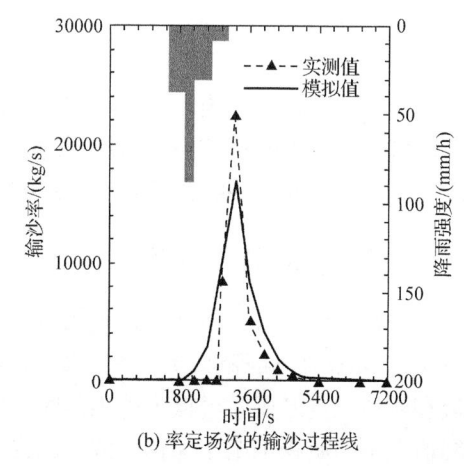

(a) 率定场次的流量过程线

(b) 率定场次的输沙过程线

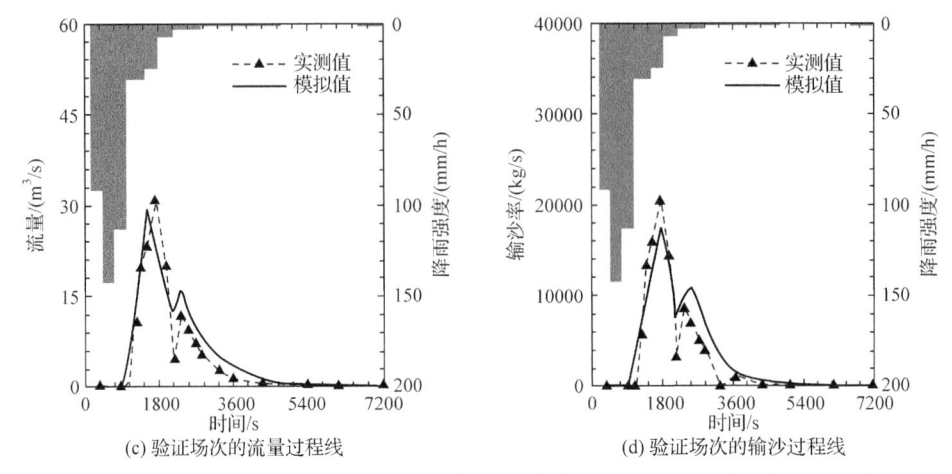

(c) 验证场次的流量过程线 (d) 验证场次的输沙过程线

图 11-8 率定和验证阶段得到的两场降雨-洪水事件的流量过程线和输沙过程线
柱形图对应降雨强度

经过率定得到，蛇家沟流域的曼宁糙率分别为 $0.01s/m^{1/3}$（坡面）、$0.008s/m^{1/3}$（主河道和坝地）和 $0.004s/m^{1/3}$（坝体）。由于研究时段内蛇家沟流域处于低植被覆盖状态，大面积的裸土是该流域 20 世纪 60 年代的主要地表覆盖类型(Zhang et al., 2016; Fang et al., 2011)，所以率定得到的曼宁糙率虽小但是合理，类似的曼宁糙率取值在黄土高原相似状况的小流域内被许多研究者采用(Ran et al., 2019; Li et al., 2013; Zhang et al., 1995; Zhang et al., 1994)。

后文将从淤地坝的削峰滞洪效率、淤地坝的泥沙拦截效率和坝地的侵蚀/淤积过程三个方面分析不同工况下的模拟结果。

11.4 淤地坝的削峰滞洪效率

本节从流域出口处流量过程和输沙过程的变化出发，分析不同淤积工况下淤地坝对水沙运动的影响。模拟结果显示，随着淤积库容的增加，淤地坝系统对流域出口水沙过程的把控由坝体控制的阻水拦沙向坝地主导的滞水落沙转变。在重淤积阶段，淤地坝系统仍然具有一定的削峰滞洪效率。

11.4.1 溢洪道控制的库容阈值

模拟结果显示，在某一特定降雨条件下，当淤地坝的淤积库容低于某一阈值时[如 75mm 降雨时阈值为 85%，图 11-9(c)、(d)]，淤地坝可以拦截上游所有的径流和泥沙。当淤积库容低于此阈值时，同一降雨条件下水沙过程线前期出现的小峰值在不同淤积工况中保持一致，因为这是淤地坝下游的流域部分对此降雨事件

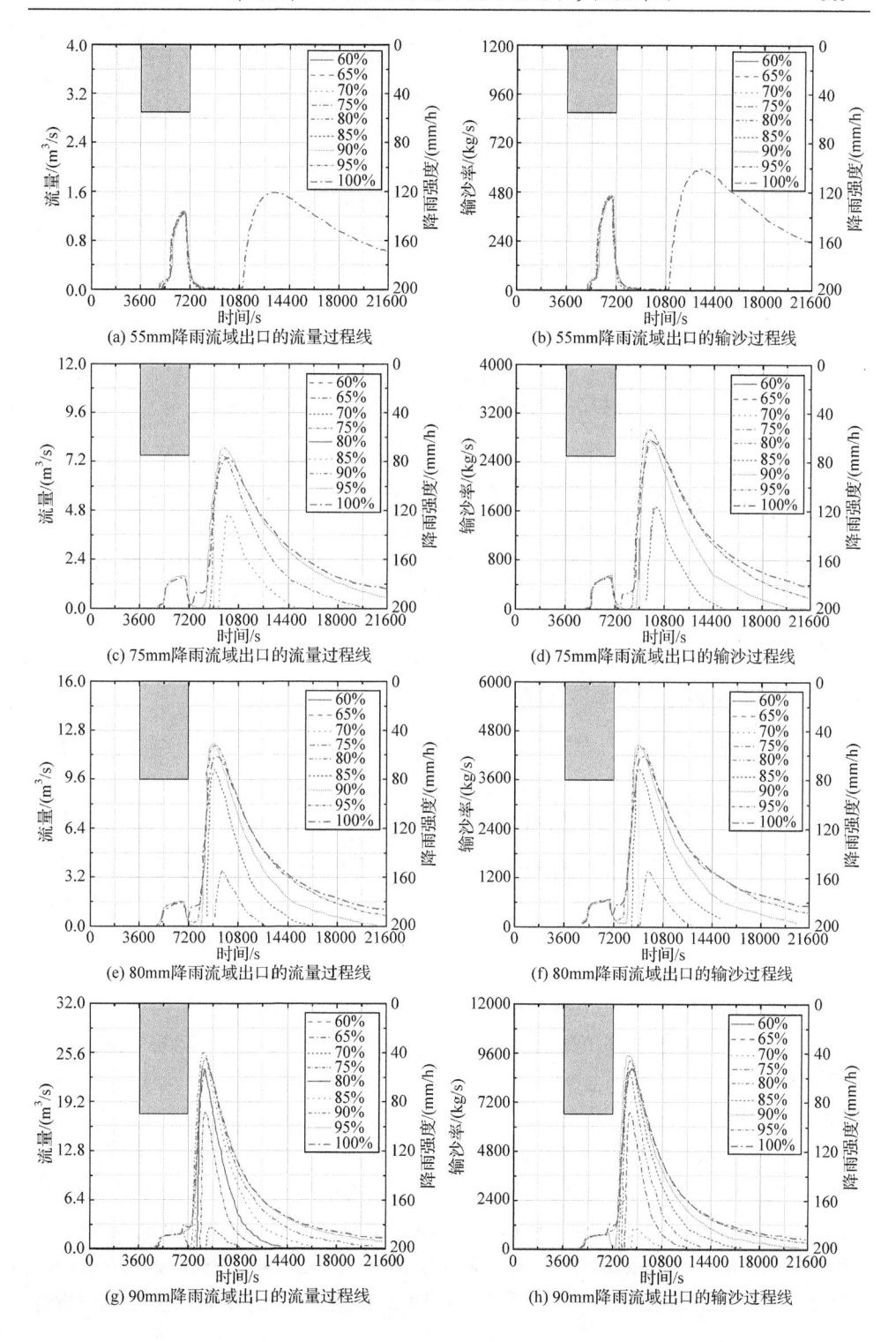

(a) 55mm降雨流域出口的流量过程线

(b) 55mm降雨流域出口的输沙过程线

(c) 75mm降雨流域出口的流量过程线

(d) 75mm降雨流域出口的输沙过程线

(e) 80mm降雨流域出口的流量过程线

(f) 80mm降雨流域出口的输沙过程线

(g) 90mm降雨流域出口的流量过程线

(h) 90mm降雨流域出口的输沙过程线

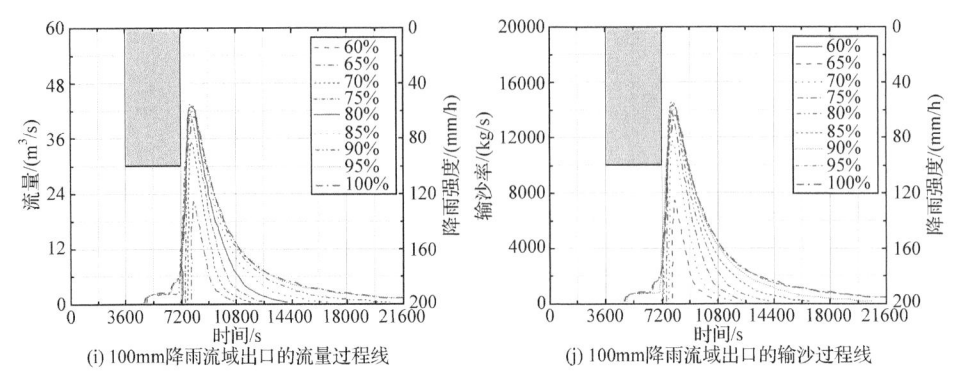

(i) 100mm降雨流域出口的流量过程线 (j) 100mm降雨流域出口的输沙过程线

图 11-9　五种降雨条件下流域出口的流量过程线和输沙过程线
图中不同曲线代表不同的淤积库容工况柱形图对应降雨强度

的水文响应。在某一特定的降雨条件下,当淤地坝的淤积库容大于或等于此阈值时,淤地坝上游的水沙将由溢洪道部分地进入下游河道,引起流域出口水沙过程线变化,即图 11-9 中出现的第二个流量/输沙率峰值。不同降雨条件下的淤积库容阈值分别为 100%(55mm 降雨)、85%(75mm 降雨)、80%(80mm 降雨)、70% (90mm 降雨)和 65%(100mm 降雨)。也就是说,降雨强度越大,淤地坝坝体的阻水拦沙作用越快失效。

11.4.2　坝地控制的削峰滞洪效率

从图 11-9 可以看出,在同一降雨条件下,经过不同淤积状态的坝地,流域出口的水沙过程线有明显差异。随着淤积库容的增加,水沙过程线的峰值均表现出先增后减的趋势,且出现峰值的时刻呈现先提前后延迟的趋势(图 11-10)。例如,在 90mm 降雨下,随着淤积库容由 70%增加至 85%,流量峰值由 2.76m^3/s 增加至 25.69m^3/s;随着淤积库容由 85%增加至 100%,流量峰值由 25.69m^3/s 减少至 23.75m^3/s;相应地,流量峰值的出现时刻先由 8928s(降雨结束后的 28.8min)提前至 8310s,然后再由 8310s 延迟至 8748s。以 90mm 降雨条件为例,当淤积库容超过溢洪道控制的库容阈值(70%淤积库容)后,淤地坝坝体对径流的阻碍作用减弱直至消失,这导致流量的峰值随着坝地高程的抬升而增加和提前。随着坝地面积的不断增加,坝地对于在其上运动的径流流速的削弱作用不断增强(表 11-5),直至开始占据主导地位(85%淤积库容)。在 90mm 降雨下,坝地对水沙运动的削峰滞洪效率在 85%淤积库容时开始逐渐显现并不断增强。相比于各降雨条件下流域出口出现的最大流量峰值,100%淤积库容工况下的径流峰值分别减小了 6.23%(75mm 降雨)、7.27%(80mm 降雨)、7.67%(90mm 降雨)、6.73%(100mm 降雨)。同时,在 75mm、80mm、90mm、100mm 降雨下,流量峰值分别延后了 217s(2.22%)、279s(3.04%)、438s(5.27%)、283s(3.55%)。可以看出,淤地坝在重淤积状态下,甚至在达到设计库容时，对水沙运动仍能起到明显的削峰滞洪作用。当流域内存在多个级联淤地坝时，这种抑制作用会被有效地放大。

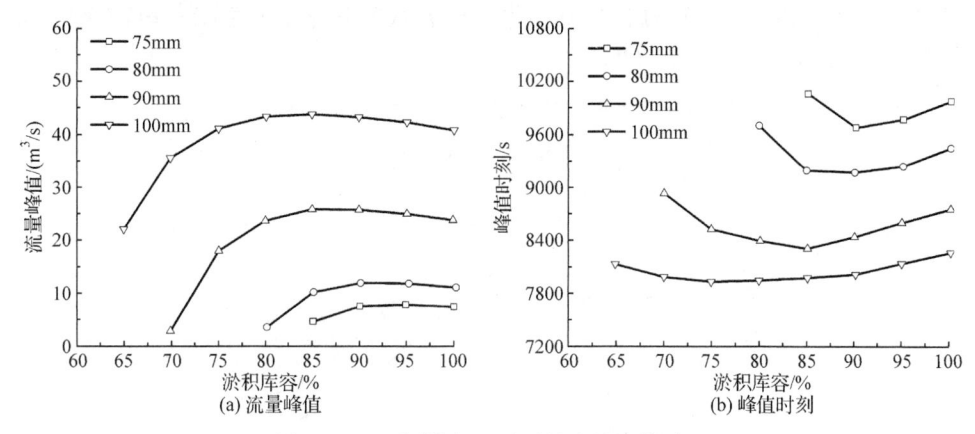

图 11-10　不同淤积工况下的流量峰值对比

表 11-5　90 mm 降雨条件下洪峰时刻坝地径流平均流速

淤积工况	洪峰时刻坝地径流平均流速/(m/s)
60%	0.31
65%	0.46
70%	0.87
75%	0.83
80%	0.59
85%	0.43
90%	0.40
95%	0.29
100%	0.24

11.5　淤地坝的泥沙拦截效率

本节从坝地的泥沙平衡关系出发，定量分析不同淤积工况下淤地坝系统的泥沙拦截效率。模拟结果显示，淤地坝系统的泥沙拦截效率主要分为两部分：主坝地的直接沉沙效率和坝地扩张引起的对支沟的间接减沙效率。

11.5.1　泥沙拦截效率

模拟结果显示，坝地的泥沙拦截效率(STE)随着淤积库容的增加总体呈减少趋势，但是 STE 急剧下降的趋势在淤地坝快要达到设计库容时减缓(图 11-11)。例如，在 90mm 降雨下，当淤积库容由 70%增加至 95%时，泥沙拦截效率由 97.66%降至 25.83%；随着淤积库容越来越接近淤满状态，泥沙拦截效率的下降趋势减弱。特别地，在 100mm 强降雨下，100%淤积库容状态下的泥沙拦截效率(19.09%)甚至稍大于 95%淤积库容(17.34%)。

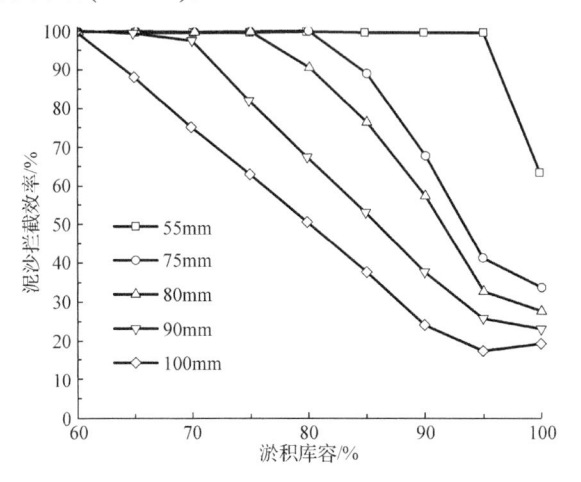

图 11-11　五种降雨条件下不同淤积工况下的泥沙拦截效率

11.5.2　坝地的直接沉沙效率

在 55mm、75mm、80mm、90mm 和 100mm 降雨条件下，淤满状态的泥沙拦截效率分别为 63.59%、33.94%、28.14%、23.03%和 19.09%(图 11-11)，这表明即使淤地坝处于设计库容下的淤满状态，仍然会有大量泥沙在洪水过程中淤积在淤地坝的控制区域内。例如，一场由 90mm 降雨引发的径流-输沙过程结束后，在 100%淤积工况下仍然有 11700t 泥沙(23.03%)留在坝地上。表 11-6 为无坝、60%淤积库容、100%淤积库容三种工况下坝地的拦水拦沙效率。在无坝工况下，坝地所在的原始河道冲刷泥沙 0.53 万 t；在 100%淤积工况下，坝地拦沙量为 1.17 万 t，同时间接减少来沙量 0.76 万 t，整体减沙 2.46 万 t。

表 11-6　90mm 降雨条件下三种工况的坝地拦水拦沙效率

指标	无坝	60%淤积库容	100%淤积库容
总输入沙量/万 t	5.84	5.67	5.08
总输出沙量/万 t	6.37	0	3.91
坝地/河道拦沙量/万 t	−0.53	5.67	1.17
总入流量/mm	34.46	31.80	29.83
总出流量/mm	37.50	0	24.97
坝地/河道拦水量/mm	−3.04	31.80	4.86

续表

指标	无坝	60%淤积库容	100%淤积库容
泥沙拦截效率 STE/%	−9.07	100	23.03
径流拦截效率 RTE /%	−8.82	100	16.29

图 11-12 为 90mm 降雨条件下三种工况(60%、80%、100%)的坝地库尾断面和坝踵断面输沙过程，可以总结出以下两个特征：①随着淤积的加剧，两个断面之间的累计输沙量差值逐渐缩小，即坝地的拦沙能力减弱，此现象与图 11-11 中 STE 的变化趋势一致；②随着淤积的加剧，库尾断面的累计输沙量从 60%淤积工况下的 4.9 万 t 下降至 100%淤积工况下的 4.6 万 t，说明坝地的扩张和抬升使得从上游河道进入坝地的泥沙减少，可以推测坝地对水沙过程的影响范围要大于坝地本身的边界范围。

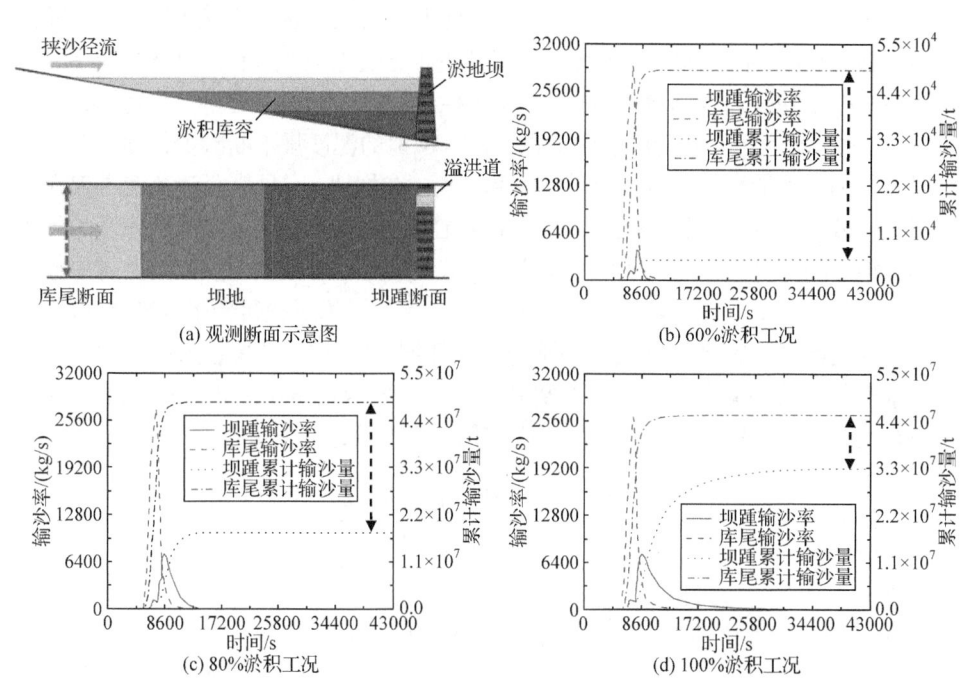

图 11-12 90mm 降雨条件下不同淤积库容工况的坝地库尾断面和坝踵断面的输沙率和累计输沙量

基于泥沙平衡公式，由输入量和输出量差值得到淤地坝系统的直接沉沙效率，由泥沙输入量的变化可以得到淤地坝系统的间接减沙效率。以上结果表明，淤地坝系统在重淤积阶段仍具有非常可观的直接沉沙效率，黄土高原上大量处于重淤积阶段的淤地坝在洪水过程中仍然具有不可忽视的拦沙能力。

11.5.3 坝地的间接减沙效率

1. 间接减沙效率(ISTE)

以 90mm 降雨条件为例,对比不同淤积工况下坝地的泥沙平衡,以及不同降雨条件下 100%淤积工况下的直接拦沙效率和间接拦沙效率,间接拦沙效率(ISTE)按式(11-6)计算:

$$\text{ISTE} = \frac{\sum_{i=0}^{n} S_{\text{input},p\%} - \sum_{i=0}^{n} S_{\text{input},60\%}}{\sum_{i=0}^{n} S_{\text{input},60\%}} \times 100\% \tag{11-6}$$

式中,$S_{\text{input},p\%}$为淤积库容为 $p\%$时从上游支沟/河道进入坝地的泥沙通量;n 为各个支沟(顺时针编号 1~5)和上游河道的编号(0)。

由表 11-7 可以看出,在同样的降雨条件下,淤地坝系统的直接拦沙效率随淤积的加剧而减小,但是间接拦沙效率随淤积的加剧逐渐增大。在淤满的情况下,直接拦沙效率随降雨强度的增大而减小,间接拦沙效率随降雨量的增大出现增大的趋势(表 11-8)。事实上,随着淤积的加剧,进入坝地的泥沙量不断减少,预示着淤地坝对径流和泥沙的影响扩展至上游河道和支沟。在坝地上,地表径流流速不仅在进入坝地时减少,还会在上游更远的区域由于尾水的影响而减小。淤地坝库区的尾水区随着坝地的抬升和扩张而扩张,这导致挟带大量泥沙的径流在坝地上游越来越远的地方开始减速。因此,泥沙在上游非坝地区域的淤积过程得到了局部增强(或者说水流对上游非坝地区域的侵蚀冲刷得到局部抑制)。类似的尾水效应常常发生在大型水库库区的末端(Hu et al., 2009)和河口三角洲(Nagumo et al., 2017),然而此现象在淤地坝拦水拦沙效率评估的研究中仍很少涉及,尚未进行定量评估。

表 11-7 90mm 降雨条件下坝地的泥沙平衡

淤积库容	上游泥沙输入量 S_{sum}/万 t	坝址泥沙输出量 S_{output}/万 t	STE/%	ISTE/%
60%	5.67	0.00	100.00	—
65%	5.66	0.00	100.00	0.18
70%	5.56	0.13	97.66	1.94
75%	5.42	0.96	82.29	4.41
80%	5.39	1.74	67.72	4.94
85%	5.37	2.51	53.26	5.29
90%	5.14	3.20	37.74	9.25
95%	5.11	3.79	25.83	9.35
100%	5.08	3.91	23.03	10.41

注:S_{sum}为与坝地相连的五个支沟的沟口及上游河道处共 6 个观测断面的输沙量总和。

表 11-8 不同降雨条件下 100%淤积库容下的 STE 和 ISTE

降雨量/mm	STE/%	ISTE/%
55	63.59	3.76
75	33.94	7.79
80	28.14	8.22
90	23.03	10.41
100	19.09	9.01

2. 支沟试验

为了定量研究淤地坝的坝地扩张对支沟的影响，选择 1 号支沟为研究对象，对 1 号支沟 90mm 降雨条件下不同淤积工况下的泥沙平衡进行分析。选择一条与坝地连接的支沟为研究对象，定量研究坝地尾水效应对沟道泥沙通量的影响。先在选定的研究支沟上游设置一个控制断面(图 11-13)，此控制断面离支沟出口足够远，因此其泥沙通量在任何淤积工况下都不改变，即不受到坝地及其尾水的影响。然后，在此支沟和主坝地交界处设置一个输出断面(图 11-13)，此输出断面即为 60%淤积库容下支沟-坝地交界断面。此外，在任意一个淤积工况下，在控制断面和输出断面之间设置一系列的观测断面，这些断面分别为不同淤积工况下扩张进入支沟的坝地和原始沟道的交界面。通过计算这些观测断面的泥沙通量，定量分析坝地扩张对支沟内侵蚀/淤积过程的影响。

模拟结果显示，观测断面的泥沙通量随坝地的扩张和抬升而减小，减沙效率的影响范围随坝地扩张而向上游扩大。在坝地尚未扩张至观测断面时，观测断面上的泥沙通量就已经开始减小，这一现象说明坝地的影响范围要大于坝地本身的边界范围。例如，以 80%淤积工况下的坝地边界为观测断面，可以发现不同淤积工况下通过此观测断面的泥沙通量有明显差异。

(1) 在 65%淤积工况下，通过观测断面的泥沙通量与 60%淤积库容工况下通过此断面的泥沙通量相同，均为 3235.70t。因为此时尾水减速产生的泥沙淤积主要发生在观测断面下游，未能对观测断面的泥沙通量造成影响，如图 11-13(a)所示。

(2) 在 70%和 75%淤积工况下通过观测断面的泥沙通量，相比 65%淤积工况，分别减少了 11.78t(0.36%)和 64.80t(2.00%)。此时，坝地末端地表水深分别为 1.95m 和 1.79m，尾水均漫过了 80%淤积工况下的坝地，因此尾水减速导致的泥沙淤积在观测断面上游就已发生，小幅减少了观测断面的泥沙通量，如图 11-13(b)所示。

(3) 当淤地坝扩张至观测断面所在位置，甚至更上游区域时，尾水产生的泥沙淤积过程更为强烈。如图 11-13(c)所示，80%淤积工况下通过相同观测断面的泥沙通量仅为 2970.10t，比 60%和 65%淤积工况下减少了 265.60t(8.21%)。在此工况下，尾水区域随着坝地的扩张延伸至观测断面上游 25m 处。在尾水边界区域，地

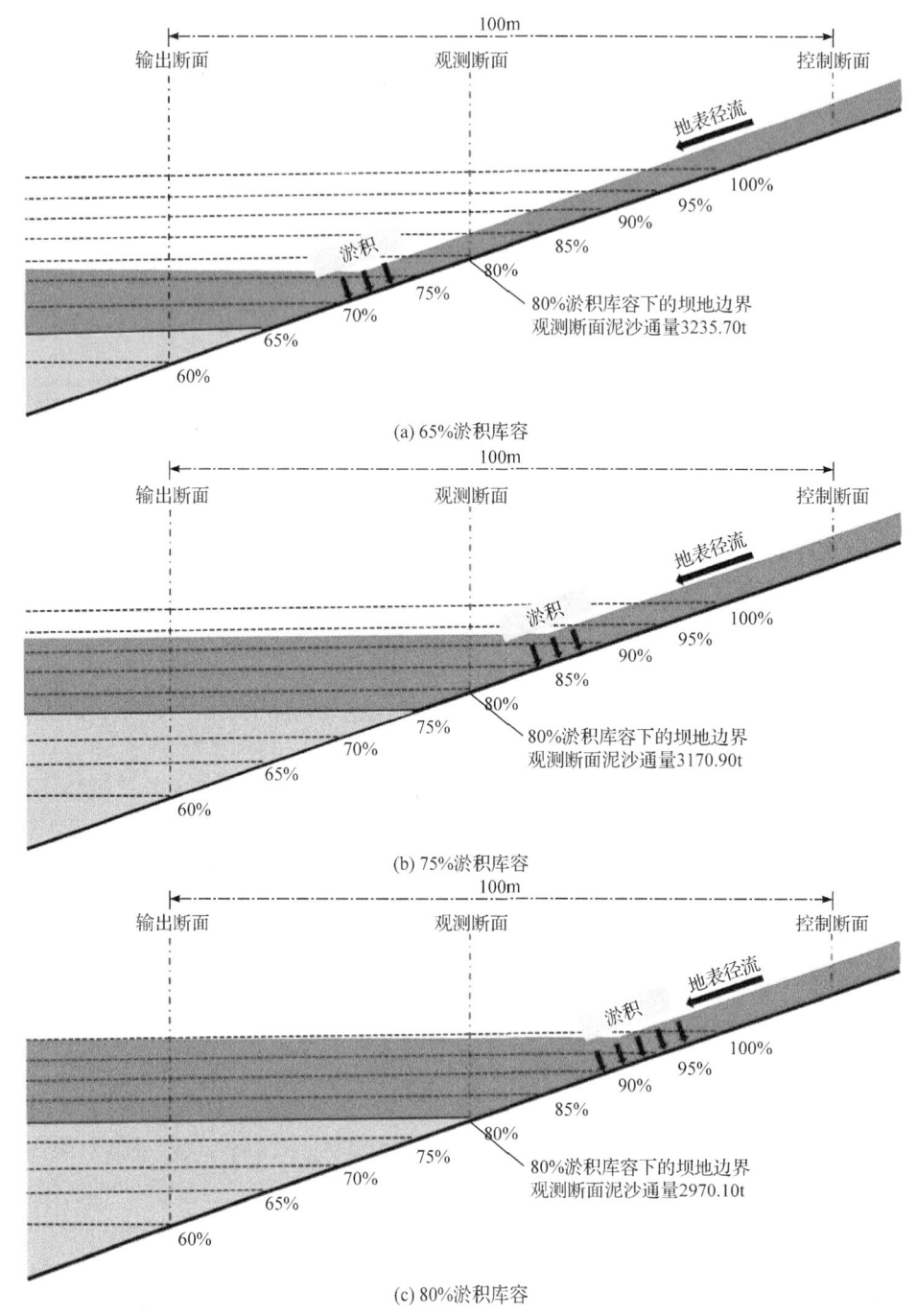

图 11-13 不同淤积工况下观测断面的泥沙通量

表径流流速由 2.88m/s 减小至 0.34m/s，尾水水深达 1.53m。

就支沟内的泥沙平衡而言，随着淤积库容由 60%增加至 100%，尾水和坝地的减速作用越来越减少了支沟进入坝地的泥沙通量。在 60%淤积工况下，控制断面和输出断面的泥沙通量分别为 3207.10t 和 3251.20t，即径流在经过支沟流入坝地的过程中侵蚀带走了 44.10t 的泥沙，支沟处于侵蚀状态[图 11-14(a)]。在 100%淤积工况下，控制断面和输出断面的泥沙通量分别为 3207.10t 和 2490.50t，即径流不但未侵蚀带走支沟内的土壤，还在支沟内淤积了 716.60t 的泥沙，支沟处于淤积状态[图 11-14(b)]。也就是说，坝地由 60%淤积库容的断面扩张至 100%淤积库容的断面后，坝地在支沟产生了 760.70t 的减沙效益，使得支沟内的泥沙冲淤过程由侵蚀冲刷向淤积转变。

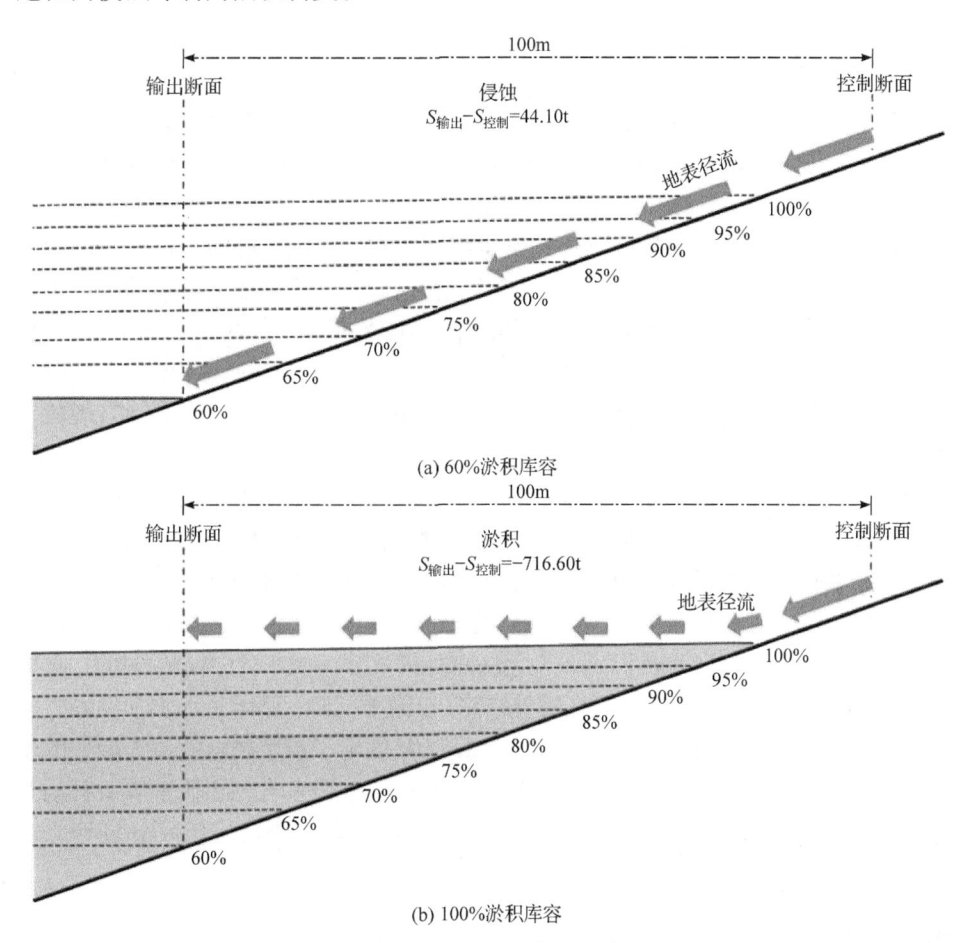

图 11-14　不同淤积工况下支沟的冲淤量对比

综合以上的模拟结果可以得到，坝地在扩张和抬升过程中对支沟存在逐渐增强的间接减沙作用，这种间接减沙作用主要来源于坝地和上游沟道、尾水和上游径流衔接处的径流减速现象。随着坝地的延长和抬升，沟道整体坡降下降，侵蚀基准面抬升，各个沟道的坝地末端发生壅水减速落沙，进而使流域内的泥沙淤积过程整体向上游发展，甚至改变支沟内的冲淤关系。与坝地的直接沉沙效率不同，其间接减沙效率随淤积过程的加剧而增强，在达到100%淤积库容后达到最大。这一结论暗示着，黄土高原上现存的大量的处于重淤积阶段的淤地坝在减少支沟侵蚀、增强沟道稳定性方面仍然具有重要作用。

11.6 坝地上的冲淤形态与泥沙沉积规律

11.6.1 坝地上的冲淤形态变化

以90mm降雨条件为例，图11-15～图11-17分别为60%、85%和100%三种淤积库容下坝地的水沙运动过程。三种工况下相同的现象是，在洪水过程的初期，地表径流由上游河道/支沟进入坝地的过程中，库尾区域的平均流速由3.0m/s减小至0.6m/s，同时泥沙在库尾区域开始发生沉积。在涨水和洪峰时段内，不同淤积库容下的泥沙冲淤过程存在差异。在60%淤积库容下，坝地的泥沙运动仍以淤积为主，越来越多的泥沙淤积到坝地的前端(靠近坝体的区域)；在85%和100%淤积库容下，前期在库尾区域淤积的泥沙在涨水和洪峰时段被冲刷至下游，即此时段内坝地上的泥沙运动以侵蚀冲刷为主，原先淤积的泥沙发生了"再搬运"现象。在退水阶段，泥沙沉积现象又再次发生。

以上结果说明，随着淤积库容的增加，一场降雨-洪水事件中坝地上的水沙运动过程由"淤积过程为主"向"淤-冲-淤"过程转变。图11-18为不同淤积库容下初始涨水时刻和流量峰值时刻坝地上径流的最大挟沙力分布情况。对于一个处于重淤积阶段的淤地坝系统，前期的淤积过程主要发生于库尾区域，原因是进入坝地后径流流速降低和水流深度较小，从而径流挟沙力减小；中期的冲刷("再搬运")过程主要是将原先库尾淤积的泥沙部分运输至下游，原因是涨水和洪峰时段激增的径流汇聚并到达坝地末端时，在库尾区域发生了局部径流挟沙力增大的现象。在100%淤积库容下，坝地的最大挟沙力在初始涨水时刻和流量峰值时刻分别为19.70kg/m^{3}和337.50kg/m^3。退水后期的淤积过程主要是流量减小(流速、水深的下降)引起的泥沙颗粒沉降。

11.6.2 泥沙的最终分布规律

图11-19对比了90mm降雨条件下不同淤积工况的泥沙最终分布情况，其中(a)、(b)、(c)为全流域侵蚀/淤积高度分布，(d)、(e)、(f)为坝地上的泥沙淤积高度分布。从流域整体来看，侵蚀主要发生在坡面和沟头区域，淤积主要发生在坝地

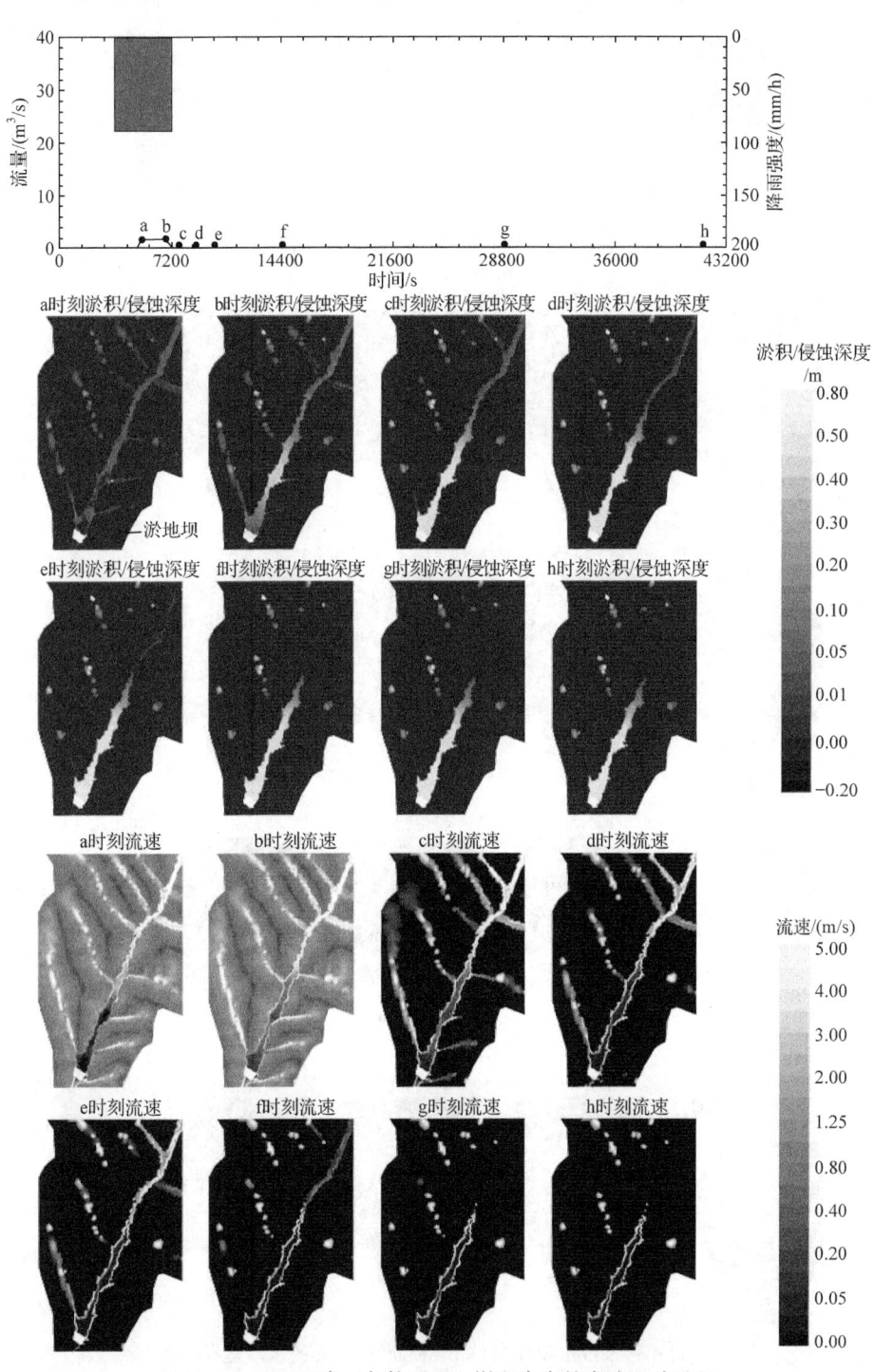

第11章 不同淤积状态下淤地坝的水沙阻控作用

图 11-15 90mm降雨条件下60%淤积库容的水沙运动过程

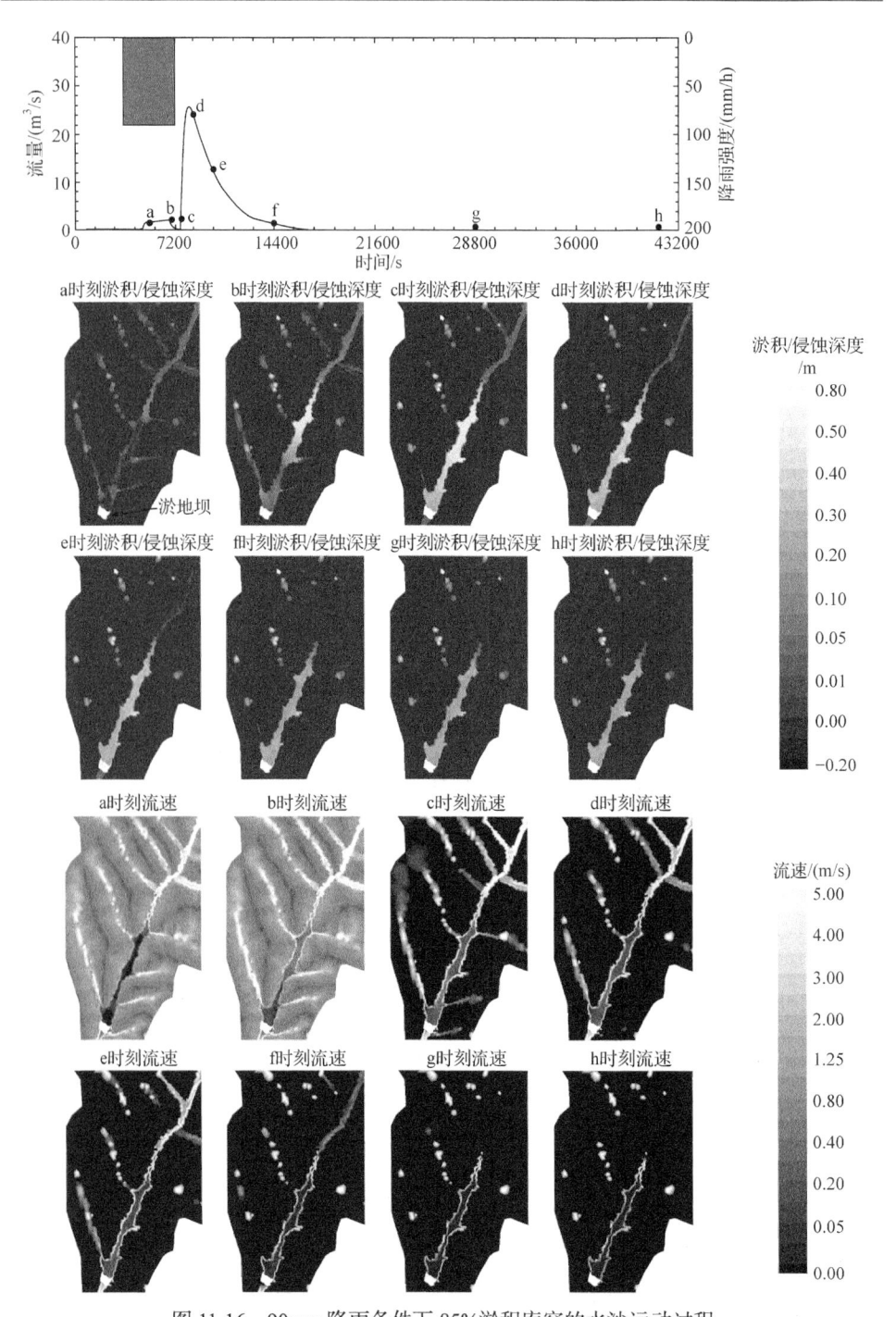

图 11-16　90mm 降雨条件下 85%淤积库容的水沙运动过程

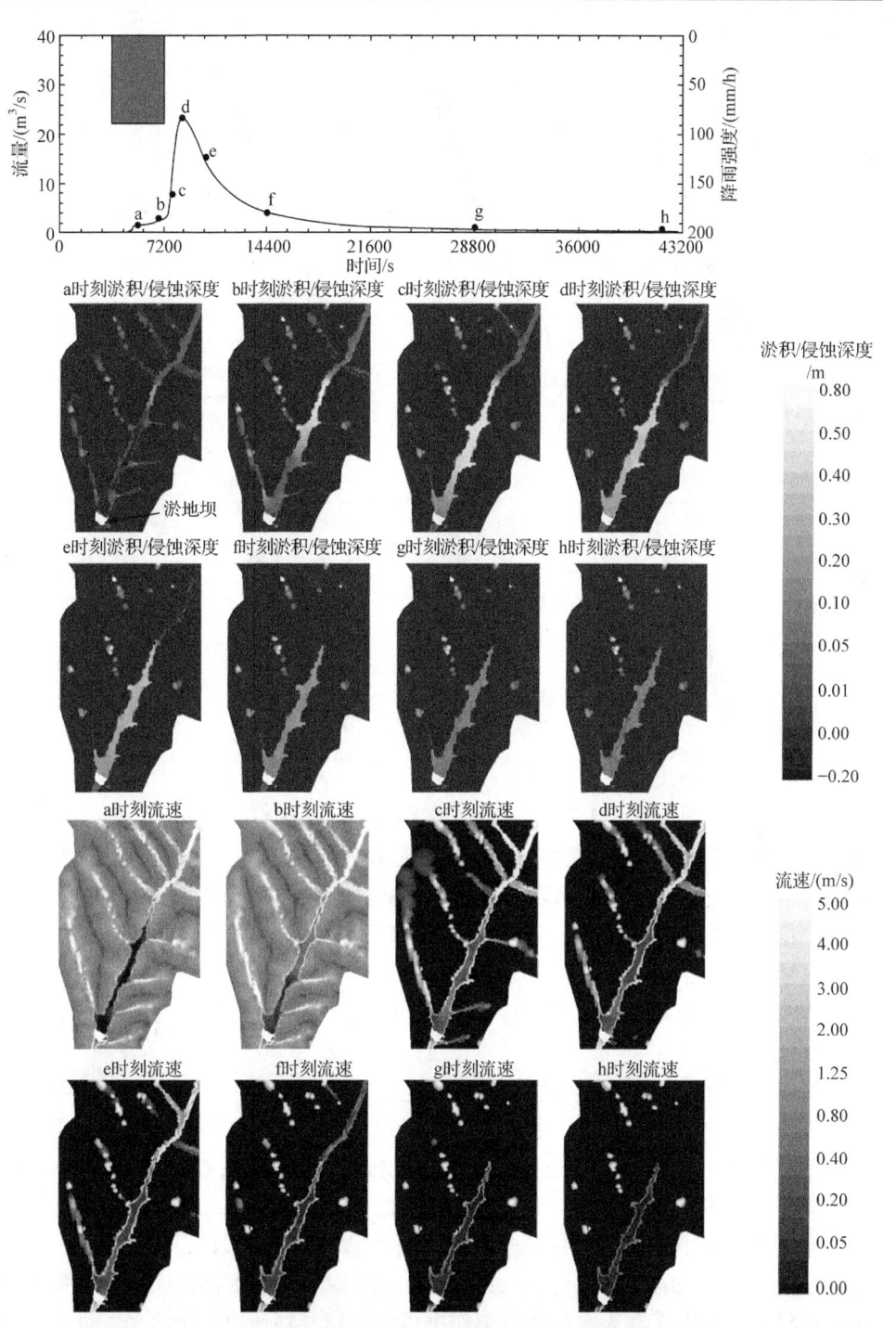

图 11-17 90mm 降雨条件下 100%淤积库容的水沙运动过程

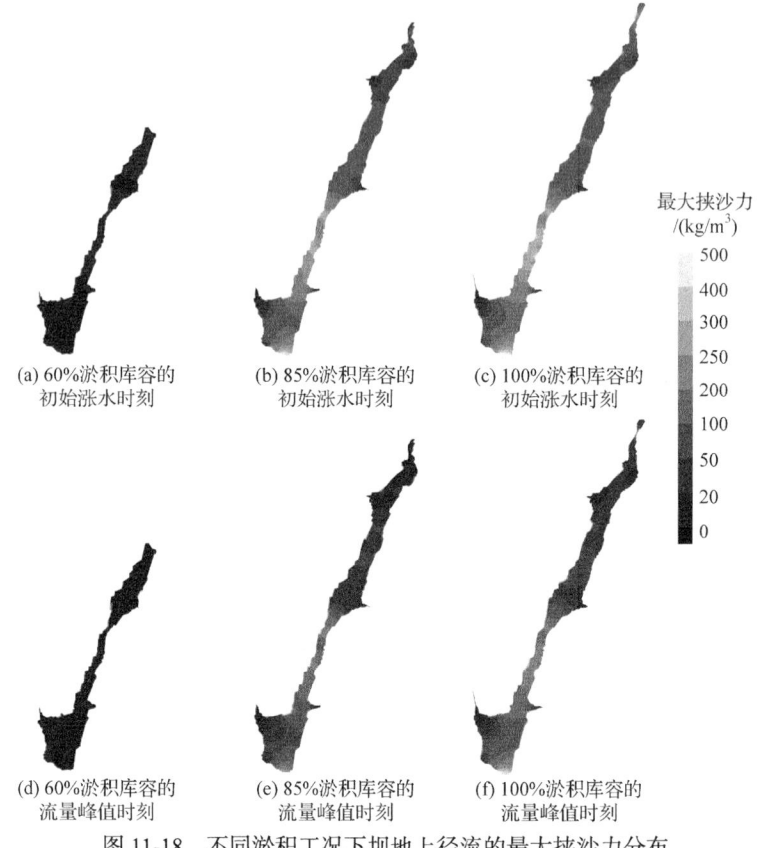

图 11-18　不同淤积工况下坝地上径流的最大挟沙力分布

上。在不同淤积工况下，坝地上的泥沙分布差异明显。在 60%淤积库容下，坝地上形成了分布较为均匀的厚淤积层；在 85%和 100%淤积库容下，坝地上的淤积层厚度较薄且分布不均匀。在 60%淤积库容下，最终泥沙主要淤积在靠近坝体的区域，最大淤积厚度(约 0.70m)出现在坝地与坡面的交界线上；在 100%淤积库容下，最终泥沙主要淤积在库尾区域和坝地-支沟交界处，最大淤积厚度也出现在此处。

精确地描述一场洪水事件后泥沙在坝地上的分布规律，对于水土保持措施的评估工作有重要意义。在前人的研究中，淤积层作为淤地坝的重要特征，常常被作为重现流域历史洪水过程(Li et al., 2016; Mao et al., 2014; Comiti et al., 2009)、估算流域侵蚀量(Wang et al., 2018; Wei et al., 2017; Zhao et al., 2017)、估算流域在水土保持措施影响下的固碳量等研究热点的重要手段(Boix-Fayos et al., 2015; Lu et al., 2012; Thothong et al., 2011)。对坝地上泥沙淤积过程和最终分布进行模拟，有助于在未来的研究工作中更好地指导坝地上的泥沙采样过程，获取更为详尽和精确的泥沙淤积数据。

第 11 章　不同淤积状态下淤地坝的水沙阻控作用

淤地坝

(a) 60%淤积库容(流域)　　(b) 85%淤积库容(流域)　　(c) 100%淤积库容(流域)

侵蚀/淤积高度/m
−0.20　0.00　0.01　0.05　0.10　0.20　0.30　0.40　0.50　0.80

淤积高度/m
0.70
0.65
0.60
0.55
0.50
0.20
0.10
0.05
0.00

淤积高度/m
0.30
0.25
0.22
0.20
0.18
0.15
0.10
0.05
0.00

淤积高度/m
0.12
0.10
0.09
0.08
0.07
0.06
0.05
0.03
0.02
0.00

(d) 60%淤积库容(坝地)　　(e) 85%淤积库容(坝地)　　(f) 100%淤积库容(坝地)

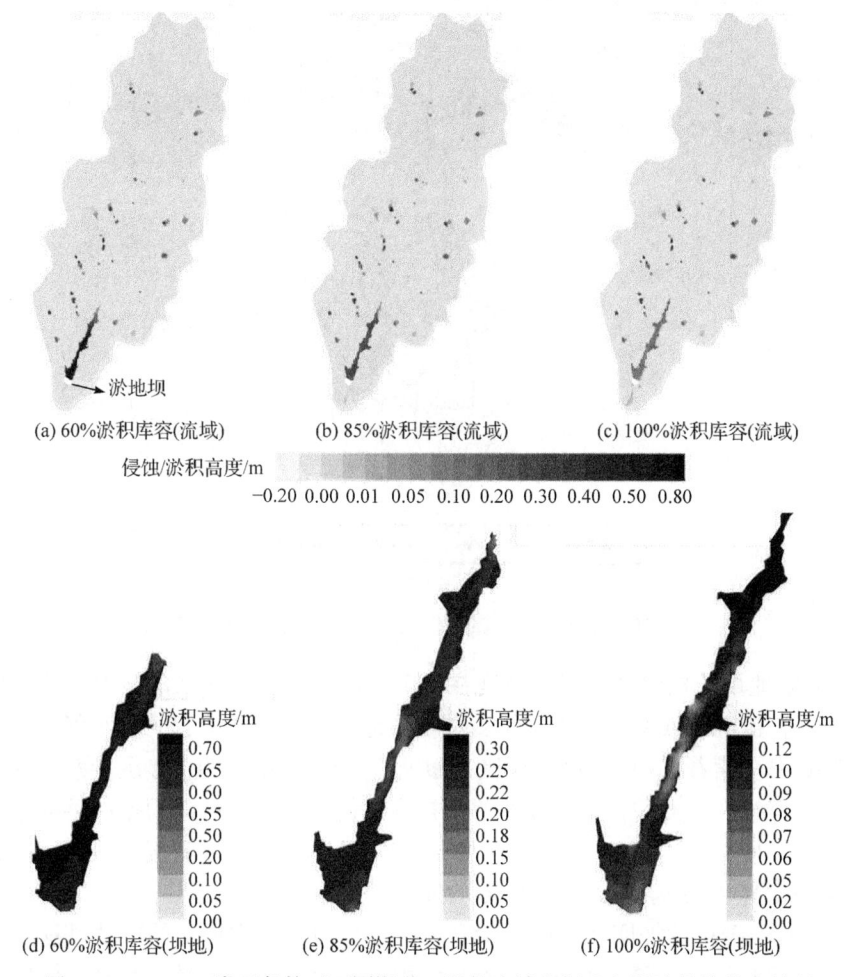

图 11-19　90mm 降雨条件下不同淤积工况的流域和坝地上泥沙最终分布情况

11.7　本章小结

本章以不同的淤积库容为切入点，描述淤地坝在设计库容以下的动态淤积过程，模拟了动态淤地坝在洪水期间对流域径流运动和泥沙运动的影响，定量研究了淤地坝在重淤积阶段的拦水拦沙效率。重淤积阶段淤地坝系统的拦水拦沙机理如图 11-20 所示，可总结如下。

(1) 随着淤积的加剧和坝地的扩张，淤地坝的拦水拦沙机理由坝体主导的阻水拦沙逐渐转变为坝地主导的滞水落沙，延长的坝地作为缓冲带，对洪水过程起到有效的减速作用。在淤积量达到设计库容时，坝地对洪水过程的削峰滞洪效率约为削峰 7.67%，滞洪 5~8min。

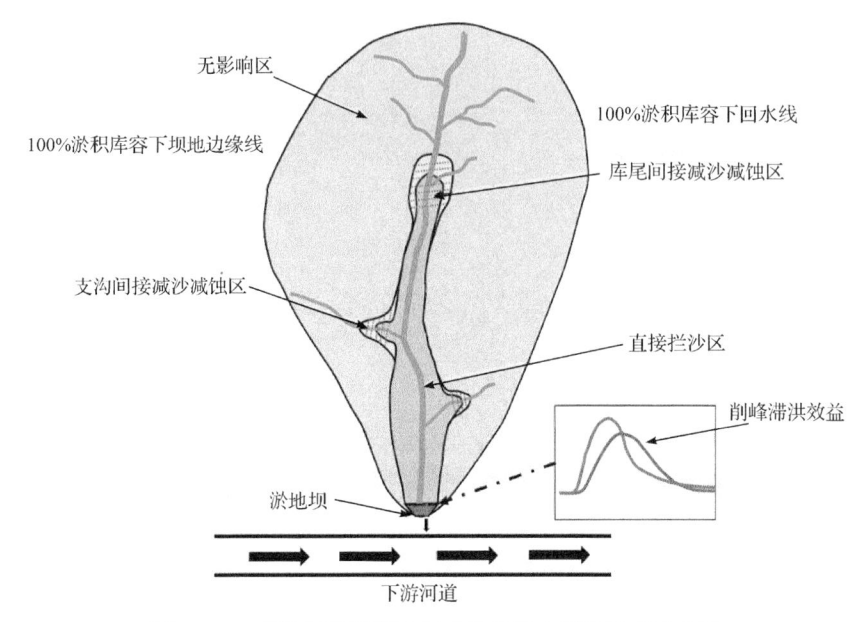

图 11-20　重淤积阶段淤地坝系统的拦水拦沙机理示意图

(2) 淤地坝的拦沙能力主要体现在两个方面：①坝地滞水落沙引起的主坝地沉沙，即直接沉沙效率；②库尾及支沟与坝地交界处尾水引起的壅水落沙，即间接减沙效率。随着淤积的加剧和坝地的扩张，淤地坝系统的直接沉沙效率逐渐减小但仍不容忽视，而间接减沙效率逐渐提高。例如，90mm 降雨条件下坝地的直接沉沙效率最高可达 23.03%，坝地沉沙约 1.17 万 t；同时，间接减沙效率最高可达 10.41%，单个支沟减沙量可达 760.70t。

(3) 随着淤积的加剧及坝地的抬升和扩张，泥沙在坝地上的运动过程由"淤积为主"转变为"淤积-冲刷(再搬运)-淤积"。此外，在重淤积阶段，坝地上的淤沙主要分布在库尾区域及支沟和坝地的交界区域。

在模拟工况设置中，主要采用了两个假设来简化模型：①坝地足够平坦，使其坡度为 0；②坝地上未种植任何农作物。事实上，坝地的坡度一般小于 0.20%，且淤地坝形成的坝地常常被作为高产田地种植玉米等农作物。第一个假设可能会略微高估模拟得到的拦水拦沙效率，第二个假设则会略微低估坝地对径流运动的阻碍作用(因为植被覆盖会提高坝地的地表糙率和入渗能力)。两个假设产生的后果可能会存在互相抵消的作用，进而保证了模拟结果的准确性。在未来的模拟中，去除坡度为 0 的假设并将坝地上的植被覆盖考虑进去，将进一步提高模拟的准确性和真实性。

本章的模拟研究表明，处于重淤积阶段的淤地坝仍然具有不可忽视的水沙阻控能力，能够直接或间接地避免上游侵蚀的大量泥沙进入下游河道。黄土高原现存着大量处于此种状态的淤地坝，且形成了大面积的平坦坝地，定量评估这些淤地坝在未来一定时间段内的拦水拦沙量，将有助于更加完善地了解淤地坝在其寿命周期内对流域水文、泥沙、生态的影响，更加精确地量化评估黄土高原的减沙工作。

参 考 文 献

高海东, 2013. 黄土高原丘陵沟壑区沟道治理工程的生态水文效应研究[D]. 杨凌: 中国科学院教育部水土保持与生态环境研究中心.

水利部, 2010. 黄土高原典型地区小流域、径流小区观测数据集[DB/OL]. 黄土高原生态环境数据库. http://loess.geodata.cn.

水利部黄河水利委员会, 2017. 黄河流域子洲径流实验站水文实验资料数据集(1959—1969 年)[DB/OL]. 国家科技基础条件平台-国家地球系统科学数据共享服务平台-黄土高原科学数据中心. http://loess.geodata.cn/data/datadetails.html?dataguid=190520812859307&docid=981.

杨勤科, 2017a. 黄土高原多沙粗沙产区 30m 分辨率土地利用图(1975 年)[DB/OL]. 国家科技基础条件平台-国家地球系统科学数据中心-黄土高原分中心. http://loess.geodata.cn/data/datadetails.html?dataguid=69574164479925&docId=865.

杨勤科, 2017b. 黄土高原多沙粗沙产区 30m 分辨率土地利用图(1986 年)[DB/OL]. 国家科技基础条件平台-国家地球系统科学数据中心-黄土高原分中心. http://loess.geodata.cn/data/datadetails.html?dataguid=1404459300036&docId=866.

杨勤科, 2017c. 陕西省黄土高原部分 30m 分辨率土地利用图(2006 年)[DB/OL]. 国家科技基础条件平台-国家地球系统科学数据中心-黄土高原分中心. http://loess.geodata.cn/data/datadetails.html?dataguid=267486508171418&docid=867.

袁水龙, 2017. 淤地坝系对流域水沙动力过程调控作用与模拟研究[D]. 西安:西安理工大学.

张乐涛, 2016. 基于侵蚀能量的径流输沙尺度效应研究[D]. 杨凌: 中国科学院教育部水土保持与生态环境研究中心.

支再兴, 2018. 淤地坝对沟道水流的调控作用研究[D]. 西安: 西安理工大学.

AGORAMOORTHY G, HSU M J, 2018. Small size, big potential: Check dams for sustainable development[J]. Environment: Science and Policy for Sustainable Development, 50(4): 14.

BOIX-FAYOS C, DE VENTE J, MARTÍNEZ-MENA M, et al., 2008. The impact of land use change and check-dams on catchment sediment yield[J]. Hydrological Processes, 22(25): 4922-4935.

BOIX-FAYOS C, NADEU E, QUI O J M, et al., 2015. Sediment flow paths and associated organic carbon dynamics across a mediterranean catchment[J]. Hydrology and Earth System Sciences, 19(3): 1209-1223.

BROWN C B, 1943. Discussion of "sedimentation in reservoirs"[J]. Proceedings of the Proceedings of the American Society of Civil Engineers, 69: 1493-1500.

CARR A E, LOAGUE K, VANDERKWAAK J E, 2014. Hydrologic-response simulations for the north fork of caspar creek: Second-growth, clear-cut, new-growth, and cumulative watershed effect scenarios[J]. Hydrological Processes, 28(3): 1476-1494.

CHATANANTAVET P, LAMB M P, NITTROUER J A, 2012. Backwater controls of avulsion location on deltas[J]. Geophysical Research Letters, 39(6): L01402.

COMITI F, CADOL D, WOHL E, 2009. Flow regimes, bed morphology, and flow resistance in self-formed step-pool channels[J]. Water Resources Research, 45(4): 18.

FANG H, LI Q, CAI Q, et al., 2011. Spatial scale dependence of sediment dynamics in a gullied rolling loess region on the

Loess Plateau in China[J]. Environmental Earth Sciences, 64(3): 13.

FANG X, WAN Z, KUANG S, 1998. Mechanism and effect of silt arrest dams for sediment reduction in the middle Yellow River basin[J]. Journal of Hydraulic Engineering, 10(10): 5.

GABET E J, DUNNE T, 2003. Sediment detachment by rain power[J]. Water Resources Research, 40(8): 1002.

GUYASSA E, FRANKL A, ZENEBE A, et al., 2017. Effects of check dams on runoff characteristics along gully reaches, the case of northern Ethiopia[J]. Journal of Hydrology, 545: 299-309.

HEEDE B H, 1978. Designing gully control systems for eroding watersheds[J]. Environmental Management, 2(6): 14.

HEPPNER C S, LOAGUE K, 2008. A dam problem: Simulated upstream impacts for a searsville-like watershed[J]. Ecohydrology, 1(4): 408-424.

HINOKIDANI O, YASUDA H, OJHA C S P, et al., 2013. Effects of the check dam system on water redistribution in the Chinese Loess Plateau[J]. Journal of Hydrologic Engineering, 18(8): 929-940.

HU B Q, YANG Z S, WANG H J, et al., 2009. Sedimentation in the Three Gorges Dam and the future trend of Changjiang (Yangtze River) sediment flux to the sea[J]. Hydrology and Earth System Sciences, 13(11): 2253-2264.

HUANG J B H O, YASUDA H, et al., 2013. Effects of the check dam system on water redistribution in the chinese loess plateau[J]. Journal of Hydrologic Engineering, 18(8): 929-940.

LI X G, WEI X, WEI N, 2016. Correlating check dam sedimentation and rainstorm characteristics on the Loess Plateau, China[J]. Geomorphology, 265: 84-97.

LI Y, ZHANG J, HAO R, et al., 2013. Effect of different land use types on soil anti-scourability and roughness in loess area of western Shanxi province[J]. Journal of Soil and Water Conservation, 27(4): 6.

LU Y H, SUN R H, FU B J, et al., 2012. Carbon retention by check dams: Regional scale estimation[J]. Ecological Engineering, 44: 139-146.

MAO L, DELL A A, HUINCACHE C, et al., 2014. Bedload hysteresis in a glacier-fed mountain river[J]. Earth Surface Processes and Landforms, 39(7): 946-976.

NAGUMO N, KUBO S, SUGAI T, et al., 2017. Sediment accumulation owing to backwater effect in the lower reach of the Stung Sen River, Cambodia[J]. Geomorphology, 296: 182-192.

NI G H, LIU Z Y, LEI Z D, et al., 2008. Continuous simulation of water and soil erosion in a small watershed of the Loess Plateau with a distributed model[J]. Journal of Hydrologic Engineering, 13(5): 392-399.

NORMAN L M, NIRAULAI R, 2016. Model analysis of check dam impacts on long-term sediment and water budgets in Southeast Arizona, USA[J]. Ecohydrol Hydrobiol, 16(3): 125-137.

PAL D, GALELLI S, 2019. A numerical framework for the multi-objective optimal design of check dam systems in erosion-prone areas[J]. Environmental Modelling & Software, 119: 21-31.

PARIMALARENGANAYAKI S, ELANGO L, 2015. Assessment of effect of recharge from a check dam as a method of managed aquifer recharge by hydrogeological investigations[J]. Environmental Earth Sciences, 73(9): 5349-5361.

RAN C, LUO Q H, ZHOU Z H, et al., 2008. Sediment retention by check dams in the Hekouzhen-Longmen Section of the Yellow River[J]. International Journal of Sediment Research, 23(2): 159-166.

RAN Q, HONG Y, CHEN X, et al., 2019. Impact of soil properties on water and sediment transport: A case study at a small catchment in the Loess Plateau[J]. Journal of Hydrology, 574: 211-225.

RAN Q H, LOAGUE K, VANDERKWAAK J E, 2012. Hydrologic-response-driven sediment transport at a regional scale, process-based simulation[J]. Hydrological Processes, 26(2): 159-167.

RAWLS W J, GISH T J, BRAKENSIEK D L, 1991. Estimating Soil Water Retention from Soil Physical Properties and

Characteristics[M]//STEWART B A. Advances in Soil Science. New York: Springer.

SHI H Y, WANG G Q, 2015. Impacts of climate change and hydraulic structures on runoff and sediment discharge in the middle Yellow River[J]. Hydrological Processes, 29(14): 3236-3246.

TANG H, RAN Q, GAO J, 2019. Physics-based simulation of hydrologic response and sediment transport in a hilly-gully catchment with a check dam system on the Loess Plateau, China[J]. Water, 11(6): 1161.

THOTHONG W, HUON S, JANEAU J L, et al., 2011. Impact of land use change and rainfall on sediment and carbon accumulation in a water reservoir of North Thailand[J]. Agriculture, Ecosystems & Environment, 140(3): 521-533.

VERSTRAETEN G, PROSSER I P, 2018. Modelling the impact of land-use change and farm dam construction on hillslope sediment delivery to rivers at the regional scale[J]. Geomorphology, 98(3-4): 199-212.

WANG X Q, JIN Z D, ZHANG X B, et al., 2018. High-resolution geochemical records of deposition couplets in a palaeolandslide-dammed reservoir on the Chinese Loess Plateau and its implication for rainstorm erosion[J]. Journal of Soils and Sediments, 18(3): 1147-1158.

WANG Y F, FU B J, CHEN L D, et al., 2011. Check dam in the Loess Plateau of China: Engineering for environmental services and food security[J]. Environmental Science & Technology, 45(24): 10298-10299.

WEI Y H, HE Z, LI Y J, et al., 2017. Sediment yield deduction from check-dams deposition in the weathered sandstone watershed on the north Loess Plateau, China[J]. Land Degradation & Development, 28(1): 217-231.

XU X Z, ZHANG H W, ZHANG O Y, 2004. Development of check-dam systems in gullies on the Loess Plateau, China[J]. Environmental Science & Policy, 7(2): 79-86.

XU Y D, FU B J, HE C S, 2013. Assessing the hydrological effect of the check dams in the Loess Plateau, China, by model simulation[J]. Hydrology and Earth System Sciences, 17(6): 2185-2193.

YUAN S, LI Z, LI P, et al., 2019. Influence of check dams on flood and erosion dynamic processes of a small watershed in the Loss Plateau[J]. Water, 14(4): 834.

ZHANG H, HIKARU K, TAIZO E, et al., 1995. A study on effect of forest land condition upon roughness coefficient in the west Shanxi province[J]. Bulletin of Soil and Water Conservation, 15(2): 10-21.

ZHANG H, HIKARU K, XIE M, et al., 1994. Study on roughness coefficient under the conditions of several land utilization in the west of Shanxi province[J]. Journal of Beijing Forestry University, 16(S4): 7.

ZHANG L, LI Z, WANG H, et al., 2016. Influence of intra-event-based flood regime on sediment flow behavior from a typical agro-catchment of the Chinese Loess Plateau[J]. Journal of Hydrology, 538: 71-81.

ZHAO G J, KONDOLF G M, MU X M, et al., 2017. Sediment yield reduction associated with land use changes and check dams in a catchment of the Loess Plateau, China[J]. Catena, 148: 126-137.

ZHAO P P, SHAO M A, WANG T J, 2010. Spatial distributions of soil surface-layer saturated hydraulic conductivity and controlling factors on dam farmlands[J]. Water Resources Management, 24(10): 2247-2266.

第 12 章 淤满淤地坝水沙阻控能力及其淤积/侵蚀规律

12.1 淤满淤地坝淤积动态与拦沙关系概述

淤地坝在接近和达到设计库容(design storage capacity，DSC)时，对流域内的水沙运动过程仍然具有不可忽略的削峰滞洪效益(Yuan et al.，2022a)，且扩张和抬升的坝地对泥沙仍具有明显的拦截能力(Yuan et al.，2022b)。此外，坝地在库尾区域和与其相连的支沟上还具有一定的间接减沙作用(唐鸿磊，2019)。这些暗示着在达到设计库容之后，淤地坝还是有能力以滞水落沙的方式拦截一部分的洪水和泥沙。然而，国内外学者评估淤地坝在流域内的拦水拦沙能力时均以淤地坝的设计库容为标准，在淤地坝达到设计库容后均视为失效，对淤地坝最大水沙阻控能力进行定量分析的研究较少(高云飞等，2014)。本书创新性地将淤地坝的全寿命周期分为达到设计库容以前和达到设计库容以后两个阶段，如图 12-1 所示，淤地坝达到设计库容以后可能还会存在一个额外库容(extra storage capacity，ESC)。本章主要探讨的是淤地坝达到设计库容以前的拦水拦沙效率和机理，淤地坝从设计库容淤满向真正淤满(设计库容加额外库容)过渡的过程中坝地拦水拦沙能力的变化过程。第 11 章的模拟结果得出，在达到设计库容前，坝地上的淤积过程逐渐由坝前淤积转变为库尾淤积，这一过程会使原本较为平坦的坝地纵向坡度逐渐变大。坝地纵向坡度增大可能会使径流的挟沙能力增强，侵蚀功率增大，削弱局部地区泥沙的沉积能力(封扬帆，2023；王飞超，2023；辛涛，2023)。当坝地的泥沙拦截效率降低至 0 时，淤地坝才算失效。

本章做出如下假设:存在一个由坝地控制的额外库容(ESC)使得淤地坝在达到设计库容(第 11 章中的 100%淤积状态)之后的一段时间内仍具有一定的水沙拦截能力，直至额外库容淤满，此后淤地坝失效。本章通过 InHM 数值模拟，在不同强度的降雨序列下对蛇家沟流域进行连续的场次洪水模拟，拟回答如下主要关键科学问题:

(1) 淤地坝达到设计库容之后还能通过坝地的滞水落沙作用拦截多少泥沙?
(2) 不同强度的降雨序列下，淤地坝何时失效?
(3) 失效后的坝地形态如何?

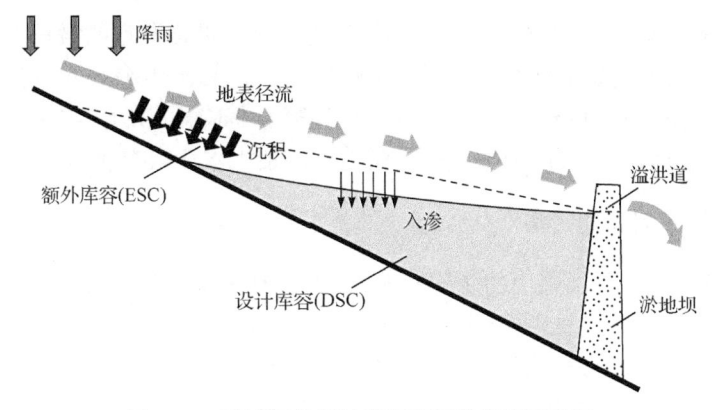

图 12-1 淤地坝的设计库容和额外库容示意图

12.2 淤地坝水沙阻控能力模拟

12.2.1 模拟对象及参数设置

本章依旧以蛇家沟 1#坝为研究对象，通过一系列的场次降雨-洪水过程来探究淤地坝达到设计库容以后的最大水沙阻控能力。模拟的边界条件、初始条件、土壤参数均与第 11 章一致，在此不再赘述。

12.2.2 模拟流程

图 12-2 为一个特定强度降雨序列下的模拟流程。以第 11 章中 100%淤积工况(设计库容淤满)的三维网格为初始网格(图 11-7)，采用与第 11 章相同的模型参数、边界条件和初始条件，进行首场降雨-洪水事件的模拟。以降雨-洪水事件结束后坝地的拦沙效率(STE)是否大于零为判定标准：若 STE ≤ 0，则此淤地坝在这场洪水事件后失效；若 STE > 0，则此淤地坝在这场洪水事件后仍然有效。若 STE > 0，

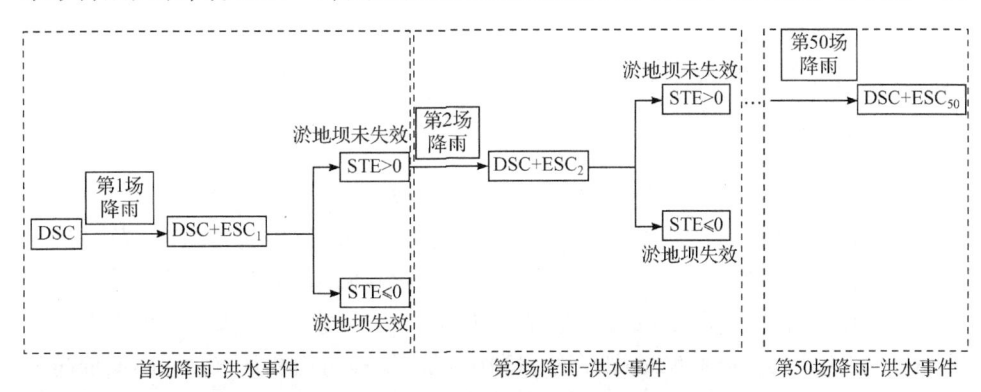

图 12-2 特定强度降雨序列下的模拟流程

则利用动网格算法将本场降雨-洪水事件产生的每个网格节点的淤积/侵蚀量以高程增加/降低的形式添加到本次模拟所用网格中,形成新的网格(下一次降雨-洪水事件模拟所用的三维网格)。如此往复,直到第 n 场降雨-洪水事件后出现坝地的 STE≤0,即可获得此强度降雨序列下淤地坝的最大水沙阻控能力。

12.2.3 降雨序列和动网格

考虑到研究区降雨强度的变化较大,本章模拟选择了 10 个不同强度的降雨序列来代表该区域低强度(30mm/h、40mm/h)、中等强度(50mm/h、60mm/h、70mm/h)、高强度(80mm/h、90mm/h)和极端强度(120mm/h、150mm/h、180mm/h)的降雨过程。在同一个降雨序列中,每一次降雨即代表一个降雨-洪水事件,如图 12-3 所示。两场降雨-洪水事件之间的时间间隔足够长,以保证每场降雨-洪水事件的初始条件相同,且相互独立。

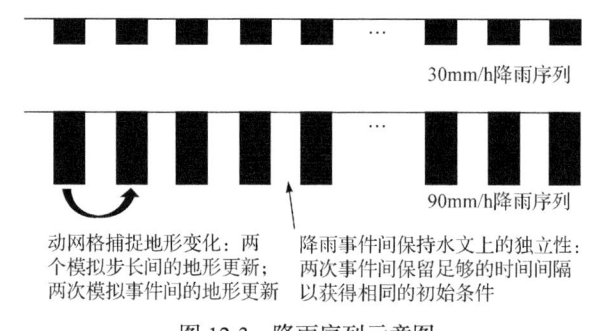

图 12-3 降雨序列示意图

考虑到淤地坝的淤积量由设计库容向额外库容增加的过程中,坝地的地形变化可能对坝地上的水沙运动过程有影响,在模拟中加入了动网格计算模块。①同一场降雨-洪水事件中,上一个时刻发生的淤积/侵蚀会以节点高程增加/降低的方式赋值到下一个时刻的计算网格中;②在同一个降雨序列中,上一场降雨-洪水事件产生的最终网格会作为下一场降雨-洪水事件初始时刻的计算网格。通过动网格计算,可以较为精确地考虑坝地地形变化对水沙运动的影响。

12.2.4 判定准则

如前所述,本章仍用泥沙拦截效率(STE)来研究淤地坝的最大水沙阻控能力:若一场降雨-洪水事件中淤地坝的 STE 首次小于等于 0 且在之后的多场降雨-洪水事件中 STE 未能明显回升,则认为此淤地坝在这场降雨-洪水事件后失效,此前的累计淤沙量即代表淤地坝的最大水沙阻控能力;若一场降雨-洪水事件中淤地坝的 STE 仍大于 0,则此淤地坝在这场降雨-洪水事件后仍然有效,即淤地坝尚未达到最大水沙阻控能力。本章的模拟扩大了泥沙平衡公式的计算范围,以设计库容100%淤满条件下的回水线为边界(图11-20),采用式(12-1)计算STE。将淤地坝的尾水影响区加入坝地泥沙平衡公式的计算中,如图12-4所示。其中,支沟1~3和8~10与坝地直接相连,支沟4、5和7未与坝地直接相连但位于回水影响区内,受到尾水影响。

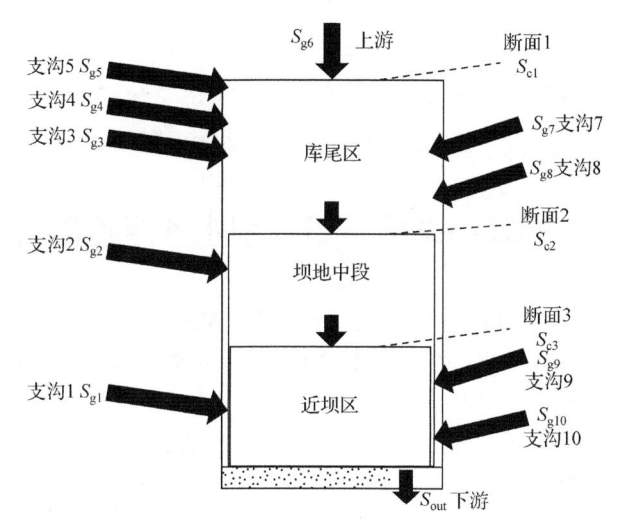

图12-4 淤地坝影响区的泥沙平衡计算示意图

S_{gi}为从上游支沟/河道i进入坝地的泥沙通量;S_{out}为从溢洪道离开淤地坝的泥沙通量

泥沙拦截效率按式(12-1)计算:

$$\text{STE} = \frac{\sum_{i=1}^{10} S_{gi} - S_{out}}{S_{out}} \times 100\% \tag{12-1}$$

式中,S_{gi}为从上游支沟/河道进入坝地的泥沙通量;S_{out}为从溢洪道离开淤地坝的泥沙通量。相应地,径流拦截效率按式(12-2)计算:

$$\text{RTE} = \frac{\sum_{i=1}^{10} Q_{gi} - Q_{out}}{Q_{out}} \times 100\% \tag{12-2}$$

式中,Q_{gi}为从上游支沟/河道进入坝地的径流量;Q_{out}为从溢洪道离开淤地坝的径流量。

此外,为了定量比较不同工况下坝地及其影响区内最终的泥沙淤积/侵蚀分布,在第11章模拟结果的基础上,将坝地及其影响区(本章模拟中泥沙平衡的计算范围)分为三个区域:近坝区、坝地中段和库尾区(图12-4)。三个区域面积分别约为$7.5 \times 10^4 \text{m}^2$、$4.5 \times 10^4 \text{m}^2$和$4.5 \times 10^4 \text{m}^2$。其中,近坝区指淤地坝在60%设计库容下的影响区,是水流运动受坝体和溢洪道调控影响最大的区域;库尾区是淤地坝回水影响区边界和 90%设计库容下坝地边界包括的区域,是水流运动受支沟-坝地坡度变化和尾水影响最大的区域。各个区域在一场降雨-洪水事件后的冲淤量按式(12-3)计算:

$$\begin{cases} \Delta_{近坝区} = S_{g1} + S_{g9} + S_{g10} + S_{c3} - S_{out} \\ \Delta_{坝地中段} = S_{g2} + S_{c2} - S_{c3} \\ \Delta_{库尾区} = S_{g3} + S_{g4} + S_{g5} + S_{c1} + S_{g7} + S_{g8} - S_{c2} \end{cases} \quad (12\text{-}3)$$

若 $\Delta > 0$,则该区域淤积;$\Delta < 0$,则该区域侵蚀(冲刷);$\Delta = 0$,则冲淤平衡。

12.3 不同降雨条件下淤地坝水沙阻控能力变化

不同降雨序列下坝地的泥沙拦截效率、累积泥沙拦截/冲刷量随着累积降雨量和降雨场次的变化趋势如图 12-5～图 12-8 所示。不同降雨序列下的总降雨量、总

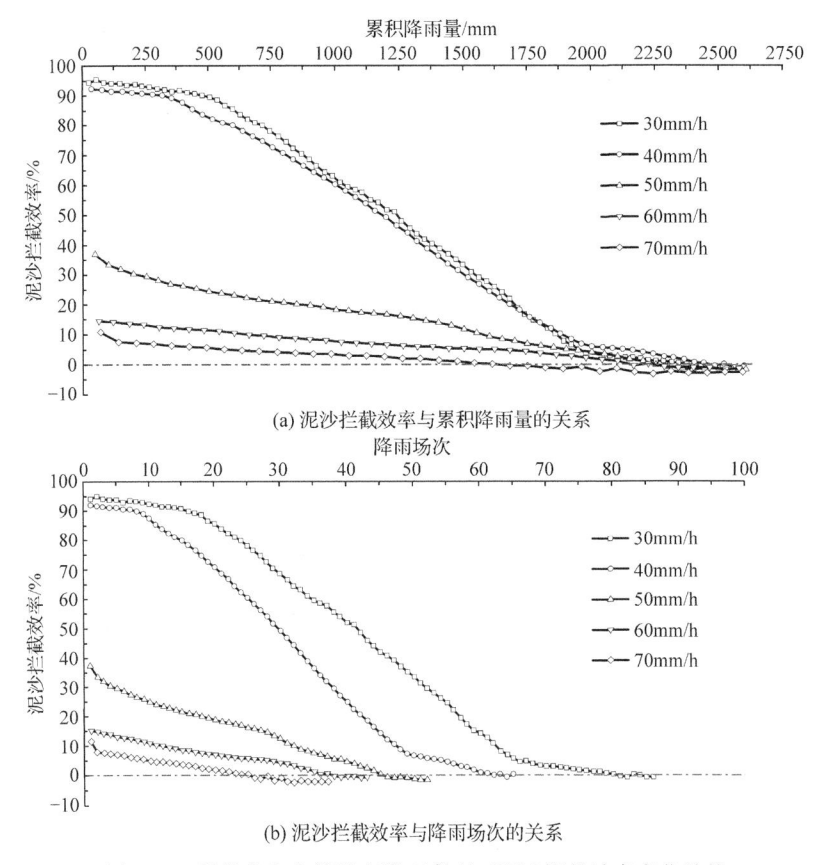

(a) 泥沙拦截效率与累积降雨量的关系

(b) 泥沙拦截效率与降雨场次的关系

图 12-5 低强度和中等强度降雨序列下泥沙拦截效率变化趋势

第 12 章　淤满淤地坝水沙阻控能力及其淤积/侵蚀规律

降雨场次、失效临界值、失效所需场次、失效时的累积降雨量和失效前累积拦沙量见表 12-1。

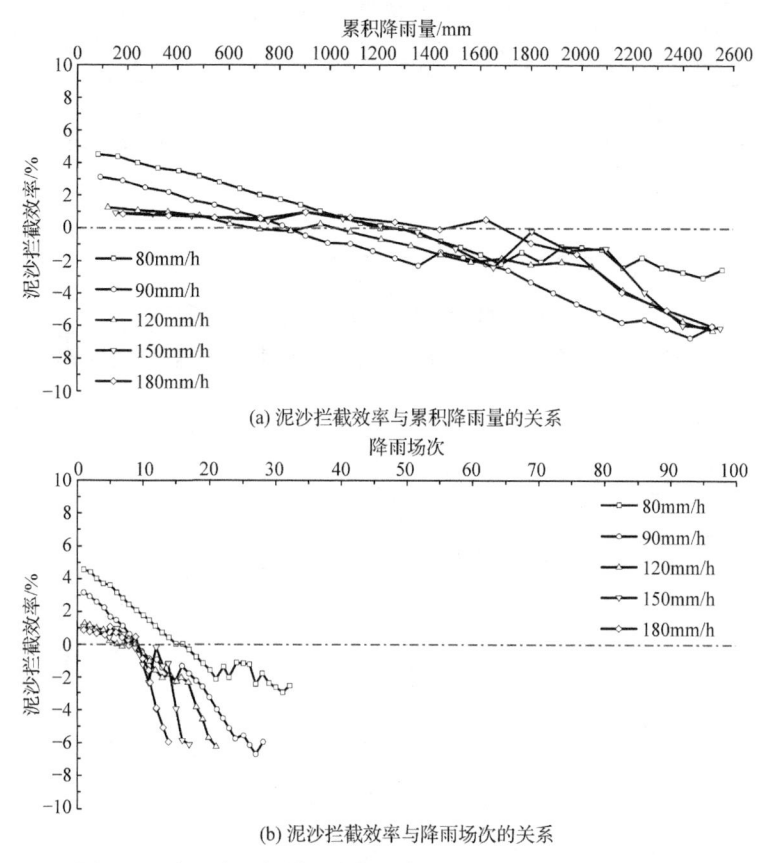

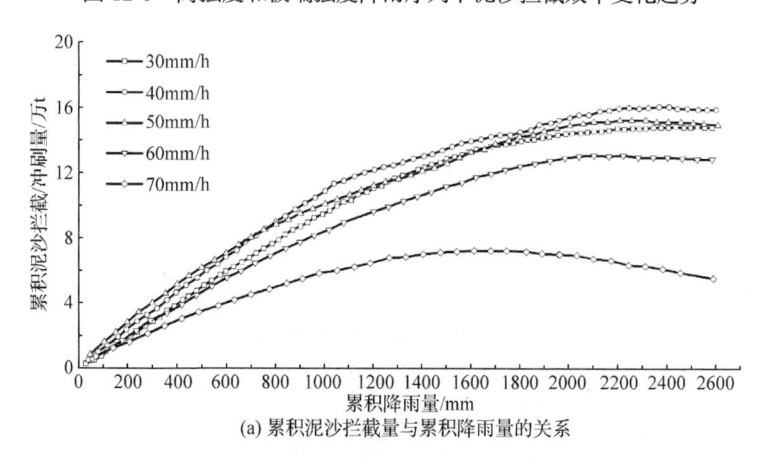

(a) 泥沙拦截效率与累积降雨量的关系

(b) 泥沙拦截效率与降雨场次的关系

图 12-6　高强度和极端强度降雨序列下泥沙拦截效率变化趋势

(a) 累积泥沙拦截量与累积降雨量的关系

(b) 累积泥沙拦截/冲刷量与降雨场次的关系

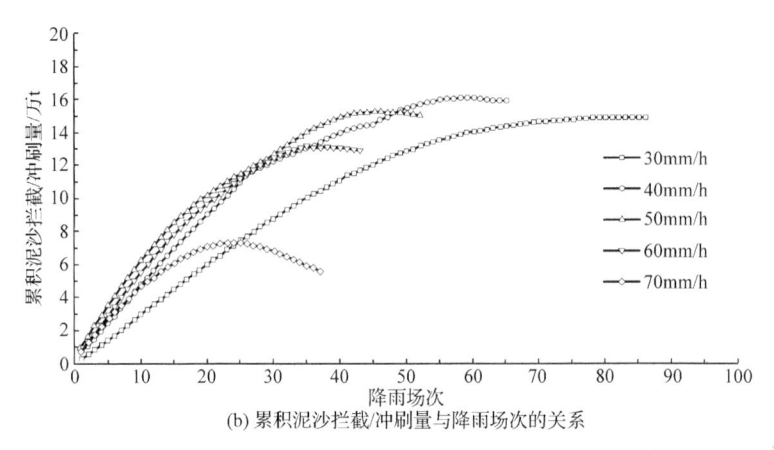

图 12-7　低强度和中等强度降雨序列下坝地累积泥沙拦截/冲刷量

(a) 累积泥沙拦截量与累积降雨量的关系

(b) 累积泥沙拦截/冲刷量与降雨场次的关系

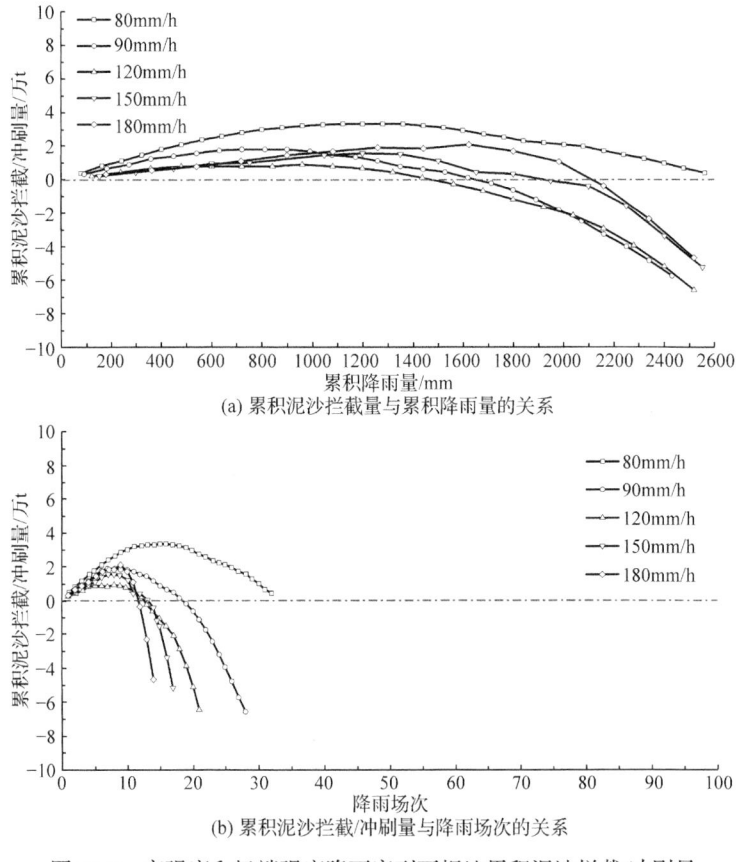

图 12-8　高强度和极端强度降雨序列下坝地累积泥沙拦截/冲刷量

表 12-1 模拟结果汇总

降雨强度分级	降雨强度/(mm/h)	总降雨量[a]/mm	总降雨场次[b]	失效临界值[c]/%	失效所需场次[d]	失效时的累积降雨量/mm	失效前累积拦沙量/万 t
低	30	2580	86	−0.56	81	2430	14.82
	40	2600	65	−0.12	62	2480	15.99
中等	50	2600	52	−0.49	46	2300	15.21
	60	2580	43	−0.14	36	2160	13.07
	70	2590	37	−0.01	24	1680	7.25
高	80	2560	32	0.00	15	1200	3.33
	90	2520	28	−0.41	10	900	1.78
极端	120	2520	21	−0.02	6	720	0.86
	150	2550	17	−0.22	9	1350	1.49
	180	2520	14	−0.07	8	1440	1.85

注：a. 每个降雨序列的累积降雨总量；b. 每个降雨序列的总降雨场次；c. 每个降雨序列下首个 STE 非正值；d. 首个 STE 非正值出现的降雨场次。

在不同强度的降雨序列下，坝地的泥沙拦截效率以不同的速率下降，且在不同的场次节点达到失效临界值。随着降雨强度由 30mm/h 逐渐增加至 120mm/h，泥沙拦截效率减少至 0 所需的降雨场次越来越少，暗示着高强度降雨下淤地坝的额外库容要小于低强度降雨下的额外库容。例如，在 30mm/h 的低强度降雨序列下，需要运行 81 场降雨-洪水事件才能使坝地的泥沙拦截效率首次小于等于 0；在 80mm/h 的高强度降雨序列下，仅需要运行 15 场降雨-洪水事件就能使坝地失去泥沙拦截能力。在淤地坝失效前，30mm/h 低强度降雨序列和 80mm/h 高强度降雨序列下坝地的额外库容(失效前累积拦沙量)分别为 14.82 万 t 和 3.33 万 t。

对于低强度降雨序列(30mm/h、40mm/h)，在总共 2600mm 的累积降雨量下，坝地的泥沙拦截效率变化分为三个阶段：

(1) 在前 10~20 场降雨-洪水事件中，泥沙拦截效率缓慢下降，坝地仍保持较强的泥沙拦截能力。例如，40mm/h 的低强度降雨序列下，15 场降雨-洪水事件后泥沙拦截效率由 95%下降至 80%，在累积降雨量达到 600mm 前仍具有较强的拦截能力，累积拦截约 7.5 万 t 泥沙。

(2) 累积降雨量从 600mm 增加至 1900mm 的阶段，泥沙拦截效率快速地线性下降至 10%左右，此阶段坝地拦沙能力快速削弱[图 12-5(a)]。

(3) 累积降雨量从 1900mm 增加至 2600mm 的阶段，泥沙拦截效率由 10%左右缓慢地减小至失效临界值，并在+1.00%和−1.00%之间摆动。

对于中等强度的降雨序列(50mm/h、60mm/h、70mm/h)，其泥沙拦截效率的变化趋势较为简单：随着降雨场次的增加，从首场降雨-洪水事件的较低初始

STE(初始 STE 分别为 37%、15%和 11%)逐渐减小至失效临界值(分别为-0.49%、-0.14%和-0.01%)。不同的中等强度降雨序列下,坝地达到失效临界值所需的累积降雨量(降雨场次)分别为 2300mm(第 46 场)、2160mm(第 36 场)和 1680mm(第 24 场)(表 12-1),小(少)于低强度降雨序列下需要的累积降雨量(降雨场次)。在低强度和中等强度的降雨序列下,坝地的泥沙拦截效率达到失效临界值后会在+1.00%和-1.00%之间摆动,暗示着坝地会在之后的一段时间内保持近似冲淤平衡的状态。

对于高强度和极端强度的降雨序列,坝地的泥沙拦截效率变化趋势可总结为初始泥沙拦截效率较小,很快失效且失效后坝地内冲刷严重。例如,在 120mm/h 降雨序列下,首场降雨-洪水事件的泥沙拦截效率仅为 1.6%,且在第 6 场降雨-洪水事件后即达到拦沙拦截效率的失效临界值,此时坝地的累积降雨量仅为 720mm,仅拦截泥沙 0.86 万 t(表 12-1 和图 12-8)。

结合表 12-2、图 12-5~图 12-8 可以看出,达到设计库容以后,淤地坝在中低强度的降雨条件下仍具有一定的额外库容,能够在失效前拦截大量的泥沙;达到失效临界值后能以冲淤平衡的状态运输上游来沙,使得坝地上已经淤积的泥沙很少在下一场降雨-洪水事件中被冲走。例如,30mm/h、40mm/h、50mm/h 降雨序列下坝地达到失效临界值前分别能够拦截泥沙 14.82 万 t、15.99 万 t 和 15.21 万 t,而模拟终止(累积降雨量约为 2600mm)时坝地上拦截的泥沙只分别略微减少至 14.81 万 t、15.92 万 t 和 14.96 万 t。可以说,在这三种强度的降雨序列下,坝地的额外库容是较为稳定可靠的额外库容。蛇家沟 1#坝的设计库容为 54.59 万 t(20.6 万 m^3),通过计算可得,在模拟的终止时刻,30mm/h、40mm/h 和 50mm/h 降雨序列下淤地坝的额外库容分别为设计库容的 27.13%、29.16%和 27.40%(表 12-2)。中等强度降雨序列下,随着降雨强度的增加,坝地的额外库容减少至 12.85 万 t(60mm/h)和 5.51 万 t(70mm/h),分别约为设计库容的 23.54%和 10.09%。在高强度甚至极端降雨条件下,坝地的额外库容很难发挥作用。例如,80mm/h 降雨序列下达到失效临界值前坝地拦截了 3.33 万 t 泥沙,然而这 3.33 万 t 泥沙在随后的降雨-洪水事件中几乎被全部冲走,最终仅剩 0.41 万 t 泥沙,最终的额外库容仅占设计库容的 0.75%;150mm/h 降雨序列下,淤地坝失效前能拦截 1.49 万 t 泥沙,然而在模拟的最终时刻,坝地反而被冲走了约 5.18 万 t 泥沙。

表 12-2 不同降雨序列下的额外库容

降雨强度分级	降雨强度/(mm/h)	失效前累积拦沙量/万 t	失效前额外库容占比/%	模拟终止时累积泥沙拦截/冲刷量/万 t	模拟终止时额外库容占比/%
低	30	14.82	27.15	14.81	27.13
	40	15.99	29.29	15.92	29.16

续表

降雨强度分级	降雨强度/(mm/h)	失效前累积拦沙量/万 t	失效前额外库容占比/%	模拟终止时累积泥沙拦截/冲刷量/万 t	模拟终止时额外库容占比/%
中等	50	15.21	27.86	14.96	27.40
	60	13.07	23.94	12.85	23.54
	70	7.25	13.28	5.51	10.09
高	80	3.33	6.10	0.41	0.75
	90	1.78	3.26	−6.55	−11.99
极端	120	0.86	1.58	−6.49	−11.89
	150	1.49	2.73	−5.18	−9.48
	180	1.85	3.39	−4.66	−8.54

注：额外库容占比指额外库容占设计库容的百分比。

图 12-9 和图 12-10 为每一个降雨序列下坝地的径流拦截效率、泥沙拦截效率和累积泥沙拦截/冲刷量随累积降雨量的变化过程。可以看出，坝地的径流拦截效率随累积降雨量增加而下降的速率比泥沙拦截效率下降的速率快，说明坝地的泥沙拦截能力持续时间久于坝地的径流拦截能力。此外，淤地坝在不同降雨序列下

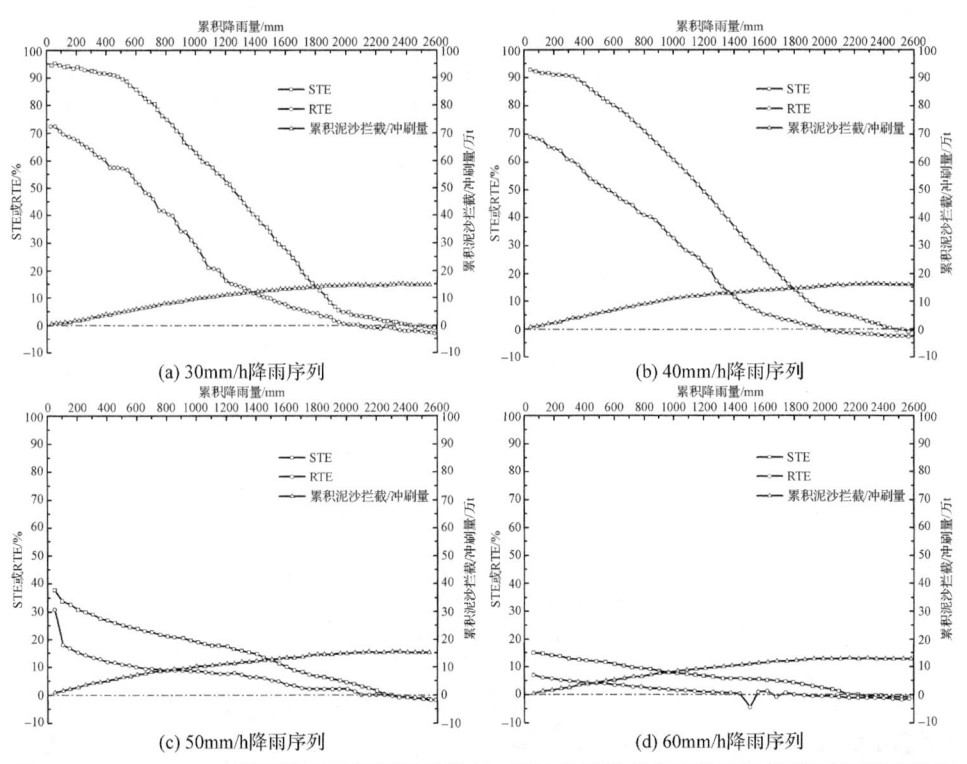

图 12-9 30～60mm/h 降雨序列下径流拦截效率、泥沙拦截效率和累积泥沙拦截/冲刷量随累积降雨量的变化趋势

的径流拦截效率变化趋势与泥沙拦截效率变化趋势基本一致:低强度和中等强度降雨条件下,径流拦截效率先缓慢下降,然后快速线性下降,最后达到平衡状态;高强度和极端降雨条件下,淤地坝对径流的拦截能力很快消失,且坝地上的产流能力加强,导致最终坝地控制区域的出流量大于入流量。

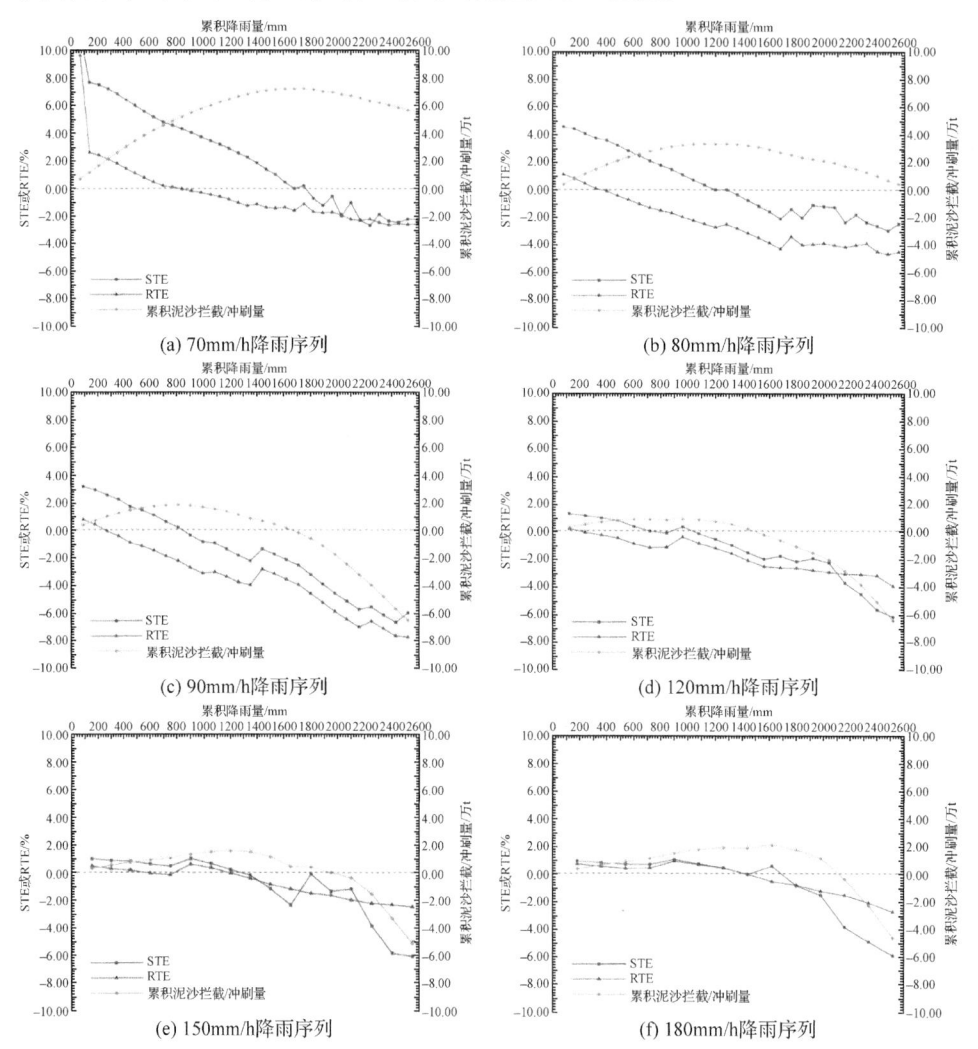

图 12-10 70~180mm/h 降雨序列下径流拦截效率、泥沙拦截效率和累积泥沙拦截/冲刷量随累积降雨量的变化趋势

以上结果表明,给定一个流域内所有降雨-洪水事件的平均降雨强度,可以粗略地用流域内已发生的累积降雨量判断一个"淤满"(已达到设计库容)的淤地坝实际处于何种状态,是否还能拦沙。蛇家沟 1#坝在蛇家沟流域内最大水沙阻控能力的判定关系见图 12-11。

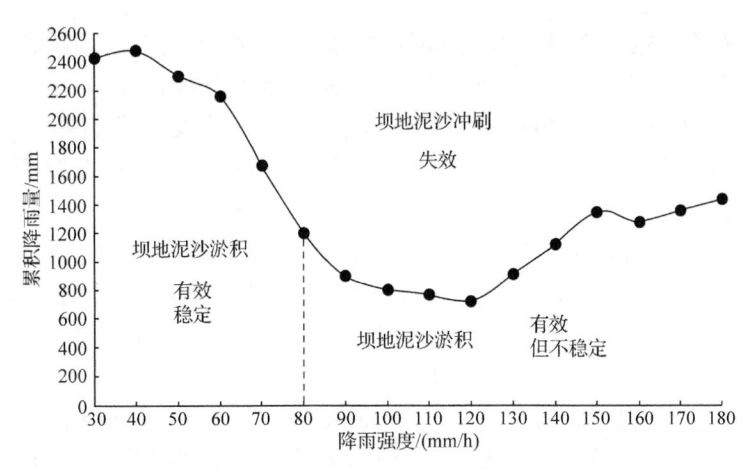

图 12-11　以流域累积降雨特征表征的达到设计库容后淤地坝的最大水沙阻控能力

(1) 在累积降雨量-降雨强度关系线的上侧，蛇家沟 1#坝处于失效状态，坝地在中低降雨强度的降雨-洪水事件中冲淤平衡，但在高强度和极端降雨-洪水事件中处于冲刷状态。

(2) 在累积降雨量-降雨强度关系线的下侧，蛇家沟 1#坝处于有效状态。坝地在 30~80mm/h 降雨强度的降雨-洪水事件中仍能够拦截一定量的泥沙，并且拦截能力较为稳定(下一场降雨中大概率仍然能够拦截泥沙，且坝地上的泥沙不容易在下一场事件中被冲走)；在降雨强度 80mm/h 以上的降雨-洪水事件中，坝地仍有可能拦截少量泥沙，但是拦截能力不稳定。

以上判定关系将一个达到设计库容后的淤地坝在未来降雨-洪水事件中是否拦沙与流域的气象条件相关联，使淤地坝管理者和水土保持工作者能够根据流域的气象数据来粗略判断一个淤地坝目前处于何种状态，对研究和预报未来黄土高原小流域水沙变化趋势有一定的参考价值。需要指出的是，与模拟情景不同，真实流域内的降雨过程不可能是恒定降雨强度的，黄土高原多沙粗沙区流域内的高强度降雨往往历时较短，且在同一场降雨中多次出现(唐鸿磊等，2023；袁水龙，2021；潘明航，2021)。未来的模拟研究中，为了进一步提高判定的准确性，还须更为详细和全面地考虑降雨过程的差异性。

12.4　淤满条件下坝地泥沙淤积/侵蚀分布规律

12.4.1　坝地及其影响区内的淤积/侵蚀分布

图 12-12~图 12-15 为不同强度降雨序列(30mm/h、60mm/h、90mm/h 和 120mm/h)下，在累积降雨量(AccR)相同(90mm/h 降雨序列下相近)时场次降雨-洪水事件后，

坝地各个区域按式(12-3)计算得到的泥沙拦截/冲刷量。在 30mm/h 降雨序列下，近坝区、坝地中段和库尾区三个区域在累积降雨量小于等于 1800mm 时处于淤积状态；当累积降雨量达 2400mm 时，坝地中段区域首先发生侵蚀(冲刷了 220t 泥沙)，但整体上整个坝地及其影响区处于冲淤平衡的状态。60mm/h 降雨序列下三个区域的冲淤分布与 30mm/h 降雨序列下相似，最终在坝地中段和近坝区均发生侵蚀(分别冲刷了 340t 和 410t 泥沙)，其最终冲淤平衡状态由库尾区较多的淤沙和另外两个区域同时冲沙构成。在 90mm/h 降雨序列下，侵蚀过程较早地(累积降雨量仅达 1170mm，第 13 场降雨)从坝地中段和近坝区发生，并最终逐渐蔓延至上游的库尾区，最终形成全区域冲刷状态。在 120mm/h 降雨序列下，冲刷过程很早就发生并且蔓延至整个区域，累积降雨量达 2400mm 的第 20 场降雨-洪水事件中又在库尾区发生泥沙淤积，但库尾区淤积量远小于下游冲刷量。在不同强度降雨序列下，从三个区域不同"时刻"(累积降雨量)的冲淤分布可以总结得出：

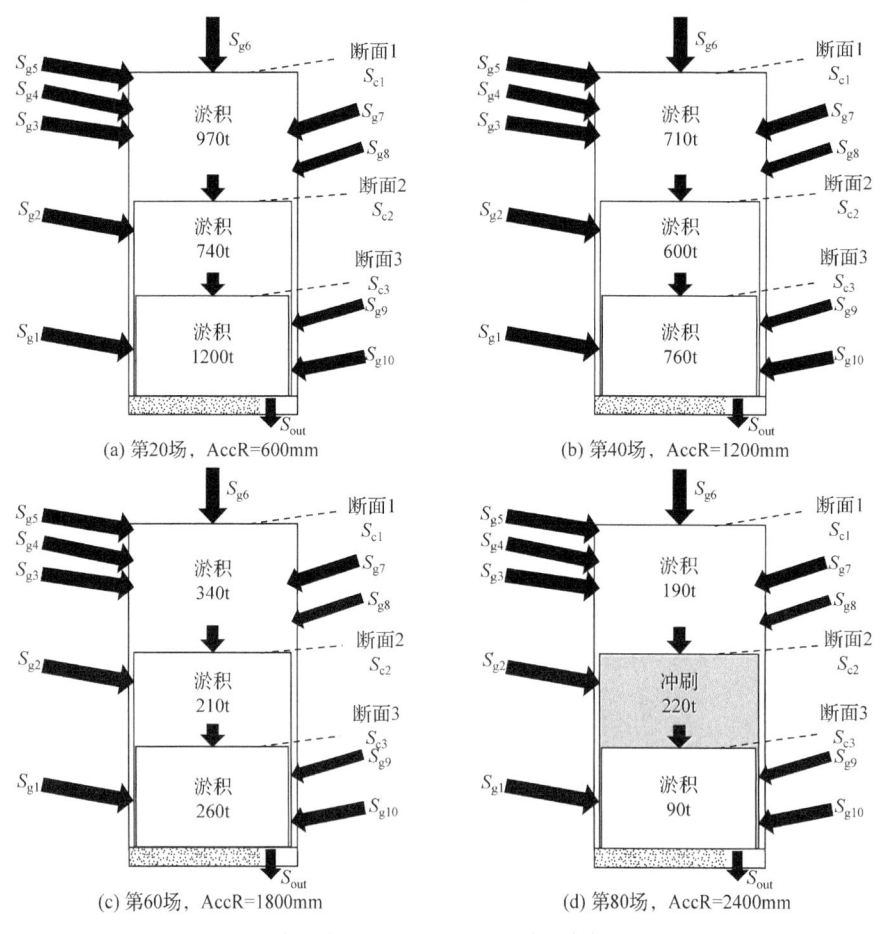

图 12-12 30mm/h 降雨序列下的单场降雨-洪水事件后的淤积/冲刷分布

第 12 章　淤满淤地坝水沙阻控能力及其淤积/侵蚀规律 ·341·

(a) 第10场，AccR=600mm

(b) 第20场，AccR=1200mm

(c) 第30场，AccR=1800mm

(d) 第40场，AccR=2400mm

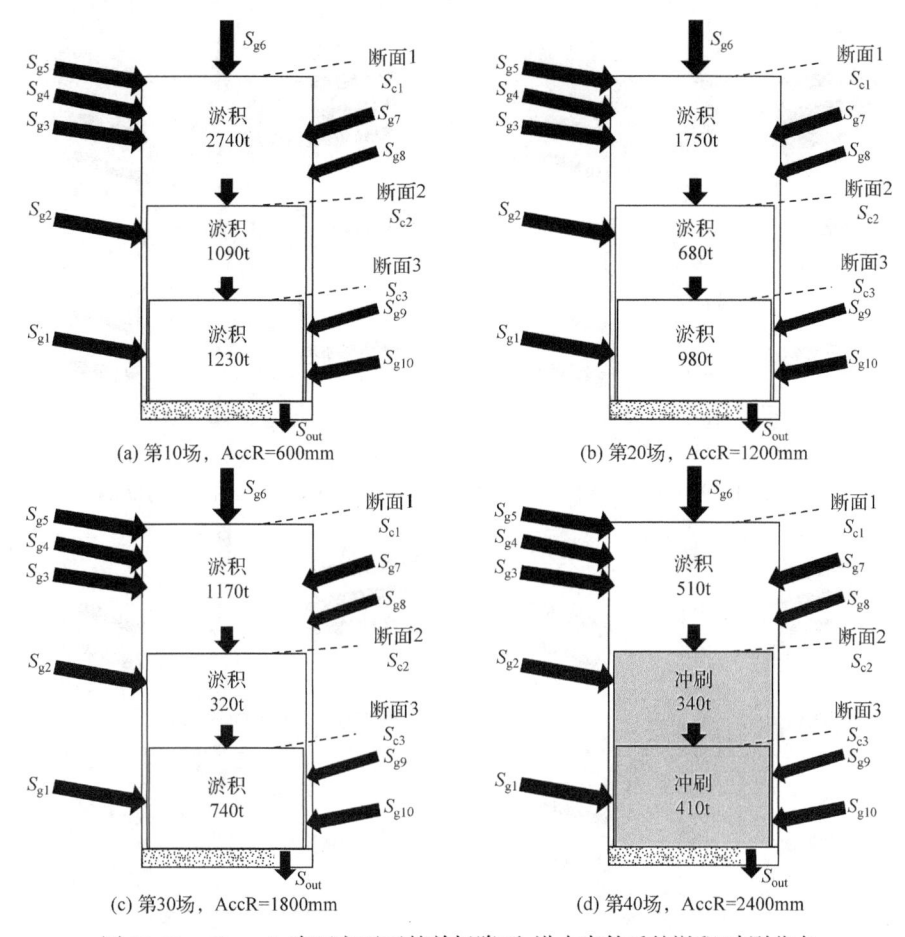

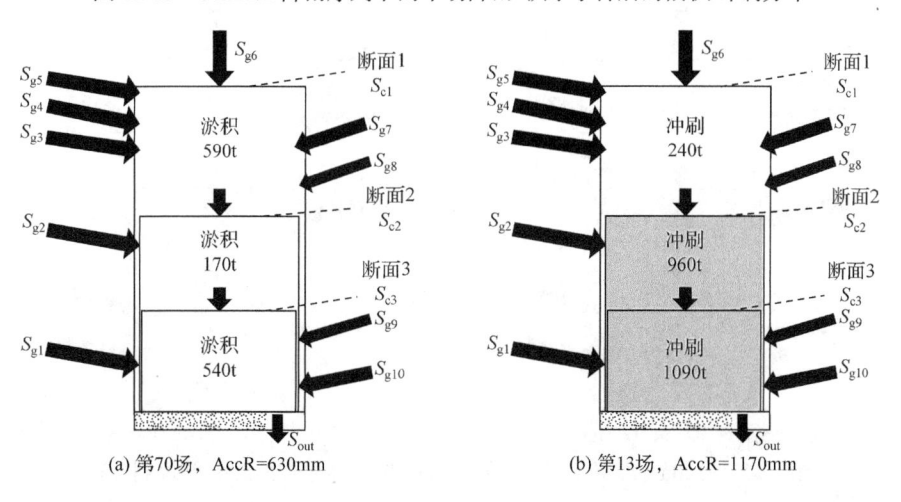

图 12-13　60mm/h 降雨序列下的单场降雨-洪水事件后的淤积/冲刷分布

(a) 第70场，AccR=630mm

(b) 第13场，AccR=1170mm

(c) 第20场，AccR=1800mm   (d) 第27场，AccR=2430mm

图 12-14　90mm/h 降雨序列下的单场降雨-洪水事件后的淤积/冲刷分布

(a) 第5场，AccR=600mm   (b) 第10场，AccR=1200mm

(c) 第15场，AccR=1800mm   (d) 第20场，AccR=2400mm

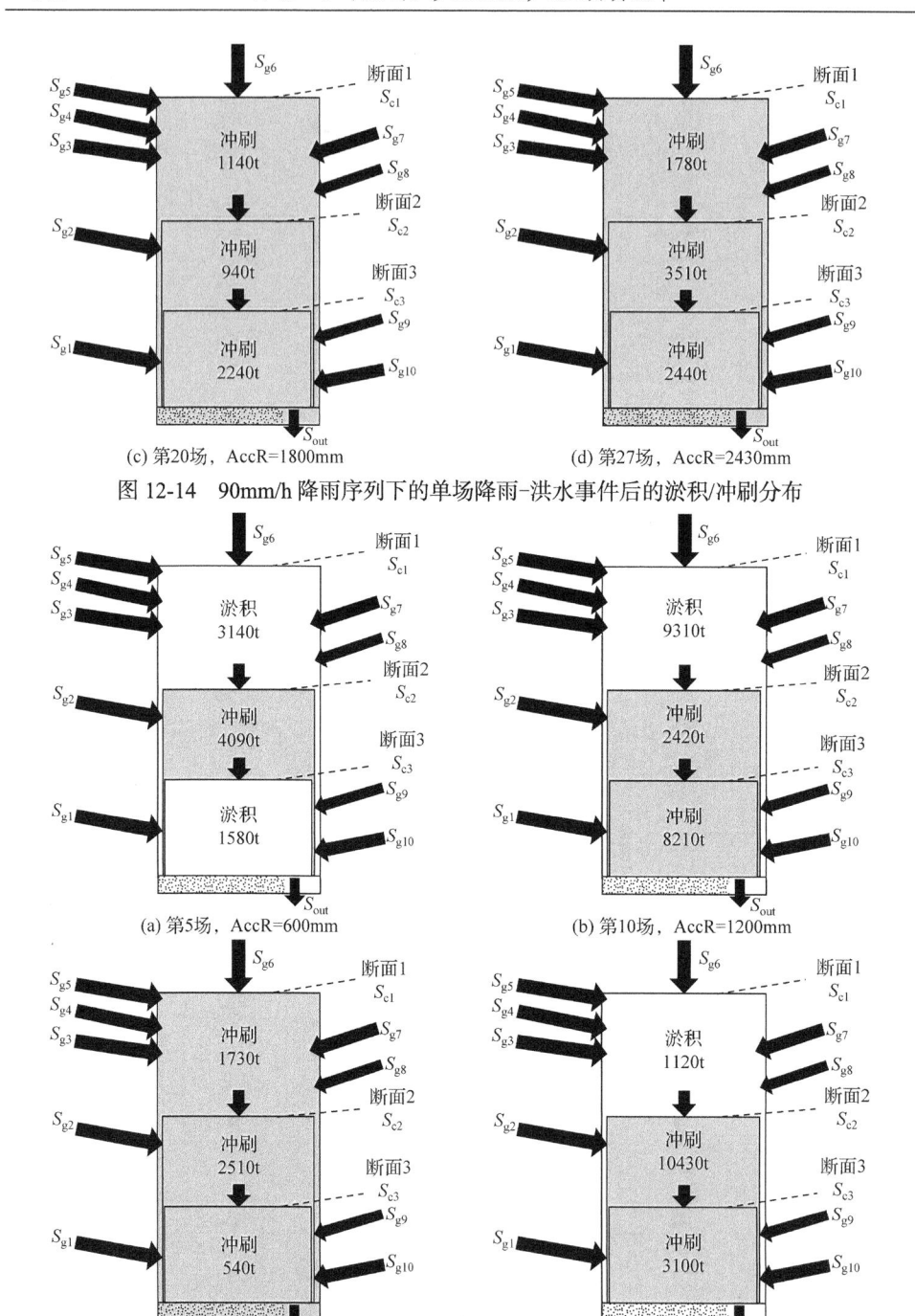

图 12-15　120mm/h 降雨序列下的单场降雨-洪水事件后的淤积/冲刷分布

(1) 在额外库容下运行的淤地坝,其库尾区是最主要的淤沙区域,在多次的降雨-洪水事件后仍能在三个区域中保持最高的淤积量;

(2) 蛇家沟流域坝地中段率先冲刷,主要是因为其正好处于河道束窄的位置,流速和水深增加,该区域的径流侵蚀功率增长最快。

总体来说,在额外库容下运行的淤地坝,近坝区和坝地中段是主要的冲刷区。

12.4.2 纵向淤积剖面对比

图 12-16 为不同降雨序列下坝地泥沙拦截效率达到失效临界值(STE 首次小于等于 0)时主河道中轴线相对初始状态的高程变化。在低强度(30mm/h 和 40mm/h)降雨序列下,自上而下(从库尾区到近坝区)的淤积过程明显地将原本平缓的坝地重新堆积成一个近似梯形的淤积体,形成较大且稳定的额外库容。在中等强度(50mm/h、60mm/h 和 70mm/h)降雨序列下,近坝区的单次淤积量随降雨强度增大而明显减少,坝地上的泥沙形成一个近似直角三角形(斜边为中轴线高程变化)的淤积体。在高强度和极端降雨序列下,由高程变化曲线的剧烈起伏可以看出,坝地不同位置的冲淤变化随降雨强度的增加而变得越来越剧烈,未能形成明显的淤积层。

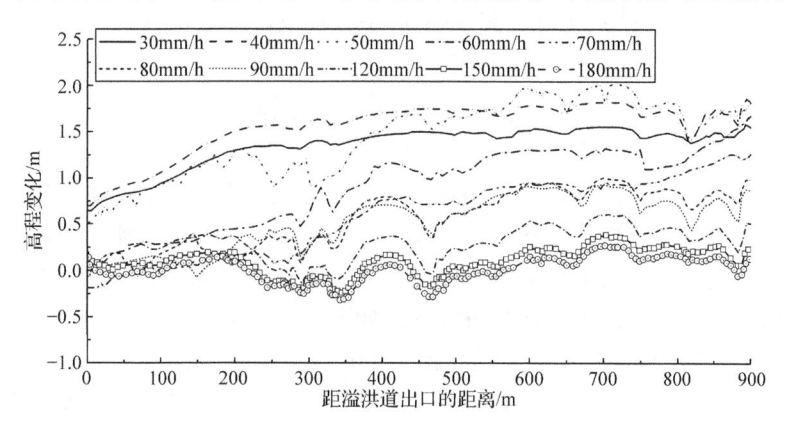

图 12-16 不同降雨序列下坝地泥沙拦截效率达到失效临界值时主河道中轴线相对初始状态的高程变化

根据式(12-4)计算主河道中轴线的平均纵向坡度:

$$\overline{S} = \frac{\dfrac{z_{j-1}-z_j}{x_j-x_{j-1}}+\dfrac{z_j-z_{j+1}}{x_{j+1}-x_j}}{2n} \tag{12-4}$$

式中,z 为中轴线上各点的高程;x 为各个点距溢洪道出口的距离;j 为节点编号;n 为节点总数。

不同降雨序列下坝地泥沙拦截效率达到失效临界值时主河道中轴线的平均纵向坡度如图 12-17 所示。在所有降雨序列中,60mm/h 降雨序列失效临界时刻的平均纵向坡度最大。可能的原因是此强度降雨的连续驱动,既能保证在前几场(或前十几场)降雨-洪水事件中库尾区形成较高的新淤积层(相比更高强度的降雨序列),又能保证在临近失效的几场(或十几场)降雨-洪水事件中坝地中段和近坝区发生较强烈的冲刷过程(相比低强度降雨序列),进一步削尖了前端淤积层,使得"三角形淤积层"的坡度变大。

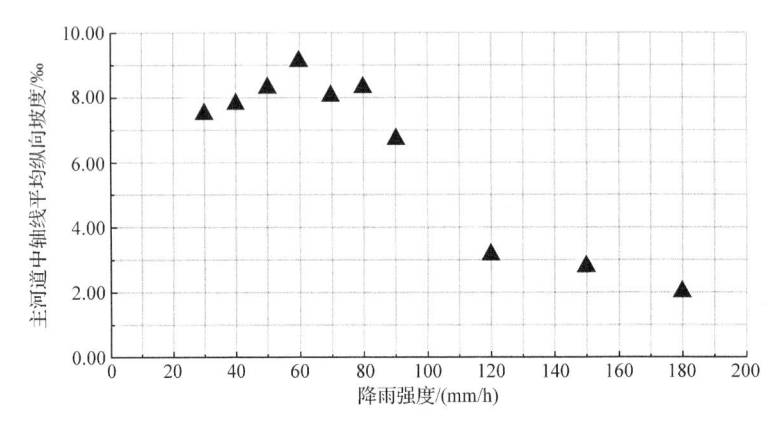

图 12-17 降雨强度与主河道中轴线平均纵向坡度的关系

12.5 本章小结

本章以连续的降雨-洪水事件为切入点,借助动网格模块,描述了淤地坝达到设计库容以后的动态淤积过程,量化了不同强度降雨序列下坝地能够达到的最大额外库容,完善了对淤地坝全寿命周期下最大水沙阻控能力的认识。淤地坝在设计库容以上的最大水沙阻控能力可以总结如下。

(1) 达到设计库容以后,淤地坝的水沙拦截效率在不同强度降雨序列的冲击下,以不同的速率下降,直至淤地坝真正失效。降雨序列的降雨强度越小,淤地坝失效越慢。

(2) 在中低强度降雨的冲击下,淤地坝在失效前能形成约 24.30%设计库容的额外库容,失效后会处于一个冲淤平衡的状态,使其至模拟终止时刻仅损失约 0.84%设计库容的额外库容;在高强度降雨的冲击下,淤地坝在失效前能形成约 4.68%设计库容的额外库容,然而失效后额外库容很快被冲走,在模拟终止时刻反而被冲走约 5.62%的设计库容;极端降雨冲击下的额外库容更小且更不稳定。

(3) 淤地坝在低强度和中等强度降雨的冲击下,分别能形成设计库容以外的"近似梯形"和"近似直角三角形"的淤积剖面,且淤积层的大小和稳定性随降雨强度的增大而减小,淤积过程主要发生在库尾区,冲刷过程主要发生在坝地中段和近坝区[图 12-18(a)和(b)]。淤地坝在高强度和极端降雨序列的冲击下，难以形成稳定的额外淤积层，此时在坝地影响区内以泥沙冲刷为主[图 12-18(c)]。

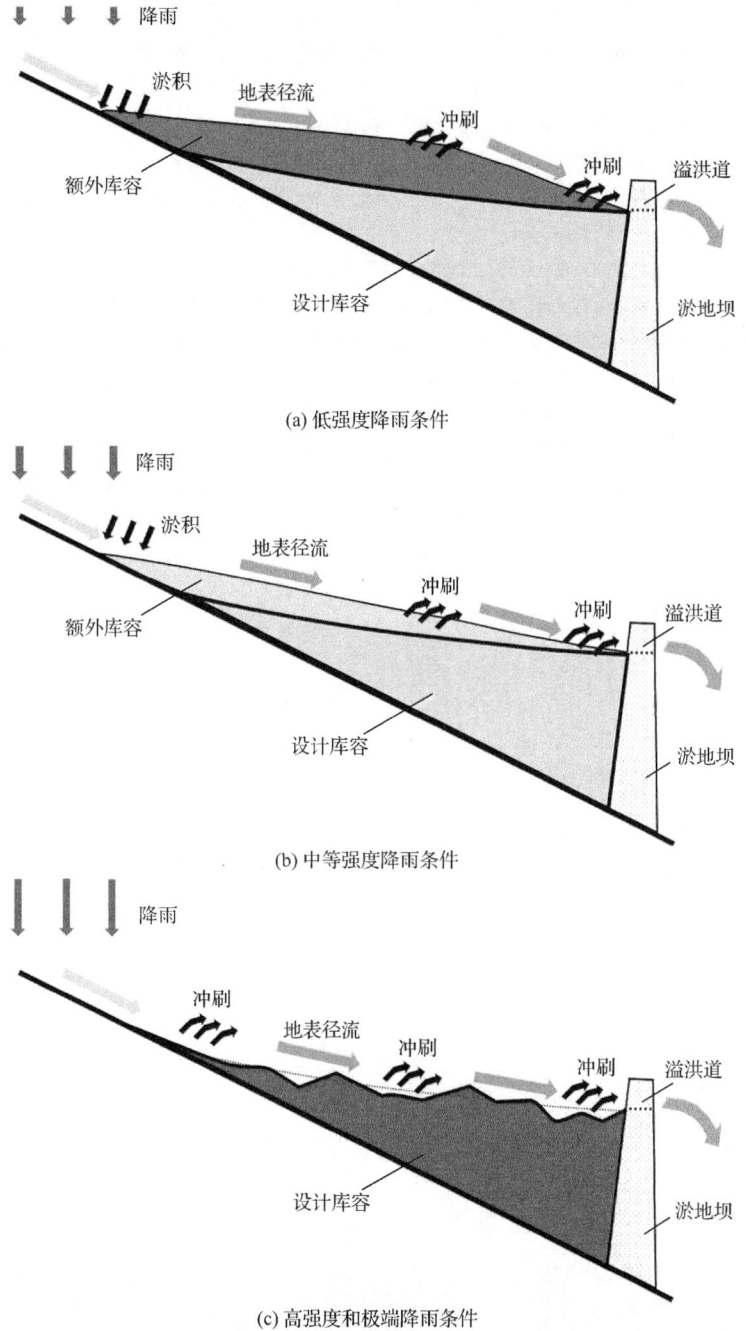

(a) 低强度降雨条件

(b) 中等强度降雨条件

(c) 高强度和极端降雨条件

图 12-18 不同降雨条件下淤地坝的最大水沙阻控效益示意图

参 考 文 献

封扬帆, 2023. 淤地坝对流域地形影响及水沙过程调控作用研究[D]. 西安: 西安理工大学.
高云飞, 郭玉涛, 刘晓燕, 等, 2014. 陕北黄河中游淤地坝拦沙功能失效的判断标准[J]. 地理学报, 69(1): 73-79.
潘明航, 2021. 黄土高原多沙粗沙区典型坝控流域泥沙来源研究[D]. 西安: 西安理工大学.
唐鸿磊, 2019. 淤地坝全寿命周期内的流域水沙阻控效率分析[D]. 杭州: 浙江大学.
唐鸿磊, 陈菊, 沈春颖, 等, 2023. 饱和导水率异质性对黄土高原浅层滑坡的影响[J]. 清华大学学报(自然科学版), 63(12): 1946-1960.
王飞超, 2023. 黄土高原淤地坝系安全运行与水沙资源利用潜力研究[D]. 西安: 西安理工大学.
辛涛, 2023. 黄土区典型流域生态建设治理对洪水动力过程的影响机理[D]. 西安: 西安理工大学.
袁水龙, 2021. 黄土高原淤地坝系对流域水文泥沙过程调节作用研究[D]. 西安: 西安理工大学.
YUAN S, LI Z, CHEN L, et al., 2022a. Influence of check dams on flood hydrology across varying stages of their lifespan in a highly erodible catchment, Loess Plateau of China[J]. Catena, 210: 105864.
YUAN S, LI Z, CHEN L, et al., 2022b. Effects of a check dam system on the runoff generation and concentration processes of a catchment on the Loess Plateau[J]. International Soil and Water Conservation Research, 10(1): 86-98.

第13章 典型暴雨条件下淤地坝水沙阻控作用

13.1 陕北"7·26"典型暴雨淤地坝拦沙作用

13.1.1 "7·26"典型暴雨概况

2017年7月25~26日,陕北大理河下游和无定河中游的绥德、子洲部分地区发生持续性的局地强降雨事件,降雨过程主要以分散性短时强降雨为主,多地遭遇短时强降雨,77个雨量站降雨强度超过30mm/h,10个雨量站超过50mm/h,最大达到60.4mm/h,致灾性高,过程总降雨量30~100mm,局地超过200mm(党维勤等,2019)。此次暴雨主要集中在无定河支流大理河流域,其中李家圪站日降雨量达到218.4mm,朱家阳湾站日降雨量201.2mm。受暴雨影响,大理河绥德站洪峰流量达3290m³/s,最大含沙量达837kg/m³,输沙总量为3373万t,为1959年建站以来最大洪水;无定河白家川站洪峰流量达4480m³/s,最大含沙量达873kg/m³,场次洪水输沙量达到7756万t,为1975年建站以来最大洪水。

韭园沟(治理沟)和裴家峁(非治理沟)按照"治理沟与非治理沟对比"的原则布置径流泥沙观测。韭园沟流域经过60多年的治理,沟道形成了完整的坝系控制体系,是黄土高原地区为数不多的以完整坝系为主的治理典型,有217座淤地坝,其中骨干坝27座,中型坝40座,小型坝150座。配置比例为1:1.48:5.56,布坝密度为3.07座/km²。裴家峁流域不仅治理程度较低,而且由于307国道贯穿整个主沟道,主沟道内没有任何淤地坝。

表13-1为黄河水土保持绥德治理监督局关于韭园沟、裴家峁、王茂沟、桥沟和辛店沟流域的观测结果。由表中数据可以看出:韭园沟和裴家峁两个流域降雨量接近;裴家峁流域径流深为45.50mm,韭园沟流域径流深为18.39mm,裴家峁流域径流深是韭园沟流域的2.47倍;裴家峁流域洪峰流量模数为3.21m³/(s·km²),韭园沟流域洪峰流量模数为0.52m³/(s·km²),裴家峁流域洪峰流量模数是韭园沟流域的6.17倍。淤地坝等治理措施在"7·26"暴雨中发挥了重要的削峰滞洪作用。同时,韭园沟流域最大含沙量为170kg/m³,裴家峁流域最大含沙量为382kg/m³,显示出尽管韭园沟流域降雨历时长、降雨强度大,但经过淤地坝的层层拦截,沟口洪峰流量和含沙量均已大大降低,进一步证明淤地坝等水土保持措施在拦沙淤泥方面的重要作用。

表 13-1 典型流域"7·26"暴雨径流-输沙特征

流域名称	控制面积/km²	降雨历时	降雨量/mm	径流深/mm	径流系数	洪峰流量/(m³/s)	最大含沙量/(kg/m³)	输沙模数/(t/km²)
韭园沟	70.11	51:20	156.1	18.39	0.12	36.14	170	1914
裴家峁	39.30	36:30	156.7	45.50	0.29	126.10	382	7595
王茂沟	5.97	12:00	179.6	17.29	0.10	24.26	382	5965
桥沟	0.45	7:40	113.2	13.78	0.12	1.99	364	2228
辛店沟	1.77	7:50	106.3	1.64	0.02	0.52	48	53

13.1.2 陕北"7·26"暴雨区淤地坝建设情况

1. 子洲县、绥德县淤地坝分布

淤地坝是黄土高原沟壑整治的重要工程措施，已有400余年历史。根据第一次全国水利普查，黄土高原共有骨干坝5655座,中小型坝52791座(杨媛媛,2021)。截至2014年，陕西省共建成淤地坝33831座，占整个黄土高原地区淤地坝总数的一半以上，总库容68亿 m³，累计拦泥50多亿 t，淤成坝地6万多公顷(1公顷=10000m²)，年产粮食4亿 kg(李佳佳，2021)，在削洪蓄水、防洪保安、拦泥淤地、增产增收、促进经济社会发展等方面效益显著，深受当地群众欢迎。

截至2015年底，榆林市共建成淤地坝18269座，总库容达40亿 m³，骨干坝：中型坝：小型坝为1:4.2:6.7。子洲县淤地坝共2039座，其中骨干坝215座，中型坝864座，小型坝960座。绥德县淤地坝共2906座，其中骨干坝134座，中型坝589座，小型坝2183座，见表13-2。

表 13-2 陕西省、榆林市及子洲县、绥德县淤地坝建设统计表

统计指标	陕西省	榆林市	子洲县	绥德县
淤地坝总数/座	33831	18269	2039	2906
总库容/万 m³	682292	404093	52195	35573
拦泥库容/万 m³	531890	344607	44955	30988
可淤地面积/hm²	88781	45517	5537	4171
坝控面积/km²	33767	21561	1974	2052
骨干坝/座	2617	1542	215	134
总库容/万 m³	294949	173065	22485	14275
拦泥库容/万 m³	216363	134268	16738	11769
可淤地面积/hm²	27048	13375	2072	973
坝控面积/km²	11174	7079	862	675

续表

统计指标	陕西省	榆林市	子洲县	绥德县
中型坝/座	9211	6413	864	589
总库容/万 m³	244847	156792	23214	11979
拦泥库容/万 m³	206189	136103	22282	10277
可淤地面积/hm²	33780	19766	2653	1737
坝控面积/km²	12218	8407	762	763
小型坝/座	22003	10314	960	2183
总库容/万 m³	142496	74236	6496	9319
拦泥库容/万 m³	109338	74236	5935	8942
可淤地面积/hm²	27953	12376	812	1461
坝控面积/km²	10375	6075	350	614

从空间分布上看，子洲县、绥德县骨干坝分布较为均匀，详见图 13-1。

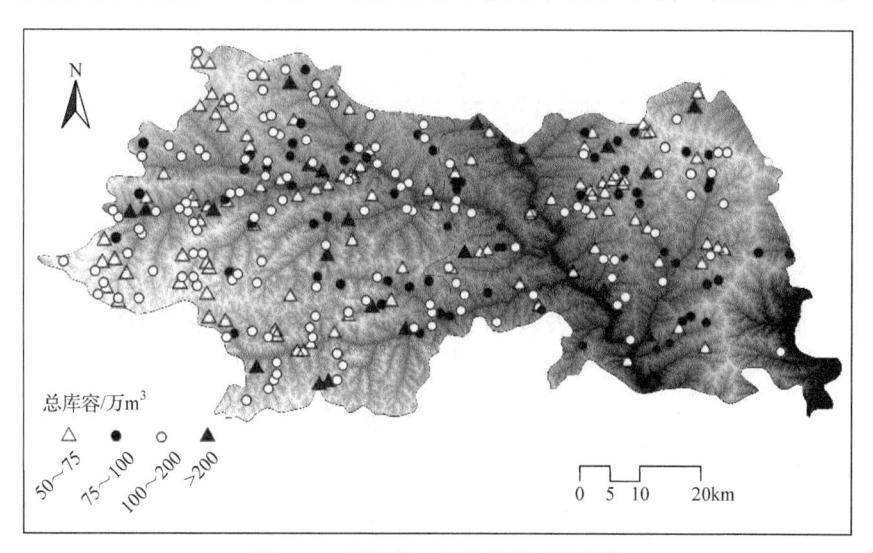

图 13-1　子洲县、绥德县骨干坝分布

2. 韭园沟坝系布局特征

以绥德县韭园沟为典型流域，分析暴雨区淤地坝布局特征。韭园沟有 217 座淤地坝，其中骨干坝 27 座，中型坝 40 座，小型坝 150 座。配置比例为 1∶1.48∶5.56，布坝密度为 3.07 座/km²。具体在各沟道分布与配置：27 座骨干坝中 9 座布置在主沟道上，比例为 33.33%，15 座布置在一级支沟上，比例为 55.56%，其余

3座布置在二级支沟上，比例为11.11%，即骨干坝主要分布在一级支沟和主沟道上；40座中型坝中2座布置在主沟道上游，比例为5.00%，29座在一级支沟上，比例为72.50%，其余9座布置在二级支沟上，比例为22.50%，即中型坝集中分布在一级支沟上；小型坝主要布置在二级支沟上，详见图13-2。

图13-2 韭园沟流域淤地坝布局

根据调查统计，韭园沟流域骨干坝一般为"两大件"，在27座骨干坝中，"三大件"10座，占37.0%，"两大件"17座，占63.0%。中型坝一般不设溢洪道，在40座中型坝中，"三大件"7座，占17.5%，"两大件"28座，占70.0%，"一大件"5座，占12.5%。小型坝多数为"一大件"，在150座小型坝中，"两大件"14座，占9.3%，"一大件"136座，占90.7%(表13-3)。

表13-3 淤地坝工程结构统计　　　　　　　　(单位：座)

项目	三大件	两大件	一大件	合计
骨干坝	10	17	0	27
中型坝	7	28	5	40
小型坝	0	14	136	150
合计	17	59	141	217

按照流域坝系划分原则，韭园沟流域坝系分为1个主沟单元和14个子坝系，坝系控制面积多在5km^{2}以下，详见表13-4。

表 13-4　韭园沟流域坝系的基本单元情况

坝系名称	控制流域面积/km²	骨干坝数量/座	中型坝数量/座	小型坝数量/座	淤地坝数量合计/座
主沟单元坝系	31.70	9	7	30	46
王家沟单元坝系	4.27	0	2	10	12
马家沟单元坝系	4.37	0	2	5	7
水堰沟单元坝系	2.17	0	2	3	5
下桥沟单元坝系	2.60	0	1	2	3
马连沟单元坝系	3.58	0	3	6	9
何家沟单元坝系	2.97	1	1	3	5
想她沟单元坝系	3.23	1	1	8	10
高舍沟单元坝系	7.00	3	3	19	25
西雁沟单元坝系	3.10	2	2	11	15
折家沟单元坝系	2.12	1	1	5	7
李家寨单元坝系	10.45	2	2	5	9
王茂沟单元坝系	5.80	2	7	16	25
林碱单元坝系	21.64	4	5	24	33
柳树沟单元坝系	5.72	2	1	3	6

3. 岔巴沟坝系布局特征

在岔巴沟调查的 178 座淤地坝中，小型坝、中型坝和骨干坝分别有 123 座、38 座和 17 座(表 13-5)，占总淤地坝数量的比例分别为 69.1%、21.3%和 9.6%，即岔巴沟流域以小型坝为主(图 13-3)。小型坝、中型坝和骨干坝的平均坝宽分别为 39.4m、66.8m 和 78.1m；淤泥面距坝顶高分别为 2.4m、5.9m 和 7.7m。

表 13-5　岔巴沟流域淤地坝三大件分布

淤地坝类型	平均汇水面积/hm²	坝体(闷葫芦)数量/座	坝体+溢洪道数量/座	坝体+泄水洞数量/座	坝体+溢洪道+泄水洞数量/座	合计/座
小型坝	172.4	84	27	10	2	123
中型坝	224.2	11	8	15	4	38
骨干坝	321.7	6	3	7	1	17
合计	718.3	101	38	32	7	178

注：小型坝淤地坝坝高小于 15m；中型坝坝高为 15～25m；骨干坝坝高大于等于 25m。

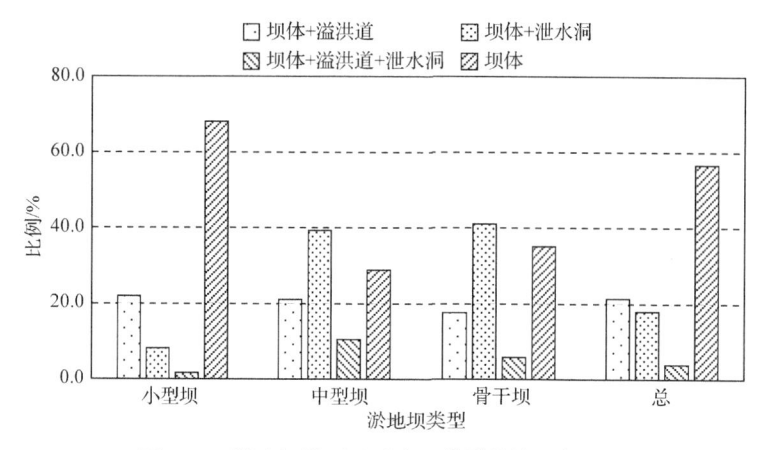

图 13-3 淤地坝类型及泄水和排洪设施配备现状

178 座坝以无排水和泄洪设施的"闷葫芦"坝居多(101 座),占调查总数的 56.7%;同时配备排水(泄水洞)和泄洪设施(溢洪道)的淤地坝极少(7 座),仅占总数的 3.9%。不同类型淤地坝的排水和泄洪设施分布也存在差异。68.3%的小型坝无排水和泄洪设施,仅 1.6%小型坝同时有排水和泄洪设施;28.9%的中型坝无排水和泄洪设施,10.5%的中型坝同时有排水和泄洪设施;35.3%的骨干坝无排水和泄洪设施,5.9%的骨干坝同时有排水和泄洪设施。可见,坝的级别越低,无排水和泄洪设施的"闷葫芦"坝比例越大。

大部分淤地坝修建时间较早或设计标准较低,致使淤地坝的有效库容非常有限。87 座淤地坝淤泥面距坝顶的距离小于 2m,占 48.88%;53 座淤地坝淤泥面距坝顶距离为 2~6m,占 29.77%(表 13-6)。

表 13-6 淤地坝淤积情况

淤泥面距坝顶距离/m	数量/座	比例/%
<1	55	30.90
1~2	32	17.98
2~6	53	29.77
>6	38	21.35
合计	178	100

13.1.3 典型流域淤地坝的滞洪拦沙作用

1. 淤积厚度

韭园沟流域共调查淤地坝 977 座,平均淤积厚度为 20.93cm,最大淤积厚度为 135.00cm,淤积厚度统计特征见表 13-7。

第 13 章 典型暴雨条件下淤地坝水沙阻控作用

表 13-7 韭园沟流域淤积厚度统计特征

调查数量/座	平均值/cm	中位数/cm	标准偏差/cm	最小值/cm	最大值/cm	百分位数/cm		
						25%	50%	75%
977	20.93	13.00	22.53	0.00	135.00	5.75	13.00	30.00

从淤积厚度的空间分布上看，韭园沟右岸淤积较左岸严重，多数支流上游淤积较厚(图 13-4)。从类型看，骨干坝平均淤积厚度为 42cm，中型坝平均淤积厚度为 27cm，小型坝平均淤积厚度为 14cm。

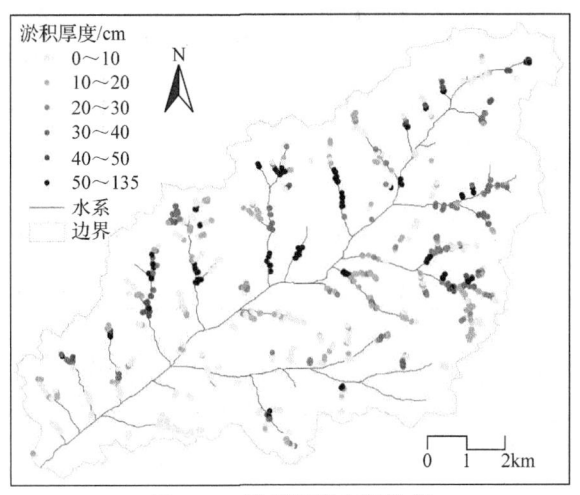

图 13-4 淤积厚度空间分布

2. 流域淤积量

根据计算结果，整个韭园沟流域共淤积泥沙 71.43 万 t，其中骨干坝淤积量为 18.34 万 t，中型坝淤积量为 12.88 万 t，小型坝淤积量为 40.21 万 t，骨干坝、中型坝和小型坝淤积量占总淤积量的比例分别为 26%、18%和 56%(表 13-8)。

表 13-8 不同类型淤地坝淤积量统计表 (单位：t)

类型	淤积量指标	取值
骨干坝	平均值	6791
	中位数	11185
	标准偏差	15359
	最小值	638
	最大值	66932
	淤积量小计	183369

续表

类型	淤积量指标	取值
中型坝	平均值	3221
	中位数	3692
	标准偏差	11616
	最小值	41
	最大值	62978
	淤积量小计	128829
小型坝	平均值	2681
	中位数	666
	标准偏差	1696
	最小值	6
	最大值	7807
	淤积量小计	402115

韭园沟流域淤积量空间分布如图 13-5 所示。淤积量最多的 3 条支沟分别为马连沟、王茂沟以及西雁沟，淤积量分别为 11.92 万 t、11.13 万 t 和 7.48 万 t。

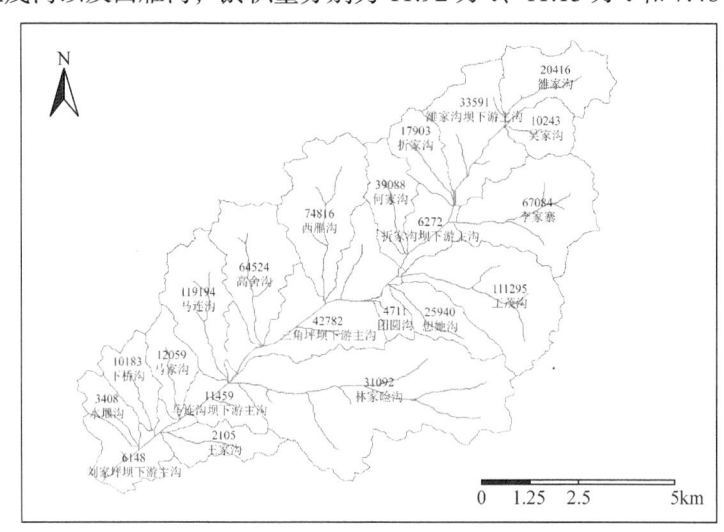

图 13-5 韭园沟流域淤积量空间分布(单位：t)

根据沟口实测资料，进一步分析淤地坝对泥沙的拦蓄作用。王茂沟流域实测输沙模数为 5965t/km², 淤积模数为 19220t/km², 侵蚀模数为 25185t/km², 泥沙输移比为 0.24。韭园沟流域实测输沙模数为 1914t/km², 淤积模数为 10382t/km², 侵蚀模数为 12959t/km², 泥沙输移比为 0.15。由此说明，淤地坝是流域中泥沙重要的汇集地，显著降低了流域泥沙输移比，发挥了巨大的拦沙作用。韭园沟流域各支沟淤积量和淤积模数见表 13-9。

表 13-9 韭园沟流域各支沟淤积量和淤积模数

名称	淤积量/t	面积/km²	淤积模数/(t/km²)
雒家沟	20416	3.13	6514
吴家沟	10243	1.51	6764
李家寨	67084	5.45	12314
西雁沟	74816	4.73	158145
折家沟	17903	1.69	10604
高舍沟	64524	3.90	16556
何家沟	39088	1.90	20603
王茂沟	111295	5.79	19220
马连沟	119194	3.54	46555
想她沟	25940	1.90	13640
团园沟	4711	0.65	7286
林家硷沟	31092	12.32	2523
马家沟	12059	1.73	6954
下桥沟	10183	1.70	5973
水堰沟	3408	1.14	2980
王家沟	2105	1.73	1215
雒家沟坝下游主沟	33591	4.14	8106
折家沟坝下游主沟	6272	1.72	3655
三角坪坝下游主沟	42782	6.11	6997
马连沟坝下游主沟	11459	1.63	7031
刘家坪坝下游主沟	6148	2.37	2591
合计	714313	68.80	10382

13.1.4 暴雨条件下淤地坝损毁特征与原因

1. 子洲县、绥德县淤地坝损毁特征

子洲县骨干坝受损 41 座，占总骨干坝数量的 19.07%；中型坝受损 139 座，占中型坝总数量的 16.09%；小型坝受损 125 座，占小型坝总数量的 13.02%。绥德县骨干坝受损 16 座，占总骨干坝数量的 11.94%；中型坝受损 142 座，占中型坝总数量的 24.11%；小型坝受损 143 座，占小型坝总数量的 6.55%(钟少华，2020)。

子洲县受损骨干坝结构组成如图 13-6 所示。子洲县受损的骨干坝中，56.1%为坝体和溢洪道构成的"两大件"，19.5%为坝体和放水建筑物构成的"两大件"，19.5%为坝体、溢洪道和放水建筑物构成的"三大件"，4.9%为只有坝体的"闷葫芦"坝。本次调查的受损骨干坝有 77%建设时间为 1980 年以前。子洲县受损的 8 座由坝体和放水建筑物组成的骨干坝中，2 座放水建筑物受损，坝体完好，其余 6 座坝体和放水建筑物均受损。8 座"三大件"结构的骨干坝中，1 座坝体受损，2 座坝体和放水建筑物受损，5 座放水建筑物受损。23 座坝体和溢洪道组成的骨干坝中，2 座坝体受损，12 座溢洪道受损，9 座溢洪道和坝体均受损。

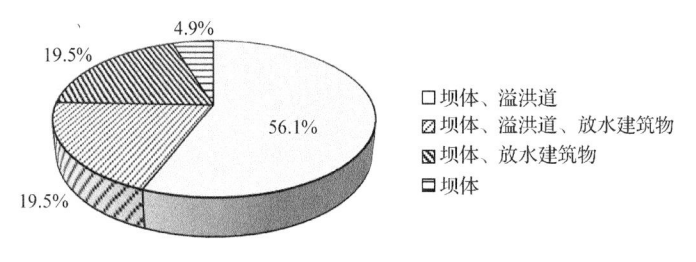

图 13-6 子洲县受损骨干坝结构组成

绥德县受损骨干坝 16 座，其中坝体受损占受损骨干坝数量的 50.00%，放水建筑物受损占 6.25%，坝体和放水建筑物同时受损占 25.00%，坝体和溢洪道同时受损占 18.75%。

子洲县受损的 139 座中型坝中，28%由坝体"一大件"组成，32%由坝体和溢洪道组成，38%由坝体和放水建筑物组成，2%由"三大件"组成。坝体受损的中型坝数量占受损中型坝总数的 53.23%，放水建筑物受损的占 17.99%，溢洪道受损的占 8.63%，坝体和放水建筑物同时受损的占 15.11%，坝体和溢洪道同时受损的占 5.04%。

绥德县受损中型坝 142 座，坝体受损的中型坝数量占受损中型坝总数的 24.65%，放水建筑物受损的占 21.83%，溢洪道受损的占 19.01%，坝体和放水建筑物同时受损的占 16.90%，坝体和溢洪道同时受损的占 17.61%。

2. 韭园沟流域淤地坝损毁特征

韭园沟淤地坝水毁情况：受损骨干坝 5 座，占总骨干坝数量的 18.52%，其中坝体受损的骨干坝数量占受损骨干坝总数的 40.00%，溢洪道受损的占 40.00%，放水建筑物受损的占 20.00%；受损中型坝 23 座，占总中型坝数量的 57.50%，其中坝体受损的中型坝数量占受损中型坝总数的 69.56%，溢洪道受损的占 4.35%，放水建筑物受损的占 4.35%,坝体和放水建筑物同时受损的占 17.39%,坝体和溢洪道同时受损的占 4.35%(表 13-10)。

表 13-10 韭园沟流域淤地坝受损情况 (单位:座)

淤地坝类型	结构受损情况				
	坝体	溢洪道	放水建筑物	坝体及放水建筑物同时受损	坝体及溢洪道同时受损
骨干坝	2	2	1	0	0
中型坝	16	1	1	4	1

3. 岔巴沟流域淤地坝损毁特征

在调查的 178 座淤地坝中,29.2%的淤地坝在"7·26"暴雨中溃坝,12.9%的坝受损,完好的占 50.6%(表 13-11)。发生溃坝的淤地坝,坝体最大开口宽 45.7m,最大开口深 22.3m,平均开口宽 9.2m,平均开口深 5.8m。

表 13-11 淤地坝损毁总体情况

指标	完好	受损	"7·26"溃坝	"7·26"前溃坝	合计
数量/座	90	23	52	13	178
占比/%	50.6	12.9	29.2	7.3	100.0

在不同类型的淤地坝中,"闷葫芦"坝的溃坝多(57 座)、完好少(32 座),分别占"闷葫芦"坝总数的 59%和 33%;"三大件"齐全的淤地坝溃坝少(2 座)、完好多(5 座),分别占"三大件"齐全坝总数的 25%和 63%(表 13-12)。可见,有排水泄水建筑物的淤地坝抵抗洪水的能力明显比"闷葫芦"坝强。

表 13-12 不同类型淤地坝损毁情况 (单位:座)

类型	完好	受损	溃坝	合计
坝体(闷葫芦)	32	8	57	97
坝体+溢洪道	29	11	3	43
坝体+泄水洞	24	3	3	30
坝体+溢洪道+泄水洞	5	1	2	8
合计	90	23	65	178

淤地坝的淤积情况对泄洪能力影响比较大,在"7·26"大暴雨下,淤泥面距坝顶距离大于 6m 的完好淤地坝占比 78.9%,溃坝淤地坝占比 13.2%(表 13-13),其抗洪能力明显好于其他淤积高度的淤地坝。

表 13-13 不同淤积高度淤地坝损毁情况

淤泥面距坝顶距离/m	数量/座				占比/%		
	完好	受损	溃坝	合计	完好	受损	溃坝
<1	25	7	23	55	45.5	12.7	41.8
1~2	13	5	14	32	40.6	15.6	43.8
2~6	22	8	23	53	41.5	15.1	43.4
>6	30	3	5	38	78.9	7.9	13.2
合计	90	23	65	178	50.6	12.9	36.5

13.2 绥德 "7·15" 典型暴雨淤地坝拦沙作用

13.2.1 绥德 "7·15" 暴雨洪水

2012 年 7 月 15 日零时起，绥德县东北部地区相继出现强降雨天气，降雨历时 2h45min，6 个乡镇降雨达到暴雨或者大暴雨。根据绥德县气象局、防汛抗旱指挥中心当日的水文气象资料，绥德县义合镇降雨量为 100.5mm，满堂川镇降雨量达 111.2mm，本次暴雨中心出现在韭园沟毗邻的满堂川镇闫家沟村雨量站，降雨量为 111.2mm。

根据黄河水利委员会绥德水土保持科学试验站韭园沟流域 9 个雨量站的实测资料，韭园沟流域最大降雨量为 98.4mm。其中，马连沟雨量站降雨历时为 1h55min，降雨量为 52.3mm；王家洼降雨历时 2h10min，降雨量为 27.6mm；黑家洼降雨历时 3h35min，降雨量为 62.2mm；其中历时最大降雨强度出现在王茂沟流域，1h 最大降雨量达到 75.7mm。此次降雨来势猛、强度大、历时短，属于特大暴雨。此次强降雨天气造成局部地区山洪、泥石流、冰雹等灾害，韭园沟流域内淤地坝及配套工程，如排洪渠、蓄水池、自流灌溉渠等，在大暴雨中受到不同程度的损坏。

13.2.2 韭园沟流域 "7·15" 暴雨水毁淤地坝情况调查

韭园沟流域 "7·15" 暴雨水毁淤地坝调查结果见表 13-14。韭园沟流域内淤地坝及其配套工程在 "7·15" 大暴雨中受到不同程度的损坏，其中涉及韭园沟示范区建设范围的骨干坝有 2 座，中型、小型淤地坝 21 座，配套工程 10 处。水毁坝以中小型坝为主，中型坝主要是卧管、涵洞等泄水设施遭到破坏，主要与缺乏日常维护管理有关。小型坝水毁严重，大部分是坝体损坏，主要是库容已满或库容太小，洪水漫顶和坝体冲坏发生管涌穿洞而导致最终溃坝。

表 13-14 韭园沟流域"7·15"暴雨水毁淤地坝调查结果

坝型	坝名	水毁类型	损坏程度	坝址位置
骨干坝	想她沟坝	坝体穿洞	重大	三角坪
	上桥沟坝	坝体穿洞	重大	三角坪
中型坝	团卧沟坝	坝体穿洞	较大	三角坪
	下桥沟 2#坝	涵洞、卧管全毁	较大	刘家坪
	羊圈嘴坝	卧管全毁	较大	吴家畔
	林硷村后坝	竖井下陷	较大	林家硷
	烧炭沟坝	溢洪道损毁	较大	林硷村
	蒲家洼村前大坝	放水工程全毁	较大	蒲家洼
	埝堰沟 1#坝	1#轻微	较大	王茂庄
	康河沟 2#坝	坝体损坏	一般	王茂庄
	关地沟 1#坝	坝体损坏	一般	王茂庄
小型坝	邓山坝	坝体损毁	较大	马连沟
	关道沟坝	坝体损坏	一般	高舍沟
	关地沟 2#坝	坝体损坏	一般	王茂庄
	背塔沟坝	竖井、涵洞毁坏	较大	王茂庄
	王塔沟 1#坝	坝体损坏	较大	王茂庄
	埝堰沟 2#坝	2#涵、卧损毁	较大	王茂庄
	埝堰沟 3#坝	3#坝体损坏	较大	王茂庄
	黄柏沟 1#坝	竖井倾斜	较大	王茂庄
	何家沟坝	坝体损坏	一般	李家寨
	步子沟坝	坝体损坏	较大	韭园村
	水堰沟 1#坝	坝体穿洞	较大	刘家坪
	水堰沟 2#坝	坝体穿洞	较大	刘家坪

13.2.3 韭园沟流域"7·15"暴雨淤地坝拦沙作用分析

实地调查"7·15"暴雨后王茂沟流域坝系单元中各淤地坝坝地过水及泥沙淤积情况,根据各单坝溃坝前坝地最大洪水位时的溃坝水深和泥沙淤积厚度,计算得出各坝溃坝前坝内洪水总量和退水后泥沙在坝内的淤积量,如表 13-15～表 13-17 所示。

王茂沟 2#坝以上控制的淤地坝除死地嘴坝外全部水毁,但下泄洪水和泥沙全

表 13-15　王茂沟流域"7·15"洪水泥沙拦蓄情况(王茂沟 2#坝)

坝名	坝型	区间面积/km²	坝间面积/km²	已淤面积/hm²	总库容/万 m³	已淤积库容/万 m³	剩余库容/万 m³	洪水深/m	洪水量/m³	淤积厚度/cm	泥沙淤积量/m³	单位面积淤积量/(m³/hm²)
何家峁坝	小	0.082	0.082	0.37	0.7	0.7	0	1.3	4810	8	296	800
马地嘴坝	中	0.605	0.257	1.45	12	12	0	1.35	19575	46	6670	4600
死地嘴1#坝	中	0.512	0.37	2.65	24.6	24.6	0	1.14	30210	48	12720	4800
死地嘴2#坝	小	0.142	0.142	0.41	1.2	1.2	0	0.9	3690	5	205	500
王塔沟1#坝	小	0.05	0.05	0.63	2	2	0	1.2	7560	42	2646	4200
王塔沟2#坝	小	0.298	0.298	0.97	0.3	0.3	0	1.26	12222	6	582	600
关地沟1#坝	中	1.302	0.223	2.54	40.3	19.2	21.1	1.52	38608	42	10668	4200
关地沟2#坝	小	0.12	0.12	0.43	1.4	1.4	0	1.75	7525	45	1935	4500
关地沟3#坝	小	0.204	0.204	0.75	1.4	1.4	0	1.42	10650	56	4200	5600
背塔沟坝	小	0.186	0.186	0.75	3.2	3.2	0	1.26	9450	15	1125	1500
关地沟4#坝	中	0.41	0.41	1.59	13.6	6.5	7.1	0.95	15105	12	1908	1200
合计	—	3.911	2.342	12.54	100.7	72.5	41.1	—	159405	—	42955	3425
王茂沟2#坝	骨干	3.184	0.683	4.37	105.4	41.2	64.2	2.33	101821	140	61180	14000

部被王茂沟 2#坝拦蓄,共拦蓄上游下泄洪水 15.94 万 m³(仅指各坝溃坝前洪水量,不含降雨过程中王茂沟 2#坝通过泄水设施下泄的洪水)、泥沙 6.12 万 m³,单位面积淤积量为 1.40 万 m³/hm²,相当于上游各坝平均淤积量的 4.5 倍,即上游侵蚀泥沙的近 80%被该骨干坝控制。王茂沟 1#坝则拦蓄洪水 7.74 万 m³、泥沙 0.86 万 m³,单位面积淤积量为 1800m³/hm²。

整个韭园沟流域各坝系单元中,除王茂沟坝系单元在此次暴雨中水毁严重,其余坝系单元均未发生严重水毁。根据坝地洪水和泥沙淤积情况的抽查结果计算可知,整个小流域共拦蓄洪水 2523175m³,泥沙淤积量 455163m³,远小于整个流域坝系的剩余库容,未对坝系造成严重威胁。

表13-16 王茂沟系单元"7·15"洪水泥沙拦蓄情况(王茂沟1#坝)

坝名	坝型	区间面积/km²	坝间面积/km²	已淤面积/hm²	总库容/万m³	已淤积库容/万m³	剩余库容/万m³	洪水深/m	洪水量/m³	淤积厚度/cm	泥沙淤积量/m³	单位面积淤积量/(m³/hm²)
黄柏沟1#坝	小	0.188	0.188	0.39	1.4	1.4	0	1.05	4095	18	702	1800
黄柏沟2#坝	中	0.156	0.156	0.4	10.3	8	2.3	1.22	4880	46	1840	4600
埝堰沟1#坝	中	0.897	0.036	1.2	12.8	8.2	4.6	1.02	12240	34	4080	3400
埝堰沟2#坝	小	0.243	0.243	1.65	7.3	7.3	0	0.9	14850	13	2145	1300
埝堰沟3#坝	小	0.227	0.227	0.89	4.2	4.2	0	1.2	10680	4	356	400
埝堰沟4#坝	小	0.232	0.232	0.51	2.4	2.4	0	1.03	5253	31	1581	3100
康河沟1#坝	小	0.058	0.058	0.47	2.9	2.9	0	1.55	7285	20	940	2000
康河沟2#坝	中	0.303	0.056	0.87	11.5	4.5	7	1.45	12615	32	2784	3200
康河沟3#坝	小	0.347	0.247	0.42	2.5	2.5	0	1.32	5544	20	840	2000
合计	—	2.651	1.443	6.8	55.3	41.4	13.9	—	77442	—	15268	2245.294
王茂沟1#坝	骨干	2.6121	1.169	4.76	50.1	38.1	12	1.85	80845	18	8568	1800

表13-17 韭园沟流域"7·15"洪水各坝系单元泥沙拦蓄情况

坝系单元	区间面积/km²	坝间面积/km²	总库容/万m³	已淤积库容/万m³	剩余库容/万m³	已淤面积/hm²	洪水深/m	洪水量/万m³	淤积厚度/cm	淤积量/万m³
主沟坝系	20.37	18.6	1093.89	519.43	574.46	88.54	0.78	690612	10	88540
王家沟	4.28	3.49	83.80	23.02	60.78	6.93	0.85	58905	15	10395
马家沟	4.37	3.05	58.99	24.50	34.49	5.86	0.66	38676	12	7032
水堰沟	2.18	1.12	35.38	16.90	18.48	3.64	0.72	26208	12	4368
下桥沟	2.6	1.62	38.00	31.20	6.80	4.81	0.66	31746	10	4810
马连沟	3.58	2.71	194.80	120.40	74.40	15.23	0.65	98995	9	13707
何家沟	2.97	1.83	67.90	26.20	41.70	6.16	0.9	55440	11	6776
想她沟	3.23	1.92	89.83	69.80	20.03	6.25	0.64	40000	9	5625
高舍沟	7	4.39	324.56	209.20	115.36	22.3	0.72	160560	10	22300
西雁沟	13.1	6.4	147.58	125.90	21.68	16.41	0.81	132921	8	13128

续表

坝系单元	区间面积/km²	坝间面积/km²	总库容/万 m³	已淤积库容/万 m³	剩余库容/万 m³	已淤面积/hm²	洪水深/m	洪水量/万 m³	淤积厚度/cm	淤积量/万 m³
折家沟	2.12	1.63	93.60	63.80	29.80	9.06	0.95	86070	16	14496
李家寨	10.45	6.42	285.40	165.70	119.70	23.62	1.05	248010	19	44878
王茂沟	5.8	5.8	328.60	197.40	131.20	36.6	1.25	457500	34	124440
林硷	21.65	12.91	631.66	413.60	218.06	44.36	0.67	297212	18	79848
柳树沟	5.72	3.08	301.70	139.30	162.40	11.4	0.88	100320	13	14820
合计	109.42	74.97	3775.69	2146.35	1629.34	301.17	—	2523175	—	455163

13.2.4 次暴雨洪水坝地淤积特征

根据实际走访调查结果，2012 年绥德"7·15"大暴雨后，王茂沟 2#坝最大水深 6m 左右，淤积泥沙 2m 左右，竖井的泄洪能力很差，基本上不能满足淤地坝的实际需要。在不同位置分层采集 2m 深的淤积泥沙，可以解释次暴雨洪水下淤地坝对淤积泥沙的分选作用和泥沙的沉积规律。

水平方向上，分形维数坝前>坝中>坝后(图 13-7)，从上游到下游坝地土壤分形维数逐渐变大，黏粒、粉粒含量越来越多，砂粒含量越来越少。在暴雨洪水下，坡面径流到达淤地坝后，随径流携带的泥沙在运动过程中发生沉积。在水流挟沙力和重力的双重作用下，粗颗粒移动的距离短，先逐渐沉积，细颗粒随着水流沿着沟道向下游流动的时候逐渐沉积，表现为上游到下游逐渐变细的过程和坝内泥沙水平位移轨迹。因为王茂沟 2#坝控制面积比较大和沟道前后距离比较长，泥沙在淤地坝内沉积分选的规律特别明显。

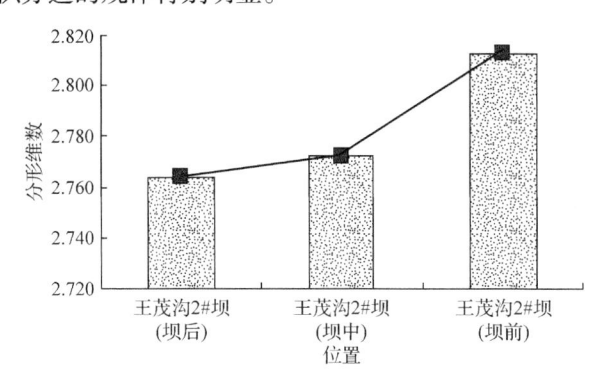

图 13-7 王茂沟 2#坝不同位置的分形维数

在垂直方向上，径流遇到淤地坝坝体阻挡后停止运动，径流中携带的泥沙在重力的作用下不断沉积。先沉积粗颗粒，然后沉积细颗粒，从上到下表现为泥沙越来越粗，形成了以砂粒—粉粒—黏粒为主的沉降次序。从图 13-8 可见，王茂沟

2#坝坝地土壤分形维数随土层深度的增加呈波浪形变化规律，0~60cm 土层分形维数变化很剧烈，表现为明显的递减规律，60~200cm 土层的变化相对比较平稳，表现为波浪形。次暴雨径流携带的泥沙到达淤地坝后，在地形地貌、重力和水流挟沙力等综合因子影响下，形成了淤地坝淤积泥沙在水平和垂直方向上独特的分布格局。这种格局是坝控小流域内侵蚀产沙和侵蚀环境变化的集中体现，存储了小流域侵蚀变化和侵蚀环境变化的大量信息。次暴雨沉积泥沙的各种理化性质变化就是储存信息的直接体现。

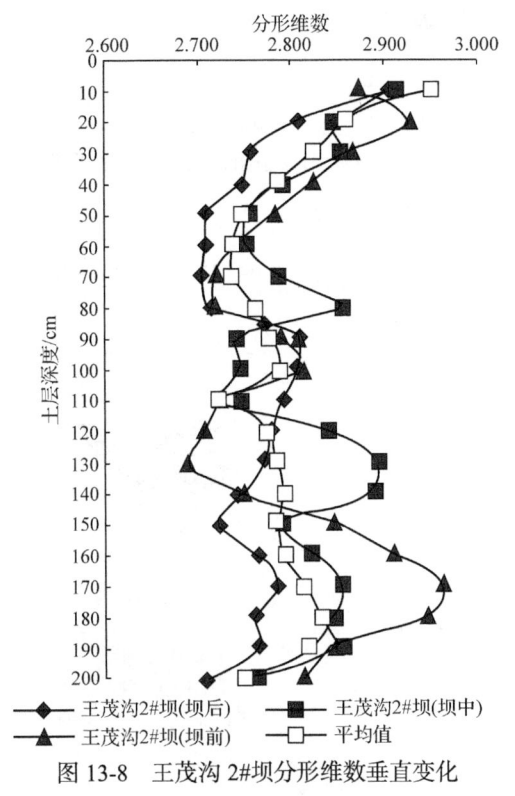

图 13-8　王茂沟 2#坝分形维数垂直变化

13.3　西柳沟典型暴雨下淤地坝拦沙特征及其对水沙变化的影响

13.3.1　鄂尔多斯市淤地坝淤积量

根据鄂尔多斯市统计资料，截至 2015 年，鄂尔多斯市共建成淤地坝 1004 座，总控制面积 2845.77km^2。其中，骨干坝 353 座，总库容 2.8146 亿 m^3；中型坝 357 座，总库容 1.4067 亿 m^3；小型坝 294 座，总库容 0.1761 亿 m^3。分析西柳沟和罕台川 10 座淤地坝的淤积量与控制面积，得到二者之间呈现比较显著的正相关线性关系(图 13-9)。据此关系分析可得，2010 年汛前至 2014 年汛后，鄂尔多斯市 1004

座淤地坝 5 年间每年减沙量约 530 万 t。

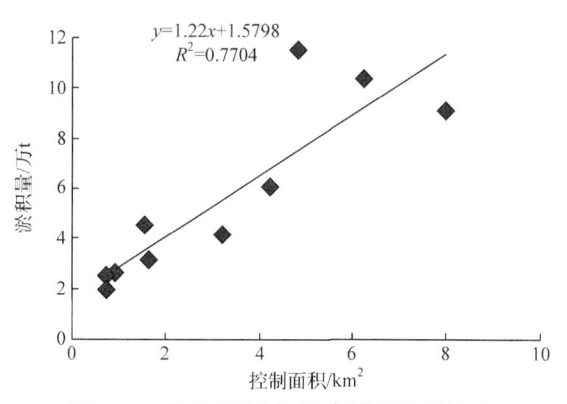

图 13-9 淤地坝控制面积与淤积量的关系

13.3.2 西柳沟淤地坝泥沙淤积特征

经整理资料，共统计西柳沟淤地坝 96 座，其中骨干坝 33 座，中型坝 27 座，小型坝 36 座，分布见图 13-10。

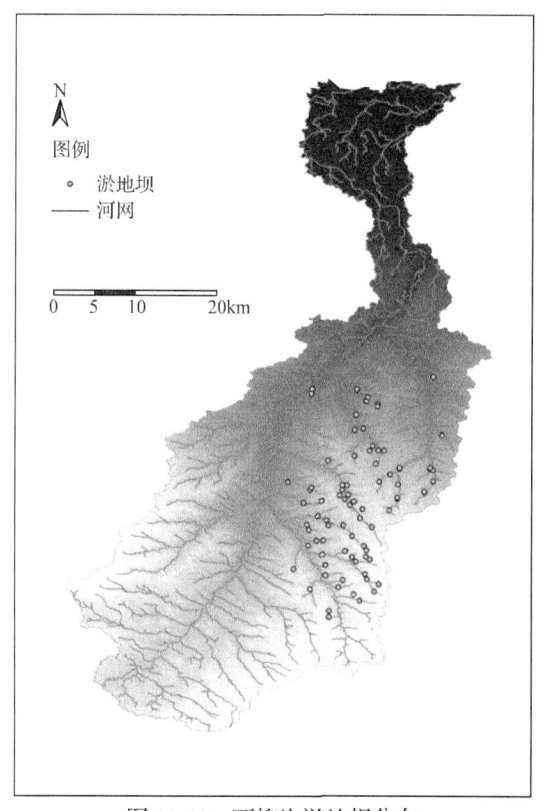

图 13-10 西柳沟淤地坝分布

张信宝等(1999)采用 ^{137}Cs 在黄河中游河龙区间、秃尾河、清涧河、汾河开展研究，得到沟道产沙量占流域总产沙量的 68%～86%。在十大孔兑的上游地区，沟道的扩展和下切侵蚀是非常明显的，可以判断沟道产沙量的占比也很大。这一点可以用淤地坝单位面积淤积量与沟道纵比降(代表沟道下切侵蚀的潜力)和沟坡面积(代表沟坡产沙强度)具有显著的正相关关系来初步说明(图 13-11 和图 13-12)。"8·17"强降雨过后，野外观测可见沟头前进非常明显，有的前进达几十米，沟道内重力侵蚀也非常活跃。因此，沟道侵蚀产沙和沟头侵蚀显然是这个区域应该进一步重点研究的问题。

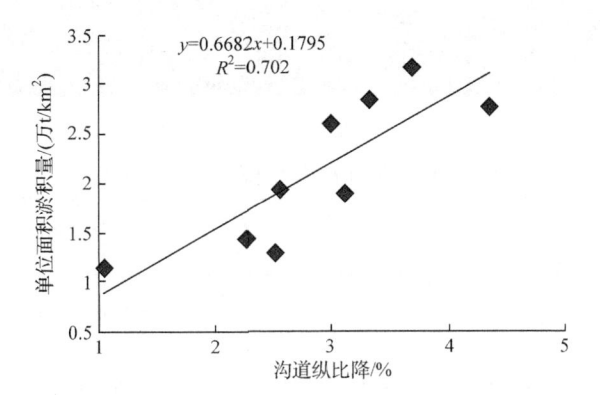

图 13-11　沟道纵比降与单位面积淤积量的关系

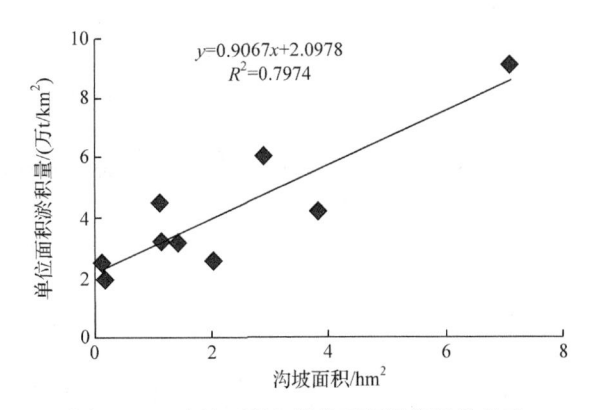

图 13-12　沟坡面积与单位面积淤积量的关系

13.3.3　西柳沟溃坝特征分析

经统计，西柳沟溃坝共计 16 座，其中骨干坝 11 座、中型坝 3 座、小型坝 2 座，详见图 13-13 和表 13-18。

图 13-13 西柳沟淤地坝溃坝位置

表 13-18 西柳沟淤地坝溃坝及溃坝方式

坝名	所属坝系	坝型	总库容/万 m³	防洪库容/万 m³	拦泥库容/万 m³	设计标准	枢纽组成	建坝年份	溃坝时间	溃坝形式
昌汉沟 1 号	黑塔沟坝系	骨干坝	164.3	73.5	90.8	20 年一遇	二大件	2009	18 日 8:00	放水工程导致溃坝
昌汉沟 2 号	黑塔沟坝系	骨干坝	99.43	44.46	54.97	20 年一遇	二大件	2010	17 日 14:30:00	漫顶溃坝
昌汉沟 3 号	黑塔沟坝系	骨干坝	158.3	70.8	87.5	30 年一遇	二大件	2010	17 日 14:30:00	漫顶溃坝
油坊渠 1 号	乌兰色太坝系	骨干坝	67.98	36.66	31.32	20 年一遇	二大件	2006	17 日 13:50:00	漫顶溃坝
油坊渠 2 号	乌兰色太坝系	骨干坝	92.98	50.14	42.84	20 年一遇	二大件	2006	17 日 13:50:00	漫顶溃坝
油坊渠 3 号	乌兰色太坝系	骨干坝	81.57	43.98	37.59	20 年一遇	二大件	2006	17 日 13:50:00	漫顶溃坝
大乌兰色太沟	乌兰色太坝系	骨干坝	86.4	46.59	39.81	20 年一遇	二大件	2006	17 日 16:27:00	漫顶溃坝
巴什兔 1 号	哈他土坝系	骨干坝	81.4	36.4	45	20 年一遇	二大件	2010	20 日 16:00	放水工程导致溃坝
巴什兔 3 号	哈他土坝系	骨干坝	199.87	89.38	110.49	30 年一遇	二大件	2010	18 日 8:00	放水工程导致溃坝
哈他土 2 号	哈他土坝系	骨干坝	107	47.88	59.12	30 年一遇	二大件	2010	18 日晚	放水工程导致溃坝
哈他土 3 号	哈他土坝系	骨干坝	240.19	107.41	132.78	30 年一遇	二大件	2012	20 日 12:00 开口泄洪，22 日溃坝	放水工程导致溃坝

续表

坝名	所属坝系	坝型	总库容/万 m³	防洪库容/万 m³	拦泥库容/万 m³	设计标准	枢纽组成	建坝年份	溃坝时间	溃坝形式
张二沟	黑塔沟坝系	中型坝	17.44	8.51	8.93	10年一遇	二大件	2009	20日16:00	放水工程导致溃坝
裴四沟	黑塔沟坝系	中型坝	21.37	10.43	10.94	10年一遇	二大件	2010	17日11:09:00	放水工程导致溃坝
杨家渠	哈他土坝系	中型坝	30.56	14.91	15.65	10年一遇	二大件	2011	17日11:21:00	漫顶溃坝
小乌兰色太2号	乌兰色太坝系	小型坝	5.7	3.73	1.97	5年一遇	一大件	2006	17日13:07:00	漫顶溃坝
小乌兰色太3号	乌兰色太坝系	小型坝	5.7	3.73	1.97	五年一遇	一大件	2006	17日13:07:01	漫顶溃坝

13.4 其他典型暴雨条件下淤地坝拦沙作用

暴雨洪水是土壤侵蚀的主要外营力(张红武等，2020)。黄土高原地区暴雨分布不均、强度大、历时短，洪水峰高量小、含沙量大，年输沙量主要由年内一场或几场暴雨形成(刘二佳，2018)。据部分典型支流分析，由暴雨洪水产生的泥沙量占年输沙量的60%以上，尤其小流域更为突出，一场暴雨产生的泥沙量可达到年输沙量的90%以上。因此，分析暴雨条件下淤地坝及坝系拦沙作用具有重要意义。

1. 1989年7月21日暴雨洪水淤地坝作用分析

1989年7月21日，皇甫川流域普降大暴雨，其中川掌沟小流域降雨量118.9mm，历时14h55min，最大点降雨量141.2mm，重现期为150a(马三保等，2004)；最大洪峰流量188m³/s，洪水径流模数11.04万 m³/km²，为多年平均值的2.5倍；输沙模数高达3.55万 t/km²，为多年平均值的1.4倍。

川掌沟小流域坝系在暴雨洪水中削减78.5%洪峰流量，拦蓄洪水593.2万 m³，滞缓洪水514.6万 m³，拦蓄泥沙234.4万 m³，增加坝地640.9亩，减少入黄泥沙66.7%，保护了下游淤地坝和缩河造地工程的安全运用和生产。

2. 2002年7月暴雨洪水淤地坝作用分析

2002年7月4~5日，清涧河中上游地区子长附近发生特大暴雨，降雨量317.3mm，占多年平均降雨量的61.6%，子长水文站实测洪峰流量4670m³/s，为

500 年一遇的特大洪水(张强，2003)。子长水文站以上侵蚀模数达 4.48 万 t/km²。

据调查分析，全县 1244 座淤地坝共拦蓄洪水径流 327 万 m³，占径流总量的 4.2%，拦蓄泥沙 817 万 m³，占泥沙总量的 33%，减少下游洪量 605 万 m³，约减少 1/3 的受灾面积。其中，2000 年建成的苗家沟骨干坝拦泥近 20 万 m³，发挥出较好的拦沙效益。

3. 2012 年 7 月 27 日秃尾河流域暴雨洪水淤地坝作用分析

新庄骨干坝控制流域面积为 4.45km²，林草植被覆盖度为 37%。2012 年 7 月 27 日，秃尾河下游遭遇 200 年一遇强降雨，新庄骨干坝新增淤积量 11.21 万 m³，拦沙模数达 3.5 万 t/km²。

4. 2013 年 7 月延河流域暴雨洪水淤地坝水毁分析

2013 年 7 月，延河流域遭遇百年一遇的大暴雨，暴雨中心延安市宝塔区月降雨量高达 792.9mm，是多年平均降雨量的 1.58 倍，其中 7 月 8～16 日降雨量 386.7mm，持续时间长，降雨强度大(焦菊英等，2017)。

据典型小流域调查结果，淤地坝损毁率为 22%，大多数淤地坝经受住暴雨洪水袭击，损毁的多为建设时间较早、已淤满的淤地坝，或因重力侵蚀(滑坡、崩塌)、泥沙增加而水毁风险增大。大、中、小淤地坝联合运用的小流域坝系对暴雨洪水具有较强的抵御能力，位于坝系内的淤满淤地坝仍然能够抵御冲击，同等降雨强度条件下淤地坝损毁率大大降低。

13.5 淤满淤地坝破坏后泥沙阻控机理

13.5.1 淤地坝破坏前后陡坎发育过程

淤地坝溃决后库区内泥沙侵蚀的控制性过程是黄土高原普遍存在的陡坎侵蚀，如图 13-14 所示。本书作者课题组通过实地考察调研，发现黄土高原韭园沟流域淤

图 13-14 王茂沟流域内溃决淤地坝溃口上游

地坝溃决后向上游发生溯源冲刷,形成高程不连续的陡坎,以陡坎的形式逐渐向上游发展,而下游淤积较少或几乎未淤积。可能原因是黄土高原泥沙细,沉降速度慢,调整长度长,河床变形方程以对流特性为主,溃坝后上游发生明显的溯源侵蚀,而坝下游附近河段基本没有明显的淤积,向上游迁移的陡坎得以维持。

最上游大陡坎迁移的同时,下游沟道内会发育出新的小陡坎,从而形成最上游一个大陡坎、下游紧接着一系列小陡坎的情形。陡坎发育及迁移演变改变了沟道微地貌,进一步改变了河流阻力。当存在陡坎时,水流阻力大幅度增加。此时,床面阻力可分解为两部分:一部分为沙粒阻力,这部分床面切应力直接作用于输沙;另一部分为形态阻力,与形态阻力对应的切应力对输沙无贡献。形态阻力的存在使得有效输沙切应力的比例减小,泥沙输移率降低。采用 Hayashi(1986)的阻力公式,计算不同流量与河床坡度情况下沙粒阻力与总阻力的比值,如图 13-15 所示。河床坡度大于 0.05 时,沙粒阻力与总阻力的比值都小于 0.2。

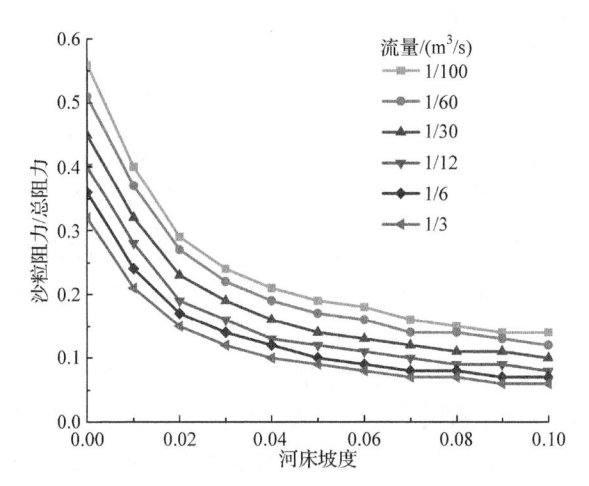

图 13-15　不同坡度、流量情形下沙粒阻力与总阻力的比值

陡坎的发育能增加形貌阻力,但阻力分解关系多是基于缓坡低能态情形,对于陡坡急流有微地貌发育的情形并不适用。为了更好地量化陡坎对河床阻力的影响,综合王士强(1990)和 Hayashi(1986)的公式,提出适用于各能态的阻力分解关系:

$$\frac{\tau_{s*}}{\tau_*} = 0.74 q_*^{-0.23} S^{-0.19} \tag{13-1}$$

式中,τ_{s*} 为沙粒阻力;τ_* 为总阻力;q_* 为流量;S 为坡度。

转化为微地貌增加的曼宁糙率系数与裸土情形的曼宁糙率系数之比为

$$\frac{n_{\text{bed}}}{n_b} = \left(\frac{\tau_{s*}}{\tau_*} - 1\right)^{2/3} = (1.35 q_*^{0.23} S^{0.19} - 1)^{2/3} \tag{13-2}$$

式中，n_{bed} 为微地貌增加的曼宁糙率系数；n_b 为裸土情形的曼宁糙率系数。

图 13-16 为无陡坎情形与有陡坎情形泥沙浓度的比值，其比值小于 1，且先减小后增大，存在一极小值，说明陡坎的发育能减少泥沙侵蚀，并存在一坡度使得陡坎的减沙效率最大。陡坎的减沙效应使得淤地坝溃决后，泥沙释放速率缓慢。

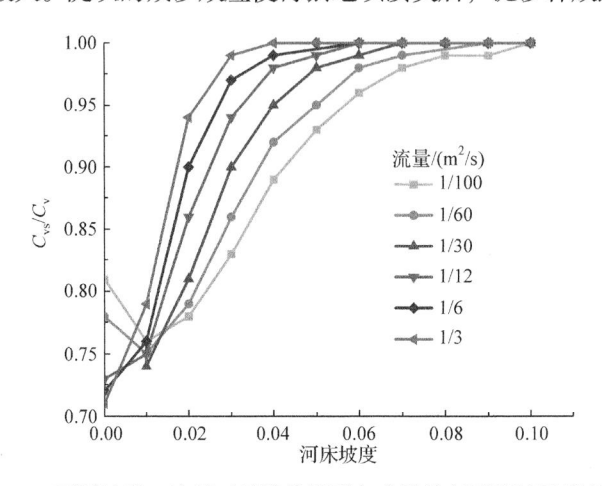

图 13-16 不同坡度、流量时无陡坎情形与有陡坎情形泥沙浓度的比值

C_{vs} 为无陡坎情形的泥沙浓度；C_v 为有陡坎情形的泥沙浓度

本书作者课题组于 2017 年 9 月 16~23 日前往黄土高原进行实地考察，利用三维激光雷达技术得到桥沟和王茂沟流域的地形，并获得清水沟 2017 年 "7·26" 洪水过后溃坝的地形数据。用实测的地形数据估算王茂沟流域四座溃决淤地坝的出库泥沙量，出库泥沙量占原库区泥沙总量的比例均不超过 12%，如图 13-17 所示。对清水沟和达拉特旗两座水毁的淤地坝做类似的分析，可以得到洪水过后其出库泥沙量不到原库区泥沙总量的 25%。这些数据也在一定程度上支持了淤地坝难以发生 "零存整取" 现象的结论。

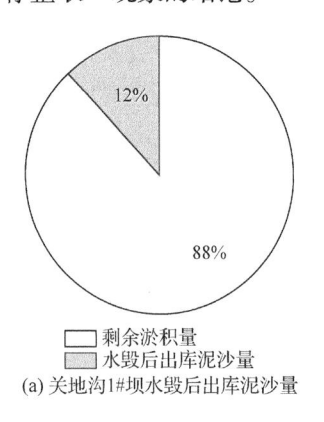

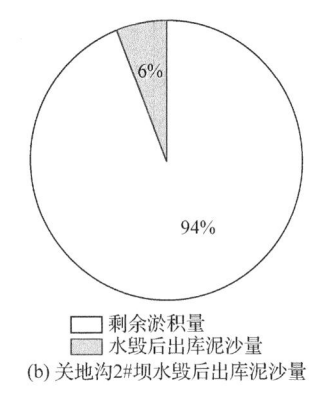

(a) 关地沟1#坝水毁后出库泥沙量　　(b) 关地沟2#坝水毁后出库泥沙量

第13章 典型暴雨条件下淤地坝水沙阻控作用

(c) 关地沟3#坝水毁后出库泥沙量　　(d) 关地沟4#坝水毁后出库泥沙量

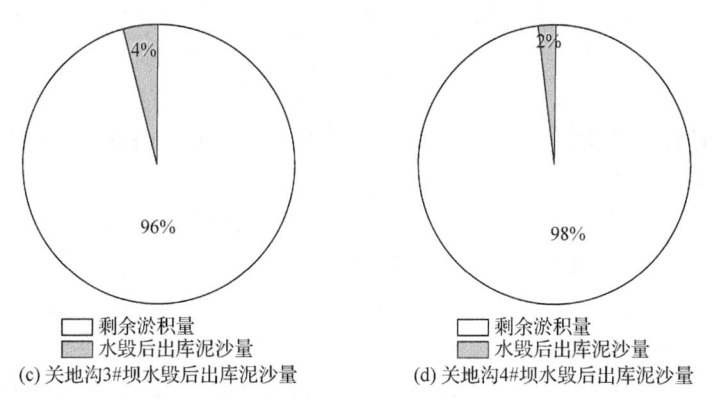

图 13-17　王茂沟流域内 4 座溃决的淤地坝水毁后出库泥沙体积量占比

除了淤地坝破坏后形成的陡坎，在桥沟小流域内还发现了一系列的天然陡坎。利用实时动态载波相位差分技术对有陡坎的沟道进行测量，获得纵剖面数据，进一步得到各个陡坎的长度和高度数据。利用波长(L)与波高(H)的比值来描述陡坎的形态，将不同条件下发育的陡坎联系起来。桥沟流域发育的陡坎近似认为是纯冲刷条件下形成的陡坎，与其他纯冲刷条件下形成的陡坎进行对比，如图 13-18 所示。

经研究发现，陡坎波长波高比均与河床平均坡度呈反相关关系，可用指数为负的幂函数进行拟合。不同的实验数据下，陡坎波长波高比的量级差异很大，其与坡度幂函数关系的指数也有明显差异。这可能是因为不同实验数据中河床的组成差异很大，河床可侵蚀性可能是影响陡坎形态的一个主要因素。为了验证这一点，本小节采用 Parker 等(2004)的理论模型计算陡坎的形态参数。模型中，对于黏性河床，河床侵蚀率计算公式为

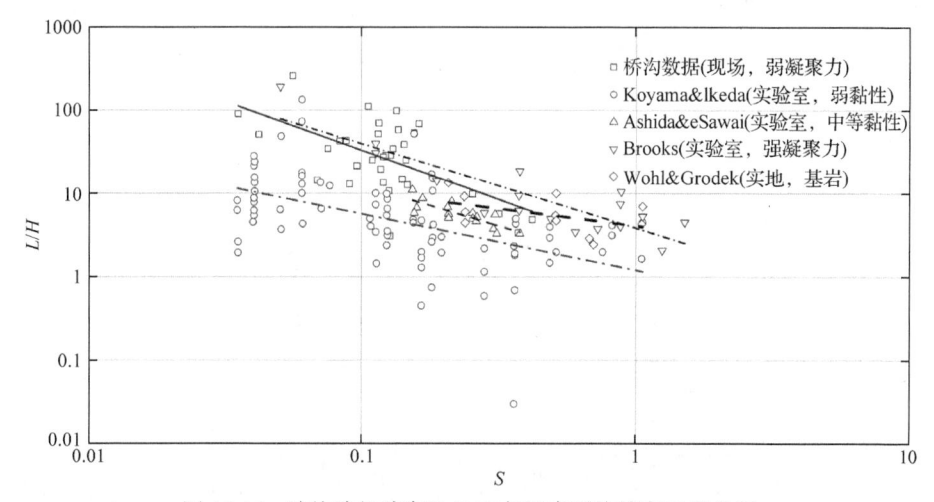

图 13-18　陡坎波长波高比(L/H)与河床平均坡度(S)的关系

$$E = \alpha \left(\frac{u^2}{u_t^2} - 1 \right)^n \tag{13-3}$$

式中，α 为具有速度量纲的系数；u_t 为河床发生侵蚀的临界速度；n 为指数，反映流速对侵蚀率的影响程度。

α 对陡坎波长波高比无影响，因此本书仅考虑通过改变 u_t 和指数 n 来改变河床的可侵蚀性。研究发现，n 对陡坎波长波高比影响较小，但 u_t 对陡坎波长波高比影响显著，如图 13-19 和图 13-20 所示，u_t 不同可能是不同实验数据中陡坎波长波高比量级差异大的原因之一。模型的模拟结果显示，u_t 越大，河床越难被侵蚀，陡坎的波长波高比越小，这与图 13-20 的观测结果一致。此外，单纯用河床可侵蚀性难以解释图 13-18 中陡坎波长波高比随河床平均坡度的变化趋势。图 13-18 显示，河床越难侵蚀，波长波高比随着河床平均坡度变化的趋势越缓，说明波长波高比受河床平均坡度的影响幅度变小，但模型计算结果则呈现出相反的趋势，说明河床可侵蚀性不是影响陡坎形态的唯一因素。

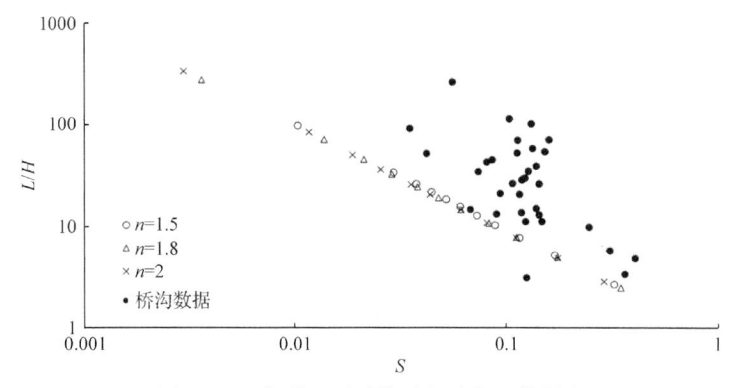

图 13-19 指数 n 对陡坎波长波高比的影响

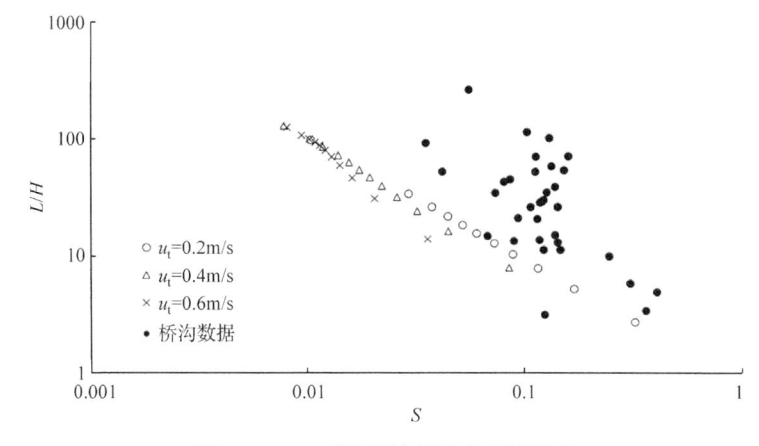

图 13-20 u_t 对陡坎波长波高比的影响

13.5.2 淤满淤地坝破坏后的泥沙侵蚀过程

对于大尺度、长时间的水沙问题,数学模型相比物理模型有着不可比拟的优势。当研究区域的边界条件和初始条件较为复杂时,数值模拟的优越性更加得到体现。为了模拟淤地坝对沟道冲淤的影响及淤地坝水毁后溃坝洪水的演进,建立了一维洪水演进与泥沙输移数学模型,水流运动用一维圣维南方程组描述[式(13-4)、式(13-5)]:

$$\frac{\partial A}{\partial t} + \frac{\partial Q}{\partial x} = 0 \tag{13-4}$$

$$\frac{\partial A}{\partial t} + \frac{\partial}{\partial x}\left(\frac{Q^2}{A}\right) + gA\frac{\partial z}{\partial x} + \frac{Q^2}{Ah}C_\mathrm{f} = 0 \tag{13-5}$$

式中,x 为流向坐标;A 为过流断面面积;Q 为流量;h 为水深;g 为重力加速度;z 为水位;C_f 为无量纲阻力系数。

泥沙输移方面,采用泥沙守恒方程进行描述:

$$\frac{\partial AC}{\partial t} + \frac{\partial AUC}{\partial x} = B(V - D) \tag{13-6}$$

当河床冲淤变化所需的时间尺度远远大于泥沙浓度的调整时间时,可忽略时间导数项,在每一时间步长内仅考虑浓度在空间的变化。

河床变形方程采用一维形式的 Exner 方程:

$$(1 - \lambda_\mathrm{p})\frac{\partial \eta}{\partial t} = D - V \tag{13-7}$$

式中,λ_p 为床沙孔隙率;η 为河床高程;D 为河床上单位时间单位面积的泥沙沉积体积;V 为河床上单位时间单位面积的泥沙起悬体积。

除了河床高程的调整之外,还需要在模型中考虑沿程河宽的调整。淤地坝被破坏前,泥沙在整个库区范围均有淤积,然而淤地坝一旦发生破坏,水流集中,形成较窄的冲刷槽道。由于黄土可侵蚀性强,在河道下切的同时伴随着河宽的剧烈调整,这时有必要在模型中考虑边岸侵蚀的影响。边岸侵蚀模型采用 Cui 等(2009)提出的溃坝模型,其物理图景如图 13-21 所示。此处认为淤积过程中边岸不发生冲刷,河底宽度逐渐增加。冲刷过程中,河宽的调整过程经历两个阶段:第一阶段为河底下切河道快速束窄阶段,这一过程在较短的时间内完成,直至河底宽度达到临界宽度 B_m;第二阶段为河道缓慢拓宽阶段,河底宽度减小到临界宽度后,若河床继续下切,边岸发生侵蚀,河道拓宽,这一过程相对于冲刷束窄过程要缓慢很多。

运用一维水流泥沙数学模型能较好地模拟淤地坝破坏前的蓄水拦沙过程和淤地坝破坏后的泥沙输移过程。淤地坝破坏前,泥沙拦蓄在坝前,河床高程逐渐淤积抬升,最终达到平衡纵剖面。不同时间的库区河床高程变化曲线如图 13-22 所示。

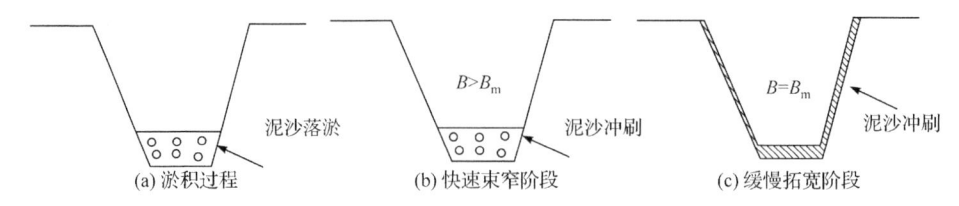

(a) 淤积过程　　　　(b) 快速束窄阶段　　　　(c) 缓慢拓宽阶段

图 13-21　淤地坝破坏后冲刷槽内河宽演变的物理图景

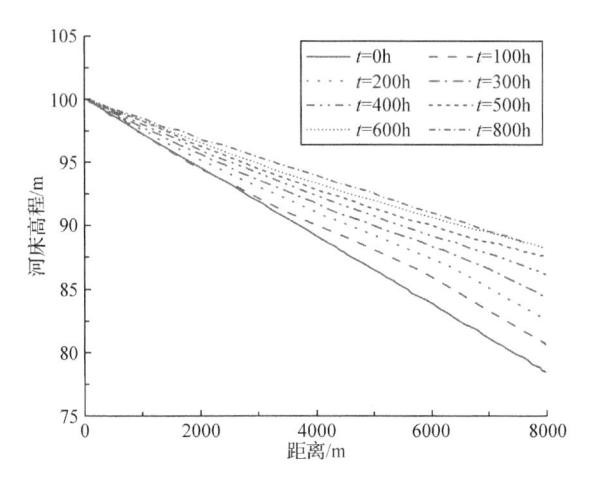

图 13-22　淤地坝蓄水拦沙阶段不同时间的库区河床高程变化曲线

淤地坝破坏后，从坝址处发生溯源侵蚀，在库区内拉出一道冲刷槽，在河底下切的同时伴随着河宽的调整。以坝前某几个断面为例，绘制河宽随时间的变化曲线，如图 13-23 所示。由图 13-23 可知，冲刷槽内河宽先经历快速束窄阶段，后经历缓慢拓宽阶段。

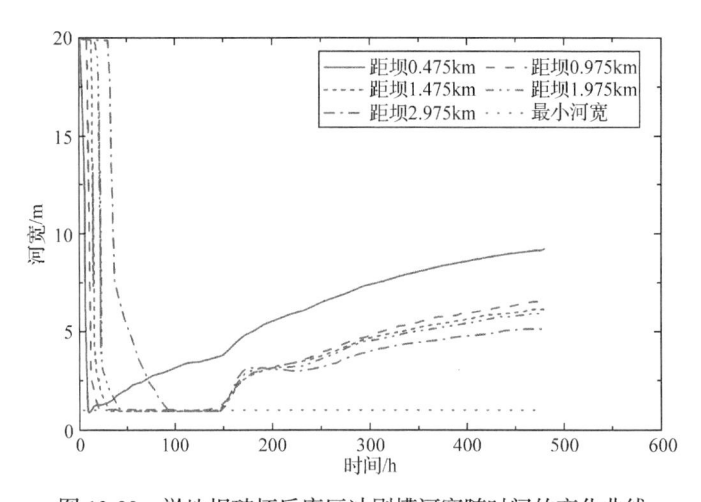

图 13-23　淤地坝破坏后库区冲刷槽河宽随时间的变化曲线

库区内泥沙体积随时间的变化曲线如图 13-24 所示。模型的计算结果显示，淤地坝破坏后坝体内的泥沙只有不到 20%被释放，不存在"零存整取"现象。

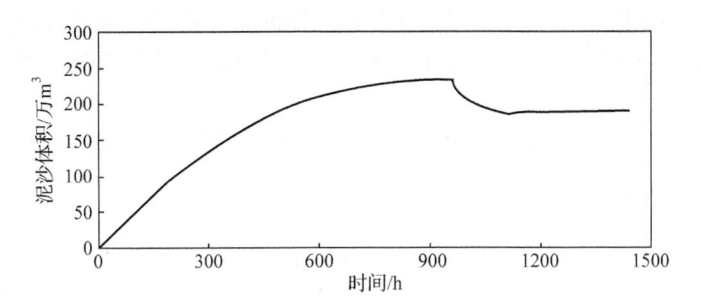

图 13-24　淤地坝破坏前后库区内泥沙体积随时间的变化曲线

13.6　本章小结

本章通过野外调查和数值模拟，研究了淤地坝在典型暴雨条件下对流域洪水泥沙的调节作用，阐明了淤地坝破坏后溃口演变过程，揭示了淤地坝破坏前后陡坎发育机理，得到以下结论。

(1) 淤地坝等治理措施在"7·26"暴雨中发挥了重要的削峰滞洪作用。"7·26"暴雨期间，对比流域裴家峁的径流深是治理流域韭园沟的 2.47 倍，洪峰流量模数是韭园沟的 6.17 倍，韭园沟流域出口洪水的最大含沙量远低于裴家峁流域。淤地坝具有显著的滞洪拦沙作用，整个韭园沟流域共淤积泥沙 75.99 万 t，其中骨干坝淤积量为 34.65 万 t，中型坝淤积量为 24.34 万 t，小型坝淤积量为 16.99 万 t；淤地坝是流域中泥沙重要的汇集地，显著降低了流域泥沙输移比，王茂沟流域泥沙输移比为 0.24，韭园沟流域泥沙输移比为 0.15。

(2) 典型暴雨水毁淤地坝以中小型坝为主；中型坝主要是卧管、涵洞等泄水设施遭到破坏，主要与缺乏日常维护管理有关；小型坝大部分是坝体破坏，主要是因为库容已满或库容太小，洪水漫顶和坝体冲坏发生管涌穿洞而导致最终溃坝。"7·15"暴雨期间，韭园沟流域 2 座骨干坝、21 座中小型淤地坝、10 处配套工程发生不同程度水毁。淤地坝对淤积泥沙具有分选作用，水平方向上从上游到下游坝地土壤分形维数逐渐变大，黏粒、粉粒含量越来越多，砂粒含量越来越少；在垂直方向上，形成了以砂粒—粉粒—黏粒为主的沉降次序。

(3) 淤地坝具有显著的拦沙减蚀作用，2010 年汛前至 2014 年汛后，鄂尔多斯市 1004 座淤地坝 5 年间每年减沙量约为 530 万 t；沟道产沙量占流域总产沙量的 68%～86%，淤地坝中泥沙的淤积量与沟坡面积和沟道纵比降具有显著的正相关关系。

(4) 淤地坝溃决后，库区内泥沙侵蚀的控制性过程是黄土高原普遍存在的陡坎侵蚀。当存在陡坎时，水流阻力大幅度增加；在河床坡度大于 0.05 时，沙粒阻力与总阻力的比值小于 0.2。"7·26"暴雨期间，王茂沟流域 4 座淤地坝水毁后出库泥沙量占原库区泥沙总量的比例均不超过 12%，清水沟和达拉特旗两座水毁的淤地坝出库泥沙量不到总量的 25%。淤地坝破坏后，从坝址处发生溯源侵蚀，在库区内拉出一道冲刷槽，在河底下切的同时伴随着河宽的调整。模型的计算结果显示，淤地坝破坏后坝体内的泥沙只有不到 20%被释放，不存在"零存整取"的现象。

参 考 文 献

党维勤, 郝鲁东, 高健健, 等, 2019. 基于"7·26"暴雨洪水灾害的淤地坝作用分析与思考[J]. 中国水利, (8): 52-55.

焦菊英, 王志杰, 魏艳红, 等, 2017. 延河流域极端暴雨下侵蚀产沙特征野外观测分析[J]. 农业工程学报, 33(13): 159-167.

李佳佳, 2021. 基于 MIKE21 模型的淤地坝溃决过程数值模拟[D]. 西安: 西安理工大学.

刘二佳, 2018. 黄土丘陵沟壑区水土过程对生态工程的响应[D]. 北京: 北京林业大学.

马三保, 党维勤, 郑妍, 等, 2004. 沟道坝系在黄土高原生态建设中的战略地位[J]. 山西水土保持科技, (2): 27-29,26.

王士强, 1990. 冲积河渠床面阻力试验研究[J]. 水利学报, (12): 18-29.

徐龙江, 杨明义, 刘普灵, 等, 2007. 指纹识别技术在泥沙来源研究中的应用进展[J]. 水土保持学报, 21(6): 197-200.

杨媛媛, 2021. 黄河河口镇—潼关区间淤地坝拦沙作用及其拦沙贡献率研究[D]. 西安: 西安理工大学.

张红武, 方红卫, 钟德钰, 等, 2020. 宁蒙黄河治理对策[J]. 水利水电技术, 51(2): 1-25.

张强, 2003. 从子长县丹头坝系抵御特大洪水看淤地坝工程的防洪减灾作用[J]. 中国水利, (4): 111.

张信宝, 文安邦, 1999. 黄土高原侵蚀泥沙的铯-137 示踪研究[C]. 北京: CCAST "黄土高原生态环境治理"研讨会.

钟少华, 2020. 王茂沟流域淤地坝防洪风险评价与除险方法研究[D]. 西安: 西安理工大学.

CUI P, ZHU Y Y, HAN Y S, et al., 2009. The 12 May Wenchuan earthquake-induced landslide lakes: Distribution and preliminary risk evaluation[J]. Landslides,6(3): 209-223.

HAYASHI T, 1986. Alluvial Bed forms and Roughness[M]. San Francisco: NSF Sediment Research Workshop.

PARKER G, IZUMI N, 2004. Purely erosional cyclic and solitary steps created by flow over a cohesive bed[J]. Journal of Fluid Mechanics, 419: 203-238.

第14章 沟道工程流域水沙阻控效应与贡献率识别

14.1 坝系水沙阻控群体效应

14.1.1 淤地坝系水沙阻控机理解析

淤地坝是黄土高原重要的治沟骨干工程，对流域水沙过程具有重要的调控作用(陈祖煜等，2020)。淤地坝对流域水沙的调控作用表现为直接拦沙和间接减沙。直接拦沙作用表现为坝体将泥沙直接拦截在坝后，间接减沙作用主要表现在以下三个方面：①坝地形成后会覆盖侵蚀严重的沟谷部分，这部分不再产生侵蚀；②抬高侵蚀基准面，减小侵蚀势能，减小重力侵蚀发生的概率；③减小坝后的水流流速和侵蚀能量，减少淤地坝下游的侵蚀，这部分减蚀作用可以定义为淤地坝的"异地减蚀"作用(Yuan et al.，2022a，2022b)。

以小流域为单元，在沟道中合理布设骨干坝和中型、小型淤地坝，从而形成沟道的坝系(Shi et al.，2019)。淤地坝系形成后不再是单个淤地坝发挥效益，而是整个坝群发挥效益(曾鑫等，2022；郑明国等，2021)。淤地坝系作为系统，对小流域水沙过程的影响有别于单坝的水沙调控作用(刘蕾等，2020)。淤地坝系中，坝与坝之间有可能产生正的交互作用，也有可能产生负的交互作用(Bai et al.，2020；Polyakov et al.，2014)。如果坝与坝之间对水沙过程是正的交互作用，那么淤地坝系对流域水沙过程的调控作用要大于等数量单坝的线性叠加作用，也就是说，淤地坝系对水沙调控过程具有群体效应。本节通过概念模型对淤地坝系的群体效应进行分析。

1. 模型设计

以黄土高原典型小流域为原型，将流域概化为流域面积 $5km^2$、沟道比降 1.15%、长 30km、V 字型、深 200m、宽 100m 的概念沟道。在概念沟道中设计两座淤地坝，坝长 25m，坝高 50m；溢洪道底宽 2m，顶宽 5m，高 15m。按照淤地坝设计标准，沟道来水设计为 20 年一遇洪水。

在一维水动力模型 MIKE 11 模拟上述水动力过程，探讨坝与坝之间距离对淤地坝系群体效应的影响。水动力模型 MIKE 11 基于一维圣维南方程组，利用六点中心隐式差分格式(Abbott)进行求解，模拟得到各河道断面、不同时刻的水位和流量等水动力要素信息，可以满足概念模型分析的要求。

2. 分析方法

流域建坝前,流域洪水过程为 $F(t)$;修建淤地坝 A 后,流域洪水过程为 $F_A(t)$;修建淤地坝 B 后,流域洪水过程为 $F_B(t)$;同时修建淤地坝 A 和 B 后,流域的洪水过程为 $F_{AB}(t)$。淤地坝的减洪滞洪作用函数为 $S(t)$,$S(t)>0$,为减洪作用;$S(t)<0$,为滞洪作用。计算公式如式(14-1)~式(14-4):

$$S_A(t) = F(t) - F_A(t) \tag{14-1}$$

$$S_B(t) = F(t) - F_B(t) \tag{14-2}$$

$$S_{A+B}(t) = S_A(t) + S_B(t) \tag{14-3}$$

$$S_{AB}(t) = F(t) - F_{AB}(t) \tag{14-4}$$

式中,下标 AB 表示同时修建淤地坝 A 和 B;下标 A+B 表示单独修建淤地坝 A 和 B 的作用之和。

3. 结果分析

沟道洪水运动至淤地坝前会形成回水,淤地坝对沟道洪水具有明显的阻滞作用,因此定义回水区间为淤地坝动力阻滞空间。沟道洪水经过淤地坝调控,坝后流量和流速会急剧减小,但经过区间来水的补充并经过一段距离后,流速和流量会恢复到坝前的流量和流速,定义这部分沟道为动力恢复空间。淤地坝系群体效应解析如图 14-1 所示。沟道建设两座淤地坝,如果上坝的动力恢复空间和下坝的

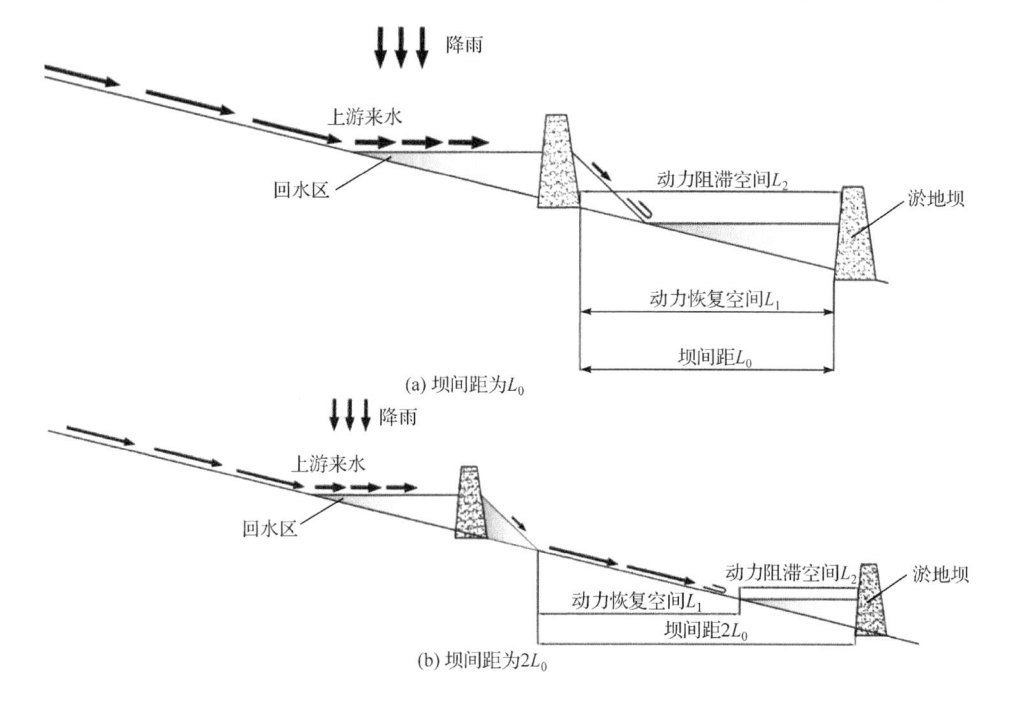

(a) 坝间距为 L_0

(b) 坝间距为 $2L_0$

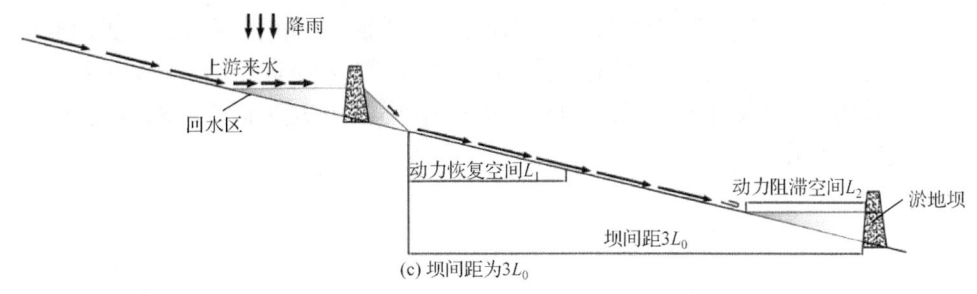

图 14-1 淤地坝系群体效应解析示意图

动力阻滞空间没有重合部分，两座坝之间就没有交互作用，也就不会产生群体效应；如果上坝的动力恢复空间和下坝的动力阻滞空间有重叠部分，两座坝之间就产生了交互作用，重叠距离不同产生的交互作用不同，淤地坝系的群体效应也就不同。

在概念模型中分别模拟坝间距为 2km、4km、6km 和 8km 四种工况，分别用 S2、S4、S6、S8 表示，模拟结果见图 14-2。由图 14-2 可以看出，四种工况下，同时建坝对沟道沿程最大流量的削减作用要明显大于分别建坝的线性叠加作用，且坝间距不同，这两种作用也不同。同时建坝对洪水的削减作用减去分别建坝对洪水削减的线性叠加作用，就是淤地坝系的群体效应。

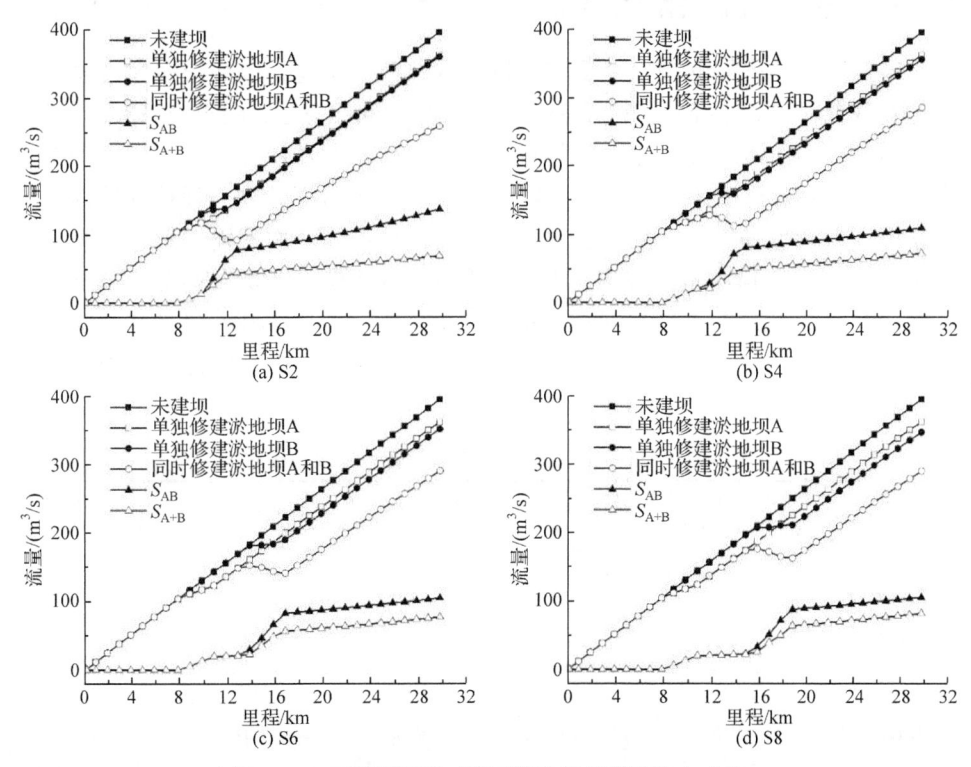

图 14-2 不同坝间距工况下淤地坝系群体效应对比

进一步探讨淤地坝系群体效应与重叠距离和坝间距之间的关系,结果见图 14-3。由图 14-3 可以得出,淤地坝系的群体效应与重叠距离和坝间距均呈对数关系,且决定系数均大于 0.9,淤地坝系的群体效应随着坝间距的增大而逐渐减小,直至两座坝之间不存在交互作用。

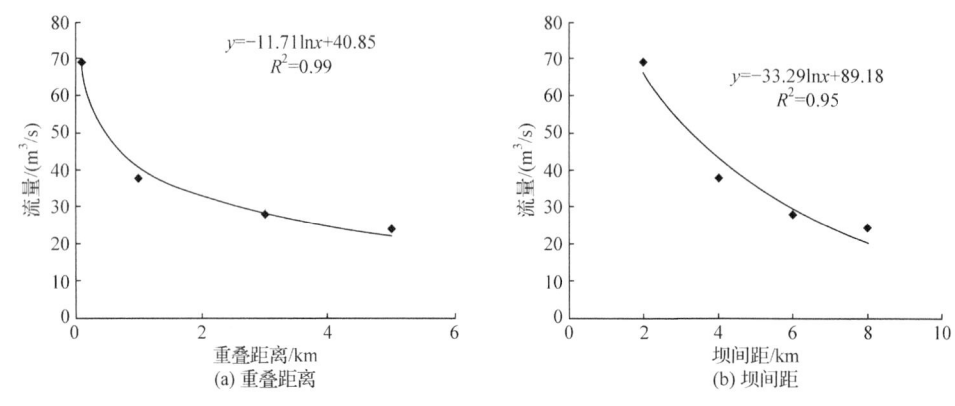

图 14-3 淤地坝重叠距离和坝间距对群体效应的影响

14.1.2 坝系水沙阻控群体效应验证

径流侵蚀功率能够较好地反映流域的侵蚀产沙情况,以往很多学者通过大量的实测资料建立了径流侵蚀功率与输沙模数的回归方程,用于流域产沙预报。本章通过多年小流域径流输沙资料建立了小流域输沙量计算公式。通过分布式水文模型 MIKE SHE 和 MIKE 11 耦合,模拟了小流域淤地坝系建设前后沟道不同断面的流量过程,并计算了淤地坝系建设前后不同断面的输沙量,计算结果见表 14-1。由表 14-1 可以看出,坝系建成后,小流域沟口输沙量减少 1599.88t,各坝合计减少泥沙 350.13t,沟口的减沙量明显大于各单坝减沙量之和,说明淤地坝系的减沙作用要明显大于各单坝减沙作用的线性叠加,因此淤地坝系具有明显的群体效应。

表 14-1 王茂沟流域沟口减沙量与各单坝减沙量对比

名称	坝型	建坝前输沙量/t	建坝后输沙量/t	减沙量/t	合计减沙量/t
沟口	—	1913.59	313.71	1599.88	1599.88
王茂沟 2#坝	骨干	277.20	19.65	257.56	
关地沟 1#坝	中型	20.18	0.87	19.31	
关地沟 2#坝	小型	6.18	0.00	6.18	350.13
关地沟 4#坝	中型	2.16	0.32	1.84	
康河沟 1#坝	小型	2.97	0.00	2.97	

续表

名称	坝型	建坝前输沙量/t	建坝后输沙量/t	减沙量/t	合计减沙量/t
沟口	—	1913.59	313.71	1599.88	1599.88
康河沟 2#坝	中型	1.73	0.06	1.66	
康河沟 3#坝	小型	0.62	0.00	0.62	
埝堰沟 1#坝	中型	16.48	1.20	15.29	
埝堰沟 2#坝	小型	7.76	0.00	7.76	
埝堰沟 3#坝	小型	2.06	0.00	2.06	
埝堰沟 4#坝	小型	0.27	0.00	0.27	
黄柏沟 1#坝	小型	1.60	0.00	1.60	350.13
黄柏沟 2#坝	中型	0.47	0.14	0.33	
王塔沟 1#坝	小型	0.71	0.00	0.71	
王塔沟 2#坝	小型	0.34	0.00	0.34	
死地嘴 1#坝	中型	5.01	0.08	4.93	
死地嘴 2#坝	小型	0.44	0.00	0.44	
马地嘴坝	中型	26.63	0.18	26.45	

14.2 淤地坝系减蚀机理

14.2.1 淤地坝系减蚀效应理论分析

本小节从能量角度分析淤地坝减蚀机理。设黄土摩擦角为 α，沟岸两边摩擦面以上的土体具有在自身重力作用下塌落到沟里的趋势，摩擦面以上土体相对沟底的重力势能就是侵蚀势能。一般情况下，山体单位宽度上具有的侵蚀势能 E_p 为

$$E_{\mathrm{p}} = \int_0^H \gamma s B(z) - z \mathrm{d}z \tag{14-5}$$

式中，$B(z)$ 为岩体的水平宽度；z 为河谷谷底到土体位置的高度。

如果沟坡坡角小于摩擦角，侵蚀势能为零。如果沟底下切，B 和 z 都增大，积分下限也会增加下切高度 ΔH，此时积分得出的侵蚀势能也会大大增加。

沟道中修建淤地坝会有效拦截流域泥沙，随着淤地坝系的运行，坝后淤积层会逐步抬升。坝后的淤积层不但可以耕种，而且极大地减小了山体的侵蚀势能，随着淤积厚度的增大，山体侵蚀势能急剧减小(图 14-4)。图 14-5 为山体侵蚀势能随淤积厚度的变化过程。由图 14-5 可以看出，山体侵蚀势能与淤积厚度呈二次函数关系。

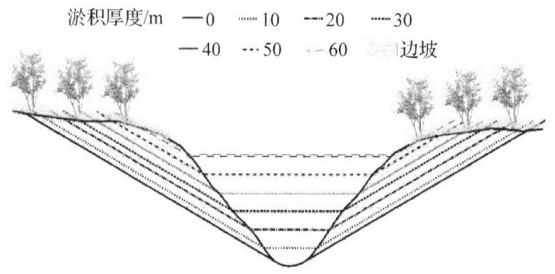

图 14-4 不同淤积厚度下侵蚀势能分布

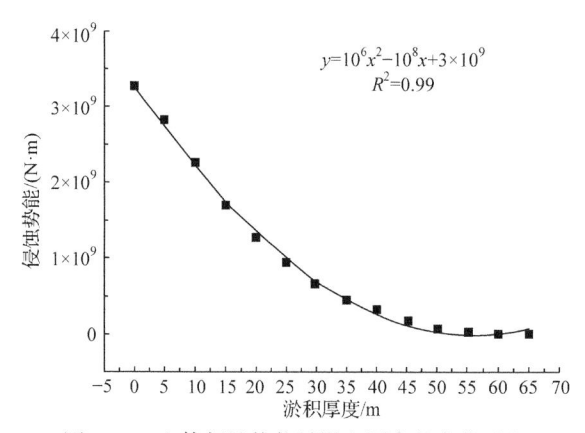

图 14-5 山体侵蚀势能随淤积厚度的变化过程

对二次函数求导,可以得到侵蚀势能随淤积厚度的变化率,二次函数的导函数为

$$S = 2 \times 10^6 x - 10^8 \tag{14-6}$$

式中,S 为侵蚀势能的变化率;x 为淤积厚度。

由式(14-6)可知,当 $x = 50$ 时,$S = 0$。因此,淤积厚度小于 50m 时,山体侵蚀势能随着淤积厚度增加急剧减小;淤积厚度大于等于 50m 以后,山体侵蚀势能减小速率开始变慢,直到侵蚀势能不再减小。

图 14-6 为修建淤地坝后山体侵蚀势能相对未建坝时的减小率随淤积厚度的变化情况。由图 14-6 可以看出,侵蚀势能减小率随着淤积厚度的增加逐渐增加至100%,且侵蚀势能减小率与淤积厚度之间呈对数函数关系。

14.2.2 王茂沟流域淤地坝系修建前后侵蚀势能对比

以黄土高原典型淤地坝系流域为例,计算淤地坝系修建前后流域侵蚀势能的变化情况。图 14-7 为淤地坝系修建前后沟道比降(曲线倾斜程度)对比。由图 14-7 可以看出,淤地坝系修建后沟道整体比降减小,局部比降增加;随着坝系的不断

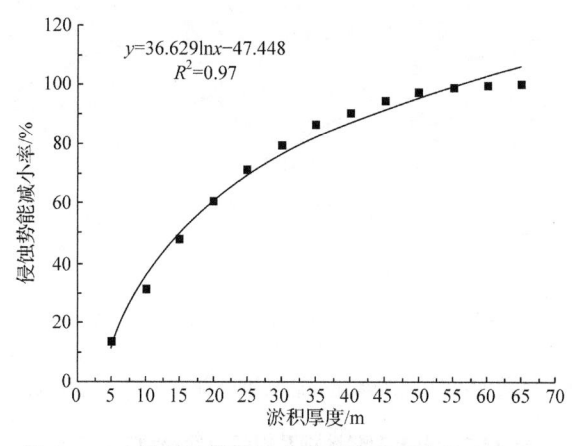

图 14-6 山体侵蚀势能减小率随淤积厚度的变化过程

淤积，沟道呈阶梯化特征。图 14-8 为王茂沟流域上、中、下游山体侵蚀势能的变化，流域上游到下游，随着淤积的增加侵蚀势能明显减小。表 14-2 为王茂沟淤地坝系修建前后侵蚀势能对比。由表 14-2 可以得出，侵蚀势能减小率最小的断面里程为 1578.89m，侵蚀势能减小 2.03%；侵蚀势能减小率最大的断面里程为 1881.23m，侵蚀势能减小 78.11%；王茂沟流域修建坝系后，侵蚀势能平均减小 26.57%，有效减小了重力侵蚀发生的概率。

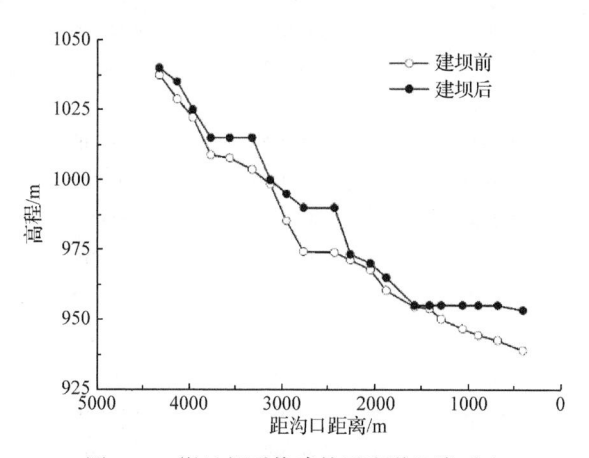

图 14-7 淤地坝系修建前后沟道比降对比

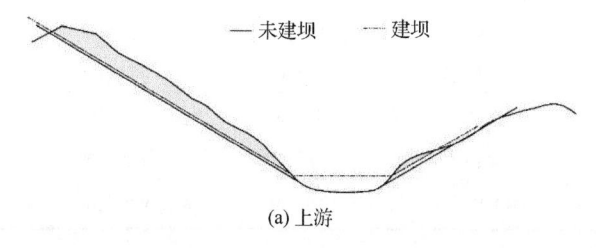

(a) 上游

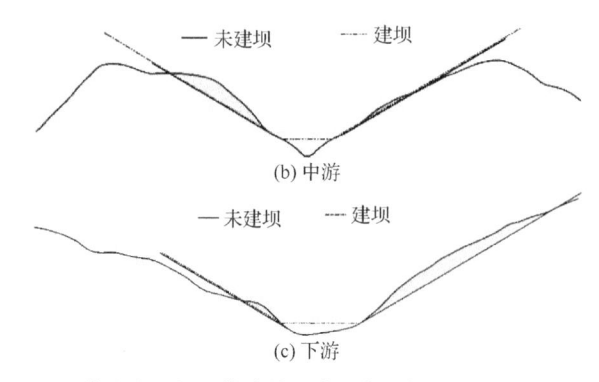

图 14-8　王茂沟淤地坝系修建前后典型断面侵蚀势能(阴影面积)变化

表 14-2　王茂沟淤地坝系修建前后侵蚀势能对比

断面	里程/m	侵蚀势能/(N·m)		侵蚀势能减少率/%
		未建坝	建坝	
1	413.72	3.11×10^9	2.39×10^9	23.17
2	685.00	1.29×10^9	8.84×10^8	31.67
3	895.04	1.84×10^9	1.29×10^9	29.92
4	1065.20	3.09×10^8	1.34×10^8	56.53
5	1294.53	1.53×10^8	1.34×10^8	12.65
6	1420.93	4.43×10^8	4.32×10^8	2.46
7	1578.89	1.20×10^8	1.18×10^8	2.03
8	1881.23	3.99×10^8	8.73×10^7	78.11
9	2050.83	2.55×10^8	2.35×10^8	8.21
10	2263.85	1.01×10^9	7.98×10^8	21.28
11	2431.42	6.08×10^8	5.81×10^8	4.51
12	2765.81	6.76×10^8	4.38×10^8	35.24
13	2948.44	1.80×10^8	1.13×10^8	37.23
14	3124.42	8.85×10^8	8.56×10^8	3.20
15	3321.00	1.18×10^9	9.88×10^8	16.21
16	3561.40	4.37×10^8	1.56×10^8	64.36
17	3768.10	5.61×10^8	4.27×10^8	23.83
18	3960.39	7.92×10^8	7.44×10^8	6.06
19	4130.98	8.57×10^8	2.89×10^8	66.30
20	4324.10	6.56×10^8	6.01×10^8	8.47
平均值	2394.26	7.89×10^8	5.85×10^8	26.57
最大值	4324.10	3.11×10^9	2.39×10^9	78.11
最小值	413.72	1.20×10^8	8.73×10^7	2.03

14.3 淤地坝系水沙调控异地效应

淤地坝除了发挥原地拦沙效益外，还会减小下游侵蚀能量，从而减少淤地坝下游沟道侵蚀。淤地坝对其下游沟道的减蚀作用为淤地坝系的异地减沙作用。本章将分布式水文模型 MIKE SHE 和一维水动力模型 MIKE 11 耦合，分别模拟了单坝和淤地坝系建设前后沟道的水动力过程，通过计算流量、流速和径流侵蚀功率3个指标来说明淤地坝系的异地减沙作用。

图 14-9 为小流域主沟道未建坝、单坝和坝系 3 种工况下沟道断面最大流量沿程分布。从沟道上游到下游，依次建有 4 座淤地坝，在图中用虚线表示。由图 14-9 可以看出，沟道未建坝时，在第 4 座淤地坝王茂沟 2#坝坝前 10m 断面，里程 2040m 处的断面最大流量为 0.69m³/s，修建王茂沟 2#坝后，沟道断面最大流量急剧减小，经过 538m 断面最大流量才恢复到 0.69m³/s；修建坝系后，主沟道沿程断面最大流量均明显减小，沟道断面最大流量最终没有达到建坝前水平。

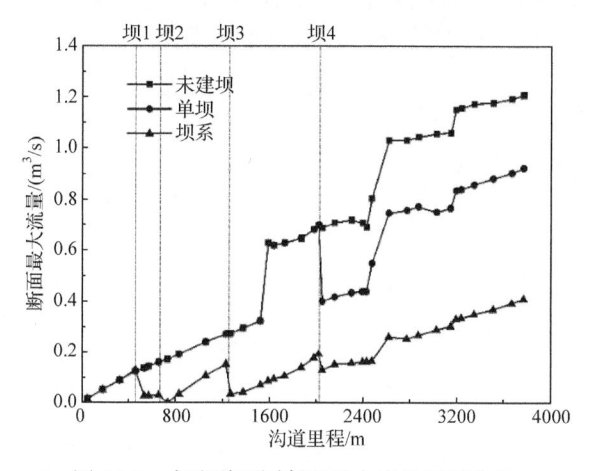

图 14-9 主沟道不同断面最大流量沿程分布

图 14-10 为主沟道断面最大流速沿程分布。由图 14-10 可以看出，在主沟道里程 2050m 断面处修建第 4 座淤地坝王茂沟 2#坝后，坝前水流流速急剧减小，坝前 10m 断面未建坝时断面最大流速为 2.31m/s，建坝后此断面流速急剧减小为 0.14m/s，而且直到流域出口沟道断面最大流速也未恢复到此值。说明淤地坝的建设明显减小了坝后沟道的流速，减小了径流挟沙力，减少了下游沟道的冲刷。单坝和坝系修建后，坝后流速均急剧减小，明显小于未建坝时同断面的流速。流域修建坝系后，主沟道沿程各断面的流速均明显减小，而且减小幅度远远大于单坝，说明相比单坝，坝系建设更能有效减小沟道侵蚀。

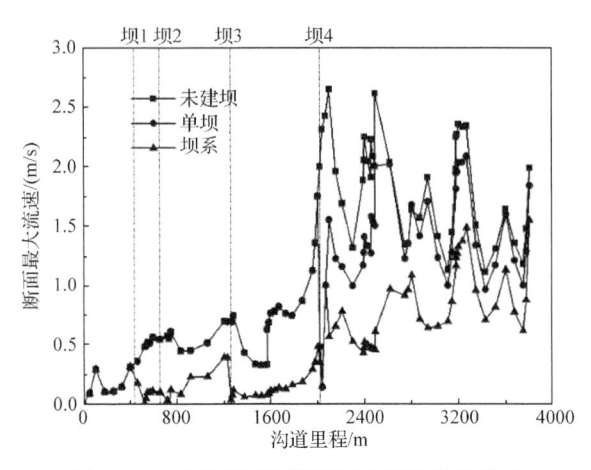

图 14-10 主沟道不同断面最大流速沿程分布

图 14-11 为主沟道径流侵蚀功率沿程分布。由图 14-11 可以看出，单坝坝后的径流侵蚀功率明显小于坝前的径流侵蚀功率，说明单坝的建设减少了洪水对坝后的冲刷；坝系建成后，整个沟道的径流侵蚀功率急剧减小，说明坝系建设可以有效减少洪水对沟床泥沙的侵蚀和沟道泥沙的输移。

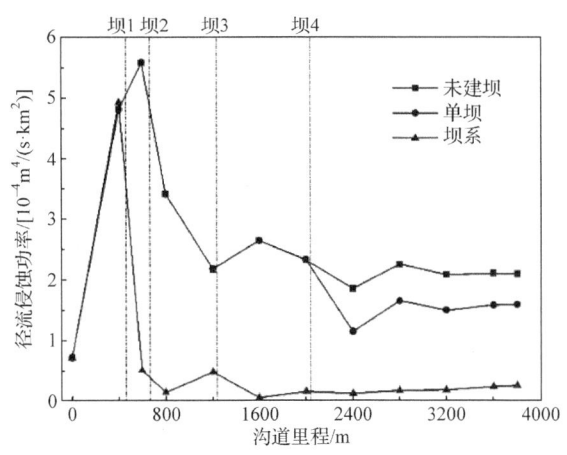

图 14-11 主沟道不同断面径流侵蚀功率沿程分布

14.4 淤地坝对典型流域水沙变化的贡献率

将发生突变临界年份之前的时期作为基准期，即人类活动影响很小的时期，称为天然状态；将发生突变临界年份之后的时期作为措施期，即人类活动高影响时期(杨媛媛，2021)。年输沙量是把相应年的累积降雨量代入基准期建立的回归方程求得的；降雨量变化引起的影响量为不同时期按照基准期建立的回归方程计算得到的降雨量之差；人类活动影响的减沙量则为相同时期计算值减去实测值；相同时期淤地坝拦沙量占人类活动减沙总量的百分比为该时期淤地坝措施在人类活动中的贡献率(Zhang et al., 2022)。

大理河流域属于典型的黄土高原丘陵沟壑区，以沟的边缘为界，可以分成坡面和沟道两个单元。沟道的主要措施是淤地坝，坡面的主要措施是植被和梯田。人类活动减沙贡献率为坡面措施减沙贡献率和沟道措施减沙贡献率之和，坡面措施减沙贡献率为梯田减沙贡献率和植被减沙贡献率之和(式(14-7)、式(14-8))：

$$C_{human} = C_{check\_dam} + C_{slope} \tag{14-7}$$

$$C_{slope} = C_{terrace} + C_{vegetation} \tag{14-8}$$

式中，C_{human} 为人类活动减沙贡献率；C_{check_dam} 为沟道措施减沙贡献率；C_{slope} 为坡面措施减沙贡献率；$C_{terrace}$ 为梯田减沙贡献率；$C_{vegetation}$ 为植被减沙贡献率。

14.4.1 黄河中游主要河流水沙变化趋势

1. 大理河水沙趋势变化特征

采用 M-K 检验法分别对大理河流域的侵蚀性降雨(日降雨量大于 12mm 的降雨)、年径流量与年输沙量进行趋势检验，结果见表 14-3。可以看出，大理河流域 1960~2015 年侵蚀性降雨没有发生明显的趋势性变化，而年径流量和年输沙量表现出极显著的减少趋势。因此，进一步对大理河的年径流量和年输沙量进行突变年份检验。

表 14-3 1960~2015 年侵蚀性年降雨、年径流量和年输沙量变化趋势 M-K 检验

指标	日降雨量大于 12mm 的降雨	年径流量/亿 m³	年输沙量/万 t
Zkm	1.55	−3.39	−4.24
显著性	—	**	**

注：Zkm > 0，为上升趋势，Zkm < 0，为下降趋势；**表示双尾检验变化趋势为 0.01 水平显著；"—"表示双尾检验变化趋势不显著。

接下来，采用 Pettitt 方法判定年径流量和年输沙量发生突变的年份，结果见表 14-4。大理河流域 1960~2015 年年径流量发生突变的年份为 1971 年和 1996 年；年输沙量发生突变的年份为 1971 年和 2002 年。

表 14-4 1960~2015 年侵蚀性年降雨、年径流和年输沙量突变检验 Pettitt 检验

指标	年径流量/亿 m³		年输沙量/万 t	
发生突变年份	1971 年	1996 年	1971 年	2002 年
显著性	—/*	**	**	**

注：**表示双尾检验变化趋势为 0.05 水平显著；*表示双尾检验变化趋势为 0.10 水平显著；"—"表示双尾检验变化趋势不显著。

2. 黄河中游主要河流水沙变化特征

收集 1956~2015 年黄河中游典型流域(皇甫川、窟野河、无定河、大理河等)径流、输沙、降雨资料，分析发现：①各流域年降雨量没有显著的变化趋势，但年径流量和年输沙量呈显著($\alpha = 0.001$)减少趋势；②从年内汛期来看，窟野河、无定河、大理河流域汛期降雨量占全年比例呈现不显著($\alpha > 0.1$)增加趋势，皇甫川流域汛期降雨量占比呈显著($\alpha = 0.001$)减少趋势，窟野河、大理河流域河汛期径流量占全年比例呈现显著($\alpha = 0.05$)减少趋势，无定河流域汛期径流量占比呈不显著($\alpha > 0.1$)减少趋势，皇甫川汛期径流量占比呈显著($\alpha = 0.001$)增加趋势；③皇甫川、大理河流域汛期输沙量占比分别呈 $\alpha = 0.001$ 显著水平、$\alpha = 0.05$ 显著水平增加趋势，无定河汛期输沙量占比呈不显著($\alpha > 0.1$)增加，窟野河汛期输沙量占比呈现不显著($\alpha > 0.1$)减少趋势。总之，各流域下垫面条件和人类活动因素不同，所以汛期径流输沙的变化趋势不尽相同。

14.4.2 大理河骨干坝建坝历程

大理河流域 1954~2011 年骨干坝随时间的变化特征如表 14-5 所示。可以看出，1954~2011 年大理河总共建设骨干坝 279 座，其中 1970~1979 年为大理河流域建坝高峰期，建坝数量高达 164 座，相应的控制面积和总库容也达到各时期的最大值；同时可以发现，2000 年以后骨干坝的建设又得到加强。截至 2011 年的水利普查结果显示，1970~1979 年建设的骨干坝淤积率达到各时期最大，为 0.77；1954~1989 年，骨干坝拦沙量逐年增加，1990~1999 年，骨干坝拦沙量有所减少，但是 2000 年后骨干坝拦沙量又增加。大理河流域淤地坝总拦沙量逐年变化特征如图 14-12 所示，其变化特征与骨干坝拦沙量变化特征类似。

表 14-5 大理河流域骨干坝随时间变化特征

年份	数量/座	控制面积/km²	总库容/万 m³	已淤积库容/万 m³	淤积率	拦沙量/万 t
1954~1959	8	50.70	1342.70	876.80	0.65	125.15
1960~1969	48	183.30	4684.60	3505.10	0.75	796.88
1970~1979	164	790.90	20494.30	15809.80	0.77	5760.46
1980~1989	18	149.10	2420.30	1615.80	0.67	8045.64
1990~1999	13	91.30	2262.90	1413.20	0.62	7072.62
2000~2011	28	132.98	3561.48	1720.20	0.48	11321.62
1954~2011	279	1398.28	34766.28	24940.90	0.72	33122.34

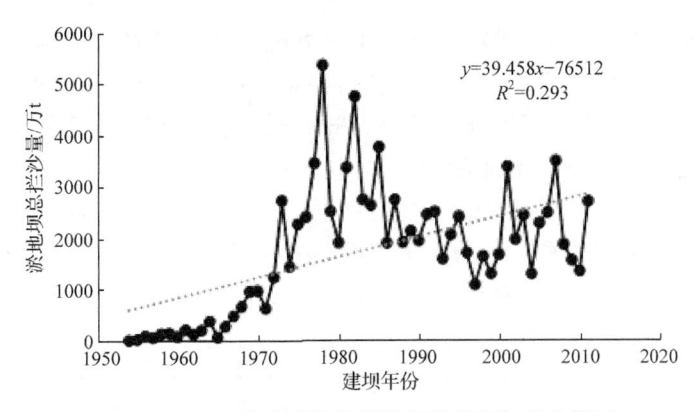

图 14-12　大理河流域淤地坝总拦沙量逐年变化特征

14.4.3　大理河淤地坝拦沙贡献率

大理河流域侵蚀性降雨量-输沙量双累积曲线如图 14-13 所示，可得到 3 个不同的时段，各时段线性回归方程的拟合程度都较高。同时，验证了采用 Pettitt 法分析的输沙量发生突变的年份，即 1971 年和 2002 年。把最先发生突变的 1971 年之前天然时期称为大理河流域基准期，根据基准期的回归方程分别计算各时期的输沙量，计算结果见表 14-6。

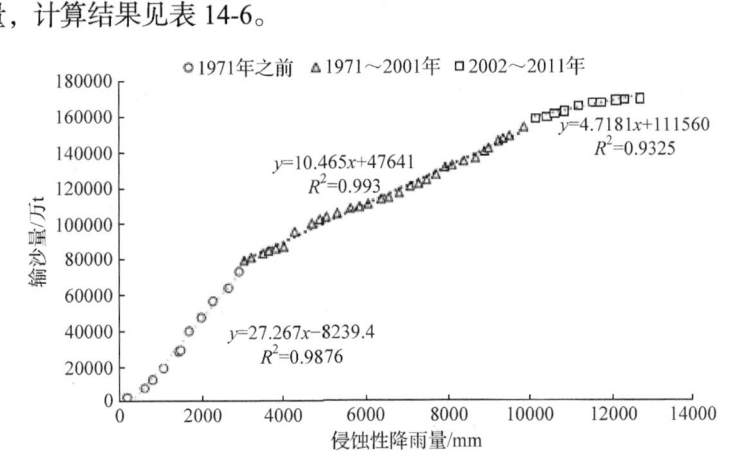

图 14-13　大理河流域降雨量-输沙量双累积曲线

表 14-6　不同时期大理河流域输沙量变化原因分析

时期	实测输沙量/(万 t/a)	计算输沙量/(万 t/a)	实测输沙量减少量	实测输沙量减少比例/%	降雨减沙量/万 t/a	降雨减沙贡献率/%	人类活动减沙量/万 t/a	人类活动减沙贡献率/%
1971 年之前	6620.96	6491.60	—	—	—	—	—	—
1971～2001 年	2603.77	6101.10	4017.19	60.67	519.86	12.94	3497.33	87.06
2002～2011 年	1605.49	6946.35	5015.47	75.75	−325.39	−6.49	5340.86	106.51

从表 14-6 可以看出，1971~2001 年和 2002~2011 年降雨对年输沙量的影响呈减弱趋势，减沙贡献率从 12.94%降低为–6.49%；人类活动对大理河流域年输沙量的影响呈增强趋势，减沙贡献率从 87.06%增加至 106.51%，说明人类活动对大理河流域年输沙量的影响越来越大。

采用权重的方法得到淤地坝逐年拦沙量，从而计算出不同时期淤地坝的年均拦沙量和人类活动贡献率，计算结果如表 14-7 和图 14-14 所示。梯田措施减沙贡献率基本没有变化，但是林草措施减沙贡献率大幅增加，从 25.32%增加到 62.10%。

表14-7 不同时期大理河流域各水土保持措施减沙贡献率

时期	人类活动 年均拦沙量/(万 t/a)	贡献率/%	淤地坝年均拦沙量/(万 t/a)	淤地坝拦沙量占人类活动影响的比例/%	梯田占人类活动影响的比例/%	林草占人类活动影响的比例/%
1971 年之前	—	—				
1971~2001 年	3497.33	87.06	1658.50	47.42	14.32	25.32
2002~2011 年	5340.86	106.49	1657.86	31.04	13.35	62.10

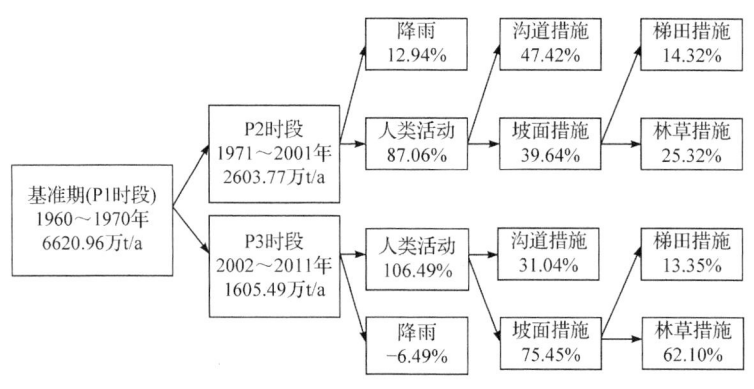

图 14-14 大理河流域各措施减沙贡献率

14.4.4 淤地坝拦沙量结果合理性分析

大理河流域淤地坝拦沙量计算结果与已有研究成果对比如表 14-8 所示。熊贵枢等(1983)根据水土保持措施的减沙效益，计算得到 1971~1980 年大理河淤地坝累积拦沙量为 2.70 亿 t，相同时段本书计算的淤地坝累积拦沙量为 1.50 亿 t，本书结果相对偏小。熊贵枢等(1983)指出，其使用的某些系数缺乏试验资料，且一般统计得到的水土保持措施量数据往往偏大，这可能影响其研究结果。冉大川等(2013)采用水保法估算了 1960~2002 年大理河流域淤地坝累积拦沙量为 1.25 亿 t，相同时段本书计算结果为 1.31 亿 t，两者计算结果较为相近。对比表明，不同学者对大理河流域淤地坝拦沙量研究存在差异,本书结果与已有研究成果相近,因此计算结果较为合理。

表 14-8　大理河流域淤地坝拦沙量计算结果与已有研究成果对比

时期	已有研究结果	本书结果
1971～1980 年	2.70 亿 t(熊贵枢等,1983)	$1.50×10^8$t
1960～2002 年	1.25 亿 t(冉大川等,2013)	$1.31×10^8$t

14.4.5　水沙关系变化

大理河流域 1960～2015 年侵蚀性降雨量和输沙量变化过程如图 14-15 所示。分析发现,侵蚀性降雨量呈波动式增减,变化幅度不大;输沙量呈减少的变化趋势。说明大理河流域输沙量变化不只受降雨的影响。

各时段径流量和输沙量的关系变化如图 14-16 所示。通过各时段拟合方程的斜率(含沙量)可以发现,1960～1970 年斜率为 0.54,1971～2001 年斜率为 0.27,2002～2011 年斜率为 0.46,即含沙量是先减小后增加的趋势。1971～2001 年和 2002～2011 年实测输沙量都是减少的,且 2002～2011 年输沙量减少更多,但是 2002～2011 年

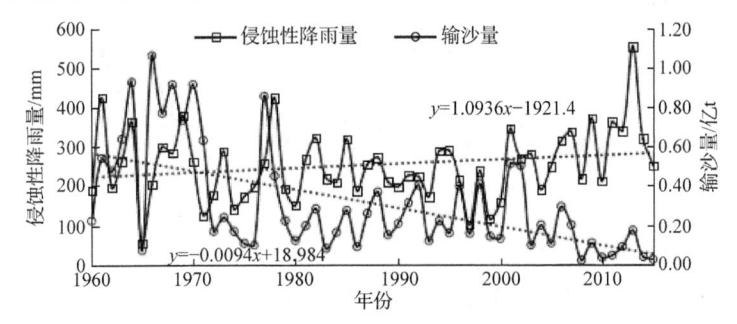

图 14-15　大理河流域 1960～2015 年侵蚀性降雨量和输沙量变化过程

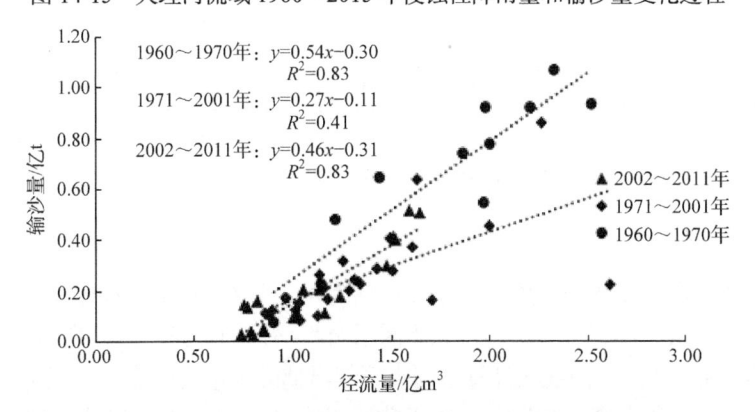

图 14-16　不同时段径流量和输沙量关系变化

含沙量又高于 1971~2001 年，这可能与各种水土保持措施的减沙效应有关。1999年开始，实施退耕还林(草)政策，2002 年开始发挥了重要的减沙作用。2002~2011年，坡面措施的减沙贡献率增加为 75.45%，其中林草措施占 62.10%。

14.4.6 沟道和坡面贡献率

大理河流域不同时期降雨和人类活动对输沙量的影响发生着变化，且不同水土保持措施对大理河流域的减沙贡献率也在变化(杨媛媛等，2021)。1971~2001年和 2002~2011 年，淤地坝和林草措施的减沙贡献率发生了明显的变化，淤地坝减沙贡献率从 47.42%降到 31.04%，林草措施减沙贡献率从 25.32%增加到 62.10%，而梯田减沙贡献率基本没有发生变化。说明坡面措施减沙贡献率在增加，而沟道减沙贡献率在减少。

1971~2001 年，林草措施减沙贡献率较小，为 25.32%，这是因为大理河流域 NDVI 在 2001 年前无明显的增大趋势(图 14-17)。1999 年开始实施退耕还林(草)政策，大理河流域 NDVI 从 2002 年开始增大，即由于植被恢复，淤地坝减沙贡献率减小。

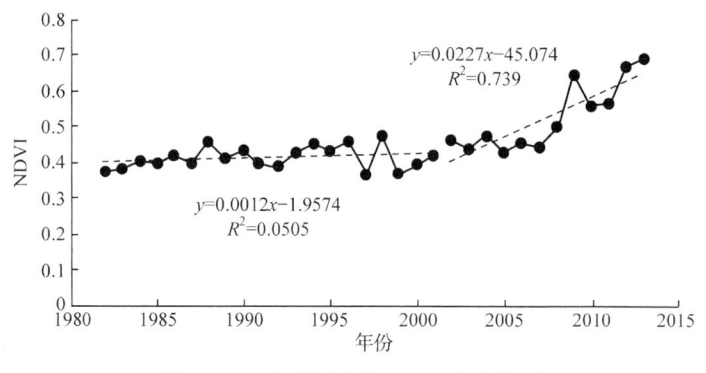

图 14-17 大理河流域 NDVI 变化特征

14.5 典型流域沟道工程对水沙变化的贡献率

14.5.1 沟道工程对王茂沟流域水沙变化的贡献率

1. 气象因子贡献率

影响地区水沙变化的气象因素主要包括降雨、蒸发等，降雨条件占主要地位。选取王茂沟流域为典型流域，进行气象因子贡献率识别研究，以序列汛期降雨量为研究基础，使用双累积曲线法计算不同水平年汛期降雨量对产流产沙变化的贡献率。水平年划分按照研究区汛期降雨量 P-Ⅲ曲线(皮尔逊Ⅲ型曲线)拟合的 25%和 75%设计水平年进行。

汛期降雨量对水沙变化的贡献率计算结果见表 14-9。从表 14-9 可以看出，枯水年降雨量对水沙减少的贡献率在 24%~50%；丰水年降雨量对水沙增加的贡献率均在 45% 左右；平水年降雨量对水沙减少的贡献率在 18% 左右。丰水年降雨量对产流产沙变化的贡献率明显高于枯水年和平水年，同时降雨量对产流产沙变化的贡献越是在极端条件越显著。

表 14-9 汛期降雨量对水沙变化的贡献率

降雨时段	水沙变化量	降雨量-径流量	降雨量-输沙量
1980~1990 年(枯水年)	Σ计算值	28.6	64.0
	Σ实测值	14.5	48.4
	ΔQ、ΔS	−14.0	−15.7
	贡献率/%	−49.2	−24.5
1991~1999 年(丰水年)	Σ计算值	38.0	98.5
	Σ实测值	66.3	143.9
	ΔQ、ΔS	28.3	45.4
	贡献率/%	42.6	46.1
2000~2010 年(平水年)	Σ计算值	86.4	192.0
	Σ实测值	71.0	155.5
	ΔQ、ΔS	−15.3	−36.5
	贡献率/%	−17.8	−19.0

注：ΔQ 为径流量变化量(万 m³)；ΔS 为输沙量变化量(万 t)；Σ 表示累加值，其中径流量累加值单位为万 m³，输沙量累加值单位为万 t。

根据降雨量贡献率计算结果推算，人类活动对径流变化的贡献率在 1980~1990 年、1991~1999 年、2000~2010 年分别为 50.8%、57.4%、82.2%，对产沙变化的贡献率分别为 75.5%、53.9%、81%，人类活动对水沙变化的贡献率高于气象因子，且对输沙量的影响显著高于对径流量的影响。

2. 水保措施对水沙变化的贡献率

淤地坝建设及退耕还林(草)等政策实施以来，王茂沟流域下垫面条件发生了显著变化，主要水保措施包括林草、梯田、淤地坝等。将人类活动引起的水沙变化归因于流域内各水土保持措施的实施，采用刘晓燕(2016)提出的减水、减沙计算方法，研究各水保措施对地区水沙变化的影响。由于数据序列有限，以 1970 年土地利用数据代表 2000 年前的研究区情况，以 2000 年数据代表 2000 年后的研究区情况。各期不同水保措施面积变化情况如图 14-18 所示。

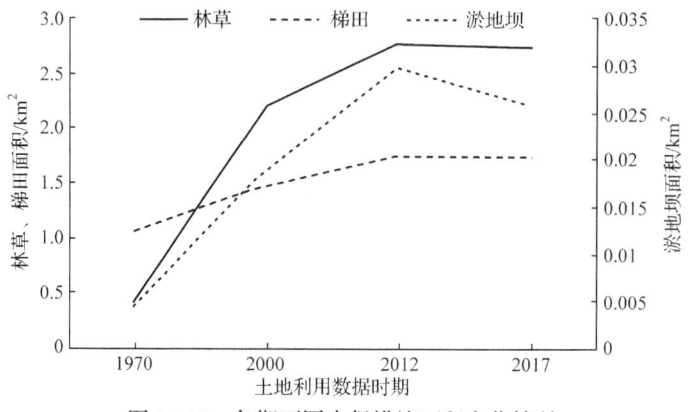

图 14-18 各期不同水保措施面积变化情况

根据研究区下垫面条件及水保措施实际对各参数进行取值，分别计算两个阶段梯田、林草和淤地坝的减水量、减沙量，并分析各水保措施对水沙变化的贡献率，减水量、减沙量计算结果如表 14-10 所示。

表 14-10 各水保措施减水量、减沙量计算

水保措施	减水量/万 m³	减沙量/万 t
林草	$\Delta W_1 = 4349.3$ $\Delta W_2 = 3888.6$	$\Delta S_1 = 0.96$ $\Delta S_2 = 1.05$
梯田	$\Delta W_1 = 7295.5$ $\Delta W_2 = 6823.9$	$\Delta S_1 = 2.55$ $\Delta S_2 = 2.82$
淤地坝	$\Delta W_1 = 9117.8$ $\Delta W_2 = 5390.9$	$\Delta S_1 = 16754.8$ $\Delta S_2 = 18856.5$

注：ΔW_1 为 2000 年前的减水量；ΔW_2 为 2000 年后的减水量；ΔS_1 为 2000 年前的减沙量；ΔS_2 为 2000 年后的减沙量。

淤地坝减沙量包括减蚀量和淤积量两部分，根据 2017 年研究区淤地坝淤积量数据，按年均侵蚀性降雨量确定逐年淤积量权重，向前反推淤地坝逐年淤积量至建坝年份，得到年淤积量见图 14-19。将淤积量加入淤地坝减蚀量，得到研究区减沙量进行淤地坝减沙贡献率计算。

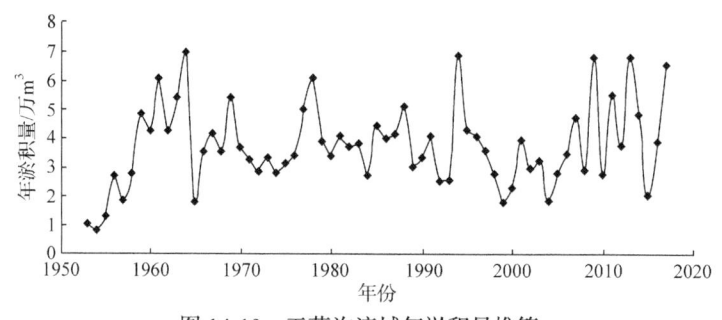

图 14-19 王茂沟流域年淤积量推算

各水保措施的减水、减沙贡献率如图 14-20 所示。由图 14-20 可知，各水保措施减水、减沙贡献率以梯田、淤地坝为主，基本为淤地坝>梯田>林草。总体上表现为 2000 年前减水、减沙贡献率大于 2000 年后，2000 年减水、减沙贡献率下降与 2000 年后统计降雨量减少有关；降雨量减少导致减水贡献率从 74.21%下降到 48.19%，减沙贡献率从 98.67%下降到 64.65%。总贡献率小于 100%，表明还有其他人类活动影响水沙变化，包括各水保措施的交互影响等。

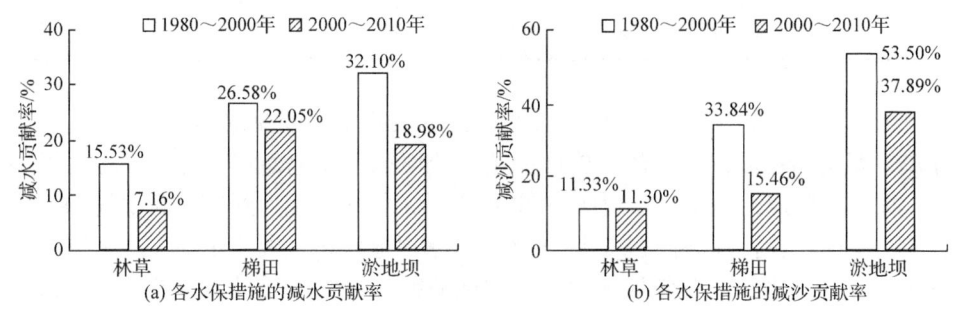

图 14-20 各水保措施的减水、减沙贡献率

14.5.2 沟道工程对无定河流域水沙变化的贡献率

以 1957～1971 年为基准期，采用水保法计算气候变化和人类活动对流域水沙变化的贡献率。本书采用的水保法为指标法，即核实流域内各水利水保措施面积等，确定不同地貌类型区不同条件、时期下各措施减沙指标，分项计算，逐项累加，得到流域水利水保措施的减沙量。参考张经济等(2002)研究成果，确定流域各项水利水保措施减水减沙效益指标，见表 14-11。采用无定河流域 2011 年水利普查的骨干坝数据、2009 年淤地坝安全大检查数据等，分析计算无定河流域截至 2010 年底淤地坝实际拦沙总量，按不同年份淤地坝控制面积、产沙降雨指标权系数分配的方法，反推不同时期淤地坝拦沙量。流域灌溉定额参考《陕西省行业用水定额》，取 5940m³/hm²，灌溉水回归系数取 15%，灌溉引水平均含沙量据调查结果取 10kg/m³。

表 14-11 无定河流域水利水保措施减水减沙效益指标

效益	时期	梯田	林地	草地	坝地	封禁治理
减水效益 /(m³/hm²)	1970～1979 年	299	132	99	1500	115
	1980～1989 年	318	140	105	1500	123
	1990～1999 年	305	135	101	1500	118
	2000～2010 年	340	150	120	1800	135

续表

效益	时期	梯田	林地	草地	坝地	封禁治理
减沙效益 /(t/hm^2)	1970~1979 年	117	47	32	—	32
	1980~1989 年	121	48	33	—	33
	1990~1999 年	117	46	32	—	32
	2000~2010 年	130	50	40		40

无定河流域梯田、林地、草地、坝地和封禁治理的面积见图 14-21。由图 14-21 可知,无定河流域内最大的措施面积是林地面积,坝地面积在各时段均小于梯田、林地、草地的面积,特别在 2000 年之后,林地面积达到坝地面积的 38 倍,封禁治理面积也比坝地面积多出 90%,即除坝地面积无大变化外,其余措施面积稳中有升。水保法各年代水利水保措施减径流量、输沙量的贡献率计算结果见表 14-12。

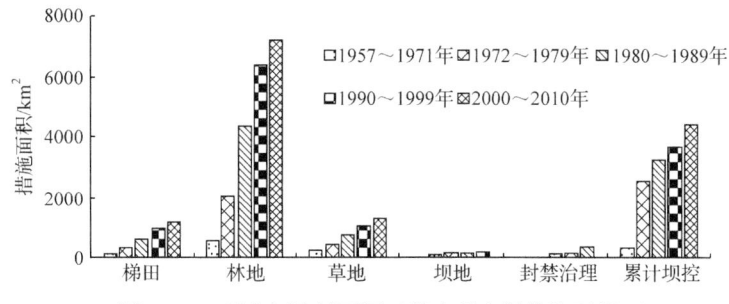

图 14-21 无定河流域不同时段水利水保措施面积

表 14-12 无定河流域水保法各年代水利水保措施减径流量、输沙量的贡献率

水文要素	时期	实测值/亿 m^{3}或亿 t	水利水保措施贡献率							人类活动贡献率/%	气候变化贡献率/%
			梯田	林地	草地	坝地	封禁治理	灌溉	合计		
径流量	1957~1971 年	15.23	—	—	—	—	—	—	—	—	—
	1972~1979 年	10.40	0.10	0.27	0.04	0.13	0	1.17	1.71	35.4	64.6
	1980~1989 年	10.32	0.19	0.61	0.08	0.20	0.01	1.42	2.51	51.0	49.0
	1990~1999 年	9.34	0.30	0.86	0.10	0.25	0.02	1.56	3.10	52.6	47.4
	2000~2010 年	7.62	0.40	1.08	0.16	0.34	0.05	1.87	3.90	51.3	48.7
	1972~2010 年	9.32	0.26	0.74	0.10	0.24	0.02	1.50	2.86	48.4	51.6

续表

水文要素	时期	实测值/亿 m³或亿 t	水利水保措施贡献率							人类活动贡献率/%	气候变化贡献率/%
			梯田	林地	草地	坝地	封禁治理	灌溉	合计		
输沙量	1957~1971年	2.067	—	—	—	—	—	—	—	—	—
	1972~1979年	0.867	0.041	0.095	0.015	0.468	0	0.014	0.63	52.7	47.3
	1980~1989年	0.522	0.073	0.210	0.025	0.473	0.001	0.017	0.80	51.7	48.3
	1990~1999年	0.763	0.116	0.296	0.033	0.540	0.006	0.018	1.01	77.4	22.6
	2000~2010年	0.332	0.153	0.360	0.052	0.991	0.014	0.022	1.59	91.8	8.2
	1972~2010年	0.601	0.100	0.251	0.033	0.635	0.006	0.018	1.04	71.1	28.9

进一步对无定河流域内各时期气候变化和人类活动(水利水保措施)对水沙变化的影响进行分析，见表14-13。由表14-13可以看出，在无定河流域，人类活动为径流量、输沙量变化的主导因素，其对输沙量减少的作用较对径流量减少的作用大。人类活动中，灌溉和林地对流域径流量变化起主导作用，1972~2010年贡献率分别为25.5%、12.5%；坝地和林地对流域输沙量变化起主导作用，1972~2010年贡献率分别为43.3%和17.1%。坝地对流域径流量减少的贡献率较小，但对流域输沙量的减少占据了主导作用，1972~2010年年均减沙0.635亿t，贡献率达43.3%。

表14-13 无定河流域水保法不同时期水利水保措施贡献率

指标	时期	水利水保措施							气候变化
		梯田	林地	草地	坝地	封禁治理	灌溉	合计	
减水贡献率/%	1972~1979年	2.1	5.6	0.9	2.6	0.0	24.2	35.4	64.6
	1980~1989年	3.9	12.5	1.6	4.1	0.1	28.9	51.0	49.0
	1990~1999年	5.1	14.6	1.8	4.2	0.3	26.5	52.6	47.4
	2000~2010年	5.3	14.2	2.1	4.5	0.6	24.6	51.3	48.7
	1972~1999年	3.9	11.5	1.5	3.7	0.2	26.4	47.2	52.8
减沙贡献率/%	1972~1979年	3.4	7.9	1.2	39.0	0.0	1.1	52.7	47.3
	1980~1989年	4.7	13.6	1.6	30.6	0.1	1.1	51.7	48.3
	1990~1999年	8.9	22.7	2.6	41.4	0.4	1.4	77.4	22.6
	2000~2010年	8.8	20.7	3.0	57.1	0.8	1.3	91.8	8.2
	1972~1999年	5.8	15.3	1.8	36.4	0.2	1.2	60.7	39.3

在大部分年代，人类活动对流域径流量、输沙量变化的贡献率明显较气候变化对径流量、输沙量变化的贡献率大，且总体来看人类活动对径流量、输沙量变

化的贡献率呈增加的趋势。贡献率计算结果表明，1972～1999 年至 2000～2010 年，人类活动减沙贡献率从 60.7%增加至 91.8%，减水贡献率从 47.2%增加至 51.3%。

对比不同水土保持措施贡献率，表明淤地坝年均拦水量对径流量的影响呈增强趋势，1972～1999 年至 2000～2010 年坝地减水贡献率从 3.7%上升到 4.5%；梯田、林草的减水贡献率稳中有升，减水贡献率分别由 1972～1999 年的 3.9%、13.0%上升至 2000～2010 年的 5.3%、16.3%。淤地坝年均拦沙量对输沙量的影响呈增强趋势，1972～1999 年至 2000～2010 年减沙贡献率从 36.4%上升到 57.1%；梯田、林草的减沙贡献率稳中有升，减沙贡献率分别由 1972～1999 年的 5.8%、17.1%上升至 2000～2010 年的 8.8%、23.7%。

径流方面，灌溉、林地、梯田、坝地、草地和封禁治理的减水贡献率依次减小，不同措施的减水贡献率明显不同。1972～1999 年，灌溉的减水贡献率为 26.4%，林地措施的减水贡献率为 11.5%，梯田和坝地的减水贡献率分别为 3.9%和 3.7%，草地和封禁治理的减水效益较小。输沙方面，坝地、林地明显较其他措施的减沙贡献率突出，梯田次之，草地、灌溉和封禁治理较小。需要注意的是，随着流域内各水利水保措施的有效开展，减水减沙效益逐年增加，占据主导作用的水利水保措施也会发生改变。

14.5.3 无定河流域治理措施群体作用

以年降水量(P)、年潜在蒸发量(E_0)、年累积坝控面积(A_d)、年累积水平梯田面积(A_t)、年累积林地面积(A_f)和年累积种草面积(A_c)共 6 个指标作为影响年径流深(R)和年输沙量(S)的主要因素，基于广义可加模型(GAMLSS)和主成分分析，构建流域年径流深和年输沙量与气象因子和下垫面因子的响应函数。无定河流域年径流深和年输沙量统计特征与气象因子和下垫面因子的响应函数如表 14-14 所示。

表 14-14　无定河流域年径流深和年输沙量模型

指标	拟合方程
年径流深	$\log R = 12.63 + 0.0016P - 2.45 \times 10^{-5}E_0 - 1.84 \times 10^{-4}A_d - 1.75 \times 10^{-4}A_t - 3.76 \times 10^{-4}A_f - 1.87 \times 10^{-4}A_c$
年输沙量	$\log S = 12.11 + 0.0064P + 0.0019E_0 - 0.0004A_d - 0.0003A_t - 0.0009A_f - 0.0014A_c$

由表 14-14 可知，无定河流域年径流深、年输沙量的均值和方差均随着年降雨量的增加而增加，且随着年潜在蒸发量、年累积坝控面积、年累积水平梯田面积、年累积林地面积和年累积种草面积的增加而减少，与以往的研究成果一致。根据年径流深模型和年输沙量模型计算得到无定河流域各年代年径流深和年输沙量模拟序列均值，与实测序列结果进行对比，如图 14-22 所示。

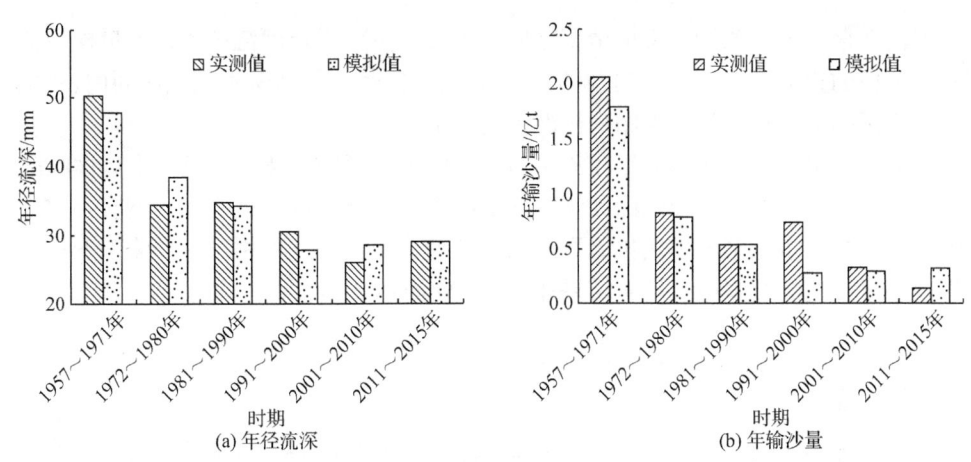

图 14-22 无定河流域年径流深和年输沙量模拟值与实测值对比

由图 14-22 和图 14-23 可知,无定河流域年径流深和年输沙量模拟值与实测值在不同时期均比较接近,无定河流域年径流深的相对误差为 12%,年输沙量的相对误差为 51%。无定河流域年径流深和年输沙量的分位数如图 14-23 所示,拟合优度评价指标如表 14-15 所示。

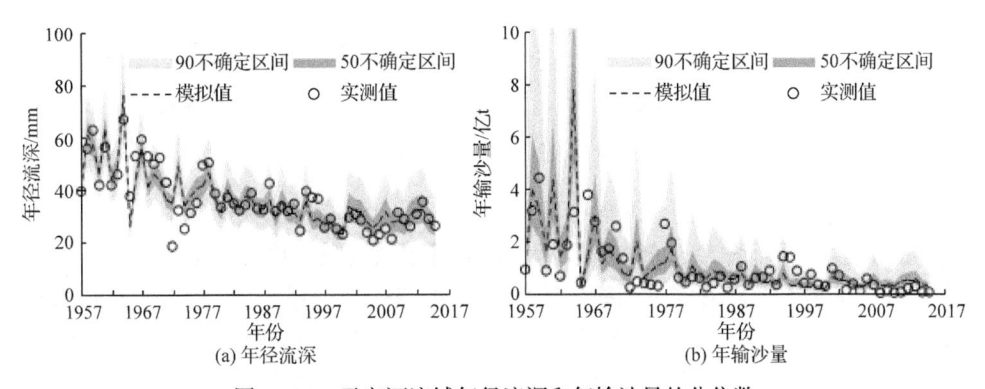

图 14-23 无定河流域年径流深和年输沙量的分位数

表 14-15 年径流量和年输沙量拟合方程的拟合优度评价指标

指标	相关系数	P0.9-factor	R0.9-factor	P0.5-factor	R0.5-factor
年径流深	0.86	0.92	1.81	0.59	0.74
年输沙量	0.70	0.83	2.66	0.39	0.94

注:P0.9-factor 表示落入 90%不确定区间占比;R0.9-factor 表示 90%不确定区间除以目标变量均方差;P0.5-factor 表示落入 50%不确定区间占比;R0.5-factor 表示 50%不确定区间除以目标变量均方差。

由表 14-15 可知,年径流深模拟值和实测值的相关系数大于 0.85,85%以上的实测值落入了 90%不确定区间内,且 90%不确定区间平均宽度小于实测序列标准差的 2 倍。年输沙量的模拟精度略低于年径流量，无定河流域年输沙量模拟值和实测值的相关系数仅为 0.70，80% 以上的实测值落入了 90% 不确定区间内，90% 不确定区间平均宽度为实测序列标准差的 3 倍。

分析结果表明，构建的年径流深与下垫面响应函数、年输沙量与下垫面响应函数能够准确地反映年径流深和年输沙量的年际变化，因此进一步对响应函数求解弹性系数，量化来气候变化、下垫面因子变化及其交互作用对年径流深变化和年输沙量变化的贡献率。计算结果如图 14-24 所示。

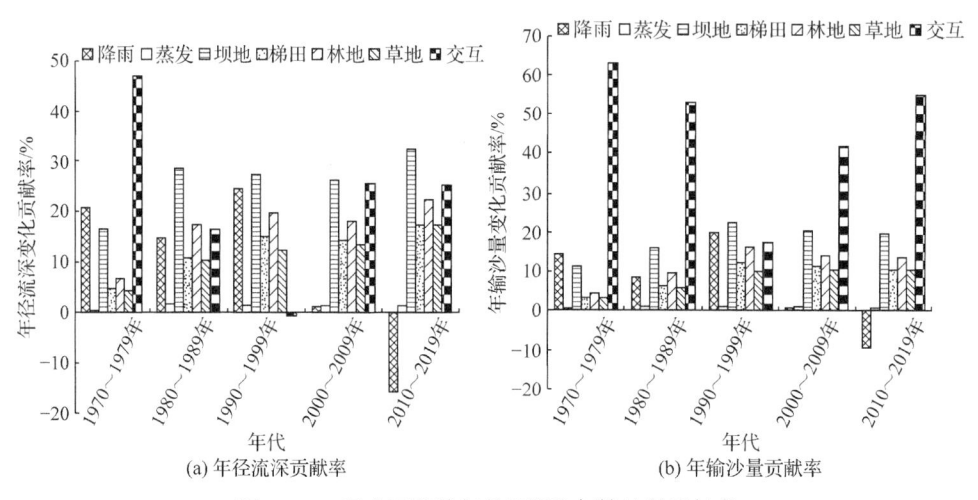

(a) 年径流深贡献率

(b) 年输沙量贡献率

图 14-24　无定河流域年径流深和年输沙量贡献率

由图 14-24 可知，随着水保措施的开展，无定河流域水保措施对径流和输沙变化的贡献率逐渐增大。2000 年以后，无定河流域气候变化、坝地、梯田、林地、草地和交互作用对径流的贡献率分别为–2.9%、28.2%、15.3%、19.4%、14.6% 和 25.4%，对输沙的贡献率分别为–2.0%、20.2%、11.0%、13.9%、10.4% 和 46.6%。对于无定河流域来说，坝地是影响径流和输沙变化的主要措施，林地作用次之。不同措施之间的交互作用分析表明，水土保持措施实施初期，对径流和输沙的群体效应均大于其他时期。总体来说，无定河流域水保措施群体效应对径流变化的贡献率为 15% 左右，对输沙变化的贡献率为 40% 左右。

14.6　典型流域坡面及沟道坝系建设对径流泥沙的影响预测

14.6.1　流域治理对径流泥沙过程的影响

将情景 S1～S5 分别代入经过验证的无定河流域 SWAT 模型，模拟得到各假设情景下流域的水沙过程(图 14-25)，反映了坡地退耕还林(草)及淤地坝建设对流域月径流量和月输沙量的影响。不同情景下相对于基准情景 S0 的变化率见表 14-16。

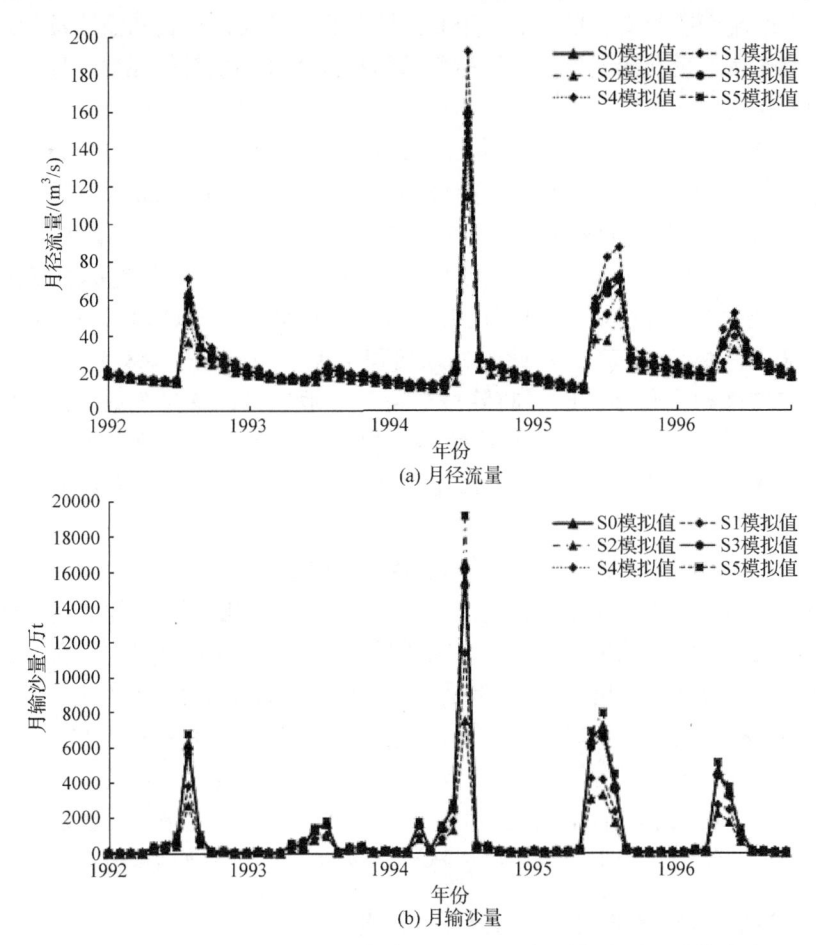

(a) 月径流量

(b) 月输沙量

图 14-25　不同情景下无定河流域 1992～1997 年月径流量、月输沙量

表 14-16　不同情景下径流量、输沙量变化率

情景	径流量变化率/%	输沙量变化率/%
S1	12.0	11.7
S2	−20.7	−53.2
S3	−2.7	−6.8
S4	−11.8	−36.8
S5	−1.0	−2.9

由表 14-16 可以看出，去除流域内淤地坝(情景 S1)后，流域的径流量、输沙量均增大，且径流量与输沙量增大的幅度基本一致，均为 12%左右，说明淤地坝

对流域的水沙过程均有较大影响。另外，可以从图 14-25 中明显看出，去除淤地坝后汛期产流产沙的增加量明显大于非汛期，流域最大径流量和输沙量分别增加了 19%和 17%，反映出淤地坝可以较好地阻拦洪水及其携带的泥沙，具有一定的调峰消能作用。

流域 15°以上坡地变为林地(情景 S2)时，耕地面积减少了 2032km^2，草地面积减少了 1790km^2，整个流域的林地面积比情景 S0 增加了 351%，达到 3952km^2，此时流域森林覆盖度为 17%。在此条件下，流域径流量减少 20.7%，输沙量减少 53.2%，径流量和输沙量的减小幅度不同，说明林地面积增加可以在径流量减少幅度不大的情况下极大地减少输沙量。调整阈值，仅将流域 25°以上陡坡变为林地(情景 S3)，此时林地面积增加了 706km^2，森林覆盖度为 6%。在林地整体面积变化不大时，将陡坡退耕为林地也可以减少大约 7%的流域输沙量。综上所述，将坡地土地利用类型转化为林地有显著的减水减沙效果，且减沙能力大于减水能力。当流域 15°以上坡耕地全部还林后，流域输沙量能减少一半左右。

流域 15°以上坡地变为草地时(情景 S4)，草地面积增加了 2404km^2，基本是由坡耕地转化而来，此时草地覆盖度为 55%。将坡地退耕还草后，流域的径流量减少了 11.8%，输沙量减少了 36.8%，同样是输沙量的减少幅度更大。流域径流量的减少幅度仅仅略小于情景 S2，但是输沙量的减少幅度却远小于情景 S2，这是因为草地的径流模数仅仅略大于林地，但是输沙模数却是林地的 65 倍。将坡角阈值改为 25°(情景 S5)后，草地面积仅仅增加了 469km^2，均来自坡耕地，此时流域内的径流量、输泥量均有小幅度减少。以上两种情景说明了坡地退耕还草同样具有减水减沙的作用，减水作用略小于林地，减沙作用与林地相差较大。

14.6.2　流域治理对径流泥沙空间分布的影响

14.6.1 小节分析了整个流域尺度还林还草及淤地坝对径流泥沙的影响，这些影响在空间分布上必定不是均匀的，不同的空间位置，各项措施的影响应该也不相同，继续研究其空间分布规律是十分必要的。

1. 坡地退耕还林(草)对径流泥沙影响的空间分析

图 14-26 为不同情景下无定河流域多年平均径流深变化量的空间分布情况。根据本书前文分析结果，无定河流域的耕地、林地基本分布在河源区与黄土丘陵沟壑区，草地同样主要分布于该区域，在风沙区还有少量分布。因此，在坡地退耕还林(草)后，风沙区的径流深变化量较小，大部分地区甚至没有变化。15°以上坡地转化为林地(情景 S2)时，有部分地区径流深少量增加，当增加量小于 1mm 时可以认为这些地区径流深基本不变，增加量在 1~10mm 的面积仅占全流域面

积的 1%。此情景下流域有 13691km² 的地区径流深减少(不含减少量小于 1mm 的地区)，占整体面积的 46%；径流深减少较大(大于 10mm)的区域面积为 5555km²，占全流域面积的 19%，全部位于黄土丘陵沟壑区；径流深减少剧烈(大于 30mm)的面积为 2919km²，占全流域面积的 10%，位于流域下游与大理河、淮宁河，这些地区正好是产流量较大的地区，说明将 15°以上坡地治理为林地可以在全流域范围内大面积减少产流量，且在原产流量较大的地区效果更为显著。将坡角阈值改为 25°(情景 S3)后，径流深减少的面积为 8383km²，占全流域面积的 28%(不含减少量小于 1mm 的地区)，相比于情景 S2 的占比减少了 18%；径流深减少较大的区域缩减为 652km²，并且未出现径流深减少剧烈的子流域。说明在增大治理坡度的阈值后，造林措施对流域产流量的影响减小。如果将 15°以上坡地治理为草地(情景 S4)，径流深减少的面积为全流域面积的 33%(不含减少量小于 1mm 的地区)，比 S2 情景缩减了 13%；径流深减少较大的地区面积为全流域面积的 16%，比 S2 情景减少了 3%；径流深减少剧烈(大于30mm)的面积为 176km²，占全流域面积的 0.5%，而且不存在径流减少量大于 50mm 的子流域。对比情景 S4 与情景 S2 可以看出，将坡地治理为草地，径流的空间范围及减小幅度上均小于将坡地治理为林地，但是两种措施在径流减少量的空间分布特征上一致，均是在下游干支流地区效果更为显著。对比情景 S5 与情景 S4 可以得出与之前相同的结论，即增大治理坡度的阈值会减小治理效果。

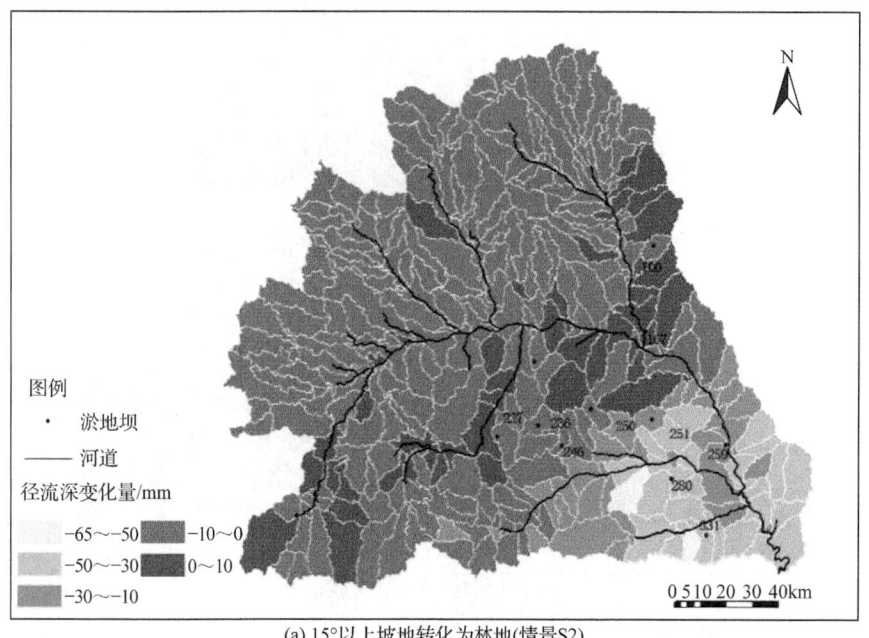

(a) 15°以上坡地转化为林地(情景S2)

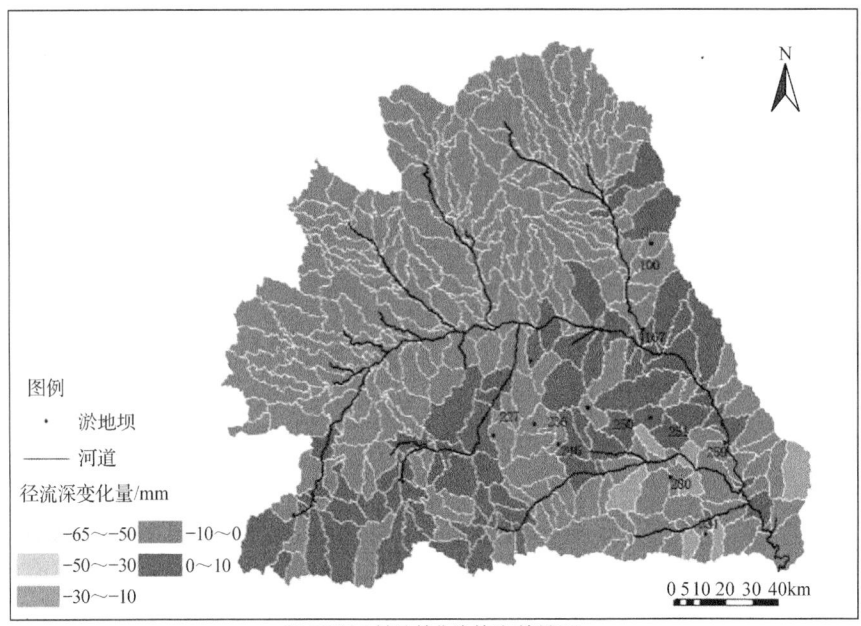

(b) 25°以上坡地转化为林地(情景S3)

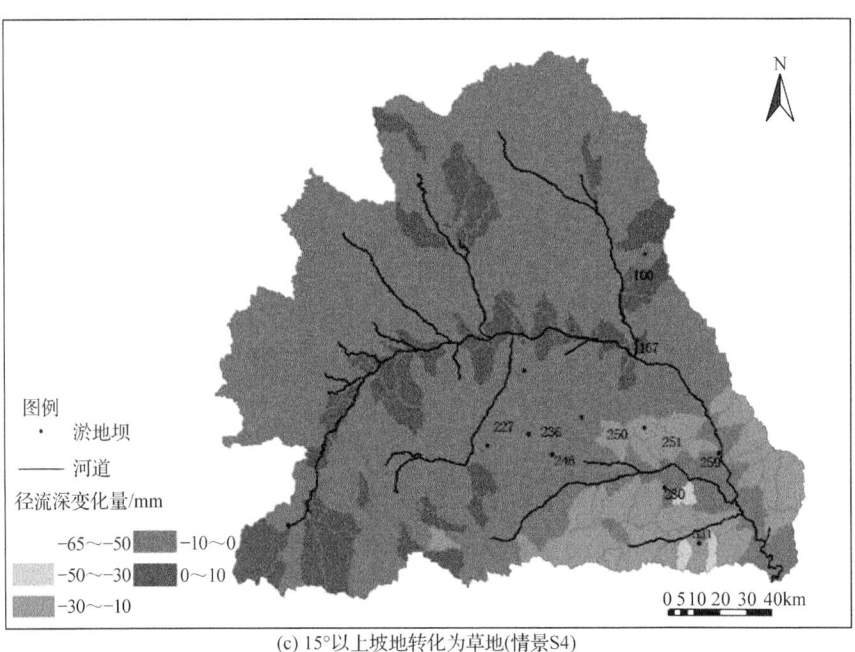

(c) 15°以上坡地转化为草地(情景S4)

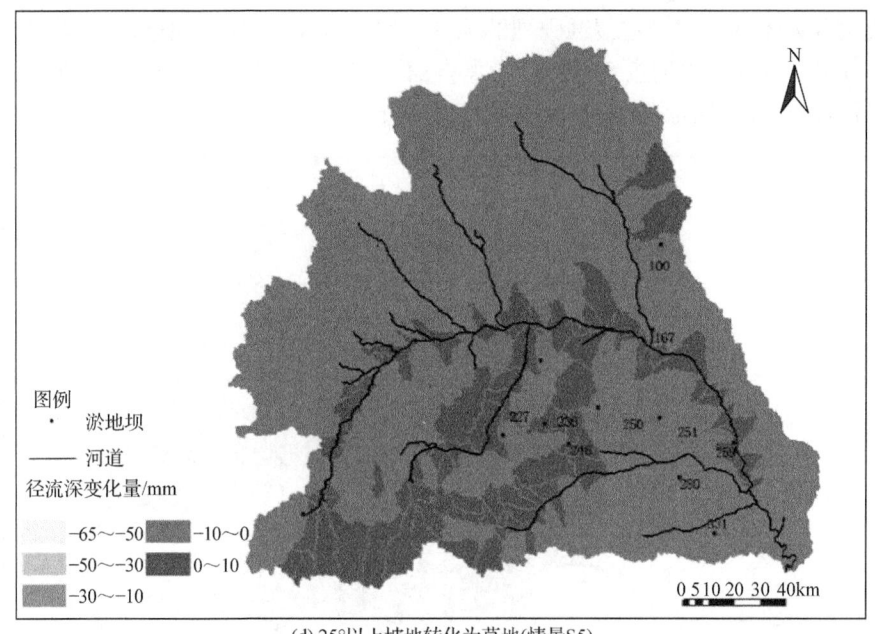

(d) 25°以上坡地转化为草地(情景S5)

图 14-26　不同情景下无定河流域多年平均径流深变化量的空间分布

图 14-27 为不同情景下无定河流域多年平均输沙模数变化量的空间分布情况。与径流深变化量的分布情况相同，在北部风沙区，输沙模数本身很小，且这些地区基本为未利用地和少量草地，因此各项措施对输沙模数的影响很小。在 S2～S4 全部情景中，部分地区的输沙模数增加，但增加幅度都很小，基本在 $30t/km^2$ 以内，因此可以认为这些地区的输沙模数基本没有变化。在情景 S2 中，全流域有 52%的地区产沙能力降低(不含输沙模数变化量小于 $30t/km^2$ 的地区)，其中河源区与黄土区全区的输沙模数均减小，风沙区与两区边界附近输沙模数也有所减小。输沙模数减少较明显(减少量大于 $2000t \cdot km^2$)的区域有 $7565km^2$，全部位于河源区与黄土区，占两区总面积的 58%；输沙模数减少十分剧烈(减少量大于 $10000t/km^2$)的区域面积为 $3563km^2$，占两区总面积的 27%，主要位于干流下游与大理河、淮宁河下游。说明将 15°以上坡地治理为林地可以降低全流域大部分地区的产沙能力，且原来侵蚀越严重的地区治理效果越好，减沙效果最明显的地区可以减少 $30000t/km^2$ 的输沙模数。在将治理措施改为种草(S4)后，流域减沙面积与情景 S2 基本相同，输沙模数减少量大于 $2000t \cdot km^2$ 的区域缩减为两区总面积的 50%，比情景 S2 缩减了 8%；输沙模数减少量大于 $10000t/km^2$ 的面积仅占两区总面积的 12%，与情景 S2 相比大幅度减少。说明在将造林改为种草后，对流域减沙区域的空间分布没有影响，针对原本侵蚀不十分剧烈的区域，两种措施的减

沙能力相差不多，但是在侵蚀强烈的地区，坡地造林能更显著地降低区域产沙能力。此外，分别对比情景 S2 与 S3、情景 S4 与 S5 可以发现，增加坡度阈值会显著降低治理效果，但不影响减沙能力的地区分布。

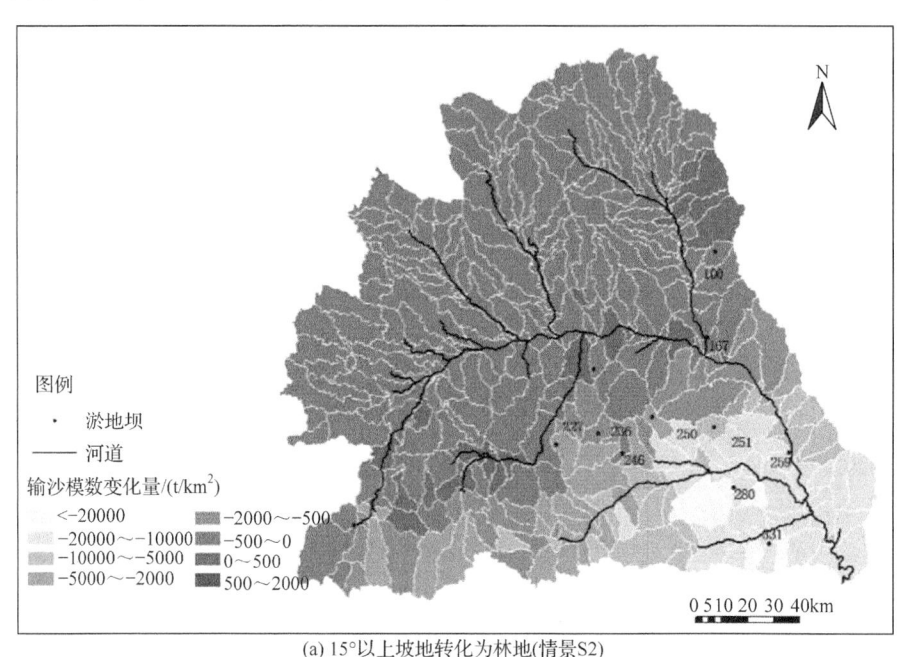

(a) 15°以上坡地转化为林地(情景S2)

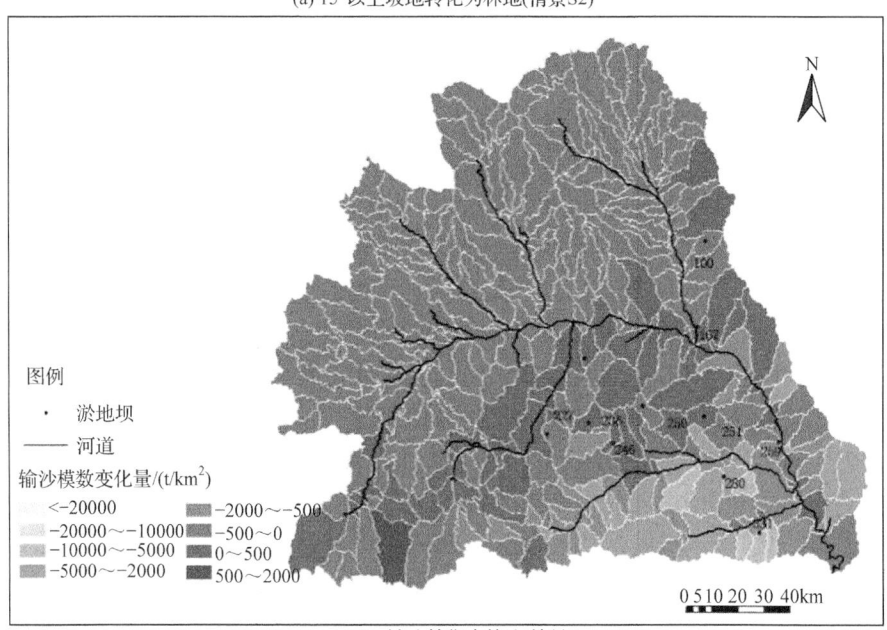

(b) 25°以上坡地转化为林地(情景S3)

(c) 15°以上坡地转化为草地(情景S4)

(d) 25°以上坡地转化为草地(情景S5)

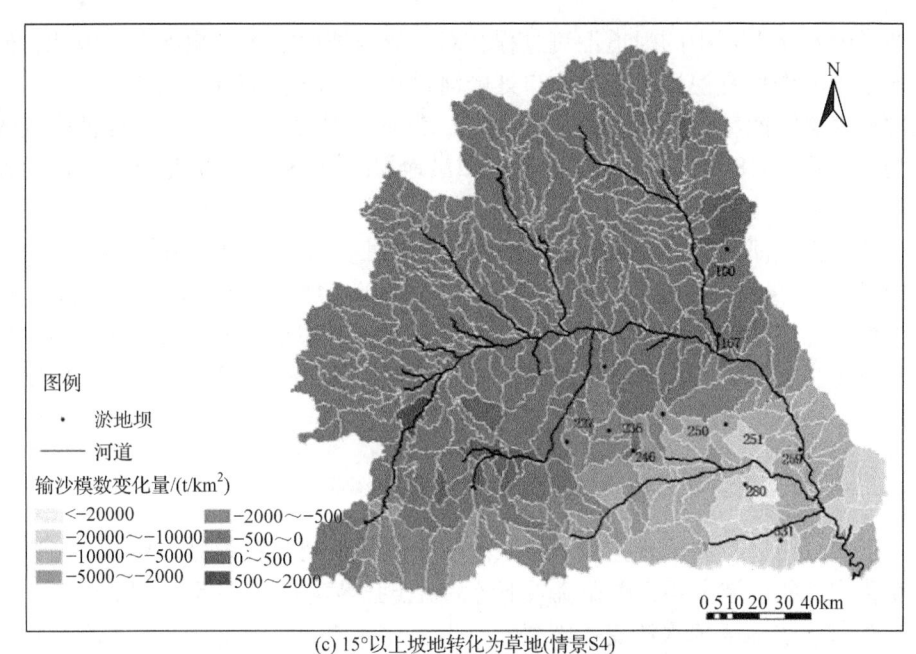

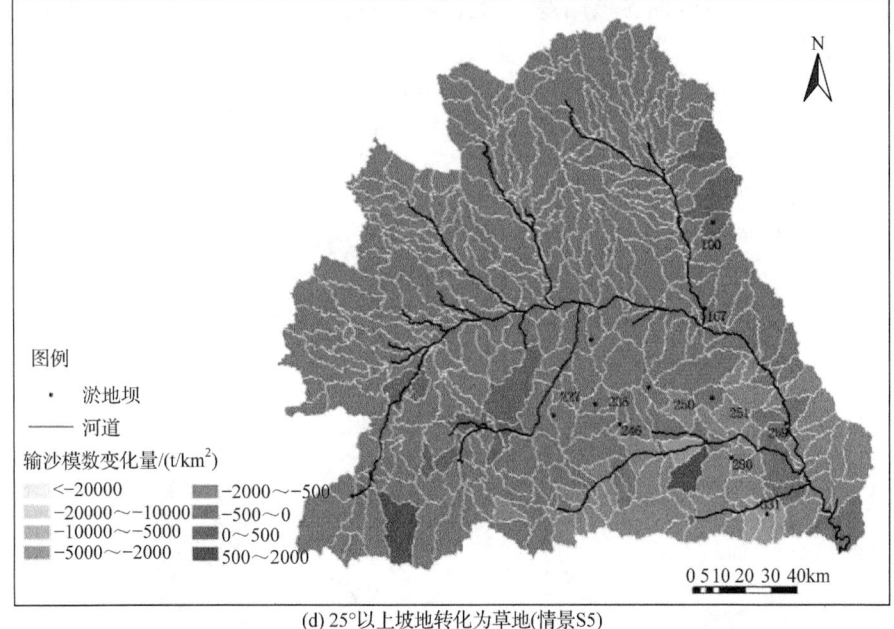

图 14-27　不同情景下无定河流域多年平均输沙模数变化量的空间分布

2. 淤地坝建设对径流泥沙影响的空间分析

淤地坝是人们改变沟道过程中截水拦沙的重要手段，作为一种沟道措施，主要影响水文循环中的河道汇流过程，对产流与坡面汇流影响不大。因此，研究淤地坝的作用宜使用子流域出口处的河道总流量(FLOW_OUT)和子流域出口处的河道总输沙量(SED_OUT)。图 14-28 为淤地坝对流域径流深和输沙模数的影响。从图 14-28 可以看出，在去除流域淤地坝(情景 S1)后，淤地坝下游的河道径流深和输沙模数剧烈增加，紧邻淤地坝的下游地区增加量最大。在淤地坝最为密集的大理河流域，去除淤地坝使流域出口处径流深增加了 9mm，输沙模数增加了 2107t/km^2；在相邻的淮宁河流域，去除淤地坝使径流深增加了 6mm，输沙模数增加了 1556t/km^2。此外，可以明显看出没有淤地坝的上游地区水沙过程没有发生变化，说明淤地坝的减水减沙是区域性的，而不是在全流域尺度发生作用。

14.6.3 坡面及沟道坝系建设对径流侵蚀能量的影响

前文分析了各种治理措施下流域水沙变化的空间分布情况，整体上来说水沙变化剧烈的区域主要集中在流域下游的黄土丘陵沟壑区。那么在情景 S2~S5 中，为何下游地区的水沙变化剧烈？产生这种现象的原因是什么？本小节将从侵蚀动力分布的角度回答该问题，因此需要分析不同情景下径流侵蚀功率的空间变化情况。

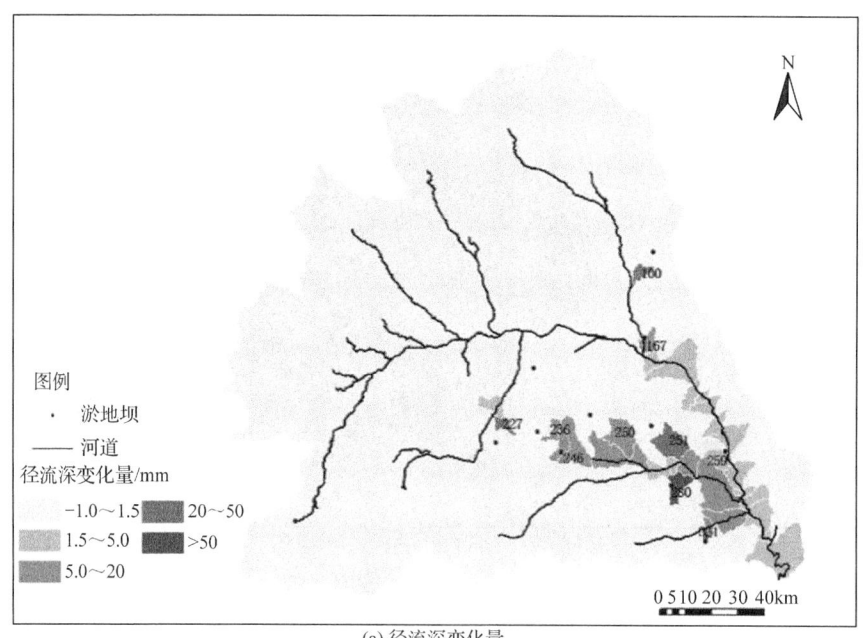

(a) 径流深变化量

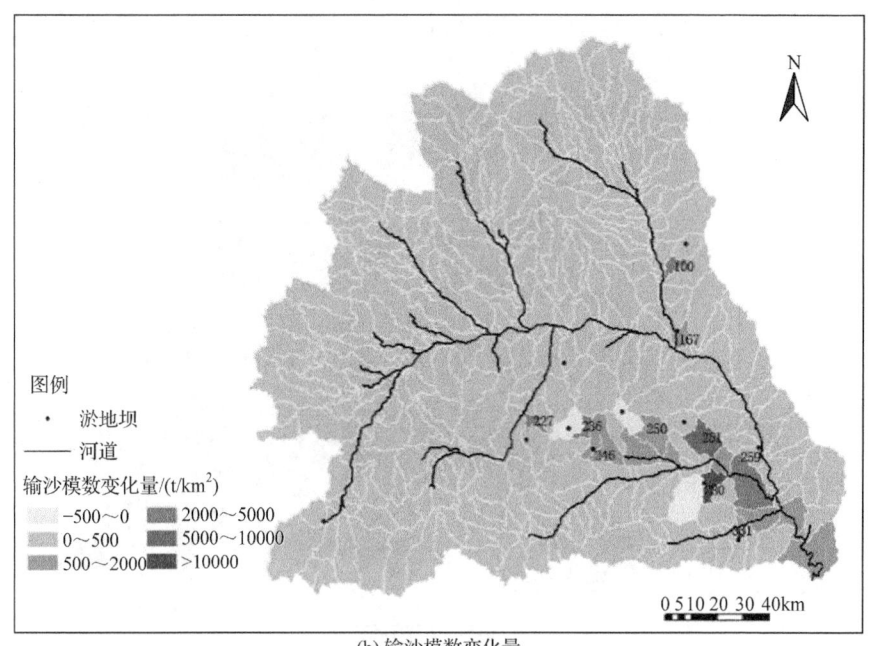

(b) 输沙模数变化量

图 14-28　淤地坝对流域径流深和输沙模数的影响

使用不同情景下各子流域的径流量(WYLD)等数据计算得到各子流域的径流侵蚀功率,将其与情景 S0 的差值作为径流侵蚀功率变化量,见图 14-29。

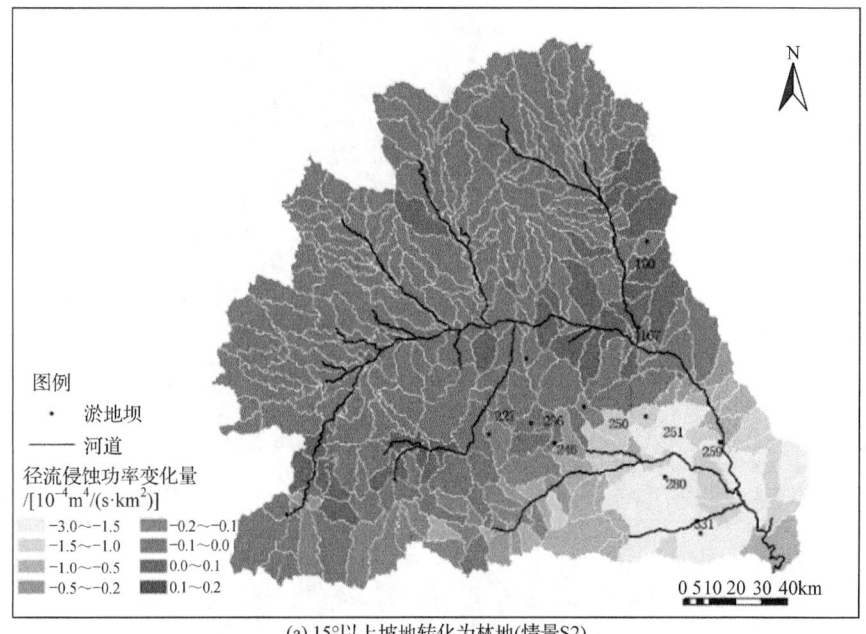

(a) 15°以上坡地转化为林地(情景S2)

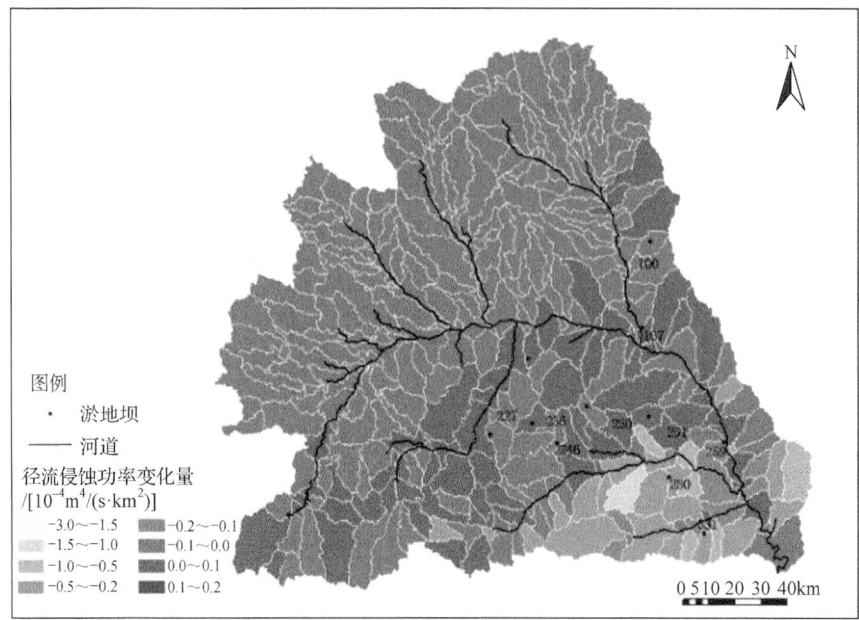

(b) 25°以上坡地转化为林地(情景S3)

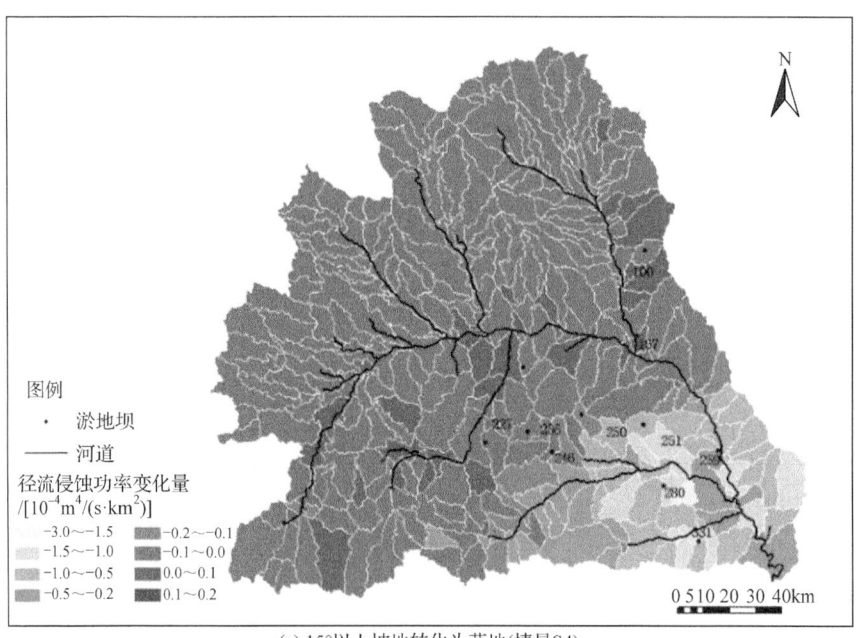

(c) 15°以上坡地转化为草地(情景S4)

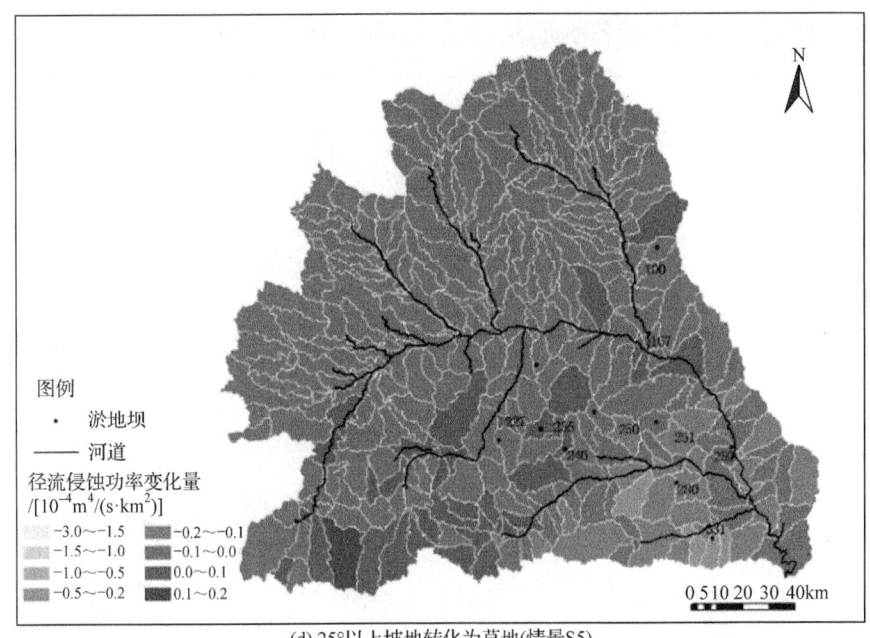

(d) 25°以上坡地转化为草地(情景S5)

图 14-29 不同情景下无定河流域多年平均径流侵蚀功率变化量的空间分布

情景 S2 的径流侵蚀功率变化量最大，在黄土区与河源区，有 95%的区域出现了径流侵蚀功率减小。径流侵蚀功率减小较明显(减小幅度大于 $0.1\times10^{-4}\text{m}^4/(\text{s}\cdot\text{km}^2)$)的区域面积为 7774km²，全部位于河源区与黄土区，占两区总面积的 60%；径流侵蚀功率减小十分剧烈(减小幅度大于 $1.0\times10^{-4}\text{m}^4/(\text{s}\cdot\text{km}^2)$)的区域面积为 3638km²，占两区总面积的 28%，主要位于干流下游与大理河、淮宁河下游。说明将 15°以上坡地治理为林地大范围降低了全流域范围的径流侵蚀功率，且在下游地区效果最为显著。情景 S4 与情景 S2 的径流侵蚀功率减小面积基本相同，但减小幅度不及情景 S2。情景 S4 径流侵蚀功率减小幅度大于 $0.1\times10^{-4}\text{m}^4/(\text{s}\cdot\text{km}^2)$ 的区域面积缩减为 6628km²，占两区总面积的 51%；径流侵蚀功率减小幅度大于 $1.0\times10^{-4}\text{m}^4/(\text{s}\cdot\text{km}^2)$ 的区域面积缩减为 905km²，占两区总面积的 7%。说明在将造林改为种草后，不改变径流侵蚀功率的空间分布特征，但会改变径流侵蚀功率的减小幅度，且在下游地区这种变化最为显著。

经过分析可以看出，不同坡地治理情景下的流域输沙模数变化特征与流域径流侵蚀功率变化特征相同。径流侵蚀功率反映了径流携带的侵蚀能量，坡地治理措施改变了径流的侵蚀能力，因此输沙模数会在相应的范围内出现相同幅度的变化。

接下来，使用无淤地坝情景(情景 S1)下子流域出口处总径流量(FLOW_OUT)计算该情景下各子流域出口处的径流侵蚀功率。图 14-30 为情景 S1 与情景 S0 相比子流域出口处径流侵蚀功率变化量。淤地坝极大地减小了相邻子流域出口处的径流侵蚀功率，并对下游各断面的径流侵蚀功率有较大影响。

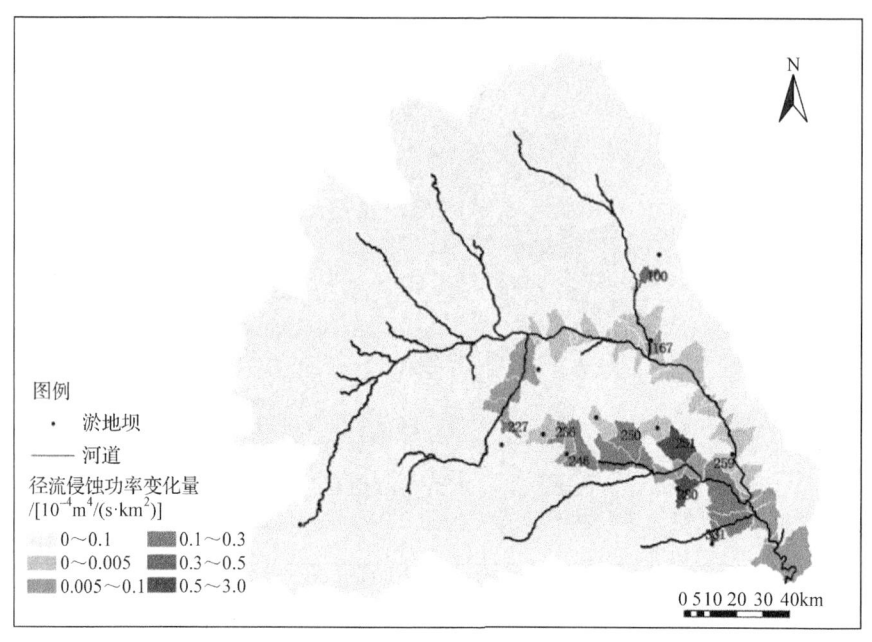

图 14-30 无淤地坝情景下无定河流域径流侵蚀功率变化量的空间分布

10 座淤地坝所在子流域的出口处径流侵蚀功率见表 14-17。从表 14-17 可以看出，淤地坝显著降低了所在子流域出口处的径流侵蚀功率，而且部分子流域的径流侵蚀功率减小比例接近 100%，说明淤地坝对降低水力侵蚀能量有重要作用。在流域出口站白家川站所在的第 356 号子流域，出口断面径流侵蚀功率减小了 24%，即在全流域尺度上，淤地坝的作用使无定河流域的径流侵蚀功率减小了 24%。同时，对比两种情景下淤地坝上游地区大量子流域出口断面的径流侵蚀功率，发现减小比例均小于 1%，说明淤地坝不仅可以减小所在子流域出口断面的径流侵蚀功率，而且可以较大程度减小下游地区的径流侵蚀功率，但基本不影响淤地坝上游地区。因此，可以认为淤地坝在一定程度上改变了径流侵蚀功率的空间分布状况。

表 14-17 淤地坝对所在子流域侵蚀功率的影响

子流域	情景 S1 径流侵蚀功率 /[$10^{-4}m^4/(s \cdot km^2)$]	情景 S0 径流侵蚀功率 /[$10^{-4}m^4/(s \cdot km^2)$]	径流侵蚀功率差值 /[($10^{-4}m^4/(s \cdot km^2)$)]	径流侵蚀功率减小比例/%
100	0.5615	0.0812	0.4803	85.5
167	0.0102	0.0000	0.0102	99.7
227	0.3013	0.0054	0.2959	98.2
236	0.1323	0.0108	0.1215	91.8

续表

子流域	情景 S1 径流侵蚀功率 /[10^{-4}m^4/(s·km^2)]	情景 S0 径流侵蚀功率 /[10^{-4}m^4/(s·km^2)]	径流侵蚀功率差值 /[(10^{-4}m^4/(s·km^2)]	径流侵蚀功率减小比例/%
246	0.1869	0.0595	0.1274	68.2
250	1.3885	1.1490	0.2395	17.3
251	2.9902	1.1032	1.8870	63.1
259	0.0131	0.0085	0.0046	35.1
280	2.1980	0.2246	1.9734	89.8
331	2.5813	0.0424	2.5389	98.4

14.7 本章小结

(1) 以小流域为单元，在沟道中合理布设骨干坝和中型、小型淤地坝，从而形成沟道坝系。淤地坝系通过合理调整布局和空间格局，改变水动力过程，改变下游水动力条件和泥沙产输条件。淤地坝之间发挥交互作用，发挥群体效应，并以典型流域进行了验证。

(2) 淤地坝系修建后，沟道整体比降减小，局部比降增加；随着坝系的不断淤积，沟道呈阶梯化特征。流域上游到下游，随着淤积的增加侵蚀势能明显减小。侵蚀势能对比结果表明，典型流域坝系修建之后，流域平均侵蚀势能减小 26.57%，有效减小了重力侵蚀发生的概率。

(3) 以大理河流域为例，水沙变化贡献率分析结果表明，1971~2001 年至 2002~2011 年，淤地坝减沙贡献率从 47.42%降到 31.04%；林草措施减沙贡献率从 25.32%增加到 62.10%；梯田减沙贡献率基本没有发生变化。说明坡面措施减沙贡献率在增加，而沟道措施减沙贡献率在减少。

(4) 随着水土保持措施的开展，无定河流域水保措施对水沙变化的贡献率逐渐增大。其中，淤地坝是影响径流量和输沙量变化的主要措施，林地作用次之。不同措施之间的交互作用分析表明，水土保持措施实施初期，对径流量和输沙量的群体效应均大于其他时期。总体来说，无定河流域水保措施群体效应对径流量变化的贡献率为 15%左右，群体效应对输沙量变化的贡献率为 40%左右。

参 考 文 献

陈祖煜, 李占斌, 王兆印, 2020. 对黄土高原淤地坝建设战略定位的几点思考[J]. 中国水土保持, (9): 32-38.

刘蕾, 李庆云, 刘雪梅, 等, 2020. 黄河上游西柳沟流域淤地坝系对径流影响的模拟分析[J]. 应用基础与工程科学学报, 28(3): 562-573.

刘晓燕. 黄河近年水沙锐减成因[M]. 北京: 科学出版社, 2016.

冉大川, 李占斌, 罗全华, 等, 2013. 黄河中游淤地坝工程可持续减沙途径分析[J]. 水土保持研究, 20(3): 1-5.

熊贵枢, 张胜利, 1983. 大理河减水减沙效益初步分析[J]. 人民黄河, (1): 32-36.

杨媛媛, 2021. 黄河河口镇—潼关区间淤地坝拦沙作用及其拦沙贡献率研究[D]. 西安: 西安理工大学.

杨媛媛, 李占斌, 高海东, 等, 2021. 大理河流域淤地坝拦沙贡献率分析[J]. 水土保持学报, 35(1): 85-89.

曾鑫, 孙凯, 王晨沣, 等, 2022. 淤地坝对次洪事件侵蚀动力及输沙的调控作用[J]. 清华大学学报(自然科学版), 62(12): 1896-1905.

张经济, 冀文慧, 冯晓东, 2002. 无定河流域水沙变化现状、成因及发展趋势的研究[M]//汪岗, 范昭. 黄河水沙变化研究(第二卷). 郑州: 黄河水利出版社.

郑明国, 梁晨, 廖义善, 等, 2021. 极端降雨情形下黄土区水土保持治理的减沙效益估算[J]. 农业工程学报, 37(5): 147-156.

BAI L, WANG N, JIAO J, et al., 2020. Soil erosion and sediment interception by check dams in a watershed for an extreme rainstorm on the Loess Plateau, China[J]. International Journal of Sediment Research, 35(4): 408-416.

POLYAKOV V O, NICHOLS M H, MCCLARAN M P, et al., 2014. Effect of check dams on runoff, sediment yield, and retention on small semiarid watersheds[J]. Journal of Soil and Water Conservation, 69(5): 414-421.

SHI P, ZHANG Y, REN Z, et al., 2019. Land-use changes and check dams reducing runoff and sediment yield on the Loess Plateau of China[J]. Science of the Total Environment, 664: 984-994.

YUAN S, LI Z, CHEN L, et al., 2022a. Influence of check dams on flood hydrology across varying stages of their lifespan in a highly erodible catchment, Loess Plateau of China[J]. Catena, 210: 105864.

YUAN S, LI Z, CHEN L, et al., 2022b. Effects of a check dam system on the runoff generation and concentration processes of a catchment on the Loess Plateau[J]. International Soil and Water Conservation Research, 10(1): 86-98.

ZHANG Z, CHAI J, LI Z, et al., 2022. Effect of check dam on sediment load under vegetation restoration in the Hekou-Longmen Region of the Yellow River[J]. Frontiers in Environmental Science, 9: 823604.

第15章 主 要 结 论

1. 淤地坝时空分布格局与水沙阻控效应

(1) 头道拐至潼关区间黄土高原区总计共有 987 座水库。头潼区间大型水库 13 座，水库在 2011~2017 年总淤积量为 0.24 亿 m^3，总累计淤积量为 14.8 亿 m^3，库容总淤积率为 39.7%。

(2) 截至 2018 年，黄土高原共有淤地坝 59154 座，其中骨干坝 5877 座、中型坝 12131 座、小型坝 41146 座；中型以上 18008 座。24%的大型坝(骨干坝)、68%的中型坝和 69%的小型坝建成于 1980 年以前。淤地坝累积控制面积 4.8 万 km^2(中型以上淤地坝)，拦蓄泥沙近 56.5 亿 t(中型以上淤地坝)。

2011~2017 年，黄土高原骨干坝淤积量 4.232 亿 m^3，拦沙量 5.713 亿 t；中型坝淤积量 1.717 亿 m^3，拦沙量 2.318 亿 t；小型坝淤积量 1.828 亿 m^3，拦沙量 2.470 亿 t。黄土高原淤地坝 2011~2017 年共拦沙 10.5 亿 t。截至 2017 年黄土高原仍有拦沙能力的骨干坝、中型淤地坝和小型淤地坝分别为 4319 座、5134 座和 12855 座，剩余库容 30.1 亿 m^3。

(3) 构建了淤地坝系拦沙群体效应计算模型，对黄土高原和典型流域的淤积变化过程进行了分析。

2. 淤地坝水沙阻控动力学机制

(1) 建立了考虑淤地坝影响的流域水文模型，阐明了坝系流域能量动力的时空分布特征，揭示了侵蚀能量的空间尺度效应，确定了其空间临界阈值。无定河流域径流侵蚀功率呈现出"下游大、上游小，东部大、西部小，南部大、北部小"的分布特征。径流侵蚀功率与流域面积相关性之间存在临界阈值，研究表明无定河流域径流侵蚀功率变化的空间阈值为 $306km^2$，延河流域的空间阈值是 $155km^2$。

(2) 揭示了淤地坝受损后的泥沙输移机制。淤地坝破坏后，从坝址处发生溯源侵蚀，在库区内形成一道冲刷槽，冲槽在河底下切的同时伴随着河宽的调整。淤地坝破坏后坝体内淤积的泥沙只有不到 20%被冲刷，不存在"零存整取"现象。通过实地的考察调研，发现淤地坝溃决后向上游发生溯源冲刷，形成高程不连续的陡坎，以陡坎的形式逐渐向上游发展，而下游淤积较少或几乎未淤积。对典型流域沟道内陡坎的波高和波长进行统计，发现陡坎的波长与波高的比值能较好地服从三参数对数正态分布。模拟分析表明在坡度大于 0.05 时，沙粒阻力与总阻力的比值都小于20%,说明总的切应力中只有很小一部分用于输沙,这也是淤地坝破坏后泥沙只能被缓慢冲刷的原因之一。

3. 极端条件下淤地坝水沙阻控机制

(1) 系统调研了典型大暴雨下区域和流域淤地坝受损特征,分析了溃决淤地坝的溃口形态和溃决量。对2017年"7·26"无定河特大暴雨洪水的调查结果表明,子洲县受损的骨干坝中,56.1%为由坝体和溢洪道构成的"两大件",19.5%为由坝体和放水工程构成的"两大件",19.5%为由坝体、溢洪道以及放水工程构成的"三大件",4.9%为只有坝体的"闷葫芦"坝。从受损骨干坝建成时间上,本书调查的受损骨干坝77%建设时间为1980年前。绥德县受损骨干坝16座,其中坝体受损占受损骨干坝数量的50.00%,放水工程受损占6.25%,坝体及放水建筑物同时受损占25.00%,坝体及溢洪道同时受损占18.75%。对黄土高原多场次典型暴雨进行分析,包括2012年"7·15"大理河洪水、2016年西柳沟"8·16"暴雨洪水、2018年乌拉特前旗典型暴雨及大理河流域建站以来的19场暴雨洪水资料。

(2) 沟道工程运行后期(及淤满状态下)对流域水沙阻控机制的转变。淤地坝运行后期(及淤满状态下)对流域水沙的影响由早期的由坝体主导的阻水拦沙转变为由狭长坝地主导的削峰滞洪,滞水落沙。淤地坝运行后期(及淤满状态下)对流域的泥沙拦截作用主要分为主坝地直接拦截和由于沟道抬升引起的间接减沙两部分。主坝地直接拦截作用随着剩余库容的缩小而逐渐减弱,但是在淤满状态下仍然能拦截大量泥沙。例如,在90mm强降雨引发的洪水过程中,已经达到淤满状态的淤地坝仍然能够拦截1.17万t泥沙(占总泥沙输入的23.03%)。

4. 流域泥沙来源与水沙变化贡献率

(1) 利用文献综述分析的方法对黄土高原地区淤地坝泥沙来源进行分析表明,黄土高原侵蚀泥沙大部分来源于沟谷地,随着退耕还林(草)、坡改梯、淤地坝建设等一系列水土保持措施的实施,来自沟间地的泥沙有进一步减小的趋势。不同流域泥沙来源有差异,其中皇甫川流域沟谷泥沙来源比例高达70%左右;无定河流域沟谷泥沙来源比例约为60%;延河流域60%;其他流域的沟谷泥沙来源比例占50%~80%。

(2) 在拦沙作用分析的基础上,初步解析了淤地坝减蚀作用方式。①淤地坝抬高了侵蚀基准面,减少了侵蚀势能,降低了淤积面以上发生重力侵蚀的概率,重力侵蚀减少60%以上。②淤积的泥沙覆盖了部分坡沟,被覆盖的坡沟不再受冲刷产生侵蚀及淤积抬升降低水流流速等而减少的侵蚀冲刷作用;淤积库容60%~100%时,流速减少10%~15%,挟沙力降低70%以上。③淤地坝改变了淤地坝前后沟道水动力过程,减小了沟道水流的输沙能力,多级坝系的"群体"减蚀效益,级联坝系比单坝消能率平均高 25%,减沙率高 20%。坝系在淤满状态下仍然可以将沟道沿程最大流速降低了 50%以上。

(3) 解析了淤地坝工程对流域水沙变化的贡献率。

人类活动对流域径流、输沙变化的贡献率明显较气候变化对径流、输沙变化的贡献率大,且总体来看人类活动对径流、输沙变化的贡献率呈增加的趋势。对于大理河流域来说,以 1960~1970 年为基准期,人类活动对大理河流域输沙量的影响呈增强的趋势,人类活动贡献率从 87.06%增加至 106.49%;水土保持措施在不同时段的减沙贡献率差别较大,淤地坝年均拦沙量对输沙量的影响呈减少趋势,减沙贡献率从 47.42%降到 31.04%;梯田对输沙量的影响一直较稳定,两个阶段的减沙贡献率分别为 14.32%和 13.35%;但是林草措施减沙贡献率大幅增加,从 25.32%增加到 62.10%。

对无定河流域水沙变化贡献率研究发现,1972~1999 年至 2000~2010 年人类活动减沙贡献率从 60.7%增加至 91.8%,减水贡献率从 47.2%增加至 51.3%。不同水土保持措施贡献率对比表明,梯田、林草、淤地坝减水贡献率分别由 1972~1999 年的 3.9%、13.0%、3.7%增加到 5.3%、16.3%、4.5%;减沙贡献率分别由 5.8%、17.1%、36.4%增加到 8.8%、23.7%、57.1%。